CBT 시험 대비

신재생에너지 발전설비기능사
태양광 필기

김평식 · 박왕서 공저

일진사

| CBT 안내 |

한국산업인력공단에서 시행하는 국가기술자격검정 기능사 필기시험이 CBT 방식으로 달라졌습니다. CBT란 컴퓨터 기반 시험(Computer-Based Testing)의 약자로, 종이 시험지 없이 컴퓨터상에서 시험을 본다는 의미입니다. CBT 시험은 답안이 제출된 뒤 현장에서 바로 본인의 점수와 합격 여부를 확인할 수 있습니다.

Q-net에서 안내하는 CBT 시험 진행 절차는 다음과 같습니다.

➲ 신분 확인

시험 시작 전 수험자에게 배정된 좌석에 앉아 있으면 신분 확인 절차가 진행됩니다. 시험장 감독위원이 컴퓨터에 나온 수험자 정보와 신분증이 일치하는지를 확인하는 단계입니다.

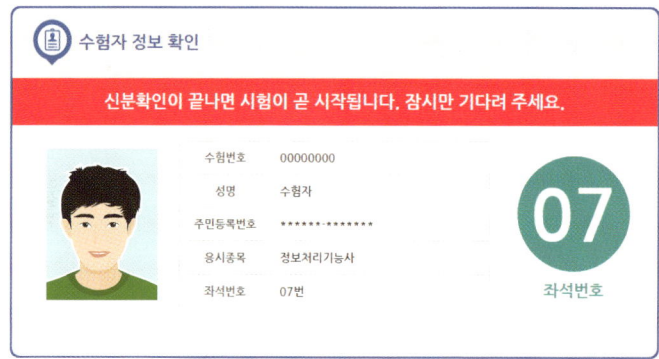

➲ 시험 준비

1. 안내사항

시험 안내사항을 확인합니다. 확인을 다하신 후 아래의 [다음] 버튼을 클릭합니다.

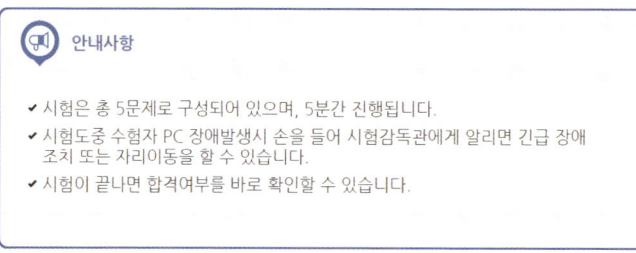

2. 유의사항

시험 유의사항을 확인합니다. 다음 유의사항 보기▶ 버튼을 클릭하여 유의사항 3쪽을 모두 확인합니다.

3. 메뉴 설명

문제풀이 메뉴 설명을 확인하고 기능을 숙지합니다. 각 메뉴에 관한 모든 설명을 확인하신 후 아래의 [다음] 버튼을 클릭해 주세요.

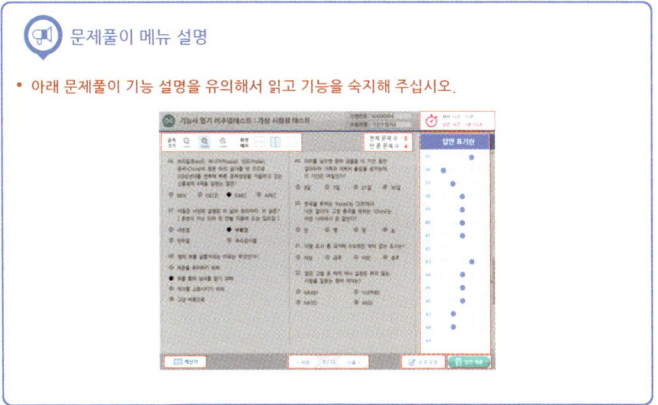

4. 문제풀이

`자격검정 CBT 문제풀이 연습` 버튼을 클릭하여 실제 시험과 동일한 방식의 문제풀이 연습을 준비합니다.

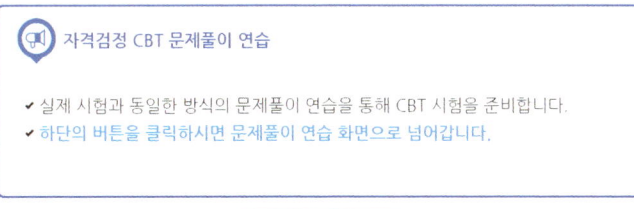

※ 조금 복잡한 자격검정 CBT 프로그램 사용법을 충분히 배웠습니다. [확인] 버튼을 클릭하세요.

CBT 안내

한국산업인력공단에서 운영하는 큐넷(www.q-net.or.kr)의 'CBT 체험하기'를 참고하시기 바랍니다.

5. 시험 준비 완료

시험 안내사항 및 문제풀이 연습까지 모두 마친 수험자는 시험 준비 완료 버튼을 클릭한 후 잠시 대기 합니다.

시험 시작

문제를 꼼꼼히 읽어보신 후 답안을 작성하시기 바랍니다. 시험을 다 보신 후 답안 제출 버튼을 클릭하세요.

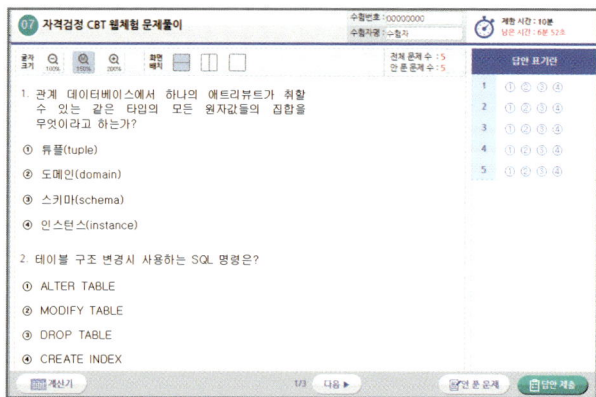

시험 종료

본인의 득점 및 합격 여부를 확인할 수 있습니다.

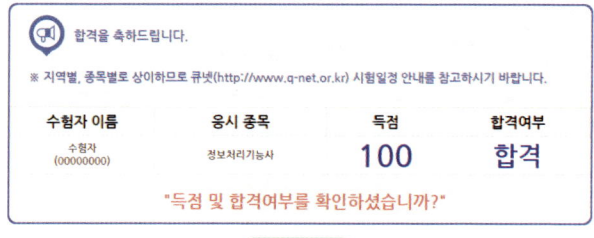

머리말

[하나] **태양광발전이 미래 에너지 해법이다.**
- 세계적인 흐름으로 볼 때 신재생에너지 보급 확산은 거스를 수 없는 대세이고, 그중에서도 태양광발전은 가장 비중이 큰 분야이다.
- 국제재생에너지기구(IRENA)가 최근에 발표한 보고서에 따르면, 전 세계 전력 생산 중 태양광발전이 차지하는 비중이 지난해 말 1.2%에서 2030년에는 8~13% 수준까지 늘어날 것이며, 현재보다 6~10배까지 늘어날 것으로 전망된다.
- 세계 곳곳에서 아예 '100% 신재생에너지'를 추구하는 도시, 지역사회, 기업들도 급속히 늘어나고 있다.

[둘] **태양광(Photovoltaic, PV)에너지 활용을 적극 유도하는 정부 지원정책**
- PV 발전설비는 한번 설치하면 설비 수명이 다할 때까지 태양이 비치는 한 지속적으로 전기를 생산하므로, 궁극적으로 미래 에너지는 무한자원인 태양광 에너지로 모두 전환될 수 있도록 기술발전이 전개될 전망이다.
- 전문가들은 "더 많은 신재생에너지 업체들이 생겨날수록 생산 비용은 낮아지고, 환경오염도 줄어들며, 더 좋은 지역사회 일자리들이 창출된다."라고 한다.
- 이미 넓은 주차장이나 매립지, 혹은 공장 지붕 등의 유휴공간에 PV 패널을 설치하여 100 kW 정도의 전력을 생산하는 사례가 급증하고 있다.
- 단독주택의 경우 지붕 위에서 3 kW 정도 발전할 수 있고, 아파트의 경우는 베란다 창틀 하부공간을 이용해서 250~500 W 규모를 설치할 수 있다.
- 최근 PV 발전설비 설치자가 전력이 필요한 이웃에 남는 전기를 판매할 수 있는 '프로슈머 전력 거래' 제도가 도입되었다.
  [이는 개인이 남아도는 태양광 전력을 이웃에게 팔 수 있게 된 것인데, 한전에서 판매자와 구매자를 온라인으로 연결해 주는 중개업무를 맡는다.]
- 앞으로 대규모 PV 발전 단지에 에너지 저장 시스템(ESS)을 결합할 수 있게 되면 태양광발전량이 일정하지 않더라도 비교적 안정된 전력 공급이 가능해지므로 화력발전이나 원자력발전량의 일부를 대체할 수 있게 될 것이다.

- 온실가스 배출을 낮추기 위해 195개국이 참여한 파리 기후협정은 태양광발전사업이 발전하는 데 큰 기여를 하였으며, 그리고 정부 주관으로 신재생에너지 보급 확대 정책시행으로 인해 태양광발전에 대한 수요가 꾸준히 늘어나고 있다.

[셋] 앞으로, 신재생에너지 발전설비(태양광)의 시스템 설치, 운영, 관리, 수리 및 보수에 관한 보다 전문적인 기술 기능인이 필요하며, 해외로 진출하는 기업, 기능인도 늘어날 것이다.

[넷] 이 책은 신재생에너지발전설비(태양광)기능사 자격취득을 위하여 준비하고 있는 많은 공학도 여러분들을 위하여 다음과 같은 특징으로 구성하였다.

1. 새로운 출제기준 및 필기시험(CBT)에 대비하여 다량의 충실한 예상문제 및 과년도 기출문제를 단원 순서별로 혼합 수록하였다.

2. 본문 및 과년도 문제 해설에 전문용어 해설을 삽입하여 이해를 쉽게 할 수 있도록 하였다.

3. 보다 충실하고 자세한 해설을 통하여 유사 및 응용문제 해결 능력을 갖추도록 하였다.

- 새로운 분야인 신재생에너지발전설비(태양광)기능사에 도전하는 이들에게 도움이 되기를 기원하며, 자격 취득에 도움을 주리라 자신한다.
- 미흡한 부분은 앞으로 수정 보완하는 데 최선을 다하겠다.
- 끝으로, 아낌없이 성원해 주신 도서출판 **일진사** 임직원에게 깊은 감사를 드린다.

저자 씀

출제기준

신재생에너지발전설비기능사(태양광) 출제기준(필기)

직무분야	환경·에너지	중직무분야	에너지·기상	자격종목	신재생에너지발전설비기능사(태양광)	적용기간	2016. 1. 1.~ 2018. 12. 31.
○ 직무내용 : 신재생에너지설비에 대한 공학적 기초이론 및 숙련기능 등을 가지고 태양광발전설비를 시공, 운영, 유지 및 보수하는 업무 등을 수행							
필기검정방법	객관식		문제 수		60	시험시간		1시간

필기과목 명	문제 수	주요항목	세부항목	세세항목
태양광발전설비	60	1. 신재생에너지 개요	1. 신재생에너지 원리 및 특징	1. 태양광 2. 풍력 3. 수력 4. 연료전지 5. 기타 신재생에너지
		2. 태양광발전 시스템 개요	1. 태양광발전 개요	1. 태양광발전의 정의 2. 태양광발전의 역사 3. 태양광발전의 특징 4. 태양광발전의 원리 5. 태양광발전의 시장전망 6. 태양복사 에너지
			2. 태양광발전 시스템 정의 및 종류	1. 태양광발전 시스템 정의 2. 태양광발전 시스템 분류
			3. 태양전지	1. 태양전지 원리 2. 태양전지의 변환효율 3. 태양전지 특성의 측정법 4. 태양전지 종류와 특징
			4. 태양광 시스템 구성요소	1. 태양광 모듈 및 어레이 2. 태양광 인버터 3. 전력저장 장치(축전지)
		3. 태양광 모듈	1. 태양광 모듈 개요	1. 태양광 모듈의 특성 2. 태양광 모듈의 구조 3. 단자함 및 기타 4. 태양광 모듈의 종류
			2. 태양광 모듈의 설치 분류	1. 시공 설치관련 분류의 정의

필기과목 명	문제 수	주요항목	세부항목	세세항목
		4. 태양광 인버터	1. 태양광 인버터의 개요	1. 태양광 인버터의 역할 2. 태양광 인버터의 회로 방식 3. 태양광 인버터의 원리 4. 태양광 인버터의 종류 및 특징
			2. 태양광 인버터의 기능	1. 자동운전 정지기능 2. 최대전력 추종제어기능 3. 단독운전 방지기능 4. 자동전압 조정기능 5. 직류 검출기능 6. 직류지락 검출기능 7. 계통연계 보호장치
		5. 관련기기 및 부품	1. 바이패스소자와 역류방지소자	1. 바이패스소자 2. 역류방지소자
			2. 접속함	1. 태양전지 어레이 측 개폐기 2. 주 개폐기 3. 피뢰소자 4. 단자대 5. 수납함
			3. 교류 측 기기	1. 분전반 2. 적산전력량계
			4. 축전지	1. 계통연계 시스템용 축전지 2. 독립형 시스템용 축전지 3. 축전지의 설계
			5. 낙뢰 대책	1. 낙뢰 개요 2. 뇌서지 대책 3. 피뢰소자의 선정
		6. 태양광발전 시스템 시공	1. 태양광발전 시스템 시공 준비	1. 태양광발전 시스템의 시공 절차 2. 태양광발전 시스템 시공 시 필요한 장비 목록 3. 태양광발전 시스템 관련기기 반입 및 검사 4. 태양광발전 시스템 시공안전 대책 5. 시공체크리스트
			2. 태양광발전 시스템 구조물 시공	1. 발전 형태별 구조물 시공 2. 발전 형태별 태양전지 어레이 설치
			3. 배관·배선공사	1. 태양광 모듈과 태양광 인버터 간의 배관·배선 2. 태양광 인버터에서 옥내 분전반 간의 배관·배선

필기과목명	문제 수	주요항목	세부항목	세세항목
				3. 태양광 어레이 검사 4. 케이블 선정 및 단말처리 5. 방화구획 관통부의 처리
			4. 접지공사	1. 접지공사의 종류 및 적용 2. 접지공사의 시설방법 3. 접지저항의 측정
		7. 태양광발전 시스템 운영	1. 운영 계획 및 사업개시	1. 일별, 월별, 연간 운영계획 수립 시 고려요소 2. 사업허가증 발급방법 등
			2. 태양광발전 시스템 운전	1. 태양광발전 시스템 운영체계 및 절차 2. 태양광발전 시스템 운전조작 방법 3. 태양광발전 시스템 동작 원리 4. 태양광발전 시스템 운영 점검사항 5. 태양광발전 시스템 계측
		8. 태양광발전 시 스템 품질 관리	1. 성능평가	1. 성능평가 개념 2. 성능평가를 위한 측정 요소
			2. 품질관리 기준	1. 신재생에너지관련 KS 제도 2. 신재생에너지관련 ISO 제도 3. IEC 기준 규격
		9. 태양광발전 시스템 유지 보수	1. 유지보수 개요	1. 유지보수 의의 2. 유지보수 절차 3. 유지보수 계획 시 고려 사항 4. 유지보수 관리 지침
			2. 유지보수 세부내용	1. 발전설비 유지관리 2. 송전설비 유지관리 3. 태양광발전 시스템 고장 원인 4. 태양광발전 시스템 문제 진단 5. 고장별 조치방법 6. 발전형태별 정기보수 7. 발전형태별 긴급보수
		10. 태양광발전 설비 안전관리	1. 위험요소 및 위험 관리방법	1. 태양광발전 시스템의 위험요소 및 위험관리방법
			2. 안전관리 장비	1. 안전장비 종류 2. 안전장비 보관요령
		11. 관련법규	1. 신재생에너지 관련법	1. 신에너지 및 재생에너지 개발· 이용·보급 촉진법, 시행령, 시행규칙
			2. 전기관계법규	1. 전기설비기술기준 및 판단기준

차 례

제1장 신·재생에너지의 개요

1. 신·재생에너지의 정의 및 종류 ········ 12
   - 1-1 신에너지 ··································· 12
   - 1-2 재생에너지 ······························· 12
2. 신·재생에너지의 원리 및 특징 ········ 13
   - 2-1 태양광발전 ······························· 13
   - 2-2 태양열발전 ······························· 13
   - 2-3 풍력발전 ··································· 15
   - 2-4 수력발전 ··································· 18
   - 2-5 지열발전 ··································· 19
   - 2-6 해양에너지 ······························· 20
   - 2-7 바이오에너지 ·························· 22
   - 2-8 수소에너지 ······························· 22
   - 2-9 석탄액화·가스화 및 중질잔사유 가스화 에너지 ······················· 23
   - 2-10 연료전지 ································· 24
   - 2-11 폐기물에너지 ························ 25

제2장 태양광발전 시스템 개요

1. 태양광발전 시스템의 정의 및 종류 ··· 32
   - 1-1 태양광발전(PV) 시스템의 정의 ····· 32
   - 1-2 태양광발전 시스템의 분류 ··········· 33
   - 1-3 태양광발전 시스템의 특징 ··········· 35
2. 태양전지(solar cell) ····························· 36
   - 2-1 태양전지에 의한 발전 원리 및 기본 구조 ································· 36
   - 2-2 태양전지의 특성 변수 ················· 37
   - 2-3 태양전지의 분류 ························ 43
   - 2-4 태양전지의 특징 ························ 44
3. 태양광발전 시스템의 구성 요소 ······· 48
   - 3-1 태양전지 셀(cell) ······················· 48
   - 3-2 태양전지 모듈(module) ············ 49
   - 3-3 태양전지 어레이(array) ············ 50
   - 3-4 파워컨디셔너 시스템 ················· 51
   - 3-5 전력저장장치 ······························· 52

제3장 태양광 모듈 (module)

1. 태양광 모듈의 개요 ··························· 63
   - 1-1 태양전지 모듈의 출력특성 ········· 63
   - 1-2 태양광 모듈의 구분 ··················· 65
   - 1-3 태양광 모듈의 구성 및 구조 ······· 68
   - 1-4 태양전지 모듈 조립 공정 및 단면 구조 ·· 70
2. 태양광 모듈의 설치 형식 ··················· 71
   - 2-1 건축물에 설치하는 태양전지 ······· 71
   - 2-2 건물 일체형 태양광발전(BIPV) ··· 74
   - 2-3 태양전지 모듈의 직·병렬연결 수 산출 ·· 76

제4장 파워컨디셔너 (PCS)

1. 파워컨디셔너(power conditioner)의 개요 ··· 81
   - 1-1 정의 및 역할 ······························· 81

1-2 파워컨디셔너(PCS)의 주요 구성
　　　요소 ·························· 81
1-3 파워컨디셔너(PCS)의 회로 방식
　　　(절연 방식에 따른) ············ 82
1-4 파워컨디셔너(PCS)의 종류 ········ 84
1-5 인버터(inverter)의 동작 원리 ····· 87
1-6 파워컨디셔너 시스템 구성방식에
　　　따른 분류 및 특징 ·············· 89
2. 파워컨디셔너의 기능 ················· 90
　2-1 자동운전 및 정지기능 ············ 90
　2-2 최대전력 추종 제어기능 ·········· 90
　2-3 단독운전 방지기능 ··············· 90
　2-4 자동전압 조정기능 ··············· 92
　2-5 직류 검출기능 ··················· 93
　2-6 직류지락 검출기능 ··············· 93
3. 계통연계 보호장치 및 파워컨디셔너의
　　시험 항목 ······················· 94
　3-1 계통연계 보호장치 ··············· 94
　3-2 태양광발전용 파워컨디셔너의 시험 항
　　　목(계통연계형의 경우) ········· 95
4. 파워컨디셔너의 선정 및 사용상의 고려 사
　　항 ······························ 96
　4-1 체크리스트 및 확인 사항 ········· 96

제5장　관련 기기 및 부품

1. 바이패스소자와 역류방지소자 ·········· 101
　1-1 바이패스(bypass)소자 ············ 101
　1-2 역류방지소자(block diode) ······ 103
2. 접속함 ······························ 104
　2-1 일반 사항 ······················ 104
　2-2 접속함 내부에 설치된 기기 및
　　　부품 ························· 104
　2-3 어레이(array) 측 개폐기
　　　(입력용 DC 개폐기) ············· 105

2-4 주 개폐기(출력용 차단기) ········ 105
2-5 피뢰소자 ······················· 105
2-6 단자대 ························· 106
2-7 신호변환기(T/D ; transducer) · 106
2-8 접속함 선정 시 고려 사항 ········ 107
3. 교류 측 기기 ························ 108
　3-1 분전반 ························· 108
　3-2 적산전력량계(watt-hour meter) 108
4. 축전지(battery ; storage battery) 109
　4-1 일반 사항 ······················ 109
　4-2 태양광발전 계통연계 시스템용
　　　축전지 ······················· 110
　4-3 태양광발전 독립형 전원시스템용
　　　축전지 ······················· 111
5. 낙뢰(lightning strike) 대책 ········· 112
　5-1 낙뢰의 개요 ···················· 112
　5-2 낙뢰로 인한 피해 및 침입 경로 ··· 113
　5-3 태양광발전설비를 보호하기 위한
　　　피뢰설비 및 뇌 서지 대책 ······ 114
　5-4 피뢰 대책용 소자 ··············· 115
　5-5 외부 피뢰설비와 내부 피뢰설비 ··· 116
　5-6 피뢰설비의 유지보수 및 검사 ···· 117

제6장　태양광발전 시스템 시공

1. 시스템의 시공 준비 ·················· 125
　1-1 시스템의 시공 절차 ·············· 125
　1-2 시스템 관련 기기 반입검사 ······ 127
　1-3 태양광발전설비의 안전작업 및
　　　안전대책 ····················· 128
2. 시스템의 구조물 시공 ················ 129
　2-1 시스템의 구조물 시공기준 ······· 129
　2-2 발전 형태별 구조물 시공 ········ 131
　2-3 태양전지 모듈(module)의 설치 · 133

2-4 인버터의 설치 ·············· 134
　　2-5 접속함 설치공사 ·········· 135
3. 시스템의 배관 및 배선공사 ······ 136
　　3-1 케이블 선정 및 접속 ······ 136
　　3-2 커넥터(접속 배선함) ······ 138
　　3-3 태양전지 모듈의 배선 ···· 139
　　3-4 태양전지 모듈과 인버터 간
　　　　배선 ···························· 140
　　3-5 인버터와 배전반 간 배선 ········ 143
　　3-6 전압강하 ······················ 143
　　3-7 모듈 및 어레이 설치 후 확인·
　　　　점검사항 ······················ 144
4. 시스템의 접지공사 ················ 145
　　4-1 접지공사의 개요 ············ 145
　　4-2 접지공사의 종류 ············ 146
　　4-3 접지선의 굵기 및 표시 ···· 148
　　4-4 제1종, 제3종 및 특별 제3종 접지
　　　　공사의 시설 방법 ············ 148
　　4-5 금속관 등의 접지공사 ······ 149
　　4-6 접지극 ·························· 151
　　4-7 사람이 접촉할 우려가 있는 장소의
　　　　접지선 설치 ···················· 151
　　4-8 접지저항 측정 ················ 152

제7장 태양광발전 시스템 운영

1. 시스템의 운영계획 및 사업 개시 ····· 165
　　1-1 일별, 월별, 연간 운영계획 수립 시
　　　　고려 요소 ······················ 165
　　1-2 전기허가증 발급 방법 ······ 167
2. 태양광발전 시스템의 운전 ········ 177
　　2-1 발전시스템 운영체계 및 운영
　　　　매뉴얼 ·························· 177
　　2-2 발전시스템 운전조작 방법 ········ 178
　　2-3 발전시스템의 분류 ·········· 178

　　2-4 태양광발전 시스템 운영 점검
　　　　사항 ···························· 181
3. 태양광발전 시스템 계측 ············ 183
　　3-1 계측기구·표시장치의 구성 요소
　　　　및 취급 ························· 183
　　3-2 태양광발전 모니터링 시스템 ····· 185

제8장 태양광발전 시스템 품질관리

1. 성능 평가(performance evaluation) 195
　　1-1 시스템 성능 평가의 개념 및
　　　　분류 ···························· 195
　　1-2 태양광발전 시스템 성능 분석
　　　　용어·산출 방법 ················ 196
2. 품질관리 판정 기준 ················ 198
　　2-1 태양전지 셀의 시험 항목 및 판정
　　　　기준(태양전지 기술 기준) ·········· 198
　　2-2 결정질 모듈(성능)의 시험 항목 및
　　　　판정 기준 ······················ 199
　　2-3 소형 태양광발전용 인버터의 시험
　　　　항목 및 판정 기준 ············ 201
　　2-4 태양광발전용 접속함의 시험 항목
　　　　및 판정 기준 ·················· 208
3. 한국산업표준(KS), 국제표준화기구(ISO)
　　제도 ································· 210
　　3-1 표준화의 개요 ················ 210
　　3-2 한국산업표준 ·················· 211
　　3-3 국제표준화기구(ISO) ·········· 213
　　3-4 국제전기기술위원회(IEC) ······ 214

제9장 태양광발전설비 유지보수

1. 유지보수 개요 ······················ 224
　　1-1 유지보수 용어의 정의 ········ 224
　　1-2 설비의 유지보수 절차 ········ 225

1-3 태양광발전설비의 유지보수 점검
　　　작업 ·················· 226
1-4 전력 시설물 유지관리 지침 ······ 227
1-5 유지관리의 일반 사항 ············· 228
2. 유지보수 세부 내용 ···················· 229
2-1 태양광발전 시스템의 보수점검 · 229
2-2 전력 시설물 보수점검(전력 시설물
　　　유지관리 지침서) ················ 234
2-3 태양광발전 시스템의 고장 원인 248
2-4 태양광발전 시스템의 문제 진단 249
3. 태양광발전 시스템의 검사 지침 ······ 258
3-1 사용 전 검사 일반 ················· 258
3-2 자가용 발전설비 사용 전 검사 항목 및
　　　세부검사 내용 ···················· 259
3-3 자가용 발전설비 정기검사 항목 및
　　　세부검사 내용 ···················· 262
3-4 사업용 발전설비 사용 전 검사 항목
　　　및 세부검사 내용 ················· 263
3-5 사업용 발전설비 정기검사 항목 및
　　　세부검사 내용 ···················· 267
3-6 기타 검사 ··························· 269

제10장 태양광발전 시스템 안전관리

1. 위험요소 및 위험관리 방법 ············· 278
1-1 안전관리의 개요 ···················· 278
1-2 전기의 위험성과 전기재해 ······· 280
1-3 감전사고의 방지 대책 ············· 282
1-4 감전사고의 응급조치 ·············· 282
1-5 전기설비의 안전점검 ·············· 283
2. 전기작업의 안전 ······························ 285
2-1 정전 및 활선작업 등에 관한 기술
　　　지침 일반 ···························· 285
3. 안전관리 장비 ································· 290

3-1 안전장비의 분류 ···················· 290
3-2 안전장비의 종류 및 특성 ········ 291

제11장 신·재생에너지 관련법

1. 신·재생에너지 개발·이용·보급
　　촉진법 ··· 304
2. 신·재생에너지 개발·이용·보급
　　촉진법의 시행령 ························· 318
3. 신·재생에너지 개발·이용·보급
　　촉진법의 시행규칙 ······················ 329

제12장 전기설비기술기준 및 판단기준

1. 전기설비기술기준 ························· 351
　제1장 총칙 ··································· 351
　제2장 전기공급설비 및 전기사용설비 353
2. 전기설비기술기준의 판단기준 ········ 356
　제1장 총칙 ··································· 356
　제2장 발전소·변전소·개폐소의 시설 374
　제3장 전선로 ································ 377
　제4장 전력보안 통신설비 ·············· 397
　제5장 전기 사용 장소의 시설 ······· 398
　제6장 지능형 전력망 ····················· 419

부록 기출문제 및 해설

■ 2013년도 출제문제 ·························· 454
■ 2014년도 출제문제 ·························· 467
■ 2015년도 (1회차) 출제문제 ············· 480
■ 2015년도 (2회차) 출제문제 ············· 492
■ 2016년도 (1회차) 출제문제 ············· 507

태양광발전설비

제 1 장 신·재생에너지의 개요
제 2 장 태양광발전 시스템 개요
제 3 장 태양광 모듈(module)
제 4 장 파워컨디셔너(PCS)
제 5 장 관련 기기 및 부품
제 6 장 태양광발전 시스템 시공
제 7 장 태양광발전 시스템 운영
제 8 장 태양광발전 시스템 품질관리
제 9 장 태양광발전설비 유지보수
제10장 태양광발전 시스템 안전관리
제11장 신·재생에너지 관련법
제12장 전기설비기술기준 및 판단기준
부록　 기출문제 및 해설

제 1 장 신·재생에너지의 개요

1. 신·재생에너지의 정의 및 종류

1-1 신에너지

(1) 신에너지의 정의

기존의 화석연료를 변환시켜 이용하거나 수소·산소 등의 화학반응을 통하여 전기 또는 열을 이용하는 에너지이다.

(2) 신에너지의 종류

① 수소에너지
② 연료전지
③ 석탄을 액화·가스화한 에너지 및 중질잔사유(vacuum residue)를 가스화한 에너지
④ 그밖에 석유·석탄·원자력 또는 천연가스가 아닌 에너지

1-2 재생에너지

(1) 재생에너지의 정의

햇빛·물·지열·강수·생물 유기체 등을 포함하는 재생 가능한 에너지를 변환시켜 이용하는 에너지이다.

(2) 재생에너지의 종류

① 태양광에너지   ② 태양열에너지
③ 풍력 및 수력에너지   ④ 해양에너지
⑤ 지열에너지   ⑥ 바이오에너지
⑦ 폐기물에너지   ⑧ 그 밖의 에너지

2. 신·재생에너지의 원리 및 특징

 신·재생에너지의 필요성
1. 환경친화적 자원으로 비고갈성 자원이다.
   (가) 환경적 측면 : 화석 에너지의 고갈 기후 변화 협약에 대한 적극적인 내용
   (나) 안보적 측면 : 에너지의 해외 의존 극복에 따른 에너지 안보 확보
   (다) 경제적 측면 : 유가불안정 IT, BT, NT산업과 더불어 미래 산업, 차세대 산업으로 육성
2. 기술 주도형 자원으로, 공공 미래 에너지이다.
   시장 창출 및 경제성 확보를 위한 장기적인 개발 보급 정책이 필요하다.

2-1 태양광발전

(1) 태양광발전의 정의
태양광발전은 반도체로 만들어진 태양전지에 빛 에너지가 투입되면 광전효과에 의한 전자의 이동이 일어나서 전류가 흐르고 전기가 발생하는 원리를 이용하는 것이다.

(2) 태양광발전의 장점
① 무한정·무공해의 태양에너지를 이용하므로 연료비가 들지 않고, 대기오염이나 폐기물 발생이 없다.
② 기계적인 진동과 소음이 없고, 수명이 최소 20년 이상으로 길며, 유지 보수도 용이하다.

(3) 태양광발전의 단점
① 전력 생산량이 지역별 일사량에 의존한다.
② 낮은 에너지 밀도로 다량의 전기를 생산할 때에는 넓은 설치 면적이 필요하다.
③ 초기 설치비가 많아 발전 단가가 높다.

2-2 태양열발전

(1) 태양열발전의 정의·개요
① 태양이 복사하는 열에너지를 흡수하여 열기관과 발전기를 움직여서 전기를 생산하는 것으로, 시스템의 발전 원리 공정도는 다음과 같다.

집광열 → 축열 → 열전달 → 증기 발생 → 터빈(동력) → 발전(전력)

② 빛을 열로 변환하는 집열기에서는 급수되는 물을 가열하여 증기화하고, 축열조를 거쳐 터빈으로 보낸다.
③ 터빈의 회전 동력이 발전기로 하여금 전기를 발생시키게 한다.

(2) 태양열발전 시스템 구성도

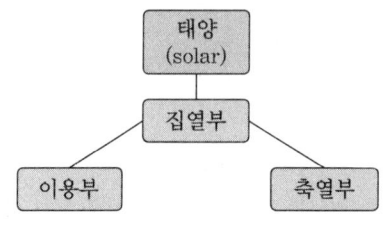

그림 1-1 태양열 시스템 구성도

① 집열부
  ㈎ 태양으로부터 오는 에너지를 모아서 열로 변환하는 장치이다.
  ㈏ 가장 중요한 부분으로 가장 간단한 형태는 빛을 잘 흡수하는 검은색 관 속으로 물을 흐르게 하는 평판 집열관이다.
  ㈐ 이것은 빛을 투과하는 투명한 외부층(유리나 플라스틱)이 빛을 흡수하는 검은색의 내부 구성물을 둘러싼 형태로 이루어져 온실효과를 일으킨다.
  ㈑ 빛이 집열판 속으로 들어오면 이것은 검은색의 내부에 부딪쳐 적외선으로 바뀌는데 적외선은 투명층을 통과하지 못하므로 내부는 점점 더 뜨거워진다.
  ㈒ 이렇게 뜨거워진 내부에는 열을 흡수하였다가 전달하는 매체가 흐르는데 이 뜨거워진 매체는 물과 열교환하여 난방용 또는 온수용 물을 생산한다.
② 축열부
  ㈎ 열교환되어 이용할 곳에 활용될 매체(난방용 온수 등)를 저장한다.
  ㈏ 이렇듯 태양열에너지는 에너지밀도가 낮고 계절별, 시간별 변화가 심한 에너지이므로 집열과 축열 기술이 가장 기본이 되는 기술이다.

(3) 태양열발전의 장점
① 무공해, 무제한 청정에너지원으로 환경오염 물질 배출이 없다.
② 유지 보수비가 적고, 다양한 적용 및 이용성이 좋다.
③ 기존의 화석 에너지에 비해 지역적 편중이 적다.

(4) 태양열발전의 단점
① 초기 설치 비용이 많다.
② 밀도가 낮아서 수집하여 이용하는 데 경제성이 낮다.

③ 생산이 간헐적이므로 계속적인 수용에 안정적 공급이 어렵다.
④ 봄, 여름은 일사량 조건이 좋으나 겨울철에는 조건이 불리하다.
⑤ 유가의 변동에 따른 영향이 크다.

1. 태양이 한 시간 동안 지표면에 보내 주는 에너지의 양은 전 인류가 일 년 동안 소비하는 에너지량과 맞먹을 정도로 많다고 한다.
2. 이와 같이 태양이 보내 주는 에너지의 일부를 모아서 전기로 변환하여 사용하는 것을 태양열발전(solar power generation)이라고 한다.

(5) 태양열주택
① 지붕 위에 설치된 집열판에서 태양열을 받아들여 그 열로 난방을 해결하는 집이다.
② 햇빛이 집열판에 닿으면 태양에너지가 열로 바뀌고 파이프의 온도가 올라가 물을 가열한다.
③ 가열된 물은 공기로 바뀌어 순풍 장치를 통해 따뜻한 공기를 제공하며 식은 공기는 집열판으로 올라가 태양열로 다시 가열된다.

2-3 풍력발전(wind power generation)

(1) 풍력발전의 정의·개요
① 풍력발전이란 바람에너지를 풍력 터빈(turbine) 등의 장치를 이용하여 기계적 에너지로 변환시키고, 이 에너지를 이용하여 발전기를 돌려 전기를 생산하는 것을 말한다.
② 바람의 세기가 1초에 평균 4 m 이상이면 풍력발전기를 세울 수 있다.
③ 풍력발전량은 날개 길이의 제곱에 비례하고, 풍속의 세제곱에 비례한다.

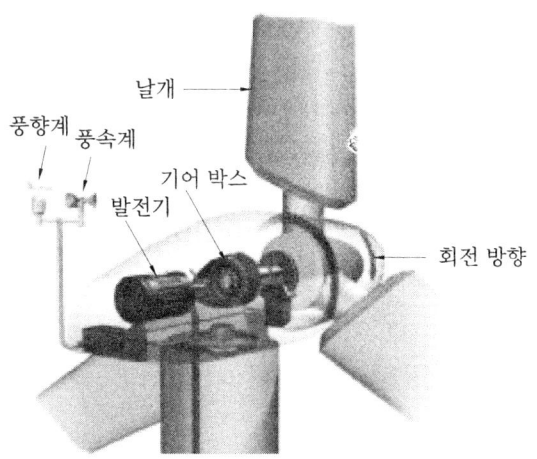

그림 1-2 풍력발전 설비의 구성(예)

(2) 시스템 구성

■ 운동량 변환장치　　■ 동력 전달장치　　■ 동력 변환장치　　■ 제어장치

① 기계 및 전기 시스템의 구성
- (가) 바람에너지를 회전력으로 변환시켜 주는 회전날개(blade)와 이를 주축과 연결시켜 주는 허브(hub) 시스템
- (나) 날개의 회전력을 증속기 또는 발전기에 전달하여 주는 회전축(shaft) 또는 주축(main shaft)
- (다) 회전 속도를 올려 주는 증속기(gear box)
- (라) 증속기로부터 전달받은 기계적 에너지를 전기적 에너지로 변환시키는 발전기(generator)
- (마) 제동장치인 brake
- (바) 날개의 각도를 조절하는 피치시스템(pitch system)
- (사) 날개를 바람 방향에 맞추기 위하여 낫셀(nacelle)을 회전시켜 주는 요잉 시스템(yawing system)
- (아) 풍력발전기를 지지하는 타워시스템 등

② 제어 시스템의 구성
- (가) 풍속에 따른 출력, 피치각, 로터와 발전기의 회전수를 조절하는 속도 및 출력 제어 시스템
- (나) 풍향과 제동장치, 회전 방식에 대한 제어를 담당하는 운전 상황 및 운전 모드 제어 시스템
- (다) 전력 계통과의 병렬 운전을 제어하는 계통연계 제어 시스템
- (라) 풍력발전기의 운전 상태를 실시간으로 감시하고 모니터링하는 운전 및 모니터링 시스템 등

(3) 풍력발전 시스템의 분류

표 1-1 풍력발전 시스템의 분류-종류

구 분	종 류
1. 회전축 방향에 따른 분류	수평축(horizontal axis type), 수직축(vertical axis type)
2. 증속기 유무에 따른 분류	증속기형(geared type), 직결형(gearless type)
3. 공기역학적 방식에 따른 분류	양력식(lift type), 항력식(drag type)
4. 운전 속도에 따른 분류	정속형(fixed rotor speed type), 가변속형(variable rotor speed type)
5. 출력 제어 방식에 따른 분류	날개각제어형(pitch controlled type), 실속제어형(stall controlled type)
6. 계통 연계 여부에 따른 분류	계통연계형(grid connected type), 독립전원형(off-grid type)
7. 설치 장소에 따른 분류	육상(onshore type), 해상(offshore type)

(4) 출력 제어 방식

① 날개각제어(pitch control) : 날개의 경사각 조절로 출력을 능동적으로 제어
② 실속제어(stall control) : 한계 풍속 이상이 되었을 때 양력이 회전날개에 작용하지 못하도록 날개의 공기역학적 형상에 의한 제어

(5) 수직축 발전기와 수평축 발전기

① 수직축 발전기
  (가) 수직축은 바람의 방향과 관계가 없어 사막이나 평원에 많이 설치하여 이용이 가능하다.
  (나) 소재가 비싸고 수평축 풍차에 비해 효율이 떨어지는 단점이 있다.
② 수평축 발전기
  (가) 수평축은 간단한 구조로 이루어져 있어 설치하기 편리하나 바람의 방향에 영향을 받는다.
  (나) 중대형급 이상은 수평축을 사용하고, 100 kW급 이하 소형은 수직축도 사용한다.

(6) 풍력발전기의 출력식

$$P = \frac{1}{2}mv^2 = \frac{1}{2}(\rho v A)v^2 = \frac{1}{2}\rho A v^3 [\text{W}]$$

ρ : 공기 밀도 A : 날개의 단면적(m^2) v : 풍속(m/s)

1. 프로펠러 형식의 풍력발전 시스템에서, 일반적으로 날개를 3개로 설계하는 이유
   (가) 진동이 적다.   (나) 하중이 균등 분배된다.   (다) 경제적이다.
2. 날개의 길이가 10% 증가하면 효율은 약 21% 증가한다.

(7) 풍력발전의 장점

① 일반적으로 무인 원격 운전되므로 유지 보수 비용이 적다.
② 전력 생산 단가가 싸며, 연료와 폐기물이 없는 청정에너지이다.
③ 건설, 설치 기간이 짧다.

(8) 풍력발전의 단점

① 소음이나 자연경관을 손상하는 등의 문제를 일으킬 수 있다.
② 설비 이용률이 다른 발전원에 비하여 낮다.
③ 대용량의 풍력발전은 풍차의 크기가 커지고 폭풍 등의 대책에 곤란한 문제가 따르게 된다.

1. 세계 최초의 자동운전 풍력터빈은 1888년 찰스 브러쉬가 미국 클리버랜드에 설치한 용량 12 KW, 높이 18미터, 무게 4톤의 설비였다.
2. 영국 최초의 계통연계형 풍력발전기는 1954년 존 브라운사가 오크니 섬에 건설한 100 KW의 정격출력의 설비로서, 18 m 직경의 날개 3개를 가지고 있었다.

2-4 수력발전(hydroelectric power generation)

(1) 수력발전의 정의
수력발전은 하천이나 저수지의 물을 낙차에 의한 위치에너지를 이용하여 수차의 회전력을 발생시키고, 수차와 직결되어 있는 발전기에 의해서 전기에너지를 생산하는 방식이다.

(2) 수력발전소의 구성
① 수력발전소는 수압관, 조절밸브, 수차, 흡출관, 변속기, 발전기로 구성되어 있다.
② 수압관과 수차, 흡출관 부분으로 연결되는 곳에 조절밸브가 있고 그 윗부분으로 연관되어 있는 구조에는 변속기와 발전기가 설치되어 있다.
③ 수면 아래로는 수차와 흡출관 부분이 자리 잡고 있다.
④ 소수력의 가장 중요한 설비는 수차(turbine)이다.

표 1-2 수차의 종류

수차 종류	특성	낙차
카플란수차	높이가 낮은 물과 다양한 유속에 적합한 유형의 수차	10~60 m
펠턴수차	높은 수원과 낮은 유속에 적합한 유형의 수차	300 m 이상
프랜시스수차	평균 높이의 물에 적합한 아주 흔한 유형의 수차	30~300 m

그림 1-3 펠턴수차

(3) 소수력발전 시스템의 계통도

그림 1-4 소수력발전 시스템 계통도

(4) 소수력발전의 분류

표 1-3 소수력발전의 분류

분	류		비 고
설비용량	• Micro Hydropower • Mini Hydropower • Small Hydropower	• 100 kW 미만 • 100~1,000 kW • 1,000~10,000 kW	국내의 경우 소수력발전은 저낙차, 터널식 및 댐식 적용
낙차	• 저낙차 • 중낙차 • 고낙차	• 2~20 m • 20~150 m • 150 m 이상	
발전 방식	• 수로식 • 댐식 • 터널식	• 하천경사가 급한 중·상류 지역 • 하천경사가 작고 유량이 큰 지점 • 하천의 형태가 오메가(Ω)인 지점	

(5) 소수력발전의 장점
① 청정에너지로 지구온난화 방지에 가장 적합한 발전 방식의 하나이다.
② 발전 단가가 싸고 장기적으로 공급 안정성이 우수하다.
③ 발전 효율이 80% 이상으로 에너지 변환 효율이 높다.

(6) 소수력발전의 단점
① 많은 유량 또는 높은 낙차를 얻을 수 있는 지형적인 조건이 필요하다.
② 물의 양이 적거나 없으면 발전을 하지 못한다.
③ 출력이 기상과 계절의 영향을 받는다.

2-5 지열발전(geothermal power generation)

(1) 지열발전의 정의·개요
① 지열발전은 지하의 고온층에서 증기나 열수의 형태로 열을 받아들여, 증기터빈에 유도하고 고속으로 터빈을 회전시켜서 이와 직결된 발전기에 의해 전력을 생산하는 방식이다.
② 지열은 지표면의 얕은 곳에서부터 수 km 깊이의 고온의 물(온천)이나 암석(마그마) 등이 가지고 있는 에너지이다.
③ 일반적으로 자연 상태에서 지열의 온도는 지하 100 m 깊어질수록 평균 3~4℃가 높아진다.

(2) 지열 시스템의 특성
① 대표적으로 지열을 회수하는 파이프(열교환기) 회로 구성에 따라 폐회로(closed loop)와 개방회로(open loop)로 구분된다.

② 일반적으로 적용되는 폐회로는 파이프가 폐회로로 구성되어 있는데, 파이프 내에는 지열을 회수(열교환)하기 위한 열매가 순환되며, 파이프의 재질은 고밀도 폴리에틸렌이 사용된다.
③ 폐회로시스템(폐쇄형)은 루프의 형태에 따라 수직, 수평루프시스템으로 구분되는데 수직으로 100~150 m, 수평으로는 1.2~1.8 m 정도 깊이로 묻히게 되며 상대적으로 냉난방부하가 적은 곳에 쓰인다.
④ 개방회로는 온천수, 지하수에서 공급받은 물을 운반하는 파이프가 개방되어 있는 것으로 풍부한 수원지가 있는 곳에 적용될 수 있다.
⑤ 폐회로가 파이프 내의 열매(물 또는 부동액)와 지열 소스(source)가 열교환되는 것에 비해 개방회로는 파이프 내로 직접 지열 소스(source)가 회수되므로 열전달 효과가 높고 설치 비용이 저렴한 장점이 있으나, 폐회로에 비해 보수가 필요한 단점이 있다.

(3) 지열발전의 장점
① 원리적으로 연료를 필요로 하지 않으므로 연료 연소에 따르는 환경오염이 없다.
② 화력이나 원자력에 비해 발전소의 규모는 작지만 경제성을 지니고 있다.
③ 가동률이 90% 정도로 높고, 잉여 열을 이용할 수 있다.
④ 발전 비용이 비교적 저렴하고, 운전 기술이 간단하다.

(4) 지열발전의 단점
① 지중 상황 파악이 어렵고, 지반 침전의 위험이 있다.
② 시공이 어려운 장소가 있고, 보수 유지관리가 어렵다.
③ 대량으로 분출하게 되면 탈황장치가 필요하다.

2-6 해양에너지(ocean energy)

(1) 해양에너지의 정의 · 종류
해양에너지는 해양의 조수 · 파도 · 해류 · 온도차 등을 변환시켜 전기 또는 열을 생산하는 기술로서, 전기를 생산하는 방식은 조력 · 파력 · 조류 · 온도차발전 등이 있다.
① 조력발전 : 조석 간만의 차를 동력원으로 해수면의 상승하강운동을 이용하여 전기를 생산하는 것
② 파력발전 : 연안 또는 심해의 파랑에너지를 이용하여 전기를 생산하는 것
③ 조류발전 : 해수의 유동에 의한 운동에너지를 이용하여 전기를 생산하는 것
④ 온도차발전 : 해양 표면층의 온수와 심해 500~1000 m 정도의 냉수와의 온도차를 이용하여 열에너지를 기계적 에너지로 변환시켜 발전하는 것

(2) 해양에너지 시스템 구성도

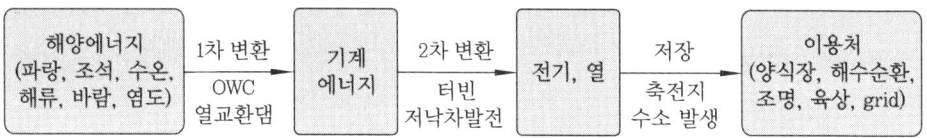

※ OWC(Oscillating Water Column) : 진동수주

그림 1-5 해양에너지 시스템 구성도

(3) 해양발전의 종류와 입지 조건

표 1-4 해양발전의 입지 조건

조력발전	파력발전	조류발전	온도차발전
• 평균 조차가 3 m 이상인 곳 • 폐쇄된 만의 형태 • 해저의 지반이 강고한 곳 • 에너지 수요처와 근거리	• 자원량이 풍부한 연안 • 육지에서 거리 30 km 미만 • 수심 300 m 미만의 해상 • 항해, 항만 기능에 방해되지 않을 것	• 조류의 흐름이 2 m/s 이상인 곳 • 조류 흐름의 특징이 분명한 곳	• 연중 표·심층수와 온도차가 17℃ 이상인 기간이 많을 것 • 어업 및 선박 항행에 방해되지 않을 것

(4) 조력발전(tidal power generation)

① 조수 간만의 수위 차로부터 위치에너지를 운동에너지로 바꾸어 전기에너지로 전환하는 발전 방식이다.

② 조석 간만의 차가 큰 만이나 강 하구에 댐을 건설하고 밀물과 썰물 때에 터빈을 돌려 발전하는 시스템으로 수력발전과 유사한 방식이다.

③ 우리나라는 서해의 인천만(8.1 m), 아산만(6 m), 가로림만(4.7 m), 천수만(4.5 m) 등이 조력발전에 적합한 지역으로 꼽히고 있다.

④ 장점

  ㈎ 댐이 필요 없고 갯벌을 파괴하지 않아 친환경적인 방식이다.

  ㈏ 날씨 변화에 무관하여 지속적인 발전이 가능하며, 연속적이고 예측 가능하여 신뢰도가 높다.

  ㈐ 에너지원이 고갈될 염려가 없는 신재생에너지이며, 공해의 원인이 되지 않는다.

⑤ 단점

  ㈎ 조위의 변화가 1년 동안 균일하지 않고, 조위가 일정한 시간대에는 발전할 수 없으며, 시설 기반 비용이 비싸다.

  ㈏ 조력발전은 조석 간만의 차가 큰 지역으로 한정되어 입지 조건이 까다롭고, 강어귀에 침전물이 늘어나 생태계와 발전 모두에 악영향을 끼칠 수 있다.

2-7 바이오에너지(bio-energy)

(1) 바이오에너지의 정의
바이오매스(biomass)를 연료로 하여 얻어지는 에너지로, 바이오매스를 에너지원으로 이용하는 방법으로는 직접연소 · 메테인발효 · 알코올발효 등이 있다.

(2) 바이오에너지의 특징
① 산업계에서는 유기계 폐기물도 바이오매스에 포함한다.
② 유기계 폐기물 · 농산폐기물 · 임산폐기물 · 축산폐기물 · 산업폐기물 · 도시 쓰레기 등도 직접 또는 변환하여 연료화할 수 있다.

(3) 바이오에너지의 장점
① 원자력 등 다른 에너지와 비교할 때 환경 보전적으로 안전하며, 저장할 수 있다.
② 물과 온도 조건만 맞으면 지구 어느 곳에서나 얻을 수 있고, 적은 자본으로도 개발이 가능하다.
③ 바이오매스는 재생이 가능하며, 석탄과 비교하여 훨씬 적은 아황산가스와 아산화질소를 배출한다.

(6) 바이오에너지의 단점
① 바이오매스를 얻기 위해 넓은 면적의 토지가 필요하다.
② 자원 매장량의 지역적 차이가 크며, 비료, 물, 토양 그리고 에너지의 투입이 필요하다.

2-8 수소에너지(hydrogen energy)

(1) 수소에너지 기술의 정의
물, 유기물, 화석연료 등의 화합물 형태로 존재하는 수소를 분리, 생산해서 이용하는 기술이다.

(2) 수소에너지의 특징
① 수소의 형태로 에너지를 저장하고 사용할 수 있도록 한 대체에너지이다.
② 수소에너지는 무공해 연료로, 석유를 연료로 삼는 모든 엔진과 석유를 열원으로 쓰는 모든 연료 분야에서 사용할 수 있다.
③ 수소에너지는 주로 연료전지(fuel cell)를 써서 사용한다.
④ 수소에너지를 이용한 수소 자동차 · 수소 비행기도 각국에서 경쟁적으로 개발하고 있다.

(3) 수소에너지의 장점
① 환경보호에 기여할 수 있는 청정 연료라는 점에서 주목을 받고 있다.
② 수소는 연소시켜도 산소와 결합하여 물이 생성되므로 배기가스로 인한 환경오염이 발생하지 않는다.
③ 수소는 1g당 열량이 석유의 세 배이며, 물이 원료이므로 수송이나 저장이 쉽다.

(4) 수소에너지의 단점
① 사용상 안전의 문제가 따른다.
② 많은 양의 수소를 얻기 위해서 소비 전력이 크다.

2-9 석탄액화·가스화 및 중질잔사유 가스화 에너지

(1) 정의
석탄 및 중질잔사유의 저급 연료를 액화 또는 가스화시켜 전기 또는 열을 생산하는 것을 말한다.

(2) 특징
① 석탄의 액화 및 가스화는 석탄의 고형분과 황분을 제거할 수 있다.
② 중질잔사유의 가스화는 원유의 황, 황산화물, 질소산화물을 제거할 수 있다.

- **가스화 복합발전기술(IGCC ; Integrated Gasification Combined Cycle)**
  석탄, 중질잔사유 등의 저급 원료를 고온·고압의 가스화기에서 수증기와 함께 한정된 산소로 불완전연소 및 가스화시켜 일산화탄소와 수소가 주성분인 합성가스를 만들어 정제 공정을 거친 후 가스터빈 및 증기터빈 등을 구동하여 발전하는 신기술이다.
- **석탄액화(liquefaction of coal)**
  고체 연료인 석탄을 휘발유 및 디젤유 등의 액체 연료로 전환시키는 기술로 고온 고압의 상태에서 용매를 사용하여 전환시키는 직접 액화 방식과, 석탄가스화 후 촉매상에서 액체 연료로 전환시키는 간접 액화 기술이 있다.
- **가스 정제 공정**

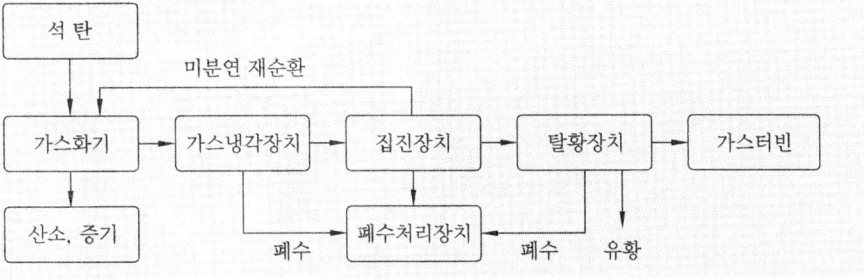

(3) 장점

① 석탄가스화 복합발전 : 석탄을 고온·고압 아래에서 가스화시켜 전기를 생산하는 친환경 발전이다.
② 다양한 저급 연료를 활용할 수 있으며, 만들어진 합성 가스는 화학원료용, 연료용 등으로 폭넓게 이용될 수 있다.

(4) 단점

① 대형 장치 산업으로 초기 투자 비용이 높다.
② 전체 설비의 구성과 제어가 복잡하다.
③ 연계 시스템의 최적화, 운영 안정화 및 저비용화가 요구된다.

2-10 연료전지(fuel cell)

(1) 연료전지의 정의

수소를 공기 중 산소와 화학반응시켜 전기를 생성하는 미래 동력원이다.

(2) 연료전지의 원리

공기 중의 산소가 한 전극을 지나고 수소가 다른 전극을 지날 때 전기화학 반응을 통해 전기와 물, 열을 생성하는 원리다. 즉, 물의 전기분해의 역반응이다.

(3) 전해질 종류에 따른 연료전지의 구분

표 1-5 연료전지의 구분

구 분	알칼리형 (AFC)	인산형 (PAFC)	용융탄산염형 (MCFC)	고체산화물형 (SOFC)	고분자전해질형 (PEMFC)	직접메탄올 (DMFC)
전해질	알칼리	인산염	탄산염	세라믹	이온교환막	이온교환막
동작 온도(℃)	120℃ 이하	250℃ 이하	700℃ 이하	1,200℃ 이하	100℃ 이하	100℃ 이하
효율(%)	85%	70%	80%	85%	75%	40%
용도	우주발사체 전원, 군사용	중형 건물 (200 kW)	중·대형 건물 (100 kW~수MW)	소·중·대 용량 발전 (1 kW~수MW)	가정·상업용 (1~10 kW)	소형 이동 (1 kW 이하)
특징	-	CO 내구성 큼, 열병합 대응 가능	발전효율 높음, 내부개질 가능, 열병합 대응 가능	발전효율 높음, 개질 가능, 복합발전 가능	저온 작동, 고출력밀도	저온 작동, 고출력밀도

(4) 연료전지의 장점

① 연료전지는 반응 물질인 수소와 산소를 외부로부터 공급받으므로, 축전지와는 달리 충전이 필요 없고, 연료가 공급되는 한 전기를 발생시킨다.
② 황, 질소산화물 등 유독 공해 물질의 배출이 매우 낮고, 이산화탄소 배출량도 획기적으로 줄일 수 있어 친환경적이다.
③ 연료전지는 별도의 구동부가 존재하지 않아 소음이 없으며, 에너지 효율도 50%로 다른 에너지원에 비해 에너지 효율(내연기관 30%)이 높다.
④ 전원 충전 없이 연료 카트리지를 계속 교체하는 한 영구적으로 사용할 수 있는 저공해, 고효율 차세대 에너지원이다.

(5) 연료전지의 단점

① 고온형 연료전지에 내구성이 유지되는 재료 개발이 요구된다.
② 재료의 부식이 일어나지 않는 온도로 제어하기 위한 시스템 구성이 필요하다.
③ 물의 전기분해에 의한 수소의 조달이 필요하다.

2-11 폐기물에너지

(1) 폐기물에너지의 정의·개요

① 폐기물에너지는 폐기물을 변환시켜 연료 및 에너지를 생산하는 기술이다.
② 사업장 또는 가정에서 발생되는 가연성 폐기물 중 에너지 함량이 높은 폐기물을 열분해에 의한 오일화, 성형 고체 연료의 제조 기술, 가스화에 의한 가연성 가스 제조 기술 및 소각에 의한 열회수 기술 등의 가공·처리 방법을 통해 고체 연료, 액체 연료, 가스 연료, 폐열 등을 생산하고, 이를 산업 생산 활동에 필요한 에너지로 이용될 수 있도록 재생에너지를 생산하는 기술이다.

(2) 폐기물 신재생에너지의 종류

표 1-6 폐기물 신재생에너지의 종류

종 류	내 용
성형 고체 연료(RDF)	종이, 나무, 플라스틱 등의 가연성 폐기물을 파쇄, 분리, 건조, 성형 등의 공정을 거쳐 제조한 고체 연료 ※ RDF : Refuse Derived Fuel
폐유 정제유	자동차 폐윤활유 등의 폐유를 이온정제법, 열분해 정제법, 감압증류법 등의 공정으로 정제하여 생산한 재생유
플라스틱 열분해 연료유	플라스틱, 합성수지, 고무, 타이어 등의 고분자 폐기물을 열분해하여 생산한 청정 연료유
폐기물 소각열	가연성 폐기물 소각열 회수에 의한 스팀 생산 및 발전, 시멘트킬른 및 철광석소성로 등의 열원으로의 이용 등

예상문제

1. 신·재생에너지의 정의 및 종류

1. 다음 중 신에너지에 속하는 것은?
① 지열   ② 수력
③ 태양광   ④ 연료전지
[해설] 신에너지의 종류[1-1-(2) 참조]

2. 다음 중 신에너지에 속하지 않는 것은?
① 연료전지
② 수소에너지
③ 바이오에너지
④ 석탄을 액화·가스화한 에너지
[해설] 바이오에너지는 재생에너지에 속한다.

3. 다음 중 재생에너지에 속하지 않는 것은?
① 태양열   ② 바이오매스
③ 원자력   ④ 풍력
[해설] 재생에너지의 종류[1-2-(2) 참조]
원자력은 신·재생에너지에 속하지 않는다.

4. 다음 중 재생에너지에 속하지 않는 것은?
① 태양열   ② 풍력
③ 폐기물   ④ 연료전지
[해설] 연료전지는 신에너지에 속한다.

5. 다음 중 신에너지 및 재생에너지원에 해당되는 것은?
① 석유   ② 천연가스
③ 석탄   ④ 지열
[해설] 지열에너지는 재생에너지에 속한다.

6. 신·재생에너지 설비와 관계가 없는 것은?
① 태양에너지 설비
② 원자력발전 설비
③ 바이오에너지 설비
④ 폐기물에너지 설비
[해설] 재생에너지의 종류[1-2-(2) 참조]

7. 신·재생에너지라 할 수 없는 것은?
① 태양에너지   ② 석유에너지
③ 해양에너지   ④ 지열에너지
[해설] 재생에너지의 종류[1-2-(2) 참조]
[참고] 신·재생에너지 개발·이용·보급 촉진법[제2조. 정의 참조]
(1) 신에너지(3개 분야) : 연료전지, 수소, 석탄액화 가스화 및 중질잔사유 가스화
(2) 재생에너지(8개 분야) : 태양광, 태양열, 바이오, 풍력, 수력, 해양, 폐기물, 지열

2. 신·재생에너지의 원리 및 특징

8. 신·재생에너지의 특징이 아닌 것은?
① 비고갈성 에너지이다.
② 친환경 청정에너지이다.
③ 온실효과의 영향이 있다.
④ 기술 주도형 자원이다.
[해설] 신·재생에너지의 특징
(1) 환경친화적 자원으로 비고갈성 자원이다.

[정답] 1. ④ 2. ③ 3. ③ 4. ④ 5. ④ 6. ② 7. ② 8. ③

(2) 기술 주도형 자원으로, 공공 미래 에너지이다.

[참고] 온실효과(greenhouse effect) : 대기 중의 수증기와 이산화탄소 등이 온실의 유리처럼 작용하여 지구 표면의 온도를 높게 유지하는 효과를 말한다.

9. 태양전지의 발전 원리로 옳은 것은?
① 광전효과   ② 쇼트키 효과
③ 조셉슨 효과 ④ 푸르키네 효과

[해설] (1) 광전효과(photoelectric effect) : 물질이 빛을 흡수하여 광전자(光電子)가 생기는 현상
(2) 쇼트키 효과(Schottky effect) : 열전자 방출에서 양극전위를 높이면 전류가 완전히 포화되지 않고 조금씩 증가하는 현상
(3) 조셉슨 효과(Josephson effect) : 두 장의 초전도체막 사이에 얇은 절연물을 끼워 넣었을 때 절연물을 통하여 전류가 흐르는 현상
(4) 푸르키네 효과(Purkinje's phenomenon) : 색광에 대한 시감도가 명암순응 상태에 의해 달라지는 현상

10. 태양광발전 시스템의 장점으로 옳지 않은 것은?
① 햇빛이 있는 곳이면 어느 곳에서나 간단히 설치할 수 있다.
② 한번 설치해 놓으면 유지 비용이 거의 들지 않는다.
③ 무소음 및 무진동으로 환경오염을 일으키지 않는다.
④ 낮은 에너지 밀도로 다량의 전기를 생산할 때는 많은 공간을 차지한다.

[해설] 많은 공간을 차지한다는 것은 단점에 속한다.

11. 태양열발전 시스템의 구성 요소에 속하지 않는 것은?
① 이용부   ② 집열부
③ 반환부   ④ 축열부

[해설] 태양열 시스템 구성도(그림 1-1 참조)

12. 다음은 태양열발전 시스템의 발전 공정을 나타낸 것이다. ㉠, ㉡의 공정은?

| 집광열 → ㉠ → 열전달 → ㉡ → 터빈 → 발전 |

	㉠	㉡
①	축열	증기 발생
②	증기 발생	축열
③	가열	열가스 발생
④	열가스 발생	가열

[해설] 태양열 발전 원리 공정도 참조

13. 다음은 태양열발전 시스템의 발전 원리를 나타낸 것이다. ㉠~㉢의 공정으로 올바른 것은?

| 집광열 → ㉠ → ㉡ → ㉢ → 터빈(동력) → 발전 |

	㉠	㉡	㉢
①	열전달	증기 발생	축열
②	열전달	축열	증기 발생
③	축열	열전달	증기 발생
④	증기 발생	열전달	축열

[해설] 태양열 발전 원리 공정도 참조

14. 태양열발전 시스템에 대한 설명으로 적합하지 않은 것은?
① 태양이 복사하는 열에너지를 흡수하여 열기관과 발전기를 움직여서 전기를 생산하는 것이다.

정답 9. ① 10. ④ 11. ③ 12. ① 13. ③ 14. ④

② 집열부는 가장 중요한 부분으로 가장 간단한 형태는 빛을 잘 흡수하는 검은색 관 속으로 물을 흐르게 하는 평판 집열관이다.
③ 터빈의 회전 동력이 발전기로 하여금 전기를 발생시키게 한다.
④ 기존의 화석에너지에 비해 지역적 편중이 크며, 초기 설치 비용이 적다.

[해설] 태양열발전 시스템의 구성 및 장·단점 [2-2-(2), (3), (4) 참조]
기존의 화석에너지에 비해 지역적 편중이 적으며, 초기 설치 비용이 많다.

15. 풍력발전이 가능한 바람의 속도로 몇 m/s 이상이 요구되는가?
① 0.5   ② 2.5   ③ 3   ④ 4

[해설] 풍력발전[2-3-(1)-② 참조]
바람의 속도가 4 m/s 이상이 되어야 경제성을 확보할 수 있다.

16. 풍력발전량은 날개 길이의 ( )승에 비례하고, 풍속의 ( )승에 비례하는가?
① 3, 2   ② 2, 3   ③ 1, 2   ④ 2, 1

[해설] 풍력발전[2-3-(1)-③ 참조]
풍력발전량은 날개 길이의 제곱에 비례하고, 풍속의 세제곱에 비례한다.

17. 프로펠러 형식의 풍력발전 시스템에서, 일반적으로 날개를 3개로 설계하는 이유로 적합하지 않은 것은?
① 제작상 용이하다.
② 진동이 적다.
③ 하중이 균등 분배된다.
④ 경제적이다.

[해설] 프로펠러 형식[2-3-(6)-플러스 참조]

18. 다음 풍력발전에 대한 설명 중 맞지 않는 것은?
① 풍력발전량은 날개 길이의 제곱에 비례하고, 풍속의 세제곱에 비례한다.
② 중대형급 이상은 수직축을 사용하고, 100 kW급 이하 소형은 수평축도 사용한다.
③ 일반적으로 무인 원격 운전되므로 유지 보수 비용이 적다.
④ 증속기(gearbox)는 회전자를 적정 속도로 변환하는 장치이다.

[해설] 수직·수평축의 발전기[2-3-(5) 참조]
중대형급 이상은 수평축을 사용하고, 100 kW급 이하 소형은 수직축도 사용한다.

19. 일반적으로 발전설비용량이 몇 MW 이하를 소수력으로 구분하는가?
① 5.5   ② 10   ③ 15.5   ④ 20

[해설] 소수력발전(small hydro)[2-4-(4) 표 1-3 참조]
일반적으로 10 MW 이하를 소수력으로 구분한다.

[참고] (1) 소수력발전(small hydro)은 높이로 인한 수력을 이용해 전기에너지로 전환하는 발전 방식을 말한다.
(2) 강 상류나 다목적댐의 높이 차를 이용한다. 이 중 100 kW 미만의 소수력발전은 극소수력 발전(micro hydro)이라고 부른다.

20. 소수력의 가장 중요한 설비는?
① 조절밸브   ② 변압기
③ 수차   ④ 발전기

[해설] 소수력발전(small hydro)[2-4-(2) 참조)
소수력의 가장 중요한 설비는 수차(turbine)이다.

정답 15. ④   16. ②   17. ①   18. ②   19. ②   20. ③

21. 수력발전에서 사용되는 수차가 아닌 것은?
① 카플란 ② 허브로터
③ 프란시스 ④ 펠턴

[해설] 수차의 종류[2-4-(2) 표 1-2 참조]

22. 소수력발전에 대한 설명 중 적합하지 않은 것은?
① 청정에너지로 지구온난화 방지에 가장 적합한 발전 방식의 하나이다.
② 장기적으로 공급 안정성이 우수하다.
③ 출력이 기상과 계절의 영향을 받는다.
④ 발전 효율이 40% 이하로 에너지 변환 효율이 낮다.

[해설] 소수력발전의 장·단점[2-4-(5), (6) 참조]
발전 효율이 80% 이상으로 에너지 변환 효율이 높다.

23. 지열발전의 장점으로 적절하지 않은 것은?
① 가동률이 90% 정도로 높다.
② 잉여 열을 이용할 수 있다.
③ 원자력에 비해 발전소의 규모는 작지만 경제성을 지니고 있다.
④ 어느 장소나 시공이 용이하고, 보수 유지관리도 쉽다.

[해설] 지열발전의 장·단점[2-5-(3), (4) 참조]
단점 : 시공이 어려운 장소가 있고, 보수 유지관리가 어렵다.

24. 다음 중 해양발전에 해당되지 않는 것은?
① 조력발전 ② 파력발전
③ 수력발전 ④ 온도차발전

[해설] 해양발전의 종류[2-6-(1) 참조]

25. 조석 간만의 차를 동력원으로 해수면의 상승하강운동을 이용하여 전기를 생산하는 것은?
① 파력발전 ② 조류발전
③ 조력발전 ④ 양수발전

[해설] 조력발전[2-6-(1) 참조]

26. 연안 또는 심해의 파랑에너지를 이용하여 전기를 생산하는 것은?
① 조력발전 ② 조류발전
③ 파력발전 ④ 온도차발전

[해설] 파력발전[2-6-(1) 참조]
바닷가에 가면 쉴 새 없이 파도가 치는 것을 볼 수 있다. 파도 때문에 수면은 주기적으로 상하 운동을 하는데, 이를 이용하여 전기에너지를 생산하는 것을 '파력발전'이라 한다.

[참고] 파랑(波浪 ; ocean wave) : 바람이 해면이나 수면 상에 불 때 생기는 풍랑과 어느 해역에서 발생한 풍랑이 바람이 없는 다른 해역까지 진행하여 감쇠되어 생긴 너울

27. 다음 입지 조건은 어느 발전에 적합한 것인가?

> ㉠ 자원량이 풍부한 연안
> ㉡ 육지에서 거리 30 km 미만
> ㉢ 수심 300 m 미만의 해상
> ㉣ 항해, 항만 기능에 방해되지 않을 것

① 조력발전 ② 조류발전
③ 파력발전 ④ 온도차발전

[해설] 해양발전의 입지 조건[2-6-(3) 표 1-4 참조]

[정답] 21. ② 22. ④ 23. ④ 24. ③ 25. ③ 26. ③ 27. ③

28. 다음 바이오에너지(bio-energy)에 대한 설명 중 적합하지 않은 것은?

① 바이오매스(biomass)를 연료로 하여 얻어지는 에너지이다.
② 환경 보전적으로 안전하며, 저장할 수 있다.
③ 바이오매스는 재생이 불가능하며, 석탄에 비하여 많은 아황산가스와 아산화질소를 배출한다.
④ 산업계에서는 유기계 폐기물도 바이오매스에 포함한다.

[해설] 바이오에너지[2-7-(3), (4) 참조]
바이오매스는 재생이 가능하며, 석탄과 비교하여 훨씬 적은 아황산가스와 아산화질소를 배출한다.

[참고] 바이오매스(biomass) : 유기성 생물체를 총칭, 태양에너지를 받은 식물과 미생물의 광합성에 의해 생성되는 동물체, 균체와 이를 먹고 살아가는 동물체를 포함하는 생물 유기체

29. 다음 수소에너지에 대한 설명 중 적합하지 않은 것은?

① 수송이나 저장이 어렵다.
② 수소에너지는 주로 연료전지(Fuel Cell) 등의 연료로서 사용이 간편하다.
③ 환경보호에 기여할 수 있는 청정 연료이다.
④ 많은 양의 수소를 얻기 위해서 소비 전력이 크다.

[해설] 수소에너지의 장점[2-8-(3), (4) 참조]
물이 원료이므로 수송이나 저장이 쉽다.

30. 가스화 복합발전기술의 약호는?

① GGCC   ② GMHD
③ CCG   ④ IGCC

[해설] 가스화 복합발전기술[2-9-플러스 참조]
가스화 복합화력발전(Integrated Gasification Combined Cycle ; IGCC)

31. 다음 '석탄액화·가스화 및 중질잔사유 가스화'에 대한 설명 중 적합하지 않은 것은?

① 석탄의 액화 및 가스화는 석탄의 고형분과 황분을 제거할 수 있다.
② 대형 장치 산업으로 초기 투자 비용이 높다.
③ 중질잔사유의 가스화는 원유의 황, 황산화물, 질소산화물을 제거할 수 있다.
④ 전체 설비의 구성과 제어가 간편한 장점을 가지고 있다.

[해설] 석탄 액화·가스화 및 중질잔사유 가스화[2-9-(4) 참조]
전체 설비의 구성과 제어가 복잡하며, 대형장치 산업으로 초기 투자 비용이 높다.

32. 신·재생에너지 설비 중 수소와 산소의 전기화학 반응을 통하여 전기 또는 열을 생산하는 설비는?

① 연료전지 설비   ② 산소에너지 설비
③ 전기에너지 설비 ④ 수소에너지 설비

[해설] 연료전지[2-10-(1) 참조]

33. 다음 연료전지에 대한 설명 중 적합하지 않은 것은?

① 연료전지의 원리는 물의 전기분해의 역반응이다.
② 축전지와는 달리 충전이 필요 없고, 연료가 공급되는 한 전기를 발생시킨다.

[정답] 28. ③ 29. ① 30. ④ 31. ④ 32. ① 33. ③

③ 다른 에너지원에 비해 에너지 효율이 낮다.
④ 재료의 부식이 일어나지 않는 온도로 제어하기 위해 시스템 구성이 필요하다.

[해설] 연료전지의 장·단점[2-10-(4), (5) 참조]
다른 에너지원에 비해 저공해, 고효율로 차세대 에너지원이다.

34. 전해질 종류에 따른 연료전지 구분에서, 효율이 매우 높아 우주발사체 전원용인 것은?
① 알칼리(AFC)
② 용융탄산염형(MCFC)
③ 고체산화물형(SOFC)
④ 고분자전해질형(PEMFC)

[해설] 연료전지 구분[2-10-(3) 표 1-5 참조]

35. 다음 중 폐기물 신재생에너지의 종류에 해당되지 않는 것은?
① 폐기물 소각열
② 플라스틱 열분해 연료유
③ 성형 고체 연료(RDF)
④ 바이오매스(biomass)

[해설] 폐기물 신재생에너지의 종류[2-11-(2) 표 1-6 참조]

정답 34. ①   35. ④

제 2 장 태양광발전 시스템 개요

1. 태양광발전 시스템의 정의 및 종류

1-1 태양광발전(PV) 시스템의 정의

(1) 정의

태양전지에 빛에너지를 투입, 광기전력효과에 의한 태양에너지를 전기에너지로 변환하고, 부하에 적합한 전력을 공급하기 위한 시스템으로, 전력의 생산, 이용, 보호 및 유지관리 등을 수행하는 시스템이라 할 수 있다.

(2) 구성 요소

① 태양전지 어레이(array) : 일사량에 의존하여 직류전력을 발전-생산하며, 태양전지와 배선, 그리고 이것들을 지지하는 구조물로 구성된다.

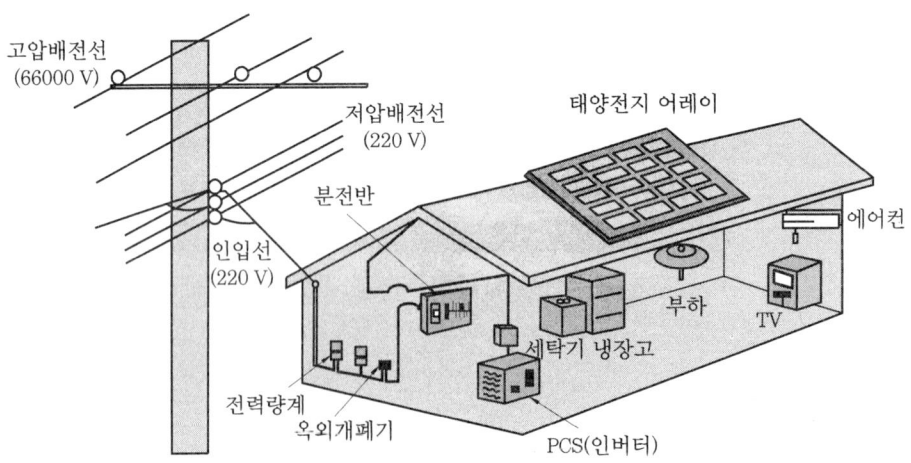

그림 2-1 계통연계형 주택용 태양광발전 시스템 구성도(예)

② 전력조절 시스템(PCS) : 어레이의 직류전력 출력을 상용 교류전력으로 변환하는 인버터(inverter), 전력변환기기류 및 제어, 보호 장치를 일체화한 유닛(unit)으로 구성된다.
③ 주변장치(BOS) : 접속함, 단자함, 개폐기, 계측기 및 축전지 등으로 구성된다.

- PV(photovoltaic) : 광발전
- PCS(Power Conditioning System) : 전력조절 시스템
- BOS(Balance of System) : 주변장치

1-2 태양광발전 시스템의 분류

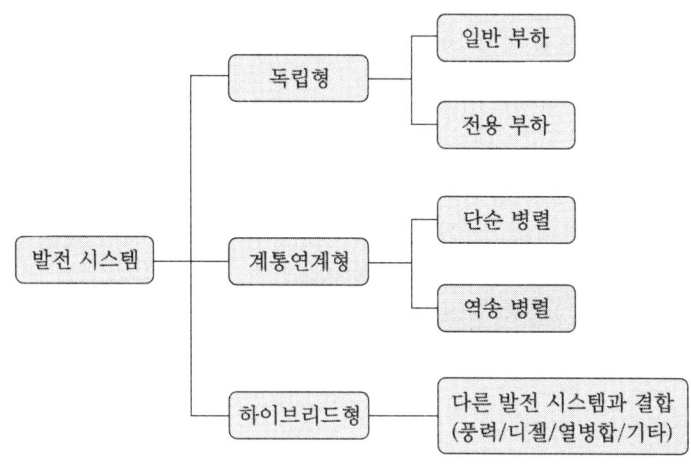

(1) 독립형 시스템(stand-alone system)
① 적용 지역
　㈎ 도서 지역, 산간벽지
　㈏ 독립된 지역 : 농업용수, 목축업, 양어장 등
　㈐ 상용 전력 계통 전원 공급이 어려운 특수한 지역
② 시스템 구성 요소
　㈎ 직류 전기를 발전하는 태양전지 어레이(array)
　㈏ 심야나 악천후에도 전기를 쓰기 위해서 발전된 전기를 저장해 둘 축전지(battery)
　㈐ 발전된 직류를 우리가 사용하는 교류로 변환해 주는 인버터(inverter)
　㈑ 발전된 전기에너지를 소비하는 부하(load)

③ 사용 가능한 전력량은 시스템 발전량 이하로 제한되며, 시스템의 구성은 다음 그림 2-2와 같다.

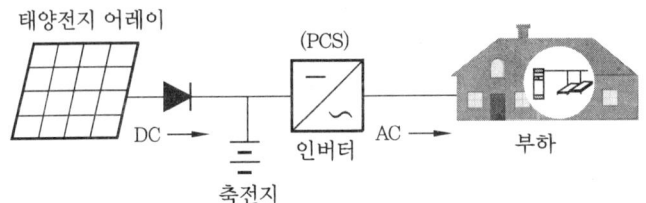

그림 2-2 독립형 시스템의 구성(예)

(2) 계통연계 시스템(grid-connected system)
계통연계 시스템은 태양광발전으로 얻은 전기와 상용 전력 계통에서 공급하는 전기를 함께 쓰는 시스템이다.
① 적용 지역 : 상용 전원이 공급되는 지역
② 시스템 구성 요소
  ㈎ 직류 전기를 발전하는 태양전지 어레이(array)
  ㈏ 발전된 직류를 교류로 변환시켜 상용 전력 계통과 연계하여 전력을 송전하거나, 부하 측에 직접 전력을 공급하는 계통연계형 파워컨디셔너(PCS)
  ㈐ 발전된 전기에너지를 소비하는 부하(load)
③ 상용 전력 계통의 안전을 유지하기 위하여 계통연계 보호장치를 통하여 연계하여야 한다.
④ 계통연계형 시스템은 축전지가 필요하지 않으며, 시스템의 구성은 다음 그림 2-3과 같다.

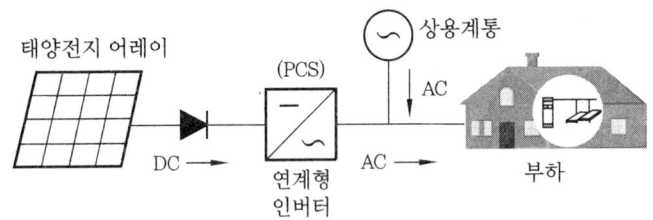

그림 2-3 계통연계형 시스템의 구성(예)

(3) 하이브리드형 시스템(hybrid system)
① 태양광발전 시스템에 풍력발전, 열병합발전, 디젤발전 등의 소수력발전 시스템과 결합하여 전력 시장, 부하 혹은 상용 계통에 전력을 공급하는 시스템이다.

② 시스템 구성 및 부하 종류에 따라 계통연계형 및 독립형 시스템에 모두 적용 가능하다.
③ 시스템의 구성은 다음 그림 2-4와 같다.

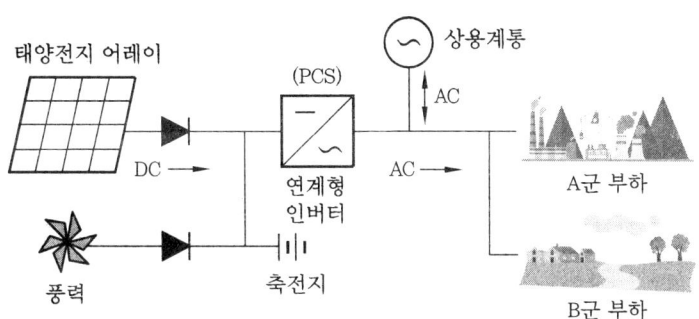

그림 2-4 하이브리드형 시스템의 구성(예)

(4) 태양전지 용량에 따른 구분

표 2-1 태양전지 용량에 따른 구분

시스템 구분	용량	특징	비고
소용량	수십~수백 W_P	기기나 설비 등에 부착시켜 전원을 공급	휴대용 전원, 라디오, TV, 무전기, 소용량 부하의 가로등
소규모	10 kW_P 미만	다양한 주변장치(BOS) 부착	산간벽지, 비상 대피소, 유인 등대, 유인 도서
중규모	100~500 kW_P	비교적 대단위, 비상 전원 공급용	비행장, 병원
대규모	500 kW_P 이상	상용 전원과 연계 운용, 대용량 발전소	국가 또는 전력 공급 회사

(5) 상용 전력 계통의 전압에 따른 구분
① 저압 연계 배전 시스템 : 단상 또는 3상으로 600 V 이하(220 V/380 V)
② 고압 연계 배전 시스템 : 3상으로 600 V 초과 7,000 V 미만
③ 특별고압 연계 배전 시스템 : 3상으로 7,000 V 이상(22,900 V)

1-3 태양광발전 시스템의 특징

(1) 개요
　태양광발전 시스템은 태양전지를 사용하여 태양(광)에너지를 전기에너지로 직접 변환하는 자연에너지 활용형의 발전 시스템으로서 다음과 같은 특징을 가지고 있다.

(2) 특징 및 장·단점

표 2-2 태양광발전 시스템의 특징 및 장·단점

장 점	단 점
1. 무공해·무진장의 태양에너지원을 사용하는 점 등으로 미래의 대체에너지원으로 각광을 받는다. 2. 발전 과정에서 유해 물질의 배출이나 소음 발생이 없다. 3. 견고하고 내구성이 뛰어나 수명이 길다(20년 이상). 4. 필요한 장소에서 필요량 발전이 가능하다. 5. 모듈의 증감에 따라 다양한 규모의 시스템을 구축할 수 있으며, 발전 효율이 거의 일정하다. 6. 구동부가 없는 발전 방식으로 점검이 거의 불필요하고 설비의 자동화, 무인화가 용이하다. 7. 건물 재료와 일체화가 가능하며, 일사의 차폐도 기대할 수 있다(BIPV 시스템).	1. 태양 에너지밀도가 낮아 넓은 설치 면적이 필요하다. 2. 전력 생산량이 지역별 일사량에 의존하며, 계절이나 기후에 따라 발전량이 변한다. 3. 시스템 비용이 고가이며, 초기 투자비와 발전 단가가 높다. 4. 직류생산으로 교류변환 시 손실이 발생한다. 5. 의도적 파괴에 쉽게 노출된다.

2. 태양전지(solar cell)

2-1 태양전지에 의한 발전 원리 및 기본 구조

(1) 발전 원리

① 태양전지는 P형 반도체와 N형 반도체로 이루어진 P-N 접합 구조로 되어 있다.
② 외부로부터 광자(photon)가 태양전지의 내부로 흡수되면 광자가 지닌 에너지에 의해 태양전지 내부에서 전자(electron)와 정공(hole)의 쌍(pair)이 생성된다(광전효과).

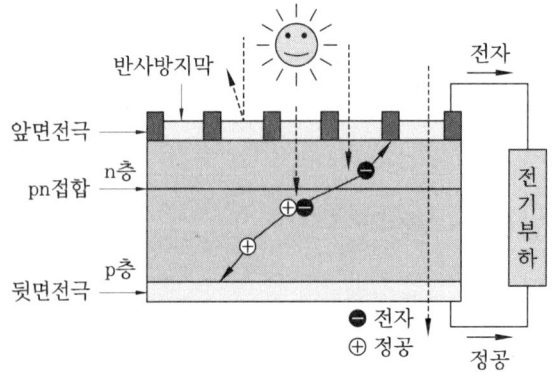

그림 2-5 태양전지의 원리

③ 생성된 전자-정공 쌍은 pn 접합에서 발생한 전기장에 의해 전자는 n형 반도체로 이동하고 정공은 p형 반도체로 이동해서 각각의 표면에 있는 전극에서 수집되며, P극과 N극 사이에 전위차가 발생한다(광기전력).

(2) 광기전력 발생 과정

| 1. 광 흡수 | → | 2. 전하 생성 | → | 3. 전하 분리 | → | 4. 전하 수집 |

① 광 흡수 : 전기를 생산하기 위한 외부의 빛이 내부로 흡수되는 과정이다.
② 전하 생성 : 흡수된 빛에 의해 내부에 일반적으로 하나의 광자로부터 전자와 정공의 한 쌍이 생성된다.
③ 전하 분리 : P-N 접합에서 만들어진 전위차에 의해 전자와 정공이 분리되는데 전자는 N형 반도체 쪽으로 이동하고 정공은 P형 반도체 쪽으로 이동한다.
④ 전하 수집 : 상부전극 방향 및 하부전극 방향으로 이동한 전자와 정공은 각각의 전극으로 수집되며, 하부전극이 양극이 되고 상부전극이 음극이 되어 외부의 부하에 전기를 공급하게 된다.

대표적인 결정질 실리콘 태양전지

1. 실리콘에 보론(boron : 붕소)을 첨가한 P형 실리콘 반도체를 기본으로 하여 그 표면에 인(P)을 확산시켜 N형 실리콘 반도체 층을 형성함으로써 만들어진다.
2. 이 PN 접합에 의해 전계(電界)가 발생한다. 이 태양전지에 빛이 입사되면 반도체 내의 전자(-)와 정공(+)이 여기(excitation)되어 반도체 내부를 자유로이 이동하는 상태가 된다.
3. 자유로이 이동하다가 PN 접합에 의해 생긴 전계에 들어오게 되면 전자(-)는 N형 반도체에, 정공(+)은 P형 반도체에 이르게 된다.
4. P형 반도체와 N형 반도체 표면에 전극을 형성하여 전자를 외부 회로로 흐르게 하면 전류가 발생된다.

2-2 태양전지의 특성 변수

(1) 태양전지의 전압-전류 특성

① 태양전지에 태양광이 입사되면 광에너지가 전기에너지로 변환되어 태양전지 단자에 전기적 출력이 발생하는데 이것을 전압-전류 특성이라고 하며, 전압-전류의 출력값을 그래프로 나타낸 것을 $I-V$ 특성곡선이라 한다.
② 태양전지는 P-N 접합 구조로서, 빛이 없는 no-light 상태에서는 다이오드처럼 작동하게 되나 입사 태양광선의 강도가 증가하면 태양전지가 다음 그림 2-6과 같이 전류(I_L)를 생성하게 된다.

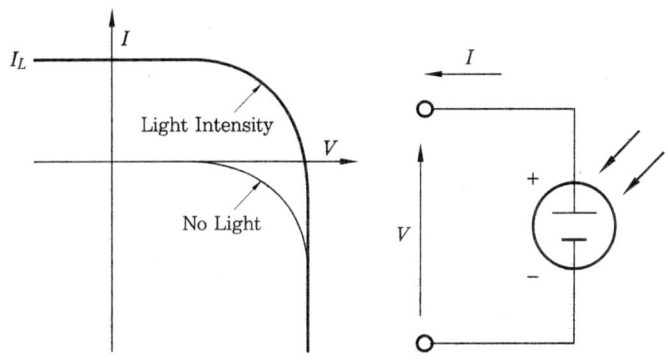

그림 2-6 태양전지의 $I-V$ 특성곡선

(2) 단락전류(short-circuit current ; I_{sc})

① 단락전류는 태양전지 양단(단락상태)의 전압이 0일 때 흐르는 전류를 의미한다.
② 이상적인 태양전지의 경우 단락전류(I_{sc})와 광 생성전류(I_L)는 동일하다. 그러므로 단락전류는 태양전지로부터 끌어낼 수 있는 최대전류이다.
③ 직렬저항, 병렬저항의 영향이 무시될 때 단락전류는 입사광 세기에 비례하는 값이다.

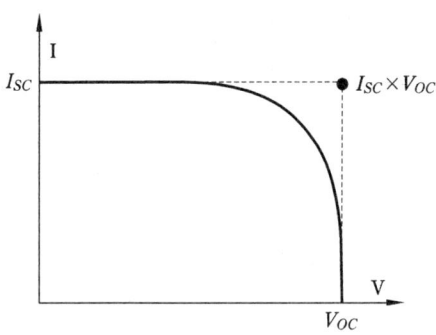

그림 2-7 단락전류(I_{sc}) - 개방전압(V_{oc})

④ 단락전류에 영향을 주는 요소
  (개) 태양전지의 면적   (내) 입사광 스펙트럼(spectrum)
  (대) 입사광자의 수(입사광원의 출력) (래) 태양전지 수집 확률
  (매) 태양전지의 광학적 특성(빛의 흡수 및 반사)

(3) 개방전압(open circuit voltage ; V_{oc})

① 개방전압은 전극단자 개방(전류가 0일 때) 상태에서 태양전지 양단에 나타나는 전압이다.
② 개방전압은 태양전지로부터 얻을 수 있는 최대전압에 해당한다.

(4) 실제적인 최대출력($P_{\max}$)

① 태양전지에서 생산되는 이상적인 최대전력은 개방전압과 단락전류의 곱으로 나타낼 수 있으나 실제 태양전지가 만들어 낼 수 있는 최대출력은 다음 그림 2-8에서 보는 바와 같이 최대출력동작전압(V_{mp})과 최대출력동작전류(I_{mp})가 만나는 최적의 동작점에서 발생된 전력이다.

$$P_{\max} = V_{mp} \times I_{mp} (\text{W})$$

② 그러나 현장에 설치된 태양전지의 동작은 부하의 조건이나 태양광의 반사 조건에 양향을 받기 때문에 실제로 동작점은 최고 출력에서 약간 벗어나게 된다.

③ 이론적인 출력 P_0은 셀의 개방전압(V_{oc})과 단락전류(I_{sc})의 곱으로 나타낼 수 있다.

$$P_0 = I_{sc} \times V_{oc}$$

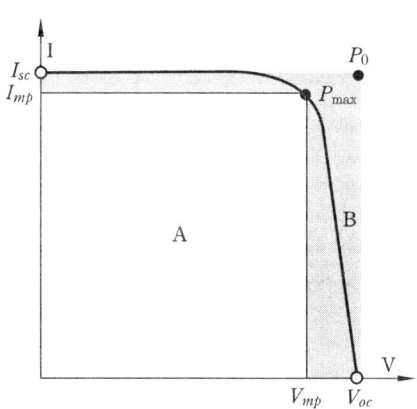

그림 2-8 태양전지의 최대출력 동작점

(5) 충진율(Fill Factor ; FF) : 곡선 인자

① FF는 제조 과정에서 가장 민감한 변수이며, 태양전지 품질($I-V$ 특성곡선의 질)에 있어서 가장 중요한 척도이다.
  (개) FF는 0 이상 1 미만의 값을 갖는다.
  (내) 전형적인 FF는 0.5~0.82 범위에 이르며, 보다 큰 FF가 바람직하다.
  (대) FF는 단락전류(I_{sc}), 개방전압(V_{oc})과 같이 태양전지의 효율에 직접적인 영향을 주는 요소이다.

② FF의 해석(위 그림 2-8에서)
  (개) 최대전력을 개방전압과 단락회로전류에서 출력하는 이론상 전력(P_0)과 비교하여 계산한다.

(나) 정사각형 영역의 비(A/B)로서 해석할 수 있다.

$$FF = \frac{P_{\max}}{P_T} = \frac{V_{mp} \cdot I_{mp}}{V_{oc} \cdot I_{sc}} = \frac{면적\ A}{면적\ B}$$

③ FF에 영향을 주는 다른 요인
  (가) 태양전지의 직렬저항과 병렬저항
  (나) 이상적인 다이오드 특성으로부터 벗어나는 정도를 나타내는 n 값

표 2-3 V_{oc}, n, FF 값 비교

구 분	V_{oc}[V]	n	FF
보통 Si 태양전지	0.6	1.0~1.5	0.7~0.8
GaAs 태양전지	0.95	1.0~2.0	0.78~0.85

④ FF의 판정

표 2-4 FF의 판정

FF(%)	40 이하	41~50 이하	51~60 이하	61~70 이하	71 이상
판 정	셀(cell) 고장	부분음영-나뭇잎	구름, 황사	셀(cell) 열화	정상 상태

(6) 변환효율(conversion efficiency)
  ① 정의
    (가) 태양전지의 성능을 나타내는 가장 중요한 인자로서 태양으로부터 입사된 에너지에 대한 출력에너지의 비로서 정의된다.
    (나) 변환효율은 입사광의 분광 분포와 접합부 온도에 따라 변화한다.
  ② 광-전 변환장치인 태양전지의 에너지 변환효율 η는 다음 식으로 주어진다.
    (가) 입사전력에 대한 출력에 나타나는 최대 전력에너지의 비

$$\eta = \frac{P_{out}}{P_{in}}, \quad \eta_{\max} = \frac{P_{\max}}{P_{in}} = \frac{V_{mp} \cdot I_{mp}}{P_{in}}, \quad \eta_o = \frac{V_{oc} \cdot I_{sc}}{P_{in}} \cdot FF$$

  (나) P_{in}은 입사광선의 조사 생성으로 구해지며 태양전지[m^2]의 표면 영역으로 [W/m^2]로 측정된다.

$$P_{in} = 표준\ 일조\ 강도(\text{W/m}^2) \times 태양전지\ 면적(\text{m}^2)$$

③ 표준 시험 조건(STC) : 태양전지 온도는 25℃, AM 1.5 조건에서 측정

(7) 태양전지의 등가회로

① 빛이 입사될 때, 등가회로는 다음 그림 2-9와 같이 나타내며, 태양전지는 일정한 전류를 생성하는 정전류원(I_{sc})과 다이오드로 구성된다.

② 등가다이오드는 전류가 흐르는 방향과는 반대의 극성을 갖는다.

③ 물질 자체 저항 성분인 직렬저항(R_s)과 PN 접합부에서 병렬저항(R_{sh})이 존재하게 되며, 이들은 발전 중에 전력손실을 가져오므로 효율이 감소하게 된다.

④ 이상적인 셀(cell)의 경우, 병렬저항(R_{sh})은 무한대로 전류가 흐를 수 없고, 직렬저항(R_s)은 0으로 전압강하로 이어지지 않는다.

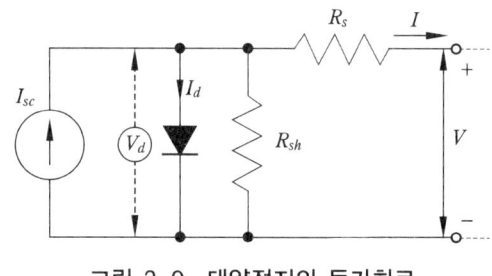

그림 2-9 태양전지의 등가회로

(8) 직렬저항의 성분 및 특성

① 직렬저항의 성분(발생 원인)
  (가) 전, 후면 금속전극 자체의 저항 성분
  (나) 금속전극과 도핑층, 표면층의 면저항
  (다) 기판 자체의 저항
  (라) 기판물질 사이의 접촉저항 성분

② 직렬저항의 변화에 따라 그림 2-10(a)와 같이 전압-전류곡선은 변화하며, FF(fill factor)에 영향을 주므로 효율이 크게 변화한다.

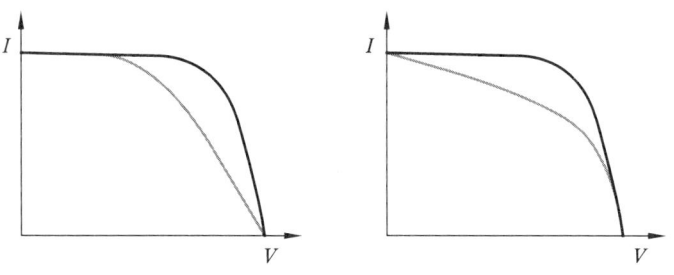

(a) 직렬저항과 $I-V$ 특성곡선   (B) 병렬저항과 $I-V$ 특성곡선

그림 2-10 직렬저항과 병렬저항의 특성

③ 직렬저항이 증가함에 따라 효율은 급격하게 저하한다.
④ 직렬저항의 영향을 없애기 위해서는 그 값을 0.5Ω 이하가 되도록 설계하여야 한다.

(9) 병렬저항의 성분 및 특성
① 병렬저항은 일정한 저항으로 표시되는 누설저항으로 나타낸다.
  ㈎ 측면 테두리를 따라서 형성되는 표면 누설
  ㈏ 접합의 오염, 결정결함에 따라서 형성되는 미세 누설
  ㈐ 전위, 결정입계를 따라서 형성되는 누설
② 병렬저항의 변화에 따른 전압-전류곡선은 그림 2-10(b)와 같이 그 특성이 변화한다.
③ 병렬저항의 영향을 없애기 위해서는 그 값을 1kΩ보다 충분히 크게 설계하여야 한다.
④ 직렬저항보다 병렬저항이 출력에 큰 손실을 발생시킨다.

(10) $I-V$ 곡선의 온도 효과
① 태양전지를 만드는 데 사용되는 실리콘 결정은 반도체와 마찬가지로 온도에 민감하다.
② 태양전지가 보다 높은 온도에 노출되면 I_{sc}는 조금 증가하며 V_{oc}는 보다 크게 감소한다.
③ 대개의 경우 온도가 높아질수록 최대전력출력 $P_{\max}$는 감소하게 된다.
④ 온도는 RTD, 서미스터 또는 열전쌍과 같은 센서를 이용하여 측정할 수 있다.

(11) 모듈과 어레이에 대한 $I-V$ 곡선
① 태양전지의 모듈이나 어레이의 경우, $I-V$ 곡선의 모양은 변하지 않지만 직렬 및 병렬로 연결된 셀의 수에 따라 확장된다.
② n이 직렬로 연결된 셀의 수, m이 병렬로 연결된 셀의 수, I_{sc}와 V_{oc}가 각 셀에 대한 값이라면 다음 그림 2-11에 나타난 $I-V$ 곡선이 생성된다.

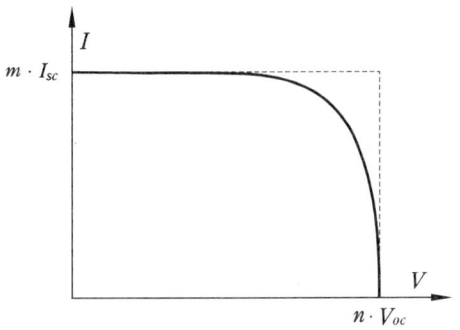

그림 2-11 모듈과 어레이에 대한 $I-V$ 곡선

2-3 태양전지의 분류

(1) 형태에 따른 분류

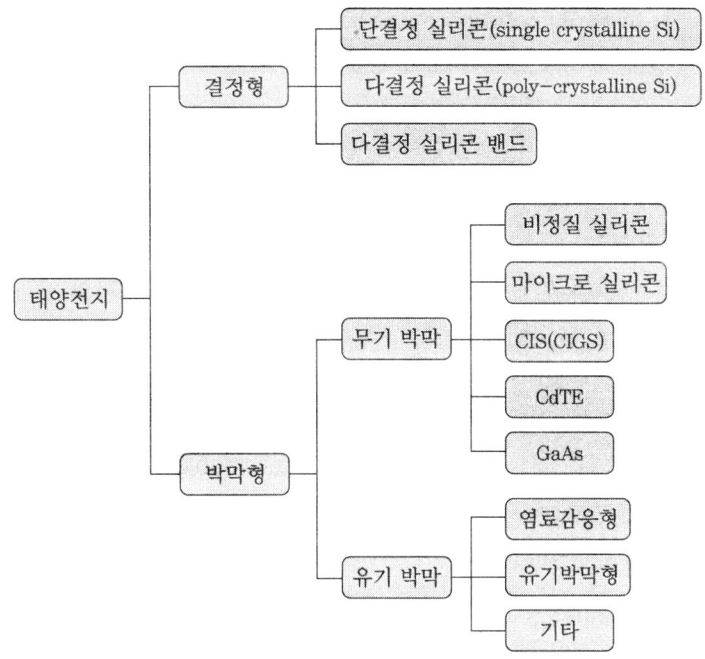

그림 2-12 형태에 따른 분류

(2) 재료에 따른 분류

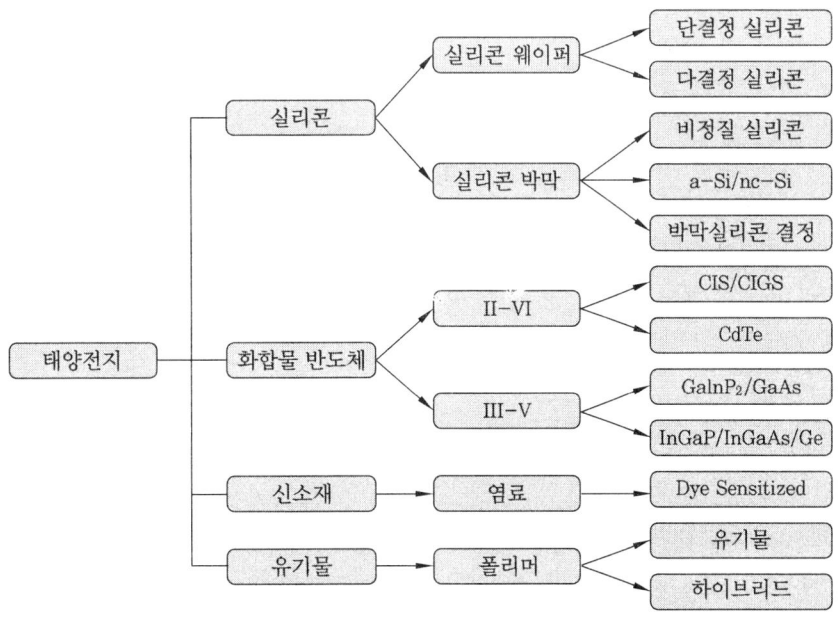

그림 2-13 재료에 따른 분류

2-4 태양전지의 특징

(1) 단결정(single crystal) 실리콘 태양전지
① 매우 고 순도이고, 그 원자가 3차원적으로 질서 정연하게 배열, 구성되어 있다.
② 전력변환효율이 우수하다.

(2) 다결정(poly crystal) 실리콘 태양전지
① 단결정 실리콘 영역의 집합체이며, 재료 내부의 원자가 규칙적으로 배열되어 있는 방향이 서로 다른 부분으로 구성되어 있다.
② 제조 공정이 간단하고 대량 생산이 가능하여 가격이 저렴하다.

(3) 비정질(amorphous) 실리콘 태양전지
① 비정질이란, 원자가 아무렇게나 배열되고, 또 열역학적으로 비평형계에 있는 고체를 가리킨다.
② 결정질 실리콘에 비해 수명이 비교적 짧고 사용에 따라 효율이 감소하는 초기 열화 현상이 나타난다.

표 2-5 실리콘 태양전지의 특징 비교

구 분	특 징 장 점	특 징 단 점	효 율
단결정	• 순도 높음 • 결정결함 낮음	고가	높다 : 25~35%
다결정	• 비교적 순도가 낮음 • 비용이 적게 드는 생산 방법 사용 가능	효율이 낮으며 불균일함	중간 : 19~23%
비정질	• 대면적 전지를 균일하고 저렴하게 제작 가능 • 유연성 있는 기판 위에 제작 가능	효율이 낮고 시간에 따라 더욱 낮아지는 현상을 보임	낮다 : 12% 정도

(4) 태양전지의 제조 과정
① 결정형 태양전지의 제조 과정
   ⑺ 폴리실리콘(poly crystal silicon)
      ㉮ 태양전지의 솔라 셀(solar cell) 기판을 만드는 데 사용되는 원재료다.
      ㉯ 주요 성분은 Si(규소)이며 규소의 순도에 따라 태양전지용과 반도체용으로 나뉜다.
      ㉰ 일반 실리콘에 비해 빛에 잘 반응하고 전기적인 안전성이 높아서 빛에너지를 전기적 에너지로 변환시키는 주요 역할을 한다.

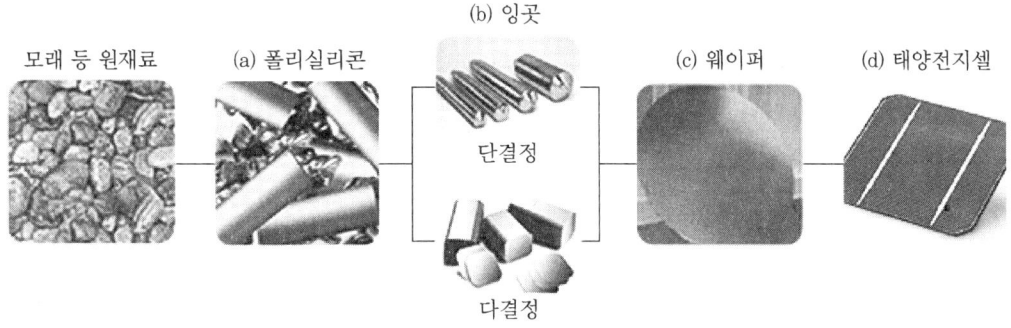

그림 2-14 결정형 태양전지의 제조 과정

(나) 잉곳(ingot) : 폴리실리콘을 녹여서 기둥 모양의 덩어리로 만든 것으로 주괴(鑄塊)라고도 한다.

(다) 실리콘 웨이퍼(silicon wafer) : 잉곳(ingot)을 얇게 절단하여 표면을 거울처럼 연마한 것이다.

(라) 태양전지(solar-cell) : 실리콘 반도체의 박편이 나타내는 광전효과(光電效果)를 이용한 것으로, 태양의 에너지를 직접 전기에너지로 변환하는 장치이다.

② 박막 태양전지의 제조 과정

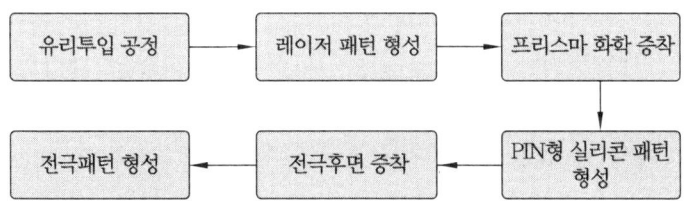

(5) 염료감응 태양전지(Dye-Sensitized Solar Cell ; DSSC)

① 금속산화물인 산화티타늄(TiO_2) 표면에 특수한 염료를 흡착시키고, 염료가 태양빛을 흡수하면 광전기화학적 반응을 일으켜 전기를 생산한다.

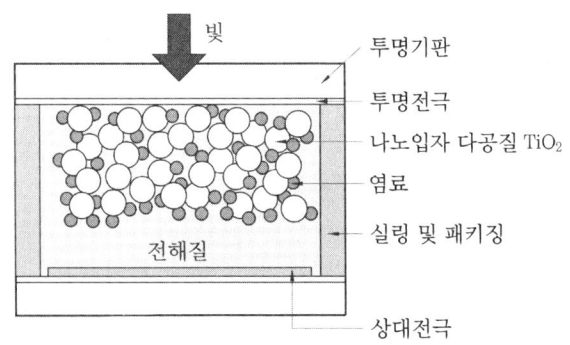

그림 2-15 염료감응 태양전지

② 장점
　㈎ 유기염료와 나노기술을 이용, 고가의 Si 태양전지를 대체할 저가의 태양전지로 고효율을 갖는다.
　㈏ 투명하고, 다양한 색상을 지니고 있으며, 다양한 크기 및 형상으로 제조가 가능하다.
　㈐ 가시광선을 투과시킬 수 있어 건물의 유리창이나 자동차 유리에 그대로 붙여 사용할 수도 있다.
　㈑ 농업용 및 군사용 등 다양한 목적으로 사용이 가능하여 넓은 시장을 기대할 수 있다.
　㈒ 흐린 날씨 또는 빛의 조사각도가 10°만 되어도 전기가 생산된다.
　㈓ 여러 장을 겹쳐 다중 적층형으로 생산되며 동일 면적에서 2~3배 이상의 발전도 가능하다.
③ 단점
　㈎ 액체를 사용하는 점에서 내구성이 큰 과제이다.
　㈏ 빛의 넓은 파장을 커버하는 염료 개발이 요구된다.

> **염료(dye)** : 넓은 뜻으로는 섬유 등 착색제의 총칭이나, 좁은 뜻으로는 물·기름에 녹아 단분자로 분산하여 섬유 등의 분자와 결합하여 착색하는 유색 물질만을 가리킨다.

(6) 유기물 태양전지(Organic PV ; OPV)

① 유기물 박막 태양전지는 3세대 태양전지의 하나로 실리콘계 태양전지보다 변환효율은 떨어지지만 다양한 용도로 개발이 가능하며 아주 저렴한 가격으로 발전할 수 있는 플라스틱필름 형태의 태양전지이다.
② 태양광 전지는 자외선과 가시광선 에너지를 전기로 변환시켜 이용하는 장치이다. 유기물 태양전지 재료로는 가시광을 강력히 흡수하는 유기 색소라는 물질이 사용되며, 얇은 막으로 태양광의 대부분을 흡수할 수 있다.

> 주요 재료로는 메로시아닌, 프탈로시아닌(phthalocyanine), 필리륨과 클로로필(chlorophyll) 등의 생체 색소가 있다.

그림 2-16 플라스틱필름 형태의 유기물 태양전지 실물(예)

③ 유기물 태양전지는 매우 가볍고 플렉시블하며 프린팅까지 가능하여 종래의 실리콘 계 태양전지로는 구현할 수 없었던 값싸고 다양한 용도의 응용 제품 개발이 가능하여 미래의 태양전지로 기대되고 있다.

(7) CIGS 태양전지

① CIGS 태양전지는 동(Cu), 인듐(In), 갈륨(Ga), 세렌(Se)의 4가지 원소로 구성된 화합물 박막 태양전지이다.
② 고온 환경하에서 효율 저하가 적은 특징을 가지고 있어 여름에 발전량을 많이 취하는 메리트(merit)가 있으며, 장기간 사용해도 효율의 변화가 거의 없는 안전성을 가진다.

> **참고** 메리트(merit) : 상품의 가격을 결정하는 품위, 사용가치, 경제 효과를 통틀어 이르는 말

③ 광흡수계수가 높기 때문에 박막화 및 저가의 원재료 코스트가 가능하다.
④ 제조 공정이 짧고, 대량 양산으로 얻어지는 이익이 크다.
⑤ 변환효율에서 결정계 실리콘 태양전지와 열세이고 똑같은 출력의 태양전지를 설치하기 위해서는 결정계 실리콘 태양전지보다 많은 면적을 필요로 한다.
⑥ 고전압 저전류 특성을 갖는다.

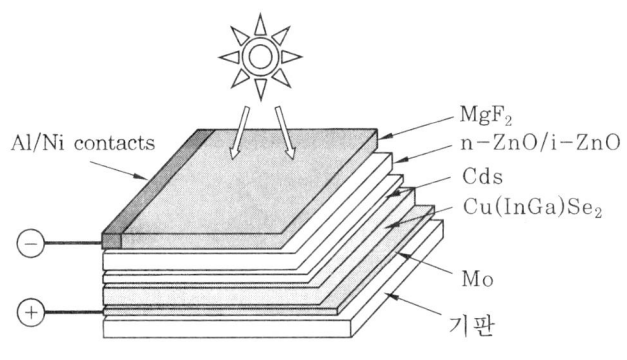

그림 2-17 CIGS 박막 태양전지 구조

(8) CdTe(cadmium telluride) 태양전지

① 카드뮴(Cd)와 텔러라이드(Te)가 결합된 화합물 반도체로서 높은 광흡수 계수로 인해 박막 태양전지 제조에 유리하다.
② CdTe는 효율이 9% 정도 되지만 낮은 제조 단가로 상용화에 가장 근접한 저가형 태양전지다.
③ 카드뮴은 희소 원료로 태양전지를 대량생산하는 것이 곤란하며, 공해를 유발하는 문제점을 안고 있다.

④ CdTe는 밴드갭이 1.45 eV로서 이론적으로 이상적인 값을 갖고 있으며 전기적 및 광학적 특성이 태양전지 재료로서 적합한 것으로 알려져 있으나 무엇보다도 중요한 성질은 물질의 합성이 쉽다는 점이다.

표 2-6 태양전지 물질과 대략적인 광전효율

물 질	물질의 형태	광전효율(%)	비 고
실리콘 원소	단결정	25	
	다결정	20	
무기화합물	단결정 GaAs, InGaP	41	비소화 갈륨, 인화 인듐/갈륨
	다결정 CdTe, $CuInSe_2$	20	텔룰화 카드뮴, 셀렌화 구리/인듐
유기, 고분자 화합물	색소 증감형	10~12	
	박막형	6~7	

3. 태양광발전 시스템의 구성 요소

3-1 태양전지 셀(cell)

(1) 태양의 빛에너지를 전기에너지로 변환하는 기능을 가진 최소 단위로서 태양전지의 기본이 된다.
(2) 일반적인 셀(cell)은 10~15 cm 각판상의 실리콘에 PN 접합을 형성한 반도체의 일종이다.
(3) 일반적인 단결정 실리콘 셀(cell)의 두께는 160~240 μm 정도이다.
(4) 셀(cell) 전면은 마이크로 크기의 피라미드 구조를 띠고 있는데 입사광의 반사 손실을 줄이기 위해서다.
(5) 셀(cell) 그 자체로는 발생 전압이 약 0.4~0.5 V로 낮기 때문에 직·병렬 접속하여 사용된다.

참고 전류밀도 : 25 mA/cm^2 정도

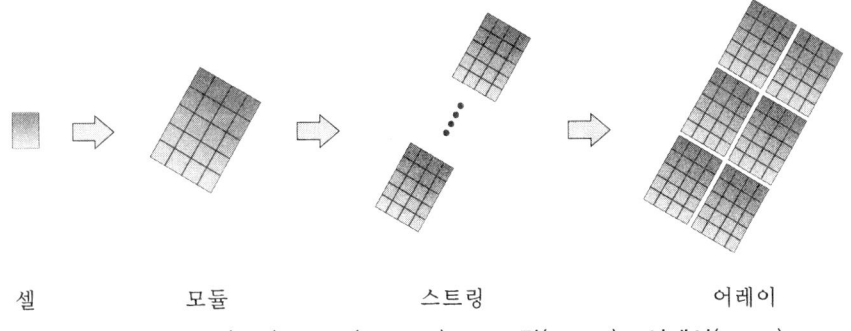

    셀   모듈   스트링   어레이

    그림 2-18 셀(cell) - 모듈(module) - 스트링(string) - 어레이(array)

3-2 태양전지 모듈(module)

(1) 태양전지를 필요한 전압과 전류 용량에 맞게 직·병렬로 여러 개 연결한 것을 태양전지 모듈이라고 한다.
  ① 전기적으로 연결하는 회로 구성 과정이 끝나면 외부의 빛을 잘 투과하면서도 절연 특성을 갖는 재료인 유리, 투명수지 및 프레임 등으로 패키징(packaging)하여 내구성이 있는 물품을 만들어 외부단자를 연결한다.
  ② 모듈 속에서 셀(cell)을 직렬연결시켜 소정의 전압, 출력을 얻을 수 있도록 한다.
  ③ 셀은 전기를 일으키는 최소 단위이며, 모듈은 전기를 꺼내는 최소 단위이다.
(2) 일반적인 모듈의 변환효율은 다음과 같다.

표 2-7 모듈의 변환효율 비교

태양전지	단결정 실리콘	다결정 실리콘	화합물 반도체	아몰퍼스 실리콘
변환효율(%)	15~19 정도	13~15 정도	11~12 정도	6~10 정도

㈜ 아몰퍼스 태양전지(amorphous solar battery) : 비정질의 실리콘을 이용한 태양전지

(3) 단결정 실리콘 태양전지 모듈의 제조 비용에서 Si 기판이 50%, 셀 공정이 20%, 모듈 공정이 30%를 차지한다.

그림 2-19 모듈 실물

3-3 태양전지 어레이(array)

(1) 어레이는 몇 장의 모듈(module)을 직렬 또는 병렬로 접속하여 필요한 직류전압과 전력을 얻을 수 있도록 조립한 것이다.
(2) 어레이는 모듈을 집합하여 프레임(frame)을 이용, 지상 또는 지붕 등에 고정 설치하기 위한 가대로 구성된다.
(3) 어레이 설치 확보 면적은 3 kW 모듈의 경우, 약 20~30m^2 정도이다.
(4) 어레이는 하나의 스트링 또는 다수의 스트링을 병렬로 접속한 모듈의 집합체로서 스트링회로를 전기적으로 보호하기 위한 퓨즈와 차단기 및 역류방지소자, 그리고 서지보호장치 등으로 구성되어 있으며 모듈을 제외한 모두는 접속함에 수납되어 있다.

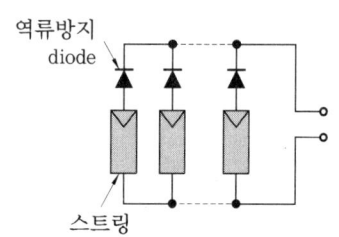

① 스트링(string) : 모듈(module)의 직렬 집합체
  ㈎ 스트링은 태양전지의 모듈을 직렬로 연결하여 하나의 단위 스트링으로 구성된다.

그림 2-20 스트링-역류방지 다이오드

  ㈏ 단위 스트링의 출력전압이 어레이의 출력전압이며, 이 전압은 인버터의 직류 입력전압과 연관이 있다.
  ㈐ 스트링의 출력전압은 인버터의 최대 출력점 범위 이내가 되도록 하여야 한다.

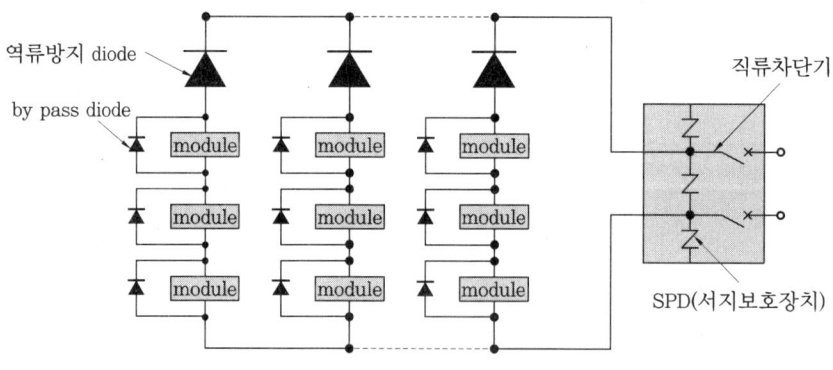

그림 2-21 어레이(Array)의 회로 구성(예)

② 역류방지 다이오드 : 스트링 간의 전압차로 인한 역류방지용 소자
③ 바이패스(by-pass) 다이오드 : **열점**(hot spot)으로 인한 셀의 소손 방지용 소자

열점(hot spot) : 그늘진 셀에는 직렬로 접속된 다른 셀들의 회로의 모든 전압이 인가되어 발열하게 되는데, 여기서 발열된 부분을 말한다.

④ 서지보호장치(Surge Protective Device ; SPD) : 뇌서지로부터 보호하는 피뢰소자
⑤ 직류차단기 : 회로 분리용
⑥ 접속함 : 어레이(array)와 파워컨디셔너(power conditioner) 사이에 설치

(5) 표준 어레이 출력 표시와 표준 시험 조건
① 태양광발전 시스템의 용량은 모듈의 최대출력의 합계, 즉 표준 어레이 출력으로 표시한다.
② 표준 시험 조건은 다음 표 2-8과 같다.

표 2-8 표준 시험 조건

일사강도	셀 온도	AM(Air Mass)
1000 W/m^2	25℃	1.5

㈜ 온도 허용 오차 범위 : 25±2℃

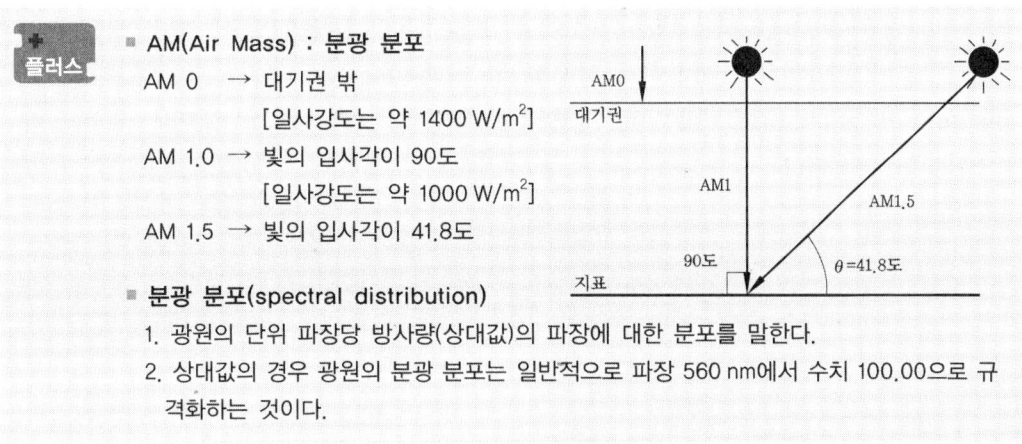

■ AM(Air Mass) : 분광 분포
AM 0 → 대기권 밖
 [일사강도는 약 1400 W/m^2]
AM 1.0 → 빛의 입사각이 90도
 [일사강도는 약 1000 W/m^2]
AM 1.5 → 빛의 입사각이 41.8도

■ 분광 분포(spectral distribution)
1. 광원의 단위 파장당 방사량(상대값)의 파장에 대한 분포를 말한다.
2. 상대값의 경우 광원의 분광 분포는 일반적으로 파장 560 nm에서 수치 100.00으로 규격화하는 것이다.

3-4 파워컨디셔너 시스템(PCS ; Power Conditioning System)

(1) 태양광발전용 전력변환장치로서, 태양전지에서 출력된 직류전력을 상용주파수 교류로 변환하는 인버터(inverter) 기능과 부하설비에 전력을 공급함과 동시에 잉여전력을 상용 전력 계통으로 역 송전하는 장치이며, 다음과 같은 제어기능도 갖추고 있다.
 ① 전압전류 제어기능 ② 최대전력 추종기능
 ③ 계통연계 보호기능 ④ 단독운전 방지기능
(2) 파워컨디셔너는 태양전지의 발전 전력을 최대한 효율을 높게 교류로 변환하여 제어를 함과 동시에 일반 배전계통과 연계 운전을 하기 때문에 전력품질 확보에 관련된 계통연계기술기준 및 전기설비기술기준의 판단 기준에 맞도록 그 기능을 확보하여야 한다.

(3) 전기품질 확보에 관련된 계통연계에 대해서는 기본적으로 파워컨디셔너와 연계되는 계통의 전기방식과 일치시키고 있다.

(4) 전기방식에는 단상 2선, 단상 3선, 3상 3선(△ 및 Y결선)식 등이 있으며 파워컨디셔너도 단상용과 3상용으로 구별되는 것이 일반적이다.

(5) 인버터(inverter)

① 태양전지에서 생산된 직류전력을 상용주파수(60 Hz) 교류로 변환하는 역할을 담당한다.

② 계통연계형은 현재 250 W, 1000 W, 3000 W, 9000 W 등이 개발되어 있다.

3-5 전력저장장치(축전지 : storage battery)

(1) 독립형 태양발전 시스템에서는 야간, 일조가 없을 때 필요한 전력을 전력저장장치로부터 공급받아야 한다.

(2) 일단 방전하여 에너지를 방출한 장치를 충전하여 다시 축적할 수 있기 때문에 이와 같은 충방전 사이클을 반복하여 사용할 수 있다.

(3) 연(납)축전지가 주로 사용되며, 니켈 수소 축전지, 니켈 카드뮴 축전지, 리튬 2차 전지 등이 사용된다.

예 상 문 제

1. 태양광발전 시스템의 정의 및 종류

1. 태양광발전 시스템의 분류 중에서, 산간벽지, 도서 지역 등에 사용하는 방식은?
① 계통연계형 ② 독립형
③ 추적식   ④ 고정식

[해설] 시스템의 분류[1-2-(1) 참조]
독립형 시스템(stand-alone system) : 상용 전력 계통 전원 공급이 어려운 특수한 지역으로 도서 지역, 산간벽지 등 독립된 지역에 적용된다.

2. 다음 그림의 태양광발전 시스템에서 A의 명칭은?

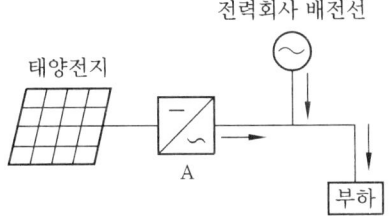

① 축전지   ② 어레이
③ 컨버터   ④ 인버터

[해설] 계통연계형 시스템[1-2-(2) 그림 2-3 참조]

3. 태양광발전 시스템에 풍력발전, 디젤발전 등의 발전시스템과 결합하여 부하 혹은 상용 계통에 전력을 공급하는 시스템은?
① 계통연계형 ② 하이브리드형
③ 독립형   ④ 고정식

[해설] 하이브리드형 시스템[1-2-(3) 그림 2-4 참조]

4. 다음 태양광발전 시스템의 설명 중 잘못된 것은?
① 독립형의 경우, 사용 가능한 전력량은 시스템 발전량 이하로 제한된다.
② 계통연계형은 상용 전원이 공급되는 지역에 적용된다.
③ 하이브리드형은 시스템 구성 및 부하 종류에 따라 계통연계형 및 독립형 시스템에 모두 적용 가능하다.
④ 태양전지로부터 얻어진 전력을 저장하는 축전지는 계통연계형에서 필요로 한다.

[해설] 계통연계형[1-2-(2) 그림 2-3 참조]
축전지는 계통연계형에서 필요로 하지 않는다.

5. 다음 설명에 해당되는 태양광발전 시스템은?

㉠ 상용전원이 공급되는 지역에 적용된다.
㉡ 잉여 전력을 저장하는 축전설비가 없다.

① 독립형   ② 하이브리드형
③ 단독형   ④ 계통연계형

6. 태양전지 용량에 따른 구분에 있어서, 산간벽지, 비상 대피소 등에 적용되는 소규모 시스템의 경우 용량은?
① 10 kW$_P$ 미만 ② 50 kW$_P$ 미만
③ 100 kW$_P$ 미만 ④ 500 kW$_P$ 미만

[해설] 태양전지 용량에 따른 구분[1-2-(4) 표 2-1 참조]

정답 1. ② 2. ④ 3. ② 4. ④ 5. ④ 6. ①

7. 상용 전력 계통의 전압에 따른 구분에 있어서, 저압 연계 배전 시스템은?

① 단상 또는 3상으로 200 V 이하
② 단상 또는 3상으로 600 V 이하
③ 단상으로 200 V 이하
④ 3상으로 600 V 이하

해설 전압에 따른 구분[1-2-(5) 참조]
저압 연계 배전 시스템 : 단상 또는 3상으로 600 V 이하(220V/380V)

2. 태양전지

8. 다음은 태양전지의 원리를 설명한 것이다. (   ) 안에 들어갈 적당한 용어는?

> 태양전지는 금속 등 물질의 표면에 특정한 진동수의 빛을 쪼여 주면 전자가 방출되는 현상인 (   )의 원리를 이용한 것으로 빛에너지를 전기에너지로 전환시켜 준다.

① 전자기 유도 작용
② 압전효과
③ 열전기효과
④ 광기전력효과

해설 광기전력효과[2-1-(2) 참조]

9. 금속 표면에 파장이 짧은 빛을 비추면 전자가 튀어나오는 현상을 무엇이라 하는가?

① 제베크효과 ② 펠티에효과
③ 광전효과   ④ 열전효과

해설 태양전지의 발전 원리[2-1-(1) 참조]
참고 독일의 과학자 헤르츠는 1887년 아연 금속 표면에 자외선을 쪼여 아연 금속 표면에서 전자들이 방출되는 현상인 광전효과를 발견하였다.

10. 태양전지의 원리에서, 광기전력 발생 과정의 순서 중 올바른 것은?

① 광 흡수 → 전하 생성 → 전하 분리 → 전하 수집
② 광 흡수 → 전하 분리 → 전하 생성 → 전하 수집
③ 광 흡수 → 전하 생성 → 전하 수집 → 전하 분리
④ 광 흡수 → 전하 수집 → 전하 분리 → 전하 생성

해설 광기전력 발생 과정[2-1-(2) 참조]

11. 다음 설명의 (   ) 안에 알맞은 내용은?

> (   )이/라는 자연조건은 태양광 출력을 수시로 변동하게 하는 가장 직접적인 요소이다.

① 풍속   ② 습도
③ 일사량   ④ 강우량

해설 일사량[2-2-(1) 그림 2-6 참조]
(1) 태양의 복사를 일사라 하며, 일사의 세기를 일사량이라 한다.
(2) 태양광선에 직각으로 놓은 $1\,cm^2$ 넓이에 1분 동안의 복사량으로 측정한다.

12. 태양광이 입사되면 광에너지가 전기에너지로 변환되어 태양전지 단자에 전기적 출력이 발생하는데, 이것을 나타내는 특성곡선은?

① 광량 – 전류
② 전류 – 전압
③ 전류 – 전력
④ 전압 – 전력

해설 $I-V$ 특성 곡선[2-2-(1) 그림 2-6 참조]

정답 7. ② 8. ④ 9. ③ 10. ① 11. ③ 12. ②

13. 태양전지 모듈에 입사된 빛에너지가 변환되어 발생하는 전기적 출력의 특성을 전류-전압특성이라고 한다. 이의 표시 사항으로 틀린 것은?

① 단락전류
② 개방전압
③ 최대출력동작전류
④ 최소출력동작전압

[해설] 태양전지의 특성변수[2-2-(2), (3), (4) 참조]

14. 태양전지의 특성에 있어서, 단락전류에 관한 설명 중 잘못된 것은?

① 태양전지 양단의 전압이 무한대일 때 흐르는 전류를 의미한다.
② 이상적인 태양전지의 경우 단락전류와 광 생성전류는 동일하다.
③ 단락전류는 태양전지로부터 끌어낼 수 있는 최대전류이다.
④ 태양전지의 면적은 단락전류에 영향을 주는 요소 중 하나이다.

[해설] 단락전류[2-2-(2) 참조]
태양전지의 단락전류는 양단의 전압이 0(단락상태)일 때 흐르는 전류를 의미한다.

15. 태양전지의 특성에 있어서, 단락전류에 영향을 주는 요소가 아닌 것은?

① 태양전지의 면적
② 입사광 스펙트럼(spectrum)
③ 입사광자의 수
④ 주위 온도

[해설] 단락전류[2-2-(2)-④ 참조]
단락전류에 영향을 주는 요소
(1) 태양전지의 면적
(2) 입사광 스펙트럼(spectrum)
(3) 입사광자의 수
(4) 태양전지 수집 확률
(5) 태양전지의 광학적 특성

16. 다음 중 태양전지의 단락전류에 영향을 주는 요소로서 가장 관계가 없는 것은?

① 태양전지의 수집 확률
② 태양전지의 광학적 특성
③ 태양전지의 무게
④ 태양전지의 면적

[해설] 문제 15번 해설 참조

17. 부하를 연결하지 않은 상태에서 태양전지가 발전할 때 단자에 걸리는 전압은?

① 개방전압
② 단락전압
③ 정격전압
④ 부하전압

[해설] 개방전압[2-2-(3) 참조]

18. 다음 태양전지의 특성에 관한 설명 중 잘못된 것은?

① 개방전압은 전극단자 개방 상태에서 태양전지 양단에 나타나는 전압이다.
② 개방전압은 태양전지로부터 얻을 수 있는 최대전압에 해당한다.
③ 태양전지의 이론적인 출력은 개방전압과 단락전류의 곱으로 나타낼 수 있다.
④ 최대출력은 이론적인 출력보다 항상 크다.

[해설] 실제적인 최대출력[2-2-(4) 참조]
최대출력 P_{max}는 이론적인 출력 P_0보다 항상 작다.

[정답] 13. ④ 14. ① 15. ④ 16. ③ 17. ① 18. ④

19. 태양전지의 충진율(FF)에 관한 설명 중 잘못된 것은?
① 태양전지의 FF는 0 이상 1 미만의 값을 갖는다.
② 태양전지 품질에 있어서 중요한 척도이다.
③ 태양전지의 효율에 직접적인 영향을 주는 요소이다.
④ 태양전지의 FF는 그 값이 작을수록 바람직하다.
[해설] 충진율(FF)[2-2-(5) 참조]
전형적인 FF는 0.5~0.82 범위에 이르며, 보다 큰 FF가 바람직하다.

20. 다음 중, 태양전지의 FF에 영향을 주는 직접적인 요인으로 가장 거리가 먼 것은?
① 이상적인 다이오드 특성으로부터 벗어나는 정도를 나타내는 n 값
② 태양전지의 직렬저항, 병렬저항
③ 태양전지의 개방전압과 단락전류
④ 태양전지의 규격
[해설] 충진율에 영향을 주는 요인[2-2-(5)-③ 참조]

21. 태양전지의 충진율(FF)이 몇 % 이하이면 셀(cell) 고장으로 판정하는가?
① 30 ② 40 ③ 45 ④ 50
[해설] 충진율의 판정[2-2-(5)-④ 표 2-4 참조]

22. 태양전지의 충진율(FF)이 몇 % 이상이면 정상 상태로 판정하는가?
① 51 ② 61 ③ 71 ④ 81
[해설] 충진율의 판정[2-2-(5)-④ 표 2-4 참조]

23. 태양전지의 성능을 나타내는 가장 중요한 인자는?
① 충진율(FF)
② 변환효율
③ 최대출력전압
④ 개방전압
[해설] 변환효율[2-2-(6) 참조]

24. 태양광 모듈의 크기가 가로 0.53 m, 세로 1.19 m이며, 최대출력 80 W인 모듈의 에너지 변환효율은 약 몇 %인가?
① 15.68 ② 14.25
③ 13.65 ④ 12.68
[해설] 변환효율[2-2-(6)-② 참조]
$$\eta_{\max} = \frac{P_m}{P_{in}} = \frac{80}{0.53 \times 1.19 \times 1000} \times 100 = 12.68\%$$
P_m : 최대출력(W)
P_{in} : 입사전력 = 모듈 면적 × 1000 W/m²

25. 다음 ㉠~㉡에 들어갈 용어는?

> 태양전지의 등가회로에서, 이상적인 셀(cell)의 경우, 병렬저항은 (㉠)로/으로 전류가 흐를 수 없고, 직렬저항은 (㉡)로/으로 전압강하로 이어지지 않는 것이다.

	㉠	㉡		㉠	㉡
①	∞	0	②	∞	∞
③	0	0	④	0	∞

[해설] 등가회로[2-2-(7)-④ 참조]
이상적인 셀(cell)의 경우, 병렬저항(R_{sh})은 ∞로 전류가 흐를 수 없고, 직렬저항(R_s)은 0으로 전압강하로 이어지지 않는다.

[정답] 19. ④ 20. ④ 21. ② 22. ③ 23. ② 24. ④ 25. ①

26. 태양전지의 충진율에 영향을 미치는 직렬저항의 성분이 아닌 것은?
① 기판 자체 저항
② 표면층의 면저항
③ 금속전극 자체의 저항
④ 접합의 결함에 의한 누설저항

[해설] 직렬저항의 성분[2-2-(8) 참조]
④는 병렬저항 성분에 적용된다.

27. 태양전지의 등가회로에서, 직렬저항의 성분 및 특성에 관한 설명 중 잘못된 것은?
① 직렬저항이 증가함에 따라 효율은 급격하게 저하한다.
② 직렬저항의 변화에 따라 전압-전류 곡선은 변화하나, FF에는 영향을 주지 않는다.
③ 직렬저항은 그 값을 0.5Ω 이하가 되도록 설계하여야 한다.
④ 직렬저항의 성분은 태양전지의 발열원인이 된다.

[해설] 직렬저항의 성분[2-2-(8) 참조]
직렬저항의 변화에 따라 전압-전류곡선은 변화하며, FF(fill factor)에 영향을 주므로 효율이 크게 변화한다.

28. 태양전지의 직렬저항, 병렬저항에 대한 설명으로 잘못된 것은?
① 병렬저항은 일정한 저항으로 표시되는 누설저항으로 나타낸다.
② 직렬저항은 그 값을 0.5Ω 이하가 되도록 설계하여야 한다.
③ 병렬저항은 그 값을 1kΩ보다 크게 설계하여야 한다.
④ 병렬저항보다 직렬저항이 출력에 큰 손실을 발생시킨다.

[해설] 직렬저항·병렬저항의 성분[2-2-(8), (9) 참조]
직렬저항보다 병렬저항이 출력에 큰 손실을 발생시킨다.

29. 태양전지의 온도 효과에 대한 설명으로 잘못된 것은?
① 온도가 높아질수록 최대전력출력 P_{max}는 감소하게 된다.
② 온도는 서미스터 또는 열전쌍과 같은 센서를 이용하여 측정할 수 있다.
③ 태양전지가 보다 높은 온도에 노출되면 V_{oc}는 보다 크게 증가한다.
④ 태양전지가 보다 높은 온도에 노출되면 I_{sc}는 조금 증가한다.

[해설] 온도 효과[2-2-(10) 참조]
태양전지가 보다 높은 온도에 노출되면 I_{sc}는 조금 증가하며 V_{oc}는 보다 크게 감소한다.

30. 태양전지 n개를 직렬로 접속하고, m줄로 병렬로 접속하였을 때 전압과 전류는 각각 어떻게 되는가?
① 전압 n배 증가, 전류 m배 증가
② 전압 n배 증가, 전류 m배 감소
③ 전류 n배 증가, 전압 m배 증가
④ 전류 n배 감소, 전압 m배 증가

[해설] 모듈과 어레이에 대한 $I-V$ 곡선[2-2-(11) 참조]
(1) 전압은 직렬접속 수 n배만큼 증가
(2) 전류는 병렬접속 수 m배만큼 증가

정답 26. ④ 27. ② 28. ④ 29. ③ 30. ①

31. 태양전지의 형태에 따른 분류에서, 무기 박막형에 속하지 않는 것은?
① 염료감응형   ② CdTe
③ GaAs   ④ CIGS

[해설] 태양전지의 분류[2-3-(1) 참조]
염료감응형은 유기 박막형에 속한다.

32. 단결정 실리콘과 다결정 실리콘에 대한 설명으로 옳은 것은?
① 단결정에 비해 다결정의 순도가 높다.
② 단결정에 비해 다결정의 효율이 낮다.
③ 단결정에 비해 다결정의 원가가 높다.
④ 단결정에 비해 다결정의 제조 과정이 복잡하다.

[해설] 특징 비교[2-4 표 2-5 참조]
단결정, 다결정 실리콘 셀(cell)의 특징 비교

구 분	단결정	다결정
실리콘 순도	높다	낮다
효율	높다	낮다
원가	고가	저가
한계 효율	35% 정도	23% 정도
제조 공정	복잡	간단

33. 태양광발전 시스템의 단결정 모듈의 특징으로 틀린 것은?
① 제조 공정이 간단하다.
② 발전효율이 매우 우수하다.
③ 제조 온도가 높다.
④ 형상 변화가 어렵다.

[해설] 특징 비교[2-4 표 2-5 참조]

34. 다음 실리콘 태양전지의 효율이 높은 순서는?

⊙ 단결정	ⓒ 다결정	ⓒ 비정질

① ⊙ > ⓒ > ⓒ   ② ⊙ > ⓒ > ⓒ
③ ⓒ > ⓒ > ⊙   ④ ⓒ > ⊙ > ⓒ

[해설] 특징 비교[2-4 표 2-5 참조]

35. 실리콘 원자가 불규칙하게 모인 태양전지로, 유리나 유연성 있는 필름기판 상에 제조가 가능하고 파장감도가 단파장 쪽에 있는 것은?
① 단결정   ② 다결정
③ 아몰퍼스   ④ CIGS

[해설] 비정질(amorphous) 실리콘 태양전지 [2-4-③ 참조]

[참고] 아몰퍼스(amorphous)란 비결정화된 고체를 뜻하며, 무정형, 비정질이라고도 번역되며, 유리가 대표적이다.

36. 다음 ⊙, ⓒ에서 설명하는 태양전지는 무엇인가?

⊙ 색소가 붙은 산화티타늄 등의 나노입자를 한쪽의 전극에 칠하고 또 다른 쪽 전극과의 사이에 전해액을 넣은 구조이다.
ⓒ 색이나 형상을 다양하게 할 수 있어 패션, 인테리어 분야에도 이용할 수 있다.

① 유기 박막 태양전지
② 구형 실리콘 태양전지
③ 갈륨 비소계 태양전지
④ 염료감응형 태양전지

[해설] 염료감응 태양전지[2-4-(5) 참조]
(1) 유기염료와 나노기술을 이용하여 고도의 에너지 효율을 갖도록 개발된 태양전지이다.

정답 31. ①   32. ②   33. ①   34. ①   35. ③   36. ④

(2) 사용하는 유기염료의 종류에 따라 황, 적·녹·청색 등 다양한 색상과 형상을 할 수 있어 패션, 인테리어(건물의 유리 창호) 분야에 이용할 수 있다.

37. 다결정 실리콘 태양전지의 제조 공정 순서를 바르게 나열한 것은?

> ㉠ 셀 ㉡ 잉곳 ㉢ 실리콘 입자
> ㉣ 웨이퍼 슬라이스 ㉤ 태양전지 모듈

① ㉢ → ㉣ → ㉡ → ㉠ → ㉤
② ㉢ → ㉡ → ㉣ → ㉠ → ㉤
③ ㉡ → ㉢ → ㉠ → ㉣ → ㉤
④ ㉡ → ㉢ → ㉣ → ㉠ → ㉤

[해설] 제조 공정[2-4-(4) 그림 2-14 참조]
실리콘 입자 → 잉곳 → 웨이퍼 슬라이스 → 셀 → 태양전지 모듈

38. 다음은 박막 태양전지의 제조 과정이다. 빈칸에 들어갈 내용은?

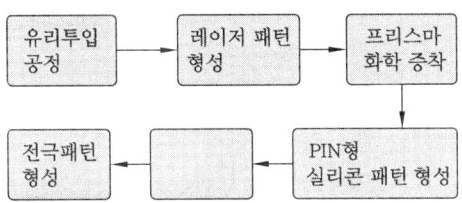

① 전극후면 증착   ② 전극전면 증착
③ 산화막 형성   ④ 반사방지막 형성

[해설] 박막 태양전지의 제조 과정[2-4-(4)-② 참조]

39. 다음 염료감응형 태양전지의 특징 중 잘못된 것은?

① 다양한 크기 및 형상으로 제조가 가능하다.
② 흐린 날씨 또는 빛의 조사각도가 10°만 되어도 전기가 생산된다.
③ 고가의 태양전지로 저효율을 갖는 것이 단점이다.
④ 투명하고, 다양한 색상을 지니고 있다.

[해설] 염료감응 태양전지[2-4-(5) 참조]
장점으로, 유기염료와 나노기술을 이용, 고가의 Si 태양전지를 대체할 저가의 태양전지로 고효율을 갖는다.

40. 아몰퍼스 실리콘 태양전지 모듈에 비해 고전압, 저전류의 특성을 가진 태양전지는?

① 단결정 실리콘 태양전지
② CIGS 태양전지
③ 다결정 실리콘 태양전지
④ 유기 태양전지

[해설] CIGS 박막형 태양전지[2-4-(7) 참조]
[참고] 아몰퍼스(amorphous) : 문제 35번 해설 참조

41. 다음 ㉠, ㉡에서 설명하는 태양전지는 무엇인가?

> ㉠ 동, 인듐, 갈륨, 세렌의 4가지 원소로 구성된 화합물 박막 태양전지이다.
> ㉡ 고온 환경하에서 효율 저하가 적은 특징을 가지고 있다.

① CIGS   ② InGaAs
③ CdTe   ④ GaAs

[해설] CIGS 태양전지[2-4-(7) 참조]
CIGS 태양전지는 동(Cu), 인듐(In), 갈륨(Ga), 세렌(Se)의 4가지 원소로 구성된 화합물 박막 태양전지이다.

정답 37. ② 38. ① 39. ③ 40. ② 41. ①

42. 다음 CdTe 태양전지의 특징 중 잘못된 것은?
① 높은 광흡수 계수로 인해 박막 태양전지 제조에 유리한 장점이 있다.
② 낮은 제조 단가로 상용화에 가장 근접한 저가형 태양전지라는 정점이 있다.
③ 물질의 합성이 어렵다는 단점이 있다.
④ 카드뮴이 공해를 유발하는 단점이 있다.

[해설] CdTe 태양전지[2-4-(8) 참조]
무엇보다도 중요한 성질은 물질의 합성이 쉽다는 점이다.

43. 실리콘 태양전지와 비교해서 화합물 반도체 태양전지인 GaAs(갈륨비소)의 특징은?
① 모든 파장 영역에서 빛의 흡수율이 떨어진다.
② 접합 영역에서 전자와 정공의 재결합이 낮다.
③ 광 흡수계수가 높고 표면 재결합 속도가 크다.
④ 접합 영역이나 표면에서 재결합보다 내부에서 재결합이 많이 발생한다.

[해설] GaAs 태양전지
(1) 태양전지 재료 중에서 가장 높은 효율을 달성하였다.
(2) 최적의 밴드갭(1.45 eV) 및 광 흡수계수가 높고 표면 재결합 속도가 크다.
(3) In, Al 등과 쉽게 합금을 형성하여 (InGaAs, AlGaAs) 밴드 갭을 조절할 수 있다.
(4) 재료의 가격이 매우 높아(Ga의 희소성) 상업적으로 실용화하기 어렵고, As의 유해성이 단점으로 지적되고 있다.

[참고] 밴드 갭(band gap) : 전도대 맨 아랫부분의 에너지 준위와 가전자대 맨 윗부분의 에너지 준위 간의 에너지 차

3. 태양광발전 시스템의 구성 요소

44. 태양광발전에 이용되는 태양전지 구성 요소 중 최소 단위는?
① 셀
② 모듈
③ 어레이
④ 파워컨디셔너

[해설] 태양전지 셀(cell)[3-1-(1) 참조]
[참고] 셀은 전기를 일으키는 최소 단위이며, 모듈은 전기를 꺼내는 최소 단위이다.

45. 태양광발전설비 단위를 나타낸 그림으로 올바른 것은?

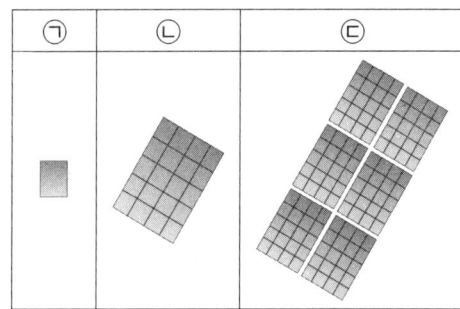

	㉠	㉡	㉢
①	셀	모듈	어레이
②	모듈	어레이	셀
③	모듈	셀	어레이
④	셀	어레이	모듈

[해설] 태양광발전설비 단위[3-1 그림 2-18 참조]

46. 태양전지 셀의 그림 기호는?

정답 42. ③ 43. ③ 44. ① 45. ① 46. ②

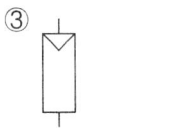
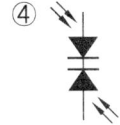

[참고] 스트링(string)의 일반적인 기호 : ③

47. 태양광발전 시스템에서, 전기를 꺼내는 최소 단위는?
① 셀(cell)   ② 모듈(module)
③ 스트링(string)   ④ 어레이(array)
[해설] 셀은 전기를 일으키는 최소 단위이며, 모듈은 전기를 꺼내는 최소 단위이다.

48. 다음 중 일반적인 모듈의 변환효율에서, 가장 좋은 것은?
① 단결정 실리콘   ② 다결정 실리콘
③ 아몰퍼스 실리콘   ④ 화합물 반도체
[해설] 모듈의 변환효율[3-2-(2) 표 2-7 참조]

49. 다음 중 태양전지 모듈의 전류에 영향을 가장 크게 미치는 것은?
① 주위 온도   ② 바람
③ 강우량   ④ 일사량
[해설] 일사량은 태양광 출력을 수시로 변동하게 하는 가장 직접적인 요소이다.

50. 태양광발전 시스템에서, 어레이(array)의 전기적 구성 요소가 아닌 것은?
① 역류방지 다이오드
② 바이패스 다이오드
③ 인버터
④ 직류차단기
[해설] 어레이의 회로 구성[3-3-(4) 그림 2-21 참조]

51. 태양광발전 시스템에서, 스트링(string)이란?
① 단위시간당 표면의 단위면적에 입사되는 태양에너지
② 태양전지 모듈이 전기적으로 접속된 하나의 직렬군
③ 태양전지 모듈이 전기적으로 접속된 하나의 병렬군
④ 단위시간당 표면의 총면적에 입사되는 태양에너지
[해설] 스트링(string)[3-3-(4) 그림 2-20 참조]

52. 태양전지 어레이(array)에서, 열점(hot spot)으로 인한 셀의 소손 방지용 소자는?
① 바이패스 다이오드
② 역류방지 다이오드
③ 서지보호장치
④ 직류차단기
[해설] 바이패스 다이오드[3-3-(4) 참조]

53. 태양광발전 시스템에서 인버터의 주된 역할은?
① 태양전지의 출력을 직류로 증폭
② 태양전지 모듈과 부하계통을 절연
③ 태양전지의 직류출력을 상용주파의 교류로 변환
④ 태양전지에 전원을 공급
[해설] 인버터[3-4-(5) 참조]
인버터(inverter)의 주된 역할은 태양전지의 직류출력을 상용 주파수의 교류로 변환하여 일반 가전제품, 즉 부하에 교류전력을 공급하는 것이다.
[참고] 우리나라 전력 계통의 상용 주파수는 60 Hz이다.

[정답] 47. ② 48. ① 49. ④ 50. ③ 51. ② 52. ① 53. ③

54. 태양광발전 시스템에서 계통연계형 인버터(PCS)의 기본 기능이 아닌 것은?
① 계통연계 보호기능
② 단독운전 방지기능
③ 배터리 충전기능
④ 최대출력점 추종기능

[해설] PCS의 기본 기능[3-4-(1) 참조]

55. 독립형 태양발전 시스템에서 사용되는 축전지 중 주로 사용되는 것은?
① 연(납)축전지
② 니켈 수소 축전지
③ 니켈 카드뮴 축전지
④ 리튬 2차 전지

[해설] 전력저장장치[3-5-(3) 참조]

56. 주택 등 소규모 태양광발전설비의 구성 요소가 아닌 것은?
① 송전설비
② 인버터
③ 분전함
④ 스트링 차단기

[해설] 그림 2-1 참조
송전(power transmission)설비란, 태양광발전소에서 생산한 교류전력을 상용계통으로 송전하기 위한 설비로, 규모가 큰 태양광발전소에 적용된다.

[정답] 54. ③ 55. ① 56. ①

제3장 태양광 모듈(module)

1. 태양광 모듈의 개요

1-1 태양전지 모듈의 출력특성

(1) $V-I$ (전압-전류) 특성곡선

① $V-I$ 특성곡선은 모듈(module)에 입사된 빛에너지를 전기적 에너지로 변환하는 출력특성을 나타낸다.

② 모듈의 출력은 방사조도(W/m^2)에 비례하고, 태양전지 표면 온도(℃)에 반비례하는 특성이 있다.

> **방사조도(radiant flux density)**
> 1. 어떤 면을 향하여 조사되는 방사 속의 면 밀도는 $\dfrac{d\phi}{dS}$ 이고, 단위는 W/m^2이다.
> 2. 빛의 경우의 조도에 상당한 것으로, 일사량이라고도 한다.

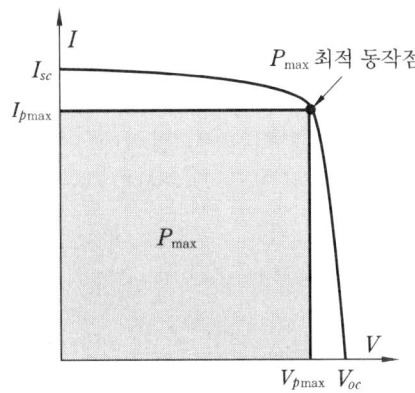

V_{oc} : 개방전압
I_{sc} : 단락전류
P_{max} : 최대출력
V_{pmax} : 최대출력동작전압
I_{pmax} : 최대출력동작전류

그림 3-1 $V-I$ 특성 곡선

(2) 모듈 출력특성의 표준 측정 방법

① 태양광의 방사조도와 분광분포를 모의실험한 솔라 시뮬레이터(solar simulator)를 이용한 실내 측정을 표준으로 한다.

② 표준 시험 조건(STC)

표 3-1 표준 시험 조건

방사조도	표면 온도	분광분포(AM)
1000 W/m^2	25℃	1.5

(3) 모듈(module)의 방사조도와 온도 특성

① 그림 3-2(a)는 방사조도의 변화에 따라 전류가 급격히 변화하고, 그림 3-2(b)는 표면 온도의 변화에 따라 전류는 작게, 전압은 크게 변화하고 있다.

② 온도 상승에 따른 출력 감소는 약 0.45%/℃ 정도이다.

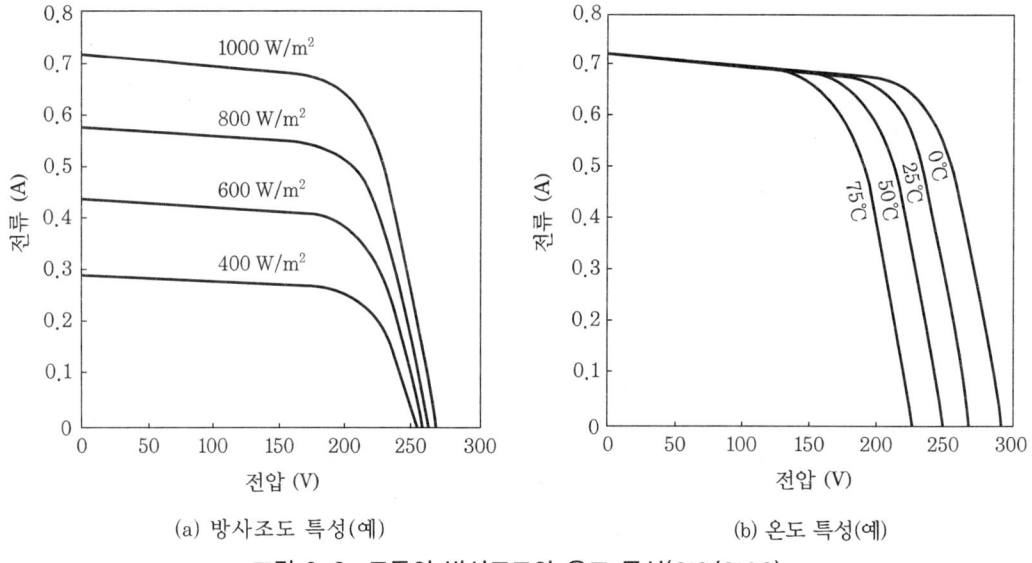

(a) 방사조도 특성(예) (b) 온도 특성(예)

그림 3-2 모듈의 방사조도와 온도 특성(CIS/CIGS)

(4) 분광감도(spectral sensitivity) 특성

① 태양전지는 입사하는 빛의 파장에 따라 출력특성이 달라진다.

② 이 입사 단색광에 대한 단락전류를 표시한 것을 분광감도 특성이라 한다.

③ 이 특성은 셀(cell)의 재료나 구조에 따라 다른 특성을 가진다.

분광감도(spectral sensitivity, 分光感度)
1. 광전 셀 등의 수광용 검출기에 있어, 입사하는 특정 파장의 에너지 또는 광량에 대한 응답의 세기를 말한다.
2. 분광감도를 파장의 함수로 나타낸 것을 분광감도곡선이라 한다.

(5) 모듈(module)의 음영(shadow) 특성

① 열점(hot spot)의 발생 원인
　㈎ 건물, 나무 등에 의한 그늘이 태양전지 셀(cell)에 음영을 발생시키는 경우
　㈏ 셀(cell) 자체에 결함이 발생한 경우
　㈐ 셀(cell)의 특성이 변화하는 경우
② 음영 부분의 농도와 면적에 비례하여 출력이 저하한다.

열점(hot spot) : 상기 발생 원인에 의하여 그 셀에 직렬접속되어 있는 다른 셀의 모든 전압이 인가되어 발열하게 되는 부분을 열점이라 한다.

(6) 출력에 영향을 주는 효과

① 광 열화 – 어닐링(annealing) 효과
　㈎ 아몰퍼스(amorphous) 실리콘계 태양전지는 광조사에 의해 출력이 저하하는 현상이 있어, 공장 출하 시부터 광조사량에 비례하여 일정한 비율로 출력이 저하한다.
　㈏ 한편 광 열화(light degradation)는 열 어닐링에 의해 회복하는 특성이 있어, 모듈 온도가 높은 경우 일정한 비율로 성능이 향상된다.
② 광 조사 효과
　㈎ 태양전지를 실외에 설치하여 태양광선을 쬐는 것으로 최대출력이 증가하는 경향이 있다. 이를 광 조사 효과라 한다.
　㈏ CIS/CIGS 태양전지는 광소자 효과가 있다.

1-2 태양광 모듈의 구분

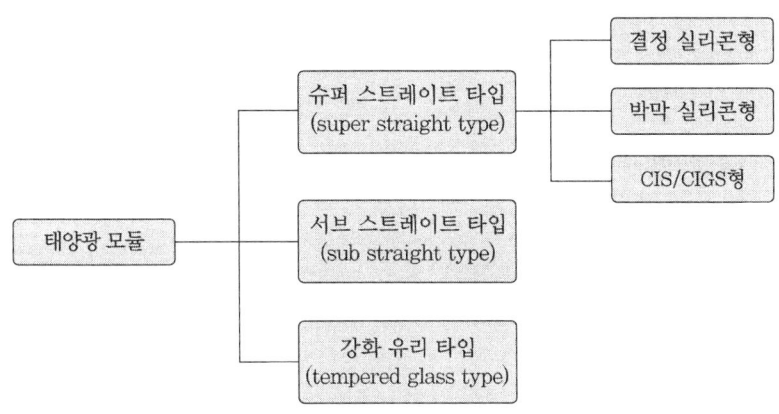

(1) 슈퍼 스트레이트형(super straight type)

① 결정 실리콘형

⑺ 그림 3-3과 같이 셀(call) 사이를 리드 프레임(lead frame)으로 연결하고 내후성이 뛰어난 충진재로 밀봉한다.

충진재(EVA ; Ethylene-Vinyl-Acetate) : 투명수지로 내후성, 내충격성, 내한성, 저온 접착성, 가용성 등이 뛰어나다.

⑷ 수광면을 내충격성이 강한 커버 글라스(cover-glass)와 이면의 내후성 필름으로 끼워놓은 구조이다.

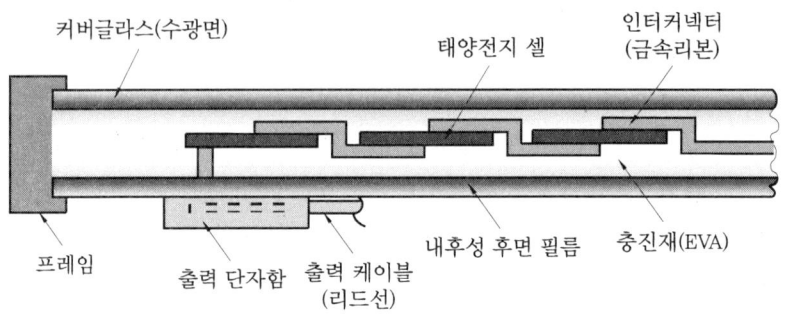

그림 3-3 결정 실리콘형

② 박막 실리콘형

⑺ 박막형 모듈은 직접 본체에 박막이 형성되고 그 형상 공정에서 서로 연결이 이루어지며, 덮개 재질은 유리가 적용된다.

⑷ 그림 3-4와 같이 커버 글라스(cover-glass)에 투명전극, 셀(call), 표면전극을 적층하여 충진재와 내후성 필름으로 밀봉한 구조이다.

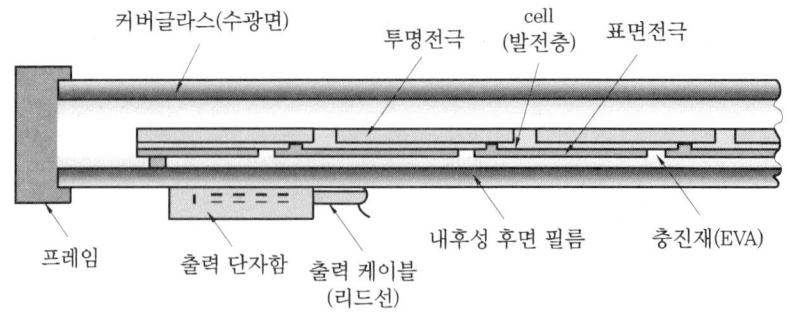

그림 3-4 박막 실리콘형

③ CIS/CIGS형

그림 3-5와 같이 유리(glass)기판 위에 투명전극, 셀(cell)을 적층하여 충진재로 밀봉하고 수광면의 커버 글라스(cover-glass)와 이면에 내후성 필름으로 끼워 넣은 구조이다.

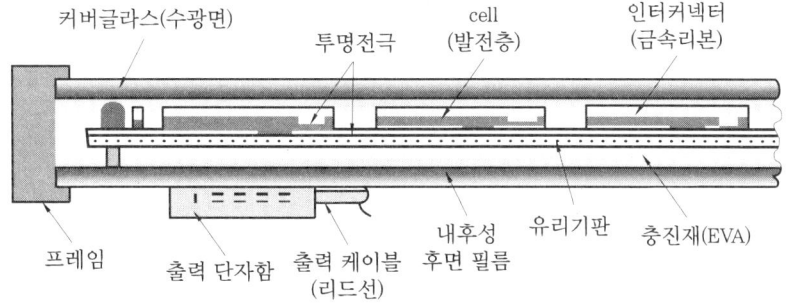

그림 3-5 CIS/CIGS형

(2) 서브 스트레이트형(sub straight type)

그림 3-6과 같이 수광면에 투광성 필름을 이용하고, 강도는 이면의 기판이 가지게 한 구조이다.

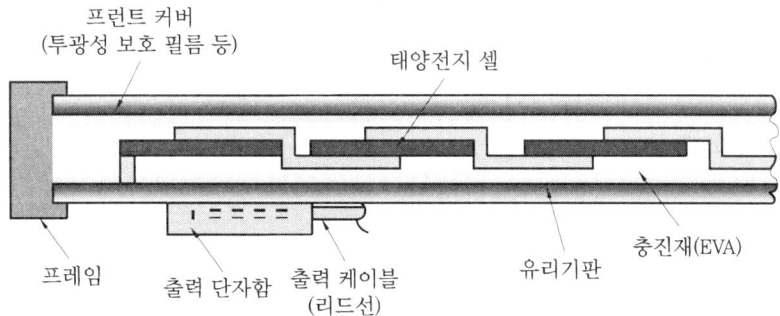

그림 3-6 서브 스트레이트형

(3) 강화 유리형(tempered glass type)

그림 3-7과 같이 전면과 이면에 커버 글라스(cover-glass)를 사용하여 빛을 투과시키는 구조이다.

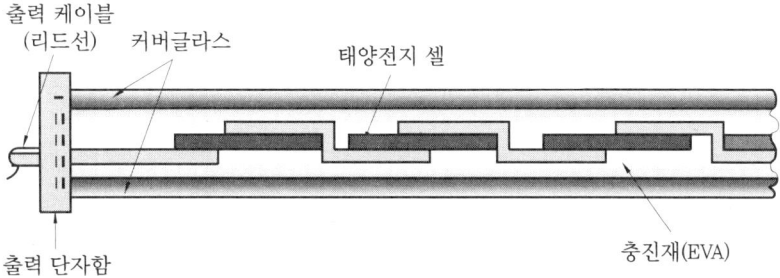

그림 3-7 강화 유리형

1-3 태양광 모듈의 구성 및 구조

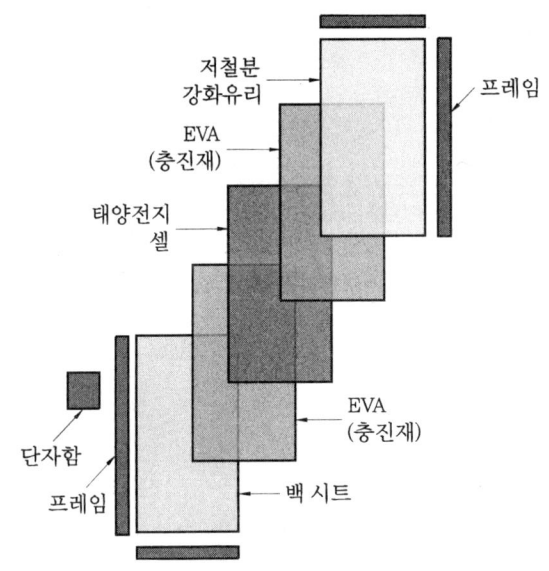

그림 3-8 태양전지 모듈의 구성(예)

(1) 모듈(module)

① 태양전지 모듈은 충분히 사용할 수 있도록 태양전지를 서로 연결시키고 판 형태로 마감한 것이다.

② 규격은 제작 회사마다 다르다.
  ㈎ 결정계 모듈은 출력 500 w의 경우, 0.5 m×1 m 정도의 장방형의 것으로부터 1 m 이상 250 w급의 정방형에 가까운 대형의 것까지 다양하게 있다.
  ㈏ 두께는 보통 30~50 mm 정도이다.
  ㈐ 무게는 1매당 약 5~20 kg 정도이다.

③ 일반적으로 결정계 실리콘 전지는 청색, 감색이지만, 그 외의 색으로 회색, 녹색, 엷은 갈색 등이 있다.

(2) 프레임(frame)

① 일반적으로 알루마이트 내식 처리를 한 알루미늄 표면에 아크릴 도장을 한 프레임재가 사용된다.

 알루마이트(alumite) : 부식이나 마모에 약한 알루미늄의 단점을 보완하여 내식성과 내마모성을 강하게 하기 위해 알루미늄의 표면에 산화 처리를 함으로써 산화알루미늄막을 형성하는 것을 말한다.

② 긴 방향의 구조에 따른 종류
  ㈎ 중공(中空)형   ㈏ ㄷ자형
③ 주택용 모듈 : 고정금구와 쌍이 되도록 하고 이웃하는 모듈 사이에서 중첩할 수 있도록 되어 있다.

(3) 프런트 커버(front cover)
① 일반적으로 높은 내충격성 있는 특수 처리된 약 3 mm 두께의 유리등이 사용되어, 90% 이상의 투과율을 확보하고 있다.
② 내구성 시험 방법 : 우박시험의 간이시험

> **참고** 직경 약 38 mm, 질량 227±2 g의 강속구를 높이 1 m에서 낙하시키는 간이시험으로 대체되는 경우가 있다.

(4) 취부(설치용) 구멍
① 구조물(가대)에 설치하기 위해서 지름 6.0~9.7 mm의 치부 구멍이 긴 방향 프레임에 3~4개씩, 총 6~8개 정도로 되어 있다.
② 이외에 지름 4.0~6.5 mm의 취부용 구멍과 배선용 구멍이 있다.

(5) 단자함 및 기타
① 일반적으로 수지계의 단자함 및 모듈에서 출력을 연결하는 리드선이 일체로 되어 있다.
② 리드선 선단에는 회사별 전용의 방수 커넥터가 부착되어 있고 타 모듈이나 외부 케이블과의 연결이 가능하게 되어 있다.
③ 모듈 내의 리드선은 단자함 내에서 절연전선으로 바뀌어 단자함 밖으로 ± 각각 1본 또는 각각 2본으로 인출한다.
④ ± 각각 2본이 있는 경우 다른 모듈과 직렬 혹은 병렬로 연결이 가능하게 된다.
⑤ 리드 선(lead wire) : 대부분의 초소형 전자 부품은 접속단자를 갖지 않는다. 리드선은 이런 부품을 다른 곳에 접속하기 위해 인출한 절연전선이다.
  ㈎ 일반적으로 가교 폴리에틸렌 절연 비닐시스 케이블(XLPE, CV cable)이 많이 사용되고 있다.
  ㈏ 극성 표시는 케이블의 ±의 마크 표시로 되어 있다.
  ㈐ 공칭 단면적 : 4 mm^2
⑥ 바이패스 다이오드(by-pass diode)
  ㈎ 일부 셀에 그늘이 생기거나 결함이 발생한 그 부분을 바이패스 함으로써 출력 저하와 발열을 최소한 억제하기 위하여 단자함 안에 셀 18~20개마다 바이패스 다이오드를 내장하고 있다.

(내) 최근에는 셀 1개마다 바이패스 다이오드의 기능을 갖도록 설계된 제품도 있다.
⑦ 모듈에 대한 표시 항목
 (개) 제조업체명 – 약호 (내) 제조 연월일 및 제조 번호 (대) 내풍압성의 등급
 (라) 최대 시스템전압 (마) 어레이 조립 형태 (바) 공칭 최대출력
 (사) 공칭 개방전압 (아) 공칭 단락전류 (자) 공칭 최대출력 동작전압
 (차) 공칭 최대출력동작전류 (카) 역내전압
 (타) 바이패스 다이오드 유, 무 (파) 공칭 중량

1-4 태양전지 모듈 조립 공정 및 단면 구조

(1) 모듈 조립 공정

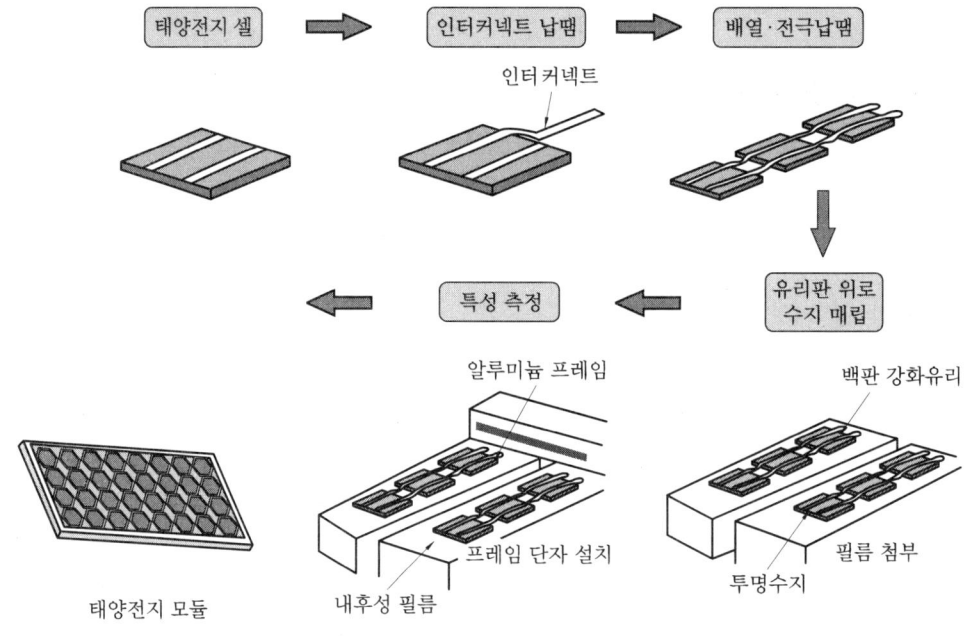

그림 3-9 모듈 조립 공정(예)

(2) 모듈의 단면 구조도

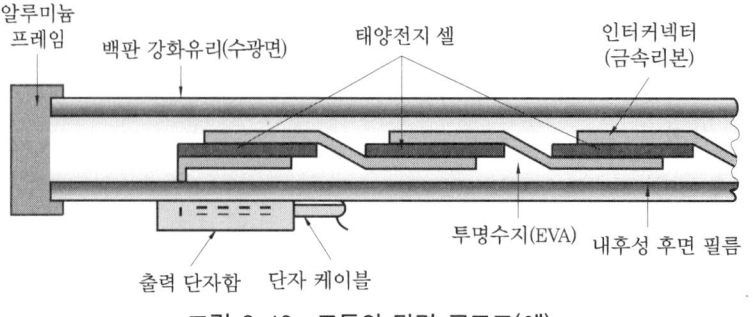

그림 3-10 모듈의 단면 구조도(예)

2. 태양광 모듈의 설치 형식

■ **건축물에 설치하는 방법**
1. 설치 위치, 설치 방법, 부가 기능 등의 차이에 따라 분류한다.
2. 설계부터 경제적이고, 미관을 고려하며, 견고하고 가장 효율적인 방법을 선택한다.

■ **지상에 설치하는 방법**
1. 지상, 옥상, 주차장 부지 등의 상부에 모듈을 설치, 공간을 효율적으로 이용할 수 있다.
2. 소용량에서부터 대용량 발전설비까지 시설되고 있다.

2-1 건축물에 설치하는 태양전지

(1) 설치 위치·부위에 따른 분류

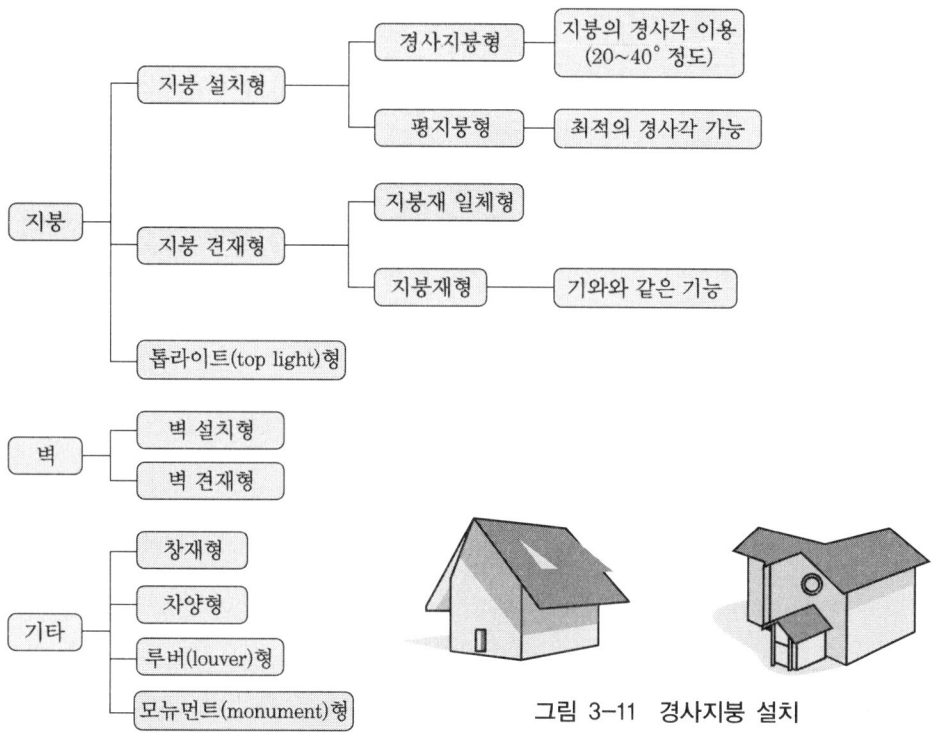

그림 3-11 경사지붕 설치

① 경사지붕형
㈎ 지붕재에 전용지지 기구와 가대를 설치하고 그 위에 모듈을 설치하는 형식으로 주로 주택용 설치 공법으로 모듈 회사의 표준 사양으로 되어 있다.

㈏ 남향을 향한 경사진 지붕으로 가능한 넓고 평평하며 균일한 지붕이어야 한다.
㈐ 최대출력을 가져올 수 있는 지붕 경사각은 20~40° 정도이다.
㈑ 돌출 부위 등에 의하여 그림자가 생기지 않아야 한다.
㈒ 통풍이 잘되는 구조로 모듈의 온도 상승을 방지할 수 있어야 한다.

> **참고** 모듈의 높이 : 10~15 cm 정도

㈓ 단열 성능이 뛰어난 구조의 지붕에는 결정질 모듈보다 비결정질 모듈을 설치하는 것이 좋다.

② 평지붕형
㈎ 방수 처리된 평지붕 위에 철골 가대를 연결하고 모듈을 설치하는 형식으로 주로 관공서나 학교 건물 옥상에 설치되며, 모듈 회사의 표준 사양으로 되어 있다.
㈏ 평지붕은 태양광발전에 매우 적절한 장소이며, 설치 방향과 관계하여 어떠한 제한도 받지 않으므로 최적의 배치가 가능하다.
㈐ 어레이(array)면의 최소 높이는 지붕면으로부터 약 50 cm 정도로 하며, 다설 지역에서는 적설량을 고려하여 결정하여야 한다.

③ 지붕재 일체형
㈎ 지붕재(금속 지붕, 평판기와 등)에 태양전지를 포함하는 형식으로, 지붕의 방수성 및 내구성 등의 기능을 겸비한다.
㈏ 주변 지붕재와 동일한 형상을 하고 있으므로 일체감이 있으며 건축 디자인의 아름다움이 살아 있다.

④ 지붕재형
㈎ 모듈 자체가 지붕 재료로서의 기능을 가지고 있는 형식으로, 주변 지붕재(기와, 슬레이트 등)와의 배합이 가능하다.
㈏ 주로 신축 주택용에서 채용하는 사례가 많다.

⑤ 톱라이트(top light)형
㈎ 톱라이트의 유리 부분에 강화유리 태양전지를 포함시킨 형식으로, 셀(cell)의 배치에 따라 개구율(aperture ratio)을 바꿀 수 있다.
㈏ 톱라이트의 채광과 동시에 셀(cell)에 의한 차폐효과도 있다.

⑥ 벽 설치형
㈎ 건물 벽에 가대 등을 설치하고, 그 위에 모듈을 설치하는 형식이다.
㈏ 고층 건물의 벽면 등에 효과적으로 이용이 가능하다.

⑦ 벽 건재형
㈎ 셀(cell)이 벽재로서 가능한 형식으로, 셀(cell)의 배치에 따라 개구율(aperture ratio)을 바꿀 수 있다.

(나) 알루미늄 새시 등, 지지공법을 여러 가지 선택할 수 있다.
(다) 주로 커튼월(curtain wall) 등에 포함되어 있다.
⑧ 창재형 : 유리창의 기능, 즉 채광성, 투시성을 가지는 형식으로 셀(cell)의 배치에 따라 개구율(aperture ratio)을 바꿀 수 있다.
⑨ 차양형
(가) 고정형과 가동형으로 구분되며, 여름에 과도한 햇빛으로부터 사람과 건물을 보호해 주는 역할을 한다.
(나) 자연광의 모듈화, 건물 외피의 냉각 등과 같은 장점을 가지고 있다.

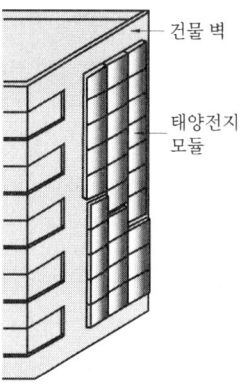

그림 3-12 벽 건재형

 커튼월(curtain wall)
1. 건물의 주체 구조인 기둥과 보의 골조만으로 건물에 가해지는 수직하중과 바람이나 지진 등에 의한 수평하중을 지지하는 구조에서 벽체는 단순히 공간을 칸막이하는 커튼 구실만 하기 때문에 이때의 벽체를 커튼월이라고 한다.
2. 한국 건축 용어로는 '비내력 칸막이벽'이라고 한다.

(2) 어레이(array) 지지 방식에 따른 분류

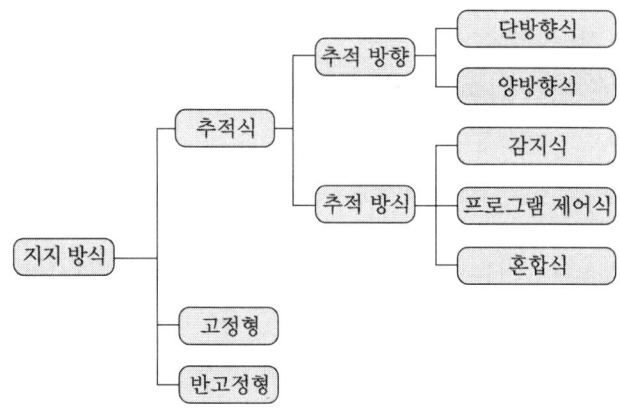

① 추적식 어레이(tracking array)
  (가) 태양의 직사광선이 항상 태양전지 판의 전면에 수직으로 입사할 수 있도록 또는 기기 조작을 통하여 태양의 위치를 추적해 가는 방식이다.
  (나) 추적 방향에 따라 단방향식과 양방향식이 있다.
    ㉮ 단방향 추적식(single axis tracking) : 태양전지 어레이가 태양의 한 축만을 추적하도록 설계된 방식으로 상, 하 추적식(Y-axis tracking)과 좌, 우 추적식(X-axis tracking)으로 나누어진다.

㉰ 양방향 추적식(double axis tracking) : 태양전지 판이 항상 태양의 직달 일사량이 최대가 되도록 상, 하, 좌, 우를 동시에 추적하도록 설계된 추적 장치이다.

직달 일사량(direct radiation)
1. 태양으로부터 직접 지표면에 도달하는 일사를 말한다.
2. 직달 일사량은 지표의 단위면적이 단위시간에 받는 일사열량을 나타내고, 기상 관계에서는 [cal/cm^2·min], 건물 관계에서는 [kcal/m^2·h]가 사용된다.

㈐ 추적 방식에 따라 감지식, 프로그램 제어식, 혼합식 추적법이 있다.
  ㉮ 감지식 추적법(sensor tracking) : 태양의 추적 방식을 센서를 이용하여 최대 일사량을 추적해 가는 방식이다.
  ㉯ 프로그램 추적법(program tracking) : 어레이 설치 위치에서 태양의 연중 이동 궤도를 추적하는 프로그램을 내장한 컴퓨터 또는 마이크로 프로세서를 이용하여 프로그램이 지시하는 연, 월, 일에 따라서 태양의 위치를 추적하는 방식이다.
  ㉰ 혼합식 추적법(mixed tracking) : 프로그램 추적법을 중심으로 운용하되 설치 위치에 따른 미세적인 편차를 감지부를 이용하여 주기적으로 수정해 주는 방식이다.

② 고정형 어레이(fixed array)
  ㈎ 태양전지 어레이가 춘, 추분에 최적 발전이 되도록 경사각 및 방위각이 고정된 어레이 지지 방법이다.
  ㈏ 도서 지역 등 풍속이 강한 곳에 주로 적용되는 가장 안정된 구조이다.
  ㈐ 발전 효율은 낮지만 초기 설치비가 적고 보수관리가 용이하다.

③ 반고정형 어레이(semi-fixed array)
  ㈎ 태양전지 어레이 경사각을 계절 또는 월별에 따라서 상, 하로 변화시켜 주는 어레이 지지 방식이다.
  ㈏ 일반적으로는 어레이 경사각을 사계절에 1회 정도 변화시켜 준다.
  ㈐ 발전량은 고정형에 비하여 약 20% 정도 증가하는 효과가 있다.

2-2 건물 일체형 태양광발전(BIPV)

(1) BIPV(Building Integrated PhotoVoltaic)의 정의
  ① 건물 일체형 태양광발전 시스템은 건물 외벽의 전자판을 이용하여 전기에너지를 얻을 수 있는 발전 시스템이다.
  ② 태양광 모듈을 건축 자재화하여 건물의 외벽재, 지붕재, 창호재 등으로 활용하기 때문에 별도의 설치 공간이 필요하지 않고 환경친화적이다.
  ③ 에너지 효율적인 건축물을 구현할 수 있어 건설 비용을 줄일 수 있다.

(2) BIPV의 장점(설치 효과) 및 단점

① 장점(설치 효과)
  ㈎ 점차 증가하고 있는 건물에서 전력 소비 지원이 가능하다.
  ㈏ PV를 건물 외장재로 사용하므로 건설 시 재료 비용이 절약된다.
  ㈐ 여름철 냉방부하 등으로 인한 전력피크 완화에 도움이 된다.
  ㈑ 환경친화적인 건물 의장 요소로서 건물의 가치 향상에 기여한다.
  ㈒ 별도의 설치 부지가 필요 없어, 실제 거주면적이 협소한 지형 조건에 적합하다.
  ㈓ 건물은 대부분 사람들이 거주하는 공간으로, 홍보의 장 역할을 한다.
  ㈔ 생산지와 소비지가 동일하여 송전 등으로 인한 전력 손실이 최소화된다.
  ㈕ 신축 또는 기존 건물을 개보수할 경우 적용 가능하다.

② 단점
  ㈎ 지상용에 비하여 고려해야 할 사항들이 많다.
      ㉮ 온도   ㉯ 음영   ㉰ 미관   ㉱ 기타 건축적 요소
  ㈏ 방향, 설치 각도 등 제약이 따르는 경우가 많다.
  ㈐ 시공 시 어려움이 따르는 경우가 많다.

(3) BIPV 설치 시 고려 사항

① 일사량에 따른 발전 성능
② 음영에 따른 발전 성능
③ 온도에 따른 발전 성능 : 일반적으로 태양전지의 온도 상승은 70도 이하가 이상적이다. 대개 태양전지 모듈의 온도가 1도 상승하면 변환효율은 0.45~0.5% 정도 떨어진다.

(4) BIPV의 적용 방식과 특징

표 3-2 적용 방식과 특징

적용 방식	특 징
지붕 자재형	• 경사가 완만한 지붕에 적용되는 형태이다. • 별도의 구조나 전기 설비 없이도 설치가 용이하다. • 다른 태양광발전 자재에 비해서 고가이다.
커튼월형(curtain wall type)	• 전의 커튼월 시스템 활용의 장점이 있다. • 수직면 적용으로 발전효율이 낮다.
발코니형(balcony type)	• 발코니 면적을 활용하는 이점이 있다. • 발전효율이 낮다.

2-3 태양전지 모듈의 직·병렬연결 수 산출

(1) 직렬연결 수

$$S_n = \frac{1\text{스트링 전압(V)}}{\text{모듈의 공칭전압(V)}} [\text{개}]$$

(2) 병렬연결 수

$$P_n = \frac{\text{시스템 출력(W)}}{\text{모듈최대전력(W)} \times 1\text{스트링 직렬연결 수}(S_n)} [\text{개}]$$

(3) 전체 모듈 수

$$T_n = \text{직렬연결 수}(S_n) \times \text{병렬연결 수}(P_n)$$
$$= \frac{\text{시스템 출력(W)}}{\text{모듈최대전력(W)}} [\text{개}]$$

예상문제

1. 태양광 모듈의 개요

1. 태양전지 모듈에 입사된 빛에너지가 변환되어 발생하는 전기적 출력을 특성곡선으로 나타낸 것은?
① 전압 – 저항 특성
② 전압 – 전류 특성
③ 전류 – 온도 특성
④ 전압 – 온도 특성

해설 $V-I$(전압–전류) 특성곡선[1-1-(1) 그림 3-1 참조]

2. 태양전지 모듈의 최적 동작점을 나타내는 특성곡선에서 일사량의 변화에 따라 변환하는 요소는 무엇인가?
① 전류 – 저항
② 전압 – 전류
③ 전류 – 온도
④ 전압 – 온도

해설 $V-I$(전압–전류) 특성곡선[1-1-(1) 그림 3-1 참조]

3. 다음 중 ( )에 적합한 것은?

> 모듈의 출력은 방사조도[W/m²]에 ( )하고, 태양전지 표면 온도[℃]에 ( )하는 특성이 있다.

① 비례, 비례
② 비례, 반비례
③ 반비례, 반비례
④ 반비례, 비례

해설 모듈의 출력특성[1-1-(3) 그림 3-2 참조]

4. 태양전지 모듈의 공칭 최대출력은 표준 시험 조건을 고려하여 측정한다. 다음 중 KSC에 규정된 표준 시험 조건을 올바르게 나타낸 것은?

일사강도	분광분포(AM)	태양전지 온도
㉠ [W/m²]	㉡	㉢ [℃]

	㉠	㉡	㉢
①	500	1.0	25
②	500	1.5	20
③	1000	1.0	20
④	1000	1.5	25

해설 표준 시험 조건[1-1-(2) 표 3-1 참조]

5. 태양전지의 표준 시험 조건(STC)으로 적합하지 않은 것은?
① 수광조건은 대기 질량 정수(AM) 1.5의 지역을 기준으로 한다.
② 어레이 경사각은 30°를 기준으로 한다.
③ 빛의 일조강도는 1000 W/m² 기준으로 한다.
④ 모든 시험의 기준 온도는 25℃로 한다.

해설 표준 시험 조건[1-1-(2) 표 3-1 참조]

6. 모듈(module)의 온도 특성에서, 온도 상승에 따른 출력 감소는 약 몇 %/℃ 정도인가?
① 0.15 ② 0.45 ③ 0.85 ④ 1.5

해설 모듈(module)의 온도 특성[1-1-(3) 참조] 온도 상승에 따른 출력 감소는 약 0.45%/℃ 정도이다.

정답 1. ② 2. ② 3. ② 4. ④ 5. ② 6. ②

7. 다음 중 모듈의 음영 특성에서, 열점(hot spot)의 발생 원인으로 가장 적절하지 않은 것은?
① 셀(cell) 자체에 결함이 발생한 경우
② 셀(cell)의 특성이 변화하는 경우
③ 구름이나 안개가 짙게 끼어 음영이 발생하는 경우
④ 건물, 나무 등에 의한 그늘이 태양전지 셀에 음영을 발생시키는 경우
[해설] 열점(hot spot)의 발생 원인[1-1-(5)-① 참조]

8. 슈퍼 스트레이트형 태양전지 모듈을 구성하고 있는 구조 요소가 아닌 것은?
① 피뢰소자　② 프레임
③ 프론트 커버　④ 내부연결 전극
[해설] 모듈의 구성 요소[1-2-(1) 그림 3-3, 4, 5 참조]

9. 다음 그림은 결정질 태양전지 모듈의 단면도를 나타낸 것이다. 다음 중 태양전지 모듈의 구성 요소로 틀린 것은 무엇인가?

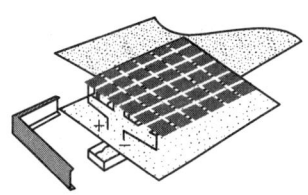

① 분전함
② 백 시트(back sheet)
③ EVA
④ 프레임
[해설] 모듈의 구성 요소[1-2-(1) 그림 3-3 참조]

10. 모듈의 프런트 커버(front cover)의 내구성 시험 방법에서, 직경 약 38 mm, 질량 227±2 g의 강속구를 높이 몇 m에서 낙하시키는 간이시험으로 대체되는 경우가 있는가?
① 0.25　② 0.5　③ 1.0　④ 1.25
[해설] 프런트 커버의 내구성 시험 방법[1-3-(3) 참조]
직경 약 38 mm, 질량 227±2 g의 강속구를 높이 1 m에서 낙하시키는 간이시험으로 대체되는 경우가 있다.

11. 태양전지 모듈 뒷면에 기재된 전기적 출력특성으로 틀린 것은?
① 온도계수(T_o)　② 개방전압(V_{oc})
③ 단락전류(I_{sc})　④ 최대출력(P_{mpp})
[해설] 모듈에 대한 표시 항목[1-3-(5)-⑦ 참조]

12. 태양전지 모듈 뒤편 명판에 기재되지 않는 사항은?
① 공칭 최대출력
② 에너지 변환효율
③ 공칭 최대출력동작전압
④ 제조 연월일 및 제조 번호
[해설] 모듈에 대한 표시 항목[1-3-(5)-⑦ 참조]

2. 태양광 모듈의 설치 분류

13. 경사지붕형에서는 통풍이 잘되는 구조로 모듈의 온도 상승을 방지할 수 있어야 한다. 모듈의 높이 몇 cm 정도로 하여야 하는가?
① 5~10　② 10~15

③ 15~20 ④ 20~25

[해설] 모듈의 높이[1-1-(1)-① 참조]

14. 태양광발전에 매우 적절한 장소이며, 설치 방향과 관계하여 어떠한 제한도 받지 않으므로 최적의 배치가 가능한 방식은?

① 경사지붕형 ② 지붕재 일체형
③ 지붕재형 ④ 평지붕형

[해설] 평지붕형의 특성[1-1-(1)-② 참조]

15. 지상용 태양광발전 시스템의 태양전지 어레이 설치 방식에서 발전량을 가능한 최대로 발전하기 위한 설치 방식은?

① 경사가변형의 반고정식
② 경사 고정식
③ 단방향 추적식
④ 양방향 추적식

[해설] 양방향 추적식의 특성[1-1-(2)-① 참조]

16. 태양전지 어레이 설치 방식 중에서, 도서 지역 등 풍속이 강한 곳에 주로 적용되는 가장 안정된 구조인 것은?

① 고정형
② 단방향 추적형
③ 양방향 추적형
④ 반고정형

[해설] 고정형의 특성[1-1-(2)-② 참조]

17. 태양전지 어레이 설치 방식 중에서, 반고정형은 고정형에 비하여 발전량이 약 몇 % 정도 증가하는 효과가 있는가?

① 5 ② 10 ③ 15 ④ 20

[해설] 반고정형의 특성[1-1-(2)-③ 참조]

18. 다음 건물 일체형 태양광발전(BIPV)의 단점 중 가장 적절하지 않은 것은?

① 지상용에 비하여 고려해야 할 사항들이 많다.
② 방향, 설치 각도 등 제약이 따르는 경우가 많다.
③ PV를 건물 외장재로 사용하므로 건설 시 재료 비용이 많다.
④ 시공 시 어려움이 따르는 경우가 많다.

[해설] 건물 일체형 태양광발전(BIPV)의 단점 [2-2-(2)-② 참조]
PV를 건물 외장재로 사용하므로 건설 시 재료 비용 절약 효과가 있다.

19. 건물 일체형 태양광발전(BIPV) 설치 시 고려 사항 중 가장 적절하지 않은 것은?

① 일사량에 따른 발전 성능
② 수명에 따른 발전 성능
③ 음영에 따른 발전 성능
④ 온도에 따른 발전 성능

[해설] BIPV 설치 시 고려 사항[2-2-(3) 참조]

20. 다음 BIPV의 적용 방식과 특징에서 잘못 설명된 것은?

① 지붕 자재형은 다른 태양광발전 자재에 비해서 고가이다.
② 지붕 자재형은 경사가 완만한 지붕에 적용되는 형태이다.
③ 발코니형은 발코니 면적을 활용하는 이점이 있으나, 발전효율이 낮다.
④ 커튼월형은 수직면 적용으로 발전효율이 매우 높다.

[해설] BIPV의 적용 방식과 특징[2-2-(4) 표 3-2 참조]

정답 14. ④ 15. ④ 16. ① 17. ④ 18. ③ 19. ② 20. ④

21. 접속반에 입력되는 태양전지 모듈의 공칭 스트링 전압이 512 V이고 모듈의 공칭전압은 32 V이다. 이때 하나의 스트링에는 몇 개의 모듈이 직렬로 연결되어야 하는가?

① 8개 ② 12개
③ 16개 ④ 32개

[해설] 모듈의 직·병렬연결 수 산출[2-3-(1) 참조]

$$모듈\ 수 = \frac{1스트링\ 전압}{모듈\ 공칭전압} = \frac{512}{32}$$
$$= 16개$$

22. 최대출력이 102 W이고 동작전압이 34 V인 태양전지 모듈을 사용하여 필요 용량이 3 kW이고 필요 전압이 200 V인 태양광발전 시스템을 구성하기 위해 모듈 수는 몇 개가 필요한가?

① 25 ② 30
③ 35 ④ 40

[해설] 모듈의 직·병렬연결 수 산출[2-3-(3) 참조]

필요 모듈 수 = 필요용량/최대출력
= (3×1000)/102 = 29.41 ≒ 30개

[참고] 직렬연결 수 = 필요전압/동작전압
= 200/34 = 5.88 ≒ 6개

∴ 직렬연결된 모듈 6개가 1개의 스트링이 되고 5개의 스트링이 병렬로 연결되어 어레이가 된다.

제4장 파워컨디셔너(PCS)

1. 파워컨디셔너(power conditioner)의 개요

1-1 정의 및 역할

(1) 정의
　① 파워컨디셔너는 태양전지에서 출력된 직류전력을 교류전력으로 변환하고 발전사업자용의 경우 전력 계통(특고압 22.9 kV, 저압 220/380 V로 공급)에 역송전하는 장치이다.
　② 건축물 등에 적용하는 계통연계형의 경우에는 교류계통에 접속되는 부하설비에 전력을 공급하는 장치를 말한다.

(2) 파워컨디셔너의 역할
　① 태양전지에서 생산된 직류전력을 교류전력으로 변환시키는 인버터(inverter)의 역할
　② 시시각각 변화하는 환경조건하에서 태양전지 어레이의 최적 동작점을 추종하는 역할
　③ 상용계통과 연계를 위한 동기화(주파수, 전압, 위상) 역할
　④ 상용계통 사고 및 태양광발전 시스템의 이상 또는 고장으로부터 시스템 보호 역할

1-2 파워컨디셔너(PCS)의 주요 구성 요소

대표적인 구성 요소 및 동작 개요는 다음 표 4-1과 같다.

표 4-1 PCS의 주요 구성 요소 및 동작 개요

주요 구성 요소		동작 개요
인터페이스 (interface)	직류-직류 인터페이스	• 직류 컨디셔너의 출력 측과 직류부하 사이의 인터페이스 • 개폐기, 보조 직류 전원 접속부, 필터 등으로 구성
	교류-교류 인터페이스	• 인버터의 출력 측과 교류부하 사이의 인터페이스 • 교류-교류 전압 변환부, 보조 교류전원의 접속부, 필터 등으로 구성
	교류 계통 인터페이스	• 인버터의 출력 측과 전력계통 사이의 인터페이스 • 계통과 병렬이며 교류-교류 전압 변환부 필터, 계통연계 보호장치로 구성
직류 컨디셔너 (conditioner)		• 직류-직류 전압 변환장치 • 개폐기 등의 직류기기, 최대출력추격 등 일부 또는 전체를 갖춘 장치
인버터(inverter)		직류전력을 교류전력으로 변환하는 장치
교류 모듈(AC module)		교류출력 파워컨디셔너를 넣어 직접 교류출력을 발생하도록 한 태양전지 모듈
계통연계 보호장치		계통연계형 태양광발전 시스템에서 상용전력 계통과 접속하기 위해 필요한 보호장치

주간제어 감시장치		• 태양광발전 시스템 전제 제어 및 감시 기능을 갖춘 장치
		  – 시스템 및 인버터의 기동-정지 제어 – 축전지 충방전 제어
		  – 계통 부하의 전력 제어 – 수동-자동 전환
		• 태양전지 어레이 추적 및 데이터 수집, 데이터 통신, 표시

1-3 파워컨디셔너(PCS)의 회로 방식(절연 방식에 따른)

계통연계용 PCS의 직류 측과 교류 측의 절연 방법에 따른 회로 방식에는 다음 3가지가 있다.

(1) 상용주파 절연방식(저주파 변압기 방식)

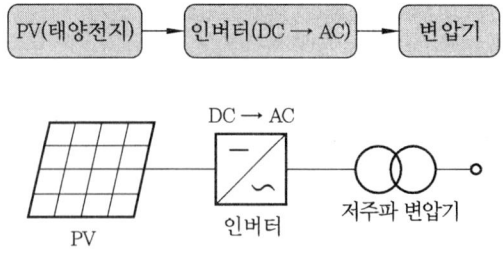

그림 4-1 상용주파 절연방식

① 태양전지의 직류출력을 상용주파의 교류로 변환한 후 저주파 절연변압기로 절연한다.

② 제어부가 가장 간단하며, 시스템 측과 계통 측을 확실히 분리할 수 있으므로 안전성이 확보된다.
③ 저주파 변압기를 사용해 효율이 떨어지고 부피가 크고 무겁기 때문에 주택용에는 별로 사용하지 않는다.
④ 주로 3상 10 kW 이상에 적용한다.

절연변압기(insulating transformer)
1. 변압기의 1차 측과 2차 측을 전기적으로 절연하기 위하여 사용하는 변압기이다.
2. 절연변압기는 태양전지 측의 직류전력과 계통연계 측의 교류전력과의 혼촉을 방지하여 전력계통에 직류성분이 유출되는 것을 방지하는 것과 상용계통으로부터 태양광발전 시스템에 이상전위가 유입되는 것을 방지하기 위한 것이다.

(2) 고주파 절연방식(고주파 변압기 방식)

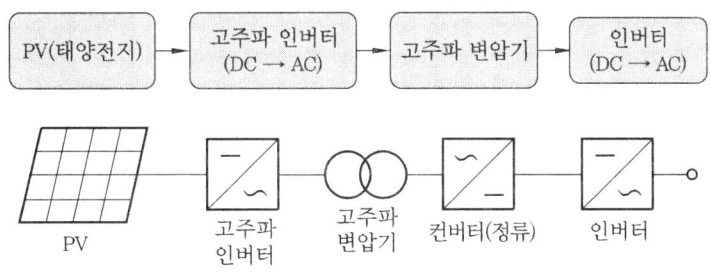

그림 4-2 고주파 절연방식

① 태양전지의 직류출력을 고주파의 교류로 변환한 후 소형의 고주파 절연변압기로 절연한다.
② 그 후 일단 직류로 변환한 다음 인버터를 이용하여 다시 상용교류로 변환하는 방식이다.
③ 출력 단에는 사용주파 변압기가 없는 방식이며, 고효율화, 소형 경량화로 가격이 저하할 수 있다.
④ 전력용 회로소자가 많이 사용되어 구성이 복잡하다.

(3) 무변압기 방식[트랜스리스 방식(transformerless type)] : 비절연 방식

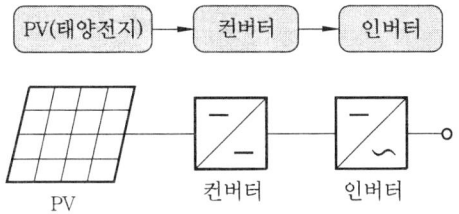

그림 4-3 무변압기 방식

① 태양전지와 상용계통 사이에 회로적인 절연이 없는 시스템이다.
② 파워컨디셔너의 출력부에 갖춰진 직류분 유출 등의 각종 검출 기능에 의해 이상이 발생한 경우에도 계통과 접속을 차단, 절연형과 같은 보호 기능을 갖는 보호장치가 필요하다.
③ 태양전지 어레이의 직류출력을 초퍼(DC/DC 컨버터)에 의해 승압하고, 이를 인버터를 이용하여 상용교류로 변환하는 방식이다.

> **참고** 초퍼는 입력 전압이 낮을 때만 동작하고, 높을 때는 바이패스(by-pass)된다.

④ 절연트랜스에 의한 전력 변환이 없는 만큼 변환효율 면에서는 유리하다.
⑤ 주택용(3 kW 이하) 태양광발전 시스템에서는 고주파 절연 방식과 마찬가지로 널리 사용되고 있다.

표 4-2 파워컨디셔너(PCS) 회로 방식 비교

구 분	장 점	단 점
상용주파변압기 절연 방식	• 구조 및 회로 구성이 간단하다. • 내뢰성과 노이즈 컷(noise cut) 특성이 좋다. • 일반적으로 대용량에 적합하다.	• 상용주파 변압기 사용으로 효율이 낮다. • 부피가 크고, 중량이 무겁다.
고주파 변압기 절연 방식	• 소형 경량화가 가능하다. • 절연성이 우수하다.	• 회로 구성이 복잡하며, 가격이 높다. • 효율 향상에 한계가 있다.
무변압기 방식	• 소형 경량화가 가능하고, 고효율이 가능하다. • 가격이 저렴한 편이다.	• 직류성분 유입 가능으로 높은 신뢰도가 요구된다. • 대용량화가 어렵다.

노이즈 컷 변압기(NCT ; Noise Cut Transformer)
1. NCT는 변압비가 1:1 변압기로 전기적 분리가 필요한 경우에 사용하며, 절연변압기의 종류에 속한다.
2. 계통보호용으로 사용하며, 1·2차 절연 유지 및 정전 유도, 전자 유도까지 모두 차단이 가능하다.

1-4 파워컨디셔너(PCS)의 종류

(1) 파워컨디셔너의 분류

전류(commutation) 방식, 제어 방식, 절연 방식에 따라 다음 표 4-3과 같이 분류한다.

표 4-3 파워컨디셔너의 종류

분 류	방 식	특 징
전류 (commutation) 방식	자기 전류 방식 (self commutation)	• 전압의 크기, 주파수, 위상각 모두 일치 필요 • 위상각 조정 가능
	강제 전류 방식 (line commutation)	• 연계 후 계통주파수를 따라가므로 전압 크기만 일치 필요 • 위상각 조정 가능
제어 방식	전압 제어형	• 제어 대상 : 출력전압의 크기와 위상 • 과전류, 고장전류 억제 불리 • 자립운전(UPS 기능) 가능
	전류 제어형	• 제어 대상 : 전류의 크기와 위상 • 과전류, 고장전류 억제 유리 • 자립운전(UPS 기능) 불리
절연 방식	상용주파 절연 방식	• 뇌서지 내성 및 노이즈 차단 특성 우수 • 중량 부피가 큼
	고조파 절연 방식	• 소형, 경량, 무변압기 방식에 비해 고가 • 회로가 복잡
	무변압기 방식	• 소형, 경량, 저가 • 비교적 신뢰성 높음 • 고조파 발생 및 직류 유출 가능 • 직류 유출의 검출 및 차단 기능 반드시 필요

전류(commutation ; 轉流)

1. 일반적으로 전력 전자 설비에 주로 많이 사용되는 용어 중 하나다.

2. 전류(commutation)란, 사이리스터(thyristor)를 통해 흐르는 회로전류의 흐름을 바꾸거나 thyristor에 역전압을 인가하여 thyristor를 통해 흐르는 전류가 0 또는 유지전류 이하가 되도록 함으로써 thyristor를 turn off 하는 과정을 말하며, 이를 위해 thyristor 회로에 추가된 회로를 전류회로(commutation circuit)라 한다.

3. 전류(Commutation)는 크게 자연 전류와 강제 전류의 2가지로 분류될 수 있다.
   ㈎ 자연 전류 방식은 AC voltage controller(AVR), phase controlled rectifier(battery charger) 등에 주로 많이 적용되고 있다.
   ㈏ 강제 전류 방식은 DC-DC converter(초퍼), DC-AC converter(인버터) 등에 주로 많이 적용되고 있다.
   ※ Thyristor 회로에 인가되는 전원이 DC 전원이라면 thyristor는 turn off를 위한 회로가 별도로 필요하게 되는데, 이때 thyristor를 turn off 하기 위해 부가되는 회로를 강제 전류 회로라 한다.

(2) 주택용 계통연계형 파워컨디셔너

① 주택용 계통연계형 파워컨디셔너는 최근 많이 보급되고 있는 주택용 태양광발전 시스템에서 널리 이용되고 있으며, 이 계통연계 인버터를 가리키는 경우가 많다.
② 주택용 계통연계형 태양광발전설비의 개념도 및 시스템 구성(예)은 다음 그림 4-4, 4-5와 같다.

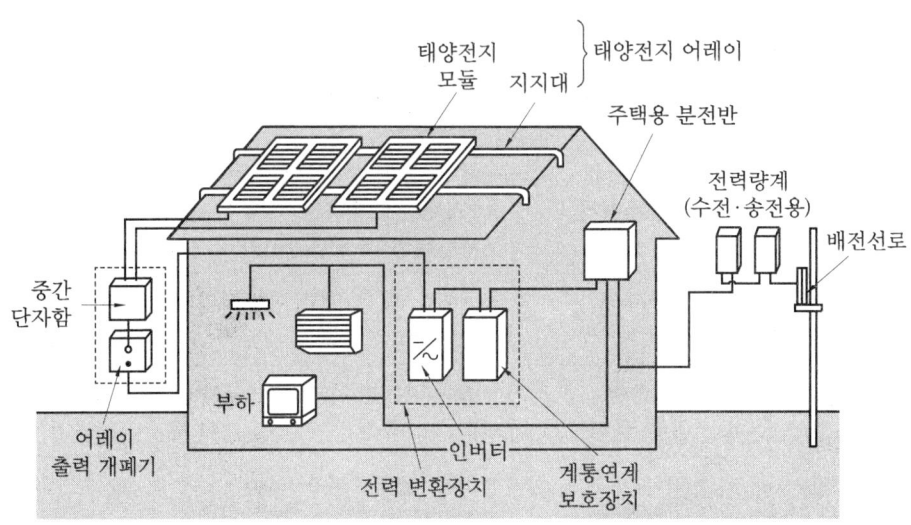

그림 4-4 주택용 계통연계형 태양광발전설비의 개념도

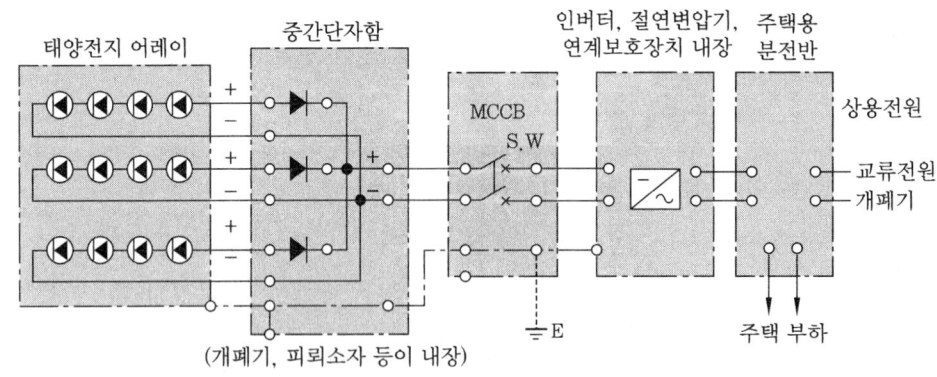

그림 4-5 주택용 계통연계형 태양광발전 시스템 구성(예)

1-5 인버터(inverter)의 동작 원리

(1) 개요

① 인버터는 직류를 교류로 변환하는 장치로서, 최근에는 반도체 스위칭 소자로 사이리스터(thyristor)를 사용하며, 소용량에서는 MOSFET, 중·대용량에서는 IGBT를 사용한다.

② 이러한 반도체 스위칭 소자를 단상 인버터에서는 4개, 3상 인버터에서는 6개를 이용회로로 구성하여 정해진 순서대로 on/off를 반복하여 직류를 교류로 변환한다.

③ 그림 4-6(a)와 같은 브리지 인버터로부터 교류전압을 얻기 위해서는 Q_1-Q_3 및 Q_2-Q_4의 두 쌍의 사이리스터가 on/off 되도록 게이트 신호가 가해지게 되는데, 이에 따라 얻어지는 출력전압 파형은 그림 4-6(b)와 같이 나타낼 수 있다.

④ 이 구형파는 L-C 필터를 이용해 정형파 교류로 만들어진다.

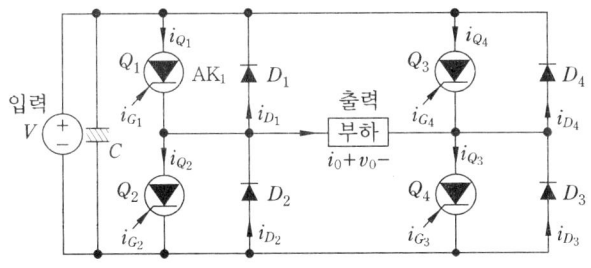

Q_1~Q_4 : 사이리스터
D_1~D_4 : 환류 다이오드

(a) 회로

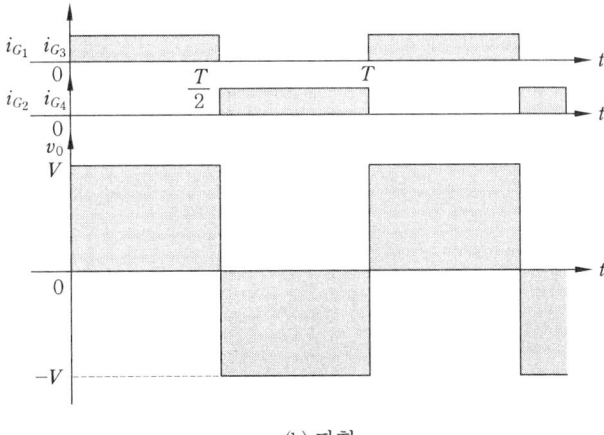

(b) 파형

그림 4-6 전 브리지 인버터

- **사이리스터(thyristor)**
1. 바이폴러(bipolar) 트랜지스터의 일종으로, 스위치와 같은 역할을 하는 전력용 반도체 소자이다.
2. 4층 이상의 PNPN 구조로 보통 SCR이라고도 불린다.
3. 최근에는 절연 게이트 양극성 트랜지스터(IGBT)로 대체되는 추세다.

- **환류 다이오드(free wheeling diode)**
1. 스위칭 소자의 on/off 동작 시, 부하의 인덕터 충전 전류로 인한 기기의 손상을 방지하기 위하여 사용된다.
2. 부하와 병렬, 역방향으로 연결된다.

(2) 인버터의 기본회로 구성 및 출력파형
① 인버터의 기본회로 구성은 다음 그림 4-7과 같다.
② 인버터의 출력파형은 다음 그림 4-8과 같다.

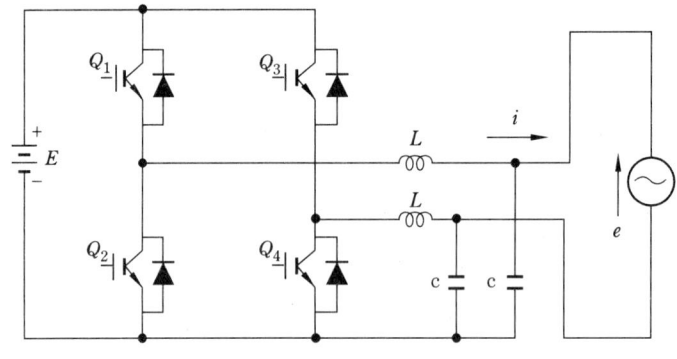

그림 4-7 인버터의 기본회로 구성

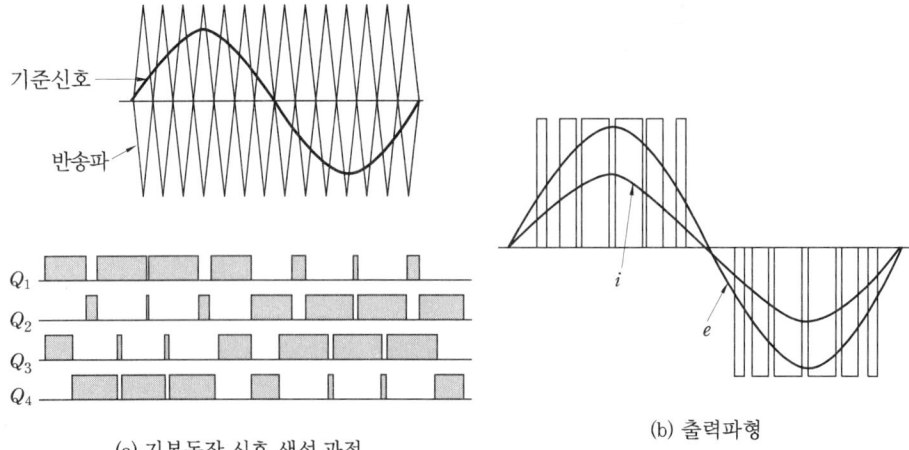

(a) 기본동작 신호 생성 과정   (b) 출력파형

그림 4-8 인버터의 출력파형

1-6 파워컨디셔너 시스템 구성방식에 따른 분류 및 특징

표 4-4 파워컨디셔너 시스템 구성방식에 따른 분류 및 특징

구 분		특 징	장 점	단 점
전압 방식에 따른 분류	저전압 병렬 방식	• 각 스트링별로 인버터 설치 • 모듈 3~5개 직렬연결 • DC 120 V 이하 • 보호등급 III 적용	• 음영의 영향이 적음 • 옥외 설치로 실내 공간 절감 • 고장 시 해당 스트링만 교체	• 다수의 인버터 필요 • 많은 공사 기간 소요
	고전압 방식	• 직렬 스트링이 긺 • DC 120 V 초과 • 보호등급 II 적용	• 케이블의 굵기가 작아짐 • 전압강하가 줄어듦	긴 스트링으로 음영 손실 발생 가능성 증가
인버터의 대수 및 연결 방식에 따른 분류	중앙 집중식	다수의 스트링에 한 개의 인버터 설치	• 투자비 절감 • 설치 면적 최소화 • 간편한 유지관리	• 고장 시 시스템 전체 동작 불가 • 낮은 복사량일 때 효율 저하 • 고장 시 높은 A/S 비용
	마스터 슬레이브	하나의 마스터에 2~3개의 슬레이브 인버터로 구성	인버터 1대의 중앙집중식 보다 효율이 높음	인버터 1대 설치 시 보다 시설투자비 증가
	병렬운전 방식	인버터 입력 부분을 병렬로 연결	• 인버터 효율 증가 및 수명 연장 • 백업 유리	보호방식이 복잡
	모듈 인버터	모듈 하나마다 별개의 인버터 설치	• 최대효율 및 MPP 최적 제어 가능 • 시스템 확장 유리	투자비가 가장 많이 듦
	서브 어레이와 스트링 인버터	• 하나의 스트링에 하나의 인버터 설치 • 2~3개의 스트링 연결 (서브 어레이)	• 설치가 간편 • 설치비 절감 • 접속함 생략 가능 • 케이블량 감소	스트링이 길 경우 음영에 따른 전력 손실 증가

2. 파워컨디셔너의 기능

2-1 자동운전 및 정지기능

(1) 자동운전 개시
일출과 함께 일조량이 확보되어 모듈(module)의 직류 출력전압이 파워컨디셔너 최저 입력전압 이상이 되면 자동적으로 운전이 개시된다.

(2) 자동운전 지속
일단 운전이 시작되면 모듈(module)의 직류 출력전압을 스스로 감시하고 자동운전을 계속한다.

(3) 자동운전 정지
모듈(module)의 직류 출력전압이 파워컨디셔너 최저 입력전압 이하가 되면 자동적으로 운전이 정지된다.

대기상태와 대기 전력손실 : 모듈의 직류 출력전압이 파워컨디셔너 최저 입력전압 이하가 되어 파워컨디셔너 운전이 정지한 상태를 대기상태라 하며, 이때의 손실을 대기 전력손실이라 한다.

2-2 최대전력 추종 제어기능

(1) 최대전력점 추종(MPPT ; Maximum Power Point Tracking)
시시각각 변화하는 환경조건하에서 태양전지 어레이(array)에서 발생되는 순시 전압과 전류가 최대출력운전이 될 수 있도록 최대전력 동작점을 추종한다.

(2) 제어방식
① 직접 제어방식 : 센서를 통한 일조량과 온도 등을 측정, 이에 의해 최대출력을 제어
② 간접 제어방식 : 어레이(array)의 출력전압과 전류를 검출하여 최대출력을 제어

2-3 단독운전 방지기능

(1) 단독운전
분산형 전원(태양광발전)을 연계한 계통에서 전력계통사고 등으로 전력회사 변전소의

송출 차단기가 개방되면, 분리된 계통은 분산형 전원만으로 수용가에 전력을 공급하게 되는데, 이 상태를 단독운전이라 한다.

(2) 단독운전을 즉시 감지하여 차단하지 않을 때 발생하는 문제점

① 전력 기기 손상 우려 : 고립된 계통의 전압 및 주파수가 허용 범위를 초과하여 설비에 피해를 줄 수 있다.
② 감전 사고 발생 우려 : 배전선에 접촉한 작업자나 일반인이 감전 피해를 입을 수 있다.
③ 변전소 재폐로 시 비동기 투입으로 인한 전력 설비 손상 우려 : 단독계통과 연계한 전력계통이 비동기 상태에서 차단기가 투입되면, 해당 계통에 과전류나 전압 변동이 일어나 단독계통에 접속한 다른 수용가 기기에 손상을 줄 수 있다.
④ 단독운전 지속 시 복구 지연과 시스템의 불안정 우려

(3) 단독운전 검출 장치의 방식

① 수동 방식
  ㈎ 분산형 전원의 연계점에서 전압파형 등의 계통정보를 상시 감시하다가 급변한 변화를 보고 검출하는 방식이다.
  ㈏ 검출 시간 : 0.5초 이내
  ㈐ 수동 방식의 종별에 따른 원리와 특징은 다음 표 4-5와 같다.

표 4-5 수동 방식의 종별에 따른 원리와 특징

수동 방식의 종별	계통 종별	검출 원리	특 징
전압위상의 도약 검출 방식	저압 고압	발전출력과 부하의 불평형에 의한 전압위상 급증을 검출	• 발전출력과 부하가 완전히 평형을 이루면 검출할 수 없다. • 오동작이 적으며 실용적이다.
제3고조파 전압의 왜형 급증 검출 방식	저압	변압기에 의존하는 제3고조파 전압 급증을 검출	• 불평형이 없는 3상 회로에는 적용할 수 없다(단상 연계만 적용). • 부하가 되는 변압기와의 조합 때문에 오동작의 확률이 비교적 높다.
주파수의 변화율 검출 방식	저압 고압	발전출력과 부하의 불평형에 의한 주파수의 급증을 검출	대용량의 안정된 전원을 연계하면 검출할 수 없다.

② 능동 방식
  ㈎ 계통에 아주 작은 변동을 주는 신호를 주입해 단독운전 시 그 변동이 뚜렷이 드러나는 것을 보고 검출하는 방식이다.
  ㈏ 검출 시간 : 0.5~1초 이내

㈐ 능동 방식의 종별에 따른 원리와 특징은 다음 표 4-6과 같다.

표 4-6 능동 방식의 종별에 따른 원리와 특징

능동 방식의 종별	계통 종별	검출 원리	특 징
주파수 시프트 (이동) 방식	저압	인버터(역변환 장치)의 내부발신기 등에 바이러스를 공급해 단독운전 시 나타나는 주파수 변화를 검출	주파수 바이러스가 너무 크면 평상시 운전 역률이 나빠진다.
유효전력 변동방식	저압	발전설비에 주기적으로 유효전력 변동을 주어 단독운전 시 나타나는 주기적인 전압, 전류 또는 주파수 변동을 검출	• 여러 대 설치할 경우, 유효전력 변동주기가 상호 간섭해 검출 감도가 떨어질 수 있다. • 상시 출력이 변동하는 가능성이 있다.
무효전력 변동방식	저압 고압	발전설비에 주기적으로 무효전력 변동을 주어 단독운전 시 나타나는 주기적인 주파수 변동 또는 전압변동을 검출	• 여러 대 설치할 경우, 검출감도가 떨어질 수 있다. • 유도 발전기에는 적용이 불가하다.
무효전력 보상방식	고압	무효전력 변동 방식과 원리는 같으나, 정지형 무효전력 보상장치 등을 함께 설치해 그 장치의 전압 설정 값에 주기적으로 변동을 주는 방식	보호장치 외에 무효전력 보상장치를 설치해야 한다.
부하 변동방식	저압 고압	부하저항을 주기적으로 단시간 삽입, 그때 계통 측 전류와 발전설비 측 전류의 비율(전류 분담 비율) 변화를 이용하여 검출	• 여러 대 설치할 경우, 검출 감도가 떨어질 수 있다. • 운전 중에 전력 손실이 발생한다.

2-4 자동전압 조정기능

(1) 자동전압 조정의 개요

① 배전선에 분산형 전원이 도입됨으로써 잉여전력 등을 배전선으로 흘려보내는 소위 역조류가 발생하는 등 배전선의 임피던스에 의해 일반적으로 배전선의 전압이 상승하여 규정하고 있는 공급전압의 상한치를 일탈할 가능성이 있다.

② ①의 경우를 방지하기 위하여 자동전압 조정기능을 부가하여 전압의 상승을 방지하고 있다.

③ 연계점의 전압이 상한에 달한 경우 진상무효전력의 조정 또는 출력전력을 낮춤으로써 일탈을 방지하고 있는데, 대량 도입으로 전압 강하가 현저해질 때는 경우에 따라서 출력전력을 낮추면 큰 에너지 손실을 초래할 가능성이 있다.

(2) 자동전압 조정의 제어 방식

① 분산형 전원이 연계점 전압을 감시하여 적정 범위를 일탈할 우려가 있는 경우는 진상무효전력제어 기능 또는 출력제한 기능을 통해 전압을 조정하는 방식을 이용하고 있다.

② 한편 분산형 전원 측의 대책으로 최근 축전지를 병설하여 잉여 전력이 생길 경우 일단 축전지에 축적하여 역조류를 제어하는 방식을 개발하고 있다.

    ㈎ 진상 무효전력 제어 : 앞선 전류의 제어는 역률 80%까지 실행되고, 이로 인한 전압 상승 억제 효과는 최대 2~3% 정도가 된다.

    ㈏ 출력 제어 : 파워컨디셔너(power conditioner)의 출력전압 상승 방지

분산형 전원 자체 이외의 대책 기술
1. 배전선의 증강(굵은 전선 사용 등), 자여식 또는 타여식 무효전력보상장치(SVC)의 설치, 전압감시 자동제어기능 설치 병렬 리액터(SR)나 병렬 콘덴서(SC) 설치 등을 들 수 있다.
2. 각 상황에 따라 요구되는 기능과 경제성을 토대로 선정하게 된다.

2-5 직류 검출기능

(1) 직류 유입 제한 이유

① 전력 계통에 직류전류가 유입되면 변압기 철심과 같은 자기장치에 자기포화 현상이 발생한다.

② 고조파 전류, 자기장치 열화, 소음, 무효전력 수요 증가 우려가 있다.

(2) 분산형 전원 연결점에서 최대 정격 출력전류 0.5% 이상의 직류전류가 상용계통에 유입되지 않도록 규정하고 있다.

(3) 규정 값 이상이 유출되는 경우 이를 검출, 파워컨디셔너(power conditioner)를 정지시키는 기능을 가지고 있다.

2-6 직류지락 검출기능

(1) 트랜스리스(무 변압기) 방식에서는 직류-교류계통 간에 절연되어 있지 않기 때문에 직류 측의 지락사고에 대한 대책이 요구된다.

(2) 파워컨디셔너 내부에 직류지락 검출장치를 설치, 이를 검출한 경우에는 파워컨디셔너를 정지시키는 동시에 계통으로부터 분리시키는 기능을 가지고 있다.

(3) 일반적으로 직류 측 지락사고 검출 레벨은 100 mA 정도로 설정되고 있다.

3. 계통연계 보호장치 및 파워컨디셔너의 시험 항목

3-1 계통연계 보호장치

(1) 연계된 전력계통의 사고 시에는, 신속하고 확실하게 계통으로부터 분산전원을 분리하고, 어떠한 부분 계통에서도 단독운전이 발생하지 않도록 해야 한다.

단독운전 : 전력계통 송출 차단기 개방에 의해 단절된 상태에서 발전설비 설치자의 전원을 운전해 전력계통의 부하로 충전하고 있는 상태를 말한다.

(2) 역조류가 있는 연계시스템에 설치된 보호계전기의 종류
　① 저압 연계시스템
　　㈎ 과전압 계전기(OVR)　　　　㈏ 저전압 계전기(UVR)
　　㈐ 과주파수 계전기(OFR)　　　㈑ 저주파수 계전기(UFR)
　② 특고압 연계시스템
　　㈎ 과전압 계전기(OVR)　　　　㈏ 저전압 계전기(UVR)
　　㈐ 과주파수 계전기(OFR)　　　㈑ 저주파수 계전기(UFR)
　　㈒ 지락 과전류 계전기(OCGR)

(3) 상위 계통사고 대책
　① 상위의 송전계통에서 사고가 발생하여 해당 변전소 전원이 상실되고, 분산전원이 단독운전 상태가 되었을 경우에는, 신속하고 확실하게 분산전원을 분리하여야 한다.
　② 이러한 단독운전상태를 과주파수 계전기, 부족 주파수 계전기 및 단독운전 검출기능을 이용하여 검출한다.
　③ 또 역조류가 허락되지 않은 발전설비 설치자는 분산전원이 단독운전 상태가 되었을 경우, 분산전원 측으로부터 전력계통 측에 유효전력이 유출되므로, 역전력 계전기를 사용하여 검출한다.

역전력 계전기(reverse power relay) : 전기 에너지가 흐르는 방향이 반대로 되었을 때 동작하는 계전기이다.

3-2 태양광발전용 파워컨디셔너의 시험 항목(계통연계형의 경우)

표 4-7 파워컨디셔너의 시험 항목(JIS예시)

구 분	시험 항목
1. 절연저항 시험	절연저항 시험
2. 내전압 시험	내전압 시험
3. 낙뢰 임펄스 시험	낙뢰 임펄스 시험
4. 누설전류 시험	누설전류 시험
5. 보호기능 시험	① 입력 과전압 및 부족전압 보호기능 시험 ② 입력 과전류 보호기능 시험 ③ 출력 과전류 보호기능 시험 ④ 출력 과전압 및 부족전압 보호기능 시험 ⑤ 입력 측 지락 보호 기능 시험 ⑥ 출력 측 지락 보호 기능 시험 ⑦ 전류제한 및 전력제한 기능 시험 ⑧ 과온도 상승 보호 기능 시험 ⑨ 주파수 상승 및 저하 보호 기능 시험 ⑩ 직류분 유출 보호 기능 시험 ⑪ 불평형 과전압 보호 기능 시험 ⑫ 출력전압 상승 억제 기능 시험
6. 정상특성 시험	① 효율 시험 ② 무부하 손실시험 ③ 과부하 내량시험 ④ 수동기동, 정지 시험 ⑤ 입력 정전압 정밀도 시험 ⑥ 온도 상승 시험 ⑦ 직류입력 리플 시험 ⑧ 대기손실 시험 ⑨ 자동기동, 정지 시험 ⑩ 교류출력 역률 시험 ⑪ 전압 및 주파수 추적 범위 시험 ⑫ 계통전압 변형 시험 ⑬ 계통 불평형 시험 ⑭ 자립운전 기능 시험 ⑮ 교류출력 전류 변형 시험
7. 과도응답 특성시험	① 입력전력 급변 시험 ② 계통전압 급변 시험 ③ 계통위상 급변 시험 ④ 부하차단 시험
8. 외부사고 시험	① 입력 측 단락 시험 ② 출력 측 단락 시험 ③ 계통전압 순시 정전 및 순시 저하 시험
9. 환경적합 시험	① 소음 시험 ② 고주파 잡음 시험
10. 내 주위 환경 시험	① 온습도 사이클 시험 ② 노이즈 내량 시험

4. 파워컨디셔너의 선정 및 사용상의 고려 사항

4-1 체크리스트 및 확인 사항

(1) 체크리스트
① 국내/외 인증된 제품인가?　　② 설치는 용이한가?
③ 수명이 길고 신뢰성이 높은 기기인가?　④ 보호장치의 설정이나 시험은 간단한가?
⑤ 발전량을 간단하게 알 수 있는가?　⑥ 서비스 네트워크는 안전한가?

(2) 상세 확인 사항
① 연계하는 계통 측과 전압 및 전기 방식이 일치하는가?
② 비상 재해 시에 자립운전이 가능한가?
③ 축전지 부착 운전은 가능한가?(축전지 설치 시)
④ 전력변환효율이 높은가?
⑤ 야간 등의 대기손실 및 저부하 시 손실이 적은가?
⑥ 잡음 발생 및 고조파 발생이 적은가?
⑦ 기동/정지가 안정적인가?

(3) 선정 시 확인 사양(예)
소용량(가정용)은 보통 10 kW 미만이며, 공공/산업 시설용이나 발전사업용으로는 10~1000 kW를 주로 사용한다.
① 인버터 제어방식 : 전압형 전류제어방식
② 출력 기본파 역률 : 95% 이상
③ 전류변형률 : 총합 5% 이하, 각 차수마다 3% 이하
④ 평균효율이 높을 것

(4) 태양광의 유효 이용에 관한 확인 사항
① 전력변환효율이 높을 것
② 야간 등의 대기손실 및 저부하 시 손실이 적을 것
③ 최대전력 추종제어(MPPT)에 의한 최대전력의 추출이 가능할 것

(5) 전력품질 및 공급 안전성
① 잡음 발생 및 직류 유출이 적을 것　② 고조파 발생이 적을 것
③ 기동/정지가 안정적일 것

예 · 상 · 문 · 제

1. 파워컨디셔너의 개요

1. 다음 중 태양광발전 시스템에서, 파워컨디셔너의 역할에 해당되지 않는 것은?
① 인버터(inverter)의 역할
② 어레이의 최적 동작점을 추종하는 역할
③ 연계를 위한 동기화 역할
④ 태양전지에서 발전된 직류전력 저장 역할
[해설] 파워컨디셔너의 역할[1-1-(2) 참조]

2. 전력용 반도체 소자의 스위칭 작용을 이용하여 직류전력을 교류전력으로 변환시키는 장치는?
① 변성기　　② 변압기
③ 인버터　　④ 정류기
[해설] 파워컨디셔너의 역할[1-1-(2) 참조]

3. 파워컨디셔너의 상용계통과 연계를 위한 동기화 역할에서 동기화 요소에 해당되지 않는 것은?
① 전압　② 주파수　③ 전류　④ 위상
[해설] 파워컨디셔너의 역할[1-1-(2)-③ 참조]

4. 다음 ㉠~㉡에 들어갈 내용으로 옳은 것은?

> 태양광발전 인버터는 어레이에서 발생한 직류전기를 교류전기로 바꾸어 외부 전기 시스템의 (㉠), (㉡)에 맞게 조정한다.

	㉠	㉡
①	역률	전압
②	부하	전류
③	주파수	전압
④	주파수	전류

[해설] 파워컨디셔너의 역할[1-1-(2)-③ 참조]

5. 파워컨디셔너(PCS)의 인터페이스(interface) 구성 요소에 해당되지 않는 것은?
① 교류-교류 인터페이스
② 직류-직류 인터페이스
③ 직류 계통 인터페이스
④ 교류 계통 인터페이스
[해설] 인터페이스(interface) 구성 요소[1-2 표 4-1 참조]

6. 계통연계용 PCS의 직류 측과 교류 측의 절연 방법에 따른 회로 방식에는 다음 3가지가 있다. 해당되지 않는 것은?
① 상용주파 절연방식
② 고주파 절연방식
③ 무변압기 방식
④ 전류 절연방식
[해설] 파워컨디셔너(PCS)의 회로 방식 [1-3 참조]

7. 상용주파 변압기 절연방식의 특징으로 적절하지 않은 것은?
① 상용주파 변압기 사용으로 효율이 매우 좋다.
② 구조 및 회로 구성이 간단하다.

정답 1. ④　2. ③　3. ③　4. ③　5. ③　6. ④　7. ①

③ 일반적으로 대용량에 적합하다.
④ 부피가 크고, 중량이 무겁다.
[해설] 상용주파 변압기 절연방식[1-3-(1) 참조]

8. 무변압기 절연방식의 특징으로 적절하지 않은 것은?
① 소형 경량화가 가능하고, 고효율이 가능하다.
② 가격이 높은 편이다.
③ 주택용(3 kW 이하) 태양광발전 시스템에 널리 사용되고 있다.
④ 태양전지와 상용계통 사이에 회로적인 절연이 없는 시스템이다.

[해설] 무변압기 절연방식[1-3-(3) 참조]

9. 전압형 단상 인버터의 기본 회로의 설명으로 틀린 것은?

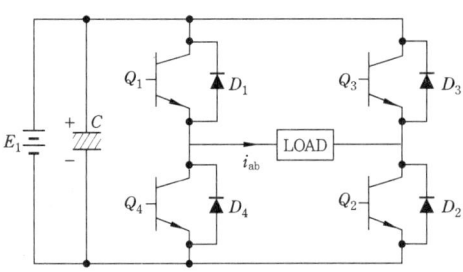

① 작은 용량 C를 달아 준다.
② 직류전압을 교류전압으로 출력한다.
③ 부하의 역률에 따라 위상이 변화한다.
④ $D_1 \sim D_4$는 트랜지스터의 파손을 방지하는 역할이다.

[해설] 인버터의 기본 회로[1-5-(1) 그림 4-6 참조]
(1) 큰 용량의 콘덴서 C가 일반적으로 전원에 연결된다.
(2) D_1, D_2, D_3, D_4는 트랜지스터의 소손을 방지하기 위한 환류 다이오드로

동작하는 궤환 다이오드이다.
[참고] 환류 다이오드(free wheeling diode) : 인덕터 충전전류로 인한 기기의 손상을 방지하기 위해 부하와 병렬로 연결된 다이오드이다.

10. 다음 그림은 2.4Ω의 저항부하를 갖는 단상 반파 브리지 인버터이다. 직류 입력전압(V_s)이 48 V이면 출력은 몇 W인가?

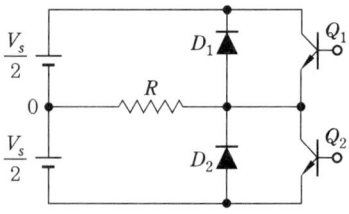

① 240　　② 480
③ 720　　④ 960

[해설] 단상 반파 브리지 인버터
① 실효출력 전압
$$V_0 = \frac{V_S}{2} = \frac{48}{2} = 24 \text{ V}$$
② 출력전력
$$P_0 = \frac{V_0^2}{R} = \frac{24^2}{2.4} = 240 \text{ W}$$

11. 태양광발전 시스템 인버터 시스템 중 고전압 방식의 특징으로 틀린 것은?
① 전류가 크기 때문에 굵은 케이블을 사용한다.
② 인버터 고장 시 발전량 손실이 매우 크다.
③ 스트링이 길어 음영 손실이 높다.
④ 전압강하가 줄어든다.

[해설] 고전압 방식의 특징[1-6 표 4-4 참조]
고전압 방식이므로 전류 크기가 작아 케이블의 굵기가 얇아진다.

정답 8. ②　9. ①　10. ①　11. ①

2. 파워컨디셔너의 기능

12. 파워컨디셔너의 기능이 아닌 것은?
① 유효 및 무효전력 조정기능
② 유도뢰 파형 감쇠기능
③ 전압 및 주파수 조정기능
④ 최대출력 추종 제어기능
[해설] 파워컨디셔너의 기능(①, ③, ④ 이외에)
　(1) 단독운전 방지기능
　(2) 자동운전 정지기능
　(3) 직류 검출기능
　(4) 직류지락 검출기능

13. 태양광발전 시스템이 계통과 연계운전 중 계통 측에서 정전이 발생할 경우 시스템에서 계통으로 전력 공급을 차단하는 기능은?
① 단독운전 방지기능
② 최대출력 추종 제어기능
③ 자동운전 정지기능
④ 자동전압 조정기능
[해설] 단독운전 방지기능[2-3 참조]

14. 태양광 인버터에 대한 설명으로 옳지 않은 것은?
① 태양광 인버터는 계통연계형과 독립형으로 분류할 수 있다.
② 태양광 인버터는 최대출력 추종 기능을 가지지 않는다.
③ 태양광 인버터는 전력용 반도체 스위치 소자를 이용하여 동작한다.
④ 태양광 인버터는 직류를 교류로 바꾸는 기능을 가지고 있다.
[해설] 최대출력 추종 기능[2-2 참조]

15. 태양광발전 시스템의 인버터에서 태양전지 동작점을 항상 최대가 되도록 하는 기능은 무엇인가?
① 단독운전 방지기능
② 자동운전 정지기능
③ 최대출력 추종기능
④ 자동전압 조정기능
[해설] 최대출력 추종기능[2-(2) 참조]

16. 태양광발전 시스템의 인버터는 태양전지 출력 향상이나 고장 시를 위한 보호기능 등을 갖추고 있다. 다음 중 인버터에 적용하고 있는 기능이 아닌 것은?
① 자동운전 정지기능
② 최대출력 추종 제어기능
③ 자동전류 조정기능
④ 단독운전 방지기능
[해설] 자동전압 조정기능[2-4 참조]

17. 트랜스리스 방식 인버터 제어 회로의 주요 기능이 아닌 것은?
① 전압 전류 제어기능
② MPPT 제어기능
③ 전력 변환기능
④ 계통연계 보호기능
[해설] 인버터 제어 회로의 주요 기능(①, ②, ④ 이외에) 단독운전 방지기능, 자동운전 정지기능 등이 있다.

18. 인버터 단독운전 방지기능 중 단독운전 시 주파수를 검출하는 방식이 아닌 것은?
① 부하 변동방식

정답 12. ②　13. ①　14. ②　15. ③　16. ③　17. ③　18. ①

② 주파수 시프트 방식
③ 유효전력 변동방식
④ 무효전력 변동방식

[해설] 단독운전 방지기능[2-3-(3) 표 4-6 참조]
부하 변동방식은 전류의 비율(전류분담 비율) 변화를 이용하여 검출하는 방식이다.

3. 계통연계 보호장치 및 파워컨디셔너의 시험 항목

19. 태양광발전 시스템에서 인버터 측의 이상 발생을 대비하여 설치하는 계통연계 보호장치가 아닌 것은?
① 과전압 계전기
② 저전압 계전기
③ 과주파수 계전기
④ 바이패스 다이오드

[해설] 계통연계 보호장치[3-1-(2) 참조]

20. 역조류를 허용하지 않는 연계에서 설치하여야 하는 계전기로 옳은 것은?
① 과전류 계전기 ② 과전압 계전기
③ 역전력 계전기 ④ 부족전압 계전기

[해설] 계통연계 보호[3-1-(3)-③ 참조]

4. 파워컨디셔너의 선정 및 사용상의 고려 사항

21. 태양광발전 시스템의 인버터 선정 체크 포인트 중 태양광의 유효한 이용에 관한 사항이 아닌 것은?
① 전력 변환효율이 높을 것
② 전압변동률이 클 것
③ 야간 등의 대기손실이 적을 것
④ 저부하 시의 손실이 적을 것

[해설] 인버터 선정 체크 포인트[4-1-(4) 및 (1), (2) 참조]

[참고] 전압변동률(voltage regulation)은 전부하 시와 무부하 시의 2차 단자 전압차의 정도를 백분율로 나타낸 것으로, 작을수록 좋다.

22. 인버터 선정 시 전력품질과 공급 안정성 측면에서 고려할 사항이 아닌 것은?
① 노이즈 발생이 적을 것
② 고조파 발생이 적을 것
③ 직류분이 많을 것
④ 기동·정지가 안정적일 것

[해설] 인버터 선정 체크 포인트[4-1-(5) 참조]
직류분이 적을 것

정답 19. ④ 20. ③ 21. ② 22. ③

제5장 관련 기기 및 부품

1. 바이패스소자와 역류방지소자

1-1 바이패스(bypass)소자

(1) 역할

셀과 병렬로 연결되어 그늘진 셀을 우회하여 전류가 흐르도록 함으로써, 열점(hot spot) 현상에 의하여 셀이 파괴되거나 내구성이 저하되는 것을 방지하는 역할을 한다.

열점(hot spot) 현상
1. 모듈의 일부 셀이 나뭇잎 등으로 그늘이 발생하면 그 부분의 셀은 전기를 생산하지 못하고 저항이 증가하게 된다.
2. 이때 그늘진 셀에는 직렬로 접속된 다른 셀들의 회로(string)의 모든 전압이 인가되어 발열하게 되는데, 이를 열점 현상이라 한다.
3. 셀이 고온이 되면 셀과 그 주변의 충진재(EVA)가 변색되고 뒷면 커버의 팽창, 음영 셀의 파손을 일으킬 수 있다.

(2) 설치 위치

대부분의 바이패스소자는 다이오드(diode)를 사용하며, 출력단자함에 설치된다.

(3) 설치 개수

일반적으로 모듈(module) 1매의 바이패스 다이오드의 설치 개수는 모듈을 구성하는 셀의 개수에 따라 다르나 보통 2~3개(셀 18~20개마다 1개)가 설치되고 있다.

(4) 역내 전압

셀 스트링의 공칭 최대출력전압의 1.5배 이상이 되도록 선정한다.

(5) 다음 그림 5-1은 모듈(module)에 바이패스 다이오드를 18개 단위로 설치한 예를 나타낸 것이며, 그림 5-2는 바이패스 다이오드를 셀의 개수에 따라 설치한 모듈의 전압전류 특성을 나타낸 것이다.

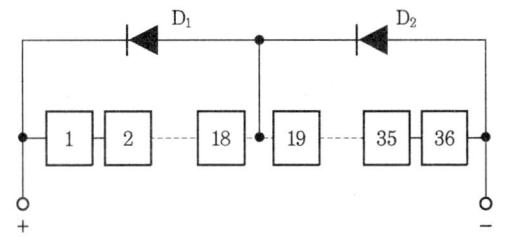

그림 5-1 18개 단위로 설치된 바이패스 다이오드(예)

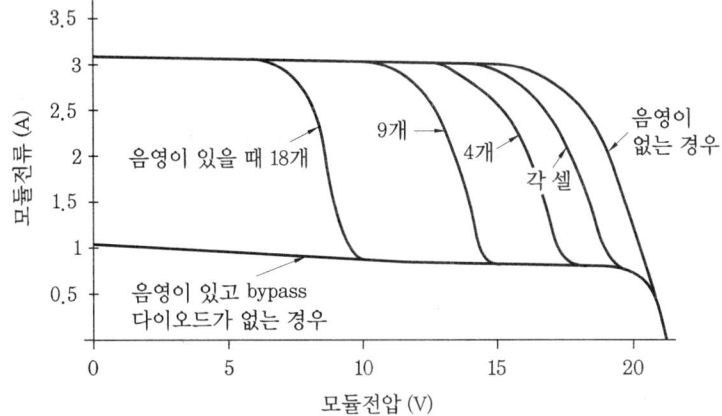

그림 5-2 바이패스 다이오드를 셀의 개수에 따라 설치한 모듈의 전압전류 특성

(6) 다음 그림 5-3은 음영과 모듈의 직렬-병렬에 따른 출력전력[W_p] 변화를 나타낸 것이다.

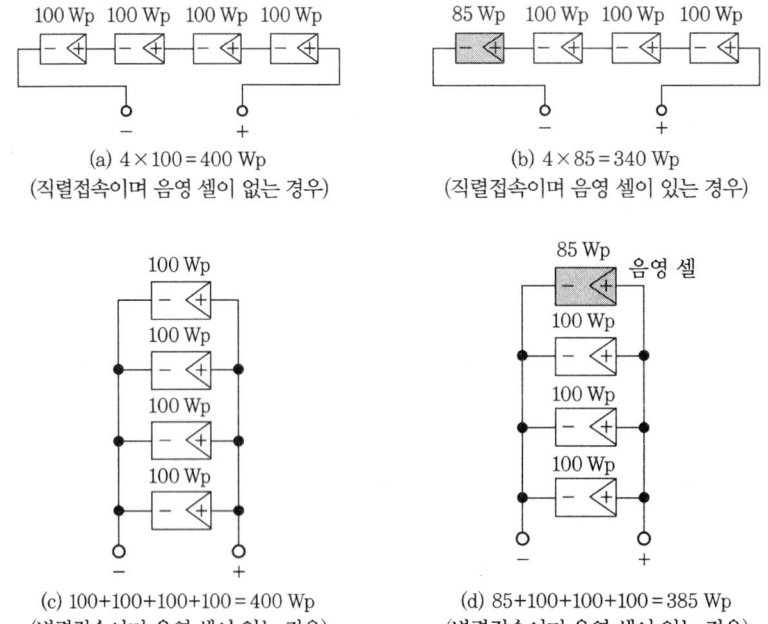

그림 5-3 음영과 모듈의 직렬-병렬에 따른 출력전력 변화

1-2 역류방지소자(block diode)

(1) 설치 목적

① 태양전지 모듈에 그늘(음영)이 생긴 경우 그 스트링 전압이 낮아져 부하가 되는 것을 방지한다.

② 독립형 태양광발전 시스템에 축전지가 설치된 경우 야간에 태양광발전이 정지된 상태에서 축전지 전력이 태양전지 모듈(module) 쪽으로 흘러들어 소모되는 것을 방지한다.

(2) 설치 일반

① 태양전지 어레이(array)의 스트링(string)별로 설치된다.

② 보통 접속함 내에 설치하지만 모듈(module)의 단자함 내부에 설치하기도 한다.

③ 1대의 인버터에 연결된 태양전지 직렬군이 2병렬 이상일 경우에는 각 직렬군에 역전류방지 다이오드를 별도의 접속함에 설치하여야 한다.

④ 접속함은 발생하는 열을 외부에 방출할 수 있도록 환기구 및 방열판 등을 갖추어야 한다.

(3) 용량 선정

① 선정 시에는 설치할 회로의 최대전류를 흘릴 수 있음과 동시에 사용 회로의 최대역전압에 충분히 견딜 수 있는지 확인하여야 한다.

② 소자의 용량은 모듈(module) 단락전류의 2배 이상이어야 하며 현장에서 확인할 수 있도록 표시하여야 한다.

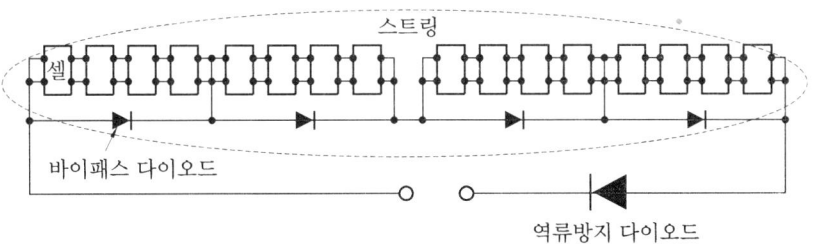

그림 5-4 스트링(string)별로 설치된 역류방지소자

2. 접속함

2-1 일반 사항

(1) 역할

여러 개의 태양전지 모듈(module)의 직렬연결된 스트링을 하나의 접속점에 모아 보수·점검 시에 회로를 분리하거나 점검 작업을 용이하게 하는 역할을 한다.

(2) 설치 일반

① 어레이(array)에 고장이 발생해도 정전 범위를 최소화하는 등의 목적으로 보수·점검이 용이한 장소에 설치할 수 있다.
② 접속함은 태양전지 어레이와 인버터(파워컨디셔너) 사이에 설치된다.

2-2 접속함 내부에 설치된 기기 및 부품

(1) 태양전지 어레이(array) 측 개폐기 (2) 주 개폐기
(3) 역류방지소자(block diode) (4) 서지보호장치(surge protected device)
(5) 출력용 단자대 (6) 감시용 DCCT, DCPT, T/D(tranducer)
(7) multi power transducer 등

- DCCT(DC Current Transformer) : 변류기
- DCPT(DC Potential Transformer) : 계기용 변성기
- T/D(tranducer) : 신호변환기

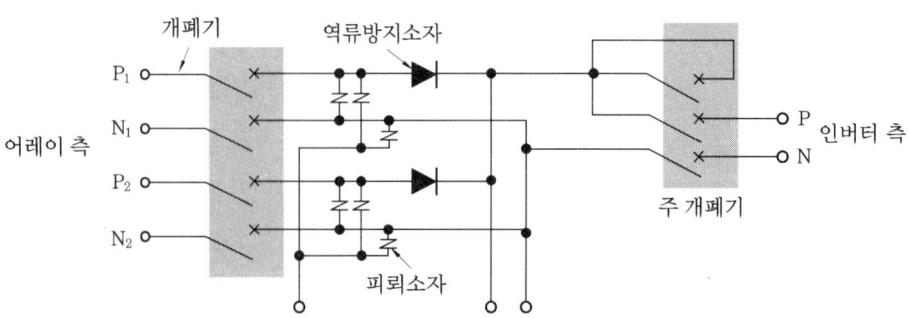

그림 5-5 접속함 내부회로 결선(예)

2-3 어레이(array) 측 개폐기(입력용 DC 개폐기)

(1) 태양전지 어레이의 점검, 보수 또는 일부 태양전지 모듈(module)의 고장 발생 시 스트링 단위로 회로를 분리시키기 위해 스트링 단위로 설치한다.
(2) 모듈(module)의 단락전류를 차단할 수 있는 용량의 것을 선택하여야 하며 일반적으로 MCCB(Mold Case Current Breaker), 퓨즈(fuse), 단로기를 사용할 수 있다.
(3) 특히 단로기나 퓨즈(fuse)를 통해 off 하는 경우에는 반드시 파워컨디셔너 측 주 개폐기를 먼저 차단하고 조작하여야 한다.

2-4 주 개폐기(출력용 차단기)

(1) 주 개폐기는 태양전지 어레이의 전체 출력을 하나로 모아 파워컨디셔너 측으로 보내는 회로 중간에 설치된다.
(2) 태양전지 어레이(array) 측 개폐기와 같은 목적이므로 태양전지 어레이가 1개 스트링으로 구성된 경우에는 생략이 가능하다.
(3) 그러나 스트링이 2병렬 이상인 경우 태양전지 어레이 측 개폐기로 단로기나 fuse를 사용하는 경우에는 반드시 주 개폐기로 MCCB를 설치하여야 한다.
(4) 주 개폐기는 태양전지 어레이의 최대 사용전압, 태양전지 어레이의 합산된 단락전류를 개폐할 수 있는 용량의 것을 선정하여야 한다.
(5) 태양전지 어레이 측의 합산 단락전류에 의해 차단되지 않도록 선정한다.
(6) 한국전기안전공사로부터 사용 전 검사 및 정기검사 시 확인 사항으로서 각 극 동시 개폐를 인정하므로 결선 시 유의하여야 한다.

2-5 피뢰소자

(1) 저압 전기설비에서의 피뢰소자는 서지보호소자(SPD ; Surge Protective Device)라고 칭한다.
(2) 서지보호소자는 유도뢰 서지가 어레이 또는 파워컨디셔너 등에 침입한 경우에 전기설비 또는 장치를 뇌서지로부터 보호하기 위해 설치한다.
(3) 일반적으로 접속함에는 어레이의 보호를 위해서 스트링마다 서지보호소자(SPD)를 설치하며 낙뢰 빈도가 높은 경우에는 주 개폐기 측에도 설치한다.
(4) 서지보호소자의 접지 측 배선 방법
　① 접지단자에서 최대한 짧게 하여야 한다(접속도체 전체 길이의 0.5 m 이하).
　② 접지 측 배선을 일괄해서 접속함의 주접지 단자에 접속하여야 한다.
　　참고 이유 : 어레이 회로의 절연저항 측정 등을 위해 접지를 일시적으로 분리 시 편리하다.

(5) 일반적으로 뇌서지가 침입하기 쉬운 장소에는 대지 및 선간에 피뢰소자를 설치하는 것이 바람직하다.
(6) 동일 회로에서도 배선이 길고 배선의 근방에 직격뢰 또는 유도뢰를 받기 쉬운 곳에 위치한 배선은 배선의 양단에 설치하여야 한다.
(7) 뇌 보호 영역(LPZ)별 SPD의 선택 기준은 표 5-1과 같으며 설치 위치는 LPZ별 경계에 설치한다.

표 5-1 뇌 보호 영역별 SPD 선택 기준

구 분	파형 및 내량	적용 SPD
LPZ 1	10/350 μs 파형 기준의 임펄스 전류 I_{imp} 15~60 kA	Class I SPD
LPZ 2	8/20 μs 파형 기준의 최대방전전류 I_{max} 40~160 kA	Class II SPD
LPZ 3	1.2/50 μs(전압), 8/20 μs(전류) 조합파 기준	Class III SPD

뇌 보호 영역(LPZ ; Lightning Protection Zone)
1. 뇌격에 의한 전자임펄스(LEMP)의 위험으로부터 설비 및 기기를 보호하기 위해 보호공간의 경계점을 기준으로 나눈 것을 말한다.
2. 내부 구역 : 직격뢰에 대하여 보호되는 구역
   (가) LPZ 1 : 낙뢰에 의한 전자계는 감소되는 지역
   (나) LPZ 2…n : 전자계를 더욱 감소시킬 필요가 있는 경우

2-6 단자대

(1) 일반적으로 태양전지 어레이의 스트링별로 배선을 접속함까지 가지고 와서 접속함 내부의 단자대를 통해 접속한다.
(2) 단자대는 스트링 케이블의 굵기에 적합한 링(ring)형 압착단자에 적합한 것을 선정하여야 하며 KS 표준품의 것을 사용하여야 한다.

2-7 신호변환기(T/D ; transducer)

(1) 신호변환기는 검출기로 검출된 데이터를 컴퓨터 및 먼 거리에 설치된 표시 장치에 전송하는 경우에 사용하는 것이다.

(2) 각종 검출 데이터(전압, 전류, 전력 등)에 적합한 것이 시판되고 있으므로 그중에서 필요한 것을 선택한다.

변환기(T/D ; transducer) 사용(예)
1. 전력설비의 전압/전류/전력 등을 측정하기 위하여 변전소에 시설되는 설비이다.
2. 변전소의 변압기(PT)/변류기(CT)에서 측정되는 아날로그 자료를 중앙 제어 시설 등 원격소에 입력하기 적합한 형태인 디지털신호(± 0~1 mA 또는 ± 4~20 mA 등)로 변환시켜 주는 설비이다.

(3) 신호변환기의 출력신호도 입력신호 0~100%에 대하여 0~5 V, 1~5 V, 4~20 mA 등 여러 가지 것이 시판되고 있다.
(4) 신호출력은 노이즈가 혼입되지 않도록 실드선을 사용하여 전송하도록 한다(4~20 mA의 전류신호로 전송하면 노이즈의 염려가 줄어든다).

2-8 접속함 선정 시 고려 사항

(1) 태양광발전 시스템의 발전 출력과 발주처의 시방서를 참조하여 선정하여야 한다.
(2) 설치 장소의 환경(염해, 부식성 가스 등), 인버터의 입력전압, 전류 등을 종합하여 최적의 접속함을 선정해야 한다.
(3) 시판되고 있는 표준품은 판 두께가 1.6 mm로 얇은 것이 많으며 구멍가공을 하기에 편리하다.
(4) 가공 후의 도장(녹 발생 방지) 처리를 충분히 할 필요가 있다.
(5) 옥외에서 사용할 경우 녹과 방수성 등에 주의가 필요하다.
(6) 녹슬 가능성이 있는 경우에는 스테인리스제의 채용을 검토할 필요가 있다.

(7) 특히 주의해야 할 사항
① 전압 : 접속함의 정격전압은 태양전지 스트링의 개방 시의 최대직류전압으로 선정
② 전류 : 정격입력전류는 접속함에 안전하게 흘릴 수 있는 전류 값이며 최대전류를 기준하여 선정
③ 보호구조 : 옥외에 설치되는 경우 빗물, 먼지 등이 함에 침입하지 않는 구조의 것으로 보호등급 IP44 이상의 것을 선정

보호등급 IP44(방진 및 방수 보호등급)
외부 먼지 발생이나 우천 상황에도 문제 없이 사용 가능 인정

3. 교류 측 기기

3-1 분전반

(1) 분전반은 한전배전계통과 계통연계하는 경우에 파워컨디셔너의 교류출력을 계통으로 접속할 때 사용하는 차단기를 수납하는 함체이다.
(2) 일반 주택이나 빌딩의 경우 대부분의 분전반이나 배전반이 설치되어 있으므로 태양광발전 시스템의 정격출력전류에 적합한 차단기가 있으면 그것을 사용한다.
(3) 기 설치되어 있는 분전반 내 차단기의 여유가 없을 경우에는 별도의 분전반을 설치하여야 하며 이때는 기존에 설치된 분전반 근처에 설치하는 것이 바람직하다.
(4) 태양광발전 시스템용으로 설치하는 차단기는 역접속 가능형 누전차단기를 설치하는 것이 바람직하다.
(5) 그러나 기 설치된 분전반의 계통 측에 지락검출 기능이 부착된 과전류 차단기(누전차단기)가 이미 설치되어 있으면 교체할 필요는 없다.

3-2 적산전력량계(watt-hour meter)

(1) 전력량계라고 불리며 일정한 기간 동안 얼마의 전력량을 사용하였는가를 측정하는 계기이다.
(2) 전기를 사용하면 알루미늄 회전판이 사용하는 전력량에 비례하여 돌아가면서 숫자판에 사용한 전력량이 kWh(킬로와트시) 단위로 나타난다.
(3) 적산전력량계는 단순병렬 및 역송전 병렬 형태로 계통에 접속되는 경우 한전으로부터 수전된 전력량과 한전계통으로 송출된 전력량을 계측하여 전력회사와 요금 정산을 위한 수단으로 계량법에 의한 검정을 받은 적산전력량계를 사용해야 한다.
(4) 다음 그림 5-6은 단상 2선식 역송전 계량용 적산전력량계의 결선도이다.

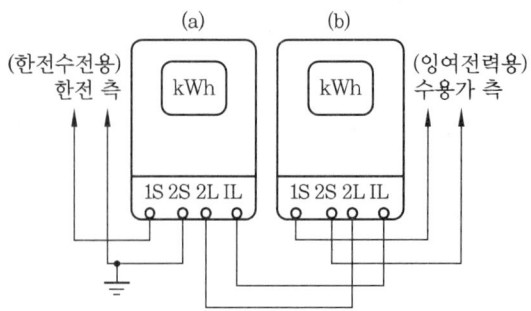

그림 5-6 단상 2선식 적산전력량계의 결선도

4. 축전지(battery ; storage battery)

4-1 일반 사항

(1) 방전과 충전 시 전기화학적 반응이 가역적으로 일어나는 2차 전지로, 전기에너지를 화학에너지로 바꾸어 저장하고 저장된 화학에너지를 전기에너지로 사용하는 장치이다.

(2) 구비 조건
   ① 충·방전에 의한 화학변화가 가역(reversible)적일 것
   ② 충전에 요하는 전력은 되도록 적을 것, 즉 효율이 높을 것
   ③ 가능한 한 많은 횟수의 충·방전이 가능할 것

(3) 일반적으로 많이 사용되고 있는 축전지는 연(납)축전지와 알칼리 축전지이며, 연(납) 축전지가 주로 사용된다.

(4) 셀(cell) 수의 결정

$$N = 계통정격전압(V) \div 1셀의 \ 공칭전압(V)$$

(5) 축전지의 공칭용량

$$Ah = 방전전류(A) \times 방전시간(h)$$

(6) 용량 산출의 일반식

방전전류가 일정한 경우 또는 평균적인 방전전류가 산출 가능할 때의 축전지 용량의 산출은 다음의 식으로 구할 수 있다.

$$C = \frac{KI}{L}$$

C : 온도 25℃에서 정격 방전율 환산용량(축전지의 표시용량)
K : 방전시간, 축전지온도, 허용최저전압으로 결정되는 용량환산계수
I : 평균방전전류
L : 보수율(수명 말기의 용량감소율 고려)

4-2 태양광발전 계통연계 시스템용 축전지

(1) 축전지부착 계통연계 시스템 분류
① 방재 대응형 : 정전 시에 비상용 부하에 전력을 공급하는 형식
② 부하 평준화 대응형 : 전력부하 피크를 억제할 수 있는 형식

표 5-2 부하 평준화 대응형 분류(축전지 용량에 따른)

분 류	일사급변 보상형	peak shift형	야간전력 저장형
특징	일조량의 급격한 변화에 대해서 계통으로부터 부하 급변의 영향을 적게 하기 위한 형식	발전전력의 피크와 수요 피크를 수시간 동안만 보상하기 위한 형식	태양광발전과 야간에 충전한 축전지의 방전에서 낮의 부하를 조달하는 형식

(2) 형식에 따른 운전모드 및 특성

표 5-3 형식에 따른 운전모드 및 특성

형 식	방재 대응형	부하 평준화 대응형 (peak shift형, 야간전력 저장형)
운전 모드	• 보통 계통연계 시스템으로 동작 • 정전 시 방재, 비상 부하 자립 운전 • 정전 회복 후 및 야간 : 연계 및 충전 운전	• 평상시 계통연계 시스템으로 동작 • 피크 시 태양전지 + 축전지에 의한 피크 부하 부담 • 야간 : 축전지 충전운전
특징	보통 계통연계 시스템으로 동작하고 재해 등의 정전 시에는 파워컨디셔너를 자립 운전으로 절환함과 동시에 특정 재해 대응 부하로 전력을 공급하도록 한 것	태양전지 출력과 축전지 출력을 병용하여 부하의 peak 시에 파워컨디셔너를 필요한 출력으로 운전하여 수전 전력의 증대를 억제하고 기본전력 요금을 절감시키려는 시스템이다.

(3) 부하 평준화 대응형(peak shift형, 야간전력 저장형)
① 이 시스템을 도입하면 수용하는 전력요금의 절감, 전력회사는 피크전력 대응의 설비투자를 절감할 수 있는 등의 큰 장점이 있다.
② peak shift형 : 피크 전력을 2~4시간 정도 늦추는 축전지를 구비한 방식
③ 야간전력 저장형 : 심야전력으로 충전하고 그 충전된 전력을 주간의 peak 시에 방전하여 주간 전력을 축전지에서 공급하도록 하는 방식
④ 계통안정화 대응형 : 태양전지와 축전지를 병렬 운전하여 기후의 급변 시나 계통부하가 급변하는 경우에는 축전지를 방전하고 태양전지 출력이 증대하여 계통전압이 상승하도록 할 때에는 축전지를 충전하여 역전류를 줄이고 전압의 상승을 방지하는 방식

4-3 태양광발전 독립형 전원시스템용 축전지

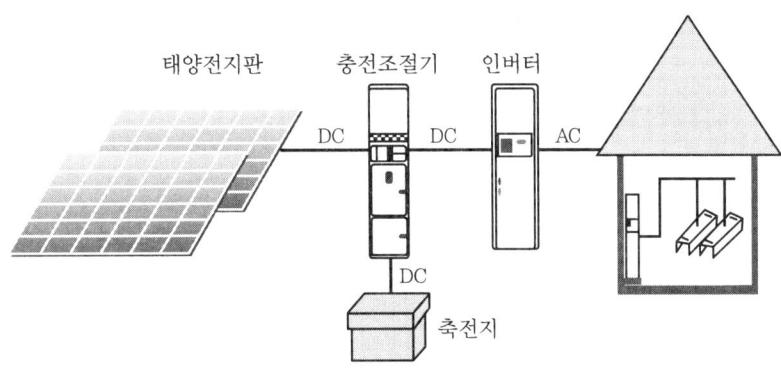

그림 5-7 독립형 전원시스템

(1) 일반 사항
① 독립형 태양광발전 시스템은 도서 지역, 산간벽지 등 계통전원 공급이 어려운 지역에 전력을 공급하기 위한 시스템으로 태양전지 모듈, 충전조절기, 인버터, 축전지, 발전기로 구성되어 있다.
② 축전지는 매일 충·방전을 반복하고 기계적으로 조합하여 유지보수가 곤란한 장소에 설치되는 경우가 많다.
③ 축전지의 기대수명은 방전심도(DOD)와 방전 횟수, 사용 온도 등에 의해 크게 변화한다.

DOD(Depth of Discharge) : 방전심도
1. DOD는 방전의 깊이란 뜻으로 얼마나 많은 용량을 1회 사이클에서 소모하였느냐는 의미이다.
2. 100% DOD란, 축전지가 거의 대부분 방전될 때까지 소모시키는 것을 의미한다.

(2) 태양광발전 시스템에서는 일조량에 따라 충·방전량이 변화하기 때문에 평균적인 방전심도를 산정하여 최적의 축전지 기종을 선정해야 한다.

(3) 축전지 용량 결정 시 고려 사항
① 부하에 필요한 직류입력전력량을 상세하게 검토하며, 파워컨디셔너의 입력전력을 파악한다.
② 설치 예정 장소의 일조량 데이터를 입수한다(최대일사량 기준 일조시간 수).

③ 설치 장소의 일조 조건이나 부하의 중요도를 고려하여 일조가 없는 일수(부조일수)를 결정한다.
④ 축전지의 기대수명에서 방전심도를 설정한다.
⑤ 일조량 최저 월에도 충전량이 부하의 방전량보다 크게 되도록 태양전지 용량과 어레이각도 등도 함께 고려한다.
⑥ 축전지 용량(C) 계산

$$C = \frac{1일\ 소비\ 전력량 \times 부조일수}{보수율 \times 축전지\ 전압 \times 방전심도} (Ah)$$

5. 낙뢰(lightning strike) 대책

5-1 낙뢰의 개요

(1) 낙뢰의 정의
① 번개의 종류 가운데 구름과 대지 사이에서 발생하는 방전 현상을 말하며, 흔히 벼락 혹은 대지 방전이라고 불린다.

 대지 방전 : 구름과 지면 사이의 방전을 말함

> **착빙 전하 발생기구설**
> 1. 뇌우 속의 강한 상승기류와 하강기류 속에서 싸락눈과 빙정은 낙하속도차 때문에 충돌하게 된다.
> 2. 이때 입자가 작은 빙정은 정(+)전하로 대전이 되고 입자가 큰 싸락눈은 부(-)전하로 대전이 되어 가벼운 빙정은 위로 이동하고 입자가 큰 싸락눈은 아래로 이동하여 뇌우 속에 분포하게 된다.
> 3. 뇌우의 상층부에는 정(+)전하가, 하층부에는 부(-)전하가 분리 축적되어 있다.
> 4. 이때 하층의 부전하와 대지 사이에서 발생하는 대지 방전을 낙뢰라고 한다.
> 5. 뇌우 속에서 발생하는 불꽃은 대부분 구름방전인 번개에 해당하며, 전체 방전의 약 1/10만이 낙뢰로 나타난다.

② 벼락의 서지(lightning surge)에 의해, 전기기기는 절연파괴나 기능정지, 열화 등의 영향을 받는 경우가 있다.

서지(surge) : 전기회로나 전기 계통에서 정상의 전압을 넘어 순간적으로 또는 단속적으로 발생하는 과전압을 말한다.

(2) 낙뢰의 구분

표 5-4 낙뢰의 구분

구 분	직격뢰	유도뢰
특징	• 뇌운(雷雲)에서 발전설비 및 선로에 직접 방전이 되는 경우이다. • 설비 및 선로에 대단히 높은 전압이 나타난다. • 화재, 폭발 따위의 피해가 크며 사람이나 가축이 피해를 입기도 한다.	• 뇌운이 발전설비 및 선로 등에 유도된 역극성 전하가 다른 장소에 벼락을 치고 뇌운의 전하가 중화되었을 때에 구속이 풀려 생긴 이상 전압이다. • 정전유도에 의한 것과 전자유도에 의한 것으로 분류된다.

(3) 여름 뇌와 겨울 뇌의 비교

표 5-5 여름 뇌와 겨울 뇌의 비교

구 분	여름 뇌	겨울 뇌
특징	• 일반적으로 대기가 불안정하면 상승 기류가 발생하기 쉬운 곳에서 생기는 소나기구름에 의해 일어난다. • 여름 뇌운은 1.5~10 km 이상 높이의 층을 갖고 있다.	• 기온이 급변할 때에 일어나기 쉽다. • 겨울 뇌운은 300 m~6 km 정도로 낮다. • 여름 뇌에 비하여 넓은 범위까지 그 영향이 미치며, 지속 시간도 길다(1000배 정도).

5-2 낙뢰로 인한 피해 및 침입 경로

(1) 낙뢰의 전기량

① 낙뢰 혹은 하나의 구름방전이 발생할 때 나타나는 전기에너지를 전기량으로 환산하면 약 300 kWh에 해당한다.

② 여름의 격심한 뇌우에서는 10초에 1회 정도로 방전이 일어나기 때문에 이때의 뇌우는 중급 정도 발전소의 발전 능력이 있는 셈이다.

(2) 직격뢰로 인한 피해

① 모듈, 인버터 등의 고장을 일으킬 수 있다.

② 특히 병렬구조로 연결되어 있는 모듈은 1개 모듈에만 직격뢰를 받더라도 전체가 제 기능을 하지 못하게 된다.

(3) 과전압으로 인한 피해
① 발전효율을 저하시킨다.
② 주요 설비에 고장을 일으킬 수 있어 고액의 수리비가 든다.

(4) 침입 경로
① 태양전지 어레이에서의 침입
② 배전선이나 접지선 등에서의 침입
③ ①와 ②의 조합에 의한 침입

접지선으로 침입 : 주변 낙뢰에 따라 대지전위가 상승하고 상대적으로 전원 측 전위가 낮아져 접지선에서 역으로 전원 측으로 향해 흐르는 경우가 발생한다.

5-3 태양광발전설비를 보호하기 위한 피뢰설비 및 뇌 서지 대책

(1) 피뢰설비 방식

표 5-6 피뢰설비 방식에 따른 특성

방 식	돌침 방식 (보호각법)	수평도체 방식	회전구체법 (rolling sphere method)	메시(mesh)법
특징	일반적으로 가장 많이 시설하는 방식이다.	넓은 부지에 설치한 대용량 발전 시스템에 가장 적합하다.	대용량 발전 시스템을 시설하는 고층 건물에 피뢰설비를 하는 방식이다.	건물 측면 태양전지 모듈에 메시도체로 덮인 내측을 보호 범위로 하는 방식이다.

(2) 뇌 서지(lightning surge) 대책
① 피뢰소자를 어레이 주회로 내부에 분산시켜 설치하고 접속함에 설치한다.
② 저압 배전반에서 침입하는 뇌 서지에 대해서는 분전반에 피뢰소자를 설치한다.
③ 뇌우 다발 지역에서는 교류전원 측으로 내뢰 트랜스를 설치한다.

- **뇌우(thunderstorm, 雷雨)** : 번개와 천둥을 발생시키는 하나의 폭풍우이다.
- **기본적인 대책** : 각 장치의 뇌 서지 침입 루트인 금속선에 대해 각 장치의 바로 옆에 SPD를 설치해 과전압을 억제하는 동시에 접지선을 접속해 각 장치 간에 발생하는 전위차 및 유도 루프의 영향을 억제한다.

(3) 서지보호장치(SPD ; Surge Protective Device)

① SPD는 50/60 Hz의 교류에서 정격 1,000 V까지의 전원에 접속하는 기기를 보호하기 위해 시설하는 것으로 서지전압을 제한하고 서지전류를 분류하기 위해 1개소 이상 비선형 소자를 내장하고 있는 장치이다.

② 뇌 보호영역(LPZ ; Lightning Protection Zone) : 뇌에 의해 발생하는 전자기적 환경의 영향 정도에 따라 분류하는 영역이다.

③ 보조장치 : SPD 분리기 및 동작표시기를 말한다.

④ 속류(follow current) : SPD가 방전 후에 SPD에 공급되는 전압에 의해 전류가 계속 흐르는 상태를 말한다.

⑤ 잔류전압(residual voltage) : 방전전류의 통과로 SPD 단자 간에 발생하는 전압의 최대값을 말한다.

⑥ 서지보호장치 단로기(SPD disconnecting switch) : SPD 전원 계통에서 분리하기 위해 필요한 장치를 말한다.

단로기(disconnecting switch)
1. 흔히 디스콘(discon)이라 하며, 주로 전압이 높은 회로를 전원에서 떼어놓을 목적으로 사용하는 개폐인데 보통 차단기로 부하 전류를 끊은 후에만 개폐가 가능하다.
2. 정격전압은 공칭전압의 1.2/1.1배의 값으로 표시한다.

5-4 피뢰 대책용 소자

(1) 어레스터(arrester ; surge arrester)

① 낙뢰에 의한 충격적 과전압에 대하여 방전으로 억제하여 설비를 보호하고, 속류를 차단하여 정전을 일으키지 않고 원상으로 자연 복귀하는 기능을 가진 장치이다.

② 낙뢰 서지를 흡수하여 전압을 제한하고 등전위화를 도모한다.

등전위(equipotential)
1. 전계 내에서 복수점이 동일 전위인 것을 등전위라 한다.
2. 전계 내에서 등전위점을 모두 이으면 하나의 면이 이루어진다. 이것을 등전위면이라 한다.

(2) 서지 옵서버(SA ; Surge Absorber)

① 전선로에 침입하는 서지를 흡수, 제한하여 서지로부터 기기를 보호하기 위한 서지 흡수기이다.

② 갖추어야 할 사항
  ㈎ 제한전압이나 방전개시전압이 낮지 않아야 한다.
  ㈏ 방전응답속도가 빨라야 한다.
  ㈐ 누설전류나 속류(續流)가 없어야 한다.
  ㈑ 서지전류흡수능력, 에너지내량, 전압비 직선지수가 커야 된다.
  ㈒ 고장 시에는 일반적으로 open 할 수 있어야 한다.
  ㈓ 소형 경화도 요구된다.

(3) 내뢰(耐雷) 트랜스(trance)
실드부착 절연트랜스를 주체로 이에 어레스터 및 콘덴서를 부가시킨 것이다.
① 내뢰 트랜스는 침입 서지에 2차 측은 모두 절연 상태가 되고, 서지로 전환되지 않도록 하는 변압기로 서지를 절연하여 장비를 보호한다.
② 1차 측과 2차 측 간에 있는 실드판 수가 많을수록 뇌 서지에 대한 억제 효과가 크기 때문에 많은 것이 좋다.
③ 내뢰 트랜스 적용 시에는 1차 측과 2차 측의 접지를 따로 접지하는 것이 중요하다.
④ 어레스터에 비해 외형이 크고, 상당히 고가이다.

> **참고** 내뢰 트랜스 = 어레스터 + 서지 컷 트랜스

5-5 외부 피뢰설비와 내부 피뢰설비

(1) 외부 피뢰설비(external lightning protection system)의 구성(3요소)
① 수뢰부(air-termination system) : 뇌섬락을 막기 위한 외부 피뢰설비의 일부분을 말하며, 돌침, 수평도체, 망도체 등이 있다.
② 인하도체(down-conductor) : 수뢰부로부터 접지부로 뇌전류를 흘리기 위한 외부 피뢰설비의 일부분을 말한다.
③ 접지부(earth-termination system) : 뇌전류를 대지로 흘려 분산시키기 위한 외부 피뢰설비의 일부분을 말한다.

(2) 내부 피뢰설비(internal lightning protection system)
① 피보호 공간 내의 뇌전류에 의한 전자적 영향을 감소시키기 위하여 외부 피뢰설비 이외에 설치된 모든 설비를 말한다.
② 등전위본딩(Equipotential Bonding ; EB) : 내부 피뢰설비 중 뇌전류에 의해 생기는 전위차를 감소시키기 위하여 본딩하는 것을 말한다.

㈎ 뇌격전류에 의한 전위차를 감소시키기 위해 직접적인 도전 접속 또는 서지보호장치를 통해 분리된 금속의 피뢰 시스템에 전기적으로 접속시키는 것이다.
㈏ 보호대상물 내에서 화재 및 폭발 위험과 더불어 인명에 대한 위험을 줄이기 위해서 등전위화는 대단히 중요한 방법이다.
㈐ 등전위본딩은 피뢰시스템, 금속구조체, 금속제 설비, 계통외도전성 부분, 보호대상물 내의 전력선 및 통신선을 본딩용도체 혹은 서지보호장치로 접속하는 것으로 피뢰설비에 있어서 기본이다.

5-6 피뢰설비의 유지보수 및 검사

(1) 검사 전 확인 사항
① 피뢰설비가 설계와 일치하는지 여부
② 피뢰설비의 모든 구성 부분이 양호한 상태이고 설계 시 의도한 기능을 달성할 수 있으며 부식이 없는지 여부
③ 최근에 시설된 구조물들이 피뢰설비에 본딩되거나 피뢰설비를 확장하여 보호 범위 내에 있는지 여부

(2) 검사 시 확인 사항
① 매설된 전극을 점검하기 위하여 건설 중인 건축물의 검사
② 피뢰설비의 설치 후 (1)항 ①호와 ②호에 따른 검사 실시
③ 보호 범위의 성격과 부식 문제를 고려하여 정해진 주기별로 (1)항 ①, ②, ③호에 따른 정기검사 실시
④ 변경, 수리 또는 구조물이 뇌격을 받았을 때, (1)항 ①, ②, ③호에 따른 추가적 검사 실시

(3) 유지
피뢰설비의 신뢰성 유지를 위하여 정기검사 결과 발견된 결함은 지체 없이 수리하여야 한다.

예·상·문·제

1. 바이패스소자와 역류방지소자

1. 태양전지 모듈의 일부 셀에 음영이 발생하면 그 부분은 발전량 저하와 동시에 저항에 의한 발열을 일으킨다. 이러한 출력 저하와 발열을 방지하기 위해 설치하는 다이오드는?
① 역저지 다이오드
② 발광 다이오드
③ 바이패스 다이오드
④ 정류 다이오드

해설 바이패스 다이오드의 역할[1-1-(1) 참조]

2. 태양광 인버터와 연결된 태양전지 어레이들의 스트링 사이의 출력전압 불균형을 방지하기 위해 접속함이나 모듈의 단자함에 설치되는 것은?
① 바이패스 다이오드
② 배선용 차단기
③ 역전류 방지 다이오드
④ 서지 흡수기

해설 바이패스 다이오드의 역할[1-1-(1) 참조]

3. PV 모듈에 그림자가 생겼을 때 출력이 감소하게 된다. 그림에서 D1, D2, D3의 명칭으로 옳은 것은?

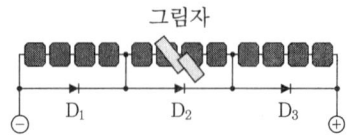

① 역전압 방지 다이오드
② 바이패스 다이오드
③ 역전류 방지 다이오드
④ 과전압 방지 다이오드

해설 바이패스 다이오드의 접속[1-1-(1) 그림 5-1 참조]

4. 다음 그림은 태양광 모듈의 접속함 내부에 다이오드를 연결한 것이다. 다이오드의 명칭은 무엇인가?

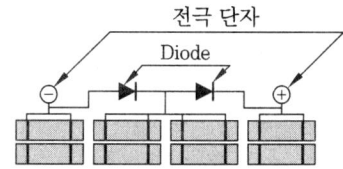

① 정류 다이오드
② 제어 다이오드
③ 바이패스 다이오드
④ 역전압 방지 다이오드

해설 바이패스 다이오드 접속[1-1-(1) 그림 5-1 참조]

5. 바이패스소자의 역내전압은 셀의 최대 출력 전압의 몇 배 이상이 되도록 선정하여야 하는가?
① 0.7   ② 1.5   ③ 2.0   ④ 3.5

해설 바이패스 다이오드의 역내전압[1-1-(4) 참조]

6. 그림은 직병렬 어레이 회로를 나타내고 있다. 그림에서 음영 발생으로 흑색 부분 모듈 출력 값이 85 W를 나타내고 있을 때,

정답 1. ③   2. ①   3. ②   4. ③   5. ②   6. ②

각 회로에서의 총 출력 값은 얼마인가?

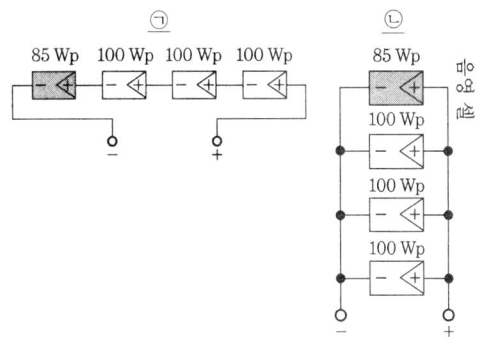

	㉠	㉡
①	385 W	385 W
②	340 W	385 W
③	385 W	340 W
④	85 W	385 W

[해설] 음영과 모듈의 직렬-병렬에 따른 출력 전력 변화[1-1-(6) 그림 5-3 참조]

7. 태양전지 모듈에 다른 태양전지 회로 및 축전지의 전류가 유입되는 것을 방지하기 위하여 설치하는 것은?
① 바이패스소자
② 역류방지소자
③ 접속함
④ 피뢰소자

[해설] 역류방지소자(block diode)[1-2-(1) 참조]

8. 태양전지 모듈에서 바이패스 및 역류방지를 위해 사용되는 소자는?
① 다이오드
② 사이리스터
③ 변압기
④ 스위치

[해설] 바이패스 및 역류방지소자[1-2 그림 5-4 참조]

9. 다음 역류방지소자(block diode)에 대한 설명 중 틀린 것은?
① 태양전지 모듈에 그늘이 생긴 경우 그 스트링 전압이 낮아져 부하가 되는 것을 방지한다.
② 태양전지 어레이(array)의 스트링(string) 별로 설치하여야 한다.
③ 역류방지소자가 설치된 접속함은 발생하는 열을 외부에 방출할 수 있도록 환기구 및 방열판 등을 갖추어야 한다.
④ 소자의 용량은 모듈(module) 단락전류의 1.5배 이상이어야 한다.

[해설] 역류방지소자의 용량선정[1-2-(3) 참조]
소자의 용량은 모듈(module) 단락전류의 2배 이상이어야 하며 현장에서 확인할 수 있도록 표시하여야 한다.

2. 접속함

10. 어레이의 고장 발생 범위 최소화와 태양전지 모듈의 보수 점검을 용이하게 하기 위하여 설치하는 것은?
① 접속함
② 축전지
③ 보호계전기
④ 서지보호장치

[해설] 접속함의 일반 사항[2-1-(1) 참조]

11. 태양광발전 시스템의 접속함에 설치되는 장치가 아닌 것은?
① 직류 개폐기
② 전력량계
③ 역류방지소자
④ 감시용 T/D

[해설] 접속함 내부에 설치된 기기 및 부품 [2-2 참조]

[참고] 전력량계는 적산전력량계(watt-hour meter)로서, 교류 측 기기에 속하며 분전반에 설치된다.

[정답] 7. ② 8. ① 9. ④ 10. ① 11. ②

12. 태양광발전 시스템의 접속함 내에 설치되는 장치가 아닌 것은?
① 직류 출력개폐기 ② 피뢰소자
③ 축전지 ④ 단자대

[해설] 접속함 내부에 설치된 기기 및 부품 [2-2 참조]

13. 접속함 내에 설치되는 어레이(array) 측 개폐기에 관한 내용 중 틀린 것은?
① 입력용 DC 개폐기이다.
② 스트링 단위로 설치한다.
③ 일반적으로 MCCB, 퓨즈(fuse), 단로기를 사용할 수 있다.
④ 단로기나 퓨즈를 통해 off 하는 경우에는 주 개폐기를 차단하기 전에 조작하여야 한다.

[해설] 접속함 내부에 설치된 어레이 측 개폐기[2-3 참조]
단로기나 퓨즈(fuse)를 통해 off 하는 경우에는 반드시 주 개폐기를 먼저 차단하고 조작하여야 한다.

14. 접속함 내에 설치되는 주 개폐기에 관한 내용 중 틀린 것은?
① 태양전지 어레이의 전체 출력 측에 설치된다.
② 어레이 측의 합산 단락전류에 의해 차단되지 않도록 선정한다.
③ 어레이가 1개 스트링으로 구성되고, 어레이 측 개폐기가 설치되어 있는 경우에 주 개폐기는 생략이 가능하다.
④ 주 개폐기로 단로기를 사용할 수 있다.

[해설] 접속함 내부에 설치된 주 개폐기[2-4 참조]
주 개폐기로는 MCCB(Molded Case Circuit Breaker)를 사용하여야 한다.

15. 접속함 내에 설치되는 피뢰소자에 관한 내용 중 틀린 것은?
① 저압 전기설비에서의 피뢰소자는 서지보호소자(SPD)라고 칭한다.
② 어레이의 보호를 위해서 스트링마다 서지보호소자(SPD)를 설치한다.
③ 낙뢰 빈도가 높은 경우에는 주 개폐기 측에도 서지보호소자(SPD)를 설치한다.
④ 서지보호소자(SPD)의 접지 측 배선은 접지단자에서 최대한 길게 하여야 한다.

[해설] 접속함 내부에 설치된 피뢰소자[2-5-(4) 참조]
접지 측 배선은 접지단자에서 최대한 짧게 하여야 한다.

16. 접속함 선정 시 고려 사항으로 틀린 것은?
① 옥외에서 사용할 경우 녹과 방수성 등에 주의가 필요하다.
② 녹슬 가능성이 있는 경우에는 철제의 것을 선정하여야 한다.
③ 시스템의 발전 출력과 발주처의 시방서를 참조하여 선정하여야 한다.
④ 가공 후의 도장처리를 충분히 할 필요가 있다.

[해설] 접속함 선정 시 고려 사항[2-8 참조]
녹슬 가능성이 있는 경우에는 스테인리스제의 채용을 검토할 필요가 있다.

3. 교류 측 기기

17. 태양광발전 시스템의 분전반에 설치되는 구성 요소가 아닌 것은?

정답 12. ③ 13. ④ 14. ④ 15. ④ 16. ② 17. ④

① 전압계　　　② 피뢰소자
③ 차단기　　　④ 인버터

[해설] 교류 측 기기 - 분전반[3-1 참조]
분전반은 인버터의 교류출력을 계통으로 접속할 때 사용하는 차단기를 수납하는 함체이며, 차단기, 피뢰소자, 적산전력계, 전압계 등이 설치된다.

4. 축전지

18. 일반적인 축전지의 구비 조건으로 틀린 것은?

① 충·방전에 의한 화학변화가 비가역적일 것
② 충전에 요하는 전력은 되도록 적을 것
③ 가능한 한 많은 횟수의 충·방전이 가능할 것
④ 효율이 높을 것

[해설] 축전지의 구비 조건[4-1-(2) 참조]
충·방전에 의한 화학변화가 가역(reversible)적일 것
[참고] 비가역적(irreversible) : 화학반응에서 정반응만 가능하고 역반응이 불가능한 것을 의미하며, 환경에서는 회복 불가능한 상태

19. 독립형 태양광발전 시스템에서 가장 많이 사용되는 축전지는?

① 니켈 카드뮴 축전지
② 납축전지
③ 리튬이온 전지
④ 니켈금속 하이브리드

[해설] 축전지의 일반 사항[4-1 참조]

20. 태양광발전 시스템에서 가격이 저렴하여 주로 사용되는 축전지는?

① 납축전지　　　② 망간전지
③ 알칼리축전지　④ 기체전지

[해설] 축전지의 일반 사항[4-1 참조]

21. 납축전지의 공칭용량을 바르게 표시한 것은?

① 방전전류 × 방전시간
② 충전전류 × 충전시간
③ 방전전류 × 방전전압
④ 충전전류 × 충전전압

[해설] 축전지의 공칭용량 표시[4-1-(5) 참조]

22. 용량 30 Ah의 납축전지는 2 A의 전류로 몇 시간 사용할 수 있는가?

① 3시간　　　② 15시간
③ 7시간　　　④ 30시간

[해설] 축전지의 공칭용량 표시[4-1-(5) 참조]
축전지의 정격용량(Ah) = 방전전류(A) × 방전시간(h)
∴ 방전시간 = $\frac{정격용량}{방전전류} = \frac{30}{2} = 15$시간

23. 태양광발전 계통연계 시스템용 축전지의 형식 중 정전 시에 비상용 부하에 전력을 공급하는 형식은?

① 방재 대응형
② peak shift형
③ 야간전력 저장형
④ 일사급변 보상형

[해설] 계통연계 시스템용 축전지[4-2 참조]
[참고] 방재(prevention of disasters) : 재해의 발생을 방지하고 피해를 경감시키고자 하는 것

정답 18. ①　19. ②　20. ①　21. ①　22. ②　23. ①

24. 계통연계 시스템용 축전지의 형식 중 '부하 평준화 대응형' 분류에 해당되지 않는 것은?

① peak shift형
② 일사급변 보상형
③ 야간전력 저장형
④ 방재 대응형

[해설] 부하 평준화 대응형 분류[4-2 표 5-2 참조]

25. 독립형 태양광발전 시스템용 축전지에 대한 설명 중 틀린 것은?

① 주 2~3회 정도, 주기적으로 충·방전을 반복한다.
② 수명은 방전심도와 방전 횟수, 사용 온도 등에 의해 크게 변화한다.
③ 일조량에 따라 충·방전량이 변화하기 때문에 평균적인 방전심도를 산정하여야 한다.
④ 100% 방전심도란, 축전지가 거의 대부분 방전될 때까지 소모시키는 것을 의미한다.

[해설] 독립형 시스템용 축전지의 일반 사항 [4-3-(1) 참조]
축전지는 매일 충·방전을 반복한다.

26. 독립형 태양광발전 시스템에 사용하기 위한 축전지의 특성이 아닌 것은?

① 낮은 유지보수 요건
② 높은 에너지와 전력 밀도
③ 진동 내성
④ 높은 자기방전

[해설] 축전지의 특성 중에서, 자기 방전(self-discharge)이란, 전지에 축전되어 있는 전기량이 유효하게 이용되지 않고 자연적으로 손실되는 현상으로 절대 높아서는 안 된다.

27. 독립형 태양광발전 시스템에서 축전지의 용량을 정할 때 고려해야 될 것으로 틀린 것은?

① 부하의 크기
② kWh당 가격
③ 발전이 불가능한 연속일수
④ 최대일사량 기준 일조시간 수

[해설] 축전지의 용량 결정 시 고려 사항[4-3-(3) 참조]

28. 축전지 과충전 시 발생하는 현상이 아닌 것은?

① 축전지의 부식   ② 가스 발생
③ 전해액 감소   ④ 침전물 발생

[해설] 축전지 과 충전 시 발생 현상
① 전해액의 감소가 빠름
② 축전지 과열, 파손 및 수명 단축
③ 전극의 박리, 절손, 탈락
④ 축전지의 부식 및 가스 발생

5. 낙뢰 대책

29. 직격뢰에 관한 설명 중 틀린 것은?

① 뇌운에서 발전설비 및 선로에 직접 방전이 되는 경우이다.
② 설비 및 선로에 대단히 높은 전압이 나타난다.
③ 정전유도에 의한 것과 전자유도에 의한 것으로 분류된다.
④ 화재, 폭발 따위의 피해가 크다.

[해설] 낙뢰의 구분[5-1-(2) 표 5-4 참조]

[정답] 24. ④ 25. ① 26. ④ 27. ② 28. ④ 29. ③

30. 겨울 뇌에 관한 설명 중 틀린 것은?

① 상승 기류가 발생하기 쉬운 곳에서 생기는 소나기 구름에 의해 일어난다.
② 여름 뇌에 비하여 넓은 범위까지 그 영향이 미친다.
③ 여름 뇌에 비하여 지속 시간도 길다.
④ 기온이 급변할 때에 일어나기 쉽다.

[해설] 여름 뇌와 겨울 뇌의 비교[5-1-(3) 표 5-5 참조]

31. 태양광발전 시스템은 옥외에 설치함에 따라 낙뢰에 대한 대책이 필요하다. 다음 중 틀린 설명은?

① 직격뢰에 대한 대책으로 피뢰침을 설치해야 한다.
② 유도뢰는 정전유도에 의한 것과 전자유도에 의한 것이 있다.
③ 여름 뇌는 하강 기류가 발생하기 쉬운 곳에서 발생한다.
④ 겨울 뇌는 겨울에 기온이 급변할 때 발생하기 쉽다.

[해설] 낙뢰에 대한 대책[5-1-(2), (3) 참조]
여름 뇌는 대기가 불안정하면 상승 기류가 발생하기 쉬운 곳에서 생기는 소나기 구름에 의해 일어난다.

32. 다음 중 낙뢰의 침입 경로에 관한 내용 중 가장 거리가 먼 것은?

① 어레이에서의 침입
② 배전선에서의 침입
③ 접지선에서의 침입
④ 수용가에서의 침입

[해설] 낙뢰의 침입 경로[5-2-(4) 참조]
[참고] 접지선으로 침입 : 주변 낙뢰에 따라 대지전위가 상승하고 상대적으로 전원 측 전위가 낮아져 접지선에서 역으로 전원 측으로 향해 흐르는 경우가 발생한다.

33. 태양광발전 시스템에 적용하는 피뢰 방식으로 틀린 것은?

① 돌침 방식
② 수평도체 방식
③ 케이지 방식
④ 등전위본딩 방식

[해설] 피뢰 방식[5-3 표 5-6 참조]
[참고] 케이지(cage) 방식 : 보호대상물 주위를 적당한 간격의 망상도체(1.5~2 m)로 감싸는 방식

34. 뇌 서지의 피해로부터 PV 시스템을 보호하기 위한 대책이 아닌 것은?

① 피뢰소자를 어레이 주회로 내부에 분산시켜 설치하고 접속함에 설치한다.
② 저압 배전반에서 침입하는 뇌 서지에 대해서는 분전반에 피뢰소자를 설치한다.
③ 뇌우 다발 지역에서는 교류전원 측으로 내뢰 트랜스를 설치한다.
④ 접속함에 비상전원용 축전지를 설치한다.

[해설] 시스템 보호 대책[5-3-(2) 참조]

35. 낙뢰에 의한 충격성 과전압에 대하여 전기설비의 단자전압을 규정치 이내로 저감시켜 정전을 일으키지 않고 원 상태로 회귀하는 장치는?

① 역류방지 다이오드
② 내뢰 트랜스
③ 어레스트
④ 바이패스 다이오드

[해설] 피뢰 대책용 소자[5-4-(1) 참조]

정답 30. ① 31. ③ 32. ④ 33. ④ 34. ④ 35. ③

36. 태양광발전 시스템에 사용하는 피뢰소자 중 전선로에 침입하는 이상 전압의 높이를 완화하고 파고치를 저하시키는 장치는?
① 역류방지소자
② 서지 옵서버
③ 내뢰 트랜스
④ 전압 조정장치

[해설] 피뢰 대책용 소자 – 서지 옵서버(SA ; Surge Absorber)[5-4-(2) 참조]

37. 서지 옵서버(SA)가 갖추어야 할 사항 중 틀린 것은?
① 제한전압이나 방전개시전압이 낮지 않아야 한다.
② 방전응답속도가 빨라야 한다.
③ 누설전류나 속류가 커야 한다.
④ 소형 경화도 요구된다.

[해설] 피뢰대책용 소자[5-4-(2) 참조]
누설전류나 속류가 없어야 한다.

[참고] 속류(follow current) : 방전 현상이 끝난 후에 전력 계통에서 공급되어 계속 피뢰소자에 흐르는 전류

38. 내뢰 트랜스(trance)에 관한 설명 중 틀린 것은?
① 침입 서지에 2차 측은 모두 절연 상태가 되고, 서지로 전환되지 않도록 하는 변압기로 서지를 절연하여 장비를 보호한다.
② 1차, 2차 측의 접지를 함께 접지하는 것이 중요하다.
③ 1차, 2차 측 간에 있는 실드판 수가 많을수록 좋다.
④ 어레스터에 비해 외형이 크고, 상당히 고가이다.

[해설] 피뢰 대책용 소자[5-4-(3) 참조]
내뢰 트랜스 적용 시에는 1차 측과 2차 측의 접지를 따로 접지하는 것이 중요하다.

39. 피뢰 시스템의 구성 중 내부 피뢰 시스템으로 옳은 것은?
① 수뢰부 시스템   ② 접지극 시스템
③ 피뢰등전위본딩   ④ 인하도선 시스템

[해설] 내부 피뢰 시스템[5-5 참조]
피뢰등전위본딩(lightning equipotential bonding) : 뇌격전류에 의한 전위차를 감소시키기 위해 직접적인 도전 접속 또는 서지 보호장치를 통해 분리된 금속의 피뢰 시스템에 전기적으로 접속시키는 것

제6장 태양광발전 시스템 시공

1. 시스템의 시공 준비

1-1 시스템의 시공 절차

(1) 설치공사 절차(전기안전 기술지침에 따른)

① 표준적인 설치공사 절차의 대략적인 구분은 다음과 같다.

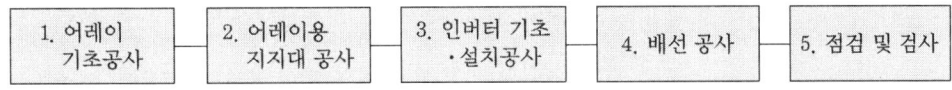

② 다음 그림 6-1은 설치공사 절차를 나타낸 것이다.

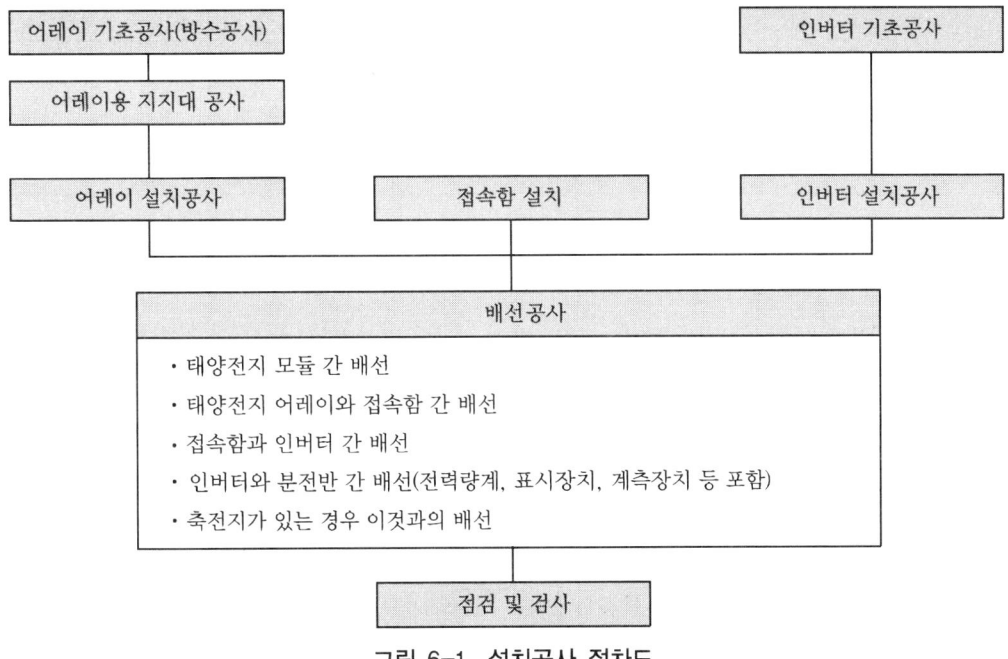

그림 6-1 설치공사 절차도

③ 철제 지지대, 금속제 외함이나 금속배관 등은 누전에 의한 사고 방지를 위해 접지공사가 필요하다.
④ 인버터를 기계실 등의 실내에 설치하는 경우에는 그 기초 및 취부 기초 지지대는 실내 규격으로 할 수 있다.
⑤ 공사에 있어서는 관련 법규나 규정에 따라서 충분한 안전대책을 강구하는 것이 필요하며, 특히 감전 방지에 주의해야 한다.

(2) 태양광발전 시스템을 평지에 설치하는 경우 시공 절차

표 6-1 시공 절차에 따른 세부 내용

구 분	세부 내용
1. 토목공사	• 지반공사 및 구조물 공사 • 접지공사
2. 반입 자재검사	• 책임감리원의 승인된 자재 반입검사 • 필요 시 공장 검사 실시
3. 기기 설치공사	• 어레이 설치공사 • 접속함 설치공사 • 파워컨디셔너 설치공사 • 분전반 설치공사
4. 전기배관 및 배선공사	• 태양전지 모듈 간 배선공사 • 어레이와 접속함의 배선공사 • 접속함과 인버터(파워컨디셔너) 간 배선공사 • 인버터(파워컨디셔너)와 분전반 간 배선
5. 점검 및 검사	• 어레이 검사 • 어레이의 출력 확인 • 절연저항 측정 • 접지저항 측정

(3) 태양광발전 시스템 전기공사 절차

① 태양광발전설비의 전기공사는 태양전지 모듈의 설치와 동시에 진행된다.
② 태양전지 모듈 간의 배선은 물론 접속함이나 인버터 등과 같은 설비와 이들 기기 상호 간을 순차적으로 접속한다.
③ 반입자재 도착 전 설계도면에 근거하여 기초 및 지지물 작업을 완료하여야 한다.
④ 기초 및 지지물 작업 완료 시점에 맞추어 반입 자재검수(공장검수 실시, 기자재 포함)에 합격된 자재를 중심으로 설치, 시공하여야 한다.
⑤ 설치 시 태양전지 어레이와 각 Panel 간 접속공사 시행 시 상세도를 통해 타 공정 간섭 사항 해소와 기존 시설물 변경 필요 시 절차에 따라 진행하여야 한다.

⑥ 마지막 단계로 각종 설치 기자재 검사 및 절연과 접지저항 측정을 한다.
⑦ 전기공사 체크리스트 활용
  ㈎ 태양전지 모듈의 배열 및 결선 방법은 모듈의 출력전압이나 설치 장소 등에 따라 다르기 때문에 체크리스트를 이용해 배열 및 결선 방법 등에 대해 시공 전과 시공 완료 후에 각각 확인해야 한다.
  ㈏ 모듈 No별 체크리스트 항목은 다음 표 6-2와 같다.

표 6-2 체크리스트 항목

모듈 No	개방전압[V]	단락전류[A]	지락 확인	인버터 입력전압[V]	인버터 출력전압[V]
1	[V]	[A]		[V]	[V]
2	[V]	[A]		[V]	[V]
이하 생략					

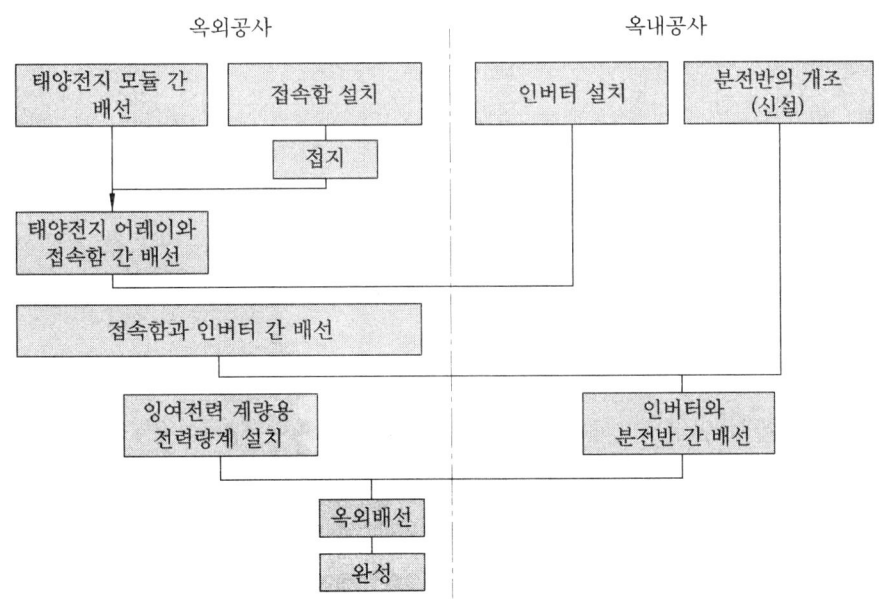

그림 6-2 태양광발전 시스템 전기공사 절차도

1-2 시스템 관련 기기 반입검사

(1) 반입검사의 필요성

반입검사 생략 시 시공사와 기자재 제조업체의 경제적 이득 및 제조 과정에서 발생하는 불량을 사전 체크하지 못해 태양광발전 시스템 전체가 부실공사로 이어질 수 있다.

(2) 반입검사 내용

① 책임감리원이 검토 승인된 기자재(공급원승인제품)에 한해서 현장 반입한다.
② 공장 검수 시 합격된 자재에 한해 현장 반입한다.
③ 현장 자재 반입검사는 공급원승인제품, 품질적합내용, 내역물량수량, 반입 시 손상 여부 등에 대해 전수검사를 시행한다.
④ 부속자재, 잡자재 등, 동일 자재의 수량이 많을 경우 샘플 검수시행을 검토할 수도 있다.

(3) 반입검사 항목

① 감리원의 승인된 주요 기자재
　㈎ 태양전지 모듈　㈏ 인버터(파워컨디셔너)　㈐ 분전반
　㈑ 축전지반　㈒ 자동제어시스템(PC일체)　㈓ 배관자재, 케이블
② 일반 자재 : 부속품의 상태 및 도금 상태

(4) 자재 반입 시 주의 사항

① 주요 기자재 자재 반입에 필요한 장비 검토 및 사전 확보가 이루어져야 한다.
② 주요 기자재 및 공사용 자재 반입 시 크레인을 사용하는 경우 크레인의 붐대(boom pole) 선단이 배전선로에 근접할 경우 보호관 설치 등 대책 강구를 하여야 한다.
③ 관할 한국전력공사와 사전 협의하여 절연전선 또는 전력케이블에 보호관을 씌우는 등 사전 조치를 통해 반입시간 지연 등 불필요한 시간 지연 해소가 필요하다.

1-3 태양광발전설비의 안전작업 및 안전대책

(1) 안전에 관한 일반 사항

① 태양광발전설비의 시설 및 설치공사는 기본적으로 전기공사업 등록을 필한 전문 기업에 의해 감전, 화재, 그밖에 사람에게 위해를 주거나 물건에 손상을 줄 우려가 없도록 시설되어야 한다.
② 태양광과 관련된 전기설비는 사용 목적에 적절하고 안전하게 작동하고 그 손상으로 인하여 전기 공급에 지장을 주지 않아야 한다.
③ 다른 전기설비, 그 밖의 물건의 기능에 전기적 또는 자기적인 장해를 주지 않도록 시설해야 한다.

(2) 복장 및 추락 방지

① 작업자는 자신의 안전 확보와 2차 재해 방지를 위해 작업에 적합한 복장 및 개인용 안전장구를 착용하고 작업에 임해야 한다.

② 개인용 안전장구는 다음과 같다.
　㈎ 안전모 : 비래하는 물건, 낙하하는 물건에 의한 위험성을 방지

> **참고** 비래(flying) : 날아오는 물건, 떨어지는 물건 등이 주체가 되어서 사람에 부딪쳤을 경우를 말한다.

　㈏ 안전대 : 추락 방지를 위해 필히 사용할 것
　㈐ 안전화 : 미끄럼 방지의 효과가 있는 신발
　㈑ 안전허리띠 : 공구, 공사부재의 낙하 방지를 위해 사용

(3) 작업 중 감전 방지 대책
① 태양전지 모듈 1장의 출력전압은 모듈 종류에 따라 직류 25~35 V 정도이지만 모듈을 필요한 개수만큼 직렬로 접속하면 말단전압은 250~450 V 또는 450~820 V의 고전압이 되므로 감전에 유의하여야 한다.
② 모듈 설치 시 감전 방지 대책
　㈎ 작업 전 태양전지 모듈 표면에 차광막을 씌워 태양광을 차폐한다.
　㈏ 저압 절연장갑을 착용한다.
　㈐ 절연 처리된 공구를 사용한다.
　㈑ 강우 시에는 감전사고뿐만 아니라 미끄러짐으로 인한 추락사고로 이어질 우려가 있으므로 작업을 금지한다.

2. 시스템의 구조물 시공

2-1 시스템의 구조물 시공기준

(1) 태양전지판
① 모듈(module)
　㈎ 모듈은 신·재생에너지센터에서 인증한 것을 사용해야 한다.
　㈏ 건물일체형 태양광 시스템의 경우 인증 모델과 유사한 형태(태양전지 모듈의 종류와 크기가 동일한 형태)의 모듈을 사용할 수 있다.
　㈐ 이 경우 용량이 다른 모듈에 대해 출력시험이 포함된 시험성적서를 통해 확인해야 한다.
② 설치 용량
　㈎ 사업계획서상에 제시된 모듈 설계용량의 103%를 초과하지 말아야 한다.

㈏ 일반 주택 계통연계형의 경우는 상계 거래가 가능한 범위 내의 용량으로서 주택용 태양광발전 설치 용량 기준에 따라 설치해야 한다.

③ 방위각 : 그림자의 영향을 받지 않는 곳에 정남향 설치를 원칙으로 하되, 건축물의 디자인 등에 부합되도록 현장 여건에 따라 설치할 수 있다.

④ 경사각 : 현장 여건에 따라 조정하여 설치할 수 있다.

⑤ 일조시간

㈎ 장애물로 인한 음영에도 불구하고 일조시간은 1일 5시간[춘분(3~5월)・추분(9~11월) 기준] 이상이어야 한다. 단, 전깃줄, 피뢰침, 안테나 등 경미한 음영은 장애물로 보지 아니한다.

㈏ 태양광 모듈 설치열이 2열 이상일 경우 앞열은 뒷열에 음영이 지지 않도록 설치하여야 한다.

⑥ 높이 : 강우 시 모듈 표면으로 흙탕물이 튀는 것을 방지하기 위해 지면으로부터 0.6 m 이상의 높이에 설치한다.

⑦ 음영 : 주변에 일사량을 저해하는 장해물이 없어야 하며 모듈 전면의 음영이 최소화되어야 한다.

(2) 지지대 및 부속 자재

① 설치 상태

㈎ 바람, 적설하중 및 구조하중에 견딜 수 있도록 설치하여야 한다.

㈏ 건축물의 방수 등에 문제가 없도록 설치하여야 하며 볼트 조립은 헐거움이 없이 단단히 조립하여야 한다.

㈐ 단, 모듈지지대의 고정 볼트는 스프링 와셔 또는 풀림방지너트 등으로 체결한다.

② 지지대, 연결부, 기초(용접 부위 포함)

㈎ 태양전지판 지지대 제작 시 형강류 및 기초지지대에 포함된 철판 부위는 용융아연도금 처리 또는 동등 이상(방식능력)의 녹 방지 처리를 하여야 한다.

㈏ 절단 가공 및 용접 부위는 방식 처리를 하여야 한다.

③ 체결용 볼트, 너트, 와셔(볼트캡 포함)

㈎ 용융 아연 도금 처리 또는 동등 이상(방식 능력)의 녹 방지 처리를 하여야 한다.

㈏ 기초 콘크리트 앵커볼트 부분은 볼트캡을 착용하여야 한다.

그림 6-3 방식 처리된 기초지지대의 용접 부위

㈐ 체결 부위는 볼트 규격에 맞는 너트 및 스프링 와셔를 삽입, 체결하여야 한다.

 용융 아연 도금(hot dip galvanizing) : 450℃ 정도로 용융시킨 아연 속에 재료를 담가 표면에 아연층을 형성시키는 것

2-2 발전 형태별 구조물 시공

(1) 가대 및 지지대 설치공사

① 어레이용 가대 및 지지대 설치 시 고려 사항

㈎ 태양광 어레이용 지지대 및 가대의 설치 순서, 양중 방법 등의 설치계획을 결정한다.

㈏ 태양광 어레이용 가대(가로대, 세로대), 모듈 고정용 가대 및 케이블 트레이용 찬넬 순으로 조립한다.

㈐ 구조물의 자재는 H 및 AL Bar 등으로 구성되어 있으며 강제류는 공장에서 용융 아연도금을 시행한 후 현장에서 조립함을 원칙으로 한다.

㈑ 태양전지 모듈의 지지물은 자중, 적재하중 및 구조하중은 물론 풍압, 적설 및 지진 기타의 진동과 충격에 견딜 수 있는 안전한 구조의 것이어야 한다.

㈒ 모든 볼트는 와셔 등을 사용하여 헐겁지 않도록 단단히 조립되어야 하며 특히 지붕 설치형의 경우에는 건물의 방수 등에 문제가 없도록 설치해야 한다.

㈓ 체결용 볼트, 너트, 와셔(볼트캡 포함)는 아연도금 처리 또는 동등 이상의 녹 방지 처리를 해야 하며 기초 콘크리트 앵커볼트의 돌출 부분에는 반드시 볼트 캡을 착용해야 한다.

㈔ 태양전지 모듈의 유지 보수를 위한 공간과 작업 안전을 위한 발판 및 안전 난간을 설치해야 한다. 단 안전성이 확보된 설비인 경우에는 예외로 한다.

(2) 태양전지 어레이 설치

① 준비 및 주의 사항

㈎ 태양광 어레이 기초면 확인용 수평기, 수평줄, 수직추를 확보한다.

㈏ 지지대 및 가대(강재) 운반용 크레인 및 유자격 크레인공을 확인한다.

㈐ 태양광 어레이 지지대, 고정용 앵커볼트, 설계도 등을 준비한다.

㈑ 가대 및 지지대는 현장 용접을 절대 피한다.

㈒ 지지대 기초 앵커볼트의 유지 및 매립은 강제프레임 등에 의하여 고정하는 방식으로 하고 콘크리트 타설 시 이동, 변형이 발생하지 않도록 한다.

㈓ 지지대 기초 앵커볼트의 조임은 바로 세우기 완료 후 앵커볼트의 장력이 균일하게 되도록 한다.

(사) 너트의 풀림방지는 이중너트를 사용하고 스프링 와셔를 체결한다.

② 태양전지 어레이 시공 시 방위각과 경사각의 고려 사항

표 6-3 방위각과 경사각

구 분	개 념	시공 시 고려 사항
방위각	• 어레이가 정남향과 이루는 각 • 정남향이 최적 효율	• 발전 시간 내 음영이 생기지 않도록 배치할 것 • 최소의 설치 면적
경사각	• 어레이가 지면과 이루는 각 • 고정식은 그 지방의 위도	• 발전 전력량이 연간 최대가 되도록 배치 • 적설을 고려하여 결정 • 경사각에 따른 이격거리 확보

(3) 태양전지 어레이용 가대의 재질 및 형태

① 염해, 공해 등을 고려, 부식이 발생하지 않아야 한다.
② 최소 20년 이상의 내구성을 가져야 한다.
③ 어레이의 자체 하중에 풍압하중을 더한 하중에 견딜 수 있어야 한다.
④ 어레이를 단단히 고정할 수 있어야 한다.
⑤ 절삭 등 가공이 쉽고 가벼워야 한다.
⑥ 수급이 용이하고 경제적이어야 한다.
⑦ 불필요한 가공을 피할 수 있도록 규격화되어 있어야 한다.
⑧ 부재의 접합은 볼트 접합, 용접 접합 및 이들과 동등 이상의 품질을 확보할 수 있는 방법을 사용한다.

(4) 가대의 종류

① 재질에 따른 분류
 (가) 재질에 따라 강제+도장, 강제+용융 아연 도금, 스테인리스(SUS), 알루미늄 합금제로 나뉜다.
 (나) 경제성 등을 고려하여 강제+용융 아연 도금을 가장 많이 사용한다.
② 어레이 설치 방식에 따른 분류 : 고정식, 경사 가변식, 추적식
③ 설치 장소에 따른 분류 : 평지, 경사지, 평지붕, 경사지붕, 건물외벽 등

(5) 앵커의 종류

① 선 설치앵커(cast-in-place anchor) : 콘크리트 타설 시에 설치되는 앵커로 헤드볼트 앵커, 헤드 스터드 앵커, 갈고리볼트 앵커 등이 있다.
② 후 설치앵커(post-installed anchor) : 기존 콘크리트에 설치되는 앵커로 슬리브 확장 앵커, 언더컷 앵커, 쇄기확장 앵커, 변위제어 확장 앵커 등이 있다.

(6) 태양광발전 시스템의 구조물의 상정하중 계산 시 고려 사항
① 고정하중(dead load) : 어레이, 프레임, 서포트 등, 구조체 자체의 중량과 이것의 마무리재의 중량 및 상시 구조물 위에 고정되어 사용되는 하중을 합계한 것이다.
② 풍하중(wind load) : 어레이, 프레임, 서포트 등, 구조물에 바람이 부딪힐 때 바람에 의하여 물체에 발생하는 하중을 말한다.
③ 적설하중(snow load) : 눈이 쌓인 중량이 어레이, 프레임, 서포트 등, 구조물에 외력으로 작용하는 하중을 말한다.
④ 지진하중(seismic load) : 지진이 발생하는 경우 어레이, 프레임, 서포트 등, 구조물에 작용할 것으로 가정되는 하중을 말한다.

2-3 태양전지 모듈(module)의 설치

(1) 태양전지 모듈 운반 시 주의 사항
① 태양전지 모듈의 파손 방지를 위해 충격이 가해지지 않도록 한다.
② 태양전지 모듈의 인력 이동 시 2인 1조로 한다.
③ 접속하지 않은 모듈의 리드선은 빗물 등 이물질이 유입되지 않도록 조치한다.

(2) 태양전지 모듈의 설치 방법
① 가로 깔기 : 모듈의 긴 쪽이 상, 하가 되도록 조치
② 세로 깔기 : 모듈의 긴 쪽이 좌, 우가 되도록 조치

(3) 태양전지 모듈의 설치
① 태양전지 모듈의 직렬매수(스트링)는 직류 사용전압 또는 파워컨디셔너(PCS)의 입력전압 범위에서 선정한다.
② 태양전지 모듈의 설치는 가대의 하단에서 상단으로 순차적으로 조립한다.
③ 태양전지 모듈과 가대의 접합 시 전식 방지를 위해 개스킷(gasket)을 사용하여 조립한다.

> **참고** 개스킷(gasket) : 물이나 가스의 누수를 방지하기 위해 접합부나 부위 부분에 낀 패킹

(4) 주택용 시스템 시공 시 유의할 사항
① 지붕의 강도는 태양전지를 설치했을 때 예상되는 하중에 견딜 수 있는 강도 이상이어야 한다.
② 가대, 지지 기구, 기타 설치 부재는 옥외에서 장시간 사용에 견딜 수 있는 재료를 사용해야 한다.

③ 지붕 구조 부재와 지지 기구의 접합부에는 적절한 방수 처리를 하고 지붕에 필요한 방수 성능을 확보해야 한다.
④ 어레이는 지붕의 누수 등에 문제가 발생하지 않도록 해야 한다.
⑤ 염해, 뇌해에 대한 대책으로 설치 지역에 따라 필요성을 검토하여 적합한 재료, 부재를 선택해야 한다.
⑥ 모듈에서 실내에 이르는 배선은 전기설비기술기준 판단기준에서 정한 성능 및 배선 보호 방법을 만족해야 한다.
⑦ 작업 장소의 지붕 부근에 배전선이 있는 경우, 감전되지 않도록 한국전력공사와 상담하여 필요한 보호대책을 강구해야 한다.
⑧ 지붕 위의 설치 작업 및 전기 공사는 산업안전보호법에서 정한 작업자의 안전을 확보해야 한다.

경사형 지붕에 모듈을 설치할 때 유의할 사항 : 자연 바람을 이용, 태양전지의 온도 상승을 억제하기 위해서 모듈과 지붕면 사이에 공간이 요구된다. 여기서, 간격은 10~15 cm 정도 이격하는 것이 바람직하다.

2-4 인버터의 설치

■ **제품** : 1. 신·재생에너지센터에서 인증한 인증제품을 설치해야 한다.
　　　　 2. 국제공인시험기관(KOLAS), 제품인증기관(KAS) 또는 시험기관 등의 참고시험성적서를 받은 제품을 설치해야 한다.

(1) 인버터 설치에 따른 일반 사항

① 옥내, 옥외용으로 구분하여 설치하여야 한다.
② 옥내용을 옥외에 설치하는 경우에는 5 kW 이상 용량일 경우에만 가능하며 이 경우 빗물의 침투를 방지할 수 있도록 옥내에 준하는 수준(외함 등)으로 설치해야 한다.
③ 설치 장소의 조건
　(개) 통풍이 잘되는 장소로 시원하고 건조한 장소
　(내) 건물의 미관에 영향을 적게 주는 장소
　(대) 결로의 우려가 없는 장소
　(래) 배선, 보수 및 점검이 용이한 장소
　(매) 먼지 또는 유독가스가 발생되지 않는 장소

> **참고** 이외에 고려하여야 할 요소로는 주위 온도, 열 방출 능력, 상대 습도 및 소음 방출 등이 있다.

(2) 정격용량

정격용량은 인버터에 연결된 모듈의 정격용량 이상이어야 하며 각 스트링 단위의 태양전지 모듈의 출력전압은 인버터 입력전압 범위 내에 있어야 한다.

(3) 표시 사항

입력단(모듈출력) 전압, 전류, 전력과 출력단(인버터출력)의 전압, 전류, 전력, 역률, 주파수, 누적발전량, 최대출력량(peak)이 표시되어야 한다.

2-5 접속함 설치공사

(1) 접속함의 시공

① 접속함은 가능한 직사광선 노출이 적은 지점에 설치해야 한다.
② 직사광선을 견딜 수 있는 폴리카보네이트 또는 동등 이상(내열성)의 재질을 사용해야 한다.

(2) 접속함의 시공기준

① 접속함 설치 위치는 어레이 근처가 적합하다.
② 접속함은 풍압 및 설계하중에 견디고 방수, 방부형으로 제작되어야 한다.
③ 태양전지판 결선 시에는 접속함 배선 홀에 맞추어 압착단자를 사용하여 견고하게 전선을 연결해야 하며 접속배선함 연결 부위는 방수형 커넥터를 사용한다.
④ 접속함 내부에는 직류출력 개폐기, 서지보호장치, 역류방지 다이오드, 단자대 등이 설치되므로 구조, 미관, 추후 점검 및 보수 등을 고려하여 설치한다.
⑤ 접속함은 내부 과열을 피할 수 있게 제작되어야 하며 역류방지 다이오드용 방열판은 다이오드에서 발생된 열이 접속 부분으로 전달되지 않도록 충분한 크기로 하거나 별도의 분전반에 설치해야 한다.
⑥ 역류방지 다이오드의 용량은 모듈 단락전류의 2배 이상으로 한다.
⑦ 접속함 입·출력부는 견고하게 고정을 하여 외부 충격에 전선이 움직이지 않도록 한다.
⑧ 태양전지의 각 스트링 단위로 인입된 직류전류를 역전류방지 다이오드 및 브레이커 말단을 병렬로 연결하여 파워컨디셔너 입력단에 직류전원을 공급하는 기능과 모니터링 설비를 위한 각종 센서류의 신호선을 입력받아 태양전지 어레이 계측장치를 설치하는 함체로, 재질은 SUS 304로 제작, 설치하는 것이 바람직하다.

SUS 304
1. 대표적인 오스테나이트계 스테인리스강으로 18-8강으로 불리며, 내약품성, 내열성이 뛰어나기 때문에 처리수조 등에 사용된다.
2. SUS 304는 Ni 8~11%, Cr 18~20%를 함유한 강이다.

(3) 접속함의 설치공사 시 확인 사항

① 설치 장소가 설계도면과 일치하는지를 확인한다.
② 유지관리의 편리성을 고려한 설치 방법인지를 확인한다.
③ 접속함의 사양과 실제 설치한 접속함이 일치하는지를 확인한다.

3. 시스템의 배관 및 배선공사

- 태양광발전에 관계되는 전기공사는 직류 배선공사인 동시에 직렬, 병렬로 결선하는 경우가 많아 극성에 특히 주의를 요한다.
- 시공에 있어서는 전기설비기술기준, 판단기준 및 신·재생에너지설비의 지원 등에 관한 기준 등을 비롯한 관계 법령에 따라 시공해야 한다.

3-1 케이블 선정 및 접속

(1) 태양전지에서 옥내에 이르는 배선에 쓰이는 전선

① 모듈 전용선은 구입이 쉽고 작업성이 편리하며 장기간 사용해도 문제가 없는 XLPE 케이블이나 이와 동등 이상의 제품 또는 직류용 전선을 사용한다.
② 옥외에는 자외선(ultraviolet ; UV)에 견딜 수 있는 UV 케이블을 사용한다.
③ 병렬접속 시에는 회로의 단락전류에 견딜 수 있는 굵기의 케이블을 선정한다.
④ 전선이 지면에 접촉되어 배선되는 경우에는 피복이 손상되지 않도록 별도의 조치를 취해야 한다.

그림 6-4 저압 XLPE 케이블의 구조   그림 6-5 태양광 직류용 전선(2중절연) 예

XLPE(cross-linked polyethylene) 케이블
1. 폴리에틸렌(polyethylene ; PE)을 가교시켜 폴리에틸렌의 결정인 열연화성을 대폭 개선한 것으로 국내 절연케이블의 대부분을 이루고 있다.
2. 절연내력 및 체적저항이 높고 유전손실률과 유전율이 낮다.
3. 상시 연속적이고 허용 온도가 90도(섭씨)로 송전용량이 크다.
4. 건식 타입이며, 절연유를 사용하지 않기 때문에 환경오염이 없다.

그림 6-6 직류용 전선 단면

(2) 기계기구의 구조상 그 내부에 안전하게 시설할 수 있을 경우를 제외하면 모든 전선은 다음과 같이 시설해야 한다.
   ① 공칭단면적 $2.5\,mm^2$ 이상의 연동선 또는 이와 동등 이상의 세기 및 굵기의 것이어야 한다.
   ② 옥내, 옥측 또는 옥외에 시설할 경우에는 전기설비기술기준의 규정에 따라 다음 배관공사로 시설해야 한다.
      ㈎ 합성수지관공사
      ㈏ 금속관공사
      ㈐ 가요전선관공사
      ㈑ 케이블공사

(3) **태양전지 모듈 및 개폐기 그 밖의 기구에 전선을 접속하는 경우**
   ① 나사 조임 그밖에 이와 동등 이상의 효력이 있는 방법에 의하여 견고하고, 전기적으로 완전하게 접속함과 동시에 접속점에 장력이 가해지지 않도록 해야 한다[판단기준 54].
   ② 모선의 접속 부분은 조임의 경우 지정된 재료, 부품을 정확히 사용하고 다음에 유의하여 접속한다.
      ㈎ 볼트의 크기에 맞는 토크렌치를 사용하여 규정된 힘으로 조여 준다.
      ㈏ 조임은 너트를 돌려서 조여 준다.
      ㈐ 2개 이상의 볼트를 사용하는 경우 한쪽만 심하게 조이지 않도록 주의한다.
      ㈑ 토크렌치의 힘이 부족할 경우 또는 조임작업을 하지 않은 경우에는 사고가 일어날 위험이 있으므로, 토크렌치에 의해 규정된 힘이 가해졌는지 확인할 필요가 있다.

표 6-4 모선 볼트의 크기에 따른 힘 적용

볼트의 크기	M6	M8	M10	M12	M16
힘(kg/cm²)	50	120	240	400	850

(4) 케이블의 단말 처리

① 전선의 피복을 벗겨 내어 전선을 상호 접속하는 경우 접속부의 절연물과 동등 이상의 절연 효과가 있는 재료로 접속해야 한다.

② XLPE 케이블의 XLPE 절연체는 내후성이 약하므로, 비닐시스가 벗겨져 절연체가 노출된 채로 장기간 사용하면 절연체에 균열이 생겨 절연 불량을 야기하는 원인이 된다.

③ 이것을 방지하기 위해 자기융착테이프 및 보호테이프를 절연체에 감아 내후성을 향상시켜야 한다.

  ㈎ 자기융착절연테이프
   ㉠ 자기융착절연테이프는 시공 시 테이프 폭이 3/4으로부터 2/3 정도로 중첩해 감아 놓으면 시간이 지남에 따라 융착하여 일체화된다.
   ㉡ 자기융착테이프에는 부틸고무제와 폴리에틸렌 + 부틸고무가 합성된 제품이 있지만 저압의 경우 부틸고무제는 일반적으로 사용하지 않는다.
   ㉢ 가교폴리에틸렌 절연비닐시스 케이블 단말 처리를 위해 사용하는 절연테이프로 적합하다.

  ㈏ 보호테이프 : 자기융착테이프의 열화를 방지하기 위해 자기융착테이프 위에 다시 한 번 감아 주는 보호테이프가 있다.

  ㈐ 비닐절연테이프 : 비닐절연테이프는 장기간 사용하면 점착력이 떨어질 가능성이 있기 때문에 태양광발전설비처럼 장기간 사용하는 설비에는 적합하지 않다.

④ 케이블 단말 처리 후 케이블 종단에 반드시 극성 표시를 반드시 해야 한다.

3-2 커넥터(접속 배선함)

(1) 태양전지 모듈의 프레임은 냉각 압연강판 또는 알루미늄 재질을 사용하여 밀봉 처리되어 빗물 침입을 방지하는 구조이어야 하며 부착할 경우에는 흔들림이 없도록 고정되어야 한다.

(2) 태양전지 모듈 결선 시에 접속 배선함 구멍에 맞추어 압착단자를 사용하여 견고하게 전선을 연결해야 하며 접속배선함 연결 부위는 방수용 커넥터를 사용한다.

3-3 태양전지 모듈의 배선

(1) 태양전지 모듈을 포함한 모든 충전 부분은 노출되지 않도록 시설해야 한다(판단기준 제54조).
(2) 태양전지 모듈 배선은 바람에 흔들리지 않도록 스테이플, 스트랩 또는 행거나 이와 유사한 부속품으로 130 cm 이내 간격으로 견고하게 고정하여 가장 늘어진 부분이 모듈 면으로부터 30 cm 내에 들도록 하여야 한다.
(3) 태양전지 모듈의 출력 배선은 군별·극성별로 확인할 수 있도록 표시해야 한다.
(4) 어레이가 추적형인 경우, 가동형 부분에 사용하는 배선은 가혹한 용도의 옥외용 가요전선이나 케이블을 사용해야 하며, 수분과 태양의 자외선으로 인해 열화되지 않는 소재로 제작된 것이어야 한다.

(5) 태양전지 모듈 간 직·병렬 배선
 ① 태양전지 어레이의 각 직렬군은 동일한 단락전류를 가진 모듈로 구성해야 하며 1대의 인버터에 연결된 태양전지 셀 직렬군(스트링)이 2병렬 이상일 경우에는 각 직렬군의 출력전압이 동일하게 형성되도록 배열해야 한다.
 ② 태양전지 모듈 간의 배선은 단락전류에 충분히 견딜 수 있도록 $2.5\,mm^2$ 이상의 연동선을 사용해야 한다.
 ③ 케이블이나 전선은 모듈 이면에 설치된 전선관에 설치되거나 가지런히 배열 및 고정되어야 하며, 이들의 최소 굴곡반경은 각 지름의 6배 이상이 되도록 한다.
 ④ 배선 접속부는 빗물 등이 유입되지 않도록 용융접착테이프와 보호테이프로 감는다.

그림 6-7 양호한 전선 처리(예)

3-4 태양전지 모듈과 인버터 간 배선

(1) 태양전지 모듈의 이면으로부터 접속용 케이블이 2가닥씩 나오기 때문에 반드시 극성을 확인한 후 결선한다.

① 극성 표시는 단자함 내부에 표시한 것, 리드선의 케이블 커넥터에 극성을 표시한 것이 있다.

② 제작사에 따라 표시 방법이 다를 수는 있지만 어느 것이나 양극(+ 또는 P), 음극(- 또는 N)으로 구성되어 있다.

그림 6-8 전선관에 의한 적절한 보호

(2) 케이블은 건물 마감이나 런닝보드의 표면에 가깝게 시공해야 하며, 필요할 경우 전선관을 이용하여 물리적 손상으로부터 보호해야 한다.

(3) 태양전지 모듈은 스트링 필요매수를 직렬로 결선하고, 어레이 지지대 위에 조립한다.

① 케이블을 각 스트링으로부터 접속함까지 배선하여 그림 6-9와 같이 접속함 내에서 병렬로 결선한다.

② 이 경우 케이블에 스트링 번호를 기입해 두면 차후의 점검에 편리하다.

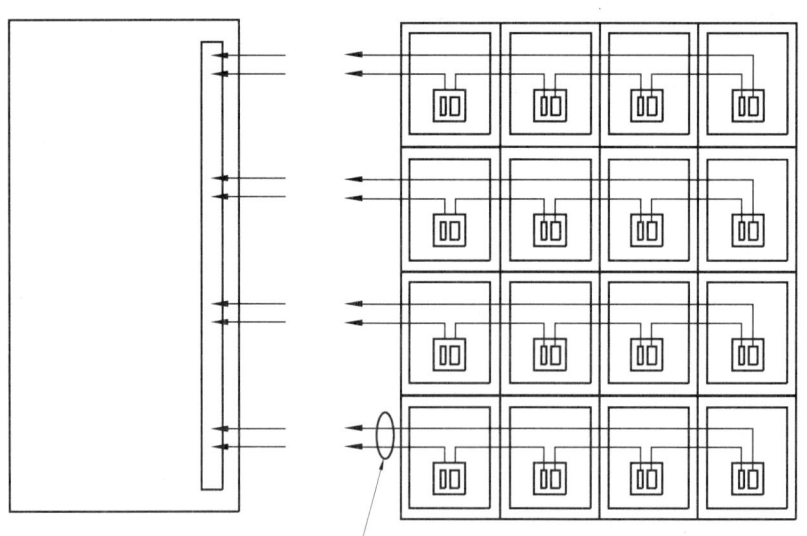

직렬로 조립하는 케이블 선단에 케이블 번호를 표시해 두면 중계단자에 접속할 때 잘못 결선하는 오류를 막을 수 있다.

그림 6-9 어레이 배선 시공도

③ 태양전지 모듈은 파워컨디셔너 입력전압 범위 내에서 스트링 필요매수를 직렬결선하고 어레이 지지대 위에 조립한다.

(4) 옥상 또는 지붕 위에 설치한 태양전지 어레이로부터 접속함으로 배선할 경우 처마 밑 배선을 실시한다. 이 경우 그림 6-10과 같이 물의 침입을 방지하기 위한 차수 처리를 반드시 해야 한다. 엔트런스캡(entrance cap)을 이용한 시공(예)를 그림 6-11에 나타낸다.

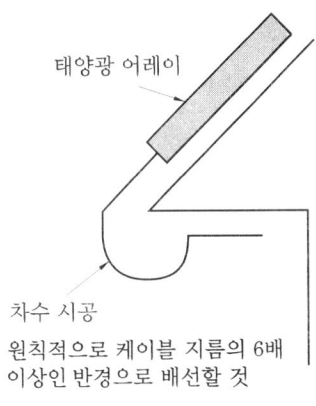

그림 6-10 케이블 차수

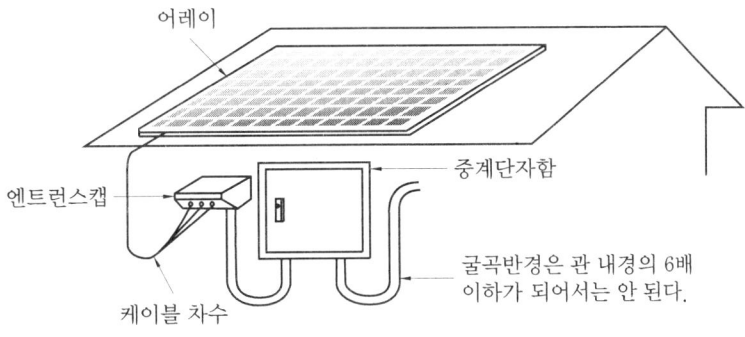

그림 6-11 엔트런스캡에 의한 차수

(5) 접속함은 일반적으로 어레이 근처에 설치한다. 그러나 건물의 구조나 미관상 설치 장소가 제한될 수 있으며, 이때에는 점검이나 부품을 교환하는 경우 등을 고려하여 설치해야 한다.
(6) 태양광발전 시스템의 직류전원과 교류전원은 격벽에 분리되거나 함께 접속되어 있지 않을 경우 동일한 전선관, 케이블트레이, 접속함 내에 시설하지 않아야 한다.
(7) 접속함으로부터 인버터까지의 배선은 전압강하율을 2% 이하로 상정한다.
(8) 태양전지 어레이를 지상에 설치하는 경우에는 지중배선을 할 수 있다. 이때의 시공 방법을 그림 6-12부터 그림 6-14까지 나타내었다.
(9) 지중배선 또는 지중배관인 경우, 중량물의 압력을 받을 우려가 없도록 하고 그 길이가 30 m를 초과하는 경우는 중간 개소에 지중함을 설치할 수 있다.

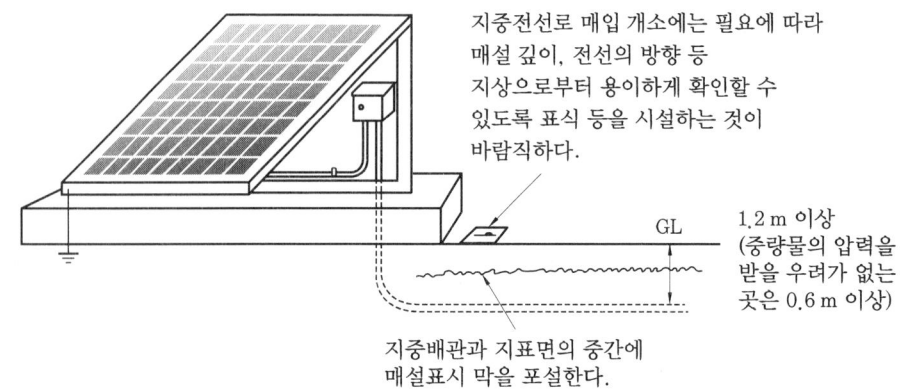

그림 6-12 지중배선의 시설

(10) 지중매설관은 배선용 탄소강관, 내충격성 경질염화비닐관을 사용한다. 단, 공사상 부득이하여 후강전선관에 방수·방습 처리를 시행한 경우는 이에 한정되지 않는다.

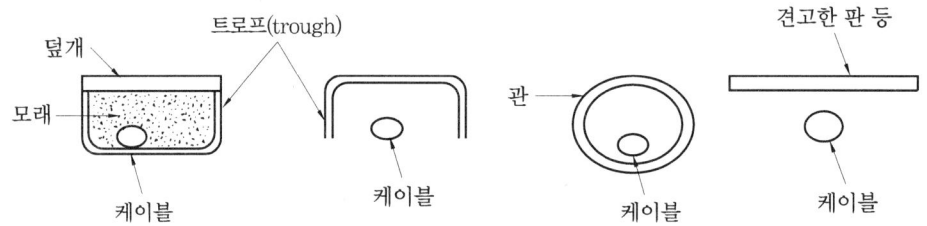

그림 6-13 매설케이블의 보호 방법

 트로프(trough)
1. 케이블을 방호하는 콘크리트제에서 뚜껑 붙은 홈을 말한다.
2. 수용하는 케이블의 양에 따라서 여러 종의 폭의 있다.
3. 지표식, 지중식, 교상식(橋上式)이 있지만 뚜껑이 지표면에 위치하는 지표식이 대부분이다.

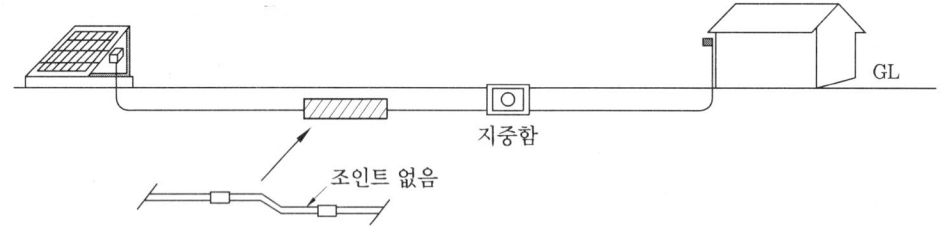

그림 6-14 지반침하 등으로부터의 배선 보호 방법

(11) 총 길이가 30 m를 초과하는 경우는 30 m마다 지중함을 시설하는 것이 바람직하다.
(12) 지반침하 등이 발생해도 배관이 도중에 손상, 절단되지 않도록 배관 도중에 조인트가 없는 시공을 하고, 또한 지중함 내에는 케이블 길이에 여유를 두어야 한다.

3-5 인버터와 배전반 간 배선

(1) 전기 배선 방식

인버터 출력의 전기 방식으로는 단상2선식, 3상3선식 등이 있고 교류 측의 중성선을 구별하여 결선한다.

(2) 시공 기준

단상3선식의 계통에 단상2선식 220 V를 접속하는 경우는 전기설비기술기준의 판단기준에 따르고 다음과 같이 시설한다.
① 부하 불평형에 의해 중성선에 최대전류가 발생할 우려가 있을 경우에는 수전점에 3극 과전류 차단소자를 갖는 차단기를 설치한다.
② 수전점 차단기를 개방한 경우 등, 부하 불평형으로 인한 과전압이 발생할 경우 인버터가 정지되어야 한다.
③ 또한 누전에 의해 동작하는 누전차단기와 낙뢰 등의 이상전압에 의해 동작하는 서지보호장치(SPD) 등을 설치하는 것이 바람직하다.

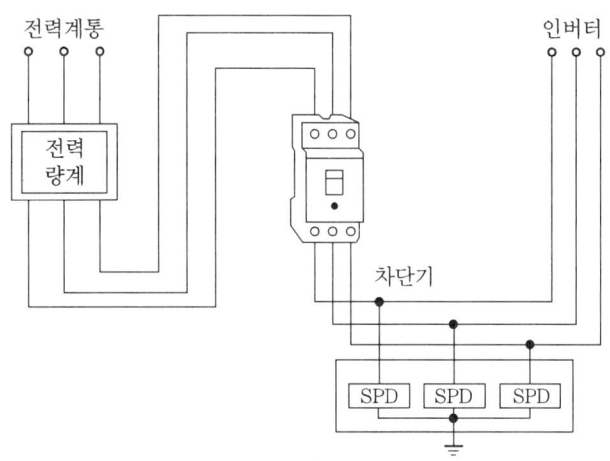

그림 6-15 분전반의 서지보호장치 설치(예)

3-6 전압강하

(1) 태양전지 모듈에서 인버터 입력단간 및 인버터 출력단과 계통연계점 간의 전압강하는 각 3%를 초과하지 말아야 한다.
(2) 단, 전선의 길이가 60 m를 초과하는 경우에는 표 6-5에 따라 시공할 수 있다.

표 6-5 전선 길이에 따른 전압강하 허용값

전선 길이	전압강하
120 m 이하	5%
200 m 이하	6%
200 m 초과	7%

표 6-6 전압강하 및 전선 단면적 계산식

회로의 전기 방식	전압강하	전선의 단면적
직류 2선식 교류 2선식	$e = \dfrac{35.6 \times L \times I}{1,000 \times A}$	$A = \dfrac{35.6 \times L \times I}{1,000 \times e}$
3상3선식	$e = \dfrac{30.8 \times L \times I}{1,000 \times A}$	$A = \dfrac{30.8 \times L \times I}{1,000 \times e}$

e : 각 선간의 전압강하(V) A : 전선의 단면적(mm^2)
L : 도체 1본의 길이(m) I : 전류(A)

3-7 모듈 및 어레이 설치 후 확인·점검 사항

(1) 일반 사항

① 태양전지 모듈의 배선이 끝나면, 각 모듈의 극성 확인, 전압 확인, 단락전류 확인, 양극 중 어느 하나라도 접지되어 있지 않은지 확인한다.
② 체크리스트에 확인 사항을 기입하고 차후 점검을 위해 보관해 둔다.

(2) 전압·극성의 확인

① 태양전지 모듈이 바르게 시공되어, 설명서대로 전압이 나오고 있는지 확인한다.
② 양극, 음극의 극성이 바른지의 여부 등을 테스터, 직류전압계로 확인한다.

(3) 단락전류의 측정

① 태양전지 모듈의 설명서에 기재된 단락전류가 흐르는지 직류전류계로 측정한다.
② 타 모듈과 비교해 측정치가 현저히 다른 경우는 배선을 재차 점검한다.

(4) 비접지의 확인

① 태양광발전설비 중 인버터는 절연변압기를 시설하는 경우가 드물기 때문에 일반적으로 직류 측 회로를 비접지로 하고 있다.
② 통신용 전원에 사용하는 경우는 편단접지를 하는 경우가 있으므로 통신기기 제작사와 협의할 필요가 있다
③ 비접지의 확인 방법을 그림 6-16에 나타내었다.
　(가) 테스터나 검전기 등으로 비접지 여부를 확인한다.
　(나) 직류 측 회로의 1선이 접지되어 있으면 접지된 곳을 찾아 비접지 상태로 한다.

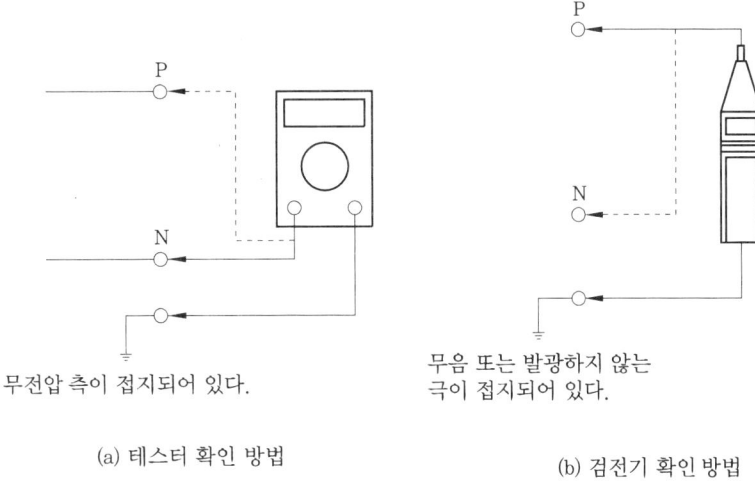

(a) 테스터 확인 방법   (b) 검전기 확인 방법

그림 6-16 비접지 확인 방법

(5) 접지의 연속성 확인

　모듈의 구조는 설치로 인해 접지의 연속성이 훼손되지 않은 것을 사용해야 한다.

4. 시스템의 접지공사

4-1 접지공사의 개요

(1) 접지(earth)의 정의 및 역할

　① 접지란 전력설비, 피뢰설비 등을 대지와 전기적으로 결합시켜 대지의 영전위와 동일하도록 하는 것을 말한다.

　② 접지는 전자기기의 절연파손으로 발생하는 누설전류와 낙뢰 시 유입되는 서지전류를 대지로 방전시켜 시설물 피해를 예방하고 누전차단기의 동작을 확실하게 하여 누전으로 인한 화재를 예방하는 역할을 한다.

(2) 접지공사를 실시하는 목적

　① 기기 절연물이 열화 또는 손상되었을 때 흐르는 누설전류로 인한 감전 방지

　② 고저압 혼촉사고가 발생하였을 때 인축에 위험을 주는 고압 전류를 대지로 흘리어 감전을 방지

　③ 뇌해 방지

④ 송전선, 배전선, 고저압 모선 등에서 지락사고가 발생하였을 때 계전기를 신속하고 확실하게 동작하도록 하기 위함
⑤ 기기 및 배전선에서 이상 고전압이 발생하였을 때 대지 전위를 억제하고 절연강도를 경감시키는 효과
⑥ 정전차폐 효과 유지

절연강도(dielectric strength)
1. 절연물질이 절연파괴가 되지 않고 전압에 견디는 능력의 척도를 말한다.
2. 파괴 방전을 시작하는 데 필요한 단위 두께당의 전압으로 정의된다. 보통은 V/cm로 측정된다.

4-2 접지공사의 종류

(1) 태양광발전설비는 누전에 의한 감전사고 및 화재로부터 인명과 재산을 보호하기 위해 전기설비기술기준에 따라 지중 접지를 해야 한다.
(2) 접지공사의 종류 및 접지저항값은 표 6-7과 같다.

표 6-7 접지공사의 종류와 접지저항값

접지공사의 종류	접지저항값
제1종 접지공사	10 Ω
제2종 접지공사	변압기의 고압 측 또는 특고압 측 전로의 1선 지락전류의 암페어 수로 150을 나눈 값과 같은 Ω수
제3종 접지공사	100 Ω
특별 제3종 접지공사	10 Ω

㈜ 제2종 접지공사 저항값
1. 35 kV 이하의 전로로서 자동차단기가 1초 이내 동작하면 $600/I[\Omega]$
2. 1~2초 이내 동작하면 $300/I$

(3) 접지 시공 방법에 따른 구분
① 공통접지와 통합접지로 구분할 수 있다.
② 고압 및 특고압과 저압 전기설비의 접지극이 서로 근접하여 시설되어 있는 변전소 또는 이와 유사한 곳에서는 다음 각호에 적합하게 공통접지 공사를 할 수 있다[판단기준 18].
  ㈎ 저압 접지극이 고압 및 특고압 접지극의 접지저항 형성 영역에 완전히 포함되어 있다면 위험전압이 발생하지 않도록 이들 접지극을 상호 접속해야 한다.

(나) (가)호에 따라 접지공사를 하는 경우 고압 및 특고압 계통의 지락사고로 인해 저압 계통에 가해지는 상용주파 과전압은 표 6-8에서 정한 값을 초과해서는 안 된다.

표 6-8 고압 및 특고압 계통 지락사고 시 저압계통 내 허용 과전압

고압 계통에서 지락고장시간(초)	저압설비의 허용 상용주파 과전압(V)
> 5	U_o +250
≦ 5	U_o +1,200
중성선 도체가 없는 계통에서 U_o는 선간전압을 말한다.	

※ 1. 이 표의 1행은 중성점 비접지나 소호리액터 접지된 고압 계통과 같이 긴 차단시간을 갖는 고압계통에 관한 것이다.
　　(가) 2행은 저저항 접지된 고압 계통과 같이 짧은 차단시간을 갖는 고압 계통에 관한 것이다.
　　(나) 두 행 모두 순시 상용주파 과전압에 대한 저압기기의 절연 설계기준과 관련된다.
2. 중성선이 변전소 변압기의 접지계에 접속된 계통에서 외함이 접지되어 있지 않은 건물 외부에 위치한 기기의 절연에도 일시적 상용주파 과전압이 나타날 수 있다.

(4) 기계기구 외함 및 직류전로의 접지

① 기계기구의 접지
　(가) 전로에 시설하는 기계기구의 철대 및 금속제 외함은 표 6-9에 따라 접지공사를 실시해야 한다[판단기준 33].

표 6-9 기계기구의 구분에 의한 접지공사의 적용

기계기구의 구분	접지공사
400V 미만인 저압용의 것	제3종 접지공사
400V 이상인 저압용의 것	특별 제3종 접지공사
고압용 또는 특고압용의 것	제1종 접지공사

　(나) 태양전지 모듈, 지지대, 접속함, 인버터의 외함, 금속배관 등의 노출 비충전 부분의 접지
　　(가) 목적 : 누전에 의한 감전과 화재 등을 방지하기 위함이다.
　　(나) 태양전지 어레이의 출력전압이 400 V 미만은 제3종 접지공사를 실시한다.
　　(다) 400 V를 넘는 경우에는 특별 제3종 접지공사를 실시한다.
② 태양광발전설비의 직류전로 접지 : 태양전지 어레이에서 인버터까지의 직류전로는 원칙적으로 접지공사를 실시하지 않는다.
③ 태양광발전설비의 접지는 태양전지 모듈이나 패널을 하나 제거하더라도 태양광 전원회로에 접속된 접지도체의 연속성에 영향을 주지 말아야 한다.

4-3 접지선의 굵기 및 표시

(1) 접지선의 굵기

① 제3종 및 특별 제3종 접지공사의 접지선 굵기는 공칭단면적 $2.5~mm^2$ 이상의 연동선으로 규정하고 있다[판단기준 19].
② 기기 고장 시에 흐르는 전류에 대한 안전성, 기계적 강도, 내식성을 고려하여 결정한다.
③ 표 6-10에 내선규정상에 명시된 접지선의 굵기를 나타내었다.
④ 전압강하 등의 사유로 간선규격을 상위 규격으로 선정할 경우 이에 비례하여 접지선의 규격은 상위 규격으로 선정해야 한다.

표 6-10 제3종, 특별 제3종 접지공사의 접지선 굵기 [내선규정 1445-3]

접지하는 기계기구의 금속제 외함, 배관 등의 저압전로의 전류 측에 시설된 과전류 차단기 중 최소의 정격전류의 용량	접지선의 최소 굵기 동(mm^2)
20A 이하	2.5
30A 이하	2.5
50A 이하	4
100A 이하	6

(2) 접지선의 표시[내선규정 1445-15]

① 접지선은 녹색으로 표시해야 한다.
② 부득이 녹색 또는 황록색 얼룩무늬 모양인 것 이외의 절연전선을 접지선으로 사용하는 경우는 말단 및 적당한 개소에 녹색테이프 등으로 표시해야 한다.
③ 단, 접지선이 단독으로 배선되어 접지선임을 용이하게 식별할 수 있는 경우와 다심 케이블 등의 1심선을 접지선으로 사용하는 경우로서 그 심선이 나전선 또는 황록색의 얼룩무늬 모양으로 되어 있는 것은 예외로 한다.

4-4 제1종, 제3종 및 특별 제3종 접지공사의 시설 방법

(1) 접지공사의 접지선은 다음 각호에 의하여 시설한다[내선규정 1445-3].
 ① 접지선이 외상을 받을 우려가 있는 경우
  ㈎ 합성수지관 등에 넣어야 한다(두께 2 mm 미만의 합성수지제 전선관 및 난연성이 없는 CD관 등은 제외한다).
  ㈏ 다만, 사람이 접촉할 우려가 없는 경우 또는 제3종 접지공사 혹은 특별 제3종 접지공사의 접지선은 금속관을 사용하여 방호할 수 있다.

참고 피뢰침, 피뢰기용 접지선은 강제금속관에 넣지 말아야 한다.

② 접지선은 (접지해야 할 기계기구로부터 60 cm 이내의 부분 및 지중 부분은 제외한다.) 합성수지관 등에 넣어 외상을 방지해야 한다(두께 2 mm 미만의 합성수지제 전선관 및 난연성이 없는 CD관 등은 제외한다).
③ 접지선은 동선을 사용한다.

(2) 제3종 또는 특별 제3종 접지공사 등의 특례

제3종 또는 특별 제3종 접지공사를 실시하는 금속체와 대지와의 사이에 전기저항값이 다음과 같으면 각각 접지공사를 실시한 것으로 간주한다[판단기준 20].
① 제3종 접지공사의 경우 : 100 Ω 이하
② 특별 제3종 접지공사의 경우 : 10 Ω 이하

4-5 금속관 등의 접지공사

(1) 금속관 등의 접지는 전선의 절연열화 등에 의해 금속관에 누전되었을 경우의 위험을 방지하기 위해 시설한다.
(2) 금속관 및 각 기기와의 구체적인 접지공사에 대해 그림 6-17에서 그림 6-19까지 나타내었다.

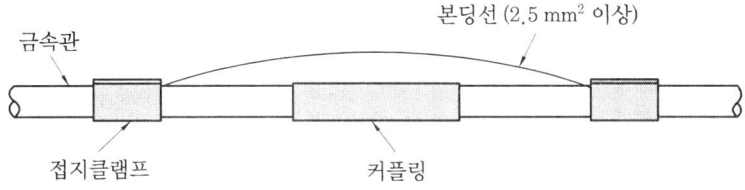

그림 6-17 금속관의 접지공사

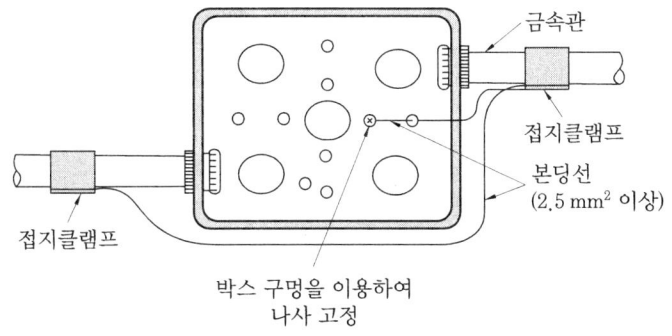

그림 6-18 금속관과 박스의 접지공사

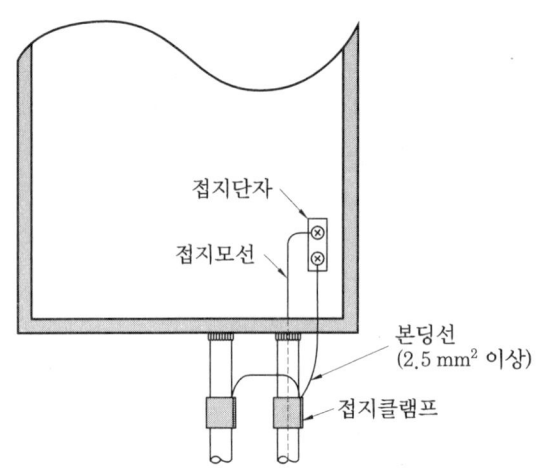

그림 6-19 중계단자함 및 분전반의 접지공사

(3) 특별 제3종 접지공사
① 사용전압이 400 V를 넘는 경우의 금속관 및 그 부속품 등은 특별 제3종 접지공사에 의해 접지해야 한다.
② 단, 사람이 접촉할 우려가 없는 경우는 제3종 접지공사에 의해 접지할 수 있다.

(4) 제3종 접지공사
① 사용전압이 400 V 이하인 경우의 금속관 및 그 부속품 등은 제3종 접지공사에 의해 접지해야 한다.
② 단, 다음 하나에 해당하는 경우는 제3종 접지공사를 생략할 수 있다.
 ㈎ 사용전압이 직류 300 V 또는 교류 대지전압이 150 V 이하인 기계기구를 건조한 곳에 시설하는 경우
 ㈏ 저압용의 기계기구를 그 저압전로에 지락이 생겼을 때에 그 전로를 자동적으로 차단하는 장치를 시설한 저압전로에 접속하여 건조한 곳에 시설하는 경우
 ㈐ 저압용의 기계기구를 건조한 목재의 마루, 기타 이와 유사한 절연성 물건 위에서 취급하도록 시설하는 경우
 ㈑ 저압용이나 고압용의 기계기구, 판단기준 제29조에 규정하는 특고압 전선로에 접속하는 배전용 변압기나 이에 접속하는 전선에 시설하는 기계기구 또는 판단기준 제135조 제1항 및 제4항에 규정하는 특고압 가공전선로의 전로에 시설하는 기계기구를 사람이 쉽게 접촉할 우려가 없도록 목주, 기타 이와 유사한 것의 위에 시설하는 경우
 ㈒ 철대 또는 외함의 주위에 적당한 절연대를 설치하는 경우
 ㈓ 외함이 없는 계기용 변성기가 고무·합성수지 기타의 절연물로 피복한 것일 경우

(사) 「전기용품안전관리법」의 적용을 받는 2중 절연구조로 되어 있는 기계기구를 시설하는 경우
(아) 저압용 기계기구에 전기를 공급하는 전로의 전원 측에 절연변압기(2차전압이 300V 이하이며, 정격용량이 3 kVA 이하인 것에 한한다)를 시설하고 또한 그 절연변압기의 부하 측 전로를 접지하지 않은 경우
(자) 물기 있는 장소 이외의 장소에 시설하는 저압용의 개별 기계기구에 전기를 공급하는 전로에 「전기용품안전관리법」의 적용을 받는 인체감전보호용 누전차단기(정격감도전류가 30 mA 이하, 동작시간이 0.03초 이하의 전류동작형에 한한다)를 시설하는 경우
(차) 외함을 충전하여 사용하는 기계기구에 사람이 접촉할 우려가 없도록 시설하거나 절연대를 시설하는 경우

4-6 접지극

(1) 매설 또는 타입 접지극은 표 6-11에 따라 시설하는 것이 바람직하며 매설 장소는 가능한 물기가 있는 장소로서 토질이 균일하고 가스나 산 등에 의한 부식의 우려가 없는 장소를 선정하여 지중에 매설 또는 타입해야 한다.
(2) 접지극과 접지선과의 접속은 기계적 강도와 전기적 성능을 확보할 수 있도록 이루어져야 한다.

표 6-11 접지극의 종류와 규격 [내선규정 1445-7]

종 류	규 격
동판	두께 0.7 mm 이상, 면적 900 cm^2(한쪽 면) 이상
동봉, 동복강봉	지름 8 mm 이상, 길이 0.9 m 이상
아연도금가스철관, 후강전선관	외경 25 mm 이상, 길이 0.9 m 이상
아연도금 철봉	직경 12 mm 이상, 길이 0.9 m 이상
동복강판	두께 1.6 mm 이상, 길이 0.9 m 이상, 면적 250 cm^2(한쪽 면) 이상
탄소피복강봉	지름 8 mm 이상(강심), 길이 0.9 m 이상

4-7 사람이 접촉할 우려가 있는 장소의 접지선 설치

(1) 사람이 접촉할 우려가 있는 장소에 제1종 및 제2종 접지공사를 할 때는 접지선의 지하 75 cm에서 지표상 2 m까지는 합성수지관 등으로 덮어야 한다.
(2) 접지선은 절연전선을 사용한다.

(3) 합성수지관 대신 금속관을 사용해서는 안 된다.
(4) 지지물이 도체인 경우에 접지극은 지지물로부터 1 m 이상 이격하여 매설한다.
(5) 접지선은 녹색 절연전선을 사용하는 것을 원칙을 한다.

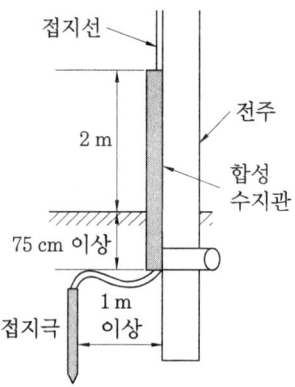

그림 6-20 사람이 접촉할 우려가 있는 장소 접지선 설치

4-8 접지저항 측정

(1) 접지저항 측정 기준 및 방법

① 접지저항 측정 방법은 전위강하법과 전위차계법으로 크게 분류되며, 전위강하법이 기본이다.

② 전위강하법

㈎ 전위강하법의 구성은 그림 6-21과 같으며, E가 측정 대상이 되는 접지극이고 P는 전위보조극, C는 전류보조극이다.

㈏ 전위보조극과 전류보조극을 10 m 이상 떼어 설치하고 전류와 전압을 측정하여 다음 식으로 접지저항을 계산한다.

$$R = \frac{V}{I} [\Omega]$$

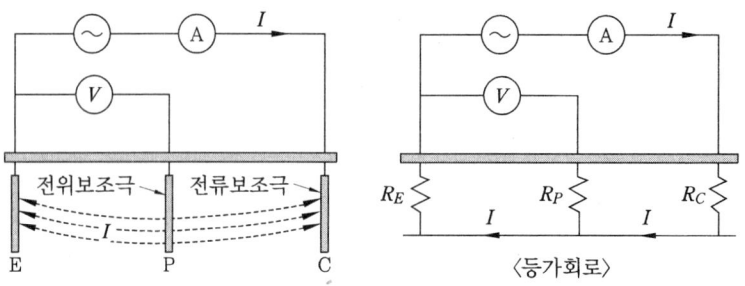

그림 6-21 전위강하법의 구성

(다) 전위강하법의 특성
  ㉮ 전위강하법은 국내외에서 가장 일반적인 측정법이다.
  ㉯ 측정 시에는 E-C 사이에 전원을 연결하여 대지에 1 kH 이하의 교류전류를 흘린다.

  참고 전력 계통에서의 유도 신호를 분리하기 쉽게 하기 위해서 상용 이외의 주파수를 사용한다.

(라) 전위강하법의 측정 시 주의할 사항
  ㉮ 전류보조극을 접지체로부터 멀리 설치해야 한다.
  ㉯ 측정 방향으로 도전성 매설물이 없도록, 측정 방향을 선정하는 데 있어 신중해야 한다.
  ㉰ 측정접지체는 관련 접지 대상과는 반드시 분리해야 한다.

  참고 관련 접지 대상 : 접지체가 사용되는 시스템 및 본딩된 타 접지시설

③ 전자식 접지저항계에 의한 측정
(가) 회로 구성은 그림 6-22와 같다.
  ㉮ 보조 접지극을 10 m 이상 간격을 두고 박는다.
  ㉯ E 단자의 리드선을 접지극에 접속한다.
  ㉰ P, C 단자에 보조 접지극 리드선을 접속한다.

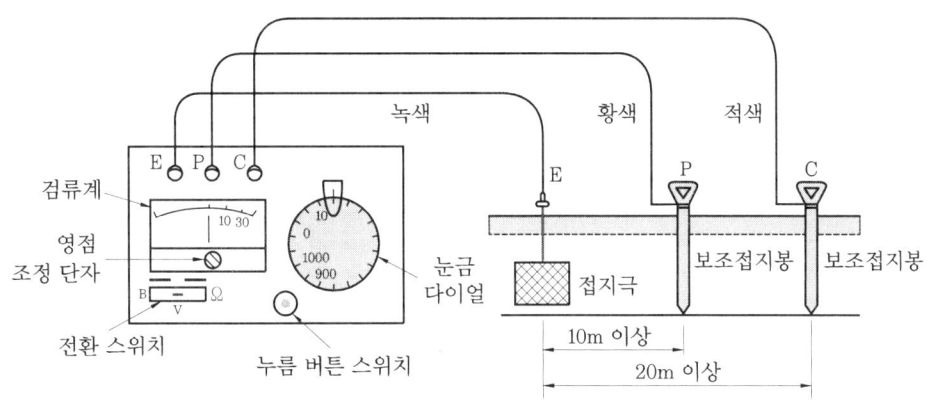

그림 6-22 접지저항계에 의한 측정 회로 구성

(나) 측정 순서
  ㉮ 전환 스위치를 B에 놓고 내장 전원(건전지) 확인
  ㉯ 전환 스위치를 V에 놓고 접지전압의 유무 확인
  ㉰ 전환 스위치를 Ω에 놓고 누름 버튼 스위치(PB)를 누르며, 눈금 다이얼을 돌려서 검류계의 밸런스(눈금의 중앙 "0")를 잡으며, 이때 다이얼값이 접지저항값이 된다.

(2) 접지 방식의 형태에 따른 측정법은 다음 표 6-12와 같다.

표 6-12 접지 방식의 형태에 따른 측정법

접지 방식		측정 방법
단독 접지	기기마다 접지하는 것	직독식 접지저항계
연접 접지	여러 개의 접지 개소를 연접하여 접지하는 것	
메시(mesh) 접지	특히 낮은 접지저항이 요구되어 접지선을 망상으로 매설 각 교점을 연접하는 것	전위강하법
지지물의 접지	매설지선이 방사상으로 설치되었거나 지지물 선단에 가공지선이 설치되어 연접하는 것	전위강하법

예상문제

1. 시스템의 시공 준비

1. 태양광발전 시스템의 시공 절차의 순서를 옳게 나타낸 것은?

> ㉠ 어레이 기초공사 ㉡ 배선공사
> ㉢ 어레이 가대공사
> ㉣ 인버터 기초·설치공사
> ㉤ 점검 및 검사

① ㉠ → ㉣ → ㉡ → ㉢ → ㉤
② ㉢ → ㉠ → ㉡ → ㉣ → ㉤
③ ㉠ → ㉢ → ㉣ → ㉡ → ㉤
④ ㉢ → ㉣ → ㉠ → ㉡ → ㉤

[해설] 설치공사 절차[1-1-(1) 참조]

2. 태양광발전 시스템을 평지에 설치하는 경우, 시공 절차에 대한 순서를 옳게 나열한 것은?

> ㉠ 토목공사 ㉡ 반입 자재검수
> ㉢ 기기 설치공사
> ㉣ 전기배관 배선공사
> ㉤ 점검 및 검사

① ㉠ → ㉡ → ㉢ → ㉣ → ㉤
② ㉢ → ㉠ → ㉡ → ㉣ → ㉤
③ ㉠ → ㉢ → ㉡ → ㉣ → ㉤
④ ㉢ → ㉣ → ㉠ → ㉡ → ㉤

[해설] 설치공사 절차[1-1-(2) 표 6-1 참조]

3. 설치공사 단계 중 어레이 방수공사는 어느 설치공사에 포함되는가?

① 어레이 기초공사 ② 어레이 가대공사
③ 어레이 설치공사 ④ 어레이 접지공사

[해설] 설치공사 절차[1-1-(1) 그림 6-1 참조]

4. 태양전지 모듈의 전기시공 공사에서 시공 전과 시공 완료 후에 확인해야 하는 체크리스트에 포함되지 않는 것은?

① 어레이 설치 방향
② 피뢰소자의 배치 유무
③ 인버터 출력전압
④ 모듈 개방전압

[해설] 모듈 No별 체크리스트 항목[1-1-(3) 표 6-2 참조]

5. 태양전지 모듈의 전기시공 공사에서, 모듈 No별 체크리스트 항목에 포함되지 않는 것은?

① 개방전압   ② 지락 확인
③ 접지저항   ④ 인버터 입력전압

[해설] 모듈 No별 체크리스트 항목[1-1-(3) 표 6-2 참조]

6. 시스템의 전기공사 절차 내용 중 적절하지 못한 것은?

① 전기공사는 태양전지 모듈의 설치와 동시에 진행된다.
② 접속함이나 인버터 등과 같은 설비와 이들 기기 상호 간을 순차적으로 접속한다.
③ 반입자재 도착 전 설계도면에 근거하여 기초 및 지지물 작업을 완료하여야 한다.

정답 1. ③ 2. ① 3. ① 4. ② 5. ③ 6. ④

④ 마지막 단계로는 각종 설치 기자재의 육안검사를 하며, 접지저항 측정은 할 필요가 없다.

[해설] 전기공사 절차[1-1-(3) 참조]
마지막 단계로 각종 설치 기자재 검사 및 절연과 접지저항 측정을 한다.

7. 시스템의 전기공사 절차 내용 중, 옥내 공사에 해당되지 않는 것은?
① 인버터 설치
② 분전반 개조 또는 신설
③ 접속함과 인버터 간 배선
④ 인버터와 분전반 간 배선

[해설] 전기공사 절차[1-1-(3) 그림 6-3 참조]

8. 개인용 안전장구에서, 비래하는 물건, 낙하하는 물건에 의한 위험성을 방지하기 위한 것은?
① 안전모   ② 안전대
③ 안전화   ④ 안전허리띠

[해설] 개인용 안전장구[1-3-(2) 참조]

9. 태양광 발전설비의 시공 작업 시 감전 방지 안전대책으로 적절하지 못한 것은?
① 작업 전 태양전지 모듈 표면에 차광막을 씌워 태양광을 차폐한다.
② 저압 절연장갑을 착용한다.
③ 절연 처리된 공구를 사용한다.
④ 강우 시에는 감전사고 및 미끄러짐으로 인한 추락사고에 대비하는 시설을 하고 작업을 한다.

[해설] 작업 중 감전 방지 대책[1-3-(3)-② 참조]
강우 시에는 감전사고뿐만 아니라 미끄러짐으로 인한 추락사고로 이어질 우려가 있으므로 작업을 금지한다.

10. 태양광발전소 유지 정비 시 감전 방지 책으로 가장 거리가 먼 것은?
① 강우 시에는 작업을 중지한다.
② 저압선로용 절연장갑을 사용한다.
③ 절연 처리된 공구를 사용한다.
④ 태양전지 모듈 표면을 대기로 노출한다.

[해설] 작업 중 감전 방지 대책[1-3-(3)-② 참조]

11. 태양전지 모듈 설치 시 감전 방지 대책으로 틀린 것은?
① 작업 전 태양전지 모듈의 표면에 차광 시트를 붙여 태양광을 차단한다.
② 일반용 고무장갑을 착용한다.
③ 절연 처리된 공구를 사용한다.
④ 강우 시에는 작업을 하지 않는다.

[해설] 작업 중 감전 방지 대책[1-3-(3)-② 참조]

2. 시스템의 구조물 시공

12. 시스템의 구조물 시공기준에서, 설치 용량은 사업계획서상에 제시된 모듈 설계 용량의 몇 %를 초과하지 말아야 하는가?
① 100   ② 103   ③ 106   ④ 109

[해설] 모듈 설치 용량[2-1-(1)-② 참조]

13. 태양광발전 시스템의 구조물 시공기준에서, 태양전지판에 관한 설명 중 적절하지 않은 것은?

정답 7. ③ 8. ① 9. ④ 10. ④ 11. ② 12. ② 13. ④

① 모듈은 신·재생에너지센터에서 인증한 것을 사용해야 한다.
② 설치 용량은 사업계획서상에 제시된 모듈 설계용량의 103%를 초과하지 말아야 한다.
③ 경사각은 현장 여건에 따라 조정하여 설치할 수 있다.
④ 주변에 일사량을 저해하는 장해물이 없어야 하며 모듈 전면의 음영이 최대화되어야 한다.

[해설] 구조물 시공기준[2-1-(1)-③ 참조]
모듈 전면의 음영이 최소화되어야 한다.

14. 태양전지 모듈의 방위각은 그림자의 영향을 받지 않는 곳에 어느 방향 설치가 원칙이며, 가장 우수한가?
① 정남향　② 정북향
③ 정동향　④ 정서향

[해설] 모듈의 방위각[2-1-(2) 표 6-3 참조]

15. 태양광발전량의 제한 요인에 관한 설명으로 옳은 것은?
① 우리나라 일사량은 전 지역 일정하다.
② 계절 중 겨울에 발전량이 가장 많다.
③ 태양광이 모듈 표면에 20°로 쬐일 때 발전량이 최대이다.
④ 태양전지 어레이를 정남향으로 배치 시 발전량이 최대이다.

[해설] 구조물 시공기준[2-1-(1)-③ 참조]

16. 태양전지 모듈은 강우 시 모듈 표면으로 흙탕물이 튀는 것을 방지하기 위해서 지면으로부터 몇 m 이상의 높이에 설치하는가?

① 0.4　② 0.6
③ 0.8　④ 1.0

[해설] 모듈 높이[2-1-(1)-⑥ 참조]

17. 태양전지 가대의 녹 방지를 위한 방법 중 비교적 저렴하고 장기적 사용이 가능한 방법은?
① 불소계 도장
② 용융 아연 도금
③ 에폭시계 도장
④ 폴리우레탄계 도장

[해설] 가대의 녹 방지[2-1-(2)-② 참조]

18. 태양전지 어레이 설치 시, 준비 및 주의 사항으로 가장 적절하지 않은 것은?
① 어레이 기초면 확인용 수평기, 수평줄, 수직추를 확보한다.
② 너트의 풀림방지는 이중너트를 사용하고 스프링 와셔를 체결한다.
③ 가대 및 지지대는 현장에서 용접한다.
④ 지지대 기초 앵커볼트의 조임은 바로 세우기 완료 후 앵커볼트의 장력이 균일하게 되도록 한다.

[해설] 어레이 설치 시, 준비 및 주의 사항
[2-1-(2)-① 참조]
가대 및 지지대는 현장 용접을 절대 피한다.

19. 태양전지 어레이용 가대의 재질 및 형태에 관한 사항으로 가장 적절하지 않은 것은?
① 염해, 공해 등을 고려, 부식이 발생하지 않을 것
② 최소 10년 이상의 내구성을 가질 것
③ 절삭 등 가공이 쉽고 가벼울 것

정답　14. ①　15. ④　16. ②　17. ②　18. ③　19. ②

④ 규격화되어 있을 것

[해설] 어레이용 가대의 재질 및 형태[2-2-(3) 참조]
최소 20년 이상의 내구성을 가질 것

20. 경제성 등을 고려하여 가장 많이 사용되는 가대는?
① 스테인리스(SUS)
② 알루미늄 합금제
③ 강제 + 도장
④ 강제 + 용융 아연 도금

[해설] 가대의 종류[2-2-(4)-① 참조]

21. 태양광발전 시스템의 구조물의 상정하중 계산 시 고려 사항이 아닌 것은?
① 적설하중   ② 지진하중
③ 고정하중   ④ 전단하중

[해설] 구조물의 상정하중[2-2-(6) 참조]
[참고] 전단하중(shearing load)
(1) 물체 내의 접근한 평행 2면에 크기가 같고 방향이 반대로 작용하는 하중을 말한다.
(2) 이 하중이 작용하면 2면은 서로 미끄럼을 일으킨다.

22. 태양전지 모듈의 설치 방법으로 적합하지 않은 것은?
① 태양전지 모듈의 설치는 가대의 하단에서 상단으로 순차적으로 조립한다.
② 태양전지 모듈의 이동 시 2인 1조로 한다.
③ 태양전지 모듈의 직렬매수는 직렬 사용전압 또는 인버터의 입력전압 범위에서 선정한다.
④ 태양전지 모듈과 가대의 접합 시 불필요한 개스킷 등은 사용하지 않는다.

[해설] 모듈의 설치 방법[2-3 참조]
태양전지 모듈과 가대의 접합 시 전식 방지를 위해 개스킷을 사용하여 조립한다.
[참고] 개스킷(gasket)
(1) 관 플랜지 이음 등 연결면의 기밀을 유지하기 위하여 사용되는 얇은 조각으로 패킹 가운데 정지체의 패킹에 사용된다.
(2) 저온 저압에는 종이·합성수지·마·고무·석면·피혁 등이, 고온 저압에는 동·납 연강 등이 사용된다.
(3) 건축 관계에서는 새시 등의 유리나 보드류를 장착할 때 사용된다.

23. 태양광발전 시스템의 태양전지 모듈 설치 시 고려 사항이 아닌 것은?
① 모듈의 접지는 전기적 연속성이 유지되지 않아야 하므로 생략한다.
② 모듈의 직렬매수는 인버터의 입력전압 범위에서 선정하여야 한다.
③ 모듈의 설치는 가대의 하단에서 상단으로 순차적으로 조립한다.
④ 모듈과 가대의 접합 시 전식 방지를 위해 개스킷을 사용하여 조립한다.

[해설] 모듈의 설치 방법[2-3 참조]

24. 주택용 태양광발전 시스템 시공 시 유의할 사항으로 옳지 않은 것은?
① 지붕의 강도는 태양전지를 설치했을 때 예상되는 하중에 견딜 수 있는 강도 이상이어야 한다.
② 가대, 지지기구, 기타 설치 부재는 옥외에서 장시간 사용에 견딜 수 있는 재료를 사용해야 한다.
③ 지붕구조 부재와 지지기구의 접합부에는 적절한 방수 처리를 하고 지붕에 필요한 방수 성능을 확보해야 한다.

[정답] 20. ④ 21. ④ 22. ④ 23. ① 24. ④

④ 태양전지 어레이는 지붕 바닥면에 밀착시켜 빗물이 스며들지 않도록 설치하여야 한다.
[해설] 주택용 시스템 시공[2-3-(4) 참조]

25. 경사형 지붕에 태양전지 모듈을 설치할 때 유의할 사항으로 옳지 않은 것은?
① 태양전지 모듈을 지붕에 밀착시켜 부착해야 한다.
② 모듈 고정용 볼트, 너트 등은 상부에서 조일 수 있어야 한다.
③ 가대나 지지철물 등의 노출부는 미관과 안전을 고려해 최대한 적게 한다.
④ 태양전지 모듈은 한 장씩 쉽게 교체할 수 있어야 한다.
[해설] 주택용 시스템 시공[2-3-(4) 참조]
경사형 지붕에 모듈을 설치할 때 유의할 사항 : (자연 바람을 이용, 태양전지의 온도 상승을 억제하기 위해서 모듈과 지붕면의 사이에 공간이 요구된다.) 여기서, 간격은 10~15 cm 정도 이격하는 것이 바람직하다.

26. 인버터를 설치하기 위한 적합한 장소가 아닌 것은?
① 통풍이 잘되는 장소
② 보수ㆍ점검이 잘되는 장소
③ 결로의 우려가 없는 장소
④ 분진이 많고 냉각이 용이한 장소
[해설] 인버터 설치 장소의 조건[2-4-(1)-③ 참조]

27. 태양광 인버터의 이상적 설치 장소가 아닌 것은?
① 옥외 습도가 높은 장소
② 시원하고 건조한 장소
③ 통풍이 잘되는 장소
④ 먼지 또는 유독가스가 발생되지 않는 장소
[해설] 인버터 설치 장소의 조건[2-4-(1)-③ 참조]

28. 태양광발전 시스템의 인버터 설치 시공 전에 확인 사항이 아닌 것은?
① 입력허용전류 및 입력전압 범위
② 배선 접속 방법 및 설치 위치
③ 접속 가능 전선 굵기 및 회선 수
④ 효율 및 수명
[해설] 인버터 설치 시공 전 확인 사항
 (1) 입력허용전류 및 입력전압 범위
 (2) 배선 접속 방법 및 설치 위치
 (3) 접속 가능 전선 굵기 및 회선 수
인버터의 효율 및 수명은 인버터 선정 시 확인 사항에 해당된다.

29. 시스템의 접속함 설치 공사에 대한 설명으로 가장 적절하지 않은 것은?
① 설치 위치는 어레이 근처가 적합하다.
② 풍압 및 설계하중에 견디고 방수, 방부형으로 제작되어야 한다.
③ 접속함은 내부 과열을 피할 수 있게 제작되어야 한다.
④ 접속함은 가능한 직사광선 노출이 많은 지점에 설치한다.
[해설] 접속함의 시공 기준[2-5-(2) 참조]
접속함은 가능한 직사광선 노출이 적은 지점에 설치한다.

30. 태양광발전 시스템의 접속함 설치 시공에 있어서 확인하여야 할 사항이 아닌 것은?

정답 25. ① 26. ④ 27. ① 28. ④ 29. ④ 30. ④

① 접속함의 사양과 실제 설치한 접속함이 일치하는지를 확인한다.
② 유지관리의 편리성을 고려한 설치 방법인지를 확인한다.
③ 설치 장소가 설계도면과 일치하는지를 확인한다.
④ 설계의 적절성과 제조사가 건전한 회사인지 확인한다.

[해설] 접속함 설치 시공 시 확인 사항[2-5-(3) 참조]

---

3. 시스템의 배관 및 배선공사

31. 태양광발전설비의 배선에 쓰이는 전선에 관한 내용 중 가장 적절하지 않은 것은?

① 직류용 전선을 사용한다.
② XLPE 케이블을 사용한다.
③ 공칭단면적 2.5 mm^2 이상의 경동선을 사용한다.
④ 옥외에는 UV 케이블을 사용한다.

[해설] 케이블 선정[3-1-(1) 참조]
가교폴리에틸렌(XLPE) 케이블, 자외선(ultraviolet)에 견딜 수 있는 UV 케이블

32. 태양광발전설비의 전기공사에 있어서, 배관공사에 관한 내용 중 옳지 않은 것은?

① 합성수지관공사　② 금속관공사
③ 가요전선관공사　④ 금속 몰드공사

[해설] 배관공사[3-1-(2)-② 참조]

33. 모듈 및 개폐기 등, 기구에 전선을 접속하는 경우에 관한 설명 중 옳지 않은 것은?

① 접속점에 장력이 많이 가해지도록 해야 한다.
② 조임은 너트를 돌려서 조여 준다.
③ 2개 이상의 볼트를 사용하는 경우 한쪽만 심하게 조이지 않도록 주의한다.
④ 볼트의 크기에 맞는 토크렌치를 사용하여 규정된 힘으로 조여 준다.

[해설] 기구에 전선 접속[3-1-(3) 참조]

34. 케이블의 단말 처리 방법으로 가장 적절한 방법은?

① 면테이프로 단단하게 감는다.
② 비닐테이프로 단단하게 감는다.
③ 자기융착절연테이프만 여러 번 당기면서 겹쳐 감는다.
④ 자기융착절연테이프를 겹쳐서 감고 그 위에 다시 보호테이프를 감는다.

[해설] 케이블의 단말 처리[3-1-(4) 참조]

35. 태양전지 모듈의 배선에 관한 설명 중 옳지 않은 것은?

① 모듈을 포함한 모든 충전 부분은 최대한 노출되도록 시설해야 한다.
② 모듈의 출력 배선은 군별·극성별로 확인할 수 있도록 표시해야 한다.
③ 모듈 배선은 바람에 흔들리지 않도록 130 cm 이내 간격으로 견고하게 고정한다.
④ 모듈 배선은 가장 늘어진 부분이 모듈 면으로부터 30 cm 내에 들도록 하여야 한다.

[해설] 모듈의 배선[3-3 참조]
태양전지 모듈을 포함한 모든 충전 부분은 노출되지 않도록 시설해야 한다.

정답 31. ③　32. ④　33. ①　34. ④　35. ①

36. 태양광발전 시스템의 케이블 단말 처리 후 케이블 종단에 반드시 표시해야 하는 것은?
① 전압 표시
② 전류 표시
③ 극성 표시
④ 전력 표시

[해설] 케이블의 단말 처리[3-1-(4) 참조]

37. 태양전지 모듈 간의 배선에서 단락전류를 충분히 견딜 수 있는 전선의 최소 굵기로 적당한 것은?
① 6 mm² 이상
② 4 mm² 이상
③ 2.5 mm² 이상
④ 0.75 mm² 이상

[해설] 모듈 간의 배선[3-3-(5) 참조]

38. 태양전지 모듈 간 직·병렬 배선에 관한 설명 중 가장 적절하지 않은 것은?
① 모듈 간의 배선은 2.5 mm² 이상의 연동선을 사용해야 한다.
② 어레이의 각 직렬군은 동일한 단락전류를 가진 모듈로 구성해야 한다.
③ 케이블이나 전선의 최소 굴곡반경은 각 지름의 3배 이상이 되도록 한다.
④ 배선 접속부는 빗물 등이 유입되지 않도록 용융접착테이프와 보호테이프로 감는다.

[해설] 모듈 간의 배선[3-3-(5) 참조]
케이블이나 전선의 최소 굴곡반경은 각 지름의 6배 이상이 되도록 한다.

39. 태양전지 모듈 간 배선 작업이 완료된 후 확인하여야 할 사항으로 틀린 것은?
① 전압 및 극성 확인
② 일사량 및 온도의 확인
③ 비접지 확인
④ 단락전류 확인

[해설] 모듈 간 배선 작업이 완료된 후 확인 사항
(1) 전압 및 극성 확인
(2) 단락전류 확인
(3) 접지 확인(직류 측 : 비접지 확인)

40. 태양전지 모듈의 배선 작업이 끝난 후 확인하여야 하는 사항이 아닌 것은?
① 각 모듈의 극성 확인
② 전압 확인
③ 단락전류 확인
④ 전력량계 동작 확인

[해설] 문제 39번 해설 참조

41. 다음 그림과 같이 지붕 위에 설치한 태양전지 어레이에서 접속함으로 복수의 케이블을 배선하는 경우 케이블은 반드시 물빼기를 하여야 한다. 그림에서 P점의 케이블은 외경의 몇 배 이상으로 구부려 설치하여야 하는가?

① 2배
② 3배
③ 4배
④ 6배

[해설] 케이블 차수[3-4-(4) 그림 6-10 참조]

42. 태양전지 어레이를 지상에 설치하여 배선 케이블을 매설할 때 케이블을 보호 처리하고, 그 길이가 몇 m를 넘는 경우 지중함을 설치하는가?
① 10
② 15
③ 30
④ 50

[해설] 지중함 설치[3-4-(9) 참조]

정답 36. ③ 37. ③ 38. ③ 39. ② 40. ④ 41. ④ 42. ③

43. 지중전선로를 직접 매설식에 의하여 시설하는 경우 차량 기타의 중량물의 압력을 받을 우려가 있는 장소의 매설 깊이는 몇 m 이상이면 되는가?

① 0.6 ② 1.2 ③ 1.5 ④ 2

[해설] 지중배선의 시설[3-4-(9) 그림 6-12 참조]

44. 태양전지 모듈에서 인버터 입력단간의 전압강하는 몇 %를 초과하지 말아야 하는가?

① 3 ② 5 ③ 8 ④ 10

[해설] 전압강하[3-6-(1) 참조]

45. 다음 표는 전선 길이에 따른 전압강하 허용값이다. ( )에 적합한 것은?

전선 길이	전압강하
120 m 이하	( ) %
200 m 이하	( ) %
200 m 초과	( ) %

① 2, 3, 4 ② 5, 6, 7
③ 8, 9, 10 ④ 11, 12, 13

[해설] 전압강하[3-6-(1) 표 6-5 참조]

46. 인버터 출력단자에서 배전반 간 배선 길이가 200 m를 초과하는 경우 허용전압강하는 몇 % 이내로 하여야 하는가?

① 5 ② 6 ③ 7 ④ 8

[해설] 전압강하[3-6-(1) 표 6-5 참조]

47. 모듈 및 어레이 설치 후 확인 및 점검 사항에 해당되지 않는 것은?

① 극성 확인 ② 개방전류 측정
③ 비접지 확인 ④ 전압 확인

[해설] 모듈 및 어레이 설치 후 확인 및 점검 사항[3-7 참조]

48. 태양전지 모듈의 배선 작업 완료 후 시행한 검사항목이 아닌 것은?

① 일사량 측정
② 비접지 확인
③ 단락전류 측정
④ 전압·극성 확인

[해설] 모듈 및 어레이 설치 후 확인 및 점검 사항[3-7 참조]

49. 모듈 및 어레이 설치 후 확인 및 점검 사항에서, 잘못 설명된 것은?

① 단락전류가 흐르는지 직류전류계로 측정한다.
② 비접지 여부는 테스터나 검전기로 확인한다.
③ 접지저항은 메거(megger)로 측정한다.
④ 극성이 바른지의 여부는 직류전압계로 확인한다.

[해설] 모듈 및 어레이 설치 후 확인 및 점검 사항[3-7 참조]

4. 시스템의 접지공사

50. 전력설비 등을 대지와 전기적으로 결합시켜 대지의 영전위와 동일하도록 하기 위한 설비는?

① 피뢰설비 ② 접지설비
③ 부하설비 ④ 결합설비

[해설] 접지의 정의-접지설비[4-1-(1) 참조]

정답 43. ② 44. ① 45. ② 46. ③ 47. ② 48. ① 49. ③ 50. ②

51. 접지공사를 실시하는 목적으로 적합하지 않은 것은?
① 감전 방지 및 뇌해 방지
② 이상전압의 억제
③ 보호계전기의 동작 확보
④ 전로의 대지전압 상승 효과

[해설] 접지공사를 실시하는 목적[4-1-(2) 참조]
기기 및 배전선에서 이상 고전압이 발생하였을 때 대지 전위를 억제하고 절연강도를 경감시키는 효과

52. 접지공사의 종류가 아닌 것은?
① 제1종 접지공사
② 특별 제1종 접지공사
③ 제2종 접지공사
④ 제3종 접지공사

[해설] 접지공사의 종류[4-2-(2) 표 6-7 참조]

53. 태양광발전 시스템의 인버터 출력이 220 V인 경우 외함 접지의 종류는?
① 제1종 접지공사
② 제2종 접지공사
③ 제3종 접지공사
④ 특별 제3종 접지공사

[해설] 기계기구 외함 접지[4-2-(4) 표 6-9 참조]

54. 태양전지 어레이의 출력전압이 400 V 미만일 경우 접지공사의 종류는?
① 제1종 접지공사
② 제2종 접지공사
③ 제3종 접지공사
④ 특별 제3종 접지공사

[해설] 기계기구 외함 접지[4-2-(4) 표 6-9 참조]

55. 태양전지 어레이의 출력전압이 440 V 인 경우에 해당하는 기계기구의 접지공사로 옳은 것은?
① 제1종 접지공사
② 제2종 접지공사
③ 제3종 접지공사
④ 특별 제3종 접지공사

[해설] 기계기구 외함 접지[4-2-(4) 표 6-9 참조]

56. 태양광발전설비의 기계기구 외함 및 접지저항값 직류전로의 접지로 맞는 것은?
① 400 V 미만은 제3종 접지공사, 100 Ω 이하로 하며 직류전로는 비접지로 한다.
② 400 V 미만은 제3종 접지공사, 10 Ω 이하로 하며 직류전로는 접지로 한다.
③ 400 V 이상의 것은 제3종 접지공사, 100 Ω 이하로 하며 직류전로는 비접지로 한다.
④ 400 V 이상의 것은 제3종 접지공사, 10 Ω 이하로 하며 직류전로는 접지로 한다.

[해설] 기계기구 외함 및 직류전로의 접지 [4-2-(4) 참조]

57. 제3종 및 특별 제3종 접지공사의 접지선 굵기는 공칭단면적 몇 mm² 이상의 연동선으로 규정하고 있는가?
① 0.75
② 1.5
③ 2.0
④ 2.5

[해설] 접지선의 굵기[4-3-(1) 참조]

정답 51. ④ 52. ② 53. ③ 54. ③ 55. ④ 56. ① 57. ④

58. 접지선의 표시에서, 접지선은 어떤 색으로 표시해야 하는가?

① 녹색　　② 흑색
③ 백색　　④ 황색

[해설] 접지선의 표시[4-3-(2) 참조]

59. 제3종 접지공사의 특례에서, 제3종 접지공사를 실시하는 금속체와 대지와의 사이에 전기저항값이 몇 Ω 이하이면 접지공사를 실시한 것으로 간주하는가?

① 100　　② 125
③ 150　　④ 175

[해설] 제3종 접지공사의 특례[4-4-(2) 참조]

60. 금속관 및 각 기기와의 구체적인 접지공사에서 사용하는 본딩선은 최소 몇 mm^2 이상이어야 하는가?

① 2.0　　② 2.5
③ 4　　④ 6

[해설] 본딩선(bonding wire)의 굵기[4-5-(2) 그림 6-17 참조]

61. 사람이 접촉할 우려가 있는 장소에 제1종 및 제2종 접지공사를 할 때의 공사 방법으로 잘못된 것은?

① 접지선의 지하 75 cm에서 지표상 2 m까지는 합성수지관 등으로 덮어야 한다.
② 합성수지관 대신에 금속관을 사용해도 된다.
③ 접지선은 절연전선을 사용한다.
④ 지지물이 도체인 경우에 접지극은 지지물로부터 1 m 이상 이격하여 매설한다.

[해설] 사람이 접촉할 우려가 있는 장소의 접지공사[4-7 그림 6-20 참조]
합성수지관 대신 금속관을 사용해서는 안 된다.

62. 전위강하법에 의한 접지저항 측정 시 주의할 사항으로 적절하지 않은 것은?

① 전류보조극을 접지체로부터 멀리 설치해야 한다.
② 측정접지체는 관련 접지 대상과는 반드시 분리해야 한다.
③ 측정 방향으로 도전성 매설물이 없도록, 측정 방향을 선정하여야 한다.
④ 측정 시에 전원 주파수는 상용 주파수를 사용한다.

[해설] 전위강하법[4-8-(1)-② 참조]
전력 계통에서의 유도 신호를 분리하기 쉽게 하기 위해서 상용 이외의 주파수를 사용한다.

63. 전자식 접지저항계에 의한 측정 시, 보조 접지극을 몇 m 이상 간격을 두고 매설하여야 하는가?

① 2　　② 5
③ 8　　④ 10

[해설] 전자식 접지저항계에 의한 측정[4-8-(1)-③ 그림 6-22 참조]

제7장 태양광발전 시스템 운영

1. 시스템의 운영계획 및 사업 개시

1-1 일별, 월별, 연간 운영계획 수립 시 고려 요소

(1) 발전시스템 운영 시 갖추어야 할 목록
 ① 발전시스템 계약서 사본 및 시방서
   (가) 토목 관련 도면
   (나) 건축 관련 도면
   (다) 기계 관련 도면
   (라) 전기 관련 도면
   (마) 시스템 배치 관련 도면
   (바) 발전시스템 구조물의 구조계산서
 ② 발전시스템 건설 관련 도면
 ③ 발전시스템 운영 매뉴얼
 ④ 발전시스템에 사용된 핵심 기기의 매뉴얼(인버터, PCS 등)
 ⑤ 발전시스템에 사용된 기기 및 부품의 카탈로그
 ⑥ 발전시스템의 한전 계통연계 관련 서류
 ⑦ 발전시스템 일반 점검표
 ⑧ 발전시스템 긴급복구 안내문
 ⑨ 발전시스템 안전교육 표지판
 ⑩ 전기안전 관리용 정기 점검표
 ⑪ 전기안전 관련 주의 명판 및 안전 경고 표시 위치도
 ⑫ 발전소 비상 연락망
   (가) 사업주, 현지 관리인
   (나) 시공사 담당자, 발전소 기술 담당자 및 지역한전 담당자
   (다) 전기안전 관리사, 송·배전반 담당자, 접속반 담당자 및 인버터 담당자(회사)

(2) 발전시스템 운영 및 관리

① 발전시스템에 대한 점검을 실시하고 관리를 통해 가동 중인 발전소 성능이 요구된 제반 기술기준에 적합하게 유지되도록 한다.
② 모듈, 인버터, 수배전반에 이르기까지 전반적인 성능이 건설 과정에서의 사용 전 검사에 합격한 상태로 유지되고 있는지를 주기적으로 점검함을 목표로 한다.
③ 주기적인 정기 점검 내용 및 조치 사항은 다음 표 7-1과 같다.

표 7-1 점검 내용 및 조치 사항

주 기	점검 내용	조치 사항
일간	• 모듈 주위에 그림자가 발생하는 물체 여부 • 설치된 모듈 주변에 폭발 및 화재 위험 가능성이 있는 물체 여부 • 각종 게시판의 이상 여부	제거 및 이동
주간	• 모듈 표면 파손 여부 • 모듈 표면에 불순물 존재 여부 • 구조물 및 전선의 이상 여부	• 모듈 교체 제거 • 물 청소
월간	• 모듈 외부의 변형 발생 여부 • 모듈 결선상 탈선된 부분 여부 • 구조물의 결합 상태와 외관상 변형의 이상 여부 • 접속함 내부 상태 이상 여부 • 건축물 이상 여부	• 모듈 교체 • 이상 부품 교체 • 외관 검사와 부분 계측 검사 후 처리
연간	• 모듈과 구조물 간에 이격 발생 여부 • 모듈 내부 및 외부에 부식 발생 여부 • 정기 점검 규정 수준으로 각종 검사 및 측정 확인	• 조임 및 보정 • 모듈 교체 • 계측

(3) 태양광 모듈 취급 시 주의 사항

① 모듈은 견고하게 제작되었지만, 공구나 어떤 물체에 의해 충격을 받으면 유리가 깨질 수 있고, 발전을 하지 않을 수 있으니 주의해야 한다.
② 시스템 설치는 자격이 있는 전문 기업이나 전문가에 의해 설치되어야 한다.
③ 프레임은 특수 코팅된 알루미늄으로 다른 구조물과 마찰 시 코팅이 벗겨져 추후 프레임에 녹 발생이나 강도 약화 등 이상이 발생할 수 있으므로 설치나 관리 시 주의가 필요하다.
④ 모듈 후면의 백 시트 손상에 유의해야 한다. 특히 날카로운 공구로 백 시트에 손상을 입히면 안전사고의 위험이 발생할 수 있다.
⑤ 모듈이 지저분하거나, 바로 청소가 되지 않을 때는 부드러운 천을 사용하여 물이나 중성 세정제를 이용하여 청소해 둔다.

⑥ 모듈 후면을 청소할 때는 백 시트에 물이나 세제가 침투하지 않도록 주의가 필요하다.
⑦ 1년에 한 번 정도 모듈 결선을 확인한다.
⑧ 전선이 늘어지면 모듈 또는 어레이에 피해를 줄 수 있다.

(4) 모듈 설치 시 확인 사항

① 모듈의 프레임과 지지대 사이는 약간의 간격을 두고 설치되어야 하는데, 그렇게 되었는지 확인하여야 하며, 공기 순환을 위해 그 사이를 밀봉하지 말아야 한다.
② 모듈이 최적의 발전을 할 수 있도록 남향을 유지하고 경사각을 고려해야 한다.
③ 낮 시간이 가장 짧은 날 기준으로 오전 9시에서 오후 3시까지 부분적인 그림자가 지지 않도록 장소를 선택해야 한다.
④ 모듈의 지지대는 눈 또는 바람에 견딜 수 있어야 하고, 쉽게 부식되지 않아야 한다.
⑤ 정기적으로 고정나사 볼트 조임을 검사하여 풀렸을 경우 다시 조여야 한다.

(5) 모듈 배선의 일반 사항

① 모듈에는 바이패스 다이오드가 내장되어 있는데 축전지의 극성을 확인한 후 배선해야 한다.
② 모듈의 최대 허용전압/전류는 '개방전압/단락전류'이므로 이를 고려한 빛에 강한 케이블과 압착단자를 사용해야 한다.
③ 모듈을 직렬로 연결하여 사용할 때 동일한 모델, 동일한 출력 제품을 사용하여야 한다.
④ 모듈 배선의 외피 상태를 확인하여 변색 또는 경화현상이 일어났는지 확인하고, 발생하였을 경우 즉시 교체한다.
⑤ 모듈 배선의 상태를 확인하여 적절하게 유지하고 있는지 확인한다.
 ㈎ 적절한 타이 결속 상태, 늘어짐 등
 ㈏ 단자 결속 상태, 꼬임 및 구조물 사이 끼임
 ㈐ 햇빛 노출 여부, 바람의 영향 등

1-2 전기허가증 발급 방법

(1) 용어의 정의

① 전기사업 : 발전사업·송전사업·배전사업·전기판매사업 및 구역전기사업을 말한다.
② 전기사업자 : 발전사업자·송전사업자·배전사업자·전기판매사업자 및 구역전기사업자를 말한다.
③ 발전사업 : 전기를 생산하여 이를 전력시장을 통하여 전기판매사업자에게 공급하는 것을 주된 목적으로 하는 사업을 말한다.

④ 발전사업자 : 발전사업의 허가를 받은 자를 말한다.
⑤ 송전사업 : 발전소에서 생산된 전기를 배전사업자에게 송전하는 데 필요한 전기설비를 설치·관리하는 것을 주된 목적으로 하는 사업을 말한다.
⑥ 송전사업자 : 제7조 제1항에 따라 송전사업의 허가를 받은 자를 말한다.
⑦ 배전사업 : 발전소로부터 송전된 전기를 전기사용자에게 배전하는 데 필요한 전기설비를 설치·운용하는 것을 주된 목적으로 하는 사업을 말한다.
⑧ 배전사업자 : 배전사업의 허가를 받은 자를 말한다.
⑨ 전기판매사업 : 전기사용자에게 전기를 공급하는 것을 주된 목적으로 하는 사업을 말한다.
⑩ 전기판매사업자 : 전기판매사업의 허가를 받은 자를 말한다.
⑪ 구역전기사업 : 대통령령으로 정하는 규모 이하의 발전설비를 갖추고 특정한 공급구역의 수요에 맞추어 전기를 생산하여 전력시장을 통하지 아니하고 그 공급구역의 전기사용자에게 공급하는 것을 주된 목적으로 하는 사업을 말한다.
⑫ 전력시장 : 전력거래를 위하여 제35조에 따라 설립된 한국전력거래소가 개설하는 시장을 말한다.
⑬ 전력계통 : 전기의 원활한 흐름과 품질 유지를 위하여 전기의 흐름을 통제·관리하는 체제를 말한다.
⑭ 전기설비 : 발전·송전·변전·배전 또는 전기 사용을 위하여 설치하는 기계·기구·댐·수로·저수지·전선로·보안통신선로 및 그 밖의 설비로서 다음 각 목의 것을 말한다.
　㈎ 전기사업용전기설비
　㈏ 일반용전기설비
　㈐ 자가용전기설비
⑮ 전선로 : 발전소·변전소·개폐소 및 이에 준하는 장소와 전기를 사용하는 장소 상호 간의 전선 및 이를 지지하거나 수용하는 시설물을 말한다.
⑯ 전기사업용전기설비 : 전기설비 중 전기사업자가 전기사업에 사용하는 전기설비를 말한다.
⑰ 일반용전기설비 : 산업통상자원부령으로 정하는 소규모의 전기설비로서 한정된 구역에서 전기를 사용하기 위하여 설치하는 전기설비를 말한다.
⑱ 자가용전기설비 : 전기사업용전기설비 및 일반용전기설비 외의 전기설비를 말한다.
⑲ 안전관리 : 국민의 생명과 재산을 보호하기 위하여 이 법에서 정하는 바에 따라 전기설비의 공사·유지 및 운용에 필요한 조치를 하는 것을 말한다.

(2) 전기사업의 허가(전기사업법 제7조)

① 전기사업을 하려는 자는 전기사업의 종류별로 산업통상자원부장관의 허가를 받아야 한다. 허가받은 사항 중 산업통상자원부령으로 정하는 중요 사항을 변경하려는 경우에도 또한 같다.

② 산업통상자원부장관은 전기사업을 허가 또는 변경허가를 하려는 경우에는 전기위원회의 심의를 거쳐야 한다.

③ 동일인에게는 두 종류 이상의 전기사업을 허가할 수 없다.
다만, 대통령령으로 정하는 경우에는 그러하지 아니하다.

> **○ 두 종류 이상의 전기사업의 허가(시행령 제3조)**
> 동일인이 두 종류 이상의 전기사업을 할 수 있는 경우는 다음 각호와 같다.
> 1. 배전사업과 전기판매사업을 겸업하는 경우
> 2. 도서 지역에서 전기사업을 하는 경우
> 3. 집단에너지사업법 제48조에 따라 발전사업의 허가를 받은 것으로 보는 집단에너지사업자가 전기판매사업을 겸업하는 경우
>   다만, 같은 법 제9조에 따라 허가받은 공급구역에 전기를 공급하려는 경우로 한정한다.

④ 산업통상자원부장관은 필요한 경우 사업구역 및 특정한 공급구역별로 구분하여 전기사업의 허가를 할 수 있다. 다만, 발전사업의 경우에는 발전소별로 허가할 수 있다.

⑤ 전기사업의 허가기준은 다음 각호와 같다. (시행일 2015. 1. 16)
  ㈎ 전기사업을 적정하게 수행하는 데 필요한 재무능력 및 기술능력이 있을 것
  ㈏ 전기사업이 계획대로 수행될 수 있을 것
  ㈐ 배전사업 및 구역전기사업의 경우 둘 이상의 배전사업자의 사업구역 또는 구역전기사업자의 특정한 공급구역 중 그 전부 또는 일부가 중복되지 아니할 것
  ㈑ 구역전기사업의 경우 특정한 공급구역의 전력수요의 50% 이상으로서 대통령령으로 정하는 공급능력을 갖추고, 그 사업으로 인하여 인근 지역의 전기사용자에 대한 다른 전기사업자의 전기공급에 차질이 없을 것

> **○ 대통령령으로 정하는 공급능력(시행령 제4조 제1항)**
> 해당 특정한 공급구역의 전력 수요의 60% 이상의 공급능력을 말한다.

  ㈒ 발전소나 발전연료가 특정 지역에 편중되어 전력 계통의 운영에 지장을 주지 아니할 것

(ㅂ) 그밖에 공익상 필요한 것으로서 <u>대통령령으로 정하는 기준</u>에 적합할 것

> ○ 대통령령으로 정하는 기준(시행령 제4조 제2항)
> 1. 발전소가 특정 지역에 편중되어 전력 계통의 운영에 지장을 주지 아니할 것
> 2. 발전연료가 어느 하나에 편중되어 전력 수급에 지장을 주지 아니할 것

(사) 제(가)항에 따른 허가의 세부기준 · 절차와 그밖에 필요한 사항은 산업통상자원부령으로 정한다.

(3) 결격사유(전기사업법 제8조)
① 다음 각호의 어느 하나에 해당하는 자는 전기사업의 허가를 받을 수 없다. (시행일 2016. 7. 28)
  (가) 피성년후견인

  피성년후견인(被成年後見人) : 질병, 장애, 노령, 그 밖의 사유로 인한 정신적 제약으로 사무를 처리할 능력이 지속적으로 결여된 사람으로서, 가정법원으로부터 성년후견개시의 심판을 받은 사람(민법 9조)

  (나) 파산선고를 받고 복권되지 아니한 자
  (다) "형법상" 전기에 관한 죄를 짓거나, 법을 위반하여 금고 이상의 실형을 선고받고 그 집행이 끝나거나 집행이 면제된 날부터 2년이 지나지 아니한 자
  (라) 제3호에 규정된 죄를 지어 금고 이상의 형의 집행유예선고를 받고 그 유예기간 중에 있는 자
  (마) 전기사업의 허가가 취소된 후 2년이 지나지 아니한 자
  (바) 제1호부터 제5호까지의 어느 하나에 해당하는 자가 대표자인 법인

(4) 사업허가의 신청(시행규칙 제4조)
① 전기사업의 허가를 신청하려는 자는 전기사업허가신청서에 다음 각호의 서류를 첨부하여 산업통상자원부장관에게 제출하여야 한다.
  (가) 사업계획서
  (나) 정관, 대차대조표 및 손익계산서(신청자가 법인인 경우)
  (다) 신청자의 주주명부(발전설비용량 3000 kW 이하인 신청자는 제외한다)
② 다만, 발전설비용량이 3000 kW 이하인 발전사업의 허가를 받으려는 자는 특별시장 · 광역시장 · 특별자치시장 · 도지사 또는 특별자치도지사에게 제출하여야 한다.

(5) 변경허가사항 등(시행규칙 제5조)

허가받은 사항 중 산업통상자원부령으로 정하는 중요 사항을 변경하려는 경우, 중요 사항이란 다음 각호의 사항을 말한다.
① 사업구역 또는 특정한 공급구역
② 공급전압
③ 발전사업 또는 구역전기사업의 경우 발전용 전기설비에 관한 다음 각 어느 하나에 해당하는 사항
  (가) 설치 장소(동일한 읍·면·동에서 설치 장소를 변경하는 경우는 제외한다)
  (나) 설비 용량(변경 정도가 허가 또는 변경허가를 받은 설비 용량의 100분의 10 이하인 경우는 제외한다)
  (다) 원동력의 종류(허가 또는 변경허가를 받은 설비 용량이 30만kW 이상인 발전용 전기설비에 신·재생에너지를 이용하는 발전용 전기설비를 추가로 설치하는 경우는 제외한다)

(6) 사업허가증(시행규칙 제6조)

① 산업통상자원부장관 또는 시·도지사는 전기사업에 대한 허가를 하는 경우에는 사업허가증을 발급하여야 한다.
② 여기서, 시·도지사는 발전설비 용량이 3000 kW 이하인 발전사업의 경우로 한정한다.

(7) 허가의 심사기준(시행규칙 제7조)

① 재무능력의 심사기준은 다음과 같다.
  (가) 다음 [별표] 7-1 제1호 차 목의 소요금액 및 재원조달계획이 구체적이며 실현 가능할 것
  (나) 다음 [별표] 7-1의2 제1호 가 목에 따른 신용평가가 양호할 것
② 기술능력의 심사기준은 다음과 같다.
  (가) 다음 [별표] 7-1 제1호 라 목 및 마 목의 전기설비 건설계획 및 운영계획이 구체적이며 실현 가능할 것
  (나) 제1호에 따른 전기설비를 건설하고 운영할 수 있는 기술인력 확보계획이 구체적으로 제시되어 있을 것
③ 전기사업이 계획대로 수행될 수 있는지에 대한 심사기준은 다음 각호와 같다.
  (가) 전기설비 건설 예정 지역의 수용 정도가 높을 것
  (나) 다음 [별표] 1 제1호 바 목부터 자 목까지의 계획이 구체적이며 실현 가능할 것
  (다) 발전소를 적기에 준공하고, 발전사업을 지속적·안정적으로 운영할 수 있을 것
④ 산업통상자원부장관은 제1항부터 제3항까지의 규정에 따른 세부심사기준을 정하여 고시한다.

[서식] 7-1 사업허가증

사 업 허 가 증

제   호

(발전, 구역전기) 사업허가증

1. 성명(대표자) :   생년월일 :
2. 상 호 :
3. 소재지 :
4. 사업의 내용 :
   사업장소 :
5. 사업규모
   ○ 원동력의 종류 :
   ○ 설비용량 :   MW, 공급전압 :   KV, 주파수 :   HZ
6. 특정공급구역 :
7. 사업준비기간 :
8. 허가조건 :
9. 기타 :

「전기사업법」 제7조 및 같은 법 시행규칙 제6조에 따라 위와 같이 (   ) 사업을 허가합니다.

년   월   일

산업통상자원부장관
시 · 도지사   [직인]

※ 작성방법
 1. 이 서식은 발전·구역전기 사업의 허가에 사용됩니다.
 2. 발전사업은 6번란을 적지 않습니다.
 3. 6번란, 8번란 및 9번란에 적는 사항은 별지로 작성하여 발급할 수 있습니다.

[별표] 7-1 사업계획서 작성방법

사업계획서 작성방법(제4조 1항 1호 관련)

1. 사업계획에 포함되어야 할 사항

   가. 사업 구분

   나. 사업계획 개요(사업자명, 전기설비의 명칭 및 위치, 발전형식 및 연료, 설비용량, 소요부지면적, 준비기간, 사업개시 예정일 및 운영기간을 포함한다)

   다. 전기설비 개요

   라. 전기설비 건설 계획(구체적인 주요공정 추진 일정 및 건설인력 관련 계획을 포함한다)

   마. 전기설비 운영 계획(기술인력의 확보 계획을 포함한다)

   바. 부지의 확보 및 배치 계획[석탄을 이용한 화력발전의 경우 회(灰)처리장에 관한 사항을 포함한다]

   사. 전력 계통의 연계 계획(발전사업 및 구역전기사업의 경우만 해당한다)

   아. 연료 및 용수 확보 계획(발전사업 및 구역전기사업의 경우만 해당한다)

   자. 온실가스 감축계획(화력발전의 경우만 해당한다)

   차. 소요금액 및 재원조달계획(「전기사업회계규칙」의 계정과목 분류에 따른 공사비 개괄 계산서를 포함한다)

   카. 사업개시 예정일부터 5년간 연도별·용도별 공급계획(전기판매사업 및 구역전기사업의 경우에만 해당한다)

2. 제1호 다 목의 전기설비 개요에 포함되어야 할 사항

   가. 발전설비

   1) 수력설비

      가) 저수지 또는 조정지(調整池)의 전용량, 유효용량, 계획 홍수량, 이용 수심, 수차의 종류, 출력, 회전수 및 대수

      나) 댐, 취수구 및 방수구의 위치

      다) 최대 및 상시 첨두별 유효낙차

   2) 화력설비

      가) 가스터빈 또는 증기터빈의 종류, 정격출력, 정격전압, 주파수, 수증기 정지밸브의 입구 압력 및 온도

      나) 보일러의 종류, 증발량, 출구의 압력 및 온도와 대수

      다) 연료의 종류

3) 원자력설비

   가) 원자로의 형식·열출력 및 기수, 연료의 종류 및 초기 농축도 원자로의 제어방식

   나) 증기터빈의 종류, 정격출력, 정격전압, 주파수, 수증기 정지밸브의 입구 압력 및 온도

4) 풍력설비

   가) 최대·상시 풍속, 풍차의 운전(시동·정격 및 정지) 풍속, 풍차의 회전수·직경, 회전날개의 수·길이 및 지주의 높이

   나) 발전기의 종류 및 정격출력, 정격전압, 주파수

5) 태양광설비

   가) 태양전지의 종류, 정격용량, 정격전압 및 정격출력

   나) 인버터(inverter)의 종류, 입력전압, 출력전압 및 정격출력

   다) 집광판의 면적

6) 그 밖의 신에너지 및 재생에너지설비의 경우에는 원동력의 종류 및 정격출력, 공급 전압, 주파수, 설비별 제원 등

나. 송전·변전설비

1) 변전소의 명칭 및 위치, 변압기의 종류·용량·전압·대수
2) 송전선로의 명칭·구간 및 송전 용량
3) 개폐소의 위치
4) 송전선의 종류·길이·회선 수 및 굵기의 1회선당 조수(條數)

[별표] 7-1의2 사업계획서 구비서류

사업계획서 구비서류

구 분	구비서류
1. 재무능력 관련	가. 신청자에 대한 신용평가의 의견서 나. 재원조달계획 관련 증명서류
2. 기술능력 관련	가. 전기설비 건설 및 운영 계획 관련 증명서류
3. 계획에 따른 수행 가능 여부 관련	가. 발전설비 건설 예정지역 관할 지방자치단체의 발전설비와 접속설비 건설에 대한 의견서(발전설비용량이 1만 kW 초과인 신청자만 해당한다. 나. 발전기의 전력계통 접속에 따른 영향에 관한 한국전력공사의 의견서(발전설비용량이 1만 kW 초과인 신청자만 해당한다) 다. 송전관계 일람도 라. 부지의 확보 및 배치 계획 관련 증명서류 마. 연료 및 용수 확보 계획 관련 증명서류 바. 신청자의 과거 발전설비 준공, 포기 또는 지연 이력 및 운영 실적 사. 사업 개시 예정일부터 5년 동안의 연도별 예상 사업 손익 산출서

4. 그 밖의 사항 관련	가. 사업구역의 경계를 명시한 5만분의 1 지형도
	   (배전사업의 허가를 신청하는 경우만 해당한다)
	나. 특정한 공급구역의 위치 및 경계를 명시한 5만분의 1 지형도
	   (구역전기사업의 허가를 신청하는 경우만 해당한다)
	다. 발전원가명세서(발전사업 또는 구역전기사업의 허가를 신청하는 경우만 해당한다)

[비고]
1. 발전설비용량이 200 kW 초과 3천kW 이하인 발전사업의 허가를 신청하는 경우는 2호 가.목, 3호 다.목, 4호 다.목 및 라.목에 따른 서류만 제출한다.
2. 발전설비용량이 200 kW 이하인 구역전기사업의 허가를 신청하는 경우는 제4호 나.목에 따른 서류만 제출하며, 발전설비용량이 200 kW 이하인 발전사업허가를 신청하는 경우로서 구역전기사업의 허가 외의 허가를 신청하는 경우에는 위 표의 구비서류를 제출하지 아니한다.

(8) 전기설비의 설치 및 사업의 개시 의무(전기사업법 제9조)

① 전기사업자는 산업통상자원부장관이 지정한 준비기간에 사업에 필요한 전기설비를 설치하고 사업을 시작하여야 한다.

② ㈎항에 따른 준비기간은 10년을 넘을 수 없다.

다만, 산업통상자원부장관이 정당한 사유가 있다고 인정하는 경우에는 준비기간을 연장할 수 있다.

③ 산업통상자원부장관은 전기사업을 허가할 때 필요하다고 인정하면 전기사업별 또는 전기설비별로 구분하여 준비기간을 지정할 수 있다.

④ 전기사업자는 사업을 시작한 경우에는 지체 없이 그 사실을 산업통상자원부장관에게 신고하여야 한다.

> **○ 사업개시 신고(시행규칙 제8조)**
> 1. 사업개시의 신고를 하려는 자는 별지 제6호 서식의 사업개시 신고서를 산업통상자원부장관 또는 시·도지사에게 제출하여야 한다.
> 2. 여기서, 시·도지사는 발전설비용량이 3000 kW 이하인 발전사업의 경우로 한정한다.

서식 7-2 사업개시 신고서

사업개시 신고서			
접수번호	접수일자	처리기간	14일
신고인	대표자 성명	생년월일	
	주소		
	상호	전화번호	
	소재지		
신고내용	사업개시 연월일		
	사업내용		

「전기사업법」 제9조 제4항 및 같은 법 시행규칙 제8조에 따라 위와 같이 사업개시를 신고합니다.

년   월   일

신고인   (서명 또는 인)

산업통상자원부장관
시·도지사   귀하

첨부서류	사업개시를 증명할 수 있는 서류	수수료 없음

처리절차

신고서 작성 및 제출 ⇒ 접 수 ⇒ 신고 수리
신고인   산업통상자원부   산업통상지원부
               시·도   시·도

※ 작성방법 : 「전기사업법」 제9조 제3항에 따라 전기사업별 또는 전기설비별로 구분하여 적습니다.
(전기사업별 또는 전기설비별로 구분하여 준비기간을 지정받은 경우만 해당합니다)

2. 태양광발전 시스템의 운전

2-1 발전시스템 운영체계 및 운영 매뉴얼

(1) 발전시스템 운영체계

① 현장관리인과 전기안전관리자 부분
　(가) 현장관리인 : 발전소 구내 보안 및 미화 작업
　(나) 전기안전관리자 : 전기설비의 공사·유지 및 운용에 관한 안전관리 업무 수행
② 시스템 감시 및 초계(patrol) 부분
　(가) 시설 감시 및 경계
　(나) 정기 점검 및 긴급출동
　(다) 안전진단 및 효율 확인
③ 법인 유지 관리 업무

(2) 발전시스템 운영 매뉴얼

표 7-2 발전시스템 운영 매뉴얼

구 분		운영 매뉴얼
공통	시설용량 및 발전량	• 설치된 태양광발전설비의 용량은 부하의 용도 및 적정사용량을 합산하여 월평균 사용량에 따라 결정된다. • 태양광발전설비의 발전량은 봄, 가을에 많으며 여름과 겨울에는 기후 여건에 따라 현저하게 감소한다. 그러나 박막형은 온도에 덜 민감하다.
관리	모듈	• 모듈 표면은 특수 처리된 강화유리로 되어 있어 강한 충격이 있을 시 파손될 수 있다. • 모듈 표면에 그늘이 지거나 나뭇잎 등이 떨어진 경우 전체적인 발전효율이 저하되며, 황사나 먼지, 공해물질은 발전량 감소의 주요인으로 작용한다. • 고압 분사기를 이용하여 정기적으로 물을 뿌려 주거나 부드러운 천으로 이물질을 제거해 주면 발전효율을 높일 수 있다. 이때 모듈 표면에 흠이 생기지 않도록 주의해야 한다. • 모듈 표면의 온도가 높을수록 발전효율이 저하되므로 태양광에 의해 모듈 온도가 상승할 경우에는 정기적으로 물을 뿌려 온도를 조절해 주면서 발전효율을 높일 수 있다. • 풍압이나 진동으로 인해 모듈과 형강의 체결 부위가 느슨해지는 경우가 있으므로 정기적으로 점검해야 한다.

구분		운영 매뉴얼
관리	인버터 및 접속함	• 태양광발전설비의 고장 요인은 대부분 인버터에서 발생하므로 정기적으로 정상 가동 여부를 확인해야 한다. • 접속함에는 역류방지 다이오드, 차단기, T/D, CT, DT 단자대 등이 내장되어 있으니 누수나 습기 침투 여부에 대한 정기적 점검이 필요하다.
	구조물 및 전선	• 구조물이나 구조물 접합자재는 아연용융도금이 되어 있어 녹이 슬지 않지만 장기간 노출될 경우에는 녹이 스는 경우도 있다. • 부분적인 발청(녹 발생) 현상이 있을 경우 페인트, 은분, 스프레이 등으로 도포 처리를 해 주면 장기간 안전하게 사용할 수 있다. • 전선 피복부나 연결부에 문제가 없는지 정기적으로 점검하고 문제가 발생한 경우 반드시 보수해야 한다.
응급조치		• 태양광발전설비가 작동되지 않는 경우 ① 접속함 내부 차단기 개방(off) ② 인버터 개방(off) 후 점검하며, 점검 후에는 역으로 ②, ①의 순서로 투입(on)

2-2 발전시스템 운전조작 방법

표 7-3 계통연계 시 운전조작 방법

구분	운전 시 조작	정전 시 조작
(가)↓	주 차단기(main VCB)반 전압 확인	• 주 차단기(main VCB)반 전압 확인 • 정전 여부 확인 • 부저 차단(off)
(나)↓	• 접속반 직류전압 확인 • 인버터 직류전압 확인	인버터 정지 상태 확인
(다)↓	• 직류용 차단기 on • 교류 측 차단기 on	한전 전력계통 복구 여부 확인
(라)↓	인버터 정상 동작 확인	• 인버터 직류전압 확인 후 • 운전 시 조작 방법에 의한 재가동

2-3 발전시스템의 분류

태양광발전 시스템은 시스템의 구성 및 부하의 종류에 따라 다음과 같이 3가지로 분류된다.

① 독립형   ② 계통연계형   ③ 하이브리드(hybrid)형

(1) 독립형 시스템(stand-alone system)
① 상용 전력계통으로부터 독립되어 독자적으로 전력을 공급하는 태양광발전 시스템을 말한다.
② 외딴 섬과 같이 전기가 들어오지 않는 지역에서 태양광발전으로만 전기를 공급하는 방식이다.
③ 주요 구성 요소
   (개) 태양광 모듈 : 직류전력 생산
   (내) 축전설비 : 충·방전장치 및 축전지로 구성되며, 야간, 악천후에도 쓰기 위한 전기를 저장
   (대) 인버터 : 발전된 직류를 교류로 전환
④ 시스템의 구분
   (개) DC만을 공급하는 시스템
   (내) 인버터를 통해 AC만을 공급하는 시스템

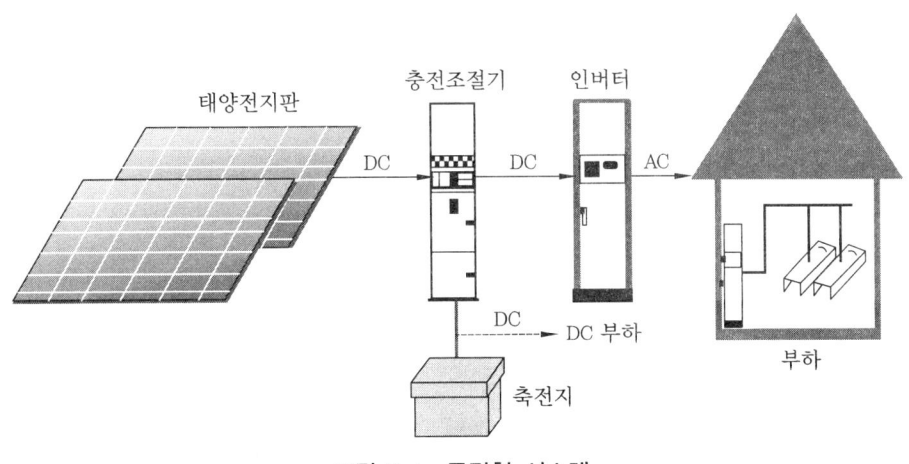

그림 7-1 독립형 시스템

(2) 계통연계형 시스템(grid-connected system)
① 상용 전력계통과 병렬로 접속되어 발전된 전력을 계통으로 내보내거나 계통으로부터 전력을 공급받는 태양광발전 시스템을 말한다.
   (개) 심야나 악천후처럼 태양광 전기를 공급받을 수 없을 때는 기존 전력시스템으로부터 전기를 공급받는다.
   (내) 태양광발전으로 얻은 전기가 남을 때에는 전력회사로 보낼 수도 있다.

② 축전설비가 불필요하다.
③ 주택용, 빌딩용 및 대규모 상업용 발전소에 이르기까지 다양하게 이용되고 있다.

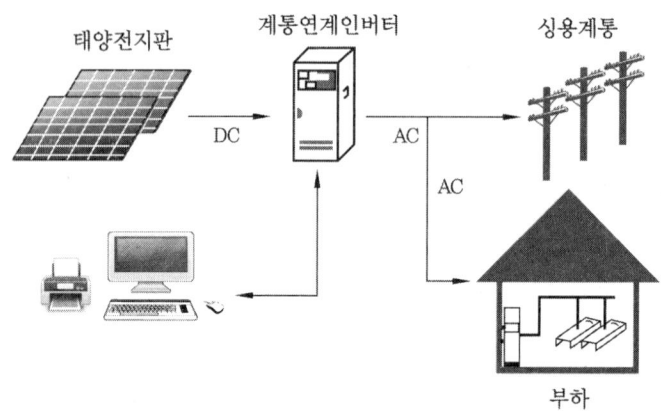

그림 7-2 계통연계형 시스템

(3) 하이브리드(hybrid)형 시스템
① 태양광발전 시스템에 풍력발전, 열병합발전, 디젤발전 등의 타 에너지원의 발전시스템을 결합하여 전력저장, 부하 혹은 상용계통에 전력을 공급하는 시스템이다.
② 시스템 구성 및 부하 종류에 따라 계통연계형 및 독립형 시스템에 모두 적용 가능하다.

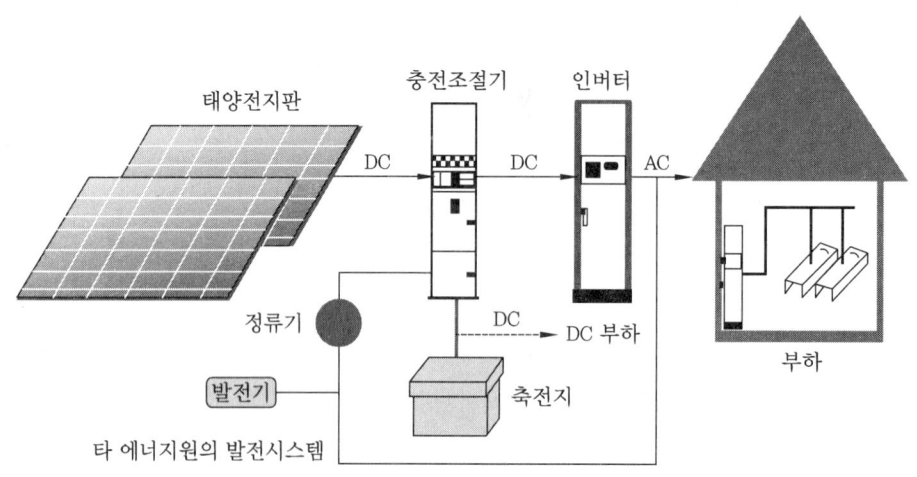

그림 7-3 하이브리드형 시스템

2-4 태양광발전 시스템 운영 점검사항

(1) 개요
① 발전시스템은 무인에 의한 자동운전을 하는 것을 전제로 설계·제작되어 있기 때문에, 기본적으로 일상적인 보수 점검은 불필요하다.
② 발전시스템은 법적으로 발전설비이고, 또 발전설비를 둘러싼 주위는 발전소로 취급되어 자가용 전기시설물의 경우에는 법규 등에 따라서 정기적인 점검이 의무화되어 있다.

(2) 보수 점검 항목과 유의 사항
① 태양전지 어레이
  (가) 태양전지 모듈은 통상 특별한 관리는 불필요하지만, 1년 또는 수년에 한 번씩 모듈의 오염, 유리의 금이 간 부분의 손상에 관하여 육안으로 점검을 실시하고, 똑같이 가대와 태양전지 모듈의 장치 부위에 완만함 등을 점검하는 것이 좋다.
  (나) 필요에 따라서 절연저항을 측정하는 경우도 있다.
  (다) 가대에 관해서는 특별한 관리는 불필요하지만 녹의 발생, 손상의 유무, 심하게 조인 부분의 완만함 등에 관해서 1년 내지 수년에 한 번 정도의 점검을 하는 것이 좋다.
  (라) 또 접지저항의 측정도 똑같은 빈도로 하는 것이 바람직하다.
  (마) 어레이의 일상·정기법정점검 내용은 다음 표 7-4와 같다.

표 7-4 어레이의 일상·정기법정점검

기기명	점검 부위	점검 종류	주 기	점검 내용
• 태양전지 • 가대 • 접속함	• 모듈 • 가대 • MCB • 서지 옵서버	일상점검	1개월	외관 점검
		정기법정 점검	설치 후 1~4년	• 외관 점검 • 각부의 청소 • 볼트배선 등의 이완 • 절연저항 측정 • 태양전지 출력전압·전류 측정

② 인버터 및 연계보호장치 : 인버터 및 연계보호장치는 모두 정지 기기이기 때문에 정기적으로 부품의 교체 등 복잡한 작업을 행할 필요가 없지만, 장기적으로 안전하게 사용하기 위해서는 아래와 같은 보수 점검을 행할 필요가 있다.

(가) 인버터의 일상 · 정기법정점검

표 7-5 인버터의 일상 · 정기법정점검

기기명	점검 부위	점검 종류	주 기	점검 내용
인버터	• 인버터 주회로 • 제어보드 • 냉각용 팬 • 서지 옵서버 • 각종 제어용 전원 • 전자 접촉기 • 각종 저항기 • LCD 표시기	일상점검	1개월	• 외관 점검(이음, 이취) • 상태표시 LED 확인 • 내부 수납기기 탈락 파손 · 변색
		정기법정점검	설치 후 1~4년	• 외관 점검 • 커넥터 접속 상태 점검 • 절연저항 측정 • 냉각용 팬 운전 상태 점검 • 서지 옵서버 상태 육안 점검 • 제어 전원 전압 측정 • 전자 접촉기 육안 점검 • 기타 점검 청소 • 보호요소 동작 특성, 시한 특성 측정 • 인버터 전해 콘덴서 냉각용 팬 점검 • 인버터 본체 냉각용 팬 점검

(나) 연계보호장치의 일상 · 정기법정점검

표 7-6 연계보호장치의 일상 · 정기법정점검

기기명	점검 부위	점검 종류	주 기	점검 내용
연계보호장치	• 보호 릴레이 • 트랜스듀서 • 제어 전원 • 보조 릴레이 • 냉각팬 • 히터	일상점검	1개월	• 외관 점검 • 보호 릴레이 • 디지털 미터 표시 • 무정전 전원 장치 • 축전지 일 충전 상태 • 내부 수납기기 탈락 · 파손 · 변색 • 조명 • 팬히터 동작
		정기법정점검	설치 후 1~4년	• 외관 점검 • 외부 청소 • 볼트 배선 등 느슨함 • 환기공 필터 점검 • 절연저항 측정

3. 태양광발전 시스템 계측

3-1 계측기구·표시장치의 구성 요소 및 취급

(1) 계측·표시의 목적

목적은 얻어지는 데이터의 사용 목적에 따라 4가지로 분류한다.
① 시스템의 운전 상태를 감시하기 위한 계측·표시
② 시스템 기기 및 시스템 종합평가를 위한 계측
③ 시스템의 운전 상황 및 홍보를 위한 계측·표시
④ 시스템에 의한 발전 전력량을 알기 위한 계측

(2) 계측기구·표시장치의 취급 시 주의 사항

① 계측의 목적에 따라 계측점, 계측의 정도, 계측의 취급 방법이 다르다.
② 계측의 샘플링 주기나 연산을 적절하게 하지 않으면 계측오차가 발생하는 요인이 된다.
③ 계측·표시장치의 계획 시에는 기기 선택이나 시스템의 설계에 충분한 주의가 필요하다.

(3) 계측·표시장치 시스템의 구성 요소

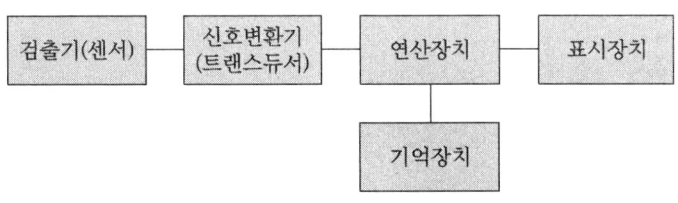

그림 7-4 시스템의 구성 요소

① 검출기(센서 : sensor)
  ㈎ 직류회로의 전압, 전류 검출 시에는 직접 또는 분압기, 분류기를 사용한다.
  ㈏ 교류회로의 전압, 전류, 전력, 역률 및 주파수의 계측은 직접 또는 PT, CT를 통하여 검출하고, 지시계기 또는 신호변환기 등에 신호를 공급한다.
  ㈐ 일사강도, 기온, 어레이의 온도, 풍속, 풍향 및 습도 등의 검출기를 필요에 따라 설치한다.

② 신호변환기(트랜스듀서 : transducer)
　㈎ 검출기로 검출된 데이터를 컴퓨터 및 먼 거리에 설치한 표시장치에 전송하는 경우에 사용한다.
　㈏ 신호변환기의 출력신호는 입력신호 0~100%에 대하여 0~5 V, 4~20 mA 등 여러 가지 것이 시판되고 있으므로 그중에서 최적의 것을 선택한다.
　㈐ 신호출력은 노이즈가 혼입되지 않도록 실드선을 사용하여 전송한다.
③ 연산장치
　㈎ 연산장치에는 직류전력처럼 검출 데이터를 연산하지 않으면 안 되는 것에 사용하는 것과 일시 계측데이터를 적산하여 일정 기간마다 평균값 또는 적산값을 얻는 것이 있다.
　㈏ 필요로 하는 데이터가 많을 경우에는 컴퓨터를 사용하여 연산한다.
④ 기억장치
　㈎ 기억장치는 연산장치로서 컴퓨터를 사용하는 경우에는 그 메모리 기능을 활용하여 기억한다.
　㈏ 필요하면 CD 또는 USB 등에 데이터를 복사하여 보존하는 방법이 일반적이다.
　㈐ 최근에는 계측장치 자체에 기억장치가 있는 것이 시판되고 있다.
⑤ 표시장치
　㈎ 시스템의 현재 발전전력이나 당일 발전전력량 등을 표시한다.
　㈏ 최근에는 액정 모니터 등 얇은 형태의 표시장치를 사용한다.

(4) 계측을 위한 소비전력
① 주택용의 경우 컴퓨터 등을 사용하여 계측하면 약 600 Wh/일의 전력을 소비하게 된다.
② 3 kW의 주택용 시스템에서는 평균적으로 1일 발전전력량의 약 5% 이상을 소비하는 것이 된다.
③ 소규모 시스템의 경우 계측 항목을 필요 최저한으로 줄이는 것이 중요하다.

(5) 주택용 태양광발전 시스템
① 전력회사에서 공급받는 전력량과 설치자가 전력회사로 역조류한 잉여전력량을 계량하기 위해 2대의 전력량계가 설치되어야 한다.
　㈎ 수전용 전력량계
　㈏ 잉여전력용 전력량계
② 주택용 파워컨디셔너는 운전 상태를 감시하기 위해 발전전력 검출 기능과 그 계측 결과를 표시하기 위한 LED나 액정디스플레이 등의 표시장치를 갖추고 있다.

③ 최근에는 파워컨디셔너와는 별도로 표시장치를 설치하고, 거실 등 떨어진 위치에서 시스템의 운전 상태를 모니터링하는 제품 및 CO_2의 삭감량 표시 기능이 있는 제품 등이 다양하게 개발되고 있다.

3-2 태양광발전 모니터링 시스템

(1) 개요
① 모니터링 시스템은 태양광발전설비 설치 및 응용프로그램 설치에 관해 적용한다.
② 역할 및 목적
   (가) 목적 : ㉠ 운전상태 감시   ㉡ 발전량 확인   ㉢ 데이터 수집
   (나) 다음과 같은 감시제어 역할을 수행, 효율적인 전기설비의 관리와 에너지 절감을 도모하는 것이다.
      ㉠ 스마트 기능을 볼 수 있는 모듈   ㉡ 부품별 이상 유무 상태
      ㉢ 부품에 걸리는 전위차 측정   ㉣ 사용전압, 정격전압 및 전류
      ㉤ 사용전력량, 역률의 자동계측   ㉥ 경보, 알람, 상태 기록
      ㉦ Log 파일 저장 등
③ 모니터링 제어기를 사용하여 태양광발전 정보를 모니터링하려면 유, 무선 인터넷 장비, 모니터링 제어기와 호환되는 인버터가 설치되어 있어야 한다.

(2) 구성 요건 및 요소
① 태양광발전설비 원격차단 및 운전상태 가시장치의 구성은 태양전지 지지대 부위에 온도계 2개소, 일조량 2개소의 군별 센서를 연결하여 태양전지 접속반을 통하여 인버터 메인 통신 부위에 기후조건에 대한 신호를 송출한다.
② 인버터의 통신보드 내에서는 태양광발전에 대한 발전량, 전압, 전류, 주파수, 역률 등의 전기적 특성을 메인 컴퓨터로 보내 감시 및 측정하도록 한다.
③ 구성 요소 및 항목
   (가) 감시 : ㉠ 계통 모니터 감시   ㉡ 채널 모니터 감시
              ㉢ 동작 상태 감시   ㉣ 그래프 감시
   (나) 현황 : ㉠ 일일 발전 현황   ㉡ 월간 발전 현황
              ㉢ 월간 시간대별 발전 현황
   (다) 구성 : ㉠ 시스템 구성   ㉡ 감시화면 구성
   (라) 환경 : 사용 환경(온도 -5~40℃, 습도 45~85%)
   (마) 운영체제 및 성능, 운전상태 감시 및 측정, 원격차단

㈐ 시스템 기능, 이상 발생기록 화면
㈑ 기타 사항

(3) 프로그램 기본 기능

① 데이터 수집기능
  ㈎ 각각의 인버터에서 서버(server)로 전송되는 데이터는 가공 후 데이터베이스에 저장된다.
  ㈏ 10초 간격으로 전송받은 데이터는 태양전지 출력전압・전류, 인버터상 각상 전압・전류, 출력 전력, 주파수, 역률, 누전 전력량, 외기온도, 모듈 표면온도, 일조량(수평면, 경사면) 등 각각의 데이터로 분리하고, 데이터베이스의 실시간 테이블 형식에 맞도록 데이터를 수집한다.

② 데이터 저장기능
  ㈎ 형식에 맞도록 수집된 데이터는 데이터베이스에 실시간 테이블로 저장된다.
  ㈏ 매 10분마다 60개의 저장된 데이터를 읽어 산술평균값을 구한 뒤 10분 평균값으로 10분 평균데이터를 저장하는 테이블에 데이터를 저장한다.

③ 데이터 분석기능
  ㈎ 데이터베이스에 저장된 데이터를 표로 작성한다.
  ㈏ 각각의 계측 요소마다 일일평균값과 시간에 따른 각 계측값의 변화를 알 수 있도록 표의 테이블 형식으로 제공한다.

④ 데이터 통제기능
  ㈎ 데이터베이스에 저장된 데이터를 일간과 월간의 통계기능을 구현한다.
  ㈏ 엑셀에서 지정 날짜 또는 지정 월의 통계 데이터를 출력한다.

태양광발전 인버터에 모니터링 제어기를 연결하여 태양광발전 정보를 시간, 장소의 제약 없이 PC, 스마트폰에서 실시간 모니터링을 할 수 있다.

그림 7-5 태양광발전 모니터링 제어기(예)

(4) 운전 상태에 따른 시스템의 발생신호

표 7-7 운전 상태에 따른 발생신호

운전 상태	시스템의 발생신호
• 정상운전 태양전지로부터 전력을 공급받아 인버터가 계통전압과 동기로 운전하며 계통과 부하에 전력을 공급한다.	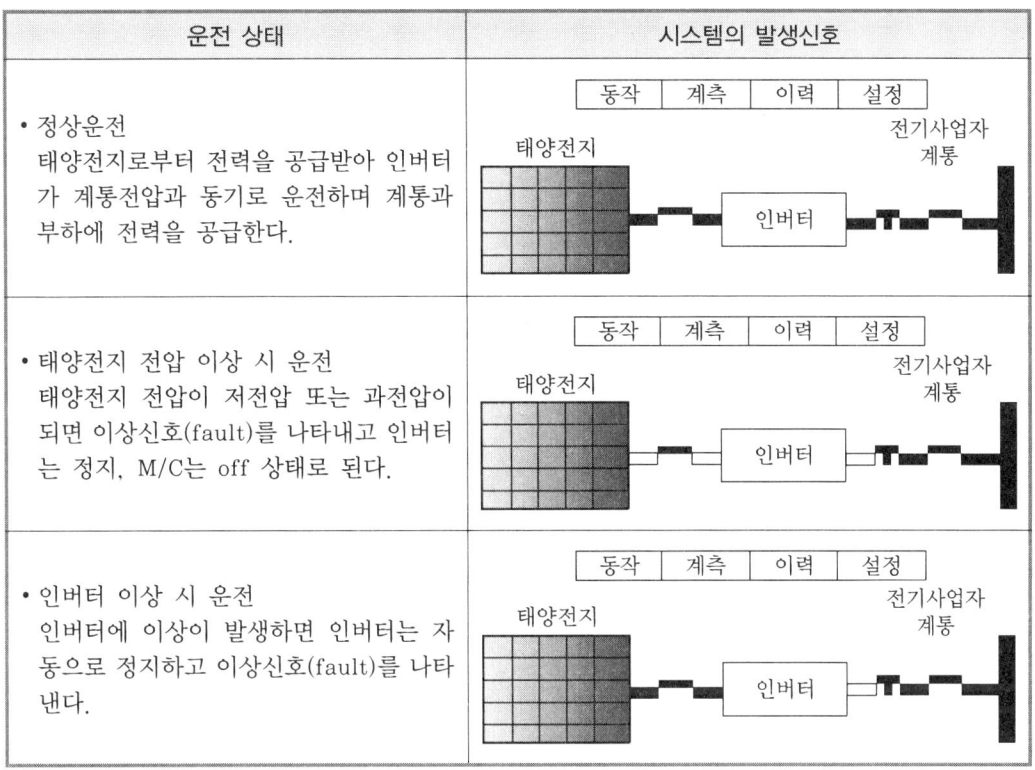
• 태양전지 전압 이상 시 운전 태양전지 전압이 저전압 또는 과전압이 되면 이상신호(fault)를 나타내고 인버터는 정지, M/C는 off 상태로 된다.	
• 인버터 이상 시 운전 인버터에 이상이 발생하면 인버터는 자동으로 정지하고 이상신호(fault)를 나타낸다.	

(5) 인버터 이상신호 조치 방법

표 7-8 인버터 이상신호 조치 방법

모니터링	인버터 표시	현상 설명	조치 사항
1. 태양전지 과전압	solar cell OV fault	태양전지 전압이 규정 이상일 때 발생, H/W	태양전지 전압 점검 후 정상 시 5분 후 재기동
2. 태양전지 저전압	solar cell UV fault	태양전지 전압이 규정 이하일 때 발생, H/W	태양전지 전압 점검 후 정상 시 5분 후 재기동
3. 태양전지 과전압 제한 초과	solar cell OV limit fault	태양전지 전압이 규정 이상일 때 발생, S/W	태양전지 전압 점검 후 정상 시 5분 후 재기동
4. 태양전지 저전압 제한 초과	solar cell UV limit fault	태양전지 전압이 규정 이하일 때 발생, S/W	태양전지 전압 점검 후 정상 시 5분 후 재기동
5. 한전 계통 역상	line phase sequence fault	계통전압이 역상일 때 발생	상회전 확인 후 정상 시 재운전
6. 한전 계통 R상	line R phase fault	R상 결상 시 발생	R상 확인 후 정상 시 재운전

모니터링	인버터 표시	현상 설명	조치 사항
7. 한전 계통 S상	line S phase fault	S상 결상 시 발생	S상 확인 후 정상 시 재운전
8. 한전 계통 T상	line T phase fault	T상 결상 시 발생	T상 확인 후 정상 시 재운전
9. 한전 계통 입력전원	utility line fault	정전 시 발생	계통전압 확인 후 정상 시 5분 후 재기동
10. 한전 과전압	line over voltage fault	계통전압이 규정값 이상일 때 발생	계통전압 확인 후 정상 시 5분 후 재기동
11. 한전 부족전압	line under voltage fault	계통전압이 규정값 이하일 때 발생	계통전압 확인 후 정상 시 5분 후 재기동
12. 한전 저주파수	line under frequency fault	계통주파수가 규정값 이하일 때 발생	계통주파수 점검 후 정상 시 5분 후 재기동
13. 한전 고주파수	line over frequency fault	계통주파수가 규정값 이상일 때 발생	계통주파수 점검 후 정상 시 5분 후 재기동
14. 인버터 과전류	inverter over current fault	인버터 전류가 규정값 이상으로 흐를 때 발생	시스템 정지 후 고장 부분 수리 또는 계통 점검 후 운전
15. 인버터 과온	inverter over temperature	인버터 과온 시 발생	인버터 팬 점검 후 운전
16. 인버터 MC 이상	inverter M/C fault	전자접촉기 고장	전자접촉기 교체 점검 후 운전
17. 인버터 출력전압	inverter voltage fault	인버터 전압이 규정값을 벗어났을 때 발생	인버터 및 계통전압 점검 후 운전
18. 인버터 퓨즈	inverter fuse fault	인버터 퓨즈 소손	퓨즈 교체 점검 후 운전
19. 위상 : 한전 인버터	line inverter async fault	인버터와 계통의 주파수가 동기되지 않았을 때 발생	인버터 점검 또는 계통 주파수 점검 후 운전
20. 누전 발생	inverter ground fault	인버터에 누전이 발생했을 때 발생	인버터 및 부하의 고장 부분을 수리 또는 접지 저항 확인 후 운전
21. RTU 통신계통 이상	serial communication fault	인버터와 MMI의 통신이 되지 않는 경우 발생	연결단자 점검 (인버터는 정상운전)

(6) 전력품질 및 공급의 안정성

① 태양광발전 시스템이 계통전원과 공통접속점에서의 전압을 능동적으로 조절하지 않도록 하며, 해당 수용가의 전압과 해당 발전설비로 인해 기타 수용가의 표본 측정 지점에서의 전압이 표준전압에 대한 전압 유지 범위를 벗어나지 않도록 한다.

② 만약 이 범위를 유지하지 못하는 경우 전력회사와 협의해 수용가의 자동전압 조정 장치, 전용변압기 또는 전용선로 등의 적절한 조치를 취해야 한다.

③ 저압연계의 경우 수용가에서 역조류가 발생했을 때 저압배전선 각부의 전압이 상승해 적정치를 이탈할 우려가 있으므로 해당 수용가는 다른 수용가의 전압이 표준전압을 유지하기 위한 대책을 실시한다.

④ 전압 상승 대책은 개개의 연계마다 계통 측 조건과 발전설비 측 조건을 고려해 전력 회사와 협의하는 것이 기본이나 개별 협의 기간 단축과 비용 절감 측면에서 표준화하는 것이 바람직하다.

⑤ 특고압 연계 시에는 중부하 시 태양광발전원을 분리시킴으로써 기타 수용가의 전압이 저하될 수 있으며 역조류에 의해 계통전압이 상승할 수 있다.

⑥ 전압변동의 정도는 부하의 상황, 계통 구성, 계통 운영, 설치점, 자가용 발전설비의 출력 등에 의해 다르므로 개별적인 검토가 필요하다.

⑦ 전압변동 대책이 필요한 경우 수용가는 자동전압 조정장치를 설치할 필요가 있으며 대책이 불가능할 경우에는 배전선을 증강하거나 또는 전용선으로 연계하도록 한다.

⑧ 태양광발전원 및 검토점(연계점)에서의 고조파 방출값은 한전 "배전계통 고조파 관리기준"의 고조파 검토 방법에 의한 제한값(전압고조파 왜형률 5%) 이하이어야 한다.

⑨ 한전계통 이상 시 분산형 전원 분리는 0.5초 이내, 재연계는 한전계통 전압 및 주파수가 안정된 상태로 5분 초과 후에 재연계하여야 한다.

예·상·문·제

1. 시스템의 운영계획 및 사업 개시

1. 태양광발전 시스템의 운영 및 관리에서 주기적인 정기 점검 내용 중, 주간 점검사항에 해당되지 않는 것은?
① 모듈 표면 파손 여부
② 모듈 표면에 불순물 존재 여부
③ 구조물 및 전선의 이상 여부
④ 모듈 주위에 그림자가 발생하는 물체 여부

[해설] 주간 점검사항[1-1-(2) 표 7-1 참조]

2. 태양광발전시스템의 운영 및 관리에서 주기적인 정기 점검 내용 중, 월간 점검사항에 해당되지 않는 것은?
① 모듈 외부의 변형 발생 여부
② 모듈 결선상 탈선된 부분 여부
③ 모듈 내부 및 외부에 부식 발생 여부
④ 접속함 내부 상태 이상 여부

[해설] 월간 점검사항[1-1-(2) 표 7-1 참조]
모듈 내부 및 외부에 부식 발생 여부는 연간 점검사항이다.

3. 태양광 모듈 취급 시 주의 사항으로 적절하지 않은 것은?
① 시스템 설치는 자격이 있는 전문 기업이나 전문가에 의해 설치되어야 한다.
② 모듈이 지저분할 때는 부드러운 천을 사용하여 물이나 중성 세정제를 이용하여 청소해 둔다.
③ 모듈 후면을 청소할 때, 백 시트에 물이나 세제를 골고루 침투시켜 청소한다.
④ 1년에 한 번 정도 모듈 결선을 확인한다.

[해설] 모듈 취급 시 주의 사항[1-1-(3) 참조]
모듈 후면을 청소할 때는 백시트에 물이나 세제가 침투하지 않도록 주의가 필요하다.

4. 모듈 설치 시 확인 사항으로 적절하지 않은 것은?
① 모듈의 프레임과 지지대 사이에는 간격을 두지 말고 밀봉하여야 한다.
② 모듈이 최적의 발전을 할 수 있도록 남향을 유지하고 경사각을 고려해야 한다.
③ 모듈의 지지대는 쉽게 부식되지 않아야 한다.
④ 낮 시간이 가장 짧은 날 기준으로 오전 9시에서 오후 3시까지 부분적인 그림자가 지지 않도록 장소를 선택해야 한다.

[해설] 모듈 설치 시 확인 사항[1-1-(4) 참조]

5. 다음 중 모듈 배선의 일반 사항에서, 잘못된 것은?
① 내장되어 있는 바이패스 다이오드는 축전지의 극성을 확인한 후 배선해야 한다.
② 빛에 강한 케이블과 압착단자를 사용해야 한다.
③ 모듈을 직렬로 연결하여 사용할 때 동일한 모델, 동일한 출력 제품을 사용하여야 한다.
④ 모듈 배선의 외피 상태가 변색이 일어

[정답] 1. ④   2. ③   3. ③   4. ①   5. ④

났는지 확인하고, 발생하였을 경우 즉시 교체하지 말고 일정한 기간을 두고 교체하여야 한다.

[해설] 모듈 배선의 일반 사항[1-1-(5) 참조]

6. 다음 중 산업통상자원부령으로 정하는 소규모의 전기설비로서 한정된 구역에서 전기를 사용하기 위하여 설치하는 전기설비는?
① 일반용전기설비
② 자가용전기설비
③ 전기사업용전기설비
④ 구역전기설비

[해설] 용어의 정의[1-2-(1) 참조]

7. 다음 각호의 어느 하나에 해당하는 자는 전기사업의 허가를 받을 수 없다. 잘못된 것은?
① 피성년후견인(被成年後見人)
② 파산선고를 받고 복권되지 아니한 자
③ 전기사업의 허가가 취소된 후 1년이 지나지 아니한 자
④ 형법상 전기에 관한 죄를 지어 금고 이상의 실형을 선고받고 집행이 면제된 날부터 2년이 지나지 아니한 자

[해설] 결격사유[1-2-(3) 참조][시행일 2016. 7. 28]
전기사업의 허가가 취소된 후 2년이 지나지 아니한 자

8. 전기사업자는 산업통상자원부장관이 지정한 준비기간에 사업에 필요한 전기설비를 설치하고 사업을 시작하여야 한다. 여기서 준비기간은 몇 년을 넘을 수 없는가?

① 3   ② 5   ③ 8   ④ 10

[해설] 전기설비의 설치 및 사업의 개시 의무[1-2-(8) 참조]

2. 태양광발전 시스템의 운전

9. 다음 중 ( )에 적합한 것은?

> 태양광발전 시스템의 운영 매뉴얼에서, 태양광발전설비의 고장 요인은 대부분 ( )에서 발생하므로 정기적으로 정상 가동 여부를 확인해야 한다.

① 모듈   ② 인버터
③ 접속함   ④ 분전반

[해설] 운영 매뉴얼[2-2-(2) 표 7-2 참조]

10. 태양광 발전설비가 작동되지 않는 경우, 응급조치 순서로 적합한 것은?
① 접속함 내부 차단기 off → 인버터 off, 점검 후에는 인버터 on → 내부 차단기 on
② 인버터 off → 접속함 내부 차단기 off, 점검 후에는 인버터 on → 내부 차단기 on
③ 접속함 내부 차단기 off → 인버터 off, 점검 후에는 내부 차단기 on → 인버터 on
④ 인버터 off → 접속함 내부 차단기 off, 점검 후에는 인버터 on → 내부 차단기 on

[해설] 운영 매뉴얼-응급조치[2-1-(2) 표 7-2 참조]

11. 계통연계 시 운전조작 방법에서, 운전 시 조작 내용에 해당되지 않는 것은?

정답 6. ①   7. ③   8. ④   9. ②   10. ①   11. ④

① 주 차단기(main VCB)반 전압 확인
② 접속반 직류전압 확인
③ 인버터 정상 동작 확인
④ 한전 전력계통 복구 여부 확인
[해설] 계통연계 시 운전조작 방법[2-2 표 7-3 참조]

12. 태양광발전 시스템은 시스템의 구성 및 부하의 종류에 따라 다음과 같이 3가지로 분류된다. 해당되지 않는 것은?
① 독립형
② 통합형
③ 계통연계형
④ 하이브리드(hybrid)형
[해설] 발전시스템의 분류[2-3 참조]

13. 인버터의 일상·정기법정점검에서, 일상점검 내용에 해당되지 않는 것은?
① 외관 점검(이음, 이취)
② 상태표시 LED 확인
③ 내부 수납기기 탈락 파손·변색
④ 인버터 본체 냉각용 팬 점검
[해설] 인버터의 일상·정기법정점검[2-4-(2) 표 7-5 참조]

14. 연계보호장치의 일상·정기법정점검에서, 일상점검 내용에 해당되지 않는 것은?
① 절연저항 측정
② 보호 릴레이
③ 팬히터 동작
④ 축전지 일 충전 상태
[해설] 연계보호장치의 일상·정기법정점검 [2-4-(2) 표 7-6 참조]

3. 태양광발전 시스템 계측

15. 태양광발전 시스템의 계측·표시의 목적에 해당되지 않는 것은?
① 시스템의 운전 상태 감시를 위한 계측 또는 표시
② 시스템의 운전 상황 및 홍보를 위한 계측 또는 표시
③ 시스템의 부하사용 전력량을 알기 위한 계측
④ 시스템 기기 및 시스템 종합평가를 위한 계측
[해설] 계측·표시의 목적[3-1-(1) 참조] 시스템에 의한 발전 전력량을 알기 위한 계측

16. 태양광발전 시스템의 계측기나 표시장치의 구성 요소가 아닌 것은?
① 연산장치   ② 차단장치
③ 표시장치   ④ 신호변환기
[해설] 계측·표시장치의 구성 요소[3-1-(3) 그림 7-4 참조]

17. 태양광발전 시스템의 계측에서 검출기로 검출된 데이터를 컴퓨터 및 먼 거리에 설치한 표시장치에 전송하는 경우에 사용되는 것은?
① 검출기   ② 신호변환기
③ 연산 장치   ④ 기억장치
[해설] 계측·표시장치의 구성 요소[3-1-(3) 그림 7-4 참조]

18. 계측 표시 시스템에 없는 장치는?
① 검출기(센서)

② 신호변환기(트랜스듀서)
③ 연산장치
④ 녹음장치

[해설] 계측·표시장치의 구성 요소[3-1-(3) 그림 7-4 참조]

19. 태양광 모니터링 시스템의 목적으로 옳은 내용을 모두 선택한 것은?

┌─────────────────────────────┐
│ ㉠ 운전상태 감시   ㉡ 발전량 확인 │
│ ㉢ 데이터 수집   │
└─────────────────────────────┘

① ㉠, ㉡   ② ㉠, ㉢
③ ㉡, ㉢   ④ ㉠, ㉡, ㉢

[해설] 모니터링 시스템의 목적[3-2-(1) 참조]

20. 태양광발전 시스템의 모니터링 항목으로 옳은 것은?
① 전력 소비량   ② 일일 발전량
③ 일일 열생산량 ④ 에너지 소비량

[해설] 모니터링 항목[3-3-(2)-③ 참조]

21. 태양광발전 시스템 모니터링 프로그램의 기본 기능이 아닌 것은?
① 데이터 수집기능   ② 데이터 저장기능
③ 데이터 정정기능   ④ 데이터 분석기능

[해설] 모니터링 프로그램의 기본 기능[3-2-(3) 참조]
데이터 통제기능

22. 운전 상태에 따른 시스템의 발생신호 중 태양전지로부터 전력을 공급받아 인버터가 계통전압과 동기로 운전하며 계통과 부하에 전력을 공급하고 있는 상태는 어떤 상태인가?

① 정상운전
② 인버터 이상 시 운전
③ 태양전지 전압 이상 시 운전
④ 상용 전압 이상 시 운전

[해설] 운전 상태에 따른 시스템의 발생신호 [3-2-(4) 표 7-7 참조]

23. 운전 상태에 따른 시스템의 발생신호 중 잘못 설명된 것은?
① 태양전지 전압이 저전압이 되면 인버터는 정지한다.
② 태양전지 전압이 과전압이 되면 MC는 on 상태로 유지한다.
③ 인버터 이상 시 인버터는 자동으로 정지하고 이상신호를 나타낸다.
④ 태양전지 전압이 과전압이 되면 인버터는 정지한다.

[해설] 운전 상태에 따른 시스템의 발생신호 [3-2-(4) 표 7-7 참조]

24. 인버터 모니터링 시 태양전지의 전압이 'solar cell OV fault'라고 표시되는 경우의 조치 사항으로 옳은 것은?
① 태양전지 전압 점검 후 정상 시 3분 후 재가동
② 태양전지 전압 점검 후 정상 시 5분 후 재가동
③ 태양전지 전압 점검 후 정상 시 7분 후 재가동
④ 태양전지 전압 점검 후 정상 시 10분 후 재가동

[해설] 인버터 이상신호 조치 방법[3-2-(5) 표 7-8 참조]
solar cell OV fault : 태양전지 과전압 – 태양전지 전압이 규정 이상일 때 발생

정답 19. ④   20. ②   21. ③   22. ①   23. ②   24. ②

25. 인버터 이상신호 조치 방법 중 태양전지의 전압 이상으로 전압 점검 후 정상이 되면 몇 분 후에 재가동하여야 하는가?
① 5분 ② 7분 ③ 9분 ④ 10분
[해설] 인버터 이상신호 조치 방법[3-2-(5) 표 7-8 참조]

26. 인버터에 표시되는 사항과 현상이 잘못 연결된 것은?
① solar cell OV fault : 태양전지 전압이 규정 이상일 때
② line phase sequence fault : 계통전압이 역상일 때
③ utility line fault : 인버터 전류가 규정 이상일 때
④ line over frequency fault : 계통주파수가 규정 값 이상일 때
[해설] 인버터 이상신호 조치 방법[3-2-(5) 표 7-8 참조]
- utility line fault : 한전 계통-정전 시 발생
- 인버터 전류가 규정 이상일 때 : inverter over current fault

27. 인버터에 표시되는 내용이 'inverter ground fault'일 때, 현상 설명으로 올바른 것은?
① 인버터에 과전류 발생
② 인버터 퓨즈 소손
③ 인버터에 누전이 발생
④ 인버터 과온 발생
[해설] 인버터 이상신호 조치 방법[3-2-(5) 표 7-8 참조]

28. 태양광발전 시스템의 인버터에 과온 발생 시 조치 사항으로 옳은 것은?
① 인버터 팬 점검 후 운전
② 퓨즈 교체 후 운전
③ 계통전압 점검 후 운전
④ 전자접촉기 교체 점검 후 운전
[해설] 인버터 이상신호 조치방법[3-2-(5) 표 7-8의 15. 인버터 과온 참조]

정답 25. ① 26. ③ 27. ③ 28. ①

제 8 장 태양광발전 시스템 품질관리

1. 성능 평가(performance evaluation)

1-1 시스템 성능 평가의 개념 및 분류

(1) 성능 평가의 개념
① 시스템 운용의 합리화를 위해서 수정할 필요가 있는 부분을 찾기 위하여 행해지는 각종 시험 및 시험 결과의 분석 등을 포함하는 일련의 절차이다.
② 태양광발전 시스템의 계측 및 모니터링만으로 끝나는 것이 아니며, 구체적인 정밀 분석으로 기술개발과 피드백되는 양 순환 체제 속에서 산업화 기술로 연계되는 중요한 기술이라 할 수 있다.
③ 성능 평가는 다음 세 가지 개념으로 나누어 측정한다.
　㈎ 응답
　㈏ 효율
　㈐ 비용

(2) 시스템 성능 평가의 분류
① 성능 평가의 측정 요소

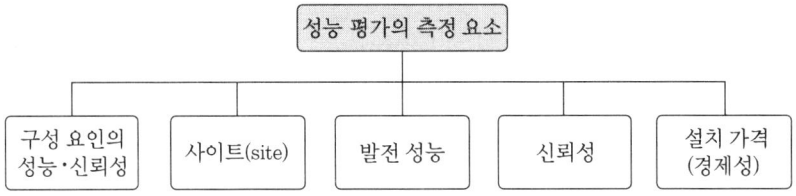

그림 8-1 성능 평가의 측정 요소

② 사이트(site) 평가 방법

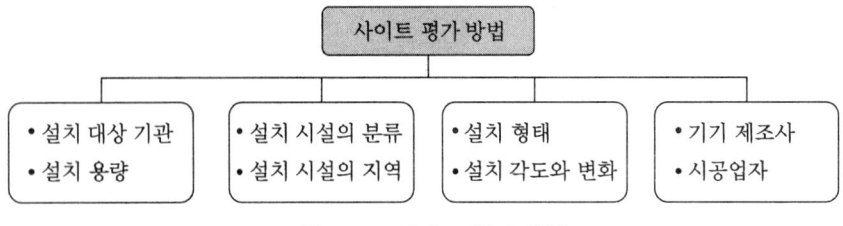

그림 8-2 사이트 평가 방법

③ 설치 가격(cost)의 평가 방법

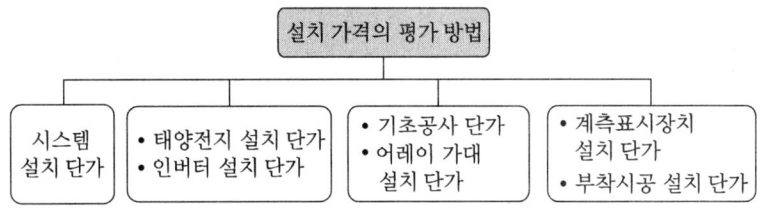

그림 8-3 설치 가격의 평가 방법

④ 신뢰성 평가·분석 항목

　(가) 트러블(trouble)

　　㉮ 시스템 트러블 : •인버터 정지　•직류지락　•계통지락　•RCD 트립
　　　　　　　　　　•원인 불명 시스템 운전정지

　　㉯ 계측 트러블 : •컴퓨터의 전원 차단　•컴퓨터의 조작 오류　•기타 원인 불명

> **참고** RCD(Residual Current Device : 잔류전류장치) ; ELB(누전차단기)

　(나) 운전 데이터의 결측(缺測) 상황

　(다) 계획 정지 : 정기점검·개수정전 및 계통정전

1-2　태양광발전 시스템 성능 분석 용어·산출 방법

(1) 태양광어레이 변환효율(PV array conversion efficiency)

$$변환효율 = \frac{태양광어레이\ 출력전력(kW)}{경사면일사량(kWh/m^2) \times 태양전지어레이\ 면적(m^2)}$$

(2) 시스템 발전효율(system efficiency)

$$발전효율 = \frac{시스템\ 발전전력량(kWh)}{경사면일사량(kWh/m^2) \times 태양전지어레이\ 면적(m^2)}$$

(3) 태양에너지 의존율(dependency on solar energy)

$$의존율 = \frac{시스템\ 평균발전전력(kW)\ 혹은\ 전력량(kWh)}{부하\ 소비전력(kW)\ 혹은\ 전력량(kWh)}$$

(4) 시스템 이용률(capacity factor)

$$이용률 = \frac{시스템\ 발전전력량(kWh)}{24(h) \times 운전일수(day) \times 태양전지어레이\ 설계용량(표준상태)}$$

(5) 시스템 성능(출력)계수(performance ratio) : 시스템 효율, 설계계수

$$성능계수 = \frac{시스템\ 발전전력량(kWh) \times 표준일사강도(kW/m^2)}{태양전지어레이\ 설계용량(표준상태)(kW) \times 경사면일사량(kWh/m^2)}$$

$$= \frac{시스템\ 발전전력량(kWh)}{경사면일사량(kWh/m^2) \times 태양전지어레이\ 면적(m^2) \times 태양전지어레이\ 변환효율(표준상태)}$$

(6) 시스템 가동률(system availability)

$$가동률 = \frac{시스템\ 동작시간(h)}{24(h) \times 운전일수(day)}$$

(7) 시스템 일조가동률(system availability per sunshine hour)

$$일조가동률 = \frac{시스템\ 동작시간(h)}{가조시간(h)}$$

 가조시간(possible duration of sunshine) : 태양에서 오는 직사광선, 즉 일조를 기대할 수 있는 시간

2. 품질관리 판정 기준

2-1 태양전지 셀의 시험 항목 및 판정 기준(태양전지 기술 기준)

(1) 시험 항목 및 판정 기준

표 8-1 태양전지 셀의 시험 항목 및 판정 기준

시험 항목	판정 기준
1. 육안 외형 및 치수 검사	• 셀 : 깨짐, 크랙이 없는 것 • 치수는 156 mm 미만일 때 제시한 값 대비 ±0.5 mm • 두께는 제시한 값 대비 ±40 μm
2. 전류-전압 특성 시험	출력의 분포는 정격출력의 ±3% 이내
3. 온도 계수 시험	평가기준 없음(시험 결과만 표기)
4. 스펙트럼 응답 시험	평가기준 없음(시험 결과만 표기)
5. 2차 기준 태양전지 교정 시험	• 신규 교정 시험 • 재교정 시 초기 교정값의 5% 이상 변화하면 사용 불가 • 인증 필수 시험항목이 아닌 선택 시험항목

(2) 표시 사항

① 일반 사항 : 내구성이 있어야 하며 소비자가 명확히 인식할 수 있도록 표시하여야 한다.

② 제조 및 사용 표시(인증설비에 대한 표시)

  ㈎ 업체명 및 소재지
  ㈏ 설비명 및 모델명
  ㈐ 정격 및 적용 조건
  ㈑ 제조연월일
  ㈒ 인증부여번호
  ㈓ 기타 사항
  ㈔ 신재생에너지 설비인증표지

2-2 결정질 모듈(성능)의 시험 항목 및 판정 기준

(1) 주요 시험 항목 및 판정 기준

표 8-2 지상 설치용 결정계 실리콘 태양전지 모듈의 시험 항목 및 판정 기준

(KS C IEC 61215)

주요 시험 항목		판정 기준
1. 외관 검사	• 1000 lux 이상의 조광 상태에서 모듈의 외관, 셀 등에 크랙, 구부러짐, 갈라짐 등이 없는지 확인 • 셀 간 접속, 터치가 없는지, 접착에 결함 등 검사	• cell, glass, J-box, frame, 접지 및 출력 단자에 이상이 없을 것 • 크랙, 구부러짐, 갈라짐 등이 없을 것 • 접착에 결함이 없을 것 • 셀과 모듈 끝 부분을 연결하는 기포, 박리가 없을 것
2. 최대출력 결정	• 환경시험 전후에 모듈의 최대출력을 결정하는 시험 • 모듈의 I-V 특성시험 수행 • AM 1.5, 방사조도 $1\,kW/m^2$, 온도 25℃ 조건에서 기준 셀을 이용하여 시험 실시 • 개방전압, 단락전류, 최대전압·전류, 최대출력, 곡선률(F.F), 효율 등의 측정	• 해당 모듈의 최대출력을 측정하되, 시험 시료의 평균출력은 정격출력 이상일 것 • 시험시료의 출력 균일도는 평균출력의 ±3% 이내일 것 • 시험시료의 최종 환경시험 후 최대출력 열화는 최초 최대출력의 -8%을 초과하지 않을 것
3. 절연시험	출력 단자와 패널 또는 접지 단자 사이의 절연시험	$40\,M\Omega/m^2$ 이상
4. 온도계수 측정	• 목적 : 전류온도계수, 전압온도계수, 피크전력 조사 • 이렇게 결정된 계수는 측정한 방사조도에 유효	별도의 판정기준은 갖지 않으며, 태양전지 모듈의 온도계수를 측정
5. NOCT에서의 측정	• 목적 : NOCT(공칭태양전지 동작온도)를 결정하는 것 • 총 방사조도 $800\,W/m^2$, 주위 온도 25℃, 풍속 1m/s에서의 동작특성 시험	별도의 판정기준은 갖지 않으며, 해당 모듈의 NOCT를 측정
6. STC와 NOCT에서의 성능	• 셀 온도 25℃(IEC 60904-3의 기준) • 태양광 분광 방사 조도에서 1,000과 $800\,W/m^2$에서의 성능	별도의 판정기준은 갖지 않으며, 해당 모듈의 STC, NOCT 조건하에서 부하에 따른 성능특성을 측정
7. 낮은 방사조도에서의 성능	• 셀 온도 25℃(IEC 60904-3의 기준) • 태양광 분광 방사 조도에서 200 W/m^2에서의 성능	별도의 판정기준은 갖지 않으며, 해당 모듈의 낮은 조사강도에서의 성능특성을 측정

주요 시험 항목		판정 기준
8. 옥외 노출 시험	• 목적 : 옥외 조건하에서의 내구성을 일차적으로 평가 • 총 방사 조도 60 kWh/m² 에서의 성능	• 최대출력 : 시험 전 값의 95% 이상 • 절연저항 : 40 MΩ/m² 이상 • 외관 : 두드러진 이상이 없고, 판독할 수 있으며 1항 기준에 만족할 것
9. 열점 내구성 시험	• 목적 : 모듈이 과열점 가열의 영향에 대한 내구성을 결정하는 것 • 태양전지 셀의 성능 불균형, 크랙 또는 국부적인 그림자 영향에 의해 발생되는 열점 내구성 시험	제8항과 동일함
10. UV 시험	• 자외선 노출에서 태양전지 모듈재료의 열화 정도 시험 자외선 조사 • 태양광에 노출되는 경우에 따라서 유기되는 열화 정도를 시험	제8항과 동일함
11. 온도 사이클 시험	• 환경 온도의 불규칙한 반복에서 구조나 재료 간의 열전도나 열팽창률에 의한 스트레스의 내구성 시험 • 시험 a : 200 Hz, 시험 a : 50 Hz	• 최대출력 : 시험 전 값의 95% 이상 • 절연저항 : 40 MΩ/m² 이상 • 외관 : 두드러진 이상이 없고, 판독할 수 있으며 1항 기준에 만족할 것 • 시험 도중에 회로가 손상(open cir-cuit)되지 않을 것
12. 결로-동결 시험	• 고온, 고습, 영하의 저온에서 열팽창률의 차이나 수분의 침입, 확산, 호흡 작용 등의 구조나 재료의 영향을 시험 • 조건 - 고온 측 : 85℃±2℃, 상대습도 85%에서 20시간 유지 - 저온 측 : -40℃±2℃에서 0.5시간 유지 • 위의 조건을 1 사이클로 하여 24시간 이내에 하고 10회 실시	제8항과 동일함
13. 고온 고습 시험	• 고온 고습 상태의 열적 스트레스와 접합 재료의 밀착력 등의 적성 시험 • 온도 85℃±2℃, 상대습도 85%±5%로, 1000시간 시험	• 최대출력 : 시험 전 값의 95% 이상 • 절연저항 : 40 MΩ/m² 이상 • 습윤 누설전류시험 : 제15항 기준에 만족할 것 • 외관 : 두드러진 이상이 없고, 판독할 수 있으며 제1항 기준에 만족할 것
14. 단자 강도 시험	단자 부분의 부착, 배선 또는 사용 중에 가해지는 외력에 대한 강도 시험	제8항과 동일함

주요 시험 항목		판정 기준
15. 습윤 누설 전류시험	모듈이 옥외에서 강우에 노출되는 경우의 적성 시험	• 모듈의 측정면적 $0.1\,m^2$ 미만에서는 절연저항 측정값이 $400\,M\Omega$ 이상 • 측정면적 $0.1\,m^2$ 이상에서는 절연저항 측정값과 모듈 면적의 곱이 $400\,M\Omega \cdot m^2$ 이상일 것
16. 기계적 하중 시험	바람, 눈 및 얼음에 의한 하중에 대한 기계적 내구성 시험	• 최대출력 : 시험 전 값의 95% 이상 • 절연저항 : $40\,M\Omega/m^2$ 이상 • 외관 : 두드러진 이상이 없고, 판독할 수 있으며 제1항 기준에 만족할 것 • 시험 도중에 회로의 손상(open circuit)이 없어야 함
17. 우박 시험	우박의 충격에 대한 태양전지 모듈의 기계적 강도 시험	제8항과 동일함
18. 바이패스 다이오드 온도시험	목적 : 모듈의 열점 현상 등으로 발생되는 바이패스 다이오드의 장기 내구성을 위한 적정 온도 설계	• 최대출력 : 시험 전 값의 95% 이상 • 절연저항 : $40\,M\Omega/m^2$ 이상 • 외관 : 두드러진 이상이 없고, 판독할 수 있으며 제1항 기준에 만족할 것 • 시험이 끝난 후에도 기능 유지할 것 • 다이오드 접합온도는 제조사가 제시한 정격최대 정선 온도를 초과하지 않아야 함
19. 염수 분무시험	염해를 받을 우려가 있는 지역에 사용되는 모듈의 구성 재료 및 패키지의 염분에 대한 내구성 시험	제8항과 동일함

(2) 표시 사항

① 일반 사항 : 내구성이 있어야 하며 소비자가 명확히 인식할 수 있도록 표시하여야 한다.

② 제조 및 사용 표시(인증설비에 대한 표시)

 ㈎ 업체명 및 소재지 ㈏ 설비명 및 모델명 ㈐ 정격 및 적용조건

 ㈑ 제조연월일 ㈒ 인증부여번호 ㈓ 기타 사항

 ㈔ 신재생에너지 설비인증표지

2-3 소형 태양광발전용 인버터의 시험 항목 및 판정 기준

(1) 적용 범위

정격출력 10 kW(직류입력전압 1,000 V 이하, 교류출력전압 380 V 이하) 이하인 인버터(계통연계형, 독립형)에 대해 규정한다.

중대형 인버터의 적용 범위
1. 정격출력 10 kW 초과~250 kW 이하
2. 직류입력전압 1000 V 이하, 교류출력전압 1000 V 이하

(2) 태양광발전용 인버터 분류

기본적으로 용도에 따라 독립형과 계통연계형으로 분류하여 다음 표 8-3과 같이 정리할 수 있다.

표 8-3 태양광발전용 인버터의 분류

용 도	형 식	설치 장소	비 고
계통연계형	단상	실내/실외	실내형 : IP20 이상 실외형 : IP44 이상
	3상	실내/실외	
독립형	단상	실내/실외	
	3상	실내/실외	

(3) 시험 회로

① 독립형 : 교류출력인 경우 그림 8-4를 사용한다.
② 계통연계형의 통상적인 시험과 외부사고시험의 경우 : 그림 8-5와 8-6을 사용한다.
③ 그림 8-4, 8-5 및 8-6은 단상 2선식 교류출력의 경우의 표준 시험회로를 나타낸 것이며, 3상의 경우는 여기에 준한다.

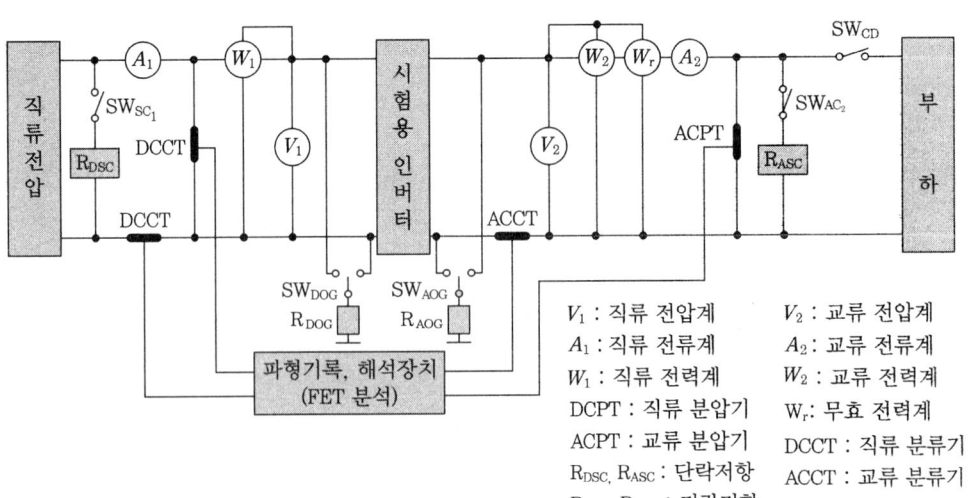

그림 8-4 독립형 인버터 시험회로(교류출력인 경우)

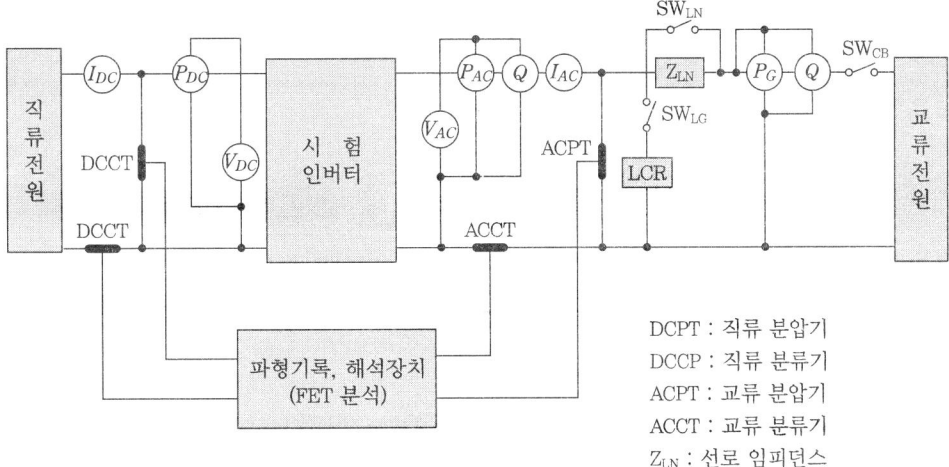

그림 8-5 계통연계형 인버터 시험회로[I]

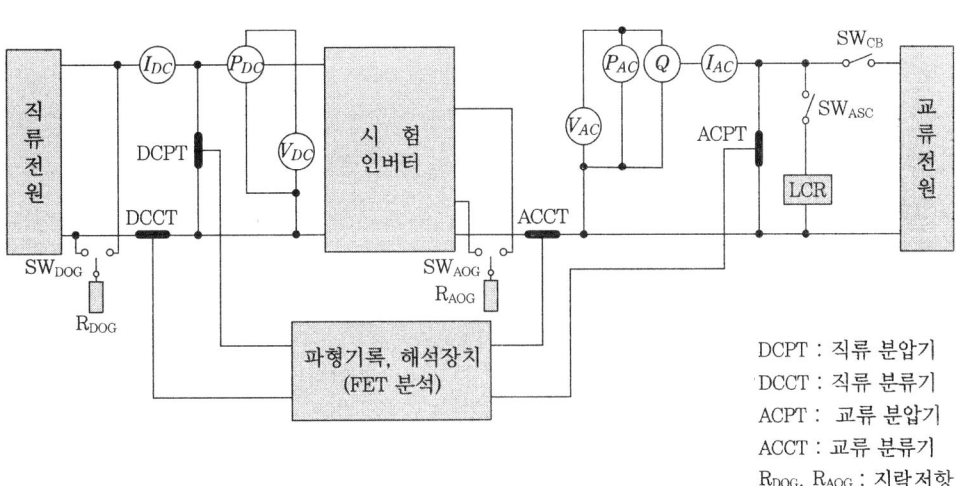

그림 8-6 계통연계형 인버터 시험회로[II]

(4) 시험 방법 및 판정 기준

① 독립형과 계통연계형에 따라 다음 표 8-4에 제시된 시험 항목을 적용한다.

표 8-4 태양광발전용 독립형/연계형 인버터의 시험 항목

시험 항목		독립형	계통연계형	구 분
1. 구조시험		○	○	비고 1
2. 절연성능 시험	① 절연저항시험	○	○	비고 1
	② 내전압시험	○	○	비고 1
	③ 감전보호시험	○	○	비고 1
	④ 절연거리시험	○	○	비고 1
3. 보호기능 시험	① 출력 과전압 및 부족전압 보호 기능시험	○	○	
	② 주파수 상승 및 저하보호 기능시험	○	○	
	③ 단독운전 방지기능시험	×	○	
	④ 복전 후 일정시간 투입방지 기능시험	×	○	
4. 정상특성 시험	① 교류전압, 주파수 추종범위 시험	×	○	
	② 교류출력전류 변형률시험	×	○	
	③ 누설전류시험	○	○	비고 1
	④ 온도상승시험	○	○	비고 1
	⑤ 효율시험	○	○	
	⑥ 대기손실시험	×	○	
	⑦ 자동기동·정지시험	×	○	
	⑧ 최대전력 추종시험	×	○	
	⑨ 출력전류 직류분 검출시험	×	○	
5. 과도응답 특성시험	① 입력전력 급변시험	○	○	
	② 계통전압 급변시험	×	○	
	③ 계통전압위상 급변시험	×	○	
6. 외부사고 시험	① 출력 측 단락시험	○	○	
	② 계통전압 순간정전·강하시험	×	○	
	③ 부하차단시험	○	○	
7. 내 전기 환경시험	① 계통전압 왜형률내량시험	×	○	
	② 계통전압불평형시험	×	○	
	③ 부하불평형시험	○	×	
8. 내 주위 환경시험	① 습도시험	○	○	비고 1
	② 온습도사이클시험	○	○	비고 1
9. 자기적합성 (EMC)	① 전자파 장해(EMI)	○	○	비고 1
	② 전자파 내성(EMS)	○	○	비고 1

주) 1. 실내·외 설치를 위해 케이스 변경 시 인증모델의 유사모델을 적용하며, 이 항목만 실시한다.
   2. 부하 불평형 시험은 3상 인버터만 적용한다.
   3. 감전보호시험과 전자기적합성 시험은 전기용품 안전인증기관 및 정부 출연 시험기관에서 시험한 성적서로 대체할 수 있다.

② 주요 시험 항목별 판정 기준

표 8-5 인버터 시험 항목별 판정 기준

항 목		판정 기준
1. 구조시험	출력 계측을 위한 장치(CT 등)의 정확도는 3% 이내여야 한다.	출력전류는 실제 값과 오차가 3% 이내일 것
2. 절연성능 시험	• 절연저항시험은 입력단자 및 출력단자를 각각 단락하고, 그 단자와 대지 간의 절연저항을 측정한다. • 시험품의 정격전압이 300 V 미만에서는 500 V, 300 V 이상 600 V 이하에서는 1,000V의 절연저항계를 사용해 측정한다.	절연저항은 1 MΩ 이상일 것
3. 보호기능 시험	실 운전 시험 ① 출력 과전압 및 부족 전압 보호기능 시험 ② 주파수 상승 및 저하 보호기능시험 ③ 단독운전 방지기능시험 ④ 복전 후 일정시간 투입 방지 기능 시험 - 인버터를 정격출력에서 운전한다. - SW CB를 개방하여 정전을 발생시킨 후 10초 동안 유지한다. - SW CB를 투입하여 복전시킨다. - 복전 후 재운전 시간과 교류출력 전압, 전류를 측정한다. ※ 표 8-6, 8-7 참조	① 출력 과전압 보호등급은 공칭전압의 +10%로 하고 출력 부족전압 보호등급은 공칭전압의 −12%로 한다(허용오차 ±2%). ② 주파수 상승 보호등급은 표준 주파수의 +0.5 Hz로 하고, 저하보호등급은 −0.7 Hz로 한다(허용오차 ±0.05Hz). ③ 단독운전을 검출하여 0.5초 이내에 개폐기 개방 또는 게이트 블록 기능이 동작할 것 ④ 복전해도 5분 이상 재운전하지 않을 것(분산형 전원 배전 계통 연계 기술기준)
4. 정상특성 시험	① 교류전압, 주파수 추종 범위 시험 ② 교류출력 전류 변형률 시험 ③ 누설전류 시험 인버터의 기체와 대지와의 사이에 1 kΩ의 저항을 접속해서 저항에 흐르는 누설전류를 측정한다. ④ 온도 상승 시험 - 기준 주위 온도 : 옥내용 30℃±5℃, 옥외용 40℃±5℃ - 각부의 온도 상승이 포화 상태가 될 때 각부의 온도를 측정한다. ⑤ 효율 시험 : 출력전력이 정격출력의 5%, 10%, 20%, 30%, 50%, 100%일 때 각각의 전력 변환효율을 측정한다. ⑥ 대기 손실 시험 ⑦ 자동 기동·정지시험 ⑧ 최대전력 추종시험 등가 일사 강도를 정격출력 시의 100%, 75%, 50%, 25%, 12.5%로 한 상태에서 인버터의 입력전력을 측정 ⑨ 출력전류 직류분 검출 시험	①, ② 출력전류의 종합 왜형률은 5% 이내, 각 차수별 왜형률이 3% 이내일 것. 출력 역률이 0.95 이상일 것. ③ 누설전류가 5mA 이하일 것 ④ 각부의 온도가 제작사에서 제시한 규정 온도 이내일 것. 다만, 제작사의 제시 사양이 없는 경우 표 8-8 및 표 8-9의 표에 따른다. ⑤ 정격출력 시 변환효율이 90% 이상일 것 ⑥ 대기 손실이 정격출력값의 2% 이하일 것 ⑦ - 기동·정지 절차가 설정된 방법대로 동작할 것 - 채터링(chattering)은 3회 이내일 것 ⑧ 최대전력 추종 효율이 95% 이상일 것 ⑨ 직류전류 성분의 유출분이 정격전류의 0.5% 이내일 것

항목		판정 기준
5. 과도응답 특성시험	① 입력전력 급변 시험 ② 계통전압 급변 시험 ③ 계통전압 위상 급변 시험	① 직류입력 전력의 급속한 변화에 추종하여 안정적으로 운전할 것 ② 계통전압의 급속한 변동에 추종해서 안정적으로 운전할 것 ③ 위상 급변 시 인버터가 급격히 변화하는 계통전압 위상에 추종하여 안정하게 운전할 것
6. 외부사고 시험	① 출력 측 단락 시험 ② 계통전압 순간 정전·순간 강하 시험 ③ 부하 차단 시험	① 인버터가 안전하게 정지하고 어떤 부위에도 손상이 없을 것 ② - 순간 정전·전압강하에 대해서 안정하게 정지하거나, 운전을 계속한다. - 정지한 경우에는 복전 후 5분 이후에 운전을 재개한다. ③ 부하차단을 검출하여 개폐기 개방 및 게이트블록 기능이 동작할 것
7. 내 전기 환경시험	① 계통전압 왜형률 내량 시험 - 인버터를 정격출력으로 운전한다. - 계통전압에 종합 왜형률 8%의 고조파를 중첩한 상태에서 교류출력 전력, 역률, 교류출력 전류, 출력전류 왜형률을 측정한다. ② 계통전압 불평형 시험 ③ 부하 불평형 시험 - 3상 독립형 인버터에 적용한다. - 정격용량에 해당하는 부하를 연결한 후 U, V, W상 중 한 상의 부하를 0으로 조정한 후 30분 동안 운전한다.	① - 인버터가 안정하게 운전할 것 - 역률이 0.95 이상일 것 ② - 정격출력에서 안정하게 운전할 것 - 역률이 0.95 이상일 것 - 출력전류의 총합 왜형률이 5% 이하, 각 차수별 왜형률이 3% 이하일 것 ③ 30분 동안 안정하게 운전할 것
8. 내 주위 환경시험	① 습도 시험(실내용 인버터에 적용) 주위 온도 40℃, 상대습도 90~95% RH의 환경에서 실시 ② 온습도 사이클 시험(실외용 인버터에 적용)	①, ② - 절연저항은 1MΩ 이상일 것 - 상용 주파수 내전압에 1분간 견딜 것

주 1. 전원의 운전·설정
   (1) 교류전원을 정격전압 및 정격 주파수로 운전한다.
   (2) 직류전원은 인버터 출력이 정격출력이 되도록 설정한다.
 2. 제3항 보호기능 시험(실운전 시험)
   (1) 출력 과전압 및 부족 전압 보호 기능시험(독립형 제외)에서, 인버터를 정격전압, 정격 주파수 및 정격출력으로 운전한 상태에서 표 8-6에서 규정한 공칭전압 범위를 이용하여 다음과 같이 실시한다.
     • 모의 계통전원을 조정하여 출력전압을 서서히 상승시켜 인버터가 정지하는 등급(출력 과전압 보호 등급)을 측정한다.
     • 정상 운전 전압 범위는 공칭전압의 88~110%로 한다.

표 8-6 전압 범위별 고장 제거 시간

전압 범위(기준전압에 대한 비율 %)	고장 제거 시간(초)
$V < 50$	0.16 이내
$50 \leq V < 88$	2.00 이내
$110 < V < 120$	1.00 이내
$V \geq 120$	0.16 이내

㈜ 고장 제거 시간 : 계통에서 비정상 전압상태가 발생한 때로부터 전원 발전설비가 계통으로부터 완전히 분리될 때까지의 시간

(2) 주파수 상승 및 저하 보호 기능 시험(독립형 제외) 인버터를 정격전압, 정격 주파수 및 정격출력으로 운전하는 상태에서 표 8-7에서 규정한 주파수 범위 및 시간을 만족하는지 시험한다.

표 8-7 주파수 범위별 고장 제거 시간

주파수 범위(Hz)	고장 제거 시간(s)
> 60.5	0.16 이내
< 59.3	0.16 이내

※ 최대전력 추종 효율 η_{MPPT} 산출

$$\eta_{MPPT} = \frac{P_{INV}}{P_{MAX}} \times 100(\%)$$

- P_{INV} : 인버터가 실제로 받아들이는 전력(W)
- P_{MAX} : 태양전지 배열의 $I-V$ 특성에서 결정되는 최대전력(W)

채터링(chattering) : 자동기동·정지 시에 인버터가 기동·정지를 불안정하게 반복하는 현상

표 8-8 변압기, 인덕터 등의 절연시스템의 온도 상승 한계

절연등급 (IEC 60085에 따름)	열전온도계법에 의한 허용값	권선저항 계산법 및 매입형 열전온도계법에 의한 허용값
A종 절연(105℃)	90℃	95℃
E종 절연(120℃)	105℃	110℃
B종 절연(130℃)	110℃	120℃
F종 절연(155℃)	130℃	140℃
H종 절연(180℃)	150℃	160℃
N종 절연(200℃)	165℃	175℃
R종 절연(220℃)	180℃	190℃
S종 절연(240℃)	195℃	205℃

표 8-9 구성재료 및 부품의 온도 상승 한계

구성재료 및 부품	허용값
1. 전해 커패시터	65℃
2. 전해 커패시터 이외의 것	90℃
3. 외부도체 연결단자	60℃
4. 외부도체와 접속되는 접속부	60℃
5. 인버터 내부의 절연된 도체	제조자 정격 허용온도
6. 퓨즈	90℃
7. PCB	105℃
8. 절연물	90℃

㈜ 온도시험을 위한 시험환경 주위온도는 15~40℃ 이내로 제한하며, 각부의 온도 상승값은 측정 시 주위온도를 뺀 값이 상기 표 8-8 및 표 8-9의 온도 상승 한계를 초과하지 않아야 한다.

③ 표시 사항

㈎ 일반 사항 : 내구성이 있어야 하며 소비자가 명확히 인식할 수 있도록 표시하여야 한다.

㈏ 제조 및 사용 표시(인증설비에 대한 표시)

㉮ 업체명 및 소재지 ㉯ 설비명 및 모델명 ㉰ 정격 및 적용조건
㉱ 제조연월일 ㉲ 인증부여번호 ㉳ 기타 사항

2-4 태양광발전용 접속함의 시험 항목 및 판정 기준

(1) 적용 범위와 접속함의 종류

① 적용 범위 : 독립형 또는 계통연계형 태양광발전용 시스템에 사용하는 개폐장치 및 제어장치 부속품을 포함하는 태양전지 어레이 접속함의 성능 검사를 위한 평가 기준 및 시험 방법에 대하여 규정한다.

② 통상적인 접속함의 종류

표 8-10 접속함의 종류

모듈 보호전류에 의한 분류	사용전압에 의한 분류
10 A 이하	600 V 이하
10 A 초과 15 A 이하	600 V 초과 1000 V 이하
15 A 초과	1000 V 초과

(2) 오염도

① 접속함은 오염도 3의 환경에 쓰인다.

② 4가지 오염 등급

　(가) 오염도 1 : 오염이 없거나 건조하기만 하는 비전도성 오염이 발생한다.

　(나) 오염도 2 : 일반적으로 비전도성 오염만 발생한다. 그러나 때때로 응축에 의한 일시적인 전도가 일어날 수 있다.

　(다) 오염도 3 : 전도성 오염이 발생하거나 또는 응축에 의한 전도체가 되는 건조한 비전도성 오염이 발생한다.

　(라) 오염도 4 : 전도성 먼지 또는 비나 눈에 의해 발생하는 영속적인 전도체를 생성한다.

　※ 영속적 : 계속 오래도록 유지되는 것

(3) 성능 시험 시험 항목 · 판정 기준

표 8-11 접속함의 시험 항목 · 판정 기준

시험 항목			시험 방법	판정 기준
절연저항			절연저항 시험	1 MΩ 이상일 것
내전압			내전압 시험	(2E + 1000)V, 1분간 견딜 것
조작 성능	수동 조작	개폐조작	수동조작성능 시험	조작이 원활하고 확실하게 개폐동작을 할 것
	전기 조작	투입조작	투입조작 시험	조작회로의 정격전압(85~110%) 범위에서 지장이 없이 투입할 수 있을 것
		개방조작	개방조작 시험	조작회로의 정격전압(85~110%) 범위에서 지장이 없이 개방 및 리셋 할 수 있을 것
		전압트립	전압조작 시험	조작회로의 정격전압(75~125%) 범위 내의 모든 트립전압에서 지장이 없이 트립이 될 것
		트립자유	트립자유 시험	차단기 트립을 확실히 할 수 있을 것
차단기 성능			KS C IEC 60898-2 참조	어레이의 최대개방전압 이상의 직류차단전압을 가지고 있을 것

㈜ 절연저항 시험 방법 : 500 V 또는 1000 V 절연저항계로 입·출력단자를 각각 단락하고 그 단자와 대지 사이에서 측정한다.

(4) 표시 사항

① 일반 사항 : 내구성이 있어야 하며 소비자가 명확히 인식할 수 있도록 표시하여야 한다.

② 제조 및 사용 표시(인증설비에 대한 표시)

　(가) 업체명 및 소재지　　(나) 설비명 및 모델명　　(다) 정격 및 적용조건

　(라) 제조연월일　　　　　(마) 인증부여번호　　　　(바) 기타 사항

　(사) 신재생에너지 설비인증표지

(5) 권장 부품 사양(참고 사항)

표 8-12 권장 부품 사양

부품명	사	양
1. 블로킹 다이오드	정격전류는 모듈 단락전류의 1.3배 이상	정격전압은 어레이 개방전압의 2배 이상
2. 퓨즈	정격전류는 모듈 단락전류의 1.25배 이상, 2배 이하	정격 차단 전압은 시스템 전압의 1.5배 이상
3. 차단기	정격전류는 어레이 전류의 1.25배 이상, 2배 이하	어레이의 최대개방전압 이상의 직류차단 전압을 가지고 있을 것
4. SPD	최대연속 운전전압은 600 VDC, 1000 VDC	공칭방전전류(8/20)는 10 kA 이상

㈜ 공칭방전전류 In(nominal discharge current)
 1. 전원용 SPD의 I등급 및 II등급 시험에서 SPD에 흐르는 8/20 μs 파형의 전류파고값을 말한다.
 2. KS C IEC 61643-11에서는 In을 15회 이상 인가하여 견디는 것을 요구하고 있다.

3. 한국산업표준(KS), 국제표준화기구(ISO) 제도

3-1 표준화의 개요

(1) 표준화(standardization)의 정의

① 일반적으로 사물, 개념, 방법 및 절차 등에 대하여 합리적인 기준(standard)을 설정하고 다수의 사람들이 어떤 사물을 그 기준에 맞추는 것을 의미한다.

② 우리가 일상적으로 사용하는 생활용품에서부터 자동차, 비행기 등 모든 제품 및 부품의 치수, 성능, 재질, 시험 방법 등을 통일화 및 단순화시키고 그러한 통일화된 기준에 따르도록 하는 것이다.

(2) 표준화의 목적 및 효과

① 표준화의 목적 : 생산, 소비, 유통 등 여러 분야에 있어서 능률 증진 및 경제성 향상을 통해, 제품의 품질 개선과 생산능률의 향상, 상거래의 단순화 및 공정화의 효과가 있다.

② 표준화의 효과

표 8-13 표준화의 효과

표준화의 효과	국제표준
• 품질의 향상과 균일성의 유지 • 생산능률의 증진과 생산원가 절감 • 부품의 호환성 증가 • 인력과 자재의 절약 • 종업원의 교육, 훈련 용이 • 작업 능률의 향상	• 제품 및 업무 행위의 단순화와 호환성 향상 • 관계자들 간의 의사소통의 원활(상호 이해) • 전체적인 경제성 추구 • 안전/건강/환경 및 생명 보호 • 소비자 및 작업자의 이익 보호 • 현장 및 사무실 자동화에 기여

3-2 한국산업표준

(1) 한국산업표준(KS ; Korean Industrial Standards)은 대한민국 산업 전 분야의 제품 및 시험, 제작 방법 등에 대하여 규정하는 국가 표준이다.

(2) 구성
 ① 제품표준 : 제품의 향상·치수·품질 등을 규정한 것
 ② 방법표준 : 시험·분석·검사 및 측정 방법, 작업표준 등을 규정한 것
 ③ 전달표준 : 용어·기술·단위·수열 등을 규정한 것

(3) 분류 체계

표 8-14 분류 체계

기 호	대분류	중분류
A	기본 부문	기본일반/방사선(능)관리/가이드/인간공학/신인성관리/문화/사회시스템/기타
B	기계 부문	기계일반/기계요소/공구/공작기계/측정계산용기계기구·물리기계/일반기계/산업기계/농업기계/열사용기기·가스기기/계량·측정/산업자동화/기타
C	전기 부문	전기전자일반/측정·시험용 기계기구/전기·전자재료/전선·케이블·전로용품/전기 기계기구/전기응용 기계기구/전기·전자 통신부품/전구·조명기구/배선·전기기기/반도체·디스플레이/기타
D	금속 부문	금속일반/원재료/강재/주강·주철/신동품/주물/신재/2차제품/가공방법/분석/기타
E	광산 부문	광산일반/채광/보안/광산물/운반/기타
F	건설 부문	건설일반/시험·검사·측량/재료·부재/시공/기타
G	일용품 부문	일용품일반/가구·실내장식품/문구·사무용품/가정용품/레저·스포츠용품/악기류/기타
H	식료품 부문	식품일반/농산물가공품/축산물가공품/수산물가공품/기타

기호	대분류	중분류
I	환경 부문	환경일반/환경평가/대기/수질/토양/폐기물/소음진동/악취/해양환경/기타
J	생물 부문	생물일반/생물공정/생물화학·생물연료/산업미생물/생물검정·정보/기타
K	섬유 부문	섬유일반/피복/실·편직물·직물/편·직물제조기/산업용 섬유제품/기타
L	요업 부문	요업일반/유리/내화물/도자기·점토제품/시멘트/연마재/기계구조 요업/전기전자 요업/원소재/기타
M	화학 부문	화학일반/산업약품/고무·가죽/유지·광유/플라스틱·사진재료/염료·폭약/안료·도료잉크/종이·펄프/시약/화장품/기타
P	의료 부문	의료일반/일반의료기기/의료용설비·기기/의료용 재료/의료용기·위생용품/재활보조기구·관련기기·고령친화용품/전자의료기기/기타
Q	품질경영 부문	품질경영 일반/공장관리/관능검사/시스템인증/적합성평가/통계적 기법 응용/기타
R	수송기계 부문	수송기계일반/시험검사방법/공통부품/자전거/기관·부품/차체·안전/전기전자장치·계기/수리기기/철도/이륜자동차/기타
S	서비스 부문	서비스일반/산업서비스/소비자서비스/기타
T	물류 부문	물류일반/포장/보관·하역/운송/물류정보/기타
V	조선 부문	조선일반/선체/기관/전기기기/항해용기기·계기/기타
W	항공우주 부문	항공우주 일반/표준부품/항공기체·재료/항공추진기관/항공전자장비/지상지원장비/기타
X	정보 부문	정보일반/정보기술(IT) 응용/문자세트·부호화·자동인식/소프트웨어·컴퓨터그래픽스/네트워킹·IT상호접속/정보상호기기·데이터 저장매체/전자문서·전자상거래/기타

(4) 대한민국의 현황

① 1963년 : "한국공업규격" 실시, IEC, ISO 국제기구 가입
② 1973년 1월 : 공업진흥청 개청으로 표준화 확대
③ 1977년 12월 : 통일 단순화 명령제도 도입
④ 1982년 12월 : KS 표시허가를 외국 시장에 개방
⑤ 1992년 12월 : 공업표준화법을 산업표준화법으로 개정하여 국가표준 범위를 신소재, 신기술, 정보처리 등 전 산업 분야로 확대, "한국산업규격" 제정
⑥ 2008년 5월 26일 : 산업표준화법 전면 개정에 따라 "한국산업규격"을 "한국산업표준"(KS)으로 명칭 바꿈

3-3 국제표준화기구(ISO)

(1) 국제표준화기구(ISO ; International Organization for Standardization)는 여러 나라의 표준 제정 단체들의 대표들로 이루어진 국제적인 표준화기구이다.
(2) 1947년에 출범하였으며 나라마다 다른 산업, 통상 표준의 문제점을 해결하고자 국제적으로 통용되는 표준을 개발하고 보급한다.

(3) 역할(하는 일)
① 표준 및 관련 활동의 세계적인 조화를 촉진시키기 위한 조치를 취한다.
② 국제표준을 개발, 발간하며, 이 규격들이 세계적으로 사용되도록 조치를 취한다.
③ 회원 기관 및 기술위원회의 작업에 관한 정보의 교환을 주선한다.
④ 관련 문제에 관심을 갖는 다른 국제기구와 협력하고, 특히 이들이 요청하는 경우 표준화 사업에 관한 연구를 통하여 타 국제기구와 협력한다.

(4) ISO는 전기 기기에 관한 국제표준화를 담당하는 국제전기표준회의(IEC : International Electrotechnical Commission)와는 표준 개발의 지침이 되는 ISO/IEC Directives를 공동으로 활동하는 등, 상호 보완적인 협조 관계를 유지하고 있다.

(5) 표준

ISO에서 정해지는 각 표준마다 번호가 매겨지며 그 형식은 "ISO 표준번호:공표연도:제목"이다.

표 8-15

번호	내용
639	언어 이름
646	ASCII
3166	나라 영토
7810	카드 표준
8601	날짜 표기
9362	금융기관 식별
9660	CD-ROM 파일 시스템
15924	문자 표기

(6) 대한민국의 현황
① 1963년 : (전)공업진흥청 표준국이 KBS라는 명칭으로 ISO에 회원(member body)으로 최초 가입하였다.
② 1997년 : 국립기술품질원(KNITQ)으로 회원기관 명칭 변경 신청을 하였다.
③ 1999년 : 이후로는 기술표준원(KATS)이 정회원으로 활동하고 있다.

> 참고
> ■ KBS : Korean Bureau of Standards
> ■ KNITQ : Korean National Institute of Technology and Quality
> ■ KATS : Korean Agency for Technology and Standards

3-4 국제전기기술위원회(IEC)

(1) 국제전기기술위원회(IEC ; International Electro-technical Commission)는 지난 1904년 미국 세인트루이스에서 열린 국제전기회의 결과로 1906년 스위스 제네바에 창설됐다.
(2) 1947년에 ISO(국제표준화기구)가 발족됨에 따라 ISO의 전기 부문으로서 가입했다.
(3) IEC의 목적은 모든 전기공학적 표준화 문제와 기타 관련 문제에 대해 국제적 협력을 증진하고 세계시장의 요구에 효율적으로 대처하는 것이다.
(4) 대한민국에서는 지식경제부 기술표준원이 이 회의의 구성원이다.

(5) 저압전기설비의 시설(KS C IEC 60364)
  ① 적용 설비
    ㈎ 주택시설, 업무시설, 공공시설, 산업용 시설, 산업용과 원예용 시설, 조립식 주택 건축물
    ㈏ 이동식 숙박차량, 이동식 숙박차량 정박지 및 이와 유사한 장소
    ㈐ 건축현장, 박람회장, 전시장과 기타 임시 시설, 마리나 및 레저용 선박
  ② 적용 대상
    ㈎ 공칭전압이 교류 1000 V 또는 직류 1500 V 이하의 전기설비
    ㈏ 전원전압이 교류 1000 V 이하의 설비에서 공급되는 사용전압이 1000 V를 초과하는 회로
    ㈐ 기기, 장치의 규격에서 특별히 대상으로 삼지 않는 배선과 케이블
    ㈑ 건축물 외부의 수용가설비
    ㈒ 전기통신, 신호, 제어용 고정배선
    ㈓ 증설 또는 변경한 설비와 기존 설비의 증설 또는 변경에 따라 영향을 받는 부분
  ③ 용어의 정의(KS C IEC 60364-2-21, KS C IEC 61140 용어)
    ㈎ 간선(distribution circuit) : 분전반에 전력을 공급하는 선
    ㈏ 감전(electric shock) : 사람 또는 동물의 몸을 통과하는 전류에서 야기되는 생리학적 현상
    ㈐ 건축전기설비 : 사람이 거주, 근무하거나, 빈번히 출입하거나 또는 사람이 모이는 건축물 등의 전기설비
    ㈑ 계통 외 도전성 부분 : 전기설비의 일부분을 형성하지 않으며 일반적으로 대지전위를 띨 가능성이 있는 도전성 부분
    ㈒ 계통접지(system earthing) : 전원(전력계통)과 대지와의 접지
    ㈓ 고장전압(fault-voltage) : 고압을 전압으로 변성하는 회로에서 절연고장으로 고장점과 기준대지 간에 발생하는 전압

㈔ 공칭전압(nominal voltage) : 그 전선로를 대표하는 선간전압
㈕ 과전류(overcurrent) : 전기기기에 대해서는 그의 정격전류, 전선에 대해서는 허용전류를 초과한 전류
㈖ 기능적 개폐(functional switching) : 정상적인 조작 목적으로 개폐기의 개폐조작이나 전기설비의 전부 또는 일부의 전력공급을 차단하는 조작
㈗ 누설전류(leakage current) : 전기설비가 고장이 나지 않는 상태에서 대지 또는 회로의 노출 도전성 부분에 흐르는 전류
㈘ 단락전류(short-circuit current) : 보통의 운전 상태에서, 전위차가 있는 충전전선간에 임피던스가 영(zero)인 고장에 기인하는 과전류
㈙ 대지(earth) : 그 전위가 어느 점에서 보통 영(zero)으로 되는 지구의 도전성 부분
㈚ 등전위 접속(equipotential bonding): 등전위성을 얻기 위해 전선 간을 전기적으로 접속하는 조치
  ㉮ 주 등전위 접속
  ㉯ 보조 등전위 접속
  ㉰ 비접지 등전위 접속
㈛ 배선설비(wiring system) : 단선 또는 복수의 케이블 또는 모선과 이것을 보호하는 부품 등에 의하여 구성되는 것
㈜ 보호선(protective conductor, PE) : 안전을 목적으로 설치된 전선
㈝ 분기회로 : 전기 사용기기 또는 콘센트에 직접 접속되는 회로
㈞ III급 기기(class III equipment) : 기본 예방 조치가 특별저압값으로 전압제한이 이루어지고 고장 예방용 조치를 갖추지 않는 기기
  ㉮ 0급 기기 : 기본 예방 조치로 기초절연과 고장 예방용 조치가 없는 기기
  ㉯ I급 기기 : 기본 예방 조치로 기초절연 및 고장 예방용 조치로 보호접속을 갖춘 기기
  ㉰ II급 기기 : 기본 예방용 및 고장 예방용 조치로 보호절연을 구비 또는 이들 중 기본 예방 및 고장 예방을 강화한 절연으로 갖춘 기기
㈟ 서지보호장치(SPD) : 과도적인 과전압을 제한하고 서지전류를 분류하는 것을 목적으로 하는 장치

> **참고** 서지보호단로기 : SPD를 전원계통에서 분리하기 위해 필요한 장치

㈠ 뇌 보호영역(LPZ) : 뇌에 의해 발생하는 전자기적 환경의 영향 정도에 따라 분류하는 영역
㈡ 속류(follow current) : SPD가 방전 후에 SPD에 공급되는 전압에 의해 전류가 계속 흐르는 상태
㈢ 잔류전압(residual voltage) : 방전전류의 통과로 SPD 단자 간에 발생하는 전압의 최대값

(어) 최대방전전류 : 공칭방전전류보다 큰 전류값으로 SPD로 흐르는 8/20 전류임펄스의 전류 파고값

 8/20 전류임펄스 : 전류시험 파형으로 파두가 8 μs, 파미가 20 μs인 전류임펄스

(저) 외함(enclosure) : 외부의 영향 및 기기 내부의 위험 충전부에 접근을 방지하는 것
(처) 이중절연 : 기초절연과 보조절연을 모두 포함하는 절연
(커) 잔류전류 : 전기설비의 어떤 점에서 전 회로의 모든 충전전선을 통해 흐르는 전류의 순시값의 합계
(터) 전기적 독립 접지극 : 전극 하나에 최대전류가 통과하여도 다른 전극의 전위는 영향이 미치지 않는 거리에 시설되는 접지극
(퍼) 전압종별(voltage band) : KS C IEC 60449 참조
　㉮ 전압종별과 적용 범위

표 8-16 전압 종별과 적용 범위

종 별	적용 범위
I	• 전압값의 특정 조건에 따라 감전 예방을 실시하는 경우의 설비 • 전기통신, 신호, 수준, 제어 및 정보설비 등 기능상의 이유로 전압을 제한하는 설비
II	• 가정용, 상업용 및 공업용 설비에 공급하는 전압을 포함 • 이 종별은 공공 배전 계통의 전압을 포함

㉯ 교류 및 직류 전압 종별
　설비의 공칭전압에 적합한 교류 및 직류의 전압 종별은 다음 표 8-17 및 표 8-18과 같다.

표 8-17 교류전압 종별

종 별	접지 계통		비접지 또는 비유효접지 계통(주)
	대 지	선 간	선 간
I	$U \leq 50$	$U \leq 50$	$U \leq 50$
II	$50 < U \leq 600$	$50 < U \leq 1000$	$50 < U \leq 1000$

U : 설비의 공칭전압[V]
㈜ 중성선이 있는 경우, 1상과 중성선에서 공급되는 전기기기는 그 절연이 선간전압에 상당하는 것을 선정할 것

표 8-18 직류전압 종별

종 별	접지 계통		비접지 또는 비유효접지 계통(주)
	대 지	선 간	선 간
I	$U \leq 120$	$U \leq 120$	$U \leq 120$
II	$120 < U \leq 900$	$120 < U \leq 1500$	$120 < U \leq 1500$

U : 설비의 공칭전압[V]

㈜ 중성선이 있는 경우, 1상과 중성선에서 공급되는 전기기기는 그 절연이 선간전압에 상당하는 것을 선정할 것

㈕ 접촉전압(touch voltage) : 사람이나 동물이 동시에 접촉할 때의 선간전압
㈖ 중성선(N) : 전력계통의 중성점에 접속되고 전력전송에 사용되는 전선
㈗ 충전부(live part) : 중성선을 포함하여 정상 동작 시에 활성화되는 전선 또는 도전성 부위

참고 규정상 PEN 선이나 PEM 선 또는 PEL 선은 포함하지 않는다.

- **PEN 선** : 보호선과 중성선의 기능을 겸한 전선
- **PEM 선** : 보호선과 중간선의 기능을 겸한 전선
- **PEL 선** : 보호선과 전압선의 기능을 겸한 전선

㈘ 케이블 브래킷(cable bracket) : 케이블을 포설하기 위한 수평의 지지대로 한쪽만 벽 등에 케이블의 길이 방향에 균등 간격으로 시설한 것
㈙ 케이블 트렁킹 방식(cable trunking system) : 건축물에 고정된 본체부와 벗겨내기가 가능한 커버로 이루어진 것으로 절연전선 또는 코드를 안전히 수용할 수 있는 크기의 것
㈚ 케이블 트레이(cable tray) : 전선들을 연속적으로 포설하여, 전선들이 떨어지지 않도록 하는 사이드 레일(side rail)이 있고 커버가 없는 것
㈛ TN 계통(TN system)
  ㉮ TN 계통 : 전원의 한 점을 직접접지하고 설비의 노출 도전성 부분을 보호선(PE)을 이용하여 전원의 한 점에 접속하는 접지계통
  ㉯ TN 계통은 중성선 및 보호선의 배치에 따라 3종류가 있다.
   • TN-S 계통
   • TN-C-S 계통
   • TN-C 계통

(소) TT 계통(TT system) : 전원의 한 점을 직접접지하고 설비의 노출 도전성 부분을 전원 측의 접지극과는 전기적으로 독립한 접지극에 설치하는 접지계통

(오) IT계통(IT system) : 충전부 전체를 대지로부터 절연시키거나 한 점에 임피턴스를 삽입하여 대지에 접속시키고, 전기기기의 노출 도전 부분 단독 또는 일괄적으로 접지하거나 또는 계통접지로 접속하는 접지계통

(조) 직류접지계통 : 2선식 직류계통의 특정 극을 접지하는 것
- TN-S 직류계통
- TN-C-S 직류계통
- TN- C 직류계통
- TT 직류계통
- IT 직류계통

(초) 허용전류(current carrying capacity) : 전선의 연속 허용전류란, 전선이 정상 상태의 경우에 온도가 지정된 수치를 초과하지 않는 조건하에서 전선에 연속적으로 통전 가능한 최대전류

제8장 태양광발전 시스템 품질관리 **219**

예상문제

1. 성능 평가

1. 태양광발전 시스템의 성능 평가는 다음 세 가지 개념으로 나누어 측정한다. 해당되지 않는 것은?
① 응답　　　② 효율
③ 비용　　　④ 내구성
[해설] 시스템의 성능 평가 개념[1-1-(1) 참조]

2. 태양광발전 시스템의 성능 평가를 위한 측정 요소가 아닌 것은?
① 구성 요인의 성능
② 응용성
③ 발전 성능
④ 신뢰성
[해설] 성능 평가의 측정 요소[1-1-(2) 참조]

3. 다음은 성능 평가의 측정 요소이다. 해당되지 않는 것은?
① 발전 성능　　② 사이트(site)
③ 설치용량　　④ 설치 가격(경제성)
[해설] 성능 평가의 측정 요소[1-1-(2) 참조]

4. 다음은 설치 가격(cost)의 평가 방법이다. 해당되지 않는 것은?
① 인버터 설치 단가
② 기초공사 단가
③ 계측·표시장치 설치 단가
④ 태양전지 제작 단가
[해설] 설치 가격(cost)의 평가 방법[1-1-(2)-③ 참조]

5. 태양광발전 시스템 트러블 중, 시스템 트러블에 해당되지 않는 것은?
① 인버터의 정지
② 컴퓨터의 조작오류
③ 계통지락
④ 직류지락
[해설] 시스템 트러블[1-1-(2)-④ 참조]

6. 태양광발전 시스템 트러블 중 계측 트러블인 것은?
① 인버터의 정지
② RCD 트립
③ 컴퓨터의 조작 오류
④ 계통지락
[해설] 계측 트러블[1-1-(2)-④ 참조]
RCD(Residual Current Device : 잔류전류장치) ; ELB(누전차단기)

7. 다음은 태양광어레이 변환효율 산출 식이다. ( )에 적합한 것은?

$$\text{변환효율} = \frac{\text{태양광어레이 출력전력(kW)}}{(\quad) \times \text{태양전지어레이 면적(m}^2)}$$

① 경사면일사량(kWh/m^2)
② 운전일수(day)
③ 부하 소비전력(kW)
④ 표준일사강도(kW/m^2)
[해설] 태양광어레이 변환효율[1-2-(1) 참조]

8. 다음은 태양광 시스템 발전효율 산출 식이다. ( )에 적합한 것은?

정답 1. ④　2. ②　3. ③　4. ④　5. ②　6. ③　7. ①　8. ②

$$발전효율 = \frac{(\quad)}{경사면일사량(kWh/m^2) \times 태양전지어레이 면적(m^2)}$$

① 어레이 출력전력(kW)
② 시스템 발전전력량(kWh)
③ 부하 소비전력량(kWh)
④ 시스템 평균발전전력(kW)
[해설] 시스템 발전효율[1-2-(2) 참조]

2. 품질관리 판정 기준

9. 다음은 태양전지 셀의 시험 항목이다. 해당되지 않는 것은?
① 전류-전압 특성 시험
② 온도 계수 시험
③ 접지저항 측정 및 시험
④ 육안 외형 및 치수 검사
[해설] 태양전지 셀의 시험 항목[2-1-(1) 참조]

10. 태양전지 또는 태양광발전 시스템의 성능을 시험할 때 표준 시험 조건에서 적용되는 기준 온도는?
① 18℃ ② 20℃ ③ 22℃ ④ 25℃
[해설] 시스템의 성능 시험 시 표준 시험 조건 [2-1-(1) 표 8-1 참조]

11. 태양전지 셀의 시험 항목 및 판정 기준에서, 전류-전압 특성 시험의 출력의 분포는 정격출력의 몇 % 이내이어야 하는가?
① ±3   ② ±3.5
③ ±4.0   ④ ±4.5
[해설] 전류-전압 특성 시험의 출력의 분포 [2-1-(1) 표 8-1 참조]

12. 태양전지 셀의 제조 및 사용 표시 사항 중 적절하지 않은 것은?
① 제조연월일
② 정격 및 적용 조건
③ 인증부여번호
④ 설치 시공자명
[해설] 제조 및 사용 표시[2-1-(2)-② 참조]

13. 결정질 실리콘 태양발전 모듈의 성능 시험 중, 외관 검사 시 몇 lx 이상의 광 조사 상태에서 검사해야 하는가?
① 100   ② 250
③ 500   ④ 1000
[해설] 모듈의 성능시험-외관 검사[2-2-(1) 표 8-2 참조]

14. 결정질 실리콘 태양발전 모듈의 성능 시험 중, 절연시험에서 출력 단자와 접지 단자 사이의 절연저항은 최소 몇 $M\Omega/m^2$ 이상이 되어야 하는가?
① 10 ② 20 ③ 30 ④ 40
[해설] 모듈의 성능시험-절연시험[2-2-(1) 표 8-2 참조]

15. 태양광 모듈이 태양광에 노출되는 경우에 따라서 유기되는 열화 정도를 시험하기 위한 장치는?
① 항온항습 장치
② 염수수분 장치
③ 온도사이클 시험장치
④ UV 시험장치
[해설] 모듈의 성능시험-UV 시험[2-2-(1) 표 8-2 참조]

정답 9. ③ 10. ④ 11. ① 12. ④ 13. ④ 14. ④ 15. ④

16. 소형 태양광발전용 인버터의 시험 항목 및 판정 기준에서, 적용 범위는 정격출력 몇 kW 이하인 인버터(계통연계형, 독립형)에 대해 규정하는가?
① 3   ② 5   ③ 10   ④ 25
[해설] 소형 태양광발전용 인버터의 적용 범위 [2-3-(1) 참조]

17. 소형 태양광발전용 인버터의 시험 항목 및 판정 기준에서 정격출력 10 kW 이하인 인버터는 직류입력전압 1,000 V 이하, 교류출력전압 몇 V 이하에 대해 규정하는가?
① 380   ② 440
③ 580   ④ 750
[해설] 소형 인버터의 적용 범위[2-3-(1) 참조]

18. 태양광발전용 인버터의 절연성능시험 항목이 아닌 것은?
① 내전압시험   ② 절연거리시험
③ 단락전류시험   ④ 감전보호시험
[해설] 인버터의 절연성능시험 항목[2-3-(4) 표 8-4 참조]

19. 태양광발전용 인버터의 보호기능 시험 항목이 아닌 것은?
① 출력 과전압 및 부족전압 보호 기능시험
② 단독운전 방지기능시험
③ 복전 후 일정시간 투입방지 기능시험
④ 계통전압위상 급변시험
[해설] 인버터의 보호기능시험 항목[2-3-(4) 표 8-4 참조]

20. 인버터의 정상특성시험에 해당되지 않는 것은?
① 교류전압, 주파수 추종 시험
② 인버터 전력급변시험
③ 누설전류시험
④ 자동기동·정지시험
[해설] 인버터의 정상특성시험 항목[2-3-(4) 표 8-4 참조]

21. 인버터의 시험 항목별 판정 기준 중, 구조시험 항목에서 출력 계측을 위한 장치(CT 등)의 정확도는 몇 % 이내여야 하는가?
① 3   ② 5   ③ 85   ④ 10
[해설] 구조시험[2-3-(4)-② 표 8-5 참조]

22. 인버터의 절연성능시험에서, 입력단자 및 출력단자를 각각 단락하고, 그 단자와 대지 간의 절연저항을 측정하는데, 이때 절연저항은 몇 MΩ 이상이면 되는가?
① 0.3   ② 0.5   ③ 0.8   ④ 1.0
[해설] 절연성능시험[2-3-(4)-② 표 8-5 참조]

23. 인버터의 시험 항목별 판정 기준 중, 내 주위 환경시험에서 습도 시험 시, 상용주파수 내전압에 몇 초간 견디어야 되는가?
① 30   ② 40   ③ 50   ④ 60
[해설] 내 주위 환경시험[2-3-(4)-② 표 8-5 참조]

24. 태양광발전용 접속함의 시험 항목 및 판정 기준에서, 통상적인 접속함의 종류

정답 16. ③   17. ①   18. ③   19. ④   20. ②   21. ①   22. ④   23. ④   24. ②

중 사용전압에 의한 분류에 속하는 것은?
① 300 V 이하   ② 600 V 이하
③ 900 V 이하   ④ 1200 V 이하
[해설] 접속함의 종류[2-4-(1) 표 8-10 참조]

25. 다음 ( )에 적합한 것은?

> 태양광발전용 접속함의 시험 항목 및 판정 기준에서, 접속함은 오염도 ( )의 환경에 쓰인다.

① 1   ② 2   ③ 3   ④ 4
[해설] 오염도[2-4-(2) 참조]
오염도 3 : 전도성 오염이 발생하거나 또는 응축에 의한 전도체가 되는 건조한 비전도성 오염이 발생한다.

26. 접속함의 성능 시험 항목·판정 기준에서, 절연저항은 몇 MΩ 이상이면 되는가?
① 0.3   ② 0.5   ③ 0.8   ④ 1.0
[해설] 절연저항[2-4-(3) 표 8-11 참조]

27. 접속함의 절연저항시험 방법 중, 올바른 것은?
① 입·출력단자를 각각 단락하고 그 단자와 대지 사이에서 측정한다.
② 입력단자는 단락, 출력단자는 개방하고 그 단자와 대지 사이에서 측정한다.
③ 입력단자는 개방, 출력단자는 단락하고 그 단자와 대지 사이에서 측정한다.
④ 입·출력단자를 각각 개방하고 그 단자와 대지 사이에서 측정한다.
[해설] 절연저항 시험 방법[2-4-(3) 표 8-11 참조]

28. 접속함의 성능 시험 항목·판정 기준에서, 다음 ( )에 적합한 것은?

> 투입조작 시험은 조작회로의 정격전압 ( )% 범위에서 지장이 없이 투입할 수 있어야 한다.

① 75~105   ② 85~110
③ 95~115   ④ 100~125
[해설] 조작 성능-투입조작 시험[2-4-(3) 표 8-11 참조]

29. 접속함의 성능 시험 항목·판정 기준에서, 다음 ( )에 적합한 것은?

> 권장 부품 사양 중, SPD 사양에서 공칭 방전전류(8/20)는 ( )kA 이상이다.

① 2.5   ② 5   ③ 7.5   ④ 10
[해설] 권장 부품 사양-SPD[2-4-(5) 표 8-12 참조]
SPD(Surge Protection Device) : 서지보호기

3. 한국산업표준(KS), 국제표준화기구(ISO) 제도

30. 다음 중 표준화의 효과로 틀린 것은?
① 작업 능률 향상
② 부품의 호환성 증가
③ 품질 향상과 균일성의 유지
④ 생산능률의 증진과 생산원가 증진
[해설] 표준화의 효과[3-1-(2) 표 8-13 참조]
생산능률의 증진과 생산원가 절감

31. 한국산업표준(KS)은 다음 3가지 표준으로 구성된다. 적용되지 않는 것은?

정답 25. ③ 26. ④ 27. ① 28. ② 29. ④ 30. ④ 31. ③

① 제품표준　② 방법표준
③ 단가표준　④ 전달표준

[해설] 한국산업표준(KS)의 구성[3-2-(2) 참조]

32. 한국산업표준(KS)의 분류 체계에서, 전기 부문의 기호는?

① A　② B　③ C　④ D

[해설] 분류 체계-전기 부문[3-2-(3) 표 8-14 참조]

33. 한국산업표준(KS)의 분류 체계에서, 건설 부문의 기호는?

① F　② G　③ H　④ I

[해설] 분류 체계-건설 부문[3-2-(3) 표 8-14 참조]

34. 한국산업표준(KS)의 분류 체계에서, 품질경영 부문의 기호는?

① P　② Q　③ R　④ S

[해설] 분류 체계-전기 부문[3-2-(3) 표 8-14 참조]

35. 국제표준화기구의 기호는?

① ISU　② IEO　③ IEC　④ ISO

[해설] 국제표준화기구[3-3 참조]
국제표준화기구(ISO ; International Organization for Standardization)

36. 다음 ( )에 적합한 것은?

> 저압전기설비의 시설(KS C IEC 60364)에서, 적용대상은 공칭전압이 교류 (　)V 또는 직류 (　)V 이하 전기설비이다.

① 300, 600　② 550, 1000
③ 750, 1250　④ 1000, 1500

[해설] 저압전기설비의 시설(KS C IEC 60364)-적용 대상[3-4-(5)-② 참조]
적용 대상 : 공칭전압이 교류 1000 V 또는 직류 1500 V 이하의 전기설비

37. 용어의 정의에서, 분전반에 전력을 공급하는 선은?

① 간선(distribution circuit)
② 분기선(branch line)
③ 인입선(lead-in wire)
④ 배전선(distribution line)

[해설] 용어의 정의-간선[3-4-(5)-③ 참조]

38. 용어의 정의에서, 전기설비의 어떤 점에서 전 회로의 모든 충전전선을 통해 흐르는 전류의 순시값의 합계는?

① 순시전류　② 충전전류
③ 잔류전류　④ 최대전류

[해설] 용어의 정의-잔류전류[3-4-(5)-③ 참조]

39. 설비의 공칭전압에 적합한 직류의 접지계통 전압 종별은 다음 표와 같다. ( )에 적합한 것은? [단, U : 설비의 공칭전압(V)]

종별	접지계통	
	대지	선간
I	$U \leq (\ \ )$	$U \leq (\ \ )$
II	$(\ \ ) < U \leq 900$	$(\ \ ) < U \leq 1500$

① 60　② 80
③ 100　④ 120

[해설] 직류전압 종별[3-4-(5) 표 8-18 참조]

정답 32. ③　33. ①　34. ②　35. ④　36. ④　37. ①　38. ③　39. ④

제9장 태양광발전설비 유지보수

1. 유지보수 개요

1-1 유지보수 용어의 정의

(1) 유지보수(maintenance)

완성된 시설물이나 제조물의 기능을 보전하고 그것을 이용하는 사람들에게 편의와 안전을 도모하기 위하여 일상적으로 점검·정비하고 손상된 부분을 원상 복구하는 등 시설물이나 제조물의 기능 유지 보전에 필요한 활동을 하는 것이다.

> **유지보수의 의의** : 태양광발전설비는 무인 자동 운전되는 것을 전제로 설계·제작되어 있으나, 태양광발전설비도 경년변화에 따른 열화 및 고장이 예상되므로 태양광발전설비의 소유주 또는 전기안전관리자로 선임된 자는 태양광발전설비를 장기적으로 안전하게 사용하기 위해 전기사업법에서 규정된 정기검사 수검 외에 자체적으로도 정기적인 유지보수를 실시할 필요가 있다.

(2) 유지관리(upkeeping)

설비의 기능을 유지하고, 열화를 방지하여 자산 가치를 보전하기 위해 점검, 보수, 청소, 경비 등을 일상적, 정기적으로 하는 것을 말한다.

(3) 점검(inspection)

설비, 기기 또는 부품 등에 이상이 있는지 어떤지를 외관이나 계기에 의해 살피는 것으로 물리적·기능적·환경적 상황에 이상이 발생한 것을 찾아내어 신속하고도 적절한 조치를 취하고자 실시하는 조사이다.

(4) 일상점검(日常點檢)

① 작업 시작 전 및 사용하기 전에 또는 작업 중에 실시하는 점검을 일상점검이라 한다.
② 주로 설치 위치, 부착 상태, 오손 상태, 전압·전류·압력 등의 판독, 접합 부분의 이상, 가열 상태 등에 대해서 외관점검, 작동점검, 기능점검을 실시하여 이상의 유무를 확인하는 것을 말한다.
③ 일상점검은 담당 작업자, 또는 안전담당자가 실시하며, 그 부문의 작업 직장의 장은 점검에 입회하거나 또는 그 결과를 확인한다.
④ 이상이 발견되었을 때는 즉시 정비하여 안전을 확인한 뒤에 운전하여야 한다.

(5) 정기점검(定期點檢)

① 정기점검은 1개월, 6개월, 1년 또는 2년 등 일정한 기간을 정해서 외관검사, 기능점검 및 각 부분을 분해해서 정밀검사를 실시하여 이상 발견에 노력하는 것을 말한다.
② 정기검사는 설비 등에 대해서 일정한 기간마다 실시하도록 의무화되어 있는 자체검사가 있다.

자체검사 기록 사항
1. 검사 연월일
2. 검사 방법
3. 검사 부분
4. 검사 결과
5. 검사자의 서명
6. 검사 결과에 따른 조치의 개요

(6) 임시점검(臨時點檢)

임시로 실시하는 점검으로, 일정기간 이상 사용하지 않았던 설비를 사용할 때는 사용을 개시하기 전에 점검을 실시할 필요가 있으며 또 일정 규모 이상의 폭풍이나 지진이 있은 뒤 등에는 임시점검을 실시하여야 한다.

(7) 측정(measurement)

길이, 질량, 압력, 온도, 시간, 전기 등의 물리량을 기준량에 의해 수치를 이용해서 표시하는 조작을 말한다.

1-2 설비의 유지보수 절차

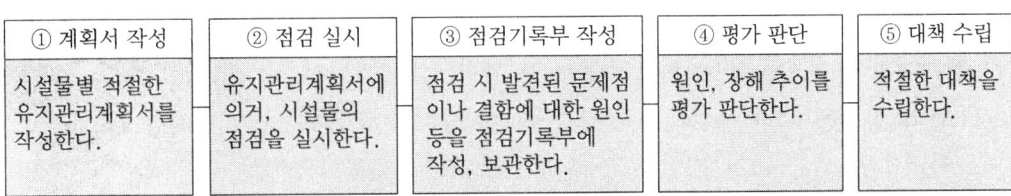

그림 9-1 설비의 유지보수 절차

1-3 태양광발전설비의 유지보수 점검 작업

■ 점검의 분류 : 일상점검, 정기점검, 임시점검

(1) 일상점검
① 직접 육안을 통해 설비의 점검을 한다.
② 유지관리 체크리스트를 활용하여 실시한다.
③ 이상한 소리, 냄새, 손상 등 이상 상태 발견 시에는 배전반 문을 열고 확인한다.
④ 이상 상태 내용을 기록하여 정기점검 시 이를 반영, 참고자료로 활용한다.
⑤ 모듈 표면에 먼지나 낙엽, 조류의 분비물 등 이물질이 쌓이지 않도록 한다.

(2) 정기점검
① 정기점검 주기는 설비용량에 따라 정해지며, 법적으로 예를 들면 다음과 같다.
　㈎ 100 kW 미만 : 연 2회(6개월에 1회)
　㈏ 100 kW 이상 : 연 6회(2개월에 1회)

> **참고** 가정에 설치되어 있는 3 kW 미만의 소출력 시스템은 일반용으로 분류되어 법적으로 정기점검을 하지 않아도 되지만 정기적으로 점검을 하는 것이 바람직하다.

② 정부지원금으로 설치된 경우 : 하자보수 기간인 3년 동안 연 1회 이상 점검을 실시하고 신재생에너지 센터에 점검 결과를 보고하여야 한다.
③ 원칙적으로, 정전을 시켜 놓고 무전압 상태에서 점검의 필요에 따라서는 기기를 분리하여 점검한다.
④ 정전하지 않고 점검할 경우에는 안전사고가 일어나지 않도록 유의한다.
⑤ 계전기의 특성시험과 점검시험도 실시한다.

> **참고** 치명적인 문제를 미연에 방지하기 위해서 태양광발전소 운용 시 정기점검은 매우 중요하다.

(3) 임시점검
① 일상점검 등에서 이상을 발견한 경우에 실시한다.
② 사고가 발생한 경우에 실시한다.

(4) 점검계획의 수립에 있어서 고려해야 할 사항
① 설비의 사용 시간　　　　② 설비의 중요도
③ 환경조건　　　　　　　　④ 고장 이력
⑤ 부하 상태　　　　　　　　⑥ 부품의 수

1-4 전력 시설물 유지관리 지침

(1) 점검 전 유의 사항
① 준비 작업 : 응급처치 방법 및 설비의 안전을 확인한다.
② 회로도에 의한 검토 : 전원 계통이 loop가 형성되는 경우에 대비하여 시스템의 각종 전원 스위치 차단 상태 및 접지선을 확인한다.
③ 연락처 확인 : 관련 부서와의 비상 연락망을 확인한다.
④ 무전압 상태 확인 및 안전조치 : 주 회로를 점검할 때 안전을 위하여 아래 사항을 점검한다.
　㈎ 관련된 차단기, 단로기를 열고 무전압이 되게 한다.
　㈏ 검전기로서 무전압 상태를 확인하고 필요 개소를 접지한다.
　㈐ 차단기는 단로상태가 되도록 연출하고 "점검 중"이라는 표지판을 부착한다.
　㈑ 단로기 조작은 쇄정시킨다(쇄정장치가 없는 경우 "점검 중"이라는 표지판을 부착한다).
　㈒ 특히 수전반 또는 모선 연락반 등과 같이 전원이 들어와서 살아오는 경우에는 상대방의 개폐기에 대서도 상기 ㈐, ㈑항의 조치를 취한다.
⑤ 잔류전하에 대한 주의 : 콘덴서 및 케이블의 접속부를 점검할 경우에 잔류전하를 방전시키고 접지를 실시한다.
⑥ 오동작 방지 : 전원의 쇄정 및 주의 표시 부착
⑦ 절연용 보호기구 준비
⑧ 쥐, 곤충 등의 침입에 대한 방지 대책을 세운다.

(2) 점검 후 유의 사항
① 접지선 제거 : 점검 시 안전을 위하여 접지한 것을 점검 후에는 제거한다.
② 최종 확인 시 점검 사항
　㈎ 작업자가 수·배전반 내에 들어가 있는가?
　㈏ 점검을 위하여 임시로 설치한 가설물 등의 철거가 지연되지 않는가?
　㈐ 볼트 조임 조작을 잊지 않았는가?
　㈑ 공구를 확인했는가?
　㈒ 쥐, 곤충 등이 침입하지 않았는가?
③ 점검의 기록 : 일상점검, 정기점검, 임시점검을 할 때에는 점검 및 수리한 요점, 고장의 상황, 일지 등을 차기 점검 시 참고자료로 활용한다.

(3) 공통 사항

① 녹이 슬거나 도장이 벗겨짐 : 금속 부분이 녹이 슨다든가 도장이 벗겨진 부분 등은 보수점검 항목이며, 또한 설치 장소, 환경 및 사용 상태나 설치 후 경과 연수에 따라서 그 정도가 다르기 때문에 점검 내용은 특별히 기재할 수 없지만 정기점검 시 아래 사항에 유의하여 점검한다.
  (가) 금속 부분에 녹이 스는 경우
    ㉠ 기구부 등이 녹이 슬어 회전이 원활하게 되지 않는다고 생각되는 개소
    ㉡ 녹이 슬어 접촉저항이 변화하여 통전부에 지장이 생기는 부위
    ㉢ 스프링에 녹이 슨다든가 접합 용접부의 침식 등으로 기계적 강도가 떨어질 염려가 있는 부위
    ㉣ 녹이 슬어 미관을 해치는 부위
  (나) 도장이 벗겨짐 : 옥외등과 같이 주위의 환경조건이 나쁜 경우에 도장이 벗겨진다든가 손상이 일어나는 부분에는, 특히 조기에 보수를 실시하고 페인트를 칠해 줄 것

② 기타
  (가) 비상정지 회로는 정기점검 시 동작 확인을 반드시 한다.
  (나) 비나 바람이 강한 날은 평상시 일어나지 않는 현상이 일어날지도 모르므로 특히 이 점을 유념하여 순시를 한다.
  (다) 배전반 부근에서 건축공사를 시행하는 경우에는 먼지가 들어가거나 진동에 의해 기기가 손상되지 않도록 주의한다.

1-5 유지관리의 일반 사항

(1) 유지관리의 경제적 기본 원칙은 종합적 비용을 최소 부담으로 수행하는 것이다.

(2) 종합적 비용에는 계획설계비, 건설비, 유지관리비 및 폐기처분비 등이 있다.

(3) 유지관리비의 구성 요소
① 유지비   ② 보수비와 개량비   ③ 일반관리비   ④ 운용자원비

(4) 유지관리에 필요한 자료
① 주변 지역의 현황도 및 관계서류
② 지반 조사 보고서 및 실험보고서
③ 준공 시점에서의 설계도, 구조계산서, 설계도면, 표준시방서, 특별시방서, 견적서
④ 보수, 개수 시의 상기 ③과 같은 설계도 및 작업기록
⑤ 공사 계약서, 시공도, 사용재료의 업체명 및 품명
⑥ 공정사진, 준공사진
⑦ 인허가 관련 서류 등

2. 유지보수 세부 내용

2-1 태양광발전 시스템의 보수점검

시스템의 보수점검은 준공 시의 점검, 일상점검, 정기점검의 3가지로 구분된다.

(1) 준공 시(사용 전)의 점검

① 태양광발전 시스템의 공사가 완료되면 시스템의 점검을 시행한다.
② 점검 내용 : 육안점검 외에 태양전지 어레이의 개방전압 측정, 각부의 절연전압 측정, 접지저항 측정을 한다.
③ 관찰 결과 및 측정 결과는 자세히 기록하여, 향후 일상점검, 정기점검 시의 이상 발견에 활용한다.
④ 준공 시 설비 구분별 점검 및 점검 요령은 다음과 같다.
　㈎ 태양전지 어레이 : 표 9-1
　㈏ 접속함 : 표 9-2
　㈐ 인버터 : 표 9-3
　㈑ 개폐기, 전력량계 : 표 9-4
　㈒ 운전정지 및 발전전력 : 표 9-5

표 9-1 태양전지 어레이의 준공 시(사용 전) 점검

구 분		점검 항목	점검 요령
태양전지 어레이	육안 점검	1. 표면의 오염 및 파손	오염 및 파손이 없을 것
		2. 프레임의 파손 및 변형	파손 및 두드러진 변형이 없을 것
		3. 가대의 부식 및 녹	부식 및 녹이 없을 것(녹의 진행이 없고 도금강판의 끝단부는 제외)
		4. 가대의 고정	볼트 및 너트의 풀림이 없을 것
		5. 가대접지	배선공사 및 접지취부가 확실할 것
		6. 코킹	코킹의 망가짐 및 불량이 없을 것
		7. 지붕재의 파손	지붕재의 파손 및 어긋남이 없을 것
	측정	1. 접지저항	접지저항 100Ω 이하

표 9-2 접속함의 준공 시(사용 전) 점검

구 분	점검 항목		점검 요령
접속함	육안 점검	1. 외함의 부식 및 파손	부식 및 파손이 없을 것
		2. 방수 처리	입선구가 실리콘 등으로 방수 처리되어 있을 것
		3. 배선의 극성	태양전지에서 배선의 극성이 바뀌어 있지 않을 것
		4. 단자대 나사의 풀림	확실하게 취부되고 나사의 풀림이 없을 것
	측정	1. 절연저항 (태양전지-접지 간)	0.2 MΩ 이상, 측정전압 DC500V (각 회로마다 전부 측정)
		2. 절연저항(중계단자함 출력단자-접지 간)	1 MΩ 이상, 측정전압 DC500V
		3. 개방전압 및 극성	규정의 전압일 것, 극성이 올바를 것 (각 회로마다 전부 측정)

표 9-3 인버터의 준공 시(사용 전) 점검

구 분	점검 항목		점검 요령
인버터	육안 점검 그 외	1. 외함의 부식 및 파손	부식 및 파손이 없을 것
		2. 취부	견고하게 고정되어 있을 것
			기기 주변에 제조업자로부터 지정된 스페이스가 확보되어 있을 것
			옥내용 : 과도한 습기, 기름습기, 연기, 부식성 가스, 가연가스, 먼지, 염분, 화기 등이 존재하지 않는 분위기일 것
			인화물이 아닐 것
			옥외용 : 물 및 눈에 잠길 염려가 없는 곳에 설치되어 있을 것
			화기, 가연가스 및 인화물이 없을 것
		3. 배선의 극성	P는 태양전지+, N은 태양전지-
			U, O, W는 계통 측 배선(단상3선식, O는 중성선) U-O, O-W 간 110 V
			자립운전의 배선은 전용콘센트 또는 단자에서 전용배선으로 하고 용량은 15 A 이상일 것 (자립회로 사용 시)
		4. 단자대 나사의 풀림	확실하게 취부되고 나사의 풀림이 없을 것
		5. 접지단자와의 접속	접지와 바르게 접속되어 있을 것

구 분		점검 항목	점검 요령
인버터	측정	1. 절연저항	1 MΩ 이상, 측정전압 DC 500V (파워컨디셔너 입출력단자-접지 간)
		2. 접지저항	접지저항 100 Ω 이하
		3. 수전전압	주 회로단자대 U-O, W-O 간은 AC 101±6V 일 것(수전전압이 높으면 출력전력 억제가 작업하기 쉽도록 유의)

표 9-4 개폐기, 전력량계의 준공 시(사용 전) 점검

구 분		점검 항목	점검 요령
개폐기, 전력량계, 인입구 개폐기 등	육안 점검	1. 발전용 개폐기	"태양광발전용"이라 표시되어 있을 것
		2. 주간선 개폐기	역접속 가능형으로 나사의 풀림이 없을 것
		3. 전력량계	발전사업자의 경우 전력회사에서 지급한 전력량계 사용

표 9-5 운전정지 및 발전전력의 준공 시(사용 전) 점검

구 분		점검 항목	점검 요령
운전 정지	조작 및 육안 점검	보호계전기의 설정	전력회사 정정치를 확인할 것
		운전	운전 스위치 "운전"에서 운전할 것
		정지	정지 스위치 "정지"에서 정지할 것
		투입저지 시한타이머 동작시험	인버터가 정지하여 5분 후 자동 기동할 것
		자립운전	자립운전으로 전환할 때, 자립운전용 콘센트에서 사양서의 규정전압이 출력될 것
		표시부의 동작 확인	표시가 정상으로 표시되어 있을 것
		이상음 등	운전 중 이상음, 이상 진동, 악취 등의 발생이 없을 것
	측정	발생전압(모듈)	태양전지의 동작전압이 정상일 것 (동작전압 판정 일람표에서 확인)
발전 전력	육안 점검	인버터의 출력표시	인버터 운전 중 출력표시부에 사양대로 표시할 것
		전력량계(송전 시)	회전을 확인할 것
		전력량계(수전 시)	정지를 확인할 것

(2) 일상점검

① 일상점검은 주로 육안점검에 의해서 매월 1회 정도 실시한다.
② 이상이 확인되면 전문기술자와 상담한다.

③ 권장하는 일상점검의 점검 항목 및 점검 요령은 다음과 같다.
　㈎ 어레이, 접속함 : 표 9-6
　㈏ 인버터, 축전지 : 표 9-7

표 9-6 어레이, 접속함의 일상점검

구 분		점검 항목	점검 요령
어레이	육안 확인	1. 유리 등 표면의 오염 및 파손	두드러진 오염 및 파손이 없을 것
		2. 가대의 부식 및 녹	부식 및 녹이 없을 것
		3. 외부배선(접속케이블)의 손상	접속케이블에 손상이 없을 것
접속함	육안 확인	1. 외함의 부식 및 손상	부식 및 파손이 없을 것
		2. 외부배선(접속케이블)의 손상	접속케이블에 손상이 없을 것

표 9-7 인버터 및 축전지의 일상점검

구 분		점검 항목	점검 요령
인버터	육안 점검	외함의 부식 및 파손	부식 및 녹이 없고 충전부가 노출되어 있지 않을 것
		외부배선(접속케이블)의 손상	인버터로 접속되는 케이블에 손상이 없을 것
		통풍 확인(통풍구, 환기필터 등)	통풍구가 막혀 있지 않을 것
		이음, 이취, 연기 발생 및 이상 과열	운전 시 이상음, 이상 진동, 이취 및 이상 과열이 없을 것
		표시부의 이상표시	표시부에 이상코드, 이상을 나타내는 램프의 점등, 점멸 등이 없을 것
		발전 상황	표시부의 발전 상황에 이상이 없을 것
축전지	육안 점검	변색, 변형, 팽창, 손상, 액면 저하, 온도 상승, 이취, 발청, 단자부 느슨함 등	부하에 급전한 상태에서 실시할 것

(3) 정기점검

① 태양광발전설비의 정기점검 주기는 설비용량에 따라 월 1~4회 이상 실시한다.
② 태양광발전설비로서 용량 1,000 kW 미만의 것은 안전관리 업무를 외부에 대행시킬 수 있다.
③ 권장하는 정기점검 점검 항목 및 점검 요령은 다음과 같다.
　㈎ 어레이, 접속함 : 표 9-8
　㈏ 인버터 : 표 9-9
　㈐ 축전지, 개폐기 : 표 9-10

표 9-8 어레이, 접속함의 정기점검

구 분		점검 항목	점검 요령
어레이	육안점검	접지선의 접속 및 접속단자 이완	• 접지선이 확실하게 접속되어 있을 것 • 나사의 풀림이 없을 것
접속함	육안점검	외함의 부식 및 파손	부식 및 파손이 없을 것
		외부배선의 손상 및 접속단자 이완	• 배선에 이상이 없을 것 • 나사의 풀림이 없을 것
		접지선의 손상 및 접속단자 이완	• 접지선에 이상이 없을 것 • 나사의 풀림이 없을 것

	측정 및 시험	절연저항	• 태양전지 모듈-접지선
			  0.2 MΩ 이상, 측정전압 직류 500V(각 회로마다 모두 측정)
			• 출력단자-접지 간
			  1 MΩ 이상, 측정전압 직류 500 V

		개방전압	• 규정전압일 것 • 극성이 올바를 것(각 회로마다 모두 측정)

주 1. 태양전지 어레이는 다음 항목에 대해 점검해 두는 것이 바람직하다.
　(1) 태양전지 모듈 표면의 오염, 강화유리의 깨짐과 같은 손상 및 변색이 없는가?
　(2) 지지대의 변형, 녹 및 손상 그리고 모듈 취부개소의 이완이 없는가?
　2. 절연저항의 허용치
　　　400 V를 초과하는 절연저항의 허용치는 0.4 MΩ 이상이다.

표 9-9 인버터의 정기점검

구 분		점검 항목	점검 요령
인버터	육안점검	외함의 부식 및 파손	부식 및 파손이 없을 것
		외부배선의 손상 및 접속단자 이완	• 배선에 이상이 없을 것 • 나사의 풀림이 없을 것
		접지선의 손상 및 접속단자 이완	• 접지선에 이상이 없을 것 • 나사의 풀림이 없을 것
		통풍 확인(통풍구, 환기 필터 등)	통풍구가 막혀 있지 않을 것
		운전 시 이상음, 이취 및 진동 유무	운전 시 이상음, 이상 진동, 이취 등이 없을 것
	측정 및 시험	절연저항(인버터 입출력 단자-접지 간)	1 MΩ 이상, 측정전압 직류 500 V
		표시부 동작 확인(표시부 표시, 발전전력 등)	표시상황 및 발전상황에 이상이 없을 것
		투입저지 시한타이머 동작시험	인버터가 정지한 후 소정 시간이 지나면 자동으로 시동될 것

주 절연저항의 허용치 : 400 V를 초과하는 절연저항의 허용치는 0.4 MΩ 이상이다.

표 9-10 축전지, 개폐기의 정기점검

구 분	점검 항목		점검 요령
축전지	육안점검	외관점검 전해액 비중 전해액면 저하	부하로의 급전을 정지한 상태에서 실시할 것
	측정 및 시험	단자전압 (총 전압/셀 전압)	
기타 발전용 개폐기	육안, 접촉 등	태양광발전용 개폐기의 접속단자 이완	나사에 이완이 없을 것
	측정	절연저항	1 MΩ 이상, 측정전압 직류 500 V

㈜ 절연저항의 허용치 : 400 V를 초과하는 절연저항의 허용치는 0.4 MΩ 이상이다.

2-2 전력 시설물 보수점검(전력 시설물 유지관리 지침서)

(1) 개요
① 내부 기기를 포함한 배전반의 전반적인 일상순시점검 및 정기점검에 대한 것이다.
② 보수점검 작업은 배전반의 빛깔, 소리, 냄새, 열 또는 빗방울이 들어갔는지 등을 오감(五感)으로 파악하여 이상이 있는지 없는지를 파악하는 것이다.

(2) 점검의 분류와 점검 주기
① 일상순시점검 : 일상점검은 배전반의 기능을 유지하기 위한 일상점검을 말한다.
  ㈎ 순시점검은 문을 열어 점검하는 것이 아니고 이상한 소리, 냄새, 손상 등을 배전반 외부에서 점검 항목의 대상 항목에 따라서 점검하는 것이다.
  ㈏ 이상 상태를 발견한 경우에는 배전반의 문을 열고 이상의 정도를 확인한다.
  ㈐ 이상의 상태가 직접 운전을 하지 못할 정도로 전개될 경우를 제외하고는 이상 상태의 내용을 기록하여 정기점검 시에 운용하므로, 참고자료로 활용한다.
② 정기점검 : 정기점검은 배전반의 기능을 확인하고 유지하기 위한 계획을 수립하여 점검하는 것이다.
  ㈎ 원칙적으로 정전을 시켜 놓고 무전압 상태에서 기기의 이상 상태를 점검하고 필요에 따라서 기기를 분류하여 점검한다.
  ㈏ 모선을 정전하지 않고 점검을 하여야 할 경우에는 안전사고가 일어나지 않도록 유의한다.
③ 임시점검 : 일상순시점검 및 정기점검에 의하여 상세하게 점검할 필요가 있는 경우에 실시한다.

표 9-11 점검의 분류와 점검 주기

점검 분류 \ 계약조건	문의 개폐	커버류의 분류	무정전	회로 정전	모선 정전	차단기 인출	점검 주기
일상순시점검	○	-	○	-	-	-	매일
정기점검	○	○	-	○	○	○	3년
임시점검	○	○	-	○	○	○	필요 시

㈜ 1. 점검 주기는 대상 기기의 환경조건, 운전조건, 설비의 중요성, 경과 연수 등에 의하여 영향을 받기 때문에 상기에 표시된 점검 주기와 대상 기기의 점검 주기를 고려 선정한다.
2. 무정전 상태에서는 문을 열고 점검할 수 없으나 1개월에 1회 정도 문을 열고 점검하는 것을 권장한다.
3. 모선정전의 기회는 별로 없으나 심각한 사고를 방지하기 위하여 1년에 1번 정도 점검하는 것을 권장한다.

(3) 일상순시점검 사항

① 배전반

표 9-12 배전반 일상순시점검 사항

NO.	대상	점검 개소	목적	점검 내용
1	외함	외부 일반 (문, 외함)	볼트 조임이완	• 뒷커버 등의 볼트의 조임이 이완되었는가? • 바닥에 떨어진 것은 없는가?
			손상	• 문의 개폐 상태는 이상이 없는가? • 점검창 등의 패킹 등이 열화(劣化)하여 손상은 없는가?
			이상한 소리	볼트류 등의 조임이 이완되어 진동하는 소리는 없는가?
			오손	점검창 등이 오손되어 내부가 잘 보이지 않는가?
		명판	손상	조임이 이완되어 떨어진다든가 파손 및 선명하지 못한 부분은 없는가?
		인출기구 (고정장치)	위치	적당한 위치에 놓여 있는가?
2	모선 및 지지물	모선 전반	이상한 소리	• 볼트류의 조임이 이완되어 진동은 없는가? • 코로나방전에 의한 이상한 소리는 없는가?
			이상한 냄새	코로나방전 또는 과열에 의한 이상한 냄새는 나지 않는가?
3	주 회로 인입 인출부	폐쇄모선의 접촉부	이상한 소리	볼트류의 조임이 이완되어 진동음은 없는가?
		부싱	손상	균열, 파손은 없는가?
			이상한 소리	코로나방전 등에 의한 이상한 소리는 없는가?

NO.	대 상	점검 개소	목 적	점검 내용
3	주 회로 인입 인출부	케이블 단말부 및 접속부 케이블 관통부 명판	이상한 소리	볼트류 등의 조임이 이완되어 진동음은 없는가?
			이상한 냄새	코로나 방전 또는 과열에 의한 이상한 냄새는 나지 않는가?
			손상	케이블 막이판의 탈락 간격이 벌어짐은 없는가?
			쥐, 곤충 등의 침입	침입의 흔적은 없는가?
4	제어회로의 배선	배선전반	손상	• 가동부 등에 연결되는 전선의 절연피복 손상은 없는가? • 전선 지지물이 떨어져 있는가?
			이상한 냄새	과열에 의한 이상한 냄새는 없는가?
5	단자대	외부일반	조임의 이완	임의 이완은 없는가?
			손상	연물 등의 균열 파손은 없는가?
6	접지	접지단자 접지선	손상	접지선의 부식 또는 단선은 없는가?
			표시	표시 부착물이 떨어져 있지는 않은가?

> **참고** 코로나방전(corona discharge) : 전선 간에 인가하는 전압을 점점 높여 갈 때 전선 표면의 전위경도가 어느 일정치를 넘어서면 전선 표면에 낮은 소리와 엷은 빛을 수반한 방전이 생기는 현상이다.

② 내장 및 부속기기

표 9-13 내장 및 부속기기의 순시점검 사항

NO.	대 상	점검 개소	목 적	점검 내용
1	주 회로용 차단기 VCB GCB ACB	외부일반	이상한 소리	코로나방전 등에 의한 이상한 소리는 없는가?
			이상한 냄새	코로나방전, 또는 과역에 의한 이상한 냄새는 없는가?
			누설	GCB의 경우 가스 누설은 없는가?
		개폐표시기 개폐표시등	지시표시	표시는 정확한가?
		개폐도수계	표시	기계적인 수명횟수에 도달하지 않았는가?
2	배선 차단기 누전 차단기	외부일반	이상한 냄새	과열에 의한 이상한 냄새는 없는가?
		조작장치	표시	• 동작 상태를 표시하는 부분이 잘 보이는가? • 개폐기구 핸들(handle)과 표시등의 상태는 바른가?

NO.	대 상	점검 개소	목 적	점검 내용
3	단로기 교류부하 개폐기	외부일반	이상한 소리	코로나방전에 의한 이상한 소리는 없는가?
			이상한 냄새	코로나방전 또는 과열에 의하여 이상한 냄새는 나지 않는가?
		개폐표시기 개폐표시등	누설	절연유를 내장한 부하개폐기의 경우 기름의 누설은 없는가?
			지시표시	표시상태는 정확한가?
4	변성기	외부일반	이상한 소리	코로나방전에 의한 이상한 소리는 없는가?
			이상한 냄새	코로나방전에 의한 이상한 냄새는 없는가?
5	변압기 리액터	외부일반	이상한 소리	코로나방전에 의한 이상한 소리는 없는가?
			이상한 냄새	코로나방전 또는 과열에 의한 이상한 냄새는 없는가?
			누설	절연유의 누설은 없는가?
		온도계	지시표시	지시는 소정의 범위에 들어가 있는가?
		유면계 가스압력계	지시표시 이완	• 유면은 적당한 위치에 있는가? • 가스의 압력은 규정치보다 낮지 않은가? (질소 봉입의 경우)
6	주 회로용 퓨즈	외부일반	손상	퓨즈통, 애자 등의 균열, 파손 변형은 없는가?
			이상한 소리	코로나방전에 의한 이상한 소리는 없는가?
			이상한 냄새	코로나방전 또는 과역에 의한 이상한 냄새는 없는가?

(4) 정기점검 사항

① 배전반

표 9-14 배전반 정기점검 사항

NO	대 상	점검 개소	목 적	점검 내용
1	외함	외부일반 (문, 외함)	볼트 조임이완	볼트의 조임 및 이완으로 바닥에 떨어진 것은 없는가?
			손상	패킹류의 열화 손상은 없는가?
			오손	반내에 습기 등의 침입 또는 결로가 일어난 흔적은 없는가? ㊟ 특히 주 회로 절연물의 상황에 주의

NO	대상	점검 개소	목적	점검 내용
1	외함	외부일반 (문, 외함)	환기	환기구 필터 등이 떨어져 있지 않은가?
			설치	바닥의 이상침하(沈下) 또는 융기(隆起)에 의한 경사 및 삐뚤어짐은 없는가? ㈜ 차단기 외 주 회로 단로부에 영향이 없도록 주의
		문	볼트의 조임이완	경첩, 스토퍼(stopper) 등의 볼트의 조임이완은 없는가?
			동작	• 손잡이는 확실히 동작하는가? • 문의 쇄정장치의 동작은 확실한가?
		격벽	볼트의 조임이완	볼트의 조임 및 이완으로 바닥에 떨어진 것은 없는가?
			손상	변형 또는 파손은 없는가?
		주 회로 단로기 (접지 접촉자 포함)	볼트의 조임이완	볼트의 조임 및 이완으로 바닥에 떨어진 것은 없는가?
			손상	부싱, 전선 등의 파손, 단선 및 변형은 없는가?
			접촉	접촉 상태는 양호한가?
			변색	도체의 과열에 의한 변색은 없는가?
			오손	이물(異物) 또는 먼지 등이 부착되지 않았는가?
2	배전반	제어회로 단로부	볼트의 조임이완	가동, 고정 측의 볼트의 조임이완은 없는가?
			손상	플러그(plug), 전선 등의 파손, 단선, 변형 등은 없는가?
			접촉	접촉상태는 양호한가?
		셔터 (Shutter)	손상	• 볼트의 조임이완에 의한 변형은 없는가? • 바닥에 떨어진 것은 없는가? ㈜ 차단기와 연동관계를 주의할 것
			동작	동작은 확실한가? ㈜ 차단기와 연동관계를 주의할 것
		리밋스위치 (limit switch)	손상	레버(lever) 또는 본체의 파손, 변형은 없는가?
		인출기구 (차단기, 유닛 등)	볼트의 조임이완	• 볼트류의 조임이완에 의한 변형 및 탈락은 없는가? • 위치표시, 명판의 변형, 탈락은 없는가?
			손상	레일 또는 스토퍼(stopper)의 변형은 없는가?
			동작	인출기기가 정해진 위치에 이동하는가?
		기구조작	볼트의 조임이완	볼트류의 조임이완에 의한 변형 및 탈락은 없는가?
			동작	동작은 확실한가?

NO	대상	점검 개소	목적	점검 내용
2	배전반	명판과 표시물	손상	볼트의 조임이완 및 파손으로 바닥에 떨어진 것은 없는가?
			오손	먼지 등의 부착 또는 오손에 의하여 잘 보이지 않는 부분이 있는가?
3	모선 및 지지물	모선전반	볼트의 조임이완	볼트의 조임 및 이완으로 바닥에 떨어진 것은 없는가?
			손상	애자의 균열, 파손, 변형은 없는가?
			변색	과열에 의한 접속부 또는 절연물의 변색은 없는가?
		애자부싱 절연 지지물	손상	애자류의 균열, 파손, 변형은 없는가?
			변색	과열에 의한 절연물의 변색은 없는가?
			오손	이물(異物)이나 먼지 등이 부착되어 있지 않은가?
		플랙시블 모선	손상	단선이나 꺾어져 있는 부분은 없는가?
			변색	표시에 특이할 만한 변색은 없는가?
4	주 회로 인입 및 인출부	폐쇄모선 위 접속부	볼트의 조임이완	볼트의 조임 및 이완으로 바닥에 떨어진 것은 없는가?
			손상	옥외용 패킹(packing)류의 열화(劣化)는 없는가?
			변색	과열에 의한 접속부 또는 절연물의 변색은 없는가?
		부싱	볼트의 조임이완	볼트의 조임이완은 없는가?
			손상	절연물의 균열, 파손은 없는가?
			변색	과열에 의한 접속부 또는 절연물의 변색은 없는가?
			오손	이물(異物) 또는 먼지의 부착은 없는가?
5	배선	전선일반	볼트의 조임이완	접속부 등의 볼트조임, 이완은 없는가?
			손상	가동부 등에 연결되는 전선의 절연피복은 이상이 없는가?
			변색	절연물의 과열에 의한 변색은 없는가?
		전선지지재 (mark band)	손상	• 배선덕트 속 배선 밴드(band) 등이 과열에 의한 손상은 없는가? • 전선 지지재가 떨어진 것은 없는가? • 과열 또는 경년열화(經年劣化) 등에 의한 변형, 탈락은 없는가?
			오손	먼지 등에 의하여 잘 보이지 않는 부분은 없는가?
6	단자대	외부일반	볼트의 조임이완	단자부의 볼트조임의 이완은 없는가?
			손상	절연물의 균열, 파손은 없는가?

NO	대 상	점검 개소	목 적	점검 내용
6	단자대	외부일반	변색	과열에 의한 절연물의 변색은 없는가?
			오손	단자부의 오손 및 이물(異物)의 부착은 없는가?
7	접지	접지단자 접지선 접지모선	볼트의 조임이완	접속부의 볼트조임이 이완 없이 확실히 접지되어 있는가?
			오손	단자부의 오손 및 이물(異物)이 부착되어 있지는 않은가?

8	장치일반	절연저항
		측정
			절연
			저항치
				• 주 회로 및 제어회로의 절연저항은 설치 시에 초기치와 측정조건을 기록하고 정기점검 시 종목별로 기록
				• 사용 절연저항계는
				  고압회로 : 1,000 V 메가 이상
				  저압회로 : 500 V 메가

		절연저항 측정	절연 저항치	측정하고 절연물을 마른 수건으로 청소할 것
		제어회로	회로의 정상동작	• 절환개폐기에 의한 확인 : PT, CT로부터 전압, 전류가 정상적으로 공급되는가를 절환개폐기로서 확인 • 계전기로서 동작 확인 : 계전기의 주접점을 동작시킴으로서 차단기가 차단되었는가 시험하고, 개폐표시등 및 고장 차단경보 고장표시기가 정상적으로 동작하는가 확인하고, 또한 계전기 자체의 고장표시기 및 보조접촉기의 동작을 확인
		인터록 (interlock)	전기적 기계적	인터록 상호 간을 제어회로에 따라서 조건을 만족하는가를 확인
			동작 확인	• 인터록 기구에 대해서 동작을 확인 • 리밋 스위치(limit switch) 등의 이상(異常)은 없는가?

② 내장 및 부속기기

표 9-15 내장 및 부속기기의 정기점검 사항

NO.	대 상	점검 개소	목 적	점검 내용
1	주 회로용 차단기 VCB	외부 일반	볼트의 조임이완	주 회로용 단자부의 볼트의 조임이완은 없는가?
			손상	절연물 등의 균열, 파손, 변형은 없는가?
			변색	단자부 및 접속부의 과열에 의한 변색은 없는가?
			오손	절연 애자 등의 이물(異物), 먼지 등이 부착되어 있지 않은가?
			누설	진공도가 저하되지 않았는가? (VCB의 경우) 가스압은 저하되지 않았는가? (GCB의 경우)
			마모	접점의 마모는 어떤가? (외부에서 판정할 수 있는 부분)

NO.	대상	점검 개소	목적	점검 내용
1	주 회로용 차단기 VCB	개폐표시기 개폐표시등	동작	정상적으로 동작하는가?
		조작장치	손상	• 스프링 등이 녹이 슬었다든가 파손, 변형은 없는가? • 각 연결부, 핀(pin)의 구부러짐, 탈락은 없는가? • 코일 등의 단선은 없는가?
		저압 조작회로	볼트의 조임이완	제어회로 단자부의 볼트류의 조임이완은 없는가?
			접촉	제어회로 플러그(plug)의 접촉은 양호한가?
2	배선용 차단기	외부일반	볼트의 조임이완	단자부의 볼트류의 조임이완은 없는가?
			손상	절연물 등의 균열, 파손, 변형은 없는가?
			변색	단자부 및 접촉부의 파열에 의한 변색은 없는가?
			오손	절연물의 이물(異物) 또는 먼지 등이 부착되어 있지 않은가?
		조작장치	동작	개폐 동작은 정상인가?
			지시표시	개폐표시는 정상인가?
3	단로기 부하 개폐기	외부일반	볼트의 조임이완	주 회로 단자부의 볼트의 조임이완은 없는가?
			손상	• 절연물 등의 균열, 파손, 변형은 없는가? • 조작레버 등에 손상은 없는가? • 스프링 등에 녹이 슬었다든가 파손, 변형은 없는가?
			변색	단자부의 접촉에 의한 변형은 없는가?
			오손	절연애자 등에 이물(異物), 먼지 등이 부착되어 있지 않은가?
			누설	• 유(油)부하개폐기의 경우 절연유의 누유는 없는가? • 진공 부하개폐기의 경우 진공도는 저하되지 않았는가?
		주 접촉부	볼트의 조임이완	• 자력접촉의 경우에는 고정접점이 저절로 열리는 경우는 없는가? • 타력접촉의 경우에는 스프링 등에 탄력성이 있는가?
			접촉	접점이 거칠어지지는 않았는가?
		조작장치	손상	• 기중(氣中) 부하개폐기의 경우 소호실에 이상은 없는가? • 스프링 등이 녹이 슬었다든가 파손이나 변형은 없는가? • 각 연결부, 핀(pin)의 구부러짐, 탈락은 없는가?
			동작	• 클램프(clamp) 등 연결부는 정상인가? • 투입, 개폐는 원활한가?
			주유	주유(注油) 상태는 충분한가? (유입식인 경우)
			지시표시	개폐표시는 정상인가?

NO.	대 상	점검 개소	목 적	점검 내용
3	단로기 부하 개폐기	저압 조작회로	볼트의 조임이완	단자부의 볼트의 조임이완은 없는가?
			손상	• 절연물 등의 균열, 파손, 손상은 없는가? • 철심에 녹이 슬었다든가 손상은 없는가? (외부에서 판정이 가능한 경우에만 적용)
			변색	부싱 단자부의 변색은 없는가?
			오손	부싱 등에 이물(異物) 및 먼지 등이 부착되어 있지 않은가?
		안전점검	동작	훅(hook) 조작의 경우 단로기의 개로상태에서 크러시(crush)는 확실한가?
4	변성기	외부일반	볼트의 조임이완	단자부의 볼트의 조임이완은 없는가?
			손상	• 절연물 등의 균열, 파손, 손상은 없는가? • 철심에 녹이 슬었다든가 손상은 없는가? (외부에서 확인이 가능한 경우에만 적용)
			변색	부싱 단자부의 변색은 없는가?
			오손	부싱 등에 이물(異物) 및 먼지 등이 부착되어 있지 않은가?
5	변압기	외부일반	볼트의 조임이완	단자부의 볼트의 조임이완은 없는가?
			손상	부싱 등의 균열, 파손, 변형은 없는가?
				유면계 온도계의 파손은 없는가?
				건식의 경우 코일 절연물의 손상은 없는가?
			변색	건식의 경우 코일 절연물의 과열에 의한 변색은 없는가?
			누설	유입형의 경우 기름은 새지 않는가?
			오손	부싱 등에 이물(異物) 및 먼지 등이 부착되어 있지 않은가?
		유면계 가스압력계	지시표시	• 유면은 적절한 위치에 있는가(유입형의 경우)? • 질소봉입의 경우 가스압력이 떨어지지 않는가?
		온도계	지시표시	지시는 정상인가?
			동작	동작은 정상인가?
		냉각팬 (pan)	오손	필터(filter)는 막히지 않았는가?
			동작	동작은 정상인가?
			주유	주유(注油)는 정상인가?
			동작	자동운전의 경우 운전상태는 정상인가?
6	주 회로용 퓨즈	외부일반	볼트의 조임이완	단자부의 볼트류 및 접촉부의 조임이완은 없는가?
			손상	퓨즈통, 애자 등에 균열, 변형은 없는가?

NO.	대상	점검 개소	목적	점검 내용
6	주 회로용 퓨즈	외부일반	변색	퓨즈통, 퓨즈 홀더(holder)의 단자부에 변색은 없는가?
			오손	애자 등에 이물(異物) 및 먼지 등이 부착되어 있지 않은가?
			동작	단로기 type은 개폐조작에 이상은 없는가?
7	피뢰기	외부일반	볼트의 조임이완	단자부의 볼트류의 조임이완은 없는가?
			손상	• 애자 등의 균열, 파손, 변형은 없는가? • 리드(lead)선 단자 등에 손상은 없는가?
			오손	애자 등에 이물, 먼지 등이 부착되어 있지 않은가?
			방전흔적	내부 콤파운드(compound)의 분출, 밀봉금속 뚜껑의 파손, 팽창, 섬락(flashover) 등의 흔적은 없는가?
8	중성점 접지 저항기 대형 저항기	외부일반	볼트의 조임이완	단자부 볼트류의 조임이완은 없는가?
			손상	• 애자 절연물 등의 균열, 파손, 변형은 없는가? • 저항체의 발열에 의한 변형 손상은 없는가?
			오손	부싱부에 이물(異物), 먼지 등이 부착되어 있지는 않은가?
9	전력용 콘덴서	외부일반	볼트의 조임이완	단자부에 볼트의 조임이완은 없는가?
			손상	부싱부의 균열, 파손이나 외함의 변형은 없는가?
			변색	부싱, 단자부 등의 과열에 의한 변색은 없는가?
			오손	부싱부에 이물(異物), 먼지 등이 부착되어 있지 않은가?
10	지시계기	외부일반	볼트의 조임이완	단자류에 볼트의 조임이완은 없는가?
			손상	부싱부에 균열, 파손 및 외함의 변형은 없는가?
			오손	이물(異物), 먼지 등의 부착은 없는가?
			지시표시	영점 조정은 잘 되어 있는가?
		기계부	손상	스프링류에 녹이 슬었다든지 파손, 변형은 없는가?
			동작	• 제동장치의 마찰에 의한 접촉은 없는가? • 축수에 헐거움, 편심은 없는가?
		부속기구	손상	분류기, 배율기, 보조CT 등의 소손 단선은 없는가?
		기록부	동작	팬의 구동 기록지의 감김은 정상인가?
		기록지	잔량	잉크, 기록지의 잔량은 적당한가?
11	계전기	외부일반	볼트의 조임이완	단자부의 볼트 이완은 없는가?
			손상	• 패킹류의 떨어짐은 없는가? • 커버의 파손은 없는가?

NO.	대상	점검 개소	목적	점검 내용
11	계전기	외부일반	오손	이물(異物), 먼지 등의 접착은 없는가?
		접점부 도전부	손상	• 접점 표면이 거칠어지지 않았는가? • 혼촉, 단선, 절연파괴는 없는가? • 코일의 소손, 층간단락, 절연파괴는 없는가?
12	조작 개폐기 절환 개폐기	외부일반	볼트의 조임이완	단자부의 볼트 조임이완은 없는가?
			손상	• 절연물 등에 균열, 파손, 변형은 없는가? • 스프링 등이 녹이 슬었다든가 파손, 변형은 없는가?
			동작	• 개폐동작은 정상인가? • 로크기구, 잔류접점기는 정상인가?
			지시표시	손잡이(핸들) 등의 표시는 정상인가?
		접점부	손상	접점에 손상은 없는가?
13	표시등 표시기 경보기	외부일반	볼트의 조임이완	단자부에 볼트류의 조임이완은 없는가?
			동작	동작, 점멸은 정상인가?
		부속저항기 부속변압기	변색	단자부 등에 과열에 의한 변색은 없는가?
			위치	발열부(發熱部)에 제어 배선이 접근하여 있지 않은가?
14	시험용 단자	외부일반	헐거움	단자부에 헐거움은 없는가?
			접촉	접촉상태는 양호한가?
			손상	절연물 등에 균열, 파손, 변형은 없는가?
15	제어회로용 저항기 히터 (heater)	외부일반	헐거움	단자부에 헐거움은 없는가?
			변색	단자부에 과열에 의한 변색은 없는가?
			위치	발열부(發熱部)에 제어배선이 접근하여 있지 않은가?
16	고압전자 접촉기	외부일반	헐거움	주 회로 단자부에 볼트류의 헐거움은 없는가?
			손상	절연물 등의 균열, 파손, 변형은 없는가?
			변색	단자부 및 접촉부에 과열에 의한 변색은 없는가?
			오손	절연애자 등에 이물질이나 먼지 등이 부착되어 있지 않은가?
			누설	진공접촉기의 경우 진공도가 떨어져 있지 않은가?
		주 접촉부	손상	• 접점이 거칠어지지 않는가? • 소호실에 이상은 없는가(기중접촉기의 경우)?
		개폐표시기 개폐표시등	동작	정상적으로 동작하는가?
		개폐도수계	동작	정상적으로 동작하는가?

NO.	대상	점검 개소	목적	점검 내용
16	고압전자 접촉기	조작장치	손상	• 스프링 등에 발청, 파손, 변형은 없는가? • 연결부 핀의 부러짐, 탈락은 없는가? • 전자석에 이상음은 없는가?
			동작	보조개폐는 정상인가?
			주유	주유는 충분한가?
		저압 조작회로	헐거움	제어회로 단자부에 볼트류의 헐거움은 없는가?
			접촉	저압 조작회로의 플러그(plug)의 접촉은 양호한가?
17	저압전자 접촉기	외부일반	헐거움	단자부의 볼트류의 헐거움은 없는가?
			손상	절연물 등의 균열, 파손, 변형은 없는가?
			변색	단자부 및 접촉부의 과열에 의한 변색은 없는가?
			오손	절연물 등에 이물질이나 먼지 등이 부착되어 있지 않은가?
		주 접촉부	오손	• 접점의 거칠어짐은 없는가? • 소호실에 이상은 없는가?
			동작	개폐동작은 정상인가?
			지시표시	개폐표시는 정상인가?
			손상	스프링 등에 발청, 파손, 변형은 없는가?
18	제어 회로용 퓨즈	외부일반	헐거움	단자부에 헐거움은 없는가?
			동작	용단되어 있지는 않은가?
		명판	적합성	지정된 형식, 정격의 퓨즈가 사용되고 있는가?
19	부속기기	냉각팬	오손	필터, 환기구의 오손 및 파손으로 떨어진 것은 없는가?
20	반외 부속기기	인출장치 (lifter)	동작	• 동작은 확실한가? • 와이어(wire)의 인향장치 동작은 정상인가?
		• 후크봉 • 각종 조작핸들 • 테스트 플러그 • 제어 점퍼	손상	심한 파손, 변형은 없는가?
21	예비품	• 표시등 • 퓨즈류	손상	파손, 균열, 변형은 없는가?
			수량	소정의 수량이 있는가?
		기타	품목	각각의 제품별로 매회 예비품으로 책정한 수량과 예비품표와 비교한다.

(5) 정기점검에 의한 처리

① 일상정기점검에 의한 처리과정

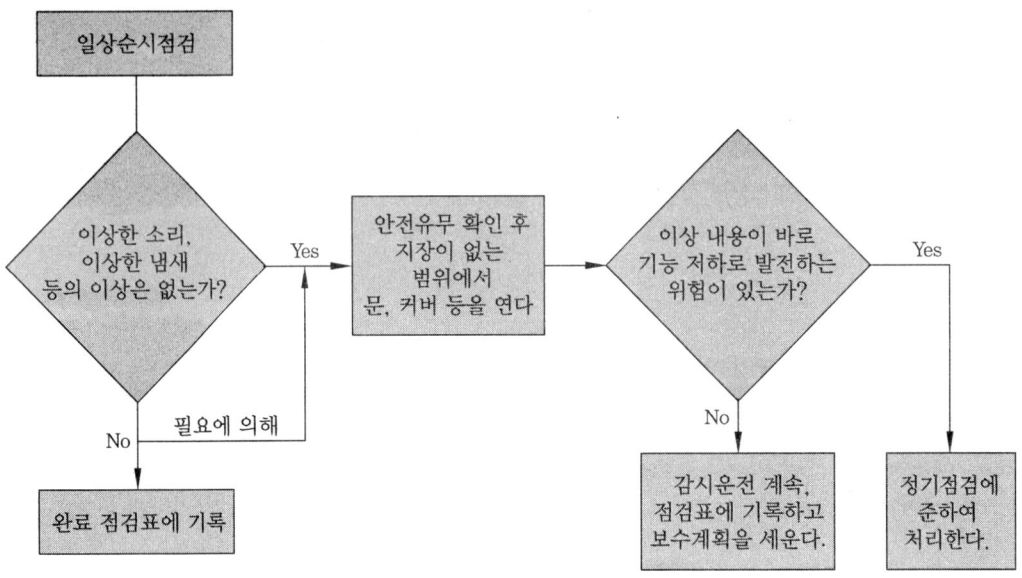

그림 9-2 일상정기점검에 의한 처리과정

② 정기점검에 의한 처리

표 9-16 처리 방법 및 유의 사항

NO.	처 리	방법 및 유의 사항
1	청소	1. 공기를 사용하는 경우에는 흡입방식을 추천하며 토출방식의 경우에는 공기의 습도, 압력에 주의하십시오. 2. 문, 커버 등을 열기 전에는 배전반 상부에 먼지나 이물질을 제거하십시오. 3. 절연물은 충전부 간을 가로지르는 방향으로 청소하십시오. 4. 청소걸레는 화학적으로 중성인 것을 사용하고 섬유 올이 풀린다든가 습기 등에 주의하십시오.
2	볼트의 조임 (모선)	1. 조임 방법(모선의 접속 부분) : 조임의 경우에 지정된 재료 부품을 정확히 사용하고 다음 내용에 유의하여 접속한다. 　(1) 볼트의 크기에 맞는 토크렌치(torque wrench)를 사용하여 규정된 힘으로 조여 준다. 　(2) 조임은 너트(Nut)를 돌려서 조여 준다. 　(3) 2개 이상의 볼트를 사용하는 경우 한쪽만 심하게 조이지 않도록 한다. | 볼트의 크기	M6	M8	M10	M12	M16 | |---|---|---|---|---|---| | 힘(kg/cm^2) | 50 | 120 | 240 | 400 | 850 | 2. 조임의 확인 : 조임 torque가 부족할 경우 또는 조임작업을 하지 않을 경우에는 사고가 일어날 위험이 있기 때문에 토크렌치(torque wrench)에 의하여 규정된 힘이 가해졌는지 확인할 필요가 있다.

NO.	처 리	방법 및 유의 사항
3	볼트조임 (구조물)	구조물을 볼트조임을 하는 경우 아래의 torque치를 참조한다. | 볼트의 크기	M3	M4	M5	M6	M8	M10	M12	M16
---	---	---	---	---	---	---	---	---
힘(kg/cm²)	7	18	35	58	135	270	480	1180	
4	절연물의 보수	1. 자기성 절연물에 오손 및 이물(異物)이 부착된 경우에는 No 1. 청소에 의하여 처리할 것 2. 합성수지 적층판, 목재 등이 오래되어 헐거움이 발생한 경우에는 No 5. 부품교환에 의해 부품을 교환할 것 3. 절연물의 균열, 파손, 변형이 있는 경우에도 No 5. 부품교환에 의하여 부품을 교환할 것 4. 절연물의 절연저항이 떨어진 경우에는 종래의 데이터(data)를 기초로 하여 계열적으로 비교, 검토하고 동시에 접속되어 있는 각 기기 등을 체크(check)하여 원인을 규명하고 처리한다. 5. 절연저항치는 온도, 습도 및 표면의 온도상태에 따라서 크게 영향을 받기 때문에 양부(良否)의 판정은 어렵지만 아래 값을 참고한다. ① 배전반 • 온도 : 20℃ • 상대습도 : 65% • 반 : 5면 일괄 • 고압회로 : 5 MΩ 이상(각상 일괄-대지 간) 	사용전압의 구분		절연저항값(MΩ)
300 V 이하	대지전압이 150 V 이하	0.1
	그 외	0.2
300 V 초과 600 V 이하		0.3	 	회로전압	측정 개소	온도(℃)		비고
---	---	---	---	---
		50	60	
22 kV 이상	1차 권선과 2차 권선	40	25	
22 kV 미만	철심(대지) 간[kΩ]	40	25	
	2차 권선과 1차 권선, 철심(대지) 간[kΩ]		5	| • 건식의 경우 | 전압(kV)	1 이하	3	6	10	12
---	---	---	---	---	---
절연저항(MΩ)	5	20	20	30	50	 ② 유입리액터(reactor) : 절연저항의 참고값 • 단자일괄과 외함 간 : 100 MΩ(유온 40℃ 이하) ③ 전력용 콘덴서(condenser) : 절연저항의 참고값 • 전선로 단자 일괄과 외함 : 100 MΩ ㊟ 직류 100 V가 없는 경우에는 1,000 V의 전압을 가하고 직편법 또는 1,000V 이상의 절연저항계(메거 : megger)에 의하여 측정한다.
5	부품교환	1. 부품교환 시는 형식 및 기능을 충분히 조사한다. 2. 부품교환 시는 접속이 물리지 않도록 하며, 볼트조임 등을 잊어버리지 않도록 주의한다. 3. 조정 설정이 필요한 부품은 교환 후 확실히 설정한다. 4. 납땜작업 등은 숙련자에게 하도록 한다.

2-3 태양광발전 시스템의 고장 원인

(1) 모듈의 고장 원인 및 처리

표 9-17 모듈의 고장 원인 및 처리

고 장	원 인	조 치
1. 백화현상	제조 공정상 불량	교환
2. 적화현상	제조 공정상 불량	교환
3. 황색변위	제조 공정상 불량(백 시트 불량)	교환
4. 핫스팟(hot spot ; 열점)	제조 공정상 불량	교환
5. 유리적색 착색	지하수(철분) 사용	특수 세척
6. 유리백색 착색	지하수(석회 성분) 사용	특수 세척
7. 오염	먼지, 황사, 타이어분진, 송홧가루	교환
8. 프레임 변형	외부 충격, 구조 불균형	교환
9. 백 시트(back sheet), 에어 버블링(air bubbling)	제조 공정상 불량[라미네이팅(laminating) 과정]	교환
10. 단자함 불량	방수 불량, 전선 납땜 불량, 다이오드 불량	

(2) 접속함의 고장 원인 및 처리

표 9-18 접속함의 고장 원인 및 처리

고 장	원 인	조 치
1. 다이오드 과열	다이오드 불량, 어레이 회로 이상	점검, 교체
2. 퓨즈 끊어짐	퓨즈 고장, 낙뢰, 과전류	
3. 퓨즈홀더 변형	과전류, 과열	
4. 부스 바 과열	과전류 부스 바 결합상태 불량, 다이오드	
5. 차단기 단락	과전류, 과전압, 저전압	
6. 서지어레스터 off	낙뢰	
7. 어레이 단자 변형	과전류	
8. 넘버링 튜브 변색 컬러 튜브 변색	과전류, 과열	
9. 환기 팬 소음	환기 팬 노화, 센서	

(3) 구조물의 고장 원인 및 처리

표 9-19 구조물의 고장 원인 및 처리

고 장	원 인	조 치
1. 녹 발생	도금불량, 시공 시 절단·용접·크랙	점검, 보수
2. 이상 진동음	너트 풀림, 구조 불균형, 전선 늘어짐	
3. 마찰음	구조물 구동부 마찰계수 커짐	
4. 변형	구조 불균형, 외부 충격, 기초 변형	

(4) 전선의 고장 원인 및 처리

표 9-20 전선의 고장 원인 및 처리

고 장	원 인	조 치
1. 변색	불량품, 자외선 과다 노출	점검, 보수
2. 경화	불량품, 자외선 과다 노출	
3. 표면 크릭	시공 시 불량, 운전 중 구조물과 마찰, 충돌	
4. 늘어짐	전선 타이 불량	점검, 보수
5. 전선관 물	방수 처리 불량	점검, 보수

2-4 태양광발전 시스템의 문제 진단

(1) 시스템의 전기적 특성검사

① 태양전지 모듈의 배선이 끝난 후 확인 사항
　(가) 각 모듈의 극성을 확인한다.
　(나) 전압을 확인한다.
　(다) 단락전류를 확인한다.
　(라) 양극 중 어느 하나라도 접지되어 있지는 않은지 확인한다.
　(마) 체크리스트에 확인 사항을 기입하고 차후 점검을 위해 보관한다.

② 전압, 극성의 확인
　(가) 모듈이 바르게 시공되어 설명서대로 전압이 나오고 있는지 확인한다.
　(나) 양극, 음극의 극성이 바른지의 여부 등을 테스터, 직류전압계로 확인한다.
　(다) 모듈 1장의 개방전압이 40 V인 것 10장이 직렬연결된 스트링의 개방전압은 400 V가 되는지를 확인하는 것이다.

③ 단락전류의 측정
　(가) 모듈의 설명서에 기재된 단락전류가 흐르는지 직류전류계로 측정한다.
　(나) 타 모듈과 비교해 측정치가 현저히 다른 경우는 배선을 재차 점검한다.
④ 비접지의 확인
　(가) 일반적으로 직류 측 회로를 비접지로 하여 인체 감전 사고를 방지하고 있다.

> **참고** 시스템 중 인버터는 효율 향상과 경제적인 측면을 고려하여 인버터 자체의 상용주파절연방식을 채용하는 경우가 드물다.

　(나) 비접지 확인 방법은 태양광발전 시스템을 통신용 전원에 사용하는 경우는 편단접지를 하는 경우가 있으므로 통신기기 제작사와 협의할 필요가 있다.

(2) 육안에 의한 외관점검
① 태양전지 모듈·어레이 점검
　(가) 모듈은 현장 이동 중 실수로 파손되어 있을 수도 있으므로 시공 시 반드시 외관점검을 실시해야 한다.
　(나) 모듈을 고정형이나 추적형으로 설치할 경우 세부 점검이 곤란하므로 공사 진행 중 각각 설치 직전과 시공 중에 태양전지 셀에 금이 가거나 부분적인 파손이 있는지 또는 변색 등이 있는지를 점검한다.
　(다) 모듈 표면 유리의 금, 변형, 이물질에 의한 오염과 프레임 등의 변형 및 지지대 등의 발청 유무를 반드시 점검해야 한다.
　(라) 먼지가 많은 설치 장소에는 태양전지 모듈 표면의 오염검사와 청소 유무를 확인한다.
② 배선 케이블 등의 점검
　(가) 시스템은 일단 설치하고 나면 장기간 그대로 사용하게 되므로 전선·케이블 등이 설치공사 당시의 상이나 비틀림 등의 원인으로 인해서 절연저항의 저하나 절연파괴를 일으킬 수 있다.
　(나) 따라서 공사가 완료되면 확인할 수 없는 부분에 대해서는 공사 도중에도 외관점검 등을 실시하여 반드시 기록을 남겨 두고 일상점검이나 정기점검의 경우에는 육안점검으로 배선의 손상 유무를 확인한다.
③ 접속함·인버터
　(가) 접속함·인버터 등의 전기설비는 운반 중에 진동에 의해 접속부의 볼트 단자가 풀리는 경우가 있다.
　(나) 또한 공사현장에서 배선 접속을 한 것에 관해서도 가접속 상태 그대로인 것이나 시험 등을 위해 일시적으로 접속을 벗기는 경우가 있다.

(다) 따라서 시공 후 태양광발전 시스템을 운전할 때는 전기설비 및 접속함 등의 케이블 접속부를 확인해야 한다.

(라) 양극(+ 또는 P 단자), 음극(- 또는 N 단자) 간에 잘못된 것, 또는 직류회로와 교류회로의 접속 혼동 등은 중대 사고의 원인이 될 수도 있으므로 반드시 확인해 두어야 한다.

(마) 일상점검이나 정기점검의 경우에는 육안점검에 따라 접속단자의 풀림이나 손상 유무를 확인한다.

④ 축전지 및 기타 주변설비의 점검

(가) 상기와 동일한 방법으로 점검한다.

(나) 동시에 설비 제작사에서 권장하는 항목으로 점검한다.

(3) 운전 상황의 확인

① 이음, 이상 진동, 이취에 주의

(가) 운전 중 이상한 소리와 냄새 등을 확인하고 평상시와 다른 느낌이 들 경우에는 정밀점검을 실시한다.

(나) 설치자가 점검할 수 없는 경우에는 설비 제작사 또는 전문가에게 의뢰하여 점검하는 것이 바람직하다.

② 운전 상황의 점검

(가) 주택용 시스템의 경우에는 전압계, 전류계 등의 계측 장비는 없지만 최근에는 소형 모니터가 보급되어 발전전력, 발전전력량 등이 표시된다.

(나) 이들 데이터가 평상시와 크게 다른 값을 나타낸 경우에는 설비 제작사 또는 전문가에게 의뢰하여 점검하는 것이 바람직하다.

(다) 공공·산업용이나 발전사업자용의 태양광발전 시스템은 전기안전관리자에게 정기적으로 점검받도록 한다.

(라) 공공·산업용 태양광발전 시스템이나 발전사업용 태양광발전 시스템은 계측장치, 표시장치의 설치도 많으므로 일상의 운전 상황 확인은 여기에서 할 수 있다.

(4) 태양전지 어레이의 출력 확인

① 일반 사항

(가) 발전 시스템은 소정의 출력을 얻기 위해 다수의 태양전지 모듈을 직·병렬로 접속하여 태양전지 어레이를 구성한다.

(나) 따라서 설치 장소에서 접속 작업을 하는 개소가 있고 이런 접속이 틀리지 않았는지 정확히 확인할 필요가 있다.

(다) 정기점검의 경우에도 태양전지 어레이의 출력을 확인하여 불량한 태양전지 모듈이나 배선 결함 등을 사전에 발견해야 한다.

② 개방전압의 측정
  ㈎ 일조량, 온도 변화에 따른 개방전압의 특성곡선
    ㉮ 발전시스템의 단결정 모듈의 일조량, 온도 변화에 따른 개방전압 특성은 다음 그림 9-3 그래프와 같다.
    ㉯ 일조량의 차이에 의한 모듈의 출력전압의 변화는 적으나 모듈 표면의 온도에 따른 개방전압의 변화는 지수함수적 부(-)의 특성을 지니므로 점검 시 이를 고려하여야 한다.

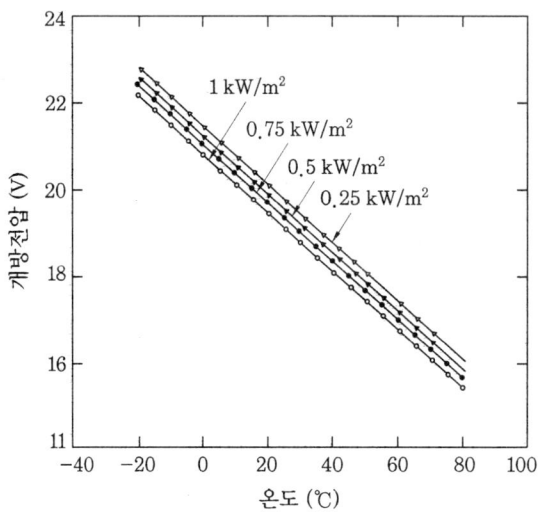

그림 9-3 일조량, 온도 변화에 따른 개방전압의 특성곡선

  ㈏ 측정 목적
    ㉮ 어레이의 각 스트링의 개방전압을 측정하여 개방전압의 불균일에 따라 동작 불량의 스트링이나 모듈의 검출 및 직렬 접속선의 결선 누락사고 등을 검출하기 위해 측정해야 한다.
    ㉯ 예를 들면 태양전지 어레이 하나의 스트링 내에 극성을 다르게 접속한 태양전지 모듈이 있으면 스트링 전체의 출력전압은 올바르게 접속한 경우의 개방전압보다 상당히 낮은 전압이 측정된다.
    ㉰ 따라서 제대로 접속된 경우의 개방전압은 카탈로그나 설명서에서 대조한 후 측정값과 비교하면 극성이 다른 태양전지 모듈이 있는지를 쉽게 확인할 수 있다.
    ㉱ 일사조건이 나쁜 경우 카탈로그 등에서 계산한 개방전압과 다소 차이가 있는 경우에도 다른 스트링의 정결과와 비교하면 오접속의 태양전지 모듈의 유무를 판단할 수 있다.
  ㈐ 개방전압 측정 시 유의 사항
    ㉮ 태양전지 어레이의 표면을 청소할 필요가 있다.
    ㉯ 각 스트링의 측정은 안정된 일사강도가 얻어질 때 실시한다.

㉰ 측정 시각은 일사강도, 온도의 변동을 극히 적게 하기 위해 맑을 때, 남쪽에 있을 때의 전후 1시간에 실시하는 것이 바람직하다.
㉱ 태양전지 셀은 비 오는 날에도 미소한 전압을 발생하고 있으므로 매우 주의하여 측정해야 한다.
㉲ 개방전압은 직류전압계로 측정하며, 다음 그림 9-4는 측정회로를 나타낸 것이다.

⑷ 개방전압의 측정 순서 및 방법
㉮ 접속함의 주 개폐기를 개방(off)한다.
㉯ 접속함의 각 스트링의 MCCB 또는 퓨즈를 개방(off)한다.
㉰ 각 모듈이 그늘져 있지 않은지 확인한다.
㉱ 측정하는 스트링의 MCCB 또는 퓨즈를 투입(on)한다.
㉲ 직류전압계로 각 스트링의 P-N단자 간의 전압을 측정한다.
㉳ 테스터 이용 시 실수로 전류 측정 레인지에 놓고 측정하면 단락전류가 흐를 위험이 있으므로 주의해야 하며, 디지털 테스터를 이용할 경우에는 극성을 확인해야 한다.
㉴ 각 스트링의 개방전압값이 측정 시의 조건하에서 타당한 값인지 확인한다.
㉵ 목표 : 각 스트링의 전압 차가 모듈 1매분 개방전압의 1/2보다 적은 것을 목표로 한다.

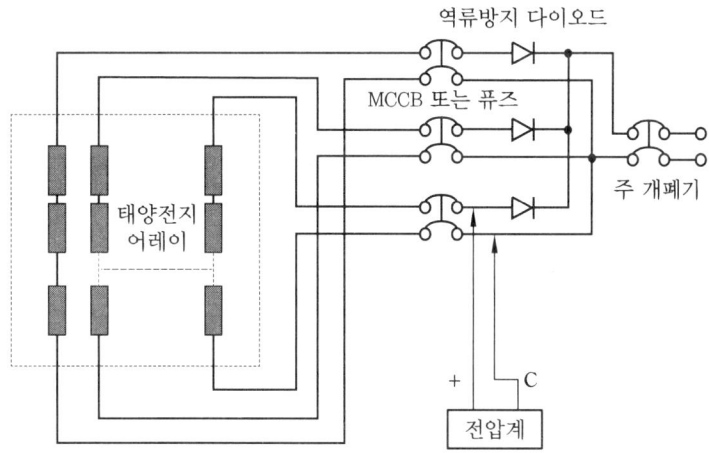

그림 9-4 개방전압 측정회로(예)

③ 단락전류의 확인
⑺ 태양전지 어레이의 단락전류를 직류전류계로 측정함으로써 태양전지 모듈의 이상 유무를 검출할 수 있다.
⑻ 태양전지 모듈의 단락전류는 일사강도에 따라 크게 변화하므로 설치 장소의 단락전류 측정값으로 판단하기는 어려우나 동일 회로조건의 스트링이 있는 경우는 스트링 상호의 비교에 의해 어느 정도 판단이 가능하다.
⑼ 이 경우에도 안전한 일사강도가 얻어질 때 실시하는 것이 바람직하다.

㈜ 일조량, 온도 변화에 따른 단락전류 특성 곡선에서, 모듈 표면의 온도 변화에 따른 단락전류의 변화는 거의 없으나 일조량의 차이에 의한 모듈의 단락전류 변화는 상당히 크므로 측정 시기를 고려하여야 한다.

④ 절연저항의 측정
  ㈎ 일반 사항
    ㉮ 태양광발전 시스템의 각 부분의 절연상태를 운전하기 전에 충분히 확인할 필요가 있다.
    ㉯ 운전 개시나 정기점검의 경우는 물론, 사고 시에도 불량 개소를 판정하고자 하는 경우에 실시한다.
    ㉰ 운전 개시에 측정된 절연저항값이 이후의 절연상태의 기준이 되므로 측정 결과를 기록하여 보관한다.
  ㈏ 절연저항의 측정 방법
    ㉮ 태양전지는 낮에 전압을 발생하고 있으므로 사전에 주의하여 절연저항을 측정해야 하며, 이와 같은 상태에서 절연저항 측정에 적당한 측정 장치가 개발되기까지는 다음의 방법으로 절연저항을 측정하는 것을 권장한다.
    ㉯ 측정할 때는 낙뢰 보호를 위해 어레스터 등의 피뢰소자가 태양전지 어레이의 출력단에 설치되어 있는 경우가 많으므로 측정 시 그런 소자들의 접지 측을 분리시킨다.
    ㉰ 절연저항은 기온이나 습도에 영향을 받으므로 절연저항 측정 시 기온, 온도 등도 측정값과 함께 기록해 둔다.
    ㉱ 우천 시나 비가 갠 직후의 절연저항 측정은 피하는 것이 좋다.
    ㉲ 시험계기 및 기자재 : 절연저항은 절연저항계로 측정하며, 이밖에도 온도계, 습도계, 단락용 개폐기가 필요하다.
    ㉳ 절연저항 측정회로(P-N 간을 단락하는 방법)를 그림 9-5에 나타내었다.

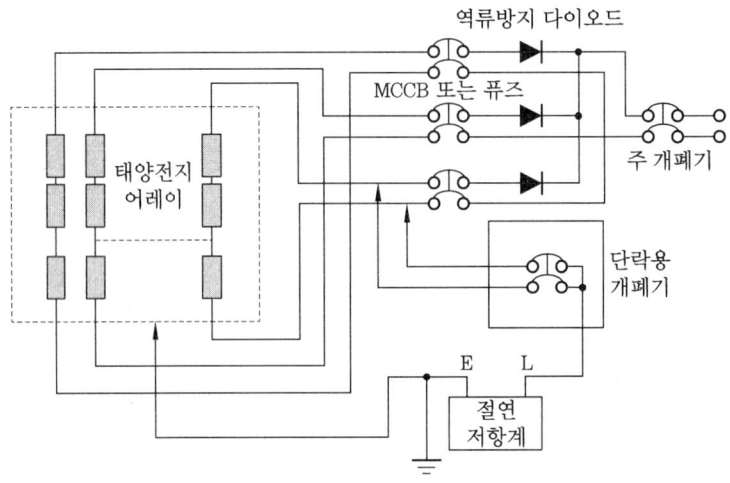

그림 9-5 절연저항 측정회로

(다) 절연저항 측정 순서

㉮ 주 개폐기를 개방(off)한다. 주 개폐기의 입력부에 SA를 취부하고 있는 경우는 접지단자를 분리시킨다.

㉯ 단락용 개폐기(태양전지의 개방전압에서 차단전압이 높고 주 개폐기와 동등 이상의 전류 차단능력을 지닌 전류개폐기의 2차 측을 단락하여 1차 측에 각각 클립을 취부한 것)를 개방(off)한다.

㉰ 전체 스트링의 MCCB 또는 퓨즈를 개방(off)한다.

㉱ 단락용 개폐기의 1차 측(+) 및 (-)의 클립을, 역류방지 다이오드에서도 태양전지 측과 MCCB 또는 퓨즈의 사이에 각각 접속한다.

㉲ 접속 후 대상으로 하는 스트링의 MCCB 또는 퓨즈를 투입(on)한다. 마지막으로 단락용 개폐기를 투입(on)한다.

㉳ 절연저항계의 E 측을 접지단자에, L측을 단락용 개폐기의 2차 측에 접속하고 절연저항계를 투입(on)하여 저항값을 측정한다.

㉴ 측정 종료 후에 반드시 단락용 개폐기를 개방(off)하고 MCCB 또는 퓨즈를 개방(off)한 후 마지막에 스트링의 클립을 제거한다. 이 순서를 반드시 지켜야 한다.

㉵ MCCB 또는 퓨즈에는 단락전류를 차단하는 기능이 없으며 또한 단락상태에서 클립을 제거하면 아크방전이 발생하여 측정자가 화상을 입을 가능성이 있다.

㉶ SA의 접지 측 단자를 복원하여 대지전압을 측정해서 잔류전하의 방전 상태를 확인한다.

㉷ 측정 결과는 표 9-21의 전기설비기술기준에 따라 판정한다.

표 9-21 절연저항의 측정 기준

전로의 사용전압 구분		절연저항값(MΩ)
400 V 미만	대지전압이 150 V 이하인 경우	0.1 이상
	대지전압이 150 V 초과 300 V 이하인 경우 (전압 측 전선과 중성선 또는 대지 간의 절연저항)	0.2 이상
	사용전압이 300 V 초과 400 V 미만인 경우	0.3 이상
400V 이상		0.4 이상

㈜ 대지전압 : 접지식 전로는 전선과 대지 간의 전압, 비접지식 전로는 전선 간의 전압을 말한다.

(라) 측정 시 유의 사항

㉮ 일사가 있을 때 측정하는 것은 큰 단락전류가 흘러 매우 위험하므로 단락용 개폐기를 이용할 수 없는 경우에는 절대 측정하지 말아야 한다.

㉯ 태양전지의 직렬 수가 많아 전압이 높은 경우에는 예측할 수 없는 위험이 발생할 수 있으므로 측정하지 말아야 한다.

㉰ 측정 시에는 태양전지 모듈에 커버를 씌워 태양전지 셀의 출력을 저하시키면 보다 안전하게 측정할 수 있다.

㉱ 단락용 개폐기 및 전선은 고무절연막 등으로 대지절연을 유지함으로써 보다 정확한 측정값을 얻을 수 있다.

㉲ 측정자의 안전을 보장하기 위해 고무장갑이나 마른 목장갑을 착용할 것을 권장한다.

⑤ 인버터 회로(절연변압기 부착)의 절연저항 측정

　(가) 일반 사항

　　㉮ 측정 기구

　　　인버터의 정격전압이 300 V 이하의 경우 : 500 V 절연저항계 이용

　　　인버터의 정격전압이 300 V를 넘고 600 V 이하인 경우 : 1,000 V 절연저항계 이용

　　㉯ 측정 개소는 그림 9-6과 같이 인버터의 입력회로 및 출력회로로 한다.

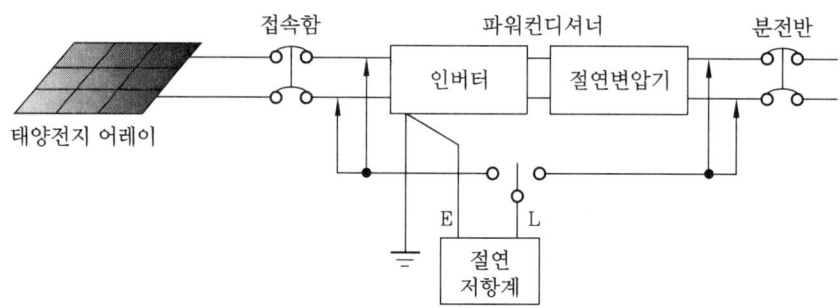

그림 9-6 인버터의 절연저항 측정회로

　(나) 인버터 입력회로의 절연저항 측정

　　㉮ 태양전지 회로를 접속함에서 분리하여 인버터의 입력단자 및 출력단자를 각각 단락하면서 입력단자와 대지 간의 절연저항을 측정한다.

　　㉯ 접속함까지의 전로를 포함하여 절연저항을 측정하는 것으로 한다.

　　㉰ 측정 순서
　　　• 태양전지 회로를 접속함에서 분리한다.
　　　• 분전반 내의 분기차단기를 개방한다.
　　　• 직류 측의 모든 입력단자 및 교류 측의 전체 출력단자를 각각 단락한다.
　　　• 직류단자와 대지 간의 절연저항을 측정한다.
　　　• 측정 결과의 판정 기준은 전기설비기술기준의 판단기준에 따른다.

　(다) 인버터 출력회로의 절연저항 측정

　　㉮ 인버터 출력회로의 경우, 인버터의 입·출력단자를 단락하여 출력단자와 대지 간의 절연저항을 측정한다.

　　㉯ 교류 측 회로를 분전반 위치에서 분리하여 측정하기 위해 분전반까지의 전로를 포함하여 절연저항을 측정하게 된다.

㈐ 절연변압기가 별도로 설치된 경우에는 이를 포함하여 측정한다.
㈑ 측정 순서
- 태양전지 회로를 접속함에서 분리한다.
- 분전반 내의 분기차단기를 개방한다.
- 직류 측의 모든 입력단자 및 교류 측의 전체 출력단자를 각각 단락한다.
- 교류단자와 대지 간의 절연저항을 측정한다.
- 측정 결과의 판정기준은 전기설비기술기준의 판단기준에 따른다.

㈑ 측정 간 유의할 점은 다음과 같다.
㈎ 정격전압이 입·출력과 다를 때는 높은 측의 전압을 절연저항계의 선택기준으로 한다.
㈏ 입·출력단자에 주 회로 이외의 제어단자 등이 있는 경우는 이것을 포함해서 측정한다.
㈐ 측정할 때는 SA 등의 정격에 약한 회로들은 회로에서 분리시킨다.
㈑ 절연변압기를 장착하지 않은 인버터의 경우에는 제조업자가 권장하는 방법에 따라 측정한다.

⑥ 절연내력의 시험 및 측정
㈎ 일반 사항
㈎ 일반적으로 저압회로의 절연은 제작회사에서 충분히 검토하여 제작되고 있다.
㈏ 절연저항의 측정을 실시하여 확인할 수 있는 것들이 많으므로 설치 장소에서의 절연내력 시험은 생략되는 것이 일반적이다.

㈏ 절연내력 시험 방법
㈎ 태양전지 어레이 회로
- 절연저항 측정과 같은 회로조건으로서 표준 태양전지 어레이 개방전압을 최대 사용전압으로 간주하여 최대사용전압의 1.5배의 직류전압이나 1배의 교류전압(500V 미만일 때는 500V)을 10분간 인가하여 절연파괴 등의 이상이 발생하지 않는 것을 확인한다.
- 태양전지 스트링의 출력회로에 삽입되어 있는 피뢰소자는 절연시험 회로에서 분리시키는 것이 일반적이다.

㈏ 인버터 회로
- 절연저항 측정과 같은 회로조건으로서 또한 시험전압은 태양전지 어레이 회로의 절연내력 시험과 같이 시험전압을 10분간 인가하여 절연파괴 등의 이상이 생기지 않는 것을 확인한다.
- 인버터 내에는 SA 등의 접지된 부품이 있으므로 제조사에서 지시하는 방법으로 실시한다.

⑦ 접지저항의 측정
　㈎ 접지저항계로 측정하여 전기설비기술기준에 규정된 접지저항이 확보되는 것을 확인한다.
　㈏ 접지저항을 측정하는 접지저항계는 전원 방식에 따라 발전기식과 전지식으로 분류되며, 동작 원리에 따라 전위차계식과 전압강하식(저전류 방식)으로 분류된다.
　㈐ 발전기식은 전위차계식이고 전지식은 전위차계식과 전압강하식의 2종류가 있다.
　㈑ 측정하고자 하는 접지극과 가급적 일직선이 되도록 10m 이상씩 떨어져 전압 보조 접지극과 전류 보조 접지극이 위치하도록 한다.
　㈒ 측정하는 접지극이 건조물이나 다른 접지 금속체와 전기적으로 있는 경우는 접지극을 그것으로부터 이격시키고 측정해야 한다.
　㈓ 측정에 있어서 보조 접지극을 설치하고자 하는 직선 방향과 평형하면서 가까이에 매설철관 등이 있으면 올바른 측정치가 얻어지지 않는다.
⑧ 계통연계 보호장치의 시험
　㈎ 계전기 시험기 등을 이용하여 계전기의 동작특성을 확인함과 동시에 전력회사와 협의하여 결정한 보호협조에 따라 설치되어 있는지 확인한다.
　㈏ 계통연계 보호기능 중 단독운전 방지기능을 확인해야 하며 제작사에서 채용한 단독운전 방지기능의 방식이 다르므로 제작사가 권장하는 방법으로 시험하거나 제작사에서 시험하여 얻는 것이 필요하다.

3. 태양광발전 시스템의 검사 지침

3-1 사용 전 검사 일반

(1) 전기사업법 제61조의 규정에 의한 공사계획 인가 또는 신고를 필한 상용, 사업용 태양광발전설비를 대상으로 한다.
(2) 사용 전 검사는 자가용 및 사업용 중 저압 배전계통 연계형 용량 200 kW 이하를 대상으로 한다.
(3) 200 kW 초과 시 한국전기안전공사의「검사업무처리 방법」에 의한다. 단, 정기검사 대상에서는 제외한다.
(4) 검사 대상의 범위를 요약하면 표 9-22와 같다.

표 9-22 검사 대상의 범위(신설인 경우)

구 분	검사 종류	용 량	선 임
일반용	사용 전 점검	10 kW 이하	미선임
자가용	사용 전 검사 (저압설비는 공사계획 미신고)	10 kW 초과(자가용 설비 내에 있는 경우 용량에 관계없이 자가용임)	대행업체 대행 가능 (1,000 kW 이하)
사업용	사용 전 검사 (시·도에 공사계획 신고)	전 용량 대상	대행업체 대행 가능 (10 kW 이하 미선임 가능)

(5) 사용 전 검사에 필요한 서류

① 사용 전 검사(점검) 신청서
② 태양광발전설비 개요
③ 공사계획인가(신고)서
④ 태양광전지 규격서
⑤ 단선결선도, 시퀀스 도면, 태양전지 트립인터록 도면, 종합 인터록 도면-설계면허 (직인 필요 없음)
⑥ 절연저항시험 성적서, 절연내력시험 성적서, 경보회로시험 성적서, 부대설비시험 성적서, 보호장치 및 계전기시험 성적서
⑦ 출력 기록지
⑧ 전기안전관리자 선임필증 사본(사용 전 점검 제외)

참고 감리원 배치확인서(사용 전 점검 제외)

3-2 자가용 발전설비 사용 전 검사 항목 및 세부검사 내용

(1) 태양광발전설비를 구성하는 각 기기는 설치 완료 시 아래와 같은 사용 전 검사 항목에 따라 세부검사를 진행하여야 한다.

표 9-23 자가용 태양광발전설비 사용 전 검사 항목 및 세부검사 내용

검사 항목	세부검사 내용	수검자 준비자료
1. 태양광발전설비표	• 태양광발전설비표 작성	• 공사계획인가(신고)서 • 태양광발전설비 개요
2. 태양광전지 검사 • 태양광전지 일반규격	• 규격 확인	• 공사계획인가(신고)서 • 태양광전지 규격서

검사 항목	세부검사 내용	수검자 준비자료
• 태양광전지 검사	• 외관검사 • 전지 전기적 특성시험 • 어레이	• 단선결선도 • 태양전지 트립인터록 도면 • 시퀀스 도면 • 보호장치 및 계전기시험성적서 • 절연저항시험 성적서
3. 전력변환장치 검사 • 전력변환장치 일반 규격	• 규격 확인	• 공사계획인가(신고)서
• 전력변환장치 검사	• 외관검사 • 절연저항 • 절연내력 • 제어회로 및 경보장치 • 전력조절부/static 스위치 자동·수동절체시험 • 역방향운전 제어시험 • 단독운전 방지시험 • 인버터 자동·수동절체시험 • 충전기능 시험	• 단선결선도 • 시퀀스 도면 • 보호장치 및 계전기시험 성적서 • 절연저항시험 성적서 • 절연내력시험 성적서 • 경보회로시험 성적서 • 부대설비시험 성적서
• 보호장치검사	• 외관검사 • 절연저항 • 보호장치시험	
• 축전지	• 시설 상태 확인 • 전해액 확인 • 환기시설 상태	
4. 종합연동시험 검사 5. 부하운전시험 검사	• 검사 시 일사량을 기준으로 가능출력 확인하고 발전량 이상 유무 확인(30분)	• 종합 인터록 도면 • 출력 기록지
6. 기타 부속설비	전기수용설비 항목을 준용	

static switch[정지(靜止) 스위치]
반도체, 자성체 등의 성질에 그 개폐 기능을 의존하는 스위치로, 가동 접점은 갖지 않는 것

(2) 태양전지 검사

① 태양전지의 일반 규격 : 태양전지 규격서 상의 규격이 설치된 태양전지와 일치하는 지 확인

② 태양전지의 일반 규격

㈎ 태양전지 모듈 또는 패널의 점검

㉮ 검사자는 모듈의 유형과 설치개수 등을 1,000 lux 이상의 밝은 조명 아래에서 육안으로 점검한다.
㉯ 사용 전 검사 시 공사계획인가(신고)서의 내용과 일치하는지 태양전지 모듈의 정격용량을 확인하여 이를 사용전검사필증에 표시하고, 다음 사항을 확인한다.
- 셀 용량 • 셀 온도 • 셀 크기 • 셀 수량

(나) 태양전지 셀, 모듈, 패널, 어레이에 대한 외관검사
㉮ 태양전지 셀의 제작번호를 확인
㉯ 태양전지 셀의 제작, 운송 및 설치과정에서의 변색, 파손, 오염 등의 결함 여부를 1,000 lux 이상의 조도에서 아래 사항을 중심으로 육안점검하고 단자대의 누수, 부식 및 절연재의 이상을 확인한다.

(다) 배선 점검
(라) 접속단자의 조임상태 확인

③ 태양전지의 전기적 특성 확인
(가) 최대출력, 최대출력전압 및 전류
(나) 개방전압 및 단락전류
(다) 충진율 및 전력변환효율

④ 태양전지 어레이
(가) 절연저항 및 접지저항
(나) 검사자는 접지선의 탈락, 부식 여부를 확인하고 접지저항값이 전기설비기술기준이나 제작사 적용코드에 정해진 접지저항이 확보되어 있는지를 접지저항 측정기로 확인한다.

(3) 전력변환장치 검사

① 전력변환장치의 일반 규격
(가) 형식 및 용량
(나) 정격 입·출력전압 및 제작사 및 제작번호

② 전력변환장치 검사
(가) 외관검사
㉮ 검사자는 전력변환장치의 파손이나 변형 등의 유무를 확인한다.
㉯ 배전반(보호 및 제어)의 계기, 경보장치 등의 이상 유무를 확인한다.
㉰ 배전반의 절연간격 및 배선의 결선상태를 확인한다.
㉱ 필요한 개소에 소정의 접지가 되어 있는지 확인하고, 접지선의 접속상태가 양호한지 확인한다.
(나) 절연저항 및 절연내력 : 절연내력시험이 곤란할 경우에는 절연저항(500 V 절연저항계) 측정으로 갈음할 수 있다.

㈐ 제어회로 및 경보장치

㈑ 전력조절부/static 스위치 자동·수동절체시험 및 역방향운전 제어시험

㈒ 단독운전 방지시험 : 계통 측 정전 시 태양광발전설비에서 생산된 전력이 배전선로로 역송되지 않도록 태양광발전설비 단독운전 기능의 정상동작 유무(0.5초 내 정지, 5분 이후 재투입)를 확인한다.

㈓ 인버터 자동·수동 절체시험

㈔ 충전기능시험

　㉮ 공장에서 실시한 용량검사 내용을 확인한다.

　㉯ 초충전, 부동충전, 균등충전 시험성적서를 확인한다.

　㉰ 임의로 충전모드를 선택, 충전모드별 출력전압 및 전류 등은 운전값의 가변이 가능한지를 확인한다.

③ 보호장치 검사

㈎ 외관검사 및 절연저항

㈏ 보호장치 시험

④ 축전지 검사

㈎ 시설상태 확인 및 전해액 확인

㈏ 환기시설 확인 : 환기팬의 설치 및 배기상태 확인

(4) 종합연동시험 검사

보호계전기의 종합연동 상태가 정상적인지 검사해야 한다.

(5) 부하운전시험 검사

검사 시 일사량을 기준으로 30분간의 가능출력을 확인하고 일사량 특성곡선과 발전량의 이상 유무를 확인한다.

3-3 자가용 발전설비 정기검사 항목 및 세부검사 내용

(1) 자가용 태양광발전소는 경우에 따라 태양전지, 접속함, 인버터, 배전반, 변압기, 차단기 등으로 이루어져 한전계통과 연계될 수 있다.

(2) 따라서, 이상 발생 시 전력계통 전체의 사고로 파급될 수 있으므로, 태양광발전소의 안정적인 운용을 위해 4년마다 정기적으로 검사를 해야 한다.

(3) 자가용 태양광발전설비에 대한 정기검사 항목 및 세부검사 내용을 표 9-24에 나타내었다.

표 9-24 자가용 태양광발전설비 정기검사 항목 및 세부검사 내용

검사 항목	세부검사 내용	수검자 준비자료
1. 태양광전지 검사		• 전회 검사 성적서
• 태양광전지 일반규격	• 규격 확인	• 단선결선도
• 태양광전지 검사	• 외관검사 • 전지 전기적 특성시험 • 어레이	• 태양전지 트립인터록 도면 • 시퀀스 도면 • 보호장치 및 계전기 시험성적서 • 절연저항시험 성적서
2. 전력변환장치 검사 • 전력변환장치 일반 규격	• 규격 확인	
• 전력변환장치 검사	• 외관검사 • 절연저항 • 제어회로 및 경보장치 • 단독운전 방지시험 • 인버터 운전시험	• 단선결선도 • 시퀀스 도면 • 보호장치 및 계전기 시험 성적서 • 절연저항시험 성적서 • 절연내력시험 성적서 • 경보회로시험 성적서 • 부대설비시험 성적서
• 보호장치검사	• 보호장치 시험	
• 축전지	• 시설상태 확인 • 전해액 확인 • 환기시설 상태	
3. 종합연동시험 • 종합연동시험	• 검사 시 일사량을 기준으로 가능출력 확인하고 발전량 이상 유무 확인(30분)	
4. 부하운전시험	• 부하운전시험의견	• 출력 기록지 • 전회 검사 이후 총 운전 및 기동횟수 • 전회 검사 이후 주요정비 내용

㈜ 태양전지 검사, 전력변환장치 검사, 종합연동시험 검사, 부하운전시험 검사의 세부검사 절차는 자가용 태양광발전설비 사용 전 검사에 준해 실시한다.

3-4 사업용 발전설비 사용 전 검사 항목 및 세부검사 내용

(1) 사업용 태양광발전설비를 구성하는 각 기기는 설치 완료 시 아래와 같은 사용 전 검사 항목에 따라 세부검사를 진행하여야 한다.

표 9-25 사업용 태양광발전설비 사용 전 검사 항목 및 세부검사 내용

검사 항목	세부검사 내용	수검자 준비자료
1. 태양광발전설비표	• 태양광발전설비표 작성	• 공사계획인가(신고)서 • 태양광발전설비 개요
2. 태양광전지 검사 • 태양광전지 일반규격	• 규격 확인	• 공사계획인가(신고)서 • 태양광전지 규격서
• 태양광전지 검사	• 외관검사 • 전지 전기적 특성시험 • 어레이	• 단선결선도 • 태양전지 트립인터록 도면 • 시퀀스 도면 • 보호장치 및 계전기시험성적서 • 절연저항시험 성적서
3. 전력변환장치 검사 • 전력변환장치 일반 규격	• 규격 확인	• 공사계획인가(신고)서
• 전력변환장치 검사	• 외관검사 • 절연저항 • 절연내력 • 제어회로 및 경보장치 • 전력조절부/static 스위치 자동·수동절체시험 • 역방향운전 제어시험 • 단독운전 방지시험 • 인버터 자동·수동절체시험 • 충전기능 시험	• 단선결선도 • 시퀀스 도면 • 보호장치 및 계전기시험 성적서 • 절연저항시험 성적서 • 절연내력시험 성적서 • 경보회로시험 성적서 • 부대설비시험 성적서
• 보호장치검사	• 외관검사 • 절연저항 • 보호장치 시험	
• 축전지	• 시설상태 확인 • 전해액 확인 • 환기시설 상태	
4. 변압기 검사 • 변압기 일반규격	• 규격 확인	• 공사계획인가(신고)서 • 변압기 및 부대설비 규격서
• 변압기 본체 검사	• 외관검사 • 접지 시공 상태 • 절연저항 • 절연내력 • 특성시험 • 절연유 내압시험 • 탭절환장치 시험 • 상회전 및 loop시험 • 충전시험	• 단선결선도 • 시퀀스 도면 • 절연유 유출방지 시설도면 • 특성시험 성적서 • 보호장치 및 계전기 시험성적서 • 상회전 및 loop시험 성적서 • 절연내력시험 성적서 • 절연유 내압시험 성적서 • 절연저항시험 성적서

검사 항목	세부검사 내용	수검자 준비자료
• 보호장치 검사	• 외관검사 • 절연저항 • 보호장치 및 계전기 시험	• 계기교정시험 성적서 • 경보회로시험 성적서 • 부대설비시험 성적서 • 접지저항시험 성적서
• 제어 및 경보장치 검사	• 외관검사 • 절연저항 • 경보장치 • 제어장치 • 계측장치	
• 부대설비 검사	• 절연유 유출방지 시설 • 피뢰장치 • 계기용 변성기 • 중성점 접지장치 • 접지 시공 상태 • 위험표시 • 상표시 • 울타리, 담 등의 시설 상태	
5. 차단기 검사 • 차단기 일반규격	• 규격 확인	• 공사계획인가(신고)서 • 차단기 및 부대설비 규격서 • 단선결선도 • 시퀀스 도면 • 특성시험 성적서 • 보호장치 및 계전기 시험 성적서 • 상회전 및 loop시험 성적서 • 절연내력시험 성적서 • 절연유 내압시험 성적서(OCB) • 절연저항시험 성적서 • 계기교정시험 성적서 • 경보회로시험 성적서 • 부대설비시험 성적서 • 접지저항시험 성적서
• 차단기 본체 검사	• 외관검사 • 접지 시공 상태 • 절연저항 • 절연내력 • 특성시험 • 절연유 및 내압시험(OCB) • 상회전 및 loop시험 • 충전시험	
• 보호장치 검사	• 외관검사 • 절연저항 • 결상보호장치 • 보호장치 및 계전기 시험	
• 제어 및 경보장치 검사	• 외관검사 • 절연저항 • 개폐기 인터록 • 개폐표시 • 조작용 압축장치 • 가스절연장치 • 계측장치	
• 부대설비 검사	• 외함 접지시설 • 상표시 및 위험표시 • 계기용 변성기 • 단로기 및 접지단로기	

검사 항목	세부검사 내용	수검자 준비자료
6. 전선로(모선) 검사 • 전선로 일반규격	• 규격 확인	• 공사계획인가(신고)서
• 전선로 검사 (가공, 지중, GIB, 기타)	• 외관검사 • 보호장치 및 계전기 시험 • 절연저항 • 절연내력 • 충전시험	• 전선로 및 부대설비 규격서 • 단선결선도 • 보호계전기 결선도 • 시퀀스 도면 • 보호장치 및 계전기시험 성적서 • 상회전 및 loop시험 성적서 • 절연내력시험 성적서 • 절연저항시험 성적서 • 경보회로시험 성적서 • 부대설비시험 성적서
• 부대설비 검사	• 피뢰장치 • 계기용 변성기 • 위험표시 • 울타리, 담 등의 시설 상태 • 상별 및 모의모선 표시상태	
7. 접지설비 검사 • 접지 일반규격	• 규격 확인	• 접지설계 내역 및 시공도면 • 접지저항 시험 성적서
• 접지망(mesh)	• 접지망 공사내역 • 접지저항	
8. 비상발전기 검사 • 발전기 일반규격	• 규격 확인	• 공사계획인가(신고)서 • 발전기 및 부대설비 규격서 • 발전기 트립인터록 도면 • 시퀀스 도면 • 보호계전기 결선도 • 특성시험 성적서 • 보호장치 및 계전기시험 성적서 • 자동 전압조정기시험 성적서 • 절연내력시험 성적서 • 절연저항시험 성적서 • 계기교정시험 성적서 • 경보회로시험 성적서 • 부대설비시험 성적서 • 접지저항시험 성적서
• 발전기 본체 검사	• 외관검사 • 접지 시공 상태 • 절연저항 • 절연내력 • 특성시험	
• 보호장치 검사	• 외관검사 • 절연저항 • 보호장치 및 계전기 시험	
• 제어 및 경보장치 검사	• 상회전 및 동기 검정장치 시험 • 전압조정기 시험	
• 부대설비 검사	• 계기용 변성기 • 발전기 모선 접속상태 및 상표시 • 위험표시	
9. 종합연동시험 검사	• 검사 시 일사량을 기준으로 가능 출력을 확인하고 발전량의 이상 유무 확인(30분)	• 종합 인터록 도면
10. 부하운전 검사	• 부하운전시험 의견	• 출력 기록지

㈜ 태양전지 검사, 전력변환장치 검사, 종합연동시험 검사, 부하운전시험 검사의 세부검사 절차는 자가용 태양광발전설비 사용 전 검사에 준해 실시한다.

(2) 차단기 검사
  ① 차단기의 일반규격
    (가) 기력발전소에 대한 사용 전 검사 차단기 일반규격의 해당 항목 작성 요령에 따른다.
    (나) 직류차단기의 경우 반드시 전압을 확인하여 기록한다.
    (다) 시험을 인정할 수 있는 직류차단기는 차단기의 모든 접점이 동시에 개방·투입되도록 결선해야 한다.

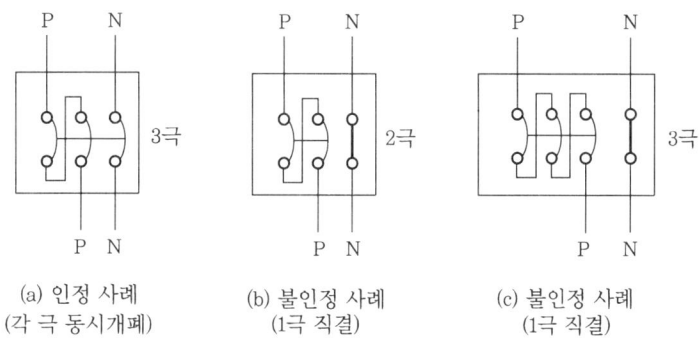

(a) 인정 사례
(각 극 동시개폐)
(b) 불인정 사례
(1극 직결)
(c) 불인정 사례
(1극 직결)

그림 9-7 차단기 설치사례

  ② 차단기 시험검사
    (가) 기력발전소에 대한 사용 전 검사 차단기 시험검사의 해당 항목 검사 요령에 따른다.
    (나) 충전시험은 계통과 연계하여 변압기를 가압 또는 역가압시켜 이음, 온도 상승, 진동 발생 등 이상 유무를 검사한다.

3-5 사업용 발전설비 정기검사 항목 및 세부검사 내용

(1) 사업용 태양광발전소는 고압의 경우 태양전지, 접속함, 인버터, 배전반, 변압기, 차단기 등으로 이루어져 한전계통과 연계되어 있다.
(2) 이상 발생 시 전력계통 전체의 사고로 파급될 수 있으므로, 태양광발전소의 안정적인 운용을 위해 4년마다 정기적으로 검사를 해야 한다.
(3) 사업용 태양광발전설비에 대한 정기검사 항목 및 세부검사 내용을 표 9-26에 나타내었다.

표 9-26 사업용 태양광발전설비 정기검사 항목 및 세부검사 내용

검사 항목	세부검사 내용	수검자 준비자료
1. 태양광전지 검사		• 전회 검사 성적서
• 태양광전지 일반규격	• 규격 확인	• 단선결선도
• 태양광전지 검사	• 외관검사 • 전지 전기적 특성시험	• 태양전지 트립인터록 도면 • 시퀀스 도면 • 보호장치 및 계전기 시험성적서
	• 어레이	• 절연저항시험 성적서
2. 전력변환장치 검사 • 전력변환장치 일반 규격	• 규격 확인	• 단선결선도 • 시퀀스 도면
• 전력변환장치 검사	• 외관검사 • 절연저항 • 제어회로 및 경보장치 • 단독운전 방지시험 • 인버터 운전시험	• 보호장치 및 계전기 시험 성적서 • 절연저항시험 성적서 • 절연내력시험 성적서 • 경보회로시험 성적서 • 부대설비시험 성적서
• 보호장치검사	• 보호장치 시험	
• 축전지	• 시설상태 확인 • 전해액 확인 • 환기시설 상태	
3. 변압기 검사 • 변압기 일반규격	• 규격 확인	• 전회 검사 성적서 • 시퀀스 도면
• 변압기 시험검사 (기동, 소내변압기 포함)	• 외관검사 • 조작용 전원 및 회로점검 • 보호장치 및 계전기 시험 • 절연저항 측정 • 절연유 내압시험 • 제어회로 및 경보장치 시험	• 보호계전기시험 성적서 • 계기교정시험 성적서 • 경보회로시험 성적서 • 절연저항시험 성적서 • 절연유 내압시험 성적서
4. 차단기 검사 (발전기용 차단기)	• 규격 확인 • 외관검사 • 조작용 전원 및 회로점검 • 절연저항 측정 • 개폐표시 상태 확인 • 제어회로 및 경보장치 시험	• 전회 검사 성적서 • 개폐기 인터록 도면 • 계기교정시험 성적서 • 경보회로시험 성적서 • 절연저항시험 성적서
5. 전선로(모선) 검사 • 전선로 일반규격	• 규격 확인	• 전선로 및 부대설비 규격서

검사 항목	세부검사 내용	수검자 준비자료
• 전선로 검사 　(가공, 지중, GIB, 기타)	• 외관검사 • 보호장치 및 계전기 시험 • 절연저항 • 절연내력	• 단선결선도 • 보호계전기 결선도 • 시퀀스 도면 • 보호장치 및 계전기시험 성적서 • 상회전 및 loop시험 성적서 • 절연내력시험 성적서 • 절연저항시험 성적서 • 경보회로시험 성적서
• 부대설비 검사	• 피뢰장치 • 계기용 변성기 • 위험표시 • 울타리, 담 등의 시설 상태 • 상별 및 모의모선 표시상태	
6. 접지설비 검사 • 접지 일반규격	• 규격 확인 • 접지저항 측정	• 접지저항 시험 성적서
7. 종합연동시험 • 종합연동시험	• 검사 시 일사량을 기준으로 가능출력 확인하고 발전량 이상 유무 확인(30분)	
8. 부하운전시험	• 부하운전시험의견	• 출력 기록지 • 전회 검사 이후 총 운전 및 기동횟수 • 전회 검사 이후 주요정비 내용

㈜ 태양전지 검사, 전력변환장치 검사, 종합연동시험 검사, 부하운전시험 검사의 세부검사 절차는 자가용 태양광발전설비 사용 전 검사에 준해 실시한다.

3-6 기타 검사

(1) 비상발전기는 태양광발전설비 계통과 연계하지 말아야 한다.
(2) 소출력 태양광발전설비의 경우 누전차단기 동작 시 발전원에 의해 지속적으로 전원이 공급되어 감전사고 발생의 우려가 있다.
(3) 누전차단기 테스트 버튼 조작 등에 의한 지락 발생 시 발전원에 의해 지속적으로 지락전류가 흘러 트립코일 소손의 가능성이 상존하므로 계통으로의 연계점은 누전차단기 1차 측에 접속해야 한다.
(4) 연계점 전원 측의 과전류 차단기(MCCB) 부설 여부를 확인해야 한다.
(5) 케이블 트레이 상용케이블과 태양광발전설비 케이블의 사이에는 이격거리를 두고 배선 꼬리표를 달아야 한다.
(6) 피뢰침 보호각이 표시되어 있는 전기 간선 계통도를 붙여야 한다.
(7) 태양광 평면도를 참고해야 하며 건물 옥상인 경우 도면을 참고해야 한다.
(8) 계통연계되는 전기실까지 케이블 트레이 평면도를 붙여야 한다.
(9) 모듈 접속함 내에 직류 차단기 및 직류 퓨즈 사용 여부를 확인해야 한다.

(10) 인버터 시험성적서 사본인 경우 원본대조필 직인이 있는지 확인해야 한다.
(11) 태양전지 모듈의 규격리스트와 제품번호를 확인해야 한다.

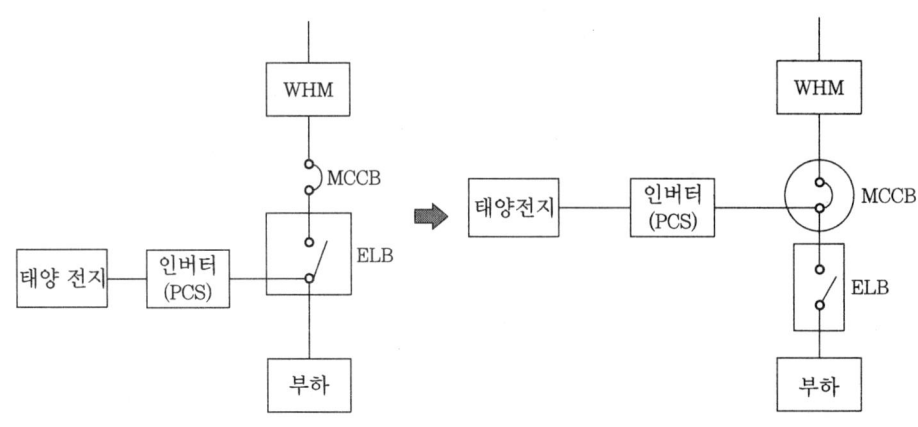

(a) 계통연계 접속의 나쁜 예   (b) 계통연계 접속의 바른 예

그림 9-8 소출력 태양광발전설비의 계통연계점 확인 사항

예 상 문 제

1. 유지보수 개요

1. 유지보수 용어의 정의에서, 일정 규모 이상의 폭풍이나 지진이 있은 뒤에 실시하는 점검은?
① 임시점검　② 정기점검
③ 운전점검　④ 순시점검
[해설] 유지보수 용어의 정의[1-1-(6) 참조]

2. 태양광발전설비 유지보수의 점검의 분류에 해당되지 않는 것은?
① 운전점검　② 정기점검
③ 일상점검　④ 임시점검
[해설] 점검의 분류[1-3 참조]

3. 태양광발전설비 유지보수의 구분에 해당하지 않는 것은?
① 사용 전 검사　② 일상점검
③ 정기점검　④ 임시점검
[해설] 점검의 분류[1-3 참조]

4. 태양광발전설비의 유지보수 시 설비의 운전 중 주로 육안을 통해 실시하는 점검은?
① 운전점검　② 일상점검
③ 정기점검　④ 임시점검
[해설] 점검의 분류-일상점검[3-1-(1) 참조]

5. 태양광발전소 일상점검 요령으로 잘못된 것은?
① 태양전지 어레이에 현저한 오염 및 파손이 없을 것
② 인버터 운전 시 이상 냄새, 이상 과열이 없을 것
③ 접속함 외함에 파손이 없을 것
④ 인버터 통풍구가 막혀 있을 것
[해설] 인버터 통풍구가 열려 있을 것

6. 보수점검을 위한 점검계획 수립 시 고려해야 할 사항으로 가장 거리가 먼 것은?
① 환경조건　② 고장 이력
③ 설비의 가격　④ 부하의 상태
[해설] 점검계획 수립 시 고려해야 할 사항 [1-3-(4) 참조]

7. 점검계획의 수립에 있어서 고려해야 할 사항이 아닌 것은?
① 환경조건
② 설비의 중요도
③ 정상 가동시간
④ 설비의 사용 시간
[해설] 점검계획 수립 시 고려해야 할 사항 [1-3-(4) 참조]

8. 태양광발전 시스템의 유지보수를 위한 고려 사항으로 틀린 것은?
① 태양광 시스템의 발전량을 정기적으로 기록 및 확인한다.
② 태양광 시스템의 낙뢰 보호를 위해 비가 오면 강제 정지시킨다.

[정답] 1. ①　2. ①　3. ①　4. ②　5. ④　6. ③　7. ③　8. ②

③ 태양전지 모듈의 오염을 제거하기 위해 정기적으로 모듈 청소를 한다.
④ 태양전지 모듈에 발생하는 음영을 정기적으로 조사하여 원인을 제거한다.

[해설] 시스템의 유지보수를 위한 고려 사항
(1) 발전량 정기적 기록 확인
(2) 정기적 모듈 청소
(3) 음영 조사, 원인 제거
(4) 비, 바람이 심한 경우 순시점검 등

9. 무전압 상태인 주 회로를 보수 점검할 때 점검 전 유의 사항으로 틀린 것은?
① 접지선을 제거한다.
② 잔류전하를 방전시킨다.
③ 차단기를 단로상태로 한다.
④ 단로기 조작은 쇄정시킨다.

[해설] 점검 전 유의 사항[1-4-(1) 참조]

[참고] 잔류전하(residual charge)의 방전 : 정전(停電)한 전로에 전력용 케이블을 사용하고 있는 경우나 용량이 큰 콘덴서가 접속되어 있으면 전원을 차단하여도 전하(電荷)가 잔류하고 있어서 감전위험이 있으므로 사전에 방전시켜야 한다.

10. 보수 점검 작업 후 최종 점검 유의 사항으로 틀린 것은?
① 작업자가 반 내에 있는지 확인한다.
② 회로도에 의한 검토를 했는지 확인한다.
③ 공구 및 장비가 버려져 있는지 확인한다.
④ 볼트조임 작업을 완벽하게 하였는지 확인한다.

[해설] 최종 점검 유의 사항[1-4-(2)-② 참조]

11. 태양광발전시설에 대한 점검 후의 유의 사항 중 최종 작업자가 최종 확인하는 사항으로 틀린 것은?
① 회로도에 의한 검토를 시행한다.
② 볼트조임 작업을 모두 재점검한다.
③ 쥐·곤충 등이 침입하지 않았는지 확인한다.
④ 점검을 위해 임시로 설치한 설치물의 철거가 지연되고 있지 않는지 확인한다.

[해설] 최종 점검 유의 사항[1-4-(2)-② 참조]

12. 유지관리비의 구성 요소로 틀린 것은?
① 유지비   ② 보수비
③ 개량비   ④ 건설비

[해설] 유지관리비의 구성 요소[1-5-(3) 참조]

2. 유지보수 세부 내용

13. 태양전지 어레이의 사용 전 육안점검 항목이 아닌 것은?
① 프레임 파손 및 두드러진 변형이 없을 것
② 가대의 부식 및 녹이 없을 것
③ 코킹의 망가짐 및 불량이 없을 것
④ 접지저항이 100 Ω 이하일 것

[해설] 어레이의 사용 전 육안점검 항목 [2-1-(1) 표 9-1 참조]

[참고] 코킹(caulking) : 리벳의 머리나 금속판의 이음새를 두들겨서 기밀(氣密)하게 하는 작업

14. 태양광발전 시스템의 태양전지 어레이의 접지저항값은 몇 Ω 이하인가?
① 10   ② 30
③ 50   ④ 100

[해설] 어레이의 사용 전 점검-측정 항목 [2-1-(1) 표 9-1 참조]

정답 9. ① 10. ② 11. ① 12. ④ 13. ④ 14. ④

15. 태양전지 어레이의 육안점검 항목이 아닌 것은?
① 표면의 오염 및 파손
② 지붕재의 파손
③ 접지저항
④ 가대의 고정
[해설] 어레이의 사용 전 육안점검 항목 [2-1-(1) 표 9-1 참조]
접지저항은 측정 항목에 적용된다.

16. 태양전지 어레이의 육안점검 항목이 아닌 것은?
① 파손 유무
② 개방전압
③ 부식 및 녹이 없을 것
④ 볼트 및 너트의 풀림이 없을 것
[해설] 어레이의 사용 전 육안점검 항목 [2-1-(1) 표 9-1 점검 요령 참조]

17. 태양전지 접속함(분전함) 점검 항목에서 육안검사 점검 요령으로 잘못된 것은?
① 외함의 파손 및 부식이 없을 것
② 전선 인입구가 실리콘 등으로 방수 처리되어 있을 것
③ 태양전지에서 배선의 극성이 바뀌어 있지 않을 것
④ 개방전압은 규정전압이어야 하고 극성은 올바를 것
[해설] 접속함 육안검사 점검 요령[2-1-(1) 표 9-2 점검 요령 참조]

18. 접속함 육안점검 항목이 아닌 것은?
① 외함의 부식 및 파손
② 방수 처리 상태
③ 절연저항 측정
④ 단자대 나사 풀림
[해설] 접속함 육안점검 항목[2-1-(1) 표 9-2 참조]

19. 인버터 측정 점검 항목이 아닌 것은?
① 개방전압   ② 접지저항
③ 수전전압   ④ 절연저항
[해설] 인버터의 준공 시(사용 전) 점검 [2-1-(1) 표 9-3 참조]

20. 태양광발전 시스템의 운전 및 정지에 대한 점검 항목이 아닌 것은?
① 자립운전
② 스위치 오염상태
③ 표시부 동작 확인
④ 투입저지 시한타이머 동작시험
[해설] 운전 및 정지에 대한 점검 항목[2-1-(1) 표 9-5 참조]

21. 태양광발전설비 중 태양전지 어레이의 육안점검 항목이 아닌 것은?
① 표면의 오염 및 파손
② 접속케이블의 손상 여부
③ 지지대의 부식 및 녹
④ 표시부의 이상표시
[해설] 어레이의 육안점검 항목[2-1-(1) 표 9-6 참조]

22. 인버터의 일상점검 시 육안점검 항목이 아닌 것은?
① 통풍 확인
② 축전지 변색
③ 외부배선의 손상

④ 외함의 부식 및 파손
[해설] 인버터의 육안점검 항목[2-1-(2) 표 9-7 참조]

23. 정기점검 시 접속함의 육안점검 항목이 아닌 것은?
① 개방전압
② 외함의 부식 및 파손
③ 접지선의 손상 및 접속단자 이완
④ 외부배선의 손상 및 접속단자의 풀림
[해설] 접속함의 육안점검 항목[2-1-(3) 표 9-8 참조]

24. 정기점검에서 접속함의 절연저항 측정 시 모듈과 접지선의 절연저항은 얼마 이상이면 되는가? (단, 측정 전압은 직류 500 V이다)
① 10 Ω 이상   ② 100 Ω 이상
③ 0.2 MΩ 이상   ④ 1 MΩ 이상
[해설] 접속함의 측정 및 시험[2-1-(3) 표 9-8 참조]

25. 정기점검에서 접속함의 절연저항 측정 시 출력단자와 접지 간의 절연저항은 얼마 이상이면 되는가? (단, 측정 전압은 직류 500 V이다)
① 10 Ω 이상   ② 100 Ω 이상
③ 0.2 MΩ 이상   ④ 1 MΩ 이상
[해설] 접속함의 측정 및 시험[2-1-(3) 표 9-8 참조]

26. 어레이의 고장 발생 범위 최소화와 태양전지 모듈의 보수점검을 용이하게 하기 위하여 설치하는 것은?
① 접속함   ② 축전지
③ 보호계전기   ④ 서지보호장치
[해설] 접속함 : 여러 개의 태양전지 모듈(module)에 직렬연결된 스트링을 하나의 접속점에 모아 보수·점검 시에 회로를 분리하거나 점검작업을 용이하게 하는 역할을 한다.

27. 정기점검에서 인버터의 절연저항 측정 시 인버터의 입출력 단자와 접지 간의 절연저항은 얼마 이상이면 되는가? (단, 측정전압은 직류 500 V이다)
① 10 Ω 이상   ② 100 Ω 이상
③ 0.2 MΩ 이상   ④ 1 MΩ 이상
[해설] 인버터의 절연저항 측정[2-1-(3) 표 9-9 참조]

28. 태양광발전 시스템의 인버터 설비 정기점검 시 측정 및 시험에 해당하지 않는 것은?
① 절연저항
② 외부배선의 손상
③ 표시부 동작 확인
④ 투입저지 시한타이머 동작시험
[해설] 인버터의 정기점검 시 측정 및 시험 [2-1-(3) 표 9-9 참조]

29. 태양광발전시설의 변압기보수 정기점검 개소로 틀린 것은?
① 유면계   ② 온도계
③ 기록계   ④ 가스압력계
[해설] 내장 및 부속기기의 정기점검 사항 5번 변압기[2-2-(4)-② 표 9-15 참조]

정답 23. ① 24. ③ 25. ④ 26. ① 27. ④ 28. ② 29. ③

30. 태양광발전 시스템의 점검 및 시험 방법에 대한 사항으로 틀린 것은?
① 외관검사
② 운전 상태의 확인
③ 절연전류의 확인
④ 태양전지 어레이의 출력 확인

[해설] 시스템의 문제 진단[2-4 참조]
(1) 전기적 특성검사
(2) 육안에 의한 외관검사
(3) 운전 상태의 확인
(4) 어레이의 출력 확인

31. 태양전지 어레이 개방전압 측정 목적이 아닌 것은?
① 스트링 동작불량 검출
② 모듈 동작불량 검출
③ 배선 접속불량 검출
④ 어레이 접속불량 검출

[해설] 개방전압 측정 목적[2-4-(4)-② 참조]

32. 태양전지 어레이 개방전압 측정 시 주의 사항으로 틀린 것은?
① 각 스트링의 측정은 안정된 일사강도가 얻어질 때 실시한다.
② 측정 시간은 맑은 날, 해가 남쪽에 있을 때 1시간 동안 실시한다.
③ 셀은 비 오는 날에도 미소한 전압을 발생하고 있으니 주의한다.
④ 측정은 직류전류계로 한다.

[해설] 개방전압 측정 시 주의 사항[2-4-(4)-② 참조]
측정은 직류전압계로 한다.

33. 태양전지 모듈의 단락전류를 측정하는 계측기는?
① 저항계
② 전력량계
③ 직류전류계
④ 교류전류계

[해설] 모듈의 단락전류의 확인[2-4-(4)-③ 참조]

34. 태양전지 회로의 절연저항은 전로의 사용전압에 따라 다르다. 대지전압이 150 V 이하인 경우의 절연저항은 얼마 이상이어야 하는가?
① 0.1 MΩ
② 0.2 MΩ
③ 0.3 MΩ
④ 0.4 MΩ

[해설] 절연저항 측정[2-4-(4)-④ 표 9-21 참조]

35. 절연변압기 부착형 인버터 입력회로의 경우 절연저항 측정 순서로 맞는 것은?

> ㉠ 태양전지 회로를 접속함에서 분리
> ㉡ 분전반 내의 분기차단기 개방
> ㉢ 직류 측의 모든 입력단자 및 교류 측의 전체 출력단자를 각각 단락
> ㉣ 직류단자와 대지 간의 절연저항 측정

① ㉠-㉡-㉢-㉣
② ㉡-㉠-㉢-㉣
③ ㉢-㉠-㉡-㉣
④ ㉣-㉢-㉡-㉠

[해설] 입력회로 절연저항 측정 순서 [2-4-(4)-⑤ 참조]

36. 태양전지회로의 절연저항은 기온과 습도에 영향을 받는다. 절연저항계 이외에 필요한 계기가 아닌 것은?
① 온도계
② 습도계
③ 항온항습기
④ 단락용 개폐기

[해설] 절연저항 측정[2-4-(4)-④ 참조]
항온항습기 : 온도와 습도를 일정한 데이터로 항상 유지시켜 주는 기기

[정답] 30. ③ 31. ④ 32. ④ 33. ③ 34. ① 35. ① 36. ③

37. 절연변압기 부착형 인버터 출력회로의 경우 절연저항 측정 방법으로 틀린 것은?
① 분전반 내의 분기차단기를 개방한다.
② 태양전지회로를 접속함에서 분리한다.
③ 직류단자와 대지 간의 절연저항을 측정한다.
④ 직류 측의 모든 입력단자 및 교류 측의 전체 출력단자를 각각 단락한다.

[해설] 출력회로 절연저항 측정 순서[2-4-(4)-⑤ 참조]
출력회로이므로, 교류단자와 대지 간의 절연저항을 측정하여야 한다.

38. 인버터 절연저항 측정 시 주의 사항으로 잘못된 것은?
① 입출력 단자에 주 회로 이외 제어단자 등이 있는 경우 이것을 포함해서 측정한다.
② 절연변압기를 장착하지 않는 인버터는 제조사가 추천하는 방법에 따라 측정한다.
③ 정격전압이 입출력과 다를 때는 낮은 측을 선택 기준으로 한다.
④ 정격에 약한 회로들은 회로에서 분리하여 측정한다.

[해설] 절연저항 측정 시 주의 사항[2-4-(4)-⑤ 참조]
정격전압이 입출력과 다를 때는 높은 측을 선택 기준으로 한다.

39. 태양전지 어레이 회로의 절연내압 측정 시 최대사용전압의 몇 배의 직류전압을 인가하는가?
① 1.5배　② 2.5배　③ 3.5배　④ 4.5배

[해설] 절연내력 측정[2-4-(4)-⑥ 참조]

40. 태양광발전 시스템의 인버터 회로에 절연내력시험을 실시하는 경우 시험전압을 몇 분간 인가하여 절연파괴 등의 이상 유무를 확인하여야 하는가?
① 1분　② 3분　③ 5분　④ 10분

[해설] 절연내력 측정[2-4-(4)-⑥ 참조]

3. 태양광발전 시스템의 검사 지침

41. 태양광발전 시스템의 검사 지침에서, 검사 대상의 범위를 3가지로 구분하고 있다. 해당되지 않는 것은?
① 일반용　　② 자가용
③ 산업용　　④ 사업용

[해설] 검사 대상 범위의 구분[3-1-(4) 표 9-22 참조]

42. 태양광발전 시스템의 검사 지침에서, 검사 대상의 범위로 일반용은 몇 kW 이하로 하는가?
① 5　　② 7.5　　③ 10　　④ 15

[해설] 검사 대상 범위의 구분-일반용[3-1-(4) 표 9-22 참조]

43. 자가용 태양광발전설비 사용 전 검사 항목 및 세부검사 내용에서, 보호장치 세부검사 내용에 해당되지 않는 것은?
① 외관검사　　② 절연저항
③ 보호장치시험　　④ 환기시설 상태

[해설] 보호장치 세부검사 내용[3-2-(1) 표 9-23 참조]

정답 37. ③　38. ③　39. ①　40. ④　41. ③　42. ③　43. ④

44. 자가용 태양광발전설비 사용 전 검사 항목 및 세부검사 내용에서, 축전지 세부 검사 내용에 해당되지 않는 것은?
① 충전기능 시험 ② 시설 상태 확인
③ 전해액 확인 ④ 환기시설 상태

해설 축전지 세부검사 내용[3-2-(1) 표 9-23 참조]
충전기능 시험은 전력변환장치 검사에 적용된다.

45. 태양전지 모듈 또는 패널의 점검에서, 검사자는 모듈의 유형과 설치 개수 등을 몇 lux 이상의 밝은 조명 아래에서 육안으로 점검하여야 하는가?
① 250 ② 500 ③ 750 ④ 1000

해설 태양전지 모듈 또는 패널의 점검 [3-2-(2)-② 참조]

46. 자가용 태양광발전설비 사용 전 검사 항목 및 세부검사 내용에서, 전력변환장치의 외관검사에 해당되지 않는 것은?
① 전력변환장치의 파손이나 변형 등의 유무를 확인한다.
② 절연저항을 확인한다.
③ 배전반의 절연간격 및 배선의 결선상태를 확인한다.
④ 접지선의 접속상태가 양호한지 확인한다.

해설 전력변환장치 외관 검사[3-2-(3)-② 참조]

47. 단독운전 방지시험에서, 단독운전 기능의 정상동작 유무 확인 시, 정지는 ( )초 이내, 재투입은 ( )분 이후인가?

① 0.5, 5 ② 1, 3
③ 1.5, 10 ④ 2, 15

해설 전력변환장치 단독운전 방지시험 [3-2-(3)-② 참조]

48. 전력변환장치의 부하운전시험 검사 시, 일사량을 기준으로 몇 분간의 가능출력을 확인하고 일사량 특성곡선과 발전량의 이상 유무를 확인하는가?
① 10 ② 15
③ 25 ④ 30

해설 부하운전시험 검사[3-2-(5) 참조]

49. 자가용 태양광발전설비 정기검사 항목 및 세부검사에서, 부하운전시험 시, 수검자 준비자료에 해당되지 않는 것은?
① 출력 기록지
② 보호장치 및 계전기 시험 성적서
③ 전회 검사 이후 총 운전 및 기동횟수
④ 전회 검사 이후 주요정비 내용

해설 부하운전시험-수검자 준비자료[3-3 표 9-24 참조]

50. 태양광발전설비 정기검사 항목 중 태양광전지 검사 세부검사 내용이 아닌 것은?
① 어레이
② 외관검사
③ 절연내력시험
④ 전지 전기적 특성시험

해설 검사 세부검사 내용-태양광전지[3-5 표 9-26 참조]

정답 44. ① 45. ④ 46. ② 47. ① 48. ④ 49. ② 50. ③

제10장 태양광발전 시스템 안전관리

1. 위험요소 및 위험관리 방법

1-1 안전관리의 개요

(1) 산업안전(industrial safety)
① 산업안전 일반산업 사업장에 있어서 산업재해가 일어날 가능성이 있는 건설물, 장치, 기계, 재료 등의 손상, 파괴에 기인하는 잠재 위험성(hazard)을 배제해서 안전성을 확보하는 것을 목적으로 한 이념을 말한다.
② 기업 내 또는 기업 간의 안전관리에 있어서 재해 방지를 위한 제 활동을 총칭해서 말하는 일도 있다.

(2) 산업안전관리의 목적
산업안전관리란, 재해로부터 인간의 생명과 재산을 보호하기 위한 계획적이고 체계적인 제반 활동을 말한다.
① 인간의 존중
② 사회복지의 증진
③ 생산성의 향상
④ 경제성의 향상

(3) 산업재해(industrial accident)
① 정의 : 근로자가 업무에 관계되는 건설물·설비·원재료·가스·증기·분진 등에 의하거나 작업 기타 업무에 기인하여 사망 또는 부상하거나 병에 걸리게 되는 것을 말한다.

② 분류
  ㈎ 산업활동에 수반해서 발생하는 사고에 의한 결과로 인적·물적 손해가 발생하며, 근로자의 생명을 빼앗는 산업재해
  ㈏ 일반 대중에 피해가 미치는 공중(公衆)재해 및 산업시설만의 손실
③ 산업재해의 기본 원인(4M)과 예방 4원칙

표 10-1 기본 원인(4M)과 예방 4원칙

기본 원인(4M)	예방 4원칙
1. 인간(Man) 2. 기계설비물(Machine) 3. 작업(Media) 4. 관리(Management)	1. 예방가능의 원칙 2. 손실우연의 원칙 3. 원인연계의 원칙 4. 대책선정의 원칙

(4) 재해조사

① 재해조사의 목적 : 동종 재해를 두 번 다시 반복하지 않도록 재해의 원인이 되었던 불안전한 상태와 불안전한 행동을 발견하고, 이것을 다시 분석·검토해서 적정한 방지대책을 수립하는 데 있다.
② 재해조사는 조사하는 것이 목적이 아니고, 관계자의 책임을 추궁하는 것도 목적이 아니다. 재해조사에서 중요한 것은 진실을 파악하는 것이다.
③ 재해가 발생했을 때는 재해의 대소를 불문하고 항상 철저하게 그 원인을 추구하는 습관을 체득하는 것이 중요하다.

> **참고** 추구(追咎) : 지나간 뒤에 전날의 허물을 나무람

④ 재해조사의 방법
  ㈎ 재해 연장은 변경되기 쉽기 때문에 조사는 재해 발생 직후에 실시한다.
  ㈏ 물적 증거를 수집해 보관한다.
  ㈐ 재해 현장의 상황을 기록하고 사진을 촬영한다.
  ㈑ 목격자 및 직장의 책임자 협력하에 조사를 추진한다.
  ㈒ 재해 발생 직후가 아니라도 가능한 한 피해자의 이야기를 경청한다.
  ㈓ 자신이 해결하기 어려울 것으로 판단되는 특수한 재해나 중대 재해의 경우에는 전문가에게 조사를 의뢰하는 것이 바람직하다.

(5) 안전관리 규정 포함 사항

① 안전관리의 기본체제, 조직 등
② 설계기준, 환경, 안전기술
③ 작업보수, 점검, 보호구 관리 등
④ 보고, 승인 등 안전관리 통제 사항 등

1-2 전기의 위험성과 전기재해

(1) 전기의 위험성

① 전기는 눈에 보이지 않고 소리 또는 냄새도 맡을 수 없을 뿐만 아니라 손으로 확인할 수도 없기 때문에 전기적 위험의 감지는 상당히 어렵다.

② 일반적으로 감전재해는 다른 재해에 비하여 발생률이 낮으나, 일단 재해가 발생하면 호흡정지, 심장마비, 근육수축 등의 신체기능 장해와 고소 작업 시 추락 등으로 인한 2차 재해가 발생하기 때문에 치명적인 경우가 많으며, 생명에 지장이 없다 하더라도 불구가 되는 예가 적지 않다.

높은 곳에서 작업, 즉 고소 작업(high place work)을 실시할 때의 안전규칙
1. 2 m 이상의 개소에서의 작업은 안전한 작업발판을 설치한다.
2. 높이 또는 깊이 1.5 m를 넘는 개소의 작업을 할 때는 안전한 승강설비를 설치한다.
3. 작업발판의 끝, 개구부에서 2 m 이상에서는 추락하지 않도록 난간, 울을 설치한다.
4. 앞의 내용을 실시하기 곤란할 때는 안전망, 안전대를 사용한다.

(2) 전기재해의 특징

① 전기재해는 인체에 전류가 흘러 발생하는 감전재해와 전기가 점화원으로 작용하여 발생하는 화재, 폭발 그리고 정전기와 전자파에 의한 자동화 설비의 오동작 등이 있다.

② 감전재해는 전체 산업재해 중 차지하는 비율이 낮은 편이나 높은 잠재적 사고 위험요인을 내포하고 있으며 다음과 같은 고유한 특성을 지니고 있다.

 (가) 전기는 눈에 보이지도 않고, 소리도 없으며, 냄새도 맡을 수 없을 뿐 아니라 신체적 접촉으로도 확인이 불가능하기 때문에 전기적 위험의 감지가 어렵다.

 (나) 전선은 정전 또는 충전되어 있거나 변화가 없으므로 외관상으로 전기의 무서움이 느껴지지 않는다.

 (다) 전체 산업재해 중 전격에 의한 재해 빈도는 낮은 편이나 단순히 전격 재해만을 기준으로 보았을 때 상망률은 아주 높다.

 (라) 고전압 사고는 전기기술자가, 저전압 사고는 일반 작업자가 재해를 많이 당하고 있는 편이다.

 (마) 화재 발생의 원인 중 가장 큰 원인은 전기로 인한 폭발 등이다.

 (바) 전기는 발생과 동시에 소비되는 것으로서 순간적인 흐름의 연속이다.

 (사) 흐름에는 시간적인 여유나 판단에 의한 행동 수정의 틈이 전혀 없다.

(3) 전기재해의 분류
① 전기에 관계되는 재해는 크게 1. 전기재해, 2. 정전기재해 3. 낙뢰재해로 나눌 수 있다.
② 전기에 관한 각종 재해 중 가장 빈도가 높은 것이 감전, 즉 전격에 의한 재해이다.

(4) 감전의 위험성 및 감전사고의 특성
① 일반적으로 감전(electric shock)이란 외부로부터 전압이 걸려서 인체의 일부 또는 전체에 전류가 흘렀을 때 일어나는 생리적 현상을 말한다.
② 감전에 의해 인체가 받게 되는 충격을 전격(電擊)이라고 한다.

 전격(電擊) : 인체에 단순히 전류를 느끼는 정도의 가벼운 것에서 고통을 동반하는 쇼크, 심지어 근육의 수축, 호흡의 곤란, 때로는 심실세동(心室 細動)에 의한 사망 등 여러 가지 증상이 나타나는 현상을 말한다.

③ 전격의 정도
  (가) 전격의 위험을 결정하는 주된 요인
    ㉮ 통전전류의 크기 : 인체에 흐르는 전류의 값(mA)
    ㉯ 통전 경로 : 전류가 신체의 어느 부분을 흘렀는가?
    ㉰ 전원의 종류 : 직류보다 상용주파수의 교류전원이 더 위험하다.
    ㉱ 통전 시간과 전격 인가 위상 : 심장 맥동 주기의 어느 위상에서 통전했는가?
    ㉲ 주파수 및 파형
  (나) 통전전류가 크거나 전류가 인체의 중요한 부분을 포함하는 경로를 따라 흘렀을 때 또는 전류가 오랫동안 흘렀을 때 위험도가 높아진다.
  (다) 감전사고로 인한 전기재해는 전격재해 및 아크에 의한 화상 그리고 2차적으로 발생하는 추락, 전도에 의한 재해 이외에도 통전전류의 발열작용에 의해 체온이 상승하여 사망하는 경우 등도 있다.
④ 감전사고의 형태

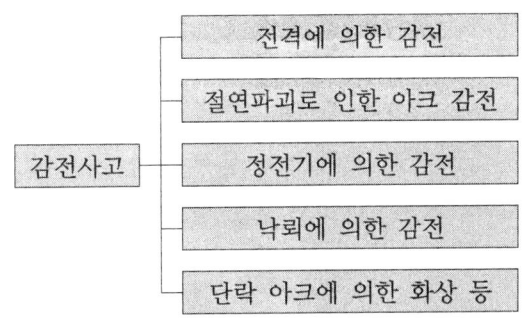

1-3 감전사고의 방지 대책

(1) 감전사고 방지의 기본적 대책과 구체적인 방법은 다음 표 10-2와 같다.

표 10-2 감전사고의 방지 대책

설비적인 측면	안전장비의 측면	인적인 측면
설비의 안전화 • 충전부로부터 격리 • 설비의 적법시공 및 운용 • 고장 시 전로를 신속히 차단	작업의 안전화 • 보호구 및 방호구 사용 • 검출용구 및 접지용구 사용 • 경고표지 및 구획로프의 설치 • 활선접근 경보기 착용	전기의 위험성에 대한 지식 습득 • 기능 숙달 • 교육훈련으로 안전지식 습득 • 안전거리 유지

(2) 감전사고를 예방하기 위한 일반적인 방지 대책

① 전기기기 및 배선 등의 모든 충전부는 노출시키지 않는다.
② 전기기기 사용 시에는 필히 접지를 시켜야 한다.
③ 누전차단기를 시설하여 감전사고 시의 재해를 방지한다.
④ 전기기기의 스위치 조작은 아무나 함부로 하지 않도록 한다.
⑤ 젖은 손으로 전기기기를 만지지 않는다.
⑥ 안정기(개폐기)에는 반드시 정격퓨즈를 사용하고, 동선·철선 등을 사용하지 않는다.
⑦ 불량하거나 고장난 전기제품은 사용하지 않도록 한다.
⑧ 배선용 전선은 중간에 연결한 접속 부분이 있는 것을 사용하지 않는다.

(3) 설비 측면에서의 방지 대책

① 전로의 절연
② 충전부의 격리
③ 접지
④ 비접지식 전로 채용
⑤ 누전차단기 설치
⑥ 이중절연기기 사용

1-4 감전사고의 응급조치

(1) 감전사고 시의 조치 사항

① 감전자의 구출
　(가) 최우선적으로 전원스위치부터 차단해야 한다.
　(나) 차단이 불가능할 경우에는 전선 등 감전 부위로부터 감전자를 떼어 내어야 한다.
② 감전자의 상태 확인
　(가) 의식상태 및 호흡상태 확인

㈏ 맥박상태 신속 확인 및 출혈의 상태 확인
㈐ 골절의 유무 확인

(2) 응급조치
① 전격의 가장 위험한 결과는 정상박동을 하던 심장에 전기적 충격이 가해져 생기는 심실세동 현상으로 인한 심장마비와 호흡정지이다.
② 단시간 내에 인공호흡 및 심장마사지 등 응급조치를 실시할 경우 감전 사망자의 약 95% 이상을 소생시킬 수 있다.
③ 응급조치 요령
　㈎ 인공호흡
　　㉮ 구강 대 구강법(mouth to mouth method)
　　㉯ 구강 대 비강법(mouth to nose method)
　㈏ 심장마사지(인공호흡과 동시에 실시)
　　㉮ 심장마사지 15회 정도와 인공호흡 2회를 교대로 연속적으로 실시한다.
　　㉯ 또는 심장마사지와 인공호흡을 2명이 분담하여 5:1 비율로 실시한다.

1-5 전기설비의 안전점검

(1) 안전점검의 개요
① 안전점검의 목적 : 인간의 오감 또는 점검기구를 이용해서 설비의 이상 유무를 확인하고, 설비의 현재 상태와 향후의 성능예측을 통하여 설비의 수명 연장 및 안전운전을 기하는 것이다.
② 안전점검의 종류
　㈎ 일상점검(순시점검)
　　㉮ 일상, 수시로 전기설비를 순시하면서 주로 육안에 의한 점검을 한다.
　　㉯ 설비의 운전 중에 이상한 냄새, 이상음, 변색, 파손 등을 확인한다.
　　㉰ 동시에 전류, 전력, 역률 등을 점검하여 운전상태를 감시한다.
　㈏ 정기점검
　　㉮ 일정 기간을 정하여 설비의 각 항목을 정기적으로 정밀하게 점검한다.
　　㉯ 주간, 월간, 연간점검 등으로 구분되며, 설비를 정전시켜 다음과 같은 측정, 시험을 하는 것이다.
　　　• 접지저항　　　　　　　　• 절연저항 측정
　　　• 보호계전기 동작시험　　• 설비의 분해 점검 등
　㈐ 특별점검(임시점검)
　　㉮ 전기사고나 설비의 이상이 발생했을 때 점검, 측정, 시험을 통해 원인을 조사한다.

㉯ 재발 방지 대책을 세우기 위한 점검이다.
㉰ 장마철, 태풍 내습 전에 특별점검을 해서 전기사고를 미연에 방지하기 위한 점검이다.

③ 점검에 사용되는 계측기
㉮ 회로시험기, 절연저항계 및 접지저항계
㉯ 크램프온 미터, 검전기
㉰ 보호계전기 시험기, 절연내력 시험기

(2) 안전점검 시 유의 사항
① 여러 가지 점검 방법을 병용한다.
② 점검자의 능력에 상응하는 점검을 실시한다.
③ 과거에 재해가 발생한 부분은 그 원인이 배제되었는지 확인한다.
④ 불량한 부분이 발견된 경우에는 다른 동종설비도 점검한다.
⑤ 발견한 불량부품은 원인을 조사하고 필요한 대책을 강구한다.
⑥ 안전점검은 안전수준의 향상을 목적으로 하는 것임을 염두에 두어야 한다.

(3) 전기시설물 점검 시 안전수칙
① 지식, 자격, 경험이 없는 자의 전기 취급을 금지한다.
② 전기 고장을 발견하면 즉시 관계자에게 보고한다.
③ 모든 전기선은 전기가 통하고 있다고 생각하고 함부로 만지지 않는다.
④ 쳐져 있는 전기선은 만지지 말고 작업감독자에게 보고한다.
⑤ 젖은 손으로 전기장치를 만지지 않는다.
⑥ 커버나이트스위치의 절연덮개는 반드시 부착하여 사용한다.
⑦ 모터 등 전기장치에 스파크나 연기가 나면 전기를 끄고 즉시 보고한다.
⑧ 스위치 함, 전동기, 배전반 등 전기기구에 액체성 물질을 뿌리지 않는다.
⑨ 배선상태의 안전성 여부를 정기적으로 검사한다.
⑩ 전기선 또는 전기기구에 물건을 걸어 놓지 않는다.
⑪ 전기선을 모퉁이나 기계 위로 끌고 다니면 위험하다.
⑫ 정비나 청소 작업 시 모터나 전기기구에 물이 튀지 않도록 한다.
⑬ 전기선의 규정 용량을 초과하여 사용하지 않는다.
⑭ 고압선에는 위험표지를 달아야 한다.
⑮ 전선을 로프 대신으로 사용하지 않는다.
⑯ 전기선 피복이 손상되지 않도록 한다.

2. 전기작업의 안전

2-1 정전 및 활선작업 등에 관한 기술지침 일반

(1) 목적 및 적용 범위
① 정전작업, 활선작업 및 활선근접작업 시에 필요한 사항을 정함을 목적으로 한다.
② 전기설비의 고장진단, 수리, 설치작업 등에 있어서 전원을 차단하고 수행하는 정전작업과 이를 차단하지 아니하고 수행하는 저압, 고압 또는 특별고압의 활선작업과 활선근접작업에 대하여 적용한다.

(2) 용어의 정의
① 정전작업 : 전로를 개로한 후 수행하는 당해 전로 또는 그 지지물의 설치·점검·수리 및 도장 등의 작업을 말한다.
② 활선작업 : 전로를 개로하지 않은 충전된 상태의 전로에 근로자의 신체·금속제의 공구·재료 등의 도전체(근로자의 신체 등)가 접촉한 상태에서 수행하는 당해 전로 또는 그 지지물의 설치·점검·수리 및 도장 등의 작업을 말한다.
③ 활선근접작업 : 충전전로에 근로자의 신체 등이 접근한 상태에서 수행하는 당해 전로 또는 그 지지물의 설치·점검·수리 및 도장 등의 작업을 말한다.
④ 절연용 보호구 : 절연장갑, 절연모, 절연의, 절연화를 말한다.
⑤ 절연용 방호구 : 전로의 충전부와 금속체, 애자 등에 착탈하는 절연관, 절연덮개, 절연시트를 말한다.
⑥ 활선작업용 기구 : 활선작업 시 사용하는 절연스틱에 여러 종류의 공구 등을 부착하여 간접활선작업에 사용하는 기구로서 전선절단기, 압축기 등을 말한다.

(3) 작업자의 절연보호
① 활선 또는 활선근접작업 시 준수하여야 할 안전원칙
　(개) 전류가 인체를 통하여 흐르지 않도록 절연용 보호구를 착용하여야 한다.
　(내) 충전 부분에 절연용 방호구를 장착하는 등 감전의 위험을 방지하기 위한 조치를 하여야 한다.
② 절연용 보호구 착용 시기
　(개) 절연용 보호구는 충전부에 접근하기 전에 착용하여야 하며 작업 중에는 벗어서는 안 된다.

(나) 활선작업을 행하는 작업자는 승주하기 전에 절연용 보호구 및 안전대를 착용하고 승주하여야 한다.

③ 보호구 착용 대상 작업

(가) 전로의 신설, 증설, 교체 등의 작업 시 수반되는 충전된 전선의 절단, 접속작업

(나) 전주, 애자, 완금, 완목 등의 지지물 교체작업 시 수반되는 전선 이설작업

(다) 변압기, 개폐기, 피뢰기 등의 점검, 교체작업 시 수반되는 충전된 전선의 절단, 접속 또는 터미널, 커넥터 등을 제거하거나 부착하는 작업

(4) 정전작업 시의 안전조치 사항

① 정전작업 전 조치 사항

(가) 작업 지휘자 임명

(나) 작업 지휘자에 의한 정전 범위, 조작 순서, 개폐기의 위치, 정전 시작 시각, 단락 접지 개소 및 송전 시의 안전 확인 등 작업 내용을 주지

(다) 전로의 개로개폐기에 시건장치 및 통전금지 표지판 설치

(라) 전력케이블, 전력콘덴서 등의 잔류전하의 방전

잔류전하(residual charge) : 정전(停電)작업 등에서 개폐기를 차단해도 콘덴서의 전압을 제거해도, 콘덴서에는 전하가 남는데, 이것을 전류전하라고 한다.

(마) 검전기로 개로된 전로의 충전 여부 확인

(바) 단락접지기구로 단락접지

    ㉮ 단락접지기구를 부착할 때는 접지 측을 먼저 실시하고 단락기구를 부착하고 제거할 때는 단락기구, 접지기구의 순서로 한다.

    ㉯ 단락접지기구는 공사가 종료되었을 때 기구의 철거 등을 잊지 않도록 기구에 적색기 등을 부착해 두면 된다.

② 정전 절차[국제사회안전협회(ISSA)에서 제시하는 정전작업의 5대 안전수칙]

(가) 작업 전 전원 차단

(나) 전원투입의 방지

(다) 작업 장소의 무전압 여부 확인

(라) 단락접지

(마) 작업 장소의 보호

③ 작업 종료 후 조치 사항

(가) 단락접지기구의 철거

(나) 시건장치 또는 표지판 철거

㈐ 작업자에 대한 위험이 없는 것을 최종 확인

㈑ 개폐기 투입으로 송전 재개

④ 안전장구 및 표지

표 10-3 정전작업에 필요한 안전장구 및 표지

종 류	용 도
검전기	선로의 충전 여부를 확인하기 위해 사용
접지 용구	정전작업 시 유도 또는 오조작 등으로 인한 감전을 방지하기 위해 작업 장소 양단에 설치
"정전작업 중" 표지와 구획 로프	위험구역과 작업구역을 명시하여 위험구역에 접근을 방지하기 위해 설치
접지기 또는 접지 중 표찰	현장에서 접지 시행 장소를 명시하기 위해 설치
위험기 또는 위험 표찰	활선 등의 위험한 개소와 구역을 표시하기 위해 설치
조작 꼬리표	정전 작업 시 개폐기·차단기 조작핸들 등에 오조작을 방지하기 위해 설치

(5) 활선작업(hot-line job)

① 일반 사항

㈎ 송전을 계속하면서, 충전전로 또는 지지애자의 점검, 수리 및 청소 등의 작업을 말한다.

㈏ 활선작업에 참여시키는 작업자는 교육훈련의 정도, 실무의 수련도 등에 따라 구분하여 일반전기 수리작업, 저압 활선작업, 고압 및 특별고압 활선작업 등에 분리·배치하여 작업을 수행할 수 있도록 해야 한다.

② 저압 활선작업 : 600 V 이하인 저압의 전선로라 하더라도 인체가 노출된 충전 부분에 접촉되면 전격의 위험이 크므로, 저압의 활선작업에서도 이에 대응하는 안전조치를 취할 필요가 있다.

㈎ 작업자는 저압의 절연용 보호구를 착용한다.

㈏ 작업에 사용하는 공구는 절연효력을 가지는 것을 사용해야 한다.

③ 고압 활선작업 : 600 V가 넘는 고압 충전전로를 수리하거나 점검하는 등의 활선작업을 하는 경우

㈎ 작업자가 접촉할 가능성이 큰 노출된 충전 부분에 절연용 방호구를 설치한다.

㈏ 절연용 보호구를 착용한다.

㈐ 활선작업용 기구 및 활선작업용 장치를 사용하도록 한다.

④ 특별고압 활선작업 : 7000 V가 넘는 충전전로나 지지애자의 점검·수리 및 청소 등의 활선작업을 하는 경우

㈎ 사용전압에 대해 충분한 절연성능을 가지는 활선작업용 기구 및 활선작업장치를 사용하도록 해야 한다.

㈏ 특별고압의 전선로는 고압의 전선로와는 달리 섬락(flashover)에 의한 아크 발생의 가능성이 있기 때문에, 작업자가 충전 부분에 접근할 수 있는 한계가 있다.

표 10-4 특별고압에 대한 접근한계거리

사용전압 (kV)	22 이하	22 초과 33 이하	33 초과 66 이하	66 초과 77 이하	77 초과 110 이하	110 초과 154 이하	154 초과 187 이하	187 초과 220 이하	220 초과
접근한계 거리(cm)	20	30	50	60	90	120	140	160	220

⑤ 작업한계 및 인원

㈎ 송전 활선작업조

㉮ 66 kV 이상의 시설에서 작업할 수 있으며 6명으로 편성한다.

㉯ 다만, 부득이한 경우에는 지상 근무자를 제외한 4명으로 편성·운영할 수 있다.

㈏ 배전 활선작업조

㉮ 3.3 kV 이상 22.9 kV까지의 시설에서 작업할 수 있으며 4명으로 편성한다.

㉯ 부득이한 경우에는 지상 근무자를 제외한 3명으로 편성·운영할 수 있다.

㈐ 활선원 자격소지자 : 단독작업, 고무장구 사용작업, 불량애자 검출작업, 애자청소작업 등에 한하여 활선작업조에 편성되지 아니하더라도 작업할 수 있다.

(6) 활선근접작업

충전전로에 근로자의 신체 등이 접근한 상태에서 수행하는 당해 전로 또는 그 지지물의 설치·점검·수리 및 도장 등의 작업이다.

① 접근충전부의 확인 및 조치

㈎ 접근한계거리를 목측으로 확인하여 충전부와의 사이에 충분한 안전공간이 유지되도록 한다.

㈏ 활선근접작업은 활선작업과 같은 수준으로 방호하여 안전을 확보하도록 해야 한다.

㈐ 작업지휘자는 작업 내용과 작업 현장의 상태를 잘 검토하여 통로, 작업구역 등을 작업자 전원에게 이해시킨 후 작업하도록 하여야 한다.

② 작업 중의 충전전로에 이상근접을 방지하기 위한 이격거리는 다음 표 10-5와 같다.

표 10-5 안전이격거리

전로전압	저압	고압	특별고압
안전 이격거리	1 m	1.2 m	2 m

㈜ 특별고압의 경우 : 60 kV 이상은 10 kV마다 그 단수에 20 cm 증가를 추가한다.

③ 저압 활선근접작업 : 저압 충전전로에 근접하여 기타의 전로 또는 그 지지물의 설치, 점검, 수리 및 도장 등의 작업을 하는 경우
  ㈎ 노출 충전 부분이 없도록 절연시키는 것이 기본이다.
  ㈏ 기능상 노출되는 부분에 대해서는 적당한 절연내력을 가지는 방호구를 사용하여 위험 부분을 덮어 준다.
  ㈐ 노출 충전 부분을 방호하기가 매우 곤란한 경우에는 작업자에게 절연용 보호구를 착용시키는 것이 좋다.
④ 고압 활선근접작업 : 고압 충전전로에 근접하여 기타의 전로 또는 그 지지물의 설치, 점검, 수리 및 도장 등의 작업을 하는 경우
  ㈎ 절연용 방호구 및 보호구 사용
    ㉮ 작업자가 접촉할 가능성이 큰 노출 충전 부분에 대해 절연용 방호구를 설치한다.
    ㉯ 작업자에게 절연용 보호구를 착용시킨다.
  ㈏ 접근한계거리의 유지
    ㉮ 머리 위로 30 cm
    ㉯ 몸 옆 또는 발밑으로 60 cm
⑤ 특별고압 활선근접작업 : 특별고압 전선로에 근접하여 특별고압의 충전전로와 지지물을 제외한 기타의 전로나 그 지지물의 점검·수리·도장 및 청소 등의 작업을 하는 경우
  ㈎ 활선작업용 장치의 사용
  ㈏ 접근한계거리의 유지
    ㉮ 표 10-5에 표시한 특별고압에 대한 접근한계 거리를 유지한다.
    ㉯ 이를 확인할 수 있도록 표지판을 설치하거나 감시인을 배치하여 작업을 감시토록 해야 한다.

(7) 활선작업 및 활선근접작업 시 작업자가 준수하여야 할 사항
① 작업자는 작업지휘자의 명령에 따라 올바른 작업 순서로 안전하게 작업하여야 한다.
② 작업 시작 전 작업 내용을 충분히 이해함과 동시에 현장의 상황과 선로의 송전, 정전상태를 확인한다.
③ 작업 중 의문 사항이 있는 경우에는 스스로의 판단으로 마음대로 행동하지 말고 작업지휘자의 지시를 받아야 한다.
④ 작업 시 절연용 보호구를 착용하여야 한다.
⑤ 활선작업에 사용하는 보호구, 방호구, 기구 등은 취급에 충분히 주의하여 매일 사용 전 반드시 육안으로 양부를 점검하여야 하며, 절연장갑 및 절연장화는 공기주입 시험 등을 하여 점검한다.
⑥ 점검 결과 이상이 있으면, 바로 보수하거나 교환하여 항상 성능이 유지되도록 한다.

3. 안전관리 장비

3-1 안전장비의 분류

전기작업에 사용하는 안전장비에는 절연용 보호구를 비롯하여 절연용 방호구, 활선작업용 장치 및 활선작업용 기구 등이 있다.

(1) 절연용 보호구
① 7,000V 이하의 전로의 활선작업 또는 활선근접작업 시 작업자의 감전사고를 방지하기 위해 작업자 몸에 착용하는 것을 말한다.
② 전기용 안전모, 전기용 고무장갑, 전기용 고무장화, 절연용 상의 등이 있다.

(2) 절연용 방호구
① 활선작업 또는 활선근접작업 시 감전사고 방지를 위해 전로의 충전부에 장착하는 것이다.
② 절연용 방호구 재료는 폴리에틸렌 혼합물 또는 그 이상의 성능이 있는 것으로 제작되며, 절연관의 경우 외부는 황색, 연결부는 흑색으로 한다.
③ 절연관, 절연시트, 절연커버, 애자후드 등이 있다.

애자후드(hood) : 중성선 애자에 씌워 양 끝에 덮개형 라인호스를 연결하여 중성선을 절연하기 위하여 사용되는 장구

(3) 작업용구
① 손으로 잡는 부분이 절연재료로 된 봉상의 절연 기구로, 활선에 근접하여 간접적으로 작업할 수 있는 기구이다.
② 단로기 봉, COS 조작봉

(4) 검출용구
① 정전작업 시 작업하고자 하는 전로의 정전 여부를 확인하기 위한 것이다.
② 전압에 따라 특별고압용으로 구분되며, 검정기, 활선접근 경보기 등이 있다.

(5) 단락접지용구
작업 착수에 앞서서 정지 중인 전로에 부착해서 작업자의 안전을 확보하기 위한 용구를 말한다.

3-2 안전장비의 종류 및 특성

(1) 전기용 안전모

① 전기 안전모는 머리의 감전사고 및 물체의 낙하에 의한 머리의 상해를 방지하기 위해 사용하는 것이다.

② 안전모의 사용 구분, 모체의 재질 및 내전압 등에 의한 구분은 다음 표 10-6과 같다.

③ 사용 범위

  (가) 고·저압 충전부에 근접하여 머리에 전기적 충격을 받을 우려가 있는 장소

  (나) 주상, 철구상, 사다리 등 고소작업의 경우

  (다) 건설현장 등에서 낙하물이 있을 우려가 있는 장소

표 10-6 작업 안전모의 종류

종류(기호)		사용 구분	모체 재질	내전압성
일반 작업용	A	물체의 낙하 및 비래에 의한 위험을 방지 또는 경감시키기 위한 것	합성 수지금속	비 내전압성
	B	추락에 의한 위험을 방지 또는 경감시키기 위한 것	합성수지	비 내전압성
	AB	물체의 낙하 또는 비래 및 추락에 의한 위험을 방지 또는 경감시키기 위한 것	합성수지	비 내전압성
전기 작업용	AE	물체의 낙하 또는 비래에 의한 위험을 방지 또는 경감하고, 머리 부위의 감전 위험을 방지하기 위한 것	합성수지	내전압성
	ABE	물체의 낙하 또는 비래 및 추락에 의한 위험을 방지 또는 경감하고, 머리 부위의 감전 위험을 방지하기 위한 것	합성수지	내전압성

주 1. 내전압성이란 7,000 V 이하의 고압에 견딜 수 있는 것을 말함.
    2. 추락이란 높이 2 m 이상의 고소작업, 굴착작업, 하역작업 등에 있어서의 추락을 의미함.

  (라) 맨홀 내의 작업 등 머리를 부딪칠 우려가 있는 장소

  (마) 기타 두부에 상해가 우려될 때

④ 사용 시 주의 사항

  (가) 안전모는 머리에 맞도록 땀방지대를 조절하여 착용할 것

  (나) 특별고압 작업 시는 전기적 성능이 충분한 것을 착용할 것

  (다) 안전모 착용 후에는 턱끈을 완전히 꼭 조여 벗겨지지 않도록 할 것

  (라) 전기적인 절연을 목적으로 사용하는 안전모는 외상이 생기지 않도록 할 것

  (마) 안전장구관리요령에 의거, 정기점검 및 시험을 시행할 것

(2) 안전화

① 정전기 대전(electrification) 방지용 안전화
  (가) 안전화는 정전기의 인체 대전을 방지하기 위한 것이다.
  (나) 대전 방지성능에 따라 1종과 2종으로 구분하고 있으며, 재료는 가죽제와 고무제가 있다.

표 10-7 대전 방지 성능별 등급

종 류	1개당 전기저항(Ω)	착화 에너지(mJ)
1종	$1.0 \times 10^5 \sim 1.0 \times 10^8$	0.1 이상의 가연성 물질 또는 증기(메탄, 프로판 등)
2종	$1.0 \times 10^5 \sim 1.0 \times 10^7$	0.1 미만의 가연성 물질(수소, 아세틸렌 등 취급)

② 절연화 : 저압 전기를 취급하는 작업 시 전기에 의한 감전으로부터 인체를 보호하기 위한 절연화를 말한다.

③ 절연 장화
  (가) 저압 및 고압(7,000 V 이하)의 전기를 취급하는 작업 시 전기에 의한 감전으로부터 인체를 보호하기 위한 절연화를 말한다.
  (나) 절연화의 종류

표 10-8 절연화의 종류

종 류	용 도
A종	주로 300 V를 초과하는 교류 600 V, 직류 750 V 이하의 작업에 사용하는 것
B종	주로 교류 600 V, 직류 750 V를 초과하고 3,500 V 이하의 작업에 사용하는 것
C종	주로 3,500 V를 초과하고 7,000 V 이하의 작업에 사용하는 것

(3) 전기용 고무장갑

① 7,000 V 이하 전압의 전기작업 시 손이 활선 부위에 접촉되어 인체가 감전되는 것을 방지하기 위한 절연성이 있는 고무장갑이다.
② 성능에 따라 A, B, C 3종으로 표 10-8과 같이 나눈다.
③ 사용 범위
  (가) 활선상태의 배전용 지지물에 누설전류가 흐를 우려가 있는 장소
  (나) 고압 이하의 충전부의 접속·절단·점검 등의 작업
  (다) 고압활선 또는 활선근접작업으로 감전이 우려되는 장소
  (라) 우중 또는 습기가 많은 장소의 기중개폐기 개방·투입의 경우
  (마) 정전작업 시 역 송전이 선로·기기의 단락·접지의 경우

⑷ 습기가 많은 장소에서 고압 전로에 감전이 우려되는 경우
⑷ 기타 전격의 위험이 우려되는 장소
④ 사용 시 주의 사항
  ㈎ 사용 전에 반드시 공기를 불어넣어 새는 곳이 없는지 확인하고, 샐 경우 사용치 말 것
  ㈏ 고무장갑은 공구·자재와 혼합보관 및 운반하지 말 것
  ㈐ 사용하지 않는 고무장갑은 먼지·습기·기름 등이 없고 통풍이 잘되는 곳에 보관할 것
  ㈑ 고무장갑의 손상 우려 시에는 반드시 가죽장갑을 외부에 착용할 것
  ㈒ 최대사용전압을 초과하여 사용하지 말 것
  ㈓ 소매를 접어서 사용하지 말 것

(4) 보호용 가죽장갑
① 가죽장갑은 고압용 고무장갑을 착용한 후 그 외부에 착용한다.
② 가죽장갑은 사용 전에 열화 상태를 점검하여 이상이 없는지 확인한 후 사용한다.

(5) 도전성 작업복
① 사용 목적 : 초고압 송전선로의 활선작업 또는 활선근접작업 시 인체의 정전 유도를 완화하기 위하여 착용한다.
② 사용 범위
  ㈎ 2회선의 345 kV 이상 송전선로에서 1회선을 정지하여 공사를 하는 경우(단, 1회선인 송전선의 정전작업의 경우는 제외)
  ㈏ 345 kV 이상의 초고압 변전설비 근접작업으로 정전유도에 의한 전격이 우려되는 장소
  ㈐ LNG 발전소에서 가스의 잔류·축적이 예상되는 위험구역 내 출입 시 인체의 정전기 현상에 의한 폭발·화재가 우려되는 장소
③ 사용 시 주의 사항
  ㈎ 도전성 작업복 및 작업화는 (2)항 외에서는 착용하지 말 것
  ㈏ 가연성의 물질, 또는 위험물이 존재하는 장소에서는 입거나 벗지 말 것
  ㈐ 섬유가 손상될 정도로 심한 세탁을 하지 말 것

(6) 고무판
① 충전부 작업 중에 접지면을 절연시켜 인체가 통전경로가 되지 않도록 하기 위해 사용한다.
② 사용 범위
  ㈎ 배전반 내에서의 계전기·모선 등의 점검·보수작업 시

㈏ 노출 충전부가 있는 배전반 및 스위치 조작이나 이 부분의 작업 시
㈐ 절연내력 시험 시
③ 사용 시 주의 사항 : 습기나 먼지 등이 있는 상태에서 사용하지 말 것

(7) 절연관
① 고전압 전선로의 충전부를 방호하여 작업자의 감전 보호를 위해 사용한다.
② 사용 범위
㈎ 충전 중인 고·저압 전선로에 접촉 또는 근접하여 하는 작업
㈏ 작업 중 선간 또는 고·저압 부분의 혼촉이 우려되는 작업
㈐ 기타 고·저압 충전 중인 선로에 접근하여 감전될 우려가 있는 경우
③ 사용 시 주의 사항
㈎ 사용에 앞서 손상 유무를 확인할 것
㈏ 장기간 설치하여 방치하지 말 것
㈐ 방호관을 올리고 내릴 때 손상되지 않도록 주의할 것

(8) 선로커버, 애자커버 등
고·저압 선로 또는 애자의 방호용으로 사용되며, 사용 범위, 주의 사항 등은 절연관에 준한다.

(9) 저압 및 고압용 검전기
① 사용 범위
㈎ 보수작업 시행 시 저압 또는 고압 충전 유무 확인
㈏ 고·저압회로의 기기 및 설비 등의 정전 확인
㈐ 지지물, 기타 기기의 부속 부위의 고·저압 충전 유무 확인
② 사용 시 주의 사항
㈎ 검전기의 사용 직전 기능을 확인할 것
㈏ 습기 등 누전위험이 예상되는 곳에서는 고무장갑을 착용할 것
㈐ 최고 사용전압을 초과하여 사용하지 말 것

검전기(voltage detector)
1. 전류, 전하, 전위의 유무를 검사하는 측정기의 총칭이다.
2. 검전기는 네온관의 방전에 의해서 전압의 유무를 검출하며 저압용, 고압용 및 특별고압용이 있다.

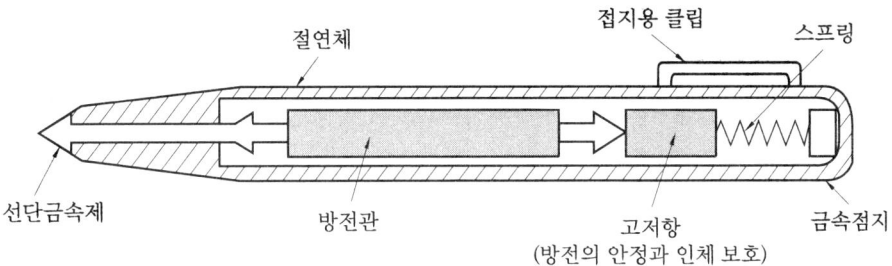

그림 10-1 펜실형 저압검전기

(10) 특별고압 검전기

① 사용 범위
  (가) 특별고압설비(기기 포함)의 충전 유무의 확인
  (나) 특별고압회로의 충전 유무의 확인

② 사용 시 주의 사항
  (가) 습기가 있는 장소로서 위험이 예상되는 경우에는 고압 고무장갑 착용
  (나) 검전기의 정격전압을 초과하여 사용 금지
  (다) 검전기의 사용이 부적당한 경우에는 조작봉으로 대용

(11) 활선접근 경보기

전기 작업자의 착각·오인·오판 등으로 기기나 전선로에 근접하는 경우에 경고음을 발생하여 접근 위험 경고 및 감전 재해를 방지하기 위해 사용되는 것이다.

① 사용 범위
  (가) 정전작업 장소에 사전구간과 활선구간이 공존되어 있는 장소
  (나) 활선에 근접하여 작업하는 경우
  (다) 변전소에서 22.9 kVD/L, 차단기 점검·보수작업의 경우
  (라) 기타 착각·오인 등에 의해 감전이 우려되는 경우

② 사용 시 주의 사항
  (가) 활선접근 경보기를 검전기 대용으로 사용치 말 것
  (나) 사용 전 시험용 버튼을 눌러 경보음 발생 횟수(매분 110~130회) 및 발생 음향의 강도가 정상인지 확인할 것(발생음이 약할 경우는 배터리 교체)
  (다) 불필요하게 안전모에 부착하여 놓지 말 것
  (라) 사용 중 활선접근 경보기에 물이 들어가지 않도록 할 것
  (마) 변전소의 실내 또는 큐비클 내부에서는 사용치 말 것(부동작 또는 오동작됨)
  (바) 안테나가 안전모 정면이 되도록 착용할 것
  (사) 팔에 착용 시는 안테나가 충전부의 전면이 되도록 착용할 것
  (아) 과도한 충격을 가하지 말 것

(12) 접지용구

단락접지용구란, 고압 이상의 전로에서 정전작업을 할 때 오송전이나 역가압에 의해 충전되는 경우에 전원 측의 보호장치가 동작되어 전원을 차단시키게 함으로써 작업자가 감전되는 것을 방지하기 위한 것이다.

① 접지용구의 종류

표 10-9 접지용구의 종류

구 분	갑종 접지용구	을종 접지용구	병종 접지용구
사용 범위	• 발전소, 변전소 및 개폐기에서 작업 시 • 지중 송전선로의 작업	• 가공 송전선로에서 작업 시 • 지중 송전선로와 가공송전선로의 접속점	• 특고압 및 고압배전선의 정전작업 시 • 유도 전압에 의한 위험 예상 시 • 수용가설비의 전원 측 접지 시

② 접지용구 사용 시의 주의 사항
   (가) 접지용구를 설치하거나 철거할 때에는 접지도선이 자신이나 타인의 신체는 물론 전선, 기기 등에 접촉하지 않도록 주의한다.
   (나) 접지용구의 취급은 작업책임자의 책임하에 행하여야 한다.
   (다) 접지용구의 설치 및 철거는 다음의 순서로 행하여야 한다.
      ㉮ 접지 설치 전에 관계 개폐기의 개방을 확인하고 검전기 기타 방법으로 충전 여부를 확인하여야 한다.
      ㉯ 접지 설치 순서는 먼저 접지 측 금구에 접지선을 접속하고 전선금구를 기기 또는 전선에 확실하게 부착한다.
      ㉰ 접지용구의 철거는 설치의 역순으로 한다.

(13) 작업용구

전기작업에 사용되는 작업용구로는 단로기 조작을 위한 조작봉, 위험을 경고하기 위해 사용하는 안전표시기 등이 있다.

① 단로기(DS) 조작봉

단로기의 개폐 시 사용하는 것으로는 다음 표 10-10과 같은 종류가 있다.

표 10-10 DS 조작봉의 종류

종 류	규 격	사용전압
특고압용 1호	34 × 4,000 mm	66 kV 이하
특고압용 2호	34 × 6,000 mm	

   (가) 사용 범위 : 66 kV 이하의 DS 개폐 시에는 DS 조작봉을 사용하여야 한다.

(나) 사용 시 주의 사항
　㉮ 사용 전에 절연봉 표면의 습기 및 먼지를 깨끗이 닦아야 한다.
　㉯ 연결금구를 견고하게 연결하고 파손된 것은 사용치 않는다.
　㉰ 충전부와 손으로 잡는 부분은 거리가 3 m 이상 떨어지도록 한다.
　㉱ 사용 후 일정한 보관 장소에 보관한다.
② 다용도 안전표시기
　통행인이 많은 장소, 맨홀 등의 위험장소에서, 필요한 안전보건 표지용구를 부착하여 위험을 경고하기 위해 사용하는 것을 안전표시기라 하며, 그 종류는 다음과 같다.
㈎ 안전표시기의 종류

표 10-11 다용도 안전표시기의 종류

종 류	점멸시간 및 음향제어 능력	구조 및 기능
갑형	유	자립형(경보음, 경고등 부착)
을형	무	자립형(경고등 부착)

㈏ 사용 범위
　㉮ 발·변전소 등에서 맨홀·위험장소 등에 대한 통제가 필요한 경우
　㉯ 지중선로의 맨홀, 배전활선작업 등 일반인의 통제가 필요한 경우
　㉰ 야간에 차량 또는 일반인 통제가 필요한 경우
㈐ 사용 시 주의 사항
　㉮ 사용하고자 하는 장소의 통제가 필요한 경우에 안전·보건표지를 부착할 것
　㉯ 차량으로 운반 시 경고등 파손에 주의할 것
　㉰ 사용 배터리(battery) 소모 여부를 확인할 것

(14) 추락 방지 안전복장-안전대
① 안전대란, 고소작업 시 추락에 의한 위험을 방지하기 위해 사용하는 보호구이다.
② 안전대의 종류 및 등급[보호구 검정 규정 제21조]
　㈎ 종류 : 벨트식[B식], 안전그네식[H식]
　㈏ 등급은 다음 표 10-12와 같다.

표 10-12 안전대의 등급

등급	1종	2종	3종	4종	5종
특성	U자 걸이 전용	1개걸이 전용	1개걸이 U자 걸이 전용	안전블록	추락방지대

예·상·문·제

1. 위험요소 및 위험관리 방법

1. 산업안전관리란, 재해로부터 인간의 생명과 재산을 보호하기 위한 계획적이고 체계적인 제반 활동을 말한다. 그 목적에 해당하지 않는 것은?
① 인간의 존중 ② 사회복지의 증진
③ 산업시설의 보호 ④ 경제성의 향상
[해설] 산업안전관리의 목적[1-1-(2) 참조]

2. 산업재해의 기본 원인(4M)에 해당되지 않는 것은?
① 인간 ② 기계설비물
③ 관리 ④ 환경
[해설] 산업재해의 기본 원인[1-1-(3) 표 10-1 참조]
4M : 인간(Man), 기계설비물(Machine), 작업(Media), 관리(Management)
[참고] 환경(environment)

3. 다음 중 재해조사의 목적에 해당하지 않는 것은?
① 관계자의 책임 추궁
② 적정한 방지 대책 수립
③ 진실 파악
④ 원인 발견 및 분석 검토
[해설] 재해조사의 목적[1-1-(4) 참조]

4. 다음 재해조사의 방법 중 잘못된 것은?
① 재해 발생 직후에 실시할 것
② 물적 증거를 수집해 보관할 것
③ 가능한 한 피해자의 이야기를 경청하지 말 것
④ 중대 재해의 경우에는 전문가에게 조사를 의뢰할 것
[해설] 재해조사의 방법[1-1-(4)-④ 참조]

5. 다음 중 전기재해의 고유한 특성에 해당되지 않는 것은?
① 전기적 위험은 감지가 어렵다.
② 외관상으로 전기의 무서움이 느껴지지 않는다.
③ 화재 발생의 원인 중 가장 큰 원인은 전기로 인한 폭발 등이다.
④ 고전압 사고는 일반 작업자가, 저전압 사고는 전기기술자가 재해를 많이 당하고 있는 편이다.
[해설] 전기재해의 특징[1-2-(2) 참조]
고전압 사고는 전기기술자가, 저전압 사고는 일반 작업자가 재해를 많이 당하고 있는 편이다.

6. 다음 전기재해에 대한 설명 중 잘못된 것은?
① 감전재해는 전체 산업재해 중 차지하는 비율이 가장 높다.
② 전기에 관계되는 재해는 크게 전기재해, 정전기재해, 낙뢰재해로 나눌 수 있다.
③ 전기에 관한 각종 재해 중 가장 빈도가 높은 것이 감전, 즉 전격에 의한 재해이다.
④ 감전에 의해 인체가 받게 되는 충격을 전격(電擊)이라고 한다.

정답 1. ③ 2. ④ 3. ① 4. ③ 5. ④ 6. ①

[해설] 전기재해[1-2-(2), (3), (4) 참조]
전체 산업재해 중 전격에 의한 재해 빈도는 낮은 편이나 단순히 전격 재해만을 기준으로 보았을 때 상망률은 아주 높다.

7. 다음 중 감전사고의 형태에 해당하지 않는 것은?
① 전기화재에 의한 감전
② 정전기에 의한 감전
③ 낙뢰에 의한 감전
④ 절연파괴로 인한 아크 감전
[해설] 감전사고의 형태[1-2-(4)-④ 참조]

8. 감전사고 방지의 기본적 대책에서, 안전장비의 측면에 해당되는 것은?
① 고장 시 전로를 신속히 차단
② 활선접근 경보기 착용
③ 안전거리 유지
④ 기능 숙달
[해설] 감전사고의 방지 대책[1-3 표 10-2 참조]

9. 감전사고를 예방하기 위한 일반적인 방지 대책 중 잘못된 것은?
① 전기기기 및 배선 등의 모든 충전부는 노출시키지 않는다.
② 전기기기 사용 시에는 접지를 시키지 않는다.
③ 누전차단기를 시설하여 감전사고 시의 재해를 방지한다.
④ 배선용 전선은 중간에 연결한 접속 부분이 있는 것을 사용하지 않는다.
[해설] 감전사고 예방을 위한 방지 대책[1-3-(2) 참조]

10. 감전사고의 응급조치 시 심장마사지와 인공호흡을 2명이 분담하여 얼마의 비율로 실시하는 것이 좋은가?
① 5 : 1 ② 2 : 1 ③ 1 : 5 ④ 1 : 2
[해설] 응급조치[1-4-(2) 참조]

11. 안전점검의 종류에 있어서, 장마철, 태풍 내습 전에 특별점검을 해서 전기사고를 미연에 방지하기 위한 점검은?
① 일상점검   ② 정기점검
③ 특별점검   ④ 순시점검
[해설] 안전점검의 종류[1-5-(1) 참조]

12. 정기점검에 대한 설명으로 옳지 않은 것은?
① 설비의 운전 중에 이상한 냄새, 이상음, 변색, 파손 등을 확인한다.
② 주간, 월간, 연간점검 등으로 구분된다.
③ 설비를 정전시킨 다음 측정 및 시험을 한다.
④ 접지저항, 절연저항 측정 및 보호계전기 동작시험을 한다.
[해설] 안전점검의 종류[1-5-(1) 참조]
①은 일상점검에 해당한다.

13. 다음 중 안전점검에 사용되는 계측기가 아닌 것은?
① 회로시험기   ② 절연저항계
③ 접지저항계   ④ 전력량계
[해설] 안전점검에 사용되는 계측기[1-5-(1) 참조]
[참고] 전력량계(watt-hour meter) : 보통 적산전력량계라고 불리며 일정한 기간 동안 얼마의 전력량을 사용하였는가를 측정하는 계기이다.

정답 7. ① 8. ② 9. ② 10. ① 11. ③ 12. ① 13. ④

14. 다음 안전점검 시 유의 사항 중, 잘못된 것은?
① 여러 가지 점검 방법을 병용한다.
② 점검자의 능력에 상응하는 점검을 실시 한다.
③ 불량한 부분이 발견된 경우에는 다른 동종설비는 점검할 필요가 없다.
④ 발견한 불량부품은 원인을 조사하고 필요한 대책을 강구한다.

[해설] 안전점검 시 유의 사항[1-5-(2) 참조]
불량한 부분이 발견된 경우에는 다른 동종설비도 점검한다.

15. 다음 전기시설물 점검 시 안전수칙 중, 잘못된 것은?
① 지식, 자격, 경험이 없는 자의 전기 취급을 금지한다.
② 배선상태의 안전성 여부를 정기적으로 검사한다.
③ 모터 등 전기장치에 스파크나 연기가 나면 전기를 끄지 말고 보고한다.
④ 전기선 또는 전기기구에 물건을 걸어놓지 않는다.

[해설] 전기시설물 점검 시 안전수칙[1-5-(3) 참조]
모터 등 전기장치에 스파크나 연기가 나면 전기를 끄고 즉시 보고한다.

2. 전기작업의 안전

16. 정전 및 활선작업 등에 관한 설명 중, 잘못된 것은?
① 정전작업이란, 전로를 개로한 후 수행하는 작업을 말한다.
② 활선작업이란, 전로를 개로하지 않은 충전된 상태에서 수행하는 작업을 말한다.
③ 절연용 보호구란, 절연장갑, 절연모 및 절연화 등을 말한다.
④ 절연용 방호구란, 간접활선작업에 사용하는 기구로서 전선절단기, 압축기 등을 말한다.

[해설] 용어의 정의[2-1-(2) 참조]
"절연용 방호구"라 함은 전로의 충전부와 금속체, 애자 등에 착탈하는 절연관, 절연덮개, 절연시트를 말한다.

17. 정전작업 전 조치 사항으로 틀린 것은?
① 단락접지기구로 단락접지
② 개폐기 투입으로 송전 재개
③ 검전기로 개로된 전로의 충전 여부 확인
④ 전력케이블, 전력콘덴서 등의 잔류전하의 방전

[해설] 정전작업 전 조치 사항[2-1-(4) 참조]
개폐기 투입으로 송전 재개는 작업 종료 후 조치 사항에 해당된다.

18. 다음은 정전작업의 5대 안전수칙으로 정전절차이다. 그 순서가 올바른 것은?

> ㉠ 작업 전 전원 차단
> ㉡ 전원투입의 방지
> ㉢ 작업 장소의 무전압 여부 확인
> ㉣ 단락접지
> ㉤ 작업 장소의 보호

① ㉠-㉡-㉢-㉣-㉤
② ㉤-㉣-㉢-㉡-㉠
③ ㉠-㉢-㉤-㉡-㉣

[정답] 14. ③ 15. ③ 16. ④ 17. ② 18. ①

④ ㅁ-ㄱ-ㄷ-ㄹ-ㄴ

[해설] 정전 절차[2-1-(4)-② 참조]
① 작업 전 전원 차단 → ② 전원투입 방지 → ③ 작업 장소의 무전압 여부 확인 → ④ 단락접지 → ④ 작업 장소 보호

19. 정전작업 종료 후 조치 사항 중 맨 먼저 하여야 하는 사항은?

① 단락접지기구의 철거
② 시건장치 또는 표지판 철거
③ 작업자에 대한 위험이 없는 것을 최종 확인
④ 개폐기 투입으로 송전 재개

[해설] 정전작업 종료 후 조치 사항[2-1-(4)-③ 참조]

20. 다음 중 활선작업의 분류에 해당되지 않는 것은?

> 활선작업에 참여시키는 작업자는 교육훈련의 정도, 실무의 수련도 등에 따라 구분하여 작업을 수행할 수 있도록 해야 한다.

① 초저압 활선작업
② 저압 활선작업
③ 고압 활선작업
④ 특별고압 활선작업

[해설] 활선작업[2-1-(5) 참조]
일반전기 수리작업, 저압 활선작업, 고압 활선작업 및 특별고압 활선작업으로 분리·배치하여 작업을 수행할 수 있도록 해야 한다.

21. 다음 표는 활선근접작업 중의 충전전로에 이상근접을 방지하기 위한 이격거리이다. ( )에 적절한 수치는?

전로전압	저압	고압	특별고압
안전 이격거리	( ) m	( ) m	( ) m

① 1, 1.2, 2.0
② 0.6, 1.2, 1.4
③ 0.8, 1.4, 1.6
④ 1, 1.5, 1.8

[해설] 활선근접작업[2-1-(6) 표 10-5 참조]

22. 다음 ( )에 적합한 값은?

> 고압 활선근접작업에서, 접근한계거리는 머리 위로 ( )cm, 몸 옆 또는 발밑으로 ( )cm이다.

① 15, 30
② 30, 15
③ 30, 60
④ 60, 30

[해설] 접근한계거리[2-1-(6)-④ 참조]
(1) 머리 위로 30 cm
(2) 몸 옆 또는 발밑으로 60 cm

23. 활선 및 활선근접작업 시 작업자가 준수하여야 할 사항으로 적합하지 않은 것은?

① 작업지휘자의 명령에 따라 올바른 작업 순서로 안전하게 작업한다.
② 작업 시 절연용 보호구를 착용하여야 한다.
③ 작업 중 의문 사항이 있는 경우에는 스스로의 판단으로 행동하고 작업지휘자의 지시를 받는다.
④ 활선작업에 사용하는 절연장갑 및 절연장화는 공기주입 시험 등을 하여 점검한다.

[해설] 작업자가 준수하여야 할 사항[2-1-(7) 참조]
작업 중 의문 사항이 있는 경우에는 스스로의 판단으로 마음대로 행동하지 말고 작업지휘자의 지시를 받아야 한다.

[정답] 19. ① 20. ① 21. ① 22. ③ 23. ③

24. 태양광 전기설비 화재의 원인으로 가장 거리가 먼 것은?
① 누전　　　② 단락
③ 저전압　　④ 접촉부 과열

[해설] 전기설비의 화재 원인
(1) 누전　(2) 단락　(3) 접촉부 과열

[참고] (1) 이상과열의 원인은 과부하, 단락 또는 배선접속 개소의 불량 등이 있다.
(2) 누전에 의한 화재는, 전로나 기기의 절연열화나 손상에 의해서 누전을 발생시키며, 전류가 대지로 통하는 경로 중에 특히 저항이 큰 개소가 줄열에 의해 이상발열해서 일어난다.

3. 안전관리 장비

25. 활선작업 또는 활선근접작업 시 감전사고 방지를 위해 전로의 충전부에 장착하는 것은?
① 절연용 보호구
② 절연용 방호구
③ 활선작업용 기구
④ 활선작업용 장치

[해설] 절연용 방호구[3-1-(2) 참조]

26. 다음 중 절연용 보호구에 해당되지 않는 것은?
① 절연시트　　② 전기용 고무장화
③ 전기용 안전모　④ 절연용 상의

[해설] 절연용 보호구[3-1-(1) 참조]
절연시트는 절연용 방호구에 속한다.

27. 다음 중 절연용 방호구에 해당되지 않는 것은?

① 절연시트
② 절연관
③ 전기용 고무장화
④ 애자후드

[해설] 절연용 방호구[3-1-(2) 참조]

28. 물체의 낙하 또는 비래에 의한 위험을 방지 또는 경감하고, 머리 부위의 감전 위험을 방지하기 위한 안전모의 기호는?
① ABE　　② AE
③ AB　　　④ A

[해설] 안전모의 종류[3-2-(1) 표 10-6 참조]

29. 주로 300 V를 초과하는 교류 600 V, 직류 750 V 이하의 작업에 사용하는 절연화의 종류는?
① A종　　② B종
③ C종　　④ D종

[해설] 절연화의 종류[3-2-(2) 표 10-8 참조]

30. 전기용 고무장갑 사용 시 주의 사항으로 적절하지 않은 것은?
① 고무장갑의 손상 우려 시에는 반드시 가죽장갑을 내부에 착용한다.
② 고무장갑은 공구·자재와 혼합보관 및 운반하지 않는다.
③ 최대사용전압을 초과하여 사용하지 않는다.
④ 소매를 접어서 사용하지 않는다.

[해설] 전기용 고무장갑 사용 시 주의 사항 [3-2-(3) 참조]
고무장갑의 손상 우려 시에는 반드시 가죽장갑을 외부에 착용한다.

정답 24. ③　25. ②　26. ①　27. ③　28. ②　29. ①　30. ①

31. 다음 검전기에 관한 설명 중 잘못된 것은?
① 보수작업 시행 시 저압 또는 고압 충전 유무 확인에 사용한다.
② 고·저압회로의 기기 및 설비 등의 정전 확인에 사용한다.
③ 습기 등 누전위험이 예상되는 곳에서는 면장갑을 착용하고 사용한다.
④ 최고 사용전압을 초과하여 사용하지 않는다.

[해설] 검전기[3-2-(9) 참조]
습기 등 누전위험이 예상되는 곳에서는 고무장갑을 착용하고 사용한다.

32. 태양광발전설비 정기점검 작업자의 안전장구로 적합하지 않은 것은?
① 안전모 ② 안전화
③ 검전기 ④ 귀마개

[해설] 안전장구[3-2 참조]

33. 활선접근 경보기 사용 시 주의 사항으로 적절하지 않은 것은?
① 활선접근 경보기를 검전기 대용으로 사용한다.
② 불필요하게 안전모에 부착하여 놓지 않는다.
③ 안테나가 안전모 정면이 되도록 착용한다.
④ 팔에 착용 시는 안테나가 충전부의 전면이 되도록 착용한다.

[해설] 활선접근 경보기[3-2-(11) 참조]
활선접근 경보기를 검전기 대용으로 사용하지 않는다.

34. 단로기(DS) 조작봉 사용 시 주의 사항으로 적절하지 않은 것은?
① 사용 후 일정한 보관장소에 보관한다.
② 연결금구를 견고하게 연결하고 파손된 것은 사용하지 않는다.
③ 충전부와 손으로 잡는 부분은 거리가 1.5 m 이상 떨어지도록 한다.
④ 사용 전에 절연봉 표면의 습기 및 먼지를 깨끗이 닦아야 한다.

[해설] 단로기(DS) 조작봉 사용 시 주의 사항 [3-2-(13) 참조]
충전부와 손으로 잡는 부분은 거리가 3 m 이상 떨어지도록 한다.

35. 다음 중 추락 방지를 위해 사용하여야 할 안전복장은?
① 안전모 착용
② 안전대 착용
③ 안전화 착용
④ 안전허리띠 착용

[해설] 안전복장-안전대[3-2-(14) 참조]
안전대란, 고소작업 시 추락에 의한 위험을 방지하기 위해 사용하는 보호구이다.

정답 31. ③ 32. ④ 33. ① 34. ③ 35. ②

제11장 신·재생에너지 관련법

1. 신·재생에너지 개발·이용·보급 촉진법

(1) 목적(법 제1조)
이 법은 신·재생에너지의 기술개발 및 이용·보급 촉진과 신에너지 및 재생에너지 산업의 활성화를 통하여 에너지원을 다양화하고, 에너지의 안정적인 공급, 에너지 구조의 환경친화적 전환 및 온실가스 배출의 감소를 추진함으로써 환경의 보전, 국가경제의 건전하고 지속적인 발전 및 국민복지의 증진에 이바지함을 목적으로 한다.

(2) 정의(법 제2조)
이 법에서 사용하는 용어의 뜻은 다음과 같다.
① 신에너지 : 기존의 화석연료를 변환시켜 이용하거나 수소·산소 등의 화학반응을 통하여 전기 또는 열을 이용하는 에너지로서 다음 각 목의 어느 하나에 해당하는 것을 말한다.
 ㈎ 수소에너지 및 연료전지
 ㈏ 석탄을 액화·가스화한 에너지 및 중질잔사유를 가스화한 에너지로서 대통령령으로 정하는 기준 및 범위에 해당하는 에너지
 ㈐ 그밖에 석유·석탄·원자력 또는 천연가스가 아닌 에너지로서 대통령령으로 정하는 에너지
② 재생에너지 : 햇빛·물·지열·강수·생물유기체 등을 포함하는 재생 가능한 에너지를 변환시켜 이용하는 에너지로서 다음 각 목의 어느 하나에 해당하는 것을 말한다.
 ㈎ 태양에너지, 풍력, 수력, 해양에너지 및 지열에너지
 ㈏ 생물자원을 변환시켜 이용하는 바이오에너지로서 대통령령으로 정하는 기준 및 범위에 해당하는 에너지

㈐ 폐기물에너지로서 대통령령으로 정하는 기준 및 범위에 해당하는 에너지
㈑ 그밖에 석유·석탄·원자력 또는 천연가스가 아닌 에너지로서 대통령령으로 정하는 에너지
③ 신·재생에너지 설비 : 신에너지 및 재생에너지를 생산 또는 이용하거나 신·재생에너지의 전력계통 연계조건을 개선하기 위한 설비로서 산업통상자원부령으로 정하는 것을 말한다.
④ 신·재생에너지 발전 : 신·재생에너지를 이용하여 전기를 생산하는 것을 말한다.
⑤ 신·재생에너지 발전사업자 : 발전사업자 또는 자가용전기설비를 설치한 자로서 신·재생에너지 발전을 하는 사업자를 말한다.

(3) 기본계획 수립(법 제5조)
① 산업통상자원부장관은 관계 중앙행정기관의 장과 협의를 한 후 신·재생에너지정책심의회의 심의를 거쳐 신·재생에너지의 기술개발 및 이용·보급을 촉진하기 위한 기본계획을 5년마다 수립하여야 한다.
② 기본계획의 계획 기간은 10년 이상으로 하며, 다음 각호의 사항이 포함되어야 한다.
㈎ 기본계획의 목표 및 기간
㈏ 신·재생에너지원별 기술개발 및 이용·보급의 목표
㈐ 총 전력생산량 중 신·재생에너지 발전량이 차지하는 비율의 목표
㈑ 온실가스의 배출 감소 목표(에너지법 제2조 제10호에 따른)
㈒ 기본계획의 추진 방법
㈓ 신·재생에너지 기술 수준의 평가와 보급전망 및 기대효과
㈔ 신·재생에너지 기술개발 및 이용·보급에 관한 지원 방안
㈕ 신·재생에너지 분야 전문인력 양성계획
㈖ 그밖에 기본계획의 목표 달성을 위하여 산업통상자원부장관이 필요하다고 인정하는 사항
③ 산업통상자원부장관은 신·재생에너지의 기술개발 동향, 에너지 수요·공급 동향의 변화, 그 밖의 사정으로 인하여 수립된 기본계획을 변경할 필요가 있다고 인정하면 관계 중앙행정기관의 장과 협의를 한 후 정책심의회의 심의를 거쳐 그 기본계획을 변경할 수 있다.

(4) 연차별 실행계획(법 제6조)
① 산업통상자원부장관은 기본계획에서 정한 목표를 달성하기 위하여 신·재생에너지의 종류별로 기술개발 및 이용·보급과 발전에 의한 전기의 공급에 관한 실행계획을 매년 수립·시행하여야 한다.

② 산업통상자원부장관은 실행계획을 수립·시행하려면 미리 관계 중앙행정기관의 장과 협의하여야 한다.
③ 산업통상자원부장관은 실행계획을 수립하였을 때에는 이를 공고하여야 한다.

(5) 신·재생에너지 기술개발 등에 관한 계획의 사전협의

국가기관, 지방자치단체, 공공기관, 그밖에 대통령령으로 정하는 자가 신·재생에너지 기술개발 및 이용·보급에 관한 계획을 수립·시행하려면 대통령령으로 정하는 바에 따라 미리 산업통상자원부장관과 협의하여야 한다.

(6) 신·재생에너지정책심의회(법 제8조)

① 산업통상자원부에 신·재생에너지정책심의회를 둔다.
② 심의회는 다음 각호의 사항을 심의한다.
  ㈎ 기본계획의 수립 및 변경에 관한 사항
  ㈏ 신·재생에너지의 기술개발 및 이용·보급에 관한 중요 사항
  ㈐ 신·재생에너지 발전에 의하여 공급되는 전기의 기준가격 및 그 변경에 관한 사항
  ㈑ 그밖에 산업통상자원부장관이 필요하다고 인정하는 사항
③ 심의회의 구성·운영과 그밖에 필요한 사항은 대통령령으로 정한다.

(7) 신·재생에너지 기술개발 및 이용·보급 사업비의 조성 및 사용(법 제9, 10조)

① 정부는 실행계획을 시행하는 데에 필요한 사업비를 회계연도마다 세출예산에 계상하여야 한다.
② 산업통상자원부장관은 조성된 사업비를 다음 각호의 사업에 사용한다.
  [개정 2015. 1. 28]
  ㈎ 신·재생에너지의 자원조사, 기술수요조사 및 통계 작성 및 연구·개발 및 기술평가
  ㈏ 신·재생에너지 공급의무화 지원 및 설비의 성능평가·인증 및 사후관리
  ㈐ 신·재생에너지 기술정보의 수집·분석 및 제공
  ㈑ 신·재생에너지 분야 기술지도 및 교육·홍보, 특성화대학, 핵심기술연구센터 육성 및 전문인력 양성
  ㈒ 신·재생에너지 설비 설치기업의 지원 및 이용의무화 지원 및 시범사업 및 보급사업
  ㈓ 신·재생에너지 관련 국제협력 및 기술의 국제표준화 지원
  ㈔ 신·재생에너지 설비 및 그 부품의 공용화 지원
  ㈕ 그밖에 신·재생에너지의 기술개발 및 이용·보급을 위하여 필요한 사업으로서 대통령령으로 정하는 사업

(8) 사업의 실시(법 제11조)

① 산업통상자원부장관은 다음 각호의 어느 하나에 해당하는 자와 협약을 맺어 그 사업을 하게 할 수 있다.
  ㈎ 특정연구기관 육성법에 따른 특정연구기관
  ㈏ 기초연구진흥 및 기술개발지원에 관한 법률에 따른 기업연구소
  ㈐ 산업기술연구조합 육성법에 따른 산업기술연구조합
  ㈑ 고등교육법에 따른 대학 또는 전문대학
  ㈒ 국공립연구기관, 국가기관, 지방자치단체 및 공공기관
  ㈓ 그밖에 산업통상자원부장관이 기술개발능력이 있다고 인정하는 자

② 산업통상자원부장관은 제①항 각호의 어느 하나에 해당하는 자가 하는 기술개발사업 또는 이용·보급 사업에 드는 비용의 전부 또는 일부를 출연할 수 있다.

③ 제②항에 따른 출연금의 지급·사용 및 관리 등에 필요한 사항은 대통령령으로 정한다.

(9) 신·재생에너지사업에의 투자권고 및 신·재생에너지 이용의무화 등(법 제12조)

① 산업통상자원부장관은 다음 각호의 어느 하나에 해당하는 자가 신축·증축 또는 개축하는 건축물에 대하여 신·재생에너지를 이용하여 공급되는 에너지를 사용하도록 신·재생에너지 설비를 의무적으로 설치하게 할 수 있다.
  ㈎ 국가 및 지방자치단체
  ㈏ 공기업(공공기관의 운영에 관한 법률 제5조에 따른)
  ㈐ 정부출연기관(정부가 대통령령으로 정하는 금액 이상을 출연한)
  ㈑ 정부출자기업체(국유재산법 제2조 제6호에 따른)
  ㈒ 지방자치단체 및 공기업
  ㈓ 특별법에 따라 설립된 법인

(10) 신·재생에너지 공급의무화 등(법 제12조의 5)

① 산업통상자원부장관은 다음 각호의 어느 하나에 해당하는 공급의무자에게 발전량의 일정량 이상을 의무적으로 신·재생에너지를 이용하여 공급하게 할 수 있다.
  ㈎ 발전사업자(전기사업법 제2조에 따른)
  ㈏ 발전사업의 허가를 받은 것으로 보는 자(전기사업법 제7조 제1항에 따른)
  ㈐ 공공기관

② 제①항에 따라 공급의무자가 의무적으로 신·재생에너지를 이용하여 공급하여야 하는 발전량의 합계는 총 전력생산량의 10% 이내의 범위에서 연도별로 대통령령으로 정한다.

③ 공급의무자의 의무공급량은 산업통상자원부장관이 공급의무자의 의견을 들어 공급의무자별로 정하여 고시한다. 이 경우 산업통상자원부장관은 공급의무자의 총 발전량 및 발전원(發電源) 등을 고려하여야 한다.
④ 공급의무자는 의무공급량의 일부에 대하여 3년의 범위에서 그 공급의무의 이행을 연기할 수 있다.
⑤ 공급의무자는 신·재생에너지 공급인증서를 구매하여 의무공급량에 충당할 수 있다.

(11) 신·재생에너지 공급 불이행에 대한 과징금(법 제12조의 6)

① 산업통상자원부장관은 공급의무자가 의무공급량에 부족하게 신·재생에너지를 이용하여 에너지를 공급한 경우에는 그 부족분에 신·재생에너지 공급인증서의 해당 연도 평균거래 가격의 100분의 150을 곱한 금액의 범위에서 과징금을 부과할 수 있다. 여기서, 그 부족분은 (12)번 제12조의7에 따른다.
② 제①항에 따른 과징금을 납부한 공급의무자에 대하여는 그 과징금의 부과기간에 해당하는 의무공급량을 공급한 것으로 본다.

(12) 신·재생에너지 공급인증서 등(법 제12조의 7)

① 신·재생에너지를 이용하여 에너지를 공급한 자는 산업통상자원부장관이 에너지 공급의 증명 등을 위하여 지정하는 기관으로부터 그 공급 사실을 증명하는 인증서를 발급받을 수 있다. [개정 2015. 1. 28]
② 공급인증서를 발급받으려는 자는 공급인증기관에 대통령령으로 정하는 바에 따라 공급인증서의 발급을 신청하여야 한다.
③ 공급인증기관은 제②항에 따른 신청을 받은 경우에는 신·재생에너지의 종류별 공급량 및 공급기간 등을 확인한 후 다음 각호의 기재사항을 포함한 공급인증서를 발급하여야 한다.
　㈎ 신·재생에너지 공급자
　㈏ 신·재생에너지의 종류별 공급량 및 공급기간
　㈐ 유효기간
④ 공급인증서의 유효기간은 발급받은 날부터 3년으로 한다.
⑤ 산업통상자원부장관은 다른 신·재생에너지와의 형평을 고려하여 공급인증서가 일정 규모 이상의 수력을 이용하여 에너지를 공급하고 발급된 경우 등 산업통상자원부령으로 정하는 사유에 해당할 때에는 거래시장에서 해당 공급인증서가 거래될 수 없도록 할 수 있다.
⑥ 산업통상자원부장관은 거래시장의 수급 조절과 가격안정화를 위하여 대통령령으로 정하는 바에 따라 국가에 대하여 발급된 공급인증서를 거래할 수 있다. 이 경우 공급

의무자의 의무공급량, 의무이행실적 및 거래시장 가격 등을 고려하여야 한다. [신설 2015. 1. 28]

(13) 공급인증기관의 지정 등(법 제12조의 8)

① 산업통상자원부장관은 공급인증서 관련 업무를 전문적이고 효율적으로 실시하고 공급인증서의 공정한 거래를 위하여 다음 각호의 어느 하나에 해당하는 자를 공급인증기관으로 지정할 수 있다.
  ㈎ 신·재생에너지센터(제31조에 따른)
  ㈏ 한국전력거래소(전기사업법 제35조에 따른)
  ㈐ 공급인증기관의 업무에 필요한 인력·기술능력·시설·장비 등 대통령령으로 정하는 기준에 맞는 자
② 제①항에 따라 공급인증기관으로 지정받으려는 자는 산업통상자원부장관에게 지정을 신청하여야 한다.
③ 공급인증기관의 지정 방법·지정 절차, 그밖에 공급인증기관의 지정에 필요한 사항은 산업통상자원부령으로 정한다.

(14) 공급인증기관의 업무 등(법 제12조의 9)

① (12)번 제12조의 규정에 따라 지정된 공급인증기관은 다음 각호의 업무를 수행한다.
  ㈎ 공급인증서의 발급, 등록, 관리 및 폐기
  ㈏ 국가가 소유하는 공급인증서의 거래 및 관리에 관한 사무의 대행
  ㈐ 거래시장의 개설
  ㈑ 공급의무자가 (10)번[제12조의5]에 따른 의무를 이행하는 데 지급한 비용의 정산에 관한 업무
  ㈒ 공급인증서 관련 정보의 제공
  ㈓ 그밖에 공급인증서의 발급 및 거래에 딸린 업무
② 공급인증기관은 업무를 시작하기 전에 산업통상자원부령으로 정하는 바에 따라 공급인증서 발급 및 거래시장 운영에 관한 규칙을 제정하여 산업통상자원부장관의 승인을 받아야 한다.
③ 산업통상자원부장관은 공급인증기관에 제1항에 따른 업무의 계획 및 실적에 관한 보고를 명하거나 자료의 제출을 요구할 수 있다.
④ 산업통상자원부장관은 다음 각호의 어느 하나에 해당하는 경우에는 공급인증기관에 시정기간을 정하여 시정을 명할 수 있다.
  ㈎ 운영규칙을 준수하지 아니한 경우
  ㈏ 보고를 하지 아니하거나 거짓으로 보고한 경우(제③항에 따른)

㈐ 자료의 제출 요구에 따르지 아니하거나 거짓의 자료를 제출한 경우(제③항에 따른)

(15) 공급인증기관 지정의 취소 등(법 제12조의 10)
① 산업통상자원부장관은 공급인증기관이 다음 각호의 어느 하나에 해당하는 경우에는 산업통상자원부령으로 정하는 바에 따라 그 지정을 취소하거나 1년 이내의 기간을 정하여 그 업무의 전부 또는 일부의 정지를 명할 수 있다. 다만, ㈎호 또는 ㈏호에 해당하는 때에는 그 지정을 취소하여야 한다.
㈎ 거짓이나 그 밖의 부정한 방법으로 지정을 받은 경우
㈏ 업무정지 처분을 받은 후 그 업무정지 기간에 업무를 계속한 경우
㈐ 지정기준에 부적합하게 된 경우(제12조의8 제1항 제3호에 따른)
㈑ 시정명령을 시정기간에 이행하지 아니한 경우(제12조의9 제4항에 따른)
② 산업통상자원부장관은 공급인증기관이 제①항 ㈐호 또는 ㈑호에 해당하여 업무정지를 명하여야 하는 경우, 그 업무정지 처분을 갈음하여 5천만 원 이하의 과징금을 부과할 수 있다.
③ 제②항에 따라 과징금을 부과하는 위반행위의 종별·정도 등에 따른 과징금의 금액과 그밖에 필요한 사항은 대통령령으로 정한다.
④ 산업통상자원부장관은 제②항에 따른 과징금을 납부하여야 할 자가 납부기한까지 그 과징금을 납부하지 아니한 때에는 국세 체납처분의 예를 따라 징수한다.

(16) 신·재생에너지 연료 품질기준(법 제12조의 11)
① 산업통상자원부장관은 신·재생에너지 연료의 적정한 품질을 확보하기 위하여 품질기준을 정할 수 있다.

> **참고** 대기환경에 영향을 미치는 품질기준을 정하는 경우에는 미리 환경부장관과 협의를 하여야 한다.

② 산업통상자원부장관은 품질기준을 정한 경우에는 이를 고시하여야 한다.
③ 신·재생에너지 연료를 제조·수입 또는 판매하는 사업자는 그 품질기준에 맞도록 신·재생에너지 연료의 품질을 유지하여야 한다.

(17) 신·재생에너지 연료 품질검사(법 제12조의 12)
① 연료사업자는 제조·수입 또는 판매하는 신·재생에너지 연료가 품질기준에 맞는지를 확인하기 위하여 대통령령으로 정하는 품질검사기관의 품질검사를 받아야 한다.
② 품질검사의 방법과 절차, 그밖에 필요한 사항은 산업통상자원부령으로 정한다.

(18) 보험 · 공제 가입(법 제13조의 2)
 ① 설비인증을 받은 자는 신 · 재생에너지 설비의 결함으로 인하여 제3자가 입을 수 있는 손해를 담보하기 위하여 보험 또는 공제에 가입하여야 한다.
 ② 제①항에 따른 보험 또는 공제의 기간 · 종류 · 대상 및 방법에 필요한 사항은 대통령령으로 정한다.

(19) 수수료(촉진법 제16조)
 ① 품질검사기관은 품질검사를 신청하는 자로부터 산업통상자원부령으로 정하는 바에 따라 수수료를 받을 수 있다. [개정 2015. 1. 28]
 ② 공급인증기관은 공급인증서의 발급을 신청하는 자 또는 공급인증서를 거래하는 자로부터 산업통상자원부령으로 정하는 바에 따라 수수료를 받을 수 있다.

(20) 지원 중단 등(법 제18조)
 ① 산업통상자원부장관은 발전차액을 지원받은 신 · 재생에너지 발전사업자가 다음 각 호의 어느 하나에 해당하면 경고를 하거나 시정을 명하고, 그 시정명령에 따르지 아니하는 경우에는 발전차액의 지원을 중단할 수 있다.
  ㈎ 거짓이나 부정한 방법으로 발전차액을 지원받은 경우
  ㈏ 자료요구에 따르지 아니하거나 거짓으로 자료를 제출한 경우
 ② 산업통상자원부장관은 발전차액을 지원받은 발전사업자가 제①항 ㈎호에 해당하면 그 발전차액을 환수할 수 있다. 이 경우 발전차액을 반환할 자가 30일 이내에 이를 반환하지 아니하면 국세 체납처분의 예에 따라 징수할 수 있다.

(21) 신 · 재생에너지 기술의 국제표준화 지원(법 제20조)
 ① 산업통상자원부장관은 국내에서 개발되었거나 개발 중인 신 · 재생에너지 관련 기술이 「국가표준기본법」 제3조 제2호에 따른 국제표준에 부합되도록 하기 위하여 설비인증기관에 대하여 표준화기반 구축, 국제활동 등에 필요한 지원을 할 수 있다.
 ② 제1항에 따른 지원 범위 등에 관하여 필요한 사항은 대통령령으로 정한다.

(22) 신 · 재생에너지 설비 및 그 부품의 공용화(법 제21조)
 ① 산업통상자원부장관은 신 · 재생에너지 설비 및 그 부품의 호환성(互換性)을 높이기 위하여 그 설비 및 부품을 공용화 품목으로 지정하여 운영할 수 있다.
 ② 다음 각호의 어느 하나에 해당하는 자는 신 · 재생에너지 설비 및 그 부품 중 공용화가 필요한 품목을 공용화 품목으로 지정하여 줄 것을 산업통상자원부장관에게 요청할 수 있다.
  ㈎ 신 · 재생에너지센터

㈏ 그밖에 산업통상자원부령으로 정하는 기관 또는 단체
③ 산업통상자원부장관은 신·재생에너지 설비 및 그 부품의 공용화를 효율적으로 추진하기 위하여 필요한 지원을 할 수 있다.
④ 공용화 품목의 지정·운영, 지정 요청, 지원 기준 등에 관하여 필요한 사항은 대통령령으로 정한다.

(23) 의무 불이행에 대한 과징금(법 제23조의 3)
① 산업통상자원부장관은 혼합의무자가 혼합의무비율을 충족시키지 못한 경우에는 그 부족분에 해당 연도 평균거래 가격의 100분의 150을 곱한 금액의 범위에서 과징금을 부과할 수 있다.
② 제①항에 따른 과징금을 납부하여야 할 자가 납부기한까지 그 과징금을 납부하지 아니한 때에는 국세 체납처분의 예에 따라 징수한다.
③ 제①, ②항에 따라 징수한 과징금은 에너지 및 자원사업 특별회계법에 따른 에너지 및 자원사업 특별회계의 재원으로 귀속된다.

연료 혼합의무자 및 혼합의무비율
1. 산업통상자원부장관은 신·재생에너지 산업의 활성화를 위하여 「석유 및 석유대체연료 사업법」 제2조에 따른 석유정제업자 또는 석유수출입업자에게 일정 비율 이상의 신·재생에너지 연료를 수송용 연료에 혼합하게 할 수 있다.
2. 석유정제업자 또는 석유수출입업자를 혼합의무자라 하며, 일정 비율을 혼합의무비율이라 한다.

(24) 관리기관의 지정(법 제23조의 4)
① 산업통상자원부장관은 혼합의무자의 혼합의무비율 이행을 효율적으로 관리하기 위하여 다음 각호의 어느 하나에 해당하는 자를 혼합의무 관리기관으로 지정할 수 있다.
㈎ 신·재생에너지센터
㈏ 한국석유관리원
② 관리기관으로 지정받으려는 자는 산업통상자원부장관에게 지정을 신청하여야 한다.
③ 관리기관의 신청 및 지정 기준·방법 및 절차 사항은 산업통상자원부령으로 정한다.

(25) 관리기관의 업무(법 제23조의 5)
① (24)번에 따라 지정된 관리기관은 다음 각호의 업무를 수행한다.
㈎ 혼합의무 이행실적의 집계 및 검증
㈏ 의무이행 관련 정보의 수집 및 관리

㈐ 그밖에 혼합의무의 이행과 관련하여 산업통상자원부장관이 필요하다고 인정하는 업무

② 관리기관은 제①항에 따른 업무를 수행하기 위하여 필요한 기준을 정하여 산업통상자원부장관의 승인을 받아야 한다. 승인받은 혼합의무 관리기준을 변경하는 경우에도 또한 같다.

③ 산업통상자원부장관은 관리기관에 혼합의무 관리에 관한 계획, 실적 및 정보에 관한 보고를 명하거나 자료의 제출을 요구할 수 있다.

④ 제③항에 따른 관리기관의 보고, 자료 제출 및 그밖에 혼합의무 운영에 필요한 사항은 산업통상자원부령으로 정한다.

⑤ 산업통상자원부장관은 관리기관이 다음 각호의 어느 하나에 해당하는 경우에는 기간을 정하여 시정을 명할 수 있다.

㈎ 혼합의무 관리기준을 준수하지 아니한 경우

㈏ 제③항에 따른 보고 또는 자료 제출을 하지 아니하거나 거짓으로 보고 또는 자료 제출을 한 경우

(26) 관리기관의 지정 취소 등(법 제23조의 6)

① 산업통상자원부장관은 관리기관이 다음 각호의 어느 하나에 해당하는 경우에는 그 지정을 취소하거나 1년 이내의 기간을 정하여 업무의 전부 또는 일부의 정지를 명할 수 있다. 다만, ㈎, ㈏호에 해당하는 경우에는 그 지정을 취소하여야 한다.

㈎ 거짓이나 그 밖의 부정한 방법으로 관리기관 지정을 받은 경우

㈏ 업무정지 기간에 관리업무를 계속한 경우

㈐ 지정기준에 부적합하게 된 경우

㈑ 시정명령을 이행하지 아니한 경우

② 산업통상자원부장관은 관리기관이 ㈐, ㈑호에 해당하여 업무정지를 명하여야 하는 경우로서 그 업무의 정지가 그 이용자 등에게 심한 불편을 주거나 그밖에 공익을 해칠 우려가 있으면 그 업무정지 처분을 갈음하여 5천만 원 이하의 과징금을 부과할 수 있다.

③ 제②항에 따라 과징금을 부과하는 위반행위의 종별·정도 등에 따른 과징금의 금액과 그밖에 필요한 사항은 대통령령으로 정한다.

④ 과징금을 납부하여야 할 자가 납부기한까지 그 과징금을 납부하지 아니한 때에는 국세 체납처분의 예에 따라 징수한다.

⑤ 제①항에 따른 지정 취소, 업무정지의 기준 및 절차, 그밖에 필요한 사항은 산업통상자원부령으로 정한다.

(27) 국유재산·공유재산의 임대 등(법 제26조)

① 국가 또는 지방자치단체는 신·재생에너지 개발·이용·보급에 관한 사업을 위하여 필요하다고 인정하면 수의계약에 따라 국유재산 또는 공유재산을 신·재생에너지에 관한 사업을 하는 자에게 대부계약의 체결 또는 사용허가를 하거나 처분할 수 있다.

② 제①항에 따른 국유재산 및 공유재산의 임대기간은 10년 이내로 하되, 국유재산은 종전의 임대기간을 초과하지 아니하는 범위에서 갱신할 수 있고, 공유재산은 지방자치단체의 장이 필요하다고 인정하는 경우 1회에 한하여 10년 이내의 기간에서 연장할 수 있다.

③ 제①항에 따라 국유재산 또는 공유재산을 임차하거나 취득한 자가 임대일 또는 취득일부터 2년 이내에 해당 재산에서 신·재생에너지에 관한 사업을 시행하지 아니하는 경우에는 대부계약 또는 사용허가를 취소하거나 환매할 수 있다.

④ 지방자치단체가 제①항에 따라 공유재산을 임대하는 경우에는 임대료를 100분의 50의 범위에서 경감할 수 있다.

(28) 보급사업(법 제27조)

① 산업통상자원부장관은 신·재생에너지의 이용·보급을 촉진하기 위하여 필요하다고 인정하면 대통령령으로 정하는 바에 따라 다음 각호의 보급사업을 할 수 있다.
  ㈎ 신기술의 적용사업 및 시범사업
  ㈏ 환경친화적 신·재생에너지 집적화단지 및 시범단지 조성사업
  ㈐ 지방자치단체와 연계한 보급사업
  ㈑ 실용화된 신·재생에너지 설비의 보급을 지원하는 사업
  ㈒ 그밖에 신·재생에너지 기술의 이용·보급을 촉진하기 위하여 필요한 사업

② 산업통상자원부장관은 개발된 신·재생에너지 설비가 설비인증을 받거나 신·재생에너지 기술의 국제표준화 또는 신·재생에너지 설비와 그 부품의 공용화가 이루어진 경우에는 우선적으로 제①항에 따른 보급사업을 추진할 수 있다.

③ 관계 중앙행정기관의 장은 환경 개선과 신·재생에너지의 보급 촉진을 위하여 필요한 협조를 할 수 있다.

(29) 신·재생에너지 기술의 사업화(법 제28조)

① 산업통상자원부장관은 자체 개발한 기술이나 사업비를 받아 개발한 기술의 사업화를 촉진시킬 필요가 있다고 인정하면 다음 각호의 지원을 할 수 있다.
  ㈎ 시험제품 제작 및 설비투자에 드는 자금의 융자
  ㈏ 신·재생에너지 기술의 개발사업을 하여 정부가 취득한 산업재산권의 무상 양도

㈐ 개발된 신·재생에너지 기술의 교육 및 홍보
㈑ 그밖에 개발된 신·재생에너지 기술을 사업화하기 위하여 필요하다고 인정하여 산업통상자원부장관이 정하는 지원사업
② 제①항에 따른 지원의 대상, 범위, 조건 및 절차, 그밖에 필요한 사항은 산업통상자원부령으로 정한다.

(30) 신·재생에너지의 교육·홍보 및 전문인력 양성(법 제30조)
① 정부는 교육·홍보 등을 통하여 신·재생에너지의 기술개발 및 이용·보급에 관한 국민의 이해와 협력을 구하도록 노력하여야 한다.
② 산업통상자원부장관은 신·재생에너지 분야 전문인력의 양성을 위하여 신·재생에너지 분야 특성화대학 및 핵심기술연구센터를 지정하여 육성·지원할 수 있다.

(31) 신·재생에너지사업자의 공제조합 가입 등(법 제30조의 2)
① 신·재생에너지 발전사업자, 연료사업자, 설비 설치기업, 설비의 제조·수입 및 판매 등의 사업을 영위하는 자는 신·재생에너지의 기술개발 및 이용·보급에 필요한 사업을 원활히 수행하기 위하여 엔지니어링산업 진흥법에 따른 공제조합의 조합원으로 가입할 수 있다. [개정 2015. 1. 28]
② 제①항에 따른 공제조합은 다음 각호의 사업을 실시할 수 있다.
㈎ 신·재생에너지사업에 따른 채무 또는 의무 이행에 필요한 공제, 보증 및 자금의 융자
㈏ 신·재생에너지사업의 수출에 따른 공제 및 주거래은행의 설정에 관한 보증
㈐ 신·재생에너지사업의 대가로 받은 어음의 할인
㈑ 신·재생에너지사업에 필요한 기자재의 공동구매·조달 알선 또는 공동위탁판매
㈒ 조합원 및 조합원에게 고용된 자의 복지 향상을 위한 공제사업
㈓ 조합원의 정보처리 및 컴퓨터 운용과 관련된 서비스 제공
㈔ 조합원이 공동으로 이용하는 시설의 설치, 운영, 그밖에 조합원의 편익 증진을 위한 사업
㈕ 그밖에 제㈎호부터 제㈔호까지의 사업에 부대되는 사업으로서 정관으로 정하는 공제사업
③ 제②항에 따른 사업의 절차 및 운영 방법에 필요한 사항은 대통령령으로 정한다.

(32) 하자보수(법 제30조의 3) [신설 2015. 1. 28]
① 신·재생에너지 설비를 설치한 시공자는 해당 설비에 대하여 성실하게 무상으로 하자보수를 실시하여야 하며 그 이행을 보증하는 증서를 신·재생에너지 설비의 소유자 또는 산업통상자원부령으로 정하는 자에게 제공하여야 한다.

② 제①항에 따른 하자보수의 대상이 되는 신·재생에너지 설비 및 하자보수 기간 등은 산업통상자원부령으로 정한다(기간은 5년 범위).

(33) 신·재생에너지센터(법 제31조)
① 산업통상자원부장관은 신·재생에너지의 이용 및 보급을 전문적이고 효율적으로 추진하기 위하여 대통령령으로 정하는 한국에너지공단에 신·재생에너지센터를 두어 신·재생에너지 분야에 관한 다음 각호의 사업을 하게 할 수 있다. [개정 2015. 1. 28]
   ㈎ 신·재생에너지의 기술개발 및 이용·보급사업의 실시자에 대한 지원·관리
   ㈏ 신·재생에너지 이용의무의 이행에 관한 지원·관리
   ㈐ 신·재생에너지 공급의무의 이행에 관한 지원·관리
   ㈑ 공급인증기관의 업무에 관한 지원·관리
   ㈒ 설비인증에 관한 지원·관리 및 이미 보급된 신·재생에너지 설비에 대한 기술지원
   ㈓ 신·재생에너지 기술의 국제표준화에 대한 지원·관리
   ㈔ 신·재생에너지 설비 및 그 부품의 공용화에 관한 지원·관리
   ㈕ 신·재생에너지 설비 설치기업에 대한 지원·관리
   ㈖ 신·재생에너지 연료 혼합의무의 이행에 관한 지원·관리 및 통계관리
   ㈗ 신·재생에너지 보급사업의 지원·관리 및 신·재생에너지 기술의 사업화에 관한 지원·관리
   ㈘ 교육·홍보 및 전문인력 양성에 관한 지원·관리
   ㈙ 국내외 조사·연구 및 국제협력 사업
   ㈚ 그밖에 신·재생에너지의 이용·보급 촉진을 위하여 필요한 사업으로서 산업통상자원부장관이 위탁하는 사업
② 센터의 조직·인력·예산 및 운영에 관하여 필요한 사항은 산업통상자원부령으로 정한다.

(34) 권한의 위임·위탁(법 제32조)
① 이 법에 따른 산업통상자원부장관의 권한은 그 일부를 대통령령으로 정하는 바에 따라 소속 기관의 장, 특별시장·광역시장·도지사 또는 특별자치도지사에게 위임할 수 있다.
② 이 법에 따른 산업통상자원부장관 또는 시·도지사의 업무는 그 일부를 대통령령으로 정하는 바에 따라 센터 또는 한국에너지기술평가원에 위탁할 수 있다.

(35) 벌칙(법 제34조)

① 거짓이나 부정한 방법으로 발전차액을 지원받은 자와 그 사실을 알면서 발전차액을 지급한 자는 3년 이하의 징역 또는 지원받은 금액의 3배 이하에 상당하는 벌금에 처한다.

② 거짓이나 부정한 방법으로 공급인증서를 발급받은 자와 그 사실을 알면서 공급인증서를 발급한 자는 3년 이하의 징역 또는 3천만 원 이하의 벌금에 처한다.

③ 공급인증기관이 개설한 거래시장 외에서 공급인증서를 거래한 자는 2년 이하의 징역 또는 2천만 원 이하의 벌금에 처한다.

④ 법인의 대표자나 법인 또는 개인의 대리인, 사용인, 그 밖의 종업원이 그 법인 또는 개인의 업무에 관하여 제①항부터 제③항까지의 어느 하나에 해당하는 위반행위를 하면 그 행위자를 벌하는 외에 그 법인 또는 개인에게도 해당 조문의 벌금형을 과(科)한다.

발전차액[법 제17조]
산업통상자원부장관은 신·재생에너지 발전에 의하여 공급한 전기의 전력거래가격이 고시한 기준가격보다 낮은 경우에는 그 전기를 공급한 신·재생에너지 발전사업자에 대하여 기준가격과 전력거래가격의 차액을 지원하는데, 이때의 차액을 말한다.

(36) 과태료(법 제35조)

① 다음 각호의 어느 하나에 해당하는 자에게는 1천만 원 이하의 과태료를 부과한다.
  ㈎ 보험 또는 공제에 가입하지 아니한 자
  ㈏ 자료 제출 요구에 따르지 아니하거나 거짓 자료를 제출한 자

② 제①항에 따른 과태료는 대통령령으로 정하는 바에 따라 산업통상자원부장관이 부과·징수한다.

(37) 부칙[2015. 1. 28]

제1조(시행일) 이 법은 공포 후 6개월이 경과한 날부터 시행한다.

제2조(하자보수에 관한 적용례) 제30조의3의 개정 규정은 이 법 시행 후 최초로 신·재생에너지 설비를 시공한 자부터 적용한다.

제3조(설비인증에 관한 경과조치) 이 법 시행 당시 종전의 규정에 따라 인증을 받았거나 인증절차를 진행 중인 신·재생에너지 설비는 제13조의 개정 규정에 따라 각각 인증을 받은 제품이거나 인증절차를 진행 중인 제품으로 본다.

2. 신·재생에너지 개발·이용·보급 촉진법의 시행령

(1) 목적(시행령 제1조)
이 영은 신에너지 및 재생에너지 개발·이용·보급 촉진법에서 위임된 사항과 그 시행에 필요한 사항을 규정함을 목적으로 한다.

(2) 석탄을 액화·가스화한 에너지 등의 기준 및 범위(시행령 제2조)
① 신에너지 및 재생에너지 개발·이용·보급 촉진법 (2)번 정의에서 "대통령령으로 정하는 기준 및 범위에 해당하는 에너지"란 표 11-1 에너지를 말한다. [개정 2015. 3. 30]

표 11-1 바이오에너지 등의 기준 및 범위

에너지원의 종류		기준 및 범위
1. 석탄을 액화·가스화한 에너지	기준	석탄을 액화 및 가스화하여 얻어지는 에너지로서 다른 화합물과 혼합되지 않은 에너지
	범위	(1) 증기 공급용 에너지 (2) 발전용 에너지
2. 중질잔사유를 가스화한 에너지	기준	(1) 중질잔사유(원유를 정제하고 남은 최종 잔재물로서 감압증류 과정에서 나오는 감압잔사유, 아스팔트와 열분해 공정에서 나오는 코크, 타르 및 피치 등을 말한다)를 가스화한 공정에서 얻어지는 연료 (2) (1)의 연료를 연소 또는 변환하여 얻어지는 에너지
	범위	합성가스
3. 바이오에너지	기준	(1) 생물유기체를 변환시켜 얻어지는 기체, 액체 또는 고체의 연료 (2) (1)의 연료를 연소 또는 변환시켜 얻어지는 에너지 ※ (1) 또는 (2)의 에너지가 신·재생에너지가 아닌 석유제품 등과 혼합된 경우에는 생물유기체로부터 생산된 부분만을 바이오에너지로 본다.
	범위	(1) 생물유기체를 변환시킨 바이오가스, 바이오에탄올, 바이오액화유 및 합성가스 (2) 쓰레기매립장의 유기성폐기물을 변환시킨 매립지가스 (3) 동물·식물의 유지(油脂)를 변환시킨 바이오디젤 (4) 생물유기체를 변환시킨 땔감, 목재칩, 펠릿 및 목탄 등의 고체연료
4. 폐기물에너지	기준	(1) 각종 사업장 및 생활시설의 폐기물을 변환시켜 얻어지는 기체, 액체 또는 고체의 연료 (2) (1)의 연료를 연소 또는 변환시켜 얻어지는 에너지 (3) 폐기물의 소각열을 변환시킨 에너지

에너지원의 종류		기준 및 범위
4. 폐기물 에너지	기준	※ (1)부터 (3)까지의 에너지가 신·재생에너지가 아닌 석유제품 등과 혼합되는 경우에는 각종 사업장 및 생활시설의 폐기물로부터 생산된 부분만을 폐기물에너지로 본다.
5. 수열 에너지	기준	물의 표층의 열을 히트펌프(heat pump)를 사용하여 변환시켜 얻어지는 에너지
	범위	해수(海水)의 표층의 열을 변환시켜 얻어지는 에너지

(3) 신·재생에너지 기술개발 등에 관한 계획의 사전협의(시행령 제3조)

① 기술개발 등에 관한 계획의 사전협의에서 "대통령령으로 정하는 자"란 다음 각호의 어느 하나에 해당하는 자를 말한다.
㈎ 정부로부터 출연금을 받은 자
㈏ 정부출연기관 또는 ㈎에 따른 자로부터 납입자본금의 100분의 50 이상을 출자받은 자

② 신에너지 및 재생에너지 기술개발 및 이용·보급에 관한 계획을 협의하려는 자는 그 시행 사업연도 개시 4개월 전까지 산업통상자원부장관에게 계획서를 제출하여야 한다.

③ 산업통상자원부장관은 제②항에 따라 계획서를 받았을 때에는 다음 각호의 사항을 검토하여 협의를 요청한 자에게 그 의견을 통보하여야 한다.
㈎ 신·재생에너지의 기술개발 및 이용·보급을 촉진하기 위한 기본계획과의 조화성
㈏ 시의성(時宜性)
㈐ 다른 계획과의 중복성
㈑ 공동연구의 가능성

(4) 신·재생에너지정책심의회의 구성(시행령 제4조)

① 위원장 1명을 포함한 20명 이내의 위원으로 구성한다.

② 위원장은 산업통상자원부 소속 에너지 분야의 업무를 담당하는 고위공무원단에 속하는 일반직 공무원 중에서 산업통상자원부장관이 지명하는 사람으로 하고, 위원은 다음 각호의 사람으로 한다.
㈎ 기획재정부, 미래창조과학부, 농림축산식품부, 산업통상자원부, 환경부, 국토교통부, 해양수산부의 3급 공무원 또는 고위공무원단에 속하는 일반직 공무원 중 해당 기관의 장이 지명하는 사람 각 1명
㈏ 신·재생에너지 분야에 관한 학식과 경험이 풍부한 사람 중 산업통상자원부장관이 위촉하는 사람

(5) 심의회의 운영(시행령 제5조)
① 위원장은 심의회의 회의를 소집하고 그 의장이 된다.
② 회의는 재적위원 과반수의 출석으로 개의하고, 출석위원 과반수의 찬성으로 의결한다.

(6) 간사 등(시행령 제6조)
① 심의회에 간사 및 서기 각 1명을 둔다.
② 간사 및 서기는 산업통상자원부 소속 공무원 중에서 산업통상자원부장관이 지명하는 사람으로 한다.

(7) 신·재생에너지전문위원회(시행령 제7조)
① 심의회의 원활한 심의를 위하여 필요한 경우에는 심의회에 신·재생에너지전문위원회를 둘 수 있다.
② 전문위원회의 위원은 신·재생에너지 분야에 관한 전문지식을 가진 사람으로서 산업통상자원부장관이 위촉하는 사람으로 한다.

(8) 신·재생에너지 공급의무 비율 등(시행령 제15조)
① 신·재생에너지 공급의무 비율은 다음 각호와 같다.
　㈎ 신축·증축 또는 개축하는 부분의 연면적이 1천 제곱미터 이상인 건축물 : 표 11-2에 따른 비율 이상
　㈏ ㈎호 외의 건축물 : 산업통상자원부장관이 용도별 건축물의 종류로 정하여 고시하는 비율 이상
② 제①항에서 "연면적"이란 하나의 대지에 둘 이상의 건축물이 있는 경우에는 동일한 건축허가를 받은 건축물의 연면적 합계를 말한다.

표 11-2 신·재생에너지의 공급의무 비율

해당 연도	2011~2012	2013	2014	2015	2016	2017	2018	2019	2020 이후
공급의무 비율(%)	10	11	12	15	18	21	24	27	30

(9) 신·재생에너지 설비 설치의무기관(시행령 제16조)
① 촉진법 (9)번-①-㈐에서 "대통령령으로 정하는 금액 이상"이란 연간 50억 원 이상을 말한다.
② 촉진법 (9)번-①-㈑에서 "대통령령으로 정하는 비율 또는 금액 이상을 출자한 법인"이란

⑺ 납입자본금의 100의 50 이상을 출자한 법인
⑻ 납입자본금으로 50억 원 이상을 출자한 법인

(10) 신·재생에너지 설비의 설치계획서 제출 등(시행령 제17조)
① 촉진법 (8)-②에 따라 같은 항 각호의 어느 하나에 해당하는 자(설치의무기관)의 장은 신·재생에너지 설비의 설치계획서를 해당 건축물에 대한 건축허가를 신청하기 전에 산업통상자원부장관에게 제출하여야 한다.
② 산업통상자원부장관은 설치계획서를 받은 날부터 30일 이내에 타당성을 검토한 후 그 결과를 해당 설치 의무기관의 장 또는 대표자에게 통보하여야 한다.

(11) 신·재생에너지 설비의 설치 및 확인 등(시행령 제18조)
① 설치의무기관의 장 또는 대표자는 시행령 (10)-②항에 따른 검토 결과를 반영하여 신·재생에너지 설비를 설치하여야 하며, 설치를 완료하였을 때에는 30일 이내에 신·재생에너지 설비 설치확인신청서를 산업통상자원부장관에게 제출하여야 한다.
② 산업통상자원부장관은 제①항에 따른 설치확인신청서를 받았을 때에는 시행령 (10)-②항에 따른 검토 결과를 반영하였는지 확인한 후 신·재생에너지 설비 설치확인서를 발급하여야 한다.
③ 산업통상자원부장관은 설치의무기관의 신·재생에너지 설비 설치 및 이용 현황을 주기적으로 점검하여 공표할 수 있다.

(12) 신·재생에너지 공급의무자(시행령 제18조의 3)
① 촉진법 (10)-①에서 "대통령령으로 정하는 자"
  ⑺ 촉진법 (10)-①-⑺, ⑻에 해당하는 자로서 50만 킬로와트 이상의 발전설비를 보유하는 자
  ⑻ 한국수자원공사
  ⑼ 한국지역난방공사
② 산업통상자원부장관은 제①항 각호에 해당하는 자(공급의무자)를 공고하여야 한다.

(13) 연도별 의무공급량의 합계 등(시행령 제18조의 4)
① 촉진법 (10)-② 전단에 따른 의무공급량의 연도별 합계는 공급의무자의 다음 계산식에 따른 총 전력생산량에 표 11-3에 따른 비율을 곱한 발전량 이상으로 한다. 이 경우 의무공급량은 촉진법 (12)에 따른 공급인증서를 기준으로 산정한다.

> 총 전력생산량 = 지난 연도 총 전력생산량 −
>   (신·재생에너지 발전량 + 일반용전기 설비에서 생산된 발전량)

표 11-3 연도별 의무공급량의 비율

연도	2013	2014	2015	2016	2017	2018	2019	2020	2021	2022	2023	2024 이후
비율 (%)	2.5	3.0	3.0	3.5	4.0	4.5	5.0	6.0	7.0	8.0	9.0	10.0

② 산업통상자원부장관은 3년마다 신·재생에너지 관련 기술 개발의 수준 등을 고려하여 표 11-2~3에 따른 비율을 재검토하여야 한다.

③ 공급의무자는 촉진법 (10)-④항에 따라 연도별 의무공급량의 100분의 20을 넘지 아니하는 범위에서 공급의무의 이행을 연기할 수 있다. 이 경우 공급의무자는 연기된 의무공급량의 공급이 완료되기까지는 그 연기된 의무공급량 중 매년 100분의 20 이상을 연도별 의무공급량에 우선하여 공급하여야 한다.

④ 공급의무자는 촉진법 (10)-④항에 따라 공급의무의 이행을 연기하려는 경우에는 연기할 의무공급량, 연기 사유 등을 산업통상자원부장관에게 다음 연도 2월 말일까지 제출하여야 한다.

(14) 과징금의 산정 방법(시행령 제18조의 5)

① 촉진법 (11)-①에 따른 과징금은 촉진법 (10)-② 전단 및 후단에 따른 신·재생에너지의 종류별 공급인증서의 해당 연도 평균거래 가격을 기준으로 구분하여 산정한다.

② 제①항에 따른 공급인증서의 평균거래 가격은 공급인증서의 거래량과 거래 가격의 가중평균으로 산정한다.

③ 제②항에 따라 산정한 가격이 공급인증서의 거래량 부족 및 그 밖의 사정으로 인하여 해당 연도 공급인증서의 평균거래 가격으로 보는 것이 어렵다고 인정될 때에는 다음 각호의 사항을 고려하여 산정한 금액을 공급인증서의 평균거래 가격으로 본다.

㈎ 해당 연도의 공급인증서 평균거래 가격

㈏ 직전 3개 연도의 공급인증서 평균거래 가격

㈐ 신·재생에너지원의 종류별 발전 원가

④ 산업통상자원부장관은 제①항에 따른 과징금을 부과할 때에는 공급 불이행분과 불이행 사유, 공급 불이행에 따른 경제적 이익의 규모, 과징금 부과횟수 등을 고려하여 그 금액을 늘리거나 줄일 수 있다. 이 경우 늘리는 경우에도 과징금의 총액은 (10)-①에 따른 금액을 초과할 수 없다.

(15) 과징금의 부과 및 납부(시행령 제18조의 6)

① 산업통상자원부장관은 촉진법 (11)-①에 따라 과징금을 부과하기 위하여 과징금 부과 통지를 할 때에는 공급 불이행분과 과징금의 금액을 분명하게 적은 문서로 하여야 한다.

② 제①항에 따라 통지를 받은 자는 통지를 받은 날부터 30일 이내에 과징금을 산업통상자원부장관이 정하는 수납기관에 내야 한다. 다만, 천재지변이나 부득이한 사유로 그 기간에 과징금을 낼 수 없을 때에는 그 사유가 해소된 날부터 7일 이내에 내야 한다.

③ 제②항에 따라 과징금을 받은 수납기관은 과징금을 낸 자에게 영수증을 내주어야 한다.

④ 과징금의 수납기관은 제②항에 따라 과징금을 받았을 때에는 지체 없이 그 사실을 산업통상자원부장관에게 통보하여야 한다.

⑤ 과징금은 분할하여 낼 수 없다.

(16) 신·재생에너지 공급인증서의 발급 신청 등(시행령 제18조의 8)

① 공급인증서를 발급받으려는 자는 촉진법 (14)-②에 따른 공급인증서 발급 및 거래시장 운영에 관한 규칙에서 정하는 바에 따라 신·재생에너지를 공급한 날부터 90일 이내에 발급 신청을 하여야 한다.

② 제①항에 따라 발급 신청을 받은 공급인증기관은 발급 신청을 한 날부터 30일 이내에 공급인증서를 발급하여야 한다.

(17) 신·재생에너지의 가중치(시행령 제18조의 9)

① 신·재생에너지의 가중치는 해당 신·재생에너지에 대한 다음 각호의 사항을 고려하여 산업통상자원부장관이 정하여 고시하는 바에 따른다.

㈎ 환경, 기술개발 및 산업 활성화에 미치는 영향
㈏ 발전 원가
㈐ 부존 잠재량
㈑ 온실가스 배출 저감에 미치는 효과
㈒ 전력 수급의 안정에 미치는 영향
㈓ 지역주민의 수용 정도

(18) 과징금의 금액(시행령 제18조의10)

촉진법 (15)-③에 따른 위반행위의 종별과 정도 등에 따른 과징금의 금액은 다음 표 11-4와 같다.

표 11-4 과징금의 금액

1. 일반 기준
   과징금의 금액은 업무정지 기간에 따라 산정하며, 업무정지기간은 촉진법 (15)-①에 따른 업무정지의 기준에 따라 부과되는 기간을 말한다.
2. 개별 기준

위반행위	근거 법조문	업무정지 기간	과징금 (단위 : 만 원)
(1) 촉진법 (13)-①-㈐에 따른 지정기준에 부적합하게 된 경우	촉진법 (15)-②	1개월 이하	2,000
		1개월 초과~ 3개월 이하	4,000
(2) 촉진법 (14)-④에 따른 시정명령을 시정기간에 이행하지 않은 경우	촉진법 (15)-②	1개월 이하	3,000
		1개월 초과~ 3개월 이하	5,000

(19) 신·재생에너지 연료의 기준 및 범위(시행령 제18조의12)

① 신에너지연료 품질기준, 촉진법 (16)에서 "대통령령으로 정하는 기준 및 범위에 해당하는 것"이란 다음 각호의 연료를 말한다.
    ㈎ 수소
    ㈏ 중질잔사유를 가스화한 공정에서 얻어지는 합성가스
    ㈐ 생물유기체를 변환시킨 바이오가스, 바이오에탄올, 바이오액화유 및 합성가스
    ㈑ 동물·식물의 유지(油脂)를 변환시킨 바이오디젤
    ㈒ 생물유기체를 변환시킨 목재칩, 펠릿 및 목탄 등의 고체연료

(20) 신·재생에너지 품질검사기관(시행령 제18조의13)

① 대통령령으로 정하는 "신·재생에너지 품질검사기관"이란 다음 각호의 기관을 말한다.
    ㈎ 한국석유관리원
    ㈏ 한국가스안전공사
    ㈐ 한국임업진흥원

(21) 보험·공제 가입 등(시행령 제20조의 2)

① 설비인증을 받은 자가 촉진법 (18)-①에 따라 가입하여야 하는 보험 또는 공제는 다음 각호의 기준을 모두 충족하는 것이어야 한다.
    ㈎ 사고당 배상한도액이 1억 원 이상일 것

㈏ 피해자 1인당 배상한도액이 1억 원 이상일 것
㈐ 설비인증을 받은 신·재생에너지설비의 제조물책임법에 해당 규정에 따른 손해를 보장하는 것일 것
② 보험 또는 공제의 가입기간 및 가입대상은 다음 각호와 같다. [개정 2015. 6. 15]
㈎ 가입기간 : 설비인증기관으로부터 부여받은 인증유효기간
㈏ 가입대상 : 설비인증을 받은 신·재생에너지설비
③ 설비인증을 받은 자는 보험증서 또는 공제증서를 설비인증기관의 장에게 제출하여야 한다.

(22) 발전차액의 지원을 위한 기준가격의 산정 기준(시행령 제22조)
① 발전원별 기준가격의 산정 기준은 다음 각호와 같다.
㈎ 신·재생에너지 발전소의 표준공사비, 운전유지비, 투자보수비 및 각종 세금과 공과금
㈏ 신·재생에너지 발전소의 설비 이용률, 수명 기간, 사고 보수율과 발전소에서의 신·재생에너지 소비율 등의 설계치 및 실적치
㈐ 신·재생에너지 발전사업자의 송전·배전 선로 이용요금
㈑ 신·재생에너지 발전기술의 상용화 수준 및 시장 보급 여건
㈒ 운전 중인 신·재생에너지 발전사업자의 경영 여건 및 운전 실적
㈓ 전기요금 및 전력시장에서의 신·재생에너지 발전에 의하여 공급한 전력의 거래가격의 수준

(23) 신·재생에너지 기술의 국제표준화를 위한 지원 범위(시행령 제23조)
① 촉진법 (21)-②에 따른 지원 범위는 다음 각호와 같다.
㈎ 국제표준 적합성의 평가 및 상호인정의 기반 구축에 필요한 장비·시설 등의 구입비용
㈏ 국제표준 개발 및 국제표준 제안 등에 드는 비용
㈐ 국제표준화 관련 국제협력의 추진에 드는 비용
㈑ 국제표준화 관련 전문인력의 양성에 드는 비용

(24) 신·재생에너지 설비 및 그 부품 중 공용화 품목의 지정 절차 등(시행령 제24조)
① 촉진법 (22)-②, ④에 따라 신·재생에너지 설비 및 그 부품 중 공용화 품목의 지정을 요청하려는 자는 산업통상자원부령으로 정하는 바에 따라 대상 품목의 명칭, 규격, 지정 요청 사유 및 기대효과 등을 적은 지정요청서에 대상 품목에 대한 설명서를 첨부하여 산업통상자원부장관에게 제출하여야 한다.

② 산업통상자원부장관은 제①항에 따른 지정 요청을 받은 경우에는 산업통상자원부령으로 정하는 바에 따라 전문가 및 이해관계인의 의견을 들은 후 해당 신·재생에너지 설비 및 그 부품을 공용화 품목으로 지정할 수 있다.

③ 산업통상자원부장관은 촉진법 (22)-③에 따라 공용화 품목의 개발, 제조 및 수요·공급 조절에 필요한 자금을 다음 각호의 구분에 따른 범위에서 융자할 수 있다.
  (가) 중소기업자 : 필요한 자금의 80퍼센트
  (나) 중소기업자와 동업하는 중소기업자 외의 자 : 필요한 자금의 70퍼센트
  (다) 그밖에 산업통상자원부장관이 인정하는 자 : 필요한 자금의 50퍼센트

(25) 신·재생에너지 연료 혼합의무(시행령 제26조의 2)

석유정제업자 또는 석유수출입업자(혼합의무자)는 연도별로 표 11-5의 계산식에 의하여 정하는 양 이상의 신·재생에너지연료를 수송용 연료에 혼합하여야 한다. [신설 2015. 6. 15]

표 11-5 신·재생에너지 연료의 혼합량 산정 계산식

> 연도별 의무혼합량 = 연도별 혼합의무비율 × 수송용 연료의 내수판매량
>
> 단, 수송용 연료는 혼합된 신·재생에너지 연료를 포함한다.
>
> 1. 연도별 혼합의무비율
>
> | 해당 연도 | 2015 | 2016 | 2017 | 2018 | 2019 | 2020 이후 |
> |---|---|---|---|---|---|---|
> | 연료 혼합의무비율 | 0.025 | 0.025 | 0.025 | 0.03 | 0.03 | 0.03 |
>
> ※ 연도별 혼합의무비율은 신·재생에너지 기술개발 수준, 연료 수급 상황 등을 고려하여 2015년 7월 31일을 기준으로 3년마다 재검토한다(매 3년이 되는 해의 7월 31일 전까지를 말한다). 다만, 신·재생에너지 연료 혼합의무의 이행실적과 국내외 시장여건 변화 등을 고려하여 재검토 기간을 단축할 수 있다.
>
> 2. 수송용 연료의 종류 : 자동차용 경유
>
> 3. 신·재생에너지 연료의 종류 : 바이오디젤
>
> 4. 내수판매량은 다음과 같다.
>   (1) 혼합의무자가 석유수출입업자이거나 해당 연도 초일을 기준으로 사업을 개시한 지 1년이 경과하지 않은 경우 : 해당 연도의 내수판매량
>   (2) (1)항 외의 경우 : 해당 연도의 직전 연도 내수판매량
>
> 5. 그밖에 신·재생에너지 연료의 혼합량 산정에 필요한 사항은 산업통상자원부장관이 정하여 고시한다.

(26) 자료 제출(시행령 제26조의 3)

① 산업통상자원부장관은 혼합의무자에게 다음 각호의 자료 제출을 요구할 수 있다.
  (가) 신·재생에너지 연료 혼합의무 이행 확인에 관한 다음 각 목의 자료
    ㉮ 수송용 연료의 생산량
    ㉯ 수송용 연료의 내수판매량
    ㉰ 수송용 연료의 재고량
    ㉱ 수송용 연료의 수출입량
    ㉲ 수송용 연료의 자가소비량
  (나) 신·재생에너지 연료 혼합시설에 관한 다음 각 목의 자료
    ㉮ 신·재생에너지 연료 혼합시설 현황
    ㉯ 신·재생에너지 연료 혼합시설 변동사항
    ㉰ 신·재생에너지 연료 혼합시설의 사용실적
  (다) 혼합의무자의 사업에 관한 다음 각 목의 자료
    ㉮ 수송용 연료 및 신·재생에너지 연료 거래실적
    ㉯ 신·재생에너지 연료 평균거래가격
    ㉰ 결산재무제표
  (라) 그밖에 혼합의무의 이행 여부를 확인하기 위하여 산업통상자원부장관이 필요하다고 인정하는 자료

② 제①항에 따라 혼합의무자가 제출하여야 하는 자료의 제출 시기와 방법, 그밖에 필요한 사항은 산업통상자원부장관이 정하여 고시한다. [신설 2015. 6. 15]

(27) 신·재생에너지 연료 혼합의무 불이행에 대한 과징금의 부과 및 납부(시행령 제26조의 5)

① 산업통상자원부장관은 촉진법 (23)-①에 따라 과징금을 부과하기 위하여 과징금 부과 통지를 할 때에는 혼합의무 불이행분과 과징금의 금액을 분명하게 적은 문서로 하여야 한다.
② 제①항에 따라 통지를 받은 자는 통지를 받은 날부터 30일 이내에 과징금을 산업통상자원부장관이 정하는 수납기관에 내야 한다. 다만, 천재지변이나 그 밖의 부득이한 사유로 그 기간에 과징금을 낼 수 없을 때에는 그 사유가 해소된 날부터 7일 이내에 내야 한다.
③ 제②항에 따라 과징금을 받은 수납기관은 과징금을 낸 자에게 영수증을 내주어야 한다.
④ 과징금의 수납기관은 제②항에 따라 과징금을 받았을 때에는 지체 없이 그 사실을 산업통상자원부장관에게 통보하여야 한다.
⑤ 과징금은 분할하여 낼 수 없다. [신설 2015. 6. 15]

(28) 혼합의무 관리기관의 업무정지를 갈음하는 과징금의 금액(시행령 제26조의 6)

촉진법 (26)-③에 따른 위반행위의 종별·정도 등에 따른 과징금의 금액은 표 11-6과 같다. [본조신설 2015. 6. 15]

표 11-6 혼합의무 관리기관의 업무정지를 갈음하는 과징금의 금액

1. 일반 기준
   과징금의 금액은 업무정지 기간에 따라 산정하며, 업무정지 기간은 촉진법 (26)-①에 따른 업무정지의 기준에 따라 부과되는 기간으로 한다.
2. 개별 기준

위반행위	근거 법조문	업무정지 기간	과징금 (단위 : 만 원)
(1) 촉진법 (24)-③에 따른 지정기준에 부적합하게 된 경우	촉진법 (26)-②	1개월	2,000
		3개월	4,000
(2) 촉진법 (25)-⑤에 따른 시정명령을 시정기간에 이행하지 않은 경우	촉진법 (26)-②	1개월	3,000
		3개월	5,000

(29) 공제규정(시행령 제 28조)

① 촉진법 (31)-③에 따른 공제조합이 같은 조 제②항에 따른 공제사업을 하려면 공제규정을 정하여야 한다.
② 제①항에 따른 공제규정에는 다음 각호의 사항이 포함되어야 한다.
   (가) 공제사업의 범위
   (나) 공제계약의 내용
   (다) 공제금 및 공제료
   (라) 공제금에 충당하기 위한 책임준비금
   (마) 그밖에 공제사업의 운영에 필요한 사항

(30) 규제의 재검토(시행령 제 30조의 2)

산업통상자원부장관은 시행령 (17) [제20조의2]에 따른 보험 또는 공제의 기준, 가입기간 및 가입 대상에 대하여 2015년 1월 1일을 기준으로 2년마다 그 타당성을 검토하여 개선 등의 조치를 하여야 한다. [전문개정 2015. 6. 15]

(31) 과태료의 부과 기준(시행령 제31조)

촉진법 (36)-①에 따른 과태료의 부과 기준은 표 11-7과 같다.

표 11-7 과태료 부과 기준

1. 일반 기준
   위반행위의 횟수에 따른 과태료의 부과 기준은 최근 2년간 같은 위반행위로 과태료를 부과받은 경우에 적용한다. 이 경우 같은 위반행위에 대하여 최초로 과태료를 부과받은 날과 그 후 다시 같은 위반행위로 적발되는 날을 각각 기준으로 하여 위반횟수를 계산한다.
2. 개별 기준

위반행위	근거 법조문	과태료 1회 위반	과태료 2회 이상 위반
촉진법 (18)을 위반하여 보험 또는 공제에 가입하지 않은 경우	촉진법 (36)	200만 원	500만 원

(32) 부칙[제26439호, 2015. 7. 24] (에너지이용 합리화법 시행령)

제1조(시행일) 이 영은 2015년 7월 29일부터 시행한다.

제2조(다른 법령의 개정) ① 및 ② 생략

③ 신에너지 및 재생에너지 개발·이용·보급 촉진법 시행령 일부를 다음과 같이 개정한다.

제29조 중 "에너지관리공단"을 "한국에너지공단"으로 한다.

④부터 ⑩까지 생략

3. 신·재생에너지 개발·이용·보급 촉진법의 시행규칙

(1) 목적(시행규칙 제1조)

이 규칙은 신에너지 및 재생에너지 개발·이용·보급 촉진법 및 같은 법 시행령에서 위임된 사항과 그 시행에 필요한 사항을 규정함을 목적으로 한다.

(2) 신·재생에너지 설비(시행규칙 제2조)

신·재생에너지 개발·이용·보급 촉진법 (2)-③에서 "산업통상자원부령으로 정하는 것"이란 다음 각호의 설비 및 그 부대설비를 말한다. [개정 2015. 4. 23]

① 수소에너지 설비 : 물이나 그밖에 연료를 변환시켜 수소를 생산하거나 이용하는 설비

② 연료전지 설비 : 수소와 산소의 전기화학반응을 통하여 전기 또는 열을 생산하는 설비

③ 석탄을 액화·가스화한 에너지 및 중질잔사유를 가스화한 에너지 설비 : 석탄 및 중질잔사유의 저급 연료를 액화 또는 가스화시켜 전기 또는 열을 생산하는 설비

④ 태양에너지 설비
  ㈎ 태양열 설비 : 태양의 열에너지를 변환시켜 전기를 생산하거나 에너지원으로 이용하는 설비
  ㈏ 태양광 설비 : 태양의 빛에너지를 변환시켜 전기를 생산하거나 채광에 이용하는 설비
⑤ 풍력 설비 : 바람의 에너지를 변환시켜 전기를 생산하는 설비
⑥ 수력 설비 : 물의 유동 에너지를 변환시켜 전기를 생산하는 설비
⑦ 해양에너지 설비 : 해양의 조수, 파도, 해류, 온도차 등을 변환시켜 전기 또는 열을 생산하는 설비
⑧ 지열에너지 설비 : 물, 지하수 및 지하의 열 등의 온도차를 변환시켜 에너지를 생산하는 설비
⑨ 바이오에너지 설비 : 바이오에너지를 생산하거나 이를 에너지원으로 이용하는 설비
⑩ 폐기물에너지 설비 : 폐기물을 변환시켜 연료 및 에너지를 생산하는 설비
⑪ 수열에너지 설비 : 물의 표층의 열을 변환시켜 에너지를 생산하는 설비
⑫ 전력저장 설비 : 신에너지 및 재생에너지를 이용하여 전기를 생산하는 설비와 연계된 전력저장 설비

(3) 신·재생에너지 공급인증서의 거래 제한(시행규칙 제2조의 2)
촉진법 (12)-⑤에서 "산업통상자원부령으로 정하는 사유"란 다음 각호의 경우를 말한다.
① 공급인증서가 발전소별로 5,000 kW를 넘는 수력을 이용하여 에너지를 공급하고 발급된 경우
② 공급인증서가 기존 방조제를 활용하여 건설된 조력(潮力)을 이용하여 에너지를 공급하고 발급된 경우
③ 공급인증서가 석탄을 액화·가스화한 에너지 또는 중질잔사유를 가스화한 에너지를 이용하여 에너지를 공급하고 발급된 경우
④ 공급인증서가 폐기물에너지 중 화석연료에서 부수적으로 발생하는 폐가스로부터 얻어지는 에너지를 이용하여 에너지를 공급하고 발급된 경우

(4) 공급인증기관의 지정 방법 등(시행규칙 제2조의 3)
① 촉진법 (12)-①에 따른 공급인증기관으로 지정을 받으려는 자는 공급인증기관 지정신청서에 다음 각호의 서류를 첨부하여 산업통상자원부장관에게 제출하여야 한다.
  ㈎ 정관(법인인 경우만 해당)
  ㈏ 공급인증기관의 운영계획서
  ㈐ 공급인증기관의 업무에 필요한 인력·기술능력·시설 및 장비 현황에 관한 자료

② 제①항에 따른 신청을 받은 산업통상자원부장관은 행정정보의 공동 이용을 통하여 법인등기사항증명서를 확인하여야 한다.

(5) 운영규칙의 제정 등(시행규칙 제2조의 4)

① 촉진법 (14)-②에 따라 공급인증기관이 제정하는 공급인증서 발급 및 거래시장 운영에 관한 규칙에는 다음 각호의 사항이 포함되어야 한다.
  ㈎ 공급인증서의 발급, 등록, 거래 및 폐기 등에 관한 사항
  ㈏ 신·재생에너지 공급량의 증명에 관한 사항
  ㈐ 공급인증서의 거래 방법에 관한 사항
  ㈑ 공급인증서 가격의 결정 방법에 관한 사항
  ㈒ 공급인증서 거래의 정산 및 결제에 관한 사항
  ㈓ 제㈎호와 관련된 정보의 공개 및 분쟁조정에 관한 사항
  ㈔ 그밖에 공급인증서의 발급 및 거래시장 운영에 필요한 사항

② 촉진법 (14)-② 후단에서 "산업통상자원부령으로 정하는 경미한 사항의 변경"이란 계산 착오, 오기(誤記), 누락, 그밖에 이에 준하는 사유로 제1항의 사항을 변경하는 것을 말한다.

(6) 공급인증기관의 처분 기준(시행규칙 제2조의 5)

촉진법 (15)-①에 따른 공급인증기관의 구체적인 처분 기준은 다음 표 11-8과 같다.

표 11-8 공급인증기관의 처분 기준

1. 일반 기준
   위반행위의 횟수에 따른 처분 기준은 최근 1년간 같은 위반행위를 한 경우에 적용한다. 이 경우 처분기준의 적용은 같은 위반행위에 대하여 최초로 행정처분을 한 날을 기준으로 한다.
2. 개별 기준

위반행위	근거 법령	처분 기준		
		1차 위반	2차 위반	3차 위반
(1) 거짓이나 그 밖의 부정한 방법으로 지정을 받은 경우	촉진법 (15)-①-㈎	지정취소		
(2) 업무정지 처분을 받은 후 그 업무정지 기간에 업무를 계속한 경우	촉진법 (15)-①-㈏	지정취소		
(3) 촉진법 (13)-①-㈐에 따른 지정기준에 부적합하게 된 경우	촉진법 (15)-①-㈐	업무정지 1개월	업무정지 3개월	지정취소
(4) 촉진법 (14)-④에 따른 시정명령을 시정기간에 이행하지 않은 경우	촉진법 (15)-①-㈑	업무정지 1개월	업무정지 3개월	지정취소

(7) 신·재생에너지 연료 품질검사의 방법 등(시행규칙 제2조의 6)

① 다음 각호의 어느 하나에 해당하는 신·재생에너지 연료에 대하여 촉진법 (17)-① 에 따라 실시하는 품질검사의 방법 및 절차는 해당 호에서 정하는 방법 및 절차에 따른다.
　㈎ 시행령 (19)-㈑에 따른 바이오 디젤 : 석유 및 석유대체연료 품질검사의 방법 및 절차
　㈏ 시행령 (19)-㈒에 따른 목재칩, 펠릿 및 목탄 등의 고체연료 : 다음 각 목의 품질검사 방법 및 절차
　　㉮ 목재의 지속 가능한 이용에 관한 법률에 따라 고시된 품질검사의 방법
　　㉯ 목재의 지속 가능한 이용에 관한 법률에 따른 품질검사의 절차

(8) 수수료(시행규칙 제10조)

① 촉진법 (19)-①에 따른 품질검사 수수료는 다음 각호의 구분에 따른 금액으로 한다.
　㈎ 시행령 (19)-㈑에 따른 바이오 디젤 : 석유 및 석유대체연료 사업법에 따라 산업통상자원부장관이 정하여 고시하는 금액
　㈏ 시행령 (19)-㈒에 따른 목재칩, 펠릿 및 목탄 등의 고체연료 : 목재의 지속 가능한 이용에 관한 법률에 따라 산림청장이 정하여 고시하는 금액
② 촉진법 (19)-②에 따른 공급인증서 발급 수수료 및 거래 수수료는 공급인증서 금액의 1천 분의 2 이내에서 산업통상자원부장관이 정하여 고시한다.
③ 촉진법 (19)-②에 따른 공급인증서 발급에 딸린 업무로서 공급인증서 발급 대상 설비 확인에 관한 수수료는 소요경비 및 에너지원별 설비용량 등을 고려하여 산업통상자원부장관이 정하여 고시한다.

(9) 발전차액의 지원 중단 및 환수 절차(시행규칙 제11조)

① 산업통상자원부장관은 촉진법 (20)-①에 따라 신·재생에너지 발전사업자가 촉진법(20)-①-㈏에 해당하는 행위를 한 경우에는 다음 각호의 구분에 따라 조치한다.
　㈎ 위반행위를 1회 한 경우 : 경고
　㈏ 위반행위를 2회 한 경우 : 시정명령
　㈐ ㈏호의 시정명령에 따르지 아니한 경우 : 발전차액의 지원 중단
② 산업통상자원부장관은 촉진법 (20)-② 전단에 따라 신·재생에너지 발전사업자가 촉진법 (20)-①-㈎에 해당하는 행위를 한 경우에는 발전차액을 환수하여야 한다. 이 경우 산업통상자원부장관은 미리 해당 신·재생에너지 발전사업자에게 10일 이상의 기간을 정하여 의견을 제출할 기회를 주어야 한다.

(10) 신·재생에너지 설비 및 그 부품에 대한 공용화 품목의 지정 절차 등(시행규칙 제12조)

① 촉진법 (22)-②-㈏에서 "산업통상자원부령으로 정하는 기관 또는 단체"란 신·재생에너지의 개발·이용 및 보급 관련 단체를 말한다. [개정 2015. 7. 9]

② 시행령 (24)-①에 따라 공용화 품목의 지정을 요청하려는 자는 지정요청서에 다음 각호의 서류를 첨부하여 국가기술표준원장에게 제출하여야 한다.

㈎ 대상 품목의 명칭·규격 및 설명서

㈏ 공용화 품목으로 지정받으려는 사유

㈐ 공용화 품목으로 지정될 경우의 기대효과

③ 제②항에서 규정한 사항 외에 공용화 품목의 지정에 관한 세부 사항은 국가기술표준원장이 정하여 고시한다.

(11) 관리기관의 신청 및 지정 방법 등(시행규칙 제13조의 2)

① 촉진법 (24)-①에 따른 혼합의무 관리기관으로 지정을 받으려는 자는 관리기관 지정신청서에 다음 각호의 서류를 첨부하여 산업통상자원부장관에게 제출하여야 한다.

㈎ 정관

㈏ 관리기관의 운영계획서

㈐ 관리기관의 업무에 필요한 인력·기술능력·시설 및 장비 현황에 관한 자료

② 산업통상자원부장관은 제①항에 따른 관리기관 지정 신청 내용이 다음 각호의 기준에 적합한지 심사하여야 한다.

㈎ 관리기관의 업무를 공정하고 신속하게 처리할 능력이 있는지 여부

㈏ 관리기관의 업무에 필요한 인력·기술능력·시설 및 장비 등을 갖추었는지 여부

③ 산업통상자원부장관은 제②항에 따른 심사에 필요하다고 인정할 때에는 신청인에게 관련 자료의 제출을 요구하거나 신청인의 의견을 청취할 수 있다.

④ 산업통상자원부장관은 제②, ③항에 따라 관리기관을 지정하는 경우에 신청인에게 관리기관 지정서를 발급하고 그 사실을 지체 없이 공고하여야 한다. [개정 2015. 7. 9]

(12) 혼합의무 관리기준의 내용 등(시행규칙 제13조의 3)

① 촉진법 (25)-②에 따라 관리기관이 정하는 혼합의무 관리기준에는 다음 각호의 사항이 포함되어야 한다.

㈎ 혼합의무 이행실적의 집계 및 검증 방법, 절차에 관한 사항

㈏ 혼합의무자의 혼합시설 현황, 혼합시설 변동사항 및 혼합시설의 사용실적 확인 방법 및 절차에 관한 사항

㈐ 혼합의무 이행 관련 정보의 수집 및 관리에 관한 사항

㈑ ㈎호부터 ㈐호까지와 관련된 정보의 공개 및 분쟁조정에 관한 사항

(마) 그밖에 혼합의무 관리 업무를 수행하기 위하여 필요한 사항
② 산업통상자원부장관은 촉진법 (25)-③에 따라 관리기관에 혼합의무 관리에 관한 계획, 실적 및 정보에 관한 보고를 명하거나 자료의 제출을 요구하려는 경우에는 그 내용과 제출 기간을 정하여 미리 알려야 한다. [신설 2015. 7. 9]

(13) 관리기관의 지정 취소 및 업무정지의 기준 등(시행규칙 제13조의 4)

① 촉진법 (26)-①에 따른 관리기관에 대한 지정 취소 및 업무정지의 기준은 표 11-9와 같다.

표 11-9 관리기관에 대한 지정 취소 및 업무정지의 기준

1. 일반 기준
위반행위의 횟수에 따른 행정처분의 기준은 최근 1년간 같은 위반행위로 행정처분을 받은 경우에 적용한다. 이 경우 위반횟수는 같은 위반행위에 대하여 행정처분을 한 날과 다시 같은 위반행위를 적발한 날을 각각 기준으로 하여 계산한다.

2. 개별 기준

위반행위	근거 법령	처분 기준		
		1차 위반	2차 위반	3차 위반
(1) 거짓이나 그 밖의 부정한 방법으로 관리기관 지정을 받은 경우	촉진법 (26)-①-(가)	지정취소		
(2) 업무정지 기간에 관리업무를 계속한 경우	촉진법 (26)-①-(나)	지정취소		
(3) 촉진법 (24)에 따른 지정 기준에 부적합하게 된 경우	촉진법 (26)-①-(다)	업무정지 1개월	업무정지 3개월	지정취소
(4) 촉진법 (25)-⑤에 따른 시정명령을 이행하지 않은 경우	촉진법 (26)-①-(라)	업무정지 1개월	업무정지 3개월	지정취소

② 산업통상자원부장관은 제①항에 따라 관리기관의 지정을 취소하거나 업무의 전부 또는 일부의 정지 처분을 하였을 때에는 지체 없이 이를 공고하여야 한다.
[신설 2015. 7. 9]

(14) 신·재생에너지 통계의 전문기관(시행규칙 제14조)

통계에 관한 업무를 수행하는 전문성이 있는 기관은 신·재생에너지센터로 한다.

(15) 신·재생에너지 기술 사업화의 지원 절차 등(시행규칙 제15조)

① 촉진법 (29)-①에 따라 신·재생에너지 기술 사업화에 대한 지원을 받으려는 자는

신·재생에너지 기술 사업화 지원신청서에 다음 각호의 서류를 첨부하여 산업통상자원부장관에게 제출하여야 한다.
　㈎ 사업계획서
　㈏ 다음 각 목의 어느 하나에 해당함을 증명하는 서류 사본. 이 경우 ㉮목에 해당하는 자는 자체개발내역서를 포함한다.
　　㉮ 해당 신·재생에너지 관련 기술을 자체적으로 개발한 자로서 그 사용권을 가지고 있는 자
　　㉯ 해당 신·재생에너지 관련 기술을 개발한 국공립연구기관, 대학, 기업 또는 개인으로부터 해당 신·재생에너지 관련 기술을 이전받은 자
　　㉰ 정부, 국공립연구기관, 대학, 기업 또는 개인이 보유하는 신·재생에너지 관련 기술에 대한 사용권을 가지고 있는 자
　㈐ 해당 신·재생에너지 관련 기술이 지원 신청 당시 아직 사업화되지 아니한 기술임을 증명하는 자료
② 촉진법 (29)-①에 따른 신·재생에너지 기술의 사업화에 관한 지원 범위는 다음 각 호와 같다.
　㈎ 촉진법 (29)-①-㈎에 따른 시험제품 제작 및 설비투자의 경우 : 필요한 자금의 100퍼센트의 범위에서 융자 지원
　㈏ 촉진법 (29)-①-㈐에 따른 신·재생에너지 기술의 교육 및 홍보의 경우 : 필요한 자금의 80퍼센트의 범위에서 자금 지원
　㈐ 촉진법 (29)-①-㈑에 따라 산업통상자원부장관이 정하는 지원사업의 경우 : 필요한 자금의 80퍼센트의 범위에서 자금 지원
③ 제①, ②항에서 규정한 사항 외에 신·재생에너지 기술 사업화의 지원에 관한 세부사항은 산업통상자원부장관이 정하여 고시한다.

(16) 신·재생에너지 분야 특성화대학 및 핵심기술연구센터의 지정 신청(시행규칙 제16조)

촉진법 (30)-②에 따라 신·재생에너지 분야 특성화대학 또는 핵심기술연구센터로 지정받으려는 자는 신·재생에너지 분야 특성화대학 지정신청서 또는 신·재생에너지 분야 핵심기술연구센터 지정신청서에 다음 각호의 서류를 첨부하여 산업통상자원부장관에게 제출하여야 한다.
① 중장기 인력양성 사업계획서
② 신·재생에너지 분야 특성화대학 또는 핵심기술연구센터 운영계획서

(17) 신·재생에너지 설비의 하자보수(시행규칙 제16조의 2)

① 촉진법 (32)-①에서 "산업통상자원부령으로 정하는 자"란 촉진법 (28)-① 각호의 어느 하나에 해당하는 보급사업에 참여한 지방자치단체 또는 공공기관을 말한다.

② 촉진법 (32)-①에 따른 하자보수의 대상이 되는 신·재생에너지 설비는 촉진법 (8)-② 및 (28)에 따라 설치한 설비로 한다.
③ 촉진법 (32)-①에 따른 하자보수의 기간은 5년의 범위에서 산업통상자원부장관이 정하여 고시한다. [신설 2015. 7. 9]

(18) 센터의 조직 및 운영 등(시행규칙 제17조)
① 센터에는 소장 1명을 둔다.
② 소장은 에너지이용 합리화법에 따른 에너지관리공단 이사장의 제청에 의하여 산업통상자원부장관이 임명한다.
③ 소장은 센터를 대표하고, 센터의 사무를 총괄한다.
④ 센터의 운영에 관한 다음 각호의 사항을 심의하기 위하여 센터에 운영위원회를 둔다.
　㈎ 연도별 사업계획 및 예산·결산에 관한 사항
　㈏ 센터 운영규정의 제정 또는 개정에 관한 사항
　㈐ 그밖에 센터의 운영에 관하여 소장이 필요하다고 인정하는 사항
⑤ 소장은 제④항에 따른 운영위원회의 구성 및 운영 등에 필요한 사항을 산업통상자원부장관의 승인을 받아 정한다.
⑥ 제①항부터 제⑤항까지에서 규정한 사항 외에 센터의 조직·정원 및 예산에 관한 사항은 공단의 정관으로 정하며, 센터의 인사 등 운영에 필요한 사항은 소장이 자율적으로 관장한다.

(19) 규제의 재검토(시행규칙 제18조)
① 산업통상자원부장관은 신·재생에너지전문기업의 신고 등에 대하여 2014년 1월 1일을 기준으로 3년마다 그 타당성을 검토하여 개선 등의 조치를 하여야 한다.
② 산업통상자원부장관은 공개할 수 있는 신·재생에너지전문기업의 정보에 대하여 2015년 1월 1일을 기준으로 3년마다 그 타당성을 검토하여 개선 등의 조치를 하여야 한다.

(20) 부칙[2015. 7. 9]
① 제1조(시행일) 이 규칙은 2015년 7월 29일부터 시행한다.
다만, 제3조, 제13조의 2부터 제13조의 4까지의 개정 규정은 2015년 7월 31일부터 시행한다.

예 상 문 제

1. 신·재생에너지 개발·이용·보급 촉진법

1. 신·재생에너지의 활성화 방안과 맞지 않는 것은?
① 에너지 구조의 환경친화적 전환
② 에너지의 안정적인 공급
③ 온실가스 배출의 감소
④ 에너지원의 단일화
[해설] 목적[법 (1) 참조]

2. 다음 신·재생에너지 중에서, 재생에너지에 분야에 속하지 않는 것은?
① 태양에너지
② 해양에너지 및 지열에너지
③ 풍력, 수력에너지
④ 수소에너지 및 연료전지
[해설] 정의[법 (2) 참조]

3. 다음 중 신에너지에 속하지 않는 것은?
① 수소에너지
② 연료전지
③ 석탄을 액화·가스화한 에너지
④ 해양에너지
[해설] 정의[법 (2) 참조]

4. 신·재생에너지 개발 및 이용·보급 촉진법에서 정의하고 있는 신·재생에너지에 포함되지 않는 것은?
① 수력   ② 폐기물에너지
③ 원자력   ④ 연료전지

[해설] 정의[법 (2) 참조]

5. 신·재생에너지정책심의회의 심의를 거쳐 신·재생에너지 개발 및 이용·보급을 촉진하기 위한 기본계획을 수립하는 자는?
① 안전행정부장관
② 산업통상자원부장관
③ 고용노동부장관
④ 환경부장관
[해설] 기본계획 수립[법 (3) 참조]

6. 산업통상자원부장관은 관계 중앙행정기관의 장과 협의를 한 후 신·재생에너지정책심의회의 심의를 거쳐 신·재생에너지의 기술개발 및 이용·보급을 촉진하기 위한 기본계획을 몇 년마다 수립하여야 하는가?
① 1년   ② 3년
③ 5년   ④ 10년
[해설] 기본계획 수립[법 (3) 참조]

7. 산업통상자원부장관이 수립하는 신·재생에너지의 기술개발 및 이용·보급을 촉진하기 위한 기본계획의 계획 기간은 몇 년 이상인가?
① 1   ② 3
③ 5   ④ 10
[해설] 기본계획 수립[법(3) 참조]
기본계획의 계획 기간은 10년 이상으로 한다.

정답 1. ④ 2. ④ 3. ④ 4. ③ 5. ② 6. ③ 7. ④

8. 신·재생에너지 기술개발·이용·보급을 촉진하기 위한 기본계획에 대한 설명으로 옳지 않은 것은?

① 기본계획의 계획기간은 10년 이상으로 한다.
② 총 전력생산량 중 신·재생에너지가 차지하는 비율의 목표가 포함된다.
③ 신·재생에너지 분야 전문인력 양성 계획이 포함된다.
④ 온실가스 배출 감소 목표가 포함된다.

[해설] 기본계획 수립[법 (3) 참조]

9. 신·재생에너지 기술개발·이용·보급을 촉진하기 위한 기본계획에 포함되어야 할 사항이 아닌 것은?

① 총 전력생산량 중 신·재생에너지 발전량이 차지하는 비율의 목표
② 신·재생에너지원별 기술개발 및 이용·보급 목표
③ 시장 기능 활성화를 위해 정부 주도의 저탄소녹색성장 추진
④ 신·재생에너지 분야 전문인력 양성 계획

[해설] 기본계획 수립[법 (3)-② 참조]

10. 신·재생에너지 기술개발·이용·보급 촉진법에서 연차별 실행계획 수립에 해당되지 않는 것은?

① 신·재생에너지 발전에 의한 전기의 공급에 관한 실행계획을 2년마다 수립·시행한다.
② 신·재생에너지의 기술개발 및 이용·보급을 매년 수립·시행한다.
③ 산업통상자원부장관은 관계 중앙행정기관의 장과 협의하여 실행계획을 수립·시행하여야 한다.
④ 산업통상자원부장관은 실행계획을 수립하였을 때에는 이를 공고하여야 한다.

[해설] 연차별 실행계획[법 (4) 참조]

11. 신·재생에너지 개발 및 이용·보급에 관한 계획을 수립·시행하려는 자는 대통령으로 정하는 바에 따라 산업통상자원부장관과 협의하여야 한다. 이에 해당되지 않는 것은?

① 국가기관
② 지방자치단체
③ 민간기관
④ 정부로부터 출연금을 받는 자

[해설] 신·재생에너지 기술개발 등에 관한 계획의 사전협의[법 (5) 참조]

12. 신·재생에너지의 기술개발 및 이용·보급에 관한 중요 사항을 심의하기 위하여 산업통상자원부에 신·재생에너지정책심의회를 둔다. 심의회의 심의 사항이 아닌 것은?

① 기본계획의 수립 및 변경에 관한 사항
② 신·재생에너지 발전사업자의 허가에 관한 사항
③ 신·재생에너지의 기술개발 및 이용·보급에 관한 중요 사항
④ 신·재생에너지 발전에 의하여 공급되는 전기의 기준가격 및 그 변경에 관한 사항

[해설] 신·재생에너지정책심의회[법 (6) 참조]

13. 신·재생에너지 개발 및 이용·보급

정답 8. ② 9. ③ 10. ① 11. ③ 12. ② 13. ②

사업비의 사용처가 아닌 것은?
① 신·재생에너지 분야 기술지도 및 교육·홍보
② 신·재생에너지를 생산하는 사업자에 대한 지원
③ 신·재생에너지 기술의 국제표준화 지원
④ 신·재생에너지 관련 국제협력

[해설] 조성된 사업비의 사용[법 (7) 참조]

14. 신·재생에너지 개발 및 이용·보급 목적의 사업비 용도에 맞지 않는 것은?
① 신·재생에너지의 자원조사, 기술수요조사 및 통계 작성
② 신·재생에너지 공급의무화 지원 및 설비의 성능평가·인증
③ 신·재생에너지 관련 국내협력 및 기술의 국내표준화 지원
④ 신·재생에너지 시범사업 및 보급사업

[해설] 조성된 사업비의 사용[법 (7) 참조]
신·재생에너지 관련 국제협력 및 기술의 국제표준화 지원

15. 산업통상자원부장관은 신·재생에너지 사업을 효율적으로 추진하기 위하여 필요하다고 인정되면 해당하는 자와 협약을 맺어 그 사업을 할 수 있는데, 이에 해당하는 자가 아닌 것은?
① 특정연구기관 육성법에 따른 특정연구기관
② 산업기술연구조합 육성법에 따른 산업기술연구조합
③ 고등교육법에 따른 대학 또는 전문대학
④ 전기공사업에 따른 전기사업자

[해설] 사업의 실시[법 (8) 참조]

16. 산업통상자원부장관은 공급의무자가 의무공급량에 부족하게 신·재생에너지를 이용하여 에너지를 공급한 경우 얼마의 범위에서 과징금을 부과할 수 있는가?
① 해당 연도 평균거래 가격 × (50/100)
② 해당 연도 평균거래 가격 × (100/100)
③ 해당 연도 평균거래 가격 × (150/100)
④ 해당 연도 평균거래 가격 × (200/100)

[해설] 신·재생에너지 공급 불이행에 대한 과징금[법 (11) 참조]

17. 신·재생에너지 공급인증서에 관한 내용 중 옳은 것을 모두 선택한 것은?

> ㉠ 공급인증서는 산업통상자원부장관이 지정하는 공급인증기관에서만 발급할 수 있다.
> ㉡ 공급인증서를 발급받으려는 자는 대통령령으로 정하는 바에 따라 신청하여야 한다.
> ㉢ 공급인증서의 유효기간은 발급받는 날로부터 5년이다.
> ㉣ 공급인증서는 공급인증기관이 개설한 거래시장에서 거래할 수 있다.

① ㉠, ㉡, ㉢　　② ㉠, ㉡, ㉣
③ ㉠, ㉢, ㉣　　④ ㉡, ㉢, ㉣

[해설] 신·재생에너지 공급인증서 등[법 (12) 참조]

18. 신·재생에너지 공급인증서 등에서, 공급인증서의 유효기간은 발급받은 날부터 몇 년으로 하는가?
① 2　　② 3　　③ 4　　④ 5

[해설] 신·재생에너지 공급인증서 등[법 (12) 참조]

정답　14. ③　15. ④　16. ③　17. ②　18. ②

19. 다음 중 ( )에 들어가기에 적절하지 못한 것은?

> 산업통상자원부장관은 거래시장의 수급 조절과 가격안정화를 위하여 국가에 대하여 발급된 공급인증서를 거래할 수 있다. 이 경우 공급의무자의 ( ), ( ) 및 ( ) 등을 고려하여야 한다.

① 의무공급량　② 공급 일수
③ 의무이행실적　④ 거래시장 가격

[해설] 신·재생에너지 공급인증서 등[법 (12) 참조]

20. 다음 중, 산업통상자원부장관이 공급인증기관 지정 취소를 할 수 있는 경우는?

> ㉠ 거짓이나 그 밖의 부정한 방법으로 지정을 받은 경우
> ㉡ 업무정지 처분을 받은 후 그 업무정지 기간에 업무를 계속한 경우
> ㉢ 지정기준에 부적합하게 된 경우
> ㉣ 시정명령을 시정기간에 이행하지 아니한 경우

① ㉠, ㉡　② ㉢, ㉣
③ ㉠, ㉡, ㉢　④ ㉠, ㉡, ㉢, ㉣

[해설] 공급인증기관 지정의 취소 등[법 (15) 참조]

21. 공급인증기관의 업무 등에서, 공급인증기관이 수행하여야 할 업무로 가장 적절하지 않은 것은?

① 공급인증서의 발급, 등록, 관리 및 폐기
② 국가가 소유하는 공급인증서의 거래 및 관리에 관한 사무의 대행
③ 공급인증서 관련 정보의 제공
④ 거래시장의 신축

[해설] 공급인증기관의 업무 등[법 (14) 참조]

22. 다음 중, 산업통상자원부장관이 공급인증기관에게 1차위반 시 업무정지(1개월)를 명할 수 있는 경우는?

> ㉠ 거짓이나 그 밖의 부정한 방법으로 지정을 받은 경우
> ㉡ 업무정지 처분을 받은 후 그 업무정지 기간에 업무를 계속한 경우
> ㉢ 지정기준에 부적합하게 된 경우
> ㉣ 시정명령을 시정기간에 이행하지 아니한 경우

① ㉠, ㉡　② ㉢, ㉣
③ ㉠, ㉡, ㉢　④ ㉡, ㉢, ㉣

[해설] 공급인증기관 지정의 취소 등[법 (15) 참조]

23. 신·재생에너지 연료 품질기준 및 품질검사에 대한 설명 중 틀린 것은?

① 산업통상자원부장관은 연료의 적정한 품질을 확보하기 위하여 품질기준을 정할 수 있다.
② 대기환경에 영향을 미치는 품질기준을 정하는 경우에는 미리 환경부장관과 협의를 하여야 한다.
③ 연료사업자는 대통령령으로 정하는 품질검사기관의 품질검사를 받아야 한다.
④ 품질검사의 방법과 절차, 그밖에 필요한 사항은 환경부령으로 정한다.

[해설] 신·재생에너지 연료 품질기준 및 품질검사[법 (16), (17) 참조]
품질검사의 방법과 절차, 그밖에 필요한 사항은 산업통상자원부령으로 정한다.

정답 19. ②　20. ①　21. ④　22. ②　23. ④

24. 산업통상자원부장관은 발전차액을 지원받은 발전사업자로 하여금 다음 중 어떤 경우에 해당하면 그 발전차액을 환수할 수 있는가?
① 거짓으로 자료를 제출한 경우
② 시정명령에 따르지 아니하는 경우
③ 자료요구에 따르지 아니하는 경우
④ 거짓이나 부정한 방법으로 발전차액을 지원받은 경우

[해설] 지원 중단 등[법 (20) 참조]

25. 산업통상자원부령으로 정하는 기관 또는 단체는 신·재생에너지 설비 및 그 부품 중 공용화가 필요한 품목을 공용화품목으로 지정하여 줄 것을 누구에게 요청할 수 있는가?
① 신·재생에너지센터장
② 신·재생에너지 품질검사기관장
③ 지방자치단체장
④ 산업통상자원부장관

[해설] 신·재생에너지 설비 및 그 부품의 공용화[법 (22) 참조]

26. 다음 중 ( )에 알맞은 값은?

> 산업통상자원부장관은 연료 혼합의무자가 혼합의무비율을 충족시키지 못한 경우에는 그 부족분에 해당 연도 평균거래 가격의 ( )을 곱한 금액의 범위에서 과징금을 부과할 수 있다.

① 175/100 ② 150/100
③ 125/100 ④ 110/100

[해설] 의무 불이행에 대한 과징금[법 (23) 참조]

27. 다음 중 ( )에 해당되는 것은?

> 산업통상자원부장관은 혼합의무자의 혼합의무비율 이행을 효율적으로 관리하기 위하여 ( )을/를 혼합의무 관리기관으로 지정할 수 있다.

① 한국전력공사
② 한국수자원공사
③ 한국지역난방공사
④ 한국석유관리원

[해설] 관리기관의 지정[법 (24) 참조]
신·재생에너지센터 또는 한국석유관리원

28. 관리기관의 지정 취소 등에 있어서, 그 지정을 취소하거나 1년 이내의 기간을 정하여 업무의 전부 또는 일부의 정지를 명할 수 있다. 다음 중 그 지정 취소에 해당되는 것은?

> ㉠ 거짓이나 그 밖의 부정한 방법으로 관리기관 지정을 받은 경우
> ㉡ 업무정지 기간에 관리업무를 계속한 경우
> ㉢ 지정기준에 부적합하게 된 경우
> ㉣ 시정명령을 이행하지 아니한 경우

① ㉠, ㉡ ② ㉢, ㉣
③ ㉠, ㉡, ㉢ ④ ㉡, ㉢, ㉣

[해설] 관리기관의 지정 취소 등[법 (26) 참조]

29. 산업통상자원부장관은 관리기관이 28번 문제의 ㉢, ㉣에 해당하여 업무정지를 명하여야 하는 경우로서 그 업무정지 처분을 갈음하여 얼마 이하의 과징금을 부과할 수 있는가?
① 1000만 원   ② 2500만 원

정답 24. ④ 25. ④ 26. ② 27. ④ 28. ① 29. ③

③ 5000만 원   ④ 7500만 원

[해설] 관리기관의 지정 취소 등[법 (26) 참조]

30. 다음에서 지방자치단체가 공유재산을 임대하는 경우에는 임대료를 얼마의 범위에서 경감할 수 있는가?

> 지방자치단체는 신·재생에너지 개발·이용·보급에 관한 사업을 위하여 국유재산 또는 공유재산을 대부계약의 체결 또는 사용허가를 하거나 처분할 수 있다.

① 20/100   ② 30/100
③ 40/100   ④ 50/100

[해설] 국유재산·공유재산의 임대 등[법 (27) 참조]

31. 대통령으로 정하는 바에 따른 신·재생에너지 개발·이용·보급을 촉진하는 보급사업에 해당되지 않는 것은?

① 신기술의 적용사업 및 시범사업
② 지방자치단체와 연계하지 아니한 보급사업
③ 환경친화적 신·재생에너지 집적화단지 및 시범단지 조성사업
④ 실용화된 신·재생에너지 설비의 보급을 지원하는 사업

[해설] 보급사업[법 (28) 참조]

32. 신·재생에너지의 교육·홍보 및 전문인력 양성에 관한 설명으로 틀린 것은?

① 신·재생에너지의 분야 전문인력 양성을 위하여 시·도지사의 협력이 필요
② 교육·홍보 등을 통하여 신·재생에너지의 기술개발 및 이용·보급에 관한 국민의 이해와 협력을 구하는 노력
③ 신·재생에너지의 분야 전문인력 양성을 위하여 신·재생에너지의 분야 특성화대학을 지정하여 육성·지원
④ 신·재생에너지의 분야 전문인력 양성을 위하여 신·재생에너지의 분야 핵심기술연구센터를 지정하여 육성·지원

[해설] 신·재생에너지의 교육, 홍보 및 전문인력 양성[법 (30) 참조]

33. 신·재생에너지 설비를 설치한 시공자의 해당 설비 하자보수에 관한 설명으로 부적합한 것은?

① 하자보수는 성실하게 실비로 실시하여야 한다.
② 하자보수 이행 보증 증서를 설비의 소유자에게 제공하여야 한다.
③ 하자보수의 대상이 되는 설비는 산업통상자원부령으로 정한다.
④ 하자보수 기간 등은 산업통상자원부령으로 정한다.

[해설] 하자보수(법 (32) 참조]
[신설 2015. 1. 28]

34. 신·재생에너지센터의 사업에 해당되지 않는 것은?

① 신·재생에너지 공급의무의 이행에 관한 지원·관리
② 교육·홍보 및 전문인력 양성에 관한 지원·관리
③ 신·재생에너지 설비 설치기업에 대한 지원·관리
④ 신·재생에너지 기술의 국내표준화에 대한 지원·관리

[해설] 신·재생에너지센터[법 (33) 참조]

정답 30. ④   31. ②   32. ①   33. ①   34. ④

신·재생에너지 기술의 국제표준화에 대한 지원·관리

35. 다음 중 ( )에 알맞은 값은?

> 벌칙에 있어서, 거짓이나 부정한 방법으로 발전차액을 지원받은 자와 그 사실을 알면서 발전차액을 지급한 자는 ( )년 이하의 징역 또는 지원받은 금액의 ( )배 이하에 상당하는 벌금에 처한다.

① 1, 2　　② 2, 2
③ 3, 2　　④ 3, 3

[해설] 벌칙[법 (35) 참조]

36. 다음 중 ( )에 알맞은 값은?

> 벌칙에 있어서, 거짓이나 부정한 방법으로 공급인증서를 발급받은 자와 그 사실을 알면서 공급인증서를 발급한 자는 ( )년 이하의 징역 또는 ( )천만 원 이하의 벌금에 처한다.

① 1, 2　　② 2, 2
③ 3, 2　　④ 3, 3

[해설] 벌칙[법 (35) 참조]

37. 건축물 인정기관으로부터 건축물 인정을 받지 아니하고 건축물인증의 표시 또는 이와 유사한 표시를 하거나 건축물 인정을 받은 것으로 홍보한 자에게 부과할 수 있는 과태료는?

① 3백만 원 이하
② 5백만 원 이하
③ 1천만 원 이하
④ 2천만 원 이하

[해설] 과태료[법 (36) 참조]

2. 시행령

38. 바이오에너지 등의 기준 및 범위에서 에너지원의 종류와 기준 및 범위의 연결이 틀린 것은?

① 바이오에너지 → 생물유기체를 변환시킨 땔감
② 폐기물에너지 → 유기성 폐기물을 변환시킨 매립지 가스
③ 석탄을 액화·가스화한 에너지 → 증기 공급용 에너지
④ 중질잔사유를 가스화한 에너지 → 합성가스

[해설] 석탄을 액화·가스화한 에너지 등의 기준 및 범위[영 (2) 표 11-1 참조]

39. 신·재생에너지 개발 및 이용·보급에 관한 계획을 협의하려는 자는 그 시행사업연도 개시 몇 개월 전까지 산업통상자원부장관에게 계획서를 제출하여야 하는가?

① 1　　② 2　　③ 3　　④ 4

[해설] 신·재생에너지 기술개발 등에 관한 계획의 사전협의[영 (3) 참조]

40. 신·재생에너지정책심의회의 구성에 있어서, 위원회는 위원장 1명을 포함한 몇 명 이내의 위원으로 구성하는가?

① 5　　② 10　　③ 15　　④ 20

[해설] 신·재생에너지정책심의회의 구성 [영 (4) 참조]

41. 신·재생에너지정책심의회의 운영, 간사 등에 관한 규정 중 합당하지 않은 것은?

정답　35. ④　36. ④　37. ③　38. ②　39. ④　40. ④　41. ③

① 위원장은 심의회의 회의를 소집하고 그 의장이 된다.
② 심의회에 간사 및 서기 각 1명을 둔다.
③ 회의는 재적위원 2/3 이상의 출석으로 개의하고, 출석위원 2/3 이상의 찬성으로 의결한다.
④ 간사 및 서기는 산업통상자원부 소속 공무원 중에서 산업통상자원부장관이 지명하는 사람으로 한다.

[해설] 신·재생에너지정책심의회의 운영, 간사 등[영 (5), (6) 참조]

42. 다음 ( )에 알맞은 말은?

> 심의회의 원활한 심의를 위하여 필요한 경우에는 심의회에 신·재생에너지 전문위원회를 둘 수 있다. 전문위원회의 위원은 신·재생에너지 분야에 관한 전문지식을 가진 사람으로서 ( )이/가 위촉하는 사람으로 한다.

① 산업통상자원부장관
② 국무총리
③ 미래과학부장관
④ 행정안전부장관

[해설] 신·재생에너지정책심의회의 구성 [영 (7) 참조]

43. 공공기관이 신축·증축 또는 개축하는 건축물로서 신·재생에너지 공급의무 비율에 해당하는 최소 연면적(m²)은?

① 500 ② 1000 ③ 1500 ④ 2000

[해설] 신·재생에너지 공급의무 비율 등 [영 (8) 참조]
건축물로서 신축·증축 또는 개축하는 부분의 최소 연면적 : 1000 m²

44. 신·재생에너지 설비 설치의무기관에서 "대통령령으로 정하는 비율 또는 금액 이상을 출자한 법인"이란, 납입자본금의 ( ) 이상을 출자한 법인 또는 납입자본금으로 ( )억 원 이상을 출자한 법인을 말하는가?

① 100의 50, 50
② 100의 40, 40
③ 100의 30, 30
④ 100의 20, 20

[해설] 신·재생에너지 설비 설치의무기관 [영 (9) 참조]

45. 법에 따라 해당하는 장의 장 또는 대표자가 해당하는 건축물을 신축·증축 또는 개축하려는 경우에는 신·재생에너지 설비의 설치계획서를, 해당 건축물에 대한 건축허가를 신청하기 전에 누구에게 제출하여야 하는가?

① 산업통상자원부장관
② 안전행정부장관
③ 국토교통부장관
④ 기획재정부장관

[해설] 신·재생에너지 설비의 설치계획서 제출 등[영 (10) 참조]

46. 신·재생에너지 설비의 설치계획서를 받은 산업통상자원부장관이 설치계획서를 받은 날부터 타당성을 검토한 후 그 결과를 해당 설치 의무기관의 장 또는 대표자에게 통보하여야 일수로 옳은 것은?

① 15 ② 20
③ 30 ④ 45

[해설] 신·재생에너지 설비의 설치계획서 제출 등[영 (10) 참조]

정답 42. ① 43. ② 44. ① 45. ① 46. ③

47. 신·재생에너지 설비의 설치 및 확인 등에서, 설치의무기관의 대표자는 신·재생에너지 설비의 설치를 완료하였을 때, 며칠 이내에 설비 설치확인신청서를 산업통상자원부장관에게 제출하여야 하는가?

① 20 ② 30 ③ 50 ④ 60

[해설] 신·재생에너지 설비의 설치 및 확인 등[영 (11) 참조]

48. 신·재생에너지 공급의무자에 해당되지 않는 것은?

① 한국수자원공사
② 한국석유공사
③ 한국지역난방공사
④ 50만 kw 이상의 발전설비를 보유하는 사람(신·재생에너지 설비 제외)

[해설] 신·재생에너지 공급의무자[영 (12) 참조]

49. 신·재생에너지 개발 및 이용·보급 촉진법에서 정한 공급의무자가 아닌 것은?

① 한국중부발전주식회사
② 한국수자원공사
③ 한국가스공사
④ 한국지역난방공사

[해설] 신·재생에너지 공급의무자[영 (12) 참조]
[참고] 한국중부발전주식회사(Korea Midland Power Co.) : 전력을 생산하여 한국전력공사에 판매하는 전력 발전 전문 업체

50. 신·재생에너지 개발 및 이용·보급 촉진법에서 정한 공급의무자는 지난 연도 총 전력생산량의 합계에 일정 비율을 곱한 의무공급량 이상을 신·에너지로 공급하여야 한다. 다음 중 2013년도 의무공급량 비율은?

① 2.0% ② 2.5%
③ 3.0% ④ 3.5%

[해설] 연도별 의무공급량의 합계 등[영 (13) 참조]

51. 과징금의 부과 및 납부에 있어서, 다음 설명 중 잘못된 것은?

① 과징금 부과 통지를 할 때에는 공급불이행분과 과징금의 금액을 분명하게 적은 문서로 하여야 한다.
② 과징금은 통지를 받은 날부터 30일 이내에 수납기관에 납부하여야 한다.
③ 수납기관은 과징금을 낸 자에게 영수증을 내주어야 한다.
④ 과징금은 분할하여 낼 수 있다.

[해설] 과징금의 부과 및 납부[영 (15) 참조]
과징금은 분할하여 낼 수 없다.

52. 신·재생에너지 공급인증서를 발급받으려는 자는 공급인증서 발급 및 거래시장 운영에 관한 규칙에 의거 신·재생에너지를 공급한 날부터 며칠 이내에 공급인증서 발급 신청을 하여야 하는가?

① 15 ② 30
③ 60 ④ 90

[해설] 신·재생에너지 공급인증서의 발급 신청 등[영 (16) 참조]

53. 신·재생에너지 공급인증서에 표기되는 공급량 계산 시 적용되는 신·재생에너지의 가중치 결정의 고려 사항이 아닌 것은?

정답 47. ② 48. ② 49. ③ 50. ② 51. ④ 52. ④ 53. ③

① 발전 원가
② 부존 잠재량
③ 수입대체 효과
④ 온실가스 배출 저감에 미치는 효과

[해설] 신·재생에너지의 가중치[영 (17) 참조]
[참고] 신·재생에너지의 가중치 고려 사항
(1) 환경, 기술개발 및 산업 활성화에 미치는 영향
(2) 발전 원가
(3) 부존 잠재량
(4) 온실가스 배출 저감에 미치는 효과
(5) 전력 수급의 안정에 미치는 영향
(6) 지역주민의 수용 정도

54. 신·재생에너지의 가중치 고려 사항으로 틀린 것은?
① 발전량
② 발전 원가
③ 온실가스 배출 저감에 미치는 효과
④ 환경, 기술개발 및 산업 활성화에 미치는 영향

[해설] 53번 해설 참조

55. 신·재생에너지 연료의 기준 및 범위에서, 대통령령으로 정하는 기준 및 범위에 해당하지 않는 것은?
① 수소
② 질소
③ 동물·식물의 유지(油脂)를 변환시킨 바이오디젤
④ 중질잔사유를 가스화한 공정에서 얻어지는 합성가스

[해설] 신·재생에너지 연료의 기준 및 범위[영 (19) 참조]
[참고] 바이오디젤(bio-diesel) : 콩기름 등의 식물성 기름을 원료로 해서 만든 바이오 연료로 바이오에탄올과 함께 가장 널리 사용된다.

56. 보험·공제 가입 등에 있어서, 설비인증을 받은 자는 다음 기준을 충족하는 것이어야 한다. ( )에 적합한 값은?

┌─────────────────────────────┐
│ ㉠ 사고당 배상한도액이 (   ) 원 이상일 것
│ ㉡ 피해자 1인당 배상한도액이 (   ) 원 이상일 것
└─────────────────────────────┘

① 1억, 1억
② 1억, 5천만
③ 5천만, 5천만
④ 5천만, 2천5000백만

[해설] 보험·공제 가입 등[영 (21) 참조]

57. 산업통상자원부장관은 공용화 품목의 개발, 제조 및 수요·공급 조절에 필요한 자금을 다음 구분에 따른 범위에서 융자할 수 있다. ( )에 적합한 값은?

┌─────────────────────────────┐
│ ㉠ 중소기업자 : 필요한 자금의 ( )%
│ ㉡ 중소기업자와 동업하는 중소기업자 외의 자 : 필요한 자금의 ( )%
│ ㉢ 그밖에 산업통상자원부장관이 인정하는 자 : 필요한 자금의 ( )%
└─────────────────────────────┘

① 75, 65, 45
② 80, 70, 50
③ 85, 75, 55
④ 90, 80, 60

[해설] 신·재생에너지 설비 및 그 부품 중 공용화 품목의 지정 절차 등[영 (24) 참조]

58. 신·재생에너지 품질검사기관이 아닌 것은?

[정답] 54. ① 55. ② 56. ① 57. ② 58. ④

① 석유 및 석유대체연료 사업법에 따라 설립된 한국석유관리원
② 고압가스 안전관리법에 따라 설립된 한국가스안전공사
③ 임업 및 산촌 진흥촉진에 관한 법률에 따라 설립된 한국임업진흥원
④ 전기사업법에 따라 설립된 한국전력공사

[해설] 신·재생에너지 품질검사기관[영 (20) 참조]

59. 신·재생에너지 연료 혼합의무에서, 연도별 혼합의무비율은 다음 표와 같다. ( )에 적합한 값은?

해당 연도	2017	2018	2019	2020 이후
연료 혼합의무비율	( )	( )	( )	( )

① 0.025 / 0.03 / 0.03 / 0.03
② 0.025 / 0.025 / 0.03 / 0.03
③ 0.025 / 0.025 / 0.025 / 0.03
④ 0.03 / 0.03 / 0.025 / 0.025

[해설] 신·재생에너지 연료 혼합의무[영 (25) 표 11-5 참조]

60. 신·재생에너지 연료 혼합의무에서, 연도별 혼합의무비율은 신·재생에너지 기술개발 수준, 연료 수급 상황 등을 고려하여 2015년 7월 31일을 기준으로 몇 년마다 재검토하는가?

① 1 ② 2
③ 3 ④ 5

[해설] 신·재생에너지 연료 혼합의무[영 (25) 참조]

61. 산업통상자원부장관은 혼합의무자에게 자료 제출을 요구할 수 있다. 다음 중 신·재생에너지 연료 혼합의무 이행 확인에 관한 자료 항목에 속하지 않은 것은?

① 수송용 연료의 생산량
② 수송용 연료의 내수판매량
③ 수송용 연료의 재고량
④ 수송용 연료의 자연 유출량

[해설] 자료 제출[영 (26) 참조]

62. 다음 중 신·재생에너지 연료 혼합시설에 관한 자료 항목으로 가장 적절하지 않은 것은?

① 연료 혼합시설 현황
② 연료 혼합시설의 확충 계획
③ 연료 혼합시설 변동사항
④ 연료 혼합시설의 사용실적

[해설] 자료 제출[영 (26) 참조]

63. 혼합의무 관리기관의 업무정지를 갈음하는 과징금의 금액에 있어서, 다음 표는 개별 기준에 관한 것이다. ( )에 적합한 값은?

위반행위	업무정지 기간	과징금
지정기준에 부적합하게 된 경우	1개월	2,000만 원
	3개월	( )만 원
시정명령을 시정기간에 이행하지 않은 경우	1개월	( )만 원
	3개월	( )만 원

① 2,000 / 1,000 / 3,000
② 3,000 / 2,000 / 4,000
③ 4,000 / 3,000 / 5,000
④ 5,000 / 4,000 / 6,000

[해설] 혼합의무 관리기관의 업무정지를 갈음하는 과징금[영 (28) 참조]

64. 연료 혼합의무 불이행에 대한 과징금의 부과 및 납부에 있어서, 통지를 받은 자는 통지를 받은 날부터 며칠 이내에 과징금을 수납기관에 내야 하는가?
① 15   ② 20   ③ 30   ④ 50
[해설] 과징금의 부과 및 납부[영 (27) 참조]

65. 산업통상자원부장관은 보험 또는 공제의 기준, 가입 기간 및 가입 대상에 대하여 2015년 1월 1일을 기준으로 몇 년마다 그 타당성을 검토하여 개선 등의 조치를 하여야 하는가?
① 1   ② 2   ③ 3   ④ 4
[해설] 규제의 재검토[영 (30) 참조]

66. 과태료의 부과 기준에 있어서, 위반행위의 횟수에 따른 과태료의 부과 기준은 최근 몇 년간 같은 위반행위로 과태료를 부과받은 경우에 적용하는가?
① 1   ② 2
③ 3   ④ 4
[해설] 과태료의 부과 기준[영 (31) 참조]

67. 과태료의 부과 기준에 있어서, 보험 또는 공제에 가입하지 않은 경우 1회 위반 시는 과태료가 200만 원이다. 2회 이상 위반 시에는 얼마인가?
① 300만 원   ② 450만 원
③ 500만 원   ④ 550만 원
[해설] 과태료의 부과 기준[영 (31) 참조]

3. 시행규칙

68. 신·재생에너지 개발·이용·보급 촉진법에서, 신·재생에너지 설비가 아닌 것은?
① 석유에너지 설비
② 태양에너지 설비
③ 바이오에너지 설비
④ 폐기물에너지 설비
[해설] 신·재생에너지 설비[규칙 (2) 참조]

69. 태양의 빛에너지를 변환시켜 전기를 생산하거나 채광(採光)에 이용하는 설비는?
① 태양광 설비   ② 지열 설비
③ 풍력 설비   ④ 태양열 설비
[해설] 신·재생에너지 설비[규칙 (2) 참조]

70. 신·재생에너지 개발 및 이용·보급 촉진법에서, 신·재생에너지 설비에 해당되지 않는 것은?
① 태양에너지 설비
② 전기에너지 설비
③ 풍력 설비
④ 바이오에너지 설비
[해설] 신·재생에너지 설비[규칙 (2) 참조]

71. 다음은 공급인증기관이 제정하는 공급인증서 발급 및 거래시장 운영에 관한 규칙에 포함되어야 할 사항이다. 잘못된 것은?
① 공급인증서의 거래 방법에 관한 사항
② 신·재생에너지 설비규모에 관한 사항
③ 신·재생에너지 공급량의 증명에 관한 사항

정답 64. ③ 65. ② 66. ② 67. ③ 68. ① 69. ① 70. ② 71. ②

④ 공급인증서의 발급, 등록, 거래 및 폐기 등에 관한 사항

[해설] 운영규칙의 제정 등[규칙 (5) 참조]

72. 다음은 공급인증기관의 구체적인 처분 기준에서의 위반행위이다. 3차 위반 시에 한하여 지정취소 처분을 받는 경우는?

> ㉠ 거짓이나 그 밖의 부정한 방법으로 지정을 받은 경우
> ㉡ 업무정지 처분을 받은 후 그 업무정지 기간에 업무를 계속한 경우
> ㉢ 지정기준에 부적합하게 된 경우
> ㉣ 시정명령을 시정기간에 이행하지 않은 경우

① ㉠, ㉡   ② ㉢, ㉣
③ ㉠, ㉣   ④ ㉡, ㉢

[해설] 공급인증기관의 처분 기준[영 (6) 참조]

73. 발전차액의 지원 중단 및 환수 절차에서, 산업통상자원부장관의 자료 요구에 따르지 아니하거나 거짓으로 자료를 제출하는 행위를 한 경우, 그 조치 사항으로 잘못된 것은?

① 위반행위를 1회 한 경우 → 경고
② 경고를 받고도 반성하지 않을 경우 → 발전차액을 환수
③ 위반행위를 2회 한 경우 → 시정명령
④ 시정명령에 따르지 아니한 경우 → 발전차액의 지원 중단

[해설] 발전차액의 지원 중단 및 환수 절차[영 (9) 참조]
거짓이나 부정한 방법으로 발전차액을 지원받은 경우 → 발전차액 환수

74. 발전차액의 지원 중단 및 환수 절차에서, 거짓이나 부정한 방법으로 발전차액을 지원받은 행위를 한 경우, 그 조치 사항은?

① 경고   ② 시정명령
③ 시정명령   ④ 발전차액 환수

[해설] 발전차액의 지원 중단 및 환수 절차[영 (9) 참조]

75. 신·재생에너지 설비 및 그 부품에 대한 공용화 품목의 지정 절차 등에서, 다음 중 공용화 품목의 지정요청서에 첨부할 서류가 아닌 것은?

① 대상 품목의 명칭·규격 및 설명서
② 공용화 품목으로 지정받으려는 사유
③ 공용화 품목으로 지정될 경우의 기대 효과
④ 대상 품목의 구입 가격

[해설] 공용화 품목의 지정 절차 등[영 (10) 참조]

76. 관리기관의 지정 취소 기준 등에서, 혼합의무 관리기준을 준수하지 아니하여 시정명령을 받고도 이를 이행하지 않은 경우, 처분 기준으로 틀린 것은?

① 1차 위반 경우 → 업무정지 1개월
② 2차 위반 경우 → 업무정지 3개월
③ 3차 위반 경우 → 지정취소
④ 4차 위반 경우 → 과태료 청구

[해설] 관리기관의 지정 취소 및 업무정지의 기준 등[영 (13) 참조]

77. 다음 중 신·재생에너지 통계전문 기관은?

[정답] 72. ②   73. ②   74. ④   75. ④   76. ④   77. ②

① 신·재생에너지협회
② 신·재생에너지센터
③ 통계청
④ 전기공사협회

[해설] 신·재생에너지 통계의 전문기관[규칙 (14) 참조]

78. 신·재생에너지 기술 사업화의 지원 절차 등에서, 시험제품 제작 및 설비투자의 경우 융자 지원 범위는 필요한 자금의 몇 퍼센트인가?

① 100   ② 80
③ 60   ④ 50

[해설] 신·재생에너지 기술 사업화의 지원 절차 등[영 (15) 참조]

79. 신·재생에너지 기술 사업화의 지원절차 등에서, 신·재생에너지 기술의 교육 및 홍보의 경우 융자 지원 범위는 필요한 자금의 몇 퍼센트인가?

① 100   ② 80
③ 60   ④ 50

[해설] 신·재생에너지 기술 사업화의 지원 절차 등[영 (15) 참조]

80. 신·재생에너지 설비의 하자보수에서, 하자보수의 기간은 몇 년의 범위에서 산업통상자원부장관이 정하여 고시하는가?

① 1   ② 2   ③ 3   ④ 5

[해설] 신·재생에너지 설비의 하자보수[영 (17) 참조]

81. 규제의 재검토에서, 산업통상자원부장관은 신·재생에너지전문기업의 신고 등에 대하여 2014년 1월 1일을 기준으로 몇 년마다 그 타당성을 검토하여 개선 등의 조치를 하여야 하는가?

① 1   ② 2   ③ 3   ④ 5

[해설] 규제의 재검토[영 (19) 참조]

82. 규제의 재검토에서, 산업통상자원부장관은 공개할 수 있는 신·재생에너지전문기업의 정보에 대하여 2015년 1월 1일을 기준으로 몇 년마다 그 타당성을 검토하여 개선 등의 조치를 하여야 하는가?

① 1   ② 2   ③ 3   ④ 5

[해설] 규제의 재검토[영 (19) 참조]

정답 78. ① 79. ② 80. ④ 81. ③ 82. ③

제12장 전기설비기술기준 및 판단기준

1. 전기설비기술기준

제1장 총 칙

(1) 목적(기술 제1조)

이 고시는 발전·송전·변전·배전 또는 전기 사용을 위하여 시설하는 기계·기구·댐·수로·저수지·전선로·보안통신선로 그 밖의 시설물의 안전에 필요한 성능과 기술적 요건을 규정함을 목적으로 한다.

(2) 안전 원칙(기술 제2조)

① 전기설비는 감전, 화재 그밖에 사람에게 위해(危害)를 주거나 물건에 손상을 줄 우려가 없도록 시설하여야 한다.
② 전기설비는 사용 목적에 적절하고 안전하게 작동하여야 하며, 그 손상으로 인하여 전기 공급에 지장을 주지 않도록 시설하여야 한다.
③ 전기설비는 다른 전기설비, 그 밖의 물건의 기능에 전기적 또는 자기적인 장해를 주지 않도록 시설하여야 한다.

(3) 정의(기술 제3조)

① 이 고시에서 사용하는 용어의 정의
  ㈎ 발전소 : 발전기·원동기·연료전지·태양전지·해양에너지 그 밖의 기계기구를 시설하여 전기를 발생시키는 곳을 말한다.
  ㈏ 변전소 : 변전소의 밖으로부터 전송받은 전기를 변전소 안에 시설한 변압기·전동발전기·회전변류기·정류기 그 밖의 기계기구에 의하여 변성하는 곳으로서, 변성한 전기를 다시 변전소 밖으로 전송하는 곳을 말한다.

㈐ 개폐소 : 개폐소 안에 시설한 개폐기 및 기타 장치에 의하여 전로를 개폐하는 곳으로서, 발전소·변전소 및 수용장소 이외의 곳을 말한다.
㈑ 급전소 : 전력계통의 운용에 관한 지시 및 급전조작을 하는 곳을 말한다.
㈒ 전선 : 강전류 전기의 전송에 사용하는 전기 도체, 절연물로 피복한 전기 도체 또는 절연물로 피복한 전기 도체를 다시 보호 피복한 전기 도체를 말한다.
㈓ 전로 : 통상의 사용 상태에서 전기가 통하고 있는 곳을 말한다.
㈔ 전선로 : 발전소·변전소·개폐소, 이에 준하는 곳, 전기사용장소 상호 간의 전선 및 이를 지지하거나 수용하는 시설물을 말한다.
㈕ 전기기계기구 : 전로를 구성하는 기계기구를 말한다.
㈖ 연접인입선 : 한 수용장소의 인입선에서 분기하여 지지물을 거치지 아니하고 다른 수용장소의 인입구에 이르는 부분의 전선을 말한다.
  ㉮ 인입선 : 가공인입선 및 수용장소의 조영물의 옆면 등에 시설하는 전선으로서 그 수용장소의 인입구에 이르는 부분의 전선을 말한다.
  ㉯ 가공인입선 : 가공전선로의 지지물로부터 다른 지지물을 거치지 아니하고 수용장소의 붙임점에 이르는 가공전선을 말한다.
㈗ 배선 : 전기사용장소에 시설하는 전선을 말한다.
㈘ 약전류전선로 : 약전류전선 및 이를 지지하거나 수용하는 시설물을 말한다.
㈙ 지지물 : 목주·철주·철근 콘크리트주 및 철탑과 이와 유사한 시설물로서 전선·약전류전선 또는 광섬유케이블을 지지하는 것을 주된 목적으로 하는 것을 말한다.
㈚ 조상설비 : 무효전력을 조정하는 전기기계기구를 말한다.
㈛ 전력보안 통신설비 : 전력의 수급에 필요한 급전·운전·보수 등의 업무에 사용되는 전화 및 원격지에 있는 설비의 감시·제어·계측·계통보호를 위해 전기적·광학적으로 신호를 송·수신하는 제 장치·전송로 설비 및 전원 설비 등을 말한다.

② 전압의 구분

표 12-1 전압의 구분

전압의 구분	기 준	
	직 류	교 류
저압	750 V 이하	600 V 이하
고압	750 V 초과, 7 kV 이하	600 V 초과, 7 kV 이하
특별고압	7 kV 초과	

③ 특고압의 다선식 전로의 중성선과 다른 1선을 전기적으로 접속하여 시설하는 전기설비의 사용전압 또는 최대사용전압은 그 다선식 전로의 사용전압 또는 최대사용전압을 말한다.

(4) 적합성 판단(기술 제4조)

① 이 고시에서 규정하는 안전에 필요한 성능과 기술적 요건
 ㈎ 대한전기협회에 설치된 한국전기기술기준위원회에서 채택하여 산업통상자원부장관의 승인을 받은 "전기설비기술기준의 판단기준"
 ㈏ 기준위원회에서 이 고시의 제정 취지로 보아 안전 확보에 필요한 충분한 기술적 근거가 있다고 인정되어 산업통상자원부장관의 승인을 받은 경우

제 2 장　전기공급설비 및 전기사용설비

제 1 절　일반 사항

(1) 전로의 절연(기술 제5조)

① 전로는 다음 각호의 경우 이외에는 대지로부터 절연시켜야 한다.
 ㈎ 구조상 부득이한 경우로서 통상 예견되는 사용 형태로 보아 위험이 없는 경우
 ㈏ 혼촉에 의한 고전압의 침입 등의 이상이 발생하였을 때 위험을 방지하기 위한 접지 접속점 그 밖의 안전에 필요한 조치를 하는 경우
② 변성기 안의 권선과 그 변성기 안의 다른 권선 사이의 절연성능은 사고 시에 예상되는 이상전압을 고려하여 절연파괴에 의한 위험의 우려가 없는 것이어야 한다.

(2) 전기설비의 접지(기술 제6조)

① 전기설비가 필요한 곳에는 이상 시 전위 상승, 고전압의 침입 등에 의한 감전, 화재 그밖에 사람에 위해를 주거나 물건에 손상을 줄 우려가 없도록 접지를 하고 그밖에 적절한 조치를 하여야 한다.
② 전기설비를 접지하는 경우에는 전류가 안전하고 확실하게 대지로 흐를 수 있도록 하여야 한다.

(3) 전기설비의 피뢰(기술 제6조의2)

① 뇌방전으로 인한 과전압으로부터 전기설비의 손상, 감전 또는 화재의 우려가 없도록 피뢰설비를 시설하고 그밖에 적절한 조치를 하여야 한다.

(4) 고압 또는 특고압 전기기계기구의 시설(기술 제10조)

① 고압 또는 특고압의 전기기계기구는 취급자 이외의 사람이 쉽게 접촉할 우려가 없도록 시설하여야 한다. 다만, 접촉에 의한 위험의 우려가 없는 경우에는 그러하지 아니하다.

② 고압 또는 특고압의 개폐기·차단기·피뢰기 그밖에 이와 유사한 기구로서 동작할 때에 아크가 생기는 것은 화재의 우려가 없도록 목재(木製)의 벽 또는 천장 기타 가연성 구조물 등으로부터 이격하여 시설하여야 한다. 다만, 내화성 재료 등으로 양자 사이를 격리한 경우에는 그러하지 아니하다.

(5) 절연유(기술 제20조)

① 사용전압이 100 kV 이상의 중성점 직접접지식 전로에 접속하는 변압기를 설치하는 곳에는 절연유의 구외 유출 및 지하 침투를 방지하기 위한 설비를 갖추어야 한다.
② 폴리염화비페닐을 함유한 절연유를 사용한 전기기계기구는 전로에 시설하여서는 아니 된다.

폴리염화비페닐(폴리염화바이페닐)
1. 흔히 Poly Chlorinated Biphenyl의 약자인 PCB로 표기한다.
2. 절연성이나 열의 보존성이 높아 변압기, 자동차의 자동변속기의 전기절연체 및 각종 테이프, 도료, 인쇄잉크 등에도 쓰인다.

제 2 절 전기공급설비의 시설

(6) 발전소 등의 시설(기술 제21조)

① 발전소·변전소·개폐소에는 위험표시를 하고 취급자 이외의 사람이 쉽게 구내에 출입할 우려가 없도록 적절한 조치를 하여야 한다.
② 발전소·변전소·개폐소에는 감시 및 조작을 안전하고 확실하게 하기 위하여 필요한 조명 설비를 하여야 한다.

(7) 발전소 등의 부지(site) 시설조건(기술 제21조의2)

① 전용하고자 하는 산지의 평균 경사도가 25도 이하여야 하며, 산지전용면적 중 산지전용으로 발생되는 절·성토 경사면의 면적이 100분의 50을 초과해서는 아니 된다.
② 산지전용 후 발생하는 절·성토면의 수직높이는 15 m 이하로 한다.
③ 산지전용 후 발생하는 절토면 최하단부에서 발전 및 변전설비까지의 최소이격거리는 보안울타리, 외곽도로, 수림대 등을 포함하여 6 m 이상이 되어야 한다.

(8) 전선로의 전선 및 절연성능(기술 제27조)

① 저·고압 가공전선은 감전의 우려가 없도록 사용전압에 따른 절연성능을 갖는 절연전선 또는 케이블을 사용하여야 한다.

② 지중전선은 절연성능을 갖는 케이블을 사용하여야 한다.
③ 저압전선로 중 절연 부분의 전선과 대지 사이 및 전선의 심선 상호 간의 절연저항은 사용전압에 대한 누설전류가 최대공급전류의 1/2,000을 넘지 않도록 하여야 한다.

(9) 고압 및 특고압 전로의 피뢰기 시설(기술 제34조)
① 피뢰기 설치 장소
    ㈎ 발전소·변전소 또는 이에 준하는 장소의 가공전선 인입구 및 인출구
    ㈏ 가공전선로에 접속하는 배전용 변압기의 고압 측 및 특고압 측
    ㈐ 고압 또는 특고압의 가공전선로로부터 공급을 받는 수용장소의 인입구
    ㈑ 가공전선로와 지중전선로가 접속되는 곳

(10) 연접인입선의 시설(기술 제39조)
① 고압 또는 특고압의 연접인입선은 시설하여서는 아니 된다. 다만, 특별한 사정이 있고, 그 전선로를 시설하는 조영물의 소유자 또는 점유자의 승낙을 받은 경우에는 그러하지 아니하다.

제 3 절 전기사용설비의 시설

(11) 배선의 시설(기술 제50조)
① 배선은 시설 장소의 환경 및 전압에 따라 감전 또는 화재의 우려가 없도록 시설하여야 한다.
② 이동전선을 전기기계기구와 접속하는 경우에는 접속불량에 의한 감전 또는 화재의 우려가 없도록 시설하여야 한다.
③ 특고압 이동전선은 제①항 및 제②항의 규정에도 불구하고 시설하여서는 아니 된다.

(12) 배선의 사용전선(기술 제51조)
① 배선에 사용하는 전선은 감전 또는 화재의 우려가 없도록 시설 장소의 환경 및 전압에 따라 사용상 충분한 강도 및 절연성능을 갖는 것이어야 한다.
② 배선에는 나전선을 사용하여서는 아니 된다.
③ 특고압 배선에는 접촉전선을 사용하여서는 아니 된다.

(13) 저압전로의 절연성능(기술 제52조)
① 전로의 전선 상호 간 및 전로와 대지 사이의 절연저항은 표 12-2에서 정한 값 이상이어야 한다.

표 12-2 절연저항

전로의 사용전압 구분		절연저항
400 V 미만	대지전압이 150 V 이하인 경우	0.1 MΩ
	대지전압이 150 V 초과 300 V 이하인 경우	0.2 MΩ
	사용전압이 300 V 초과 400 V 미만인 경우	0.3 MΩ
400 V 이상		0.4 MΩ

㈜ 대지전압이란, 접지식 전로는 전선과 대지 사이의 전압, 비접지식 전로는 전선 간의 전압을 말한다.

(14) 가연성 가스 등이 있는 장소(기술 제61조)

① 다음 각호의 장소에 시설하는 전기설비는 폭발 또는 화재의 우려가 없도록 시설하여야 한다.

㈎ 가연성 가스 또는 인화성 물질의 증기가 새거나 체류하는 장소로 점화원이 있으면 폭발할 우려가 있는 장소

㈏ 분진이 있는 곳으로 점화원이 있으면 폭발할 우려가 있는 장소

㈐ 화약류가 있는 장소

㈑ 셀룰로이드, 성냥, 석유류, 기타 타기 쉬운 위험한 물질을 제조하거나 저장하는 장소

2. 전기설비기술기준의 판단기준

제1장 총 칙

제1절 통 칙

(1) 목적(판단 제1조)

이 판단기준은 전기설비기술기준 제1장 및 제2장에서 정하는 전기공급설비 및 전기사용설비의 안전성능에 대한 구체적인 기술적 사항을 정하는 것을 목적으로 한다.

(2) 정의(판단 제2조)

① 이 판단기준에서 사용하는 용어의 정의는 다음 각호와 같다.

㈎ 가공인입선 : 가공전선로의 지지물로부터 다른 지지물을 거치지 아니하고 수용장소의 붙임점에 이르는 가공전선을 말한다.

(나) 옥내배선 : 옥내의 전기사용장소에 고정시켜 시설하는 전선을 말한다.
(다) 옥측배선 : 옥외의 전기사용장소에서 그 전기사용장소에서의 전기 사용을 목적으로 조영물에 고정시켜 시설하는 전선을 말한다.
(라) 옥외배선 : 옥외의 전기사용장소에서 그 전기사용장소에서의 전기 사용을 목적으로 고정시켜 시설하는 전선을 말한다.
(마) 관등회로 : 방전등용 안정기로부터 방전관까지의 전로를 말한다.
(바) 지중 관로 : 지중 전선로 · 지중 약전류전선로 · 지중 광섬유 케이블 선로 · 지중에 시설하는 수관 및 가스관과 이와 유사한 것 및 이들에 부속하는 지중함 등을 말한다.
(사) 제1차 접근 상태 : 가공전선이 다른 시설물과 접근하는 경우에 가공전선이 다른 시설물의 위쪽 또는 옆쪽에서 수평거리로 가공전선로의 지지물의 지표상의 높이에 상당하는 거리 안에 시설됨으로써 가공전선로의 전선의 절단, 지지물의 도괴 등의 경우에 그 전선이 다른 시설물에 접촉할 우려가 있는 상태를 말한다.
(아) 제2차 접근 상태 : 가공전선이 다른 시설물과 접근하는 경우에 그 가공전선이 다른 시설물의 위쪽 또는 옆쪽에서 수평거리로 3 m 미만인 곳에 시설되는 상태를 말한다.

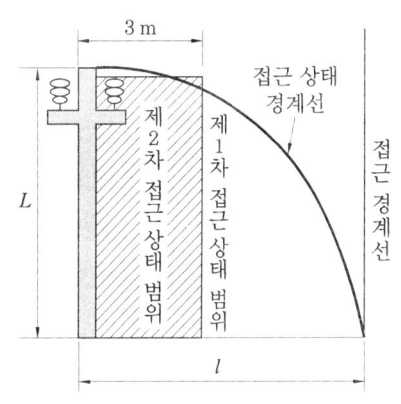

그림 12-1 접근 상태

(자) 분산형 전원 : 중앙급전 전원과 구분되는 것으로서 전력소비지역 부근에 분산하여 배치 가능한 전원을 말하며, 신·재생에너지 발전설비, 전기저장장치 등을 포함한다.
(차) 계통연계 : 분산형 전원을 송전사업자나 배전사업자의 전력계통에 접속하는 것을 말한다.
(카) 단독운전 : 전력계통의 일부가 전력계통의 전원과 전기적으로 분리된 상태에서 분산형 전원에 의해서만 가압되는 상태를 말한다.
(타) 인버터 : 전력용 반도체소자의 스위칭 작용을 이용하여 직류전력을 교류전력으로 변환하는 장치를 말한다.
(파) 접속설비 : 공용 전력계통으로부터 특정 분산형 전원 설치자의 전기설비에 이르기까지의 전선로와 이에 부속하는 개폐장치, 모선 및 기타 관련 설비를 말한다.
(하) 단순 병렬운전 : 자가용 발전설비를 배전계통에 연계하여 운전하되, 생산한 전력의 전부를 자체적으로 소비하기 위한 것으로서 생산한 전력이 연계계통으로 유입되지 않는 병렬 형태를 말한다.

제 2 절 전 선

(3) 전선 일반 요건(판단 제3조)
① 전선은 다음 각호의 어느 하나에 적합한 것을 사용하여야 한다.
   (가) 전기용품안전 관리법의 적용을 받는 것 이외에는 한국산업표준(KS)에 적합한 것
   (나) 한국전기기술기준위원회 표준에 적합한 것
② 제①항에 의한 전선은 통상 사용 상태에서의 온도에 견디는 것
③ 전선은 설치 장소의 환경조건에 적절하고 발생할 수 있는 전기·기계적 응력에 견디는 능력이 있는 것

(4) 절연전선(판단 제4조)
① 다음의 각호에 적합한 것을 사용하여야 한다.
   (가) KS C IEC에 적합한 것
      ㉮ 450/750 V 비닐절연전선
      ㉯ 450/750 V 저독 난연 폴리올레핀 절연전선
      ㉰ 750 V 고무절연전선
   (나) (가)항 이외의 것은 한국전기기술기준위원회 표준 KECS 1501-2009의 501.02에 적합한 것
      ㉮ 특고압 절연전선
      ㉯ 고압 절연전선
      ㉰ 600 V급 저압 절연전선 또는 옥외용 비닐절연전선

(5) 다심형 전선(판단 제5조)
   절연물로 피복한 도체와 절연물로 피복하지 아니한 도체로 구성되는 전선에는 한국전기기술기준위원회에서 정하는 표준에 적합한 것을 사용하여야 한다.

(6) 코드(판단 제6조)
① 코드는 전기용품안전 관리법에 의한 안전인증을 받은 것을 사용하여야 한다.
② 코드는 이 판단기준에서 허용된 경우에 한하여 사용할 수 있다.

(7) 캡타이어케이블(판단 제7조)
   캡타이어케이블은 전기용품안전 관리법의 적용을 받는 것 이외에는 KS C IEC 60502 "정격전압 1~30 kV 압출 성형 절연 전력케이블 및 그 부속품"에 적합한 것을 사용하여야 한다.

(8) 저압 케이블(판단 제8조)

① 저압인 전로의 전선으로 사용하는 케이블은 전기용품안전 관리법의 적용을 받는 것 이외에는 다음과 같다.
  ㈎ KS C IEC 60502-1에 적합한
    ㉮ 0.6/1 kV 연피(鉛皮)케이블 ㉯ 알루미늄피케이블
    ㉰ 클로로프렌외장(外裝)케이블 ㉱ 비닐외장케이블
    ㉲ 폴리에틸렌외장케이블
  ㈏ 정해진 규정에 따른
    ㉮ 미네럴인슈레이션케이블 ㉯ 유선텔레비전용 급전겸용 동축 케이블
    ㉰ 가요성 알루미늄피케이블

(9) 전선의 접속법(판단 제11조)

① 전선을 접속하는 경우에는 전선의 전기저항을 증가시키지 아니하도록 접속하여야 한다.
  ㈎ 나전선 상호 또는 나전선과 절연전선 캡타이어케이블 또는 케이블과 접속하는 경우에는 다음에 의할 것
    ㉮ 전선의 세기(인장하중)를 20 % 이상 감소시키지 아니할 것
    ㉯ 접속 부분은 접속관 기타의 기구를 사용할 것
  ㈏ 접속 부분은 그 부분의 절연전선의 절연물과 동등 이상의 절연효력이 있는 것으로 충분히 피복할 것
  ㈐ 코드 상호, 캡타이어케이블 상호, 케이블 상호 또는 이들 상호를 접속하는 경우에는 코드 접속기·접속함 기타의 기구를 사용할 것
  ㈑ 전기화학적 성질이 다른 도체를 접속하는 경우에는 접속 부분에 전기적 부식이 생기지 아니하도록 할 것
  ㈒ 도체에 알루미늄을 사용하는 절연전선 또는 케이블을 옥내배선·옥측배선 또는 옥외배선에 사용하는 경우에 그 전선을 접속할 때에는 접속기를 사용할 것
  ㈓ 두 개 이상의 전선을 병렬로 사용하는 경우
    ㉮ 병렬로 사용하는 각 전선의 굵기는 동선 50 mm^2 이상 또는 알루미늄 70 mm^2 이상으로 하고, 전선은 같은 도체, 같은 재료, 같은 길이 및 같은 굵기의 것을 사용할 것
    ㉯ 같은 극의 각 전선은 동일한 터미널러그에 완전히 접속할 것
    ㉰ 같은 극인 각 전선의 터미널러그는 동일한 도체에 2개 이상의 리벳 또는 2개 이상의 나사로 접속할 것
    ㉱ 병렬로 사용하는 전선에는 각각에 퓨즈를 설치하지 말 것
    ㉲ 교류회로에서 병렬로 사용하는 전선은 금속관 안에 전자적 불평형이 생기지 않도록 시설할 것

제 3 절 전로의 절연 및 접지

(10) 전로의 절연(판단 제12조)
① 전로는 다음 각호의 부분 이외에는 대지로부터 절연하여야 한다.
　㈎ 저압전로에 접지공사를 하는 경우의 접지점
　㈏ 저압전로와 사용전압이 300 V 이하의 저압전로를 결합하는 변압기의 2차 측 전로에 접지공사를 하는 경우의 접지점[그림 12-2(a)]

> **플러스** 사용전압 300 V 이하의 저압전로
> 1. 자동제어회로   2. 원방조작회로   3. 원방감시장치의 신호회로   4. 기타(유사한 회로)

　㈐ 계기용 변성기의 2차 측 전로에 접지공사를 하는 경우의 접지점[그림 12-2(b)]
　㈑ 중성점이 접지된 특고압 가공선로의 중성선에 다중 접지를 하는 경우의 접지점 [그림 12-2(c)]
　㈒ 전로의 중성점에 접지공사를 하는 경우의 접지점[그림 12-2(d)]
　㈓ 소구경관(小口徑管)에 접지공사를 하는 경우의 접지점

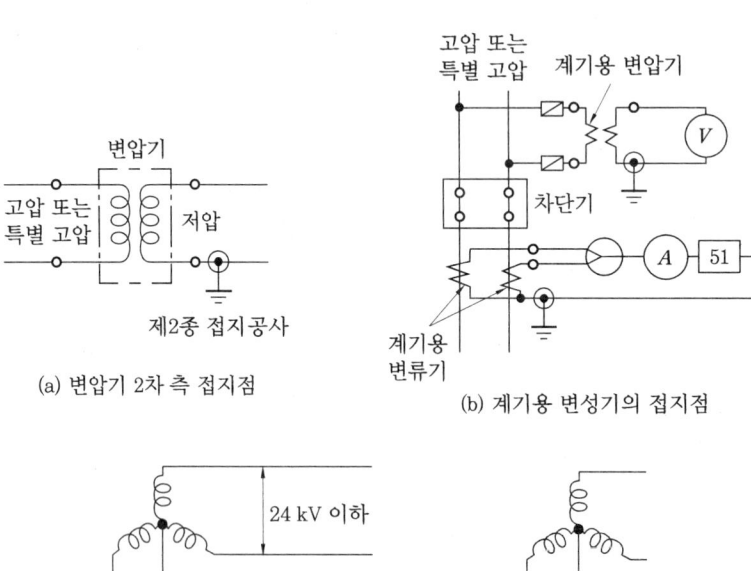
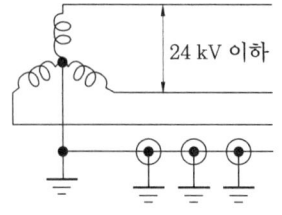
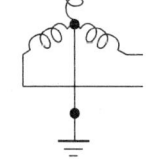

그림 12-2 전로절연원칙 예외 장소의 보기

(사) 저압 가공전선의 특고압 가공전선과 동일 지지물에 시설되는 부분에 접지공사를 하는 경우의 접지점
(아) 다음과 같이 절연할 수 없는 부분
    ㉮ 전로의 일부를 대지로부터 절연하지 아니하고 전기를 사용하는 것이 부득이한 것
- 시험용 변압기
- 전력선 반송용 결합 리액터
- 전기울타리용 전원장치
- 엑스선발생장치
- 전기부식방지용 양극
- 단선식 전기철도의 귀선 등

    ㉯ 대지로부터 절연하는 것이 기술상 곤란한 것
- 전기욕기
- 전기로
- 전기보일러
- 전해조 등

(자) 직류계통에 접지공사를 하는 경우의 접지점

(11) 전로의 절연저항 및 절연내력(판단 제13조)

저압인 전로에서 정전이 어려운 경우 등 절연저항 측정이 곤란한 경우에는 누설전류를 1 mA 이하로 유지하여야 한다.

(12) 연료전지 및 태양전지 모듈의 절연내력(판단 제15조)

① 시험 전압 : 최대사용전압의 1.5배의 직류전압 또는 1배의 교류전압
② 시험 방법 : 충전 부분과 대지 사이에 연속하여 10분간 가하여 절연내력시험
※ 1배의 교류전압이 500 V 미만으로 되는 경우에는 500 V를 가한다.

(13) 접지공사의 종류(판단 제18조)

① 접지공사의 종류에 따른 각 접지공사별 접지저항값은 다음 표 12-3에서 정한 값 이하로 유지하여야 한다.

표 12-3 접지공사의 종류

접지공사의 종류	접지저항값
제1종 접지공사	10 Ω
제2종 접지공사	변압기의 고압 측 또는 특고압 측의 전로의 1선 지락전류의 암페어 수로 150을 나눈 값과 같은 Ω수
제3종 접지공사	100 Ω
특별 제3종 접지공사	10 Ω

㈜ 제2종의 접지저항값 란에서, "150" 대신에
1. 변압기의 고압 측 전로 또는 사용전압이 35 kV 이하의 특고압 측 전로가 저압 측 전로와 혼촉하여 저압 측 전로의 대지전압이 150 V를 초과하는 경우에, 1초를 초과하고 2초 이내에 자동적으로 고압전로 또는 사용전압이 35 kV 이하의 특고압 전로를 차단하는 장치를 설치할 때는 300
2. 1초 이내에 자동적으로 고압전로 또는 사용전압 35 kV 이하의 특고압전로를 차단하는 장치를 설치할 때는 600

② 저압전로에 지락이 생겼을 경우에 0.5초 이내에 자동적으로 전로를 차단하는 장치를 시설하는 경우에, 제3종, 특별 제3종 접지공사의 접지저항값은 자동 차단기의 정격감도전류에 따라 표 12-4에서 정한 값 이하로 하여야 한다.

표 12-4 자동차단기의 정격감도전류에 따른 접지저항값

정격감도전류(mA)	접지저항값(Ω)	
	물기 있는 장소, 전기적 위험도가 높은 장소	그 외 다른 장소
30 이하	500	500
50	300	500
100	150	500
200	75	250
300	50	166
500	30	100

③ 고압 및 특고압과 저압 전기설비의 접지극이 서로 근접하여 시설되어 있는 변전소에서는 다음 각호에 적합하게 공통접지공사를 할 수 있다.
  ㈎ 저압 접지극이 고압 및 특고압 접지극의 접지저항 형성 영역에 완전히 포함되어 있다면 위험전압이 발생하지 않도록 이들 접지극을 상호 접속하여야 한다.
  ㈏ ㈎호에 따라 접지공사를 하는 경우 고압 및 특고압계통의 지락사고로 인해 저압계통에 가해지는 상용주파 과전압은 표 12-5에서 정한 값을 초과해서는 안 된다.
④ 전기설비의 접지계통과 건축물의 피뢰설비 및 통신설비 등의 접지극을 공용하는 통합접지공사를 할 수 있다.

표 12-5 상용주파 과전압

고압계통에서 지락고장시간(초)	저압설비의 허용 상용주파 과전압(V)
> 5	$U_o + 250$
≤ 5	$U_o + 1,200$
중성선 도체가 없는 계통에서 U_o는 선간전압을 말한다.	

㈜ 1. 이 표의 1행은 중성점 비접지나 소호리액터 접지된 고압계통과 같이 긴 차단시간을 갖는 고압계통에 관한 것이다. 2행은 저저항 접지된 고압계통과 같이 짧은 차단시간을 갖는 고압계통에 관한 것이다. 두 행 모두 순시 상용주파 과전압에 대한 저압기기의 절연 설계기준과 관련된다.
  2. 중성선이 변전소 변압기의 접지계에 접속된 계통에서 외함이 접지되어 있지 않은 건물 외부에 위치한 기기의 절연에도 일시적 상용주파 과전압이 나타날 수 있다.

(14) 각종 접지공사의 세목(판단 제19조)

① 접지공사의 접지선은 표 12-6에서 정한 굵기의 연동선 또는 이와 동등 이상의 세기 및 굵기의 것을 사용하여야 한다.

표 12-6 접지선의 굵기

접지공사의 종류	접지선의 굵기
제1종 접지공사	공칭단면적 6 mm^2 이상의 연동선
제2종 접지공사	공칭단면적 16 mm^2 이상의 연동선
제3종 및 특별 제3종 접지공사	공칭단면적 2.5 mm^2 이상의 연동선

② 이동하여 사용하는 전기기계기구의 금속제 외함 등에 접지공사를 하는 경우 표 12-7에서 정한 값 이상의 단면적을 가지는 접지선을 사용하여야 한다.

표 12-7 접지선의 종류

접지공사의 종류	접지선의 종류	접지선의 단면적
제1종 및 제2종 접지공사	3, 4종 클로로프렌캡타이어케이블 및 3, 4종 클로로설포네이트폴리에틸렌캡타이어케이블의 일심 또는 다심 캡타이어케이블의 차폐 기타의 금속체	10 mm^2
제3종 및 특별 제3종 접지공사	다심 코드 또는 다심 캡타이어케이블의 일심	0.75 mm^2
	다심 코드 및 다심 캡타이어케이블의 일심 이외의 가요성이 있는 연동연선	1.5 mm^2

③ 제1종, 제2종 접지공사에 사용하는 접지선을 사람이 접촉할 우려가 있는 곳에 시설하는 경우에는 ②항의 경우 이외에는 다음 각호에 따라야 한다.
  (가) 접지극은 지하 75 cm 이상으로 하되 동결 깊이를 감안하여 매설할 것
  (나) 접지선을 철주 기타의 금속체를 따라서 시설하는 경우에는 접지극을 철주의 밑면으로부터 30 cm 이상의 깊이에 매설하는 경우 이외에는 접지극을 지중에서 그 금속체로부터 1 m 이상 떼어 매설할 것
  (다) 접지선에는 절연전선, 캡타이어케이블 또는 케이블을 사용할 것. 다만, 접지선을 철주 기타의 금속체를 따라서 시설하는 경우 이외의 경우에는 접지선의 지표상 60 cm를 초과하는 부분에 대하여는 그러하지 아니하다.
  (라) 접지선의 지하 75 cm로부터 지표상 2 m까지의 부분은 전기용품안전 관리법의 적용을 받는 합성수지관 또는 이와 동등 이상의 몰드로 덮을 것. 단, 두께 2 mm 미만의 합성수지제 전선관 및 난연성이 없는 콤바인덕트관을 제외한다.

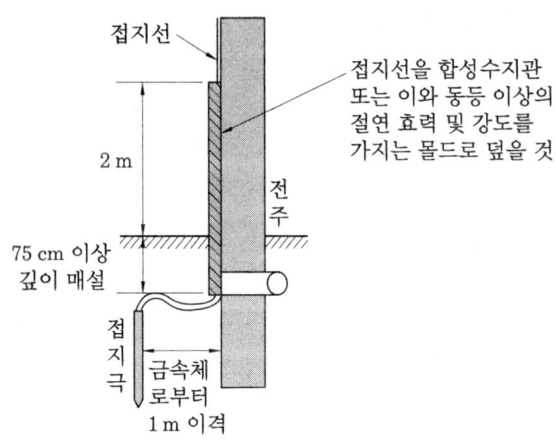

그림 12-3 접지공사의 특례

④ 제1종, 제2종 접지공사에 사용하는 접지선을 시설한 지지물에는 피뢰침용 지선을 시설하여서는 아니 된다.

(15) 제3종 접지공사 등의 특례(판단 제20조)

금속체와 대지 사이의 전기저항값이 100 Ω 이하인 경우에는 제3종 접지공사로, 10 Ω 이하인 경우에는 특별 제3종 접지공사를 한 것으로 본다.

(16) 수도관 등의 접지극(판단 제21조)

① 지중에 매설되어 있고 대지와의 전기저항값이 3 Ω 이하의 값을 유지하고 있는 금속제 수도관로는 이를 제1종·제2종·제3종·특별 제3종 접지공사 기타의 접지공사의 접지극으로 사용할 수 있다.
② 제①항의 규정에 의하여 금속제 수도관로를 접지공사의 접지극으로 사용하는 경우에는 다음 각호에 따라야 한다.
  ㈎ 접지선과 금속제 수도관로의 접속은 안지름 75 mm 이상인 금속제 수도관의 부분 또는 이로부터 분기한 안지름 75 mm 미만인 금속제 수도관의 분기점으로부터 5 m 이내의 부분에서 할 것. 다만, 수도관로와 대지 사이의 전기저항값이 2 Ω 이하인 경우에는 분기점으로부터의 거리는 5 m를 넘을 수 있다.
  ㈏ 접지선과 금속제 수도관로의 접속부를 수도계량기로부터 수도 수용가 측에 설치하는 경우에는 수도계량기를 사이에 두고 양측 수도관로를 전기적으로 확실하게 연결할 것

(17) 수용장소의 인입구의 접지(판단 제22조)

① 수용장소의 인입구 부근에서 다음 각호의 것을 접지극으로 사용하여 이를 제2종 접

지공사를 한 저압전선로의 중성선 또는 접지 측 전선에 추가로 접지공사를 할 수 있다.
　(가) (16)-①항의 금속제 수도관로가 있는 경우
　(나) 대지 사이의 전기저항값이 3 Ω 이하인 값을 유지하는 건물의 철골이 있는 경우
　(다) (18)에 따라 TN-C-S 접지계통으로 시설하는 저압수용장소의 접지극

 TN 접지 방식(중성선 및 보호도체의 시설 방법에 따라 크게 3가지로 구분)
1. TN-S방식 : 계통 전체에 있어서 중성선(N)과 보호도체(PE)를 분리
2. TN-C방식 : 계통 전체에 있어서 중성선과 보호도체의 기능을 동일한 도체(PEN)로 겸용
3. TN-C-S방식 : 계통 일부에서 중성선과 보호도체의 기능을 동일한 도체로 겸용

② 제①항의 경우 접지선은 공칭단면적 6 mm^2 이상의 연동선 또는 이와 동등 이상의 것이어야 한다.

(18) 주택 등 저압수용장소 접지(판단 제22조의 2)
① 주택 등 저압수용장소에서 TN-C-S 접지 방식으로 접지공사를 하는 경우에 보호도체는
　(가) 중성선 겸용 보호도체(PEN)는 고정 전기설비에만 사용할 수 있다.
　(나) 그 도체의 단면적이 구리는 10 mm^2 이상, 알루미늄은 16 mm^2 이상이어야 한다.
　(다) 그 계통의 최고전압에 대하여 절연시켜야 한다.
② 제①항에 따라 접지공사를 하는 경우에는 보호 등전위본딩을 하여야 한다.

 등전위본딩 : 건축물의 공간에서 금속도체 상호 간의 접속으로 전위를 같게 하는 것

(19) 계기용 변성기의 2차 측 전로의 접지(판단 제26조)
① 고압은 제3종 접지공사를 하여야 한다.
② 특고압은 제1종 접지공사를 하여야 한다.

(20) 전로의 중성점의 접지(판단 제27조)
① 전로의 중성점에 접지공사를 할 경우에는 다음 각호에 따라야 한다.
　(가) 접지극은 고장 시 그 근처의 대지 사이에 생기는 전위차에 의하여 사람이나 가축 또는 다른 시설물에 위험을 줄 우려가 없도록 시설할 것
　(나) 접지선은 공칭단면적 16 mm^2 이상의 연동선 또는 이와 동등 이상의 금속선으로서 고장 시 흐르는 전류가 안전하게 통할 수 있는 것을 사용하고 또한 손상을 받을 우려가 없도록 시설할 것. 여기서, 저압 전로의 중성점에 시설하는 것은 공칭단면적 6 mm^2 이상의 연동선 또는 동등 이상의 금속선

② 변압기의 안정권선이나 유휴권선(遊休卷線) 또는 전압조정기의 내장권선을 접지공사를 할 때에는 제1종 접지공사를 하여야 한다.

제 4 절 기계 및 기구

(21) 특고압용 변압기의 시설 장소(판단 제28조)
① 특고압용 변압기는 발전소·변전소·개폐소 또는 이에 준하는 곳에 시설하여야 한다. 다만, 다음 각호의 변압기는 각각의 규정에 따라 필요한 장소에 시설할 수 있다.
  ㈎ 특고압 배전용 배전용 변압기
  ㈏ 다중접지식 특고압 가공전선로에 접속하는 변압기
  ㈐ 교류식 전기철도용 신호회로 등에 전기를 공급하기 위한 변압기

(22) 특고압을 직접 저압으로 변성하는 변압기의 시설(판단 제30조)
① 다음 각호의 것 이외에는 시설하여서는 아니 된다.
  ㈎ 전기로 등 전류가 큰 전기를 소비하기 위한 변압기
  ㈏ 발전소·변전소·개폐소 또는 이에 준하는 곳의 소내용 변압기
  ㈐ 특고압(25 kV 이하) 전선로에 접속하는 변압기
  ㈑ 사용전압이 35 kV 이하인 변압기로서 그 특고압 측 권선과 저압 측 권선이 혼촉한 경우에 자동적으로 변압기를 전로로부터 차단하기 위한 장치를 설치한 것
  ㈒ 사용전압이 100 kV 이하인 변압기로서 그 특고압 측 권선과 저압 측 권선 사이에 제2종 접지공사를 한 금속제의 혼촉방지판이 있는 것
  ㈓ 교류식 전기철도용 신호회로에 전기를 공급하기 위한 변압기

(23) 특고압용 기계기구의 시설(판단 제31조)
① 다음 각호의 어느 하나에 해당하는 경우 이외에는 시설하여서는 아니 된다.
  ㈎ 기계기구의 주위에 규정에 준하여 울타리·담 등을 시설하는 경우
  ㈏ 기계기구를 지표상 5 m 이상의 높이에 시설하고 충전 부분의 지표상의 높이를 표 12-8에서 정한 값 이상으로 하고 또한 사람이 접촉할 우려가 없도록 시설하는 경우
  ㈐ 공장 등의 구내에서 기계기구를 콘크리트제의 함 또는 제1종 접지공사를 한 금속제의 함에 넣고 또한 충전 부분이 노출하지 아니하도록 시설하는 경우
  ㈑ 옥내에 설치한 기계기구를 취급자 이외의 사람이 출입할 수 없도록 설치한 곳에 시설하는 경우
  ㈒ 충전 부분이 노출하지 아니하는 기계기구를 사람이 쉽게 접촉할 우려가 없도록 시설하는 경우

표 12-8 특고압용 기계기구의 지표상의 높이

사용전압의 구분	울타리의 높이와 울타리로부터 충전 부분까지의 거리의 합계 또는 지표상의 높이
35 kV 이하	5 m
35 kV 초과 160 kV 이하	6 m
160 kV 초과	6 m 여기에, 160 kV를 초과하는 10 kV 또는 그 단수마다 12 cm를 더한 값

(24) 기계기구의 철대 및 외함의 접지(판단 제33조)

① 기계기구의 철대 및 금속제 외함에는 다음 표 12-9에서 정한 접지공사를 하여야 한다.

표 12-9 철대 및 금속제 외함 접지공사

기계기구의 구분	접지공사의 종류
400 V 미만인 저압용	제3종 접지공사
400 V 이상의 저압용	특별 제3종 접지공사
고압용 또는 특고압용	제1종 접지공사

② 다음 각호의 어느 하나에 해당하는 경우에는 제①항의 규정에 따르지 않을 수 있다.
  ㈎ 사용전압이 직류 300 V 또는 교류 대지전압이 150 V 이하인 기계기구를 건조한 곳에 시설하는 경우
  ㈏ 저압용의 기계기구를 건조한 목재의 마루·기타 이와 유사한 절연성 물건 위에서 취급하도록 시설하는 경우
  ㈐ 철대 또는 외함의 주위에 적당한 절연대를 설치하는 경우
  ㈑ 외함이 없는 계기용 변성기가 고무·합성수지 기타의 절연물로 피복한 것일 경우
  ㈒ 전기용품안전 관리법의 적용을 받는 2중 절연구조로 되어 있는 기계기구를 시설하는 경우
  ㈓ 저압용 기계기구에 전기를 공급하는 전로의 전원 측에 절연변압기를 시설하고 또한 그 절연변압기의 부하 측 전로를 접지하지 않은 경우(여기서, 절연변압기는 2차 전압이 300 V 이하이며, 정격용량이 3 kVA 이하인 것에 한한다)
  ㈔ 외함을 충전하여 사용하는 기계기구에 사람이 접촉할 우려가 없도록 시설하거나 절연대를 시설하는 경우

절연변압기(insulating transformer)
1. 변압기의 1차 측과 2차 측을 전기적으로 절연하기 위하여 사용하는 변압기
2. 사용 목적
   (1) 서지(surge)전압의 침입 저지
   (2) 2차 측 회로 지락사고에 의한 영상(零相) 전류를 1차 측에 파급되지 않는 2차 측 회로에 있어서 감전의 방지 등

(25) 아크를 발생하는 기구의 시설(판단 제35조)
① 고압, 특고압용의 개폐기·차단기·피뢰기 기타 이와 유사한 기구로서 동작 시에 아크가 생기는 것은 목재의 벽 또는 천장 기타의 가연성 물체로부터 표 12-10에서 정한 값 이상 떼어놓아야 한다.

표 12-10 아크를 발생하는 기구의 이격거리

구 분	이격거리
고압용	1 m 이상
특별 고압용	2 m 이상

㈜ 특별 고압용은 사용전압이 35 kV 이하의 특고압용의 기구 등으로서 동작할 때에 생기는 아크의 방향과 길이를 화재가 발생할 우려가 없도록 제한하는 경우에는 1 m 이상

(26) 고압용 기계기구의 시설(판단 제36조)
① 고압용 기계기구는 다음 각호의 어느 하나에 해당하는 경우와 발전소·변전소·개폐소 또는 이에 준하는 곳에 시설하는 경우 이외에는 시설하여서는 아니 된다.
   ㈎ 기계기구의 주위에 규정에 준하여 울타리·담 등을 시설하는 경우
   ㈏ 기계기구를 지표상 4.5 m 이상의 높이에 시설하고 또한 사람이 쉽게 접촉할 우려가 없도록 시설하는 경우(시가지 외에는 4 m)
   ㈐ 공장 등의 구내에서 기계기구의 주위에 사람이 쉽게 접촉할 우려가 없도록 적당한 울타리를 설치하는 경우
   ㈑ 옥내에 설치한 기계기구를 취급자 이외의 사람이 출입할 수 없도록 설치한 곳에 시설하는 경우
   ㈒ 기계기구를 콘크리트제의 함 또는 제3종 접지공사를 한 금속제 함에 넣고 또한 충전 부분이 노출하지 아니하도록 시설하는 경우
   ㈓ 충전 부분이 노출하지 아니하는 기계기구를 사람이 쉽게 접촉할 우려가 없도록 시설하는 경우

② 고압용의 기계기구는 노출된 충전 부분에 취급자가 쉽게 접촉할 우려가 없도록 시설하여야 한다.

(27) 개폐기의 시설(판단 제37조)
① 개폐기를 시설하는 경우에는 그곳의 각 극에 설치하여야 한다.
② 고압, 특고압용의 개폐기는 그 작동에 따라 그 개폐상태를 표시하는 장치가 되어 있는 것이어야 한다. 다만, 그 개폐상태를 쉽게 확인할 수 있는 것은 그러하지 아니하다.
③ 고압, 특고압용의 개폐기로서 중력 등에 의하여 자연히 작동할 우려가 있는 것은 자물쇠장치 기타 이를 방지하는 장치를 시설하여야 한다.

(28) 저압전로 중의 과전류 차단기의 시설(판단 제38조)
① 저압전로에 사용하는 퓨즈는 수평으로 붙인 경우에 다음 각호에 적합한 것이어야 한다.
　㈎ 정격전류의 1.1배의 전류에 견딜 것
　㈏ 정격전류의 1.6배 및 2배의 전류를 통한 경우에 표 12-11에서 정한 시간 내에 용단될 것

표 12-11 과전류 차단기의 특성

정격전류의 구분	시 간	
	정격전류의 1.6배의 전류를 통한 경우	정격전류의 2배의 전류를 통한 경우
30 A 이하	60분	2분
30 A 초과 60 A 이하		4분
60 A 초과 100 A 이하	120분	6분
100 A 초과 200 A 이하		8분
200 A 초과 400 A 이하	180분	10분
400 A 초과 600 A 이하	240분	12분
600 A 초과		20분

② 제①항 이외의 IEC 표준을 도입한 과전류 차단기로 저압전로에 사용하는 퓨즈는 표 12-12에 적합한 것이어야 한다.

표 12-12 저압전로 퓨즈의 특성

정격전류의 구분	시 간	정격전류의 배수	
		불용단전류	용단전류
4 A 이하	60분	1.5배	2.1배
4 A 초과 16 A 미만	60분	1.5배	1.9배
16 A 이상 63 A 이하	60분	1.25배	1.6배
63 A 초과 160 A 이하	120분	1.25배	1.6배
160 A 초과 400 A 이하	180분	1.25배	1.6배
400 A 초과	240분	1.25배	1.6배

③ 배선용 차단기는 다음 각호에 적합한 것이어야 한다.
  (가) 정격전류에 1배의 전류로 자동적으로 동작하지 아니할 것
  (나) 정격전류의 1.25배 및 2배의 전류를 통한 경우에 표 12-13에서 정한 시간 내에 자동적으로 동작할 것

표 12-13 배선용 차단기의 특성

정격전류의 구분	시 간	
	정격전류의 1.25배의 전류를 통한 경우	정격전류의 2배의 전류를 통한 경우
30 A 이하	60분	2분
30 A 초과 50 A 이하	60분	4분
50 A 초과 100 A 이하	120분	6분
100 A 초과 225 A 이하	120분	8분
225 A 초과 400 A 이하	120분	10분
400 A 초과 600 A 이하	120분	12분
600 A 초과 800 A 이하	120분	14분
800 A 초과 1,000 A 이하	120분	16분
1,000 A 초과 1,200 A 이하	120분	18분
1,200 A 초과 1,600 A 이하	120분	20분
1,600 A 초과 2,000 A 이하	120분	22분
2,000 A 초과	120분	24분

④ 제③항 이외의 IEC 표준을 도입한 과전류 차단기로 배선차단기 중 산업용은 표 12-14에, 주택용은 표 12-15 및 표 12-16에 적합한 것이어야 한다. 다만, 일반인이 접촉할 우려가 있는 장소에는 주택용 배선차단기를 시설하여야 한다.

표 12-14

정격전류의 구분	시 간	정격전류의 배수(모든 극에 통전)	
		부동작 전류	동작 전류
63 A 이하	60분	1.05배	1.3배
63 A 초과	120분	1.05배	1.3배

표 12-15

형	순시트립 범위
B	$3I_n$ 초과 ~ $5I_n$ 이하
C	$5I_n$ 초과 ~ $10I_n$ 이하
D	$10I_n$ 초과 ~ $20I_n$ 이하

㈜ B, C, D : 순시트립전류에 따른 차단기 분류
　I_n : 차단기 정격전류

표 12-16

정격전류의 구분	시 간	정격전류의 배수(모든 극에 통전)	
		부동작 전류	동작 전류
63 A 이하	60분	1.13배	1.45배
63 A 초과	120분	1.13배	1.45배

⑤ 과전류 차단기로 저압전로에 시설하는 과부하 보호장치
　㈎ 단락보호전용 차단기는 다음 표준에 적합한 것일 것
　　㉮ 정격전류의 1배의 전류에서 자동적으로 작동하지 아니할 것
　　㉯ 정정전류값은 정격전류의 13배 이하일 것
　　㉰ 정정전류값의 1.2배의 전류를 통하였을 경우에 0.2초 이내에 자동적으로 작동할 것
　㈏ 단락보호전용 퓨즈는 다음에 적합한 것일 것
　　㉮ 정격전류의 1.3배의 전류에 견딜 것
　　㉯ 정정전류의 10배의 전류를 통하였을 경우에 20초 이내에 용단될 것
　㈐ 제③호 이외에 IEC 표준을 도입한 산업용 단락보호전용 퓨즈는 표 12-17의 용단특성에 적합한 것일 것

표 12-17 산업용 단락보호전용 퓨즈의 특성

정격전류의 배수	용단시간	불용단시간
4배	60초 이내	
6.3배		60초 이내
8배	0.5초 이내	
10배	0.2초 이내	
12.5배		0.5초 이내
19배		0.1초 이내

㈑ 과부하 보호장치와 단락보호전용 차단기 또는 단락보호전용 퓨즈를 하나의 전용함 속에 넣어 시설한 것일 것

⑥ 과전류 차단기는 이를 시설하는 곳을 통과하는 단락전류를 차단하는 능력을 가지는 것이어야 한다.

⑦ 비포장 퓨즈는 고리퓨즈가 아니면 사용하여서는 아니 된다. 다만, 다음 각호의 것을 사용하는 경우에는 그러하지 아니하다.

㈎ 로우젯 또는 이와 유사한 것에 넣는 정격전류가 5 A 이하인 것

㈏ 경금속제로서 단자 사이의 간격은 그 정격전류에 따라 다음 표 12-18 값 이상인 것

표 12-18 단자 사이의 간격

정격전류	10 A 미만	20 A 미만	30 A 미만
단자 사이의 간격	10 cm	12 cm	15 cm

(29) 고압 및 특고압전로 중의 과전류 차단기의 시설(판단 제39조)

① 고압전로에 사용하는 포장 퓨즈는 정격전류의 1.3배의 전류에 견디고 또한 2배의 전류로 120분 안에 용단되는 것이어야 한다.

② 고압전로에 사용하는 비포장 퓨즈는 정격전류의 1.25배의 전류에 견디고 또한 2배의 전류로 2분 안에 용단되는 것이어야 한다.

③ 고압, 특고압의 전로에 단락이 생긴 경우에 동작하는 과전류 차단기는 이것을 시설하는 곳을 통과하는 단락전류를 차단하는 능력을 가지는 것이어야 한다.

④ 고압, 특고압의 과전류 차단기는 그 동작에 따라 그 개폐상태를 표시하는 장치가 되어 있는 것이어야 한다.

(30) 과전류 차단기의 시설 제한(판단 제40조)

① 과전류 차단기 시설을 제한하는 곳
   (가) 접지공사의 접지선
   (나) 전로의 일부에 접지공사(제2종)를 한 저압 가공전선로의 접지 측 전선
   (다) 다선식 전로의 중성선

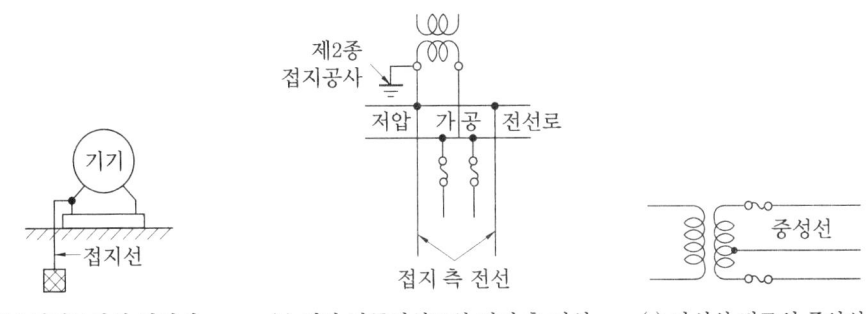

(a) 접지공사의 접지선   (b) 저압 가공전선로의 접지 측 전선   (c) 다선식 전로의 중앙선

그림 12-4 과전류 차단기의 시설 제한

(31) 지락차단장치 등의 시설(판단 제41조)

① 금속제 외함을 가지는 사용전압이 60 V를 초과하는 저압의 기계기구로서 사람이 쉽게 접촉할 우려가 있는 전로에는 전로에 지락이 생겼을 때에 자동적으로 전로를 차단하는 장치를 하여야 한다. 다만, 다음 각호의 어느 하나에 해당하는 경우는 적용하지 않는다.
   (가) 기계기구를 발전소·변전소·개폐소 또는 이에 준하는 곳에 시설하는 경우
   (나) 기계기구를 건조한 곳에 시설하는 경우
   (다) 대지전압이 150 V 이하인 기계기구를 물기가 있는 곳 이외의 곳에 시설하는 경우
   (라) 2중 절연구조의 기계기구를 시설하는 경우
   (마) 그 전로의 전원 측에 절연변압기(2차 전압이 300 V 이하)를 시설하고 또한 그 절연변압기의 부하 측의 전로에 접지하지 아니하는 경우
   (바) 기계기구가 고무·합성수지 기타 절연물로 피복된 경우
   (사) 기계기구가 유도전동기의 2차 측 전로에 접속되는 것일 경우
   (아) 기계기구 내에 전기용품안전 관리법의 적용을 받는 누전차단기를 설치하고 또한 기계기구의 전원연결선이 손상을 받을 우려가 없도록 시설하는 경우

② 고압, 특고압 전로 중 다음 각호에 열거하는 곳에 지락이 생겼을 때에 자동적으로 전로를 차단하는 장치를 시설하여야 한다.
   (가) 발전소·변전소 또는 이에 준하는 곳의 인출구
   (나) 다른 전기사업자로부터 공급받는 수전점

(다) 배전용 변압기의 시설 장소
③ IEC 표준을 도입한 누전차단기로 저압전로에 사용하는 경우 일반인이 접촉할 우려가 있는 장소(세대 내 분전반)에는 주택용 누전차단기를 시설하여야 한다.

(32) 피뢰기의 시설(판단 제42조)
① 고압, 특고압의 전로 중 다음 각호에 열거하는 곳에는 피뢰기를 시설하여야 한다.
  (가) 발전소·변전소의 가공전선 인입구 및 인출구
  (나) 가공전선로에 접속하는 배전용 변압기의 고압 측 및 특고압 측
  (다) 고압 및 특고압 가공전선로로부터 공급을 받는 수용장소의 인입구
  (라) 가공전선로와 지중전선로가 접속되는 곳

(33) 피뢰기의 접지(판단 제43조)
고압 및 특고압의 전로에 시설하는 피뢰기에는 제1종 접지공사를 하여야 한다.

제 2 장 발전소·변전소·개폐소의 시설

(1) 발전소 등의 울타리·담 등의 시설(판단 제44조)
① 고압, 특고압의 기계기구·모선 등을 옥외에 시설하는 곳
  (가) 울타리·담 등을 시설할 것
  (나) 출입구에는 출입금지의 표시를 할 것
  (다) 출입구에는 자물쇠장치 기타 적당한 장치를 할 것
② 제①항의 울타리·담 등은 다음의 각호에 따라 시설하여야 한다.
  (가) 울타리·담 등의 높이는 2 m 이상으로 하고 지표면과 울타리·담 등의 하단 사이의 간격은 15 cm 이하로 할 것
  (나) 울타리·담 등과 고압, 특고압의 충전 부분이 접근하는 경우에는 울타리·담 등의 높이와 울타리·담으로부터 충전 부분까지 거리의 합계는 표 12-19에서 정한 값 이상으로 할 것

표 12-19 충전 부분까지 거리의 합계

사용전압의 구분	거리의 합계
35 kV 이하	5 m
35 kV 초과 160 kV 이하	6 m
160 kV 초과	6 m*

주 * 6 m에 160 kV를 초과하는 10 kV 또는 그 단수마다 12 cm를 더한 값

(2) 절연유의 구외 유출 방지(판단 제45조)

① 사용전압이 100 kV 이상의 변압기를 설치하는 곳에는 절연유의 구외 유출 및 지하 침투를 방지하기 위하여 다음 각호에 따라 절연유 유출 방지설비를 하여야 한다.
  ㈎ 변압기 주변에 집유조 등을 설치할 것
  ㈏ 절연유 유출 방지설비의 용량은 변압기 탱크 내장유량의 50 % 이상으로 할 것
  ㈐ ㈏호에서 변압기 탱크가 2개 이상일 경우에는 공동의 집유조 등을 설치할 수 있으며 그 용량은 변압기 1 탱크 내장유량이 최대인 것의 50 % 이상일 것

(3) 발전기 등의 보호장치(판단 제47조)

① 다음 각호의 경우에 자동적으로 이를 전로로부터 차단하는 장치를 시설하여야 한다.
  ㈎ 발전기에 과전류나 과전압이 생긴 경우
  ㈏ 용량 100 kVA 이상의 발전기를 구동하는 풍차의 압유장치의 유압, 압축 공기장치의 공기압 또는 전동식 브레이드 제어장치의 전원전압이 현저히 저하한 경우
  ㈐ 용량이 2,000 kVA 이상인 수차 발전기의 스러스트 베어링의 온도가 현저히 상승한 경우
  ㈑ 용량이 10,000 kVA 이상인 발전기의 내부에 고장이 생긴 경우
  ㈒ 정격출력이 10,000 kW를 초과하는 증기터빈은 그 스러스트 베어링이 현저하게 마모되거나 그의 온도가 현저히 상승한 경우

② 연료전지는 다음 각호의 경우에 자동적으로 이를 전로에서 차단하고 연료전지에 연료가스 공급을 자동적으로 차단하며 연료전지 내의 연료가스를 자동적으로 배제하는 장치를 시설하여야 한다.
  ㈎ 연료전지에 과전류가 생긴 경우
  ㈏ 발전요소의 발전전압에 이상이 생겼을 경우 또는 연료가스 출구에서의 산소농도 또는 공기 출구에서의 연료가스 농도가 현저히 상승한 경우
  ㈐ 연료전지의 온도가 현저하게 상승한 경우

 연료전지(fuel cell) : 연료의 산화에 의해서 생기는 화학에너지를 직접 전기에너지로 변환시키는 전지로 친환경적인 에너지이다.

③ 상용 전원으로 쓰이는 축전지에는 이에 과전류가 생겼을 경우에 자동적으로 이를 전로로부터 차단하는 장치를 시설하여야 한다.

(4) 특고압용 변압기의 보호장치(판단 제48조)

① 특고압용의 변압기에는 그 내부에 고장이 생겼을 경우에 보호하는 장치를 표 12-20과 같이 시설하여야 한다.

표 12-20 특고압용 변압기의 보호장치

뱅크용량의 구분	동작조건	장치의 종류
5,000 kVA 이상 10,000 kVA 미만	변압기 내부고장	자동차단장치 또는 경보장치
10,000 kVA 이상	변압기 내부고장	자동차단장치
타냉식 변압기	1. 냉각장치에 고장이 생긴 경우 2. 변압기의 온도가 현저히 상승한 경우	경보장치

(5) 계측장치(판단 제50조)

① 발전소에는 다음 각호의 사항을 계측하는 장치를 시설하여야 한다.
  ㈎ 발전기·연료전지 또는 태양전지 모듈의 전압 및 전류 또는 전력
  ㈏ 발전기의 베어링 및 고정자의 온도
  ㈐ 정격출력이 10,000 kW를 초과하는 증기터빈에 접속하는 발전기의 진동의 진폭
  ㈑ 주요 변압기의 전압 및 전류 또는 전력
  ㈒ 특고압용 변압기의 온도
② 동기발전기를 시설하는 경우에는 동기검정장치를 시설하여야 한다.
③ 변전소의 계측하는 장치 시설
  ㈎ 주요 변압기의 전압 및 전류 또는 전력
  ㈏ 특고압용 변압기의 온도
④ 동기조상기를 시설하는 경우, 계측하는 장치 및 동기검정장치를 시설하여야 한다.
  ㈎ 동기조상기의 전압 및 전류 또는 전력
  ㈏ 동기조상기의 베어링 및 고정자의 온도

(6) 수소냉각식 발전기 등의 시설(판단 제51조)

① 수소냉각식의 발전기·조상기의 수소냉각 장치 시설
  ㈎ 발전기 또는 조상기는 기밀구조의 것이고 또한 수소가 대기압에서 폭발하는 경우에 생기는 압력에 견디는 강도를 가지는 것일 것
  ㈏ 발전기축의 밀봉부에는 질소 가스를 봉입할 수 있는 장치 또는 발전기축의 밀봉부로부터 누설된 수소 가스를 안전하게 외부에 방출할 수 있는 장치를 설치할 것
  ㈐ 발전기 안 또는 조상기 안의 수소의 순도가 85% 이하로 저하한 경우에 이를 경보하는 장치를 시설할 것
  ㈑ 수소의 압력을 계측하는 장치 및 그 압력이 현저히 변동한 경우에 이를 경보하는 장치를 시설할 것
  ㈒ 수소의 온도를 계측하는 장치를 시설할 것

(7) 태양전지 모듈 등의 시설(판단 제54조)

① 태양전지 발전소에 시설하는 태양전지 모듈, 전선 및 개폐기 기타 기구의 시설
  ㈎ 충전 부분은 노출되지 아니하도록 시설할 것
  ㈏ 태양전지 모듈에 접속하는 부하 측의 전로에는 그 접속점에 근접하여 개폐기 기타 이와 유사한 기구를 시설할 것
  ㈐ 태양전지 모듈을 병렬로 접속하는 전로에는 그 전로에 단락이 생긴 경우에 전로를 보호하는 과전류 차단기 기타의 기구를 시설할 것
  ㈑ 전선은 다음에 의하여 시설할 것
    ㉮ 전선은 공칭단면적 2.5 mm^2 이상의 연동선 또는 이와 동등 이상의 세기 및 굵기의 것일 것
    ㉯ 옥내에 시설할 경우에는 합성수지관, 금속관, 가요전선관공사 또는 케이블공사로 규정에 준하여 시설할 것
    ㉰ 옥측 또는 옥외에 시설할 경우에는 합성수지관, 금속관, 가요전선관공사 또는 케이블공사로 규정에 준하여 시설할 것
  ㈒ 출력배선은 극성별로 확인 가능하도록 표시할 것
  ㈓ 태양전지 모듈의 프레임은 지지물과 전기적으로 완전하게 접속할 것
② 태양전지 모듈의 지지물은 자중, 적재하중, 적설 또는 풍압 및 지진 기타의 진동과 충격에 대하여 안전한 구조의 것이어야 한다.

제3장 전 선 로

제1절 통 칙

(1) 전파장해의 방지(판단 제57조)

① 가공전선로는 무선설비의 기능에 계속적이고 또한 중대한 장해를 주는 전파를 발생할 우려가 있는 경우에는 이를 방지하도록 시설하여야 한다.

(2) 가공전선 및 지지물의 시설(판단 제58조)

① 가공전선로의 지지물은 다른 가공전선, 가공약전류전선, 가공광섬유케이블, 약전류전선 또는 광섬유케이블 사이를 관통하여 시설하여서는 아니 된다.
② 가공전선은 다른 가공전선로, 가공전차전로, 가공약전류전선로 또는 가공광섬유케이블선로의 지지물을 사이에 두고 시설하여서는 아니 된다.
③ 가공전선과 다른 가공전선, 가공약전류전선, 가공광섬유케이블 또는 가공전차선을 동일 지지물에 시설하는 경우에는 제①항 및 제②항에 의하지 아니할 수 있다.

(3) 가공전선의 분기(판단 제59조)

가공전선의 분기는 가공케이블의 시설 규정에 의하여 시설하는 경우 또는 분기점에서 전선에 장력이 가하여지지 않도록 시설하는 경우 이외에는 그 전선의 지지점에서 하여야 한다.

(4) 가공전선로 지지물의 승탑 및 승주 방지(판단 제60조)

① 가공전선로의 지지물에 취급자가 오르고 내리는 데 사용하는 발판 볼트 등을 지표상 1.8 m 미만에 시설하여서는 아니 된다. 다만, 다음 각호의 어느 하나에 해당되는 경우에는 그러하지 아니하다.
  ㈎ 발판 볼트 등을 내부에 넣을 수 있는 구조로 되어 있는 지지물에 시설하는 경우
  ㈏ 지지물에 승탑 및 승주 방지 장치를 시설하는 경우
  ㈐ 지지물 주위에 취급자 이외의 자가 출입할 수 없도록 울타리·담 등의 시설을 하는 경우
  ㈑ 지지물이 산간 등에 있으며 사람이 쉽게 접근할 우려가 없는 곳에 시설하는 경우

(5) 풍압하중의 종별과 적용(판단 제62조)

① 지지물의 강도 계산에 적용하는 풍압하중
  ㈎ 갑종 풍압하중 : 구성재의 수직 투영면적 1 m^2에 대한 풍압을 기초로 하여 계산한 것
  ㈏ 을종 풍압하중 : 전선 기타의 가섭선 주위에 두께 6 mm, 비중 0.9의 빙설이 부착된 상태에서 수직 투영면적 372 Pa(다도체를 구성하는 전선은 333 Pa), 그 이외의 것은 갑종풍압의 2분의 1을 기초로 하여 계산한 것

- 가섭선(strung wire) : 지지물에 가설된 전선류이다.
- Pa : 파스칼(pasca) 압력의 단위로, 1 m^2에 1N(뉴턴)의 힘이 균일하게 작용하는 압력을 말한다.

  ㈐ 병종 풍압하중 : 갑종 풍압하중의 2분의 1을 기초로 하여 계산한 것

(6) 가공전선로 지지물의 기초의 안전율(판단 제63조)

① 가공전선로의 지지물의 기초의 안전율은 2 이상이어야 한다. 다만, 다음 각호에 따라 시설하는 경우에는 그러하지 아니하다.
  ㈎ 강관을 주체로 하는 철주, 철근 콘크리트주로서 그 전체 길이가 16 m 이하, 설계하중이 6.8 kN 이하인 것 또는 목주를 다음에 의하여 시설하는 경우

㉮ 전체의 길이가 15 m 이하인 경우는 땅에 묻히는 깊이를 전체 길이의 6분의 1 이상으로 할 것

㉯ 전체의 길이가 15 m를 초과하는 경우는 땅에 묻히는 깊이를 2.5 m 이상으로 할 것

㉰ 논이나 그 밖의 지반이 연약한 곳에서는 견고한 근가를 시설할 것

㈏ 철근 콘크리트주로서 그 전체의 길이가 16 m 초과 20 m 이하의 것을 지반이 연약한 곳 이외에 그 묻히는 깊이를 2.8 m 이상으로 시설하는 경우

㈐ 철근 콘크리트주로서 전체의 길이가 14 m 이상 20 m 이하의 것을 지반이 연약한 곳 이외에 시설하는 경우 그 묻히는 깊이는 ㈎호 ㉮ 및 ㉯에 의한 기준보다 30 cm를 가산하여 시설하는 경우

(7) 지선의 시설(판단 제67조)

① 가공전선로의 지지물로 사용하는 철탑은 지선을 사용하여 그 강도를 분담시켜서는 아니 된다.

② 철주, 철근 콘크리트주는 지선을 사용하지 아니하는 상태에서 2분의 1 이상의 풍압하중에 견디는 강도를 가지는 경우 이외에는 지선을 사용하여 그 강도를 분담시켜서는 아니 된다.

③ 지지물에 시설하는 지선

㈎ 지선의 안전율은 2.5 이상일 것

㈏ 지선에 연선을 사용할 경우에는 다음에 의할 것

㉮ 소선 3가닥 이상의 연선일 것

㉯ 소선의 지름이 2.6 mm 이상의 금속선을 사용한 것일 것

㈐ 지중 부분 및 지표상 30 cm까지의 부분에는 내식성이 있는 것 또는 아연도금을 한 철봉을 사용하고 근가에 견고하게 붙일 것

④ 도로를 횡단하여 시설하는 지선의 높이는 지표상 5 m 이상으로 하여야 한다.

제 2 절 저압 및 고압의 가공전선로

(8) 가공약전류전선로의 유도장해 방지(판단 제68조)

① 저압, 고압 가공전선로와 기설 가공약전류전선로가 병행하는 경우 전선과 기설 약전류전선 간의 이격거리는 2 m 이상이어야 한다.

② 제①항 본문에 따라 시설하더라도 기설 가공약전류전선로에 장해를 줄 우려가 있는 경우에는 다음 각호 중 한 가지 또는 두 가지 이상을 기준으로 하여 시설하여야 한다.

㈎ 가공전선과 가공약전류전선 간의 이격거리를 증가시킬 것

㈏ 교류식 가공전선로의 경우에는 가공전선을 적당한 거리에서 연가할 것

㈐ 가공전선과 가공약전류전선 사이에 인장강도 5.26 kN 이상의 것 또는 지름 4 mm 이상인 경동선의 금속선 2가닥 이상을 시설하고 이에 제3종 접지공사를 할 것

(9) 가공케이블의 시설(판단 제69조)
① 저압, 고압 가공전선에 케이블을 사용하는 경우
  ㈎ 케이블은 조가용선에 행거로 시설할 것. 여기서, 고압인 때에는 그 행거의 간격을 50 cm 이하로 시설하여야 한다.
  ㈏ 조가용선은 인장강도 5.93 kN 이상의 연선 또는 단면적 22 mm^2 이상인 아연도철연선일 것
  ㈐ 조가용선 및 케이블의 피복에 사용하는 금속체에는 제3종 접지공사를 할 것

(10) 저·고압 가공전선의 굵기 및 종류(판단 제70조)
① 저압 가공전선은 나전선, 절연전선, 다심형 전선 또는 케이블을, 고압 가공전선은 고압 절연전선, 특고압 절연전선, 또는 케이블을 사용하여야 한다.
② 전압이 400 V 미만인 저압 가공전선(경동선)
  ㈎ 나전선 : 3.2 mm 이상
  ㈏ 절연전선 : 2.6 mm 이상의 경동선
③ 전압이 400 V 이상인 저압, 고압 가공전선
  ㈎ 시가지 : 5 mm 이상의 경동선(8.01 kN 이상)
  ㈏ 시가지 외 : 4 mm 이상의 경동선(5.26 kN 이상)
④ 전압이 400 V 이상인 저압 가공전선에는 인입용 비닐절연전선 또는 다심형 전선을 사용하여서는 아니 된다.

(11) 저·고압 가공전선 높이(판단 제72조)
① 저·고압 가공전선 높이
  ㈎ 도로를 횡단하는 경우 : 지표상 6 m 이상
  ㈏ 철도, 궤도를 횡단하는 경우 : 레일면상 6.5 m 이상
  ㈐ 횡단보도교의 위에 시설하는 경우
    ㉮ 저압 : 노면상 3.5 m 이상   ㉯ 고압 : 노면상 3.5 m 이상
  ㈑ 기타의 경우 : 지표상 5 m 이상
② 저·고압 가공전선을 수면상에 시설하는 경우에는 전선의 수면상의 높이를 선박의 항해 등에 위험을 주지 아니하도록 유지하여야 한다.

(12) 고압 가공전선로의 가공지선(판단 제73조)
① 고압 가공전선로에 사용하는 가공지선은 인장강도 5.26 kN 이상의 것 또는 지름

4 mm 이상의 나경동선을 사용한다.

(13) 고압 가공전선로 경간의 제한(판단 제76조)
① 고압 가공전선로의 경간은 표 12-21에서 정한 값 이하이어야 한다.

표 12-21 고압 가공전선로 경간

지지물의 종류	경 간
목주·A종 철주 또는 A종 철근 콘크리트주	150 m
B종 철주 또는 B종 철근 콘크리트주	250 m
철탑	600 m

② 고압 가공전선로의 경간이 100 m를 초과하는 경우
　㈎ 고압 가공전선은 인장강도 8.01 kN 이상의 것 또는 지름 5 mm 이상의 경동선의 것
　㈏ 목주의 풍압하중에 대한 안전율은 1.5 이상일 것

(14) 저압 보안공사(판단 제77조)
① 전선
　전선은 인장강도 8.01 kN 이상의 것 또는 지름 5 mm 이상의 경동선일 것. 여기서, 사용전압이 400 V 미만인 경우에는 지름 4 mm 이상의 경동선일 것
② 목주
　㈎ 풍압하중에 대한 안전율은 1.5 이상일 것
　㈏ 목주의 굵기는 말구의 지름 12 cm 이상일 것
③ 경간은 표 12-22에서 정한 값 이하일 것

표 12-22 저압 보안공사 경간

지지물의 종류	경 간
목주·A종 철주 또는 A종 철근 콘크리트주	100 m
B종 철주 또는 B종 철근 콘크리트주	150 m
철탑	400 m

(15) 저·고압 가공전선과 건조물의 접근(판단 제79조)
① 저·고압 가공전선이 건조물과 접근 상태로 시설되는 경우
　㈎ 고압 가공전선로는 고압 보안공사에 의할 것
　㈏ 저압 가공전선과 건조물의 조영재 사이의 이격거리는 표 12-23에서 정한 값 이상일 것

표 12-23 저압 가공전선과 조영재 사이의 이격거리

건조물 조영재의 구분	접근 형태	이격거리
상부조영재	위쪽	2 m • 전선이 고압 절연전선, 특고압 절연전선 또는 케이블인 경우는 1 m
	옆쪽 또는 아래쪽	1.2 m • 전선에 사람이 쉽게 접촉할 우려가 없도록 시설한 경우에는 80 cm • 고압 절연전선, 특고압 절연전선 또는 케이블인 경우에는 40 cm
기타의 조영재		1.2 m • 전선에 사람이 쉽게 접촉할 우려가 없도록 시설한 경우에는 80 cm • 고압 절연전선, 특고압 절연전선 또는 케이블인 경우에는 40 cm

㈜ 조영재 : 지붕·챙(차양)·옷 말리는 곳 기타 사람이 올라갈 우려가 있는 것

㈐ 고압 가공전선과 건조물의 조영재 사이의 이격거리는 표 12-24에서 정한 값 이상일 것

표 12-24 고압 가공전선과 조영재 사이의 이격거리

건조물 조영재의 구분	접근 형태	이격거리
상부조영재	위쪽	2 m • 케이블인 경우 : 1 m
	옆쪽 또는 아래쪽	1.2 m • 전선에 사람이 쉽게 접촉할 우려가 없도록 시설한 경우 : 80 cm • 케이블인 경우 : 40 cm
기타의 조영재		1.2 m • 전선에 사람이 쉽게 접촉할 우려가 없도록 시설한 경우 : 80 cm • 케이블인 경우 : 40 cm

② 저압, 고압가공 전선이 건조물의 아래쪽에 시설될 때 이격거리는 표 12-25에서 정한 값 이상으로 시설하여야 한다.

표 12-25 건조물의 아래쪽에 시설될 때 이격거리

가공전선의 종류	이격거리
저압 가공전선	60 cm • 고압, 특고압 절연전선 또는 케이블인 경우 : 30 cm
고압 가공전선	80 cm • 케이블인 경우 : 40 cm

(16) 저·고압 가공전선과 도로 등의 접근 또는 교차(판단 제80조)
  ① 저·고압 가공전선이 도로·철도·삭도 또는 저압 전차선과 접근상태로 시설되는 경우
    (가) 고압 가공전선로는 고압 보안공사에 의할 것
    (나) 저압 가공전선과 도로 등의 이격거리는 표 12-26에서 정한 값 이상일 것

표 12-26 도로 등의 접근 또는 교차 시 이격거리

도로 등의 구분	이격거리
도로·횡단보도교·철도 또는 궤도	3 m
삭도나 그 지주 또는 저압 전차선	60 cm • 전선이 고압, 특고압 절연전선 또는 케이블인 경우에는 30 cm
저압 전차선로의 지지물	30 cm

    (다) 고압 가공전선과 도로 등의 이격거리는 표 12-27에서 정한 값 이상일 것

표 12-27 고압 가공전선과 도로 등의 이격거리

도로 등의 구분	이격거리
도로·횡단보도교·철도 또는 궤도	3 m
삭도나 그 지주 또는 저압 전차선	80 cm • 전선이 케이블인 경우에는 40 cm
저압 전차선로의 지지물	60 cm • 고압 가공전선이 케이블인 경우에는 30 cm

  ② 저·고압 가공전선이 삭도와 교차하는 경우에는 저·고압 가공전선은 삭도의 아래에 시설하여서는 아니 된다.

삭도(ropeway) : 공중에 로프를 가설하고 여기에 운반 기구(차량)를 걸어 동력 또는 운반 기구의 자체 무게를 이용하여 운전하는 것이다.

(17) 저·고압 가공전선과 안테나의 접근 또는 교차(판단 제82조)
① 저·고압 가공전선이 안테나와 접근상태로 시설되는 경우
  (개) 고압 가공전선로는 고압 보안공사에 의할 것
  (내) 이격거리
    ㉮ 저압은 60 cm 이상일 것(전선이 고압·특고압 절연전선 또는 케이블인 경우에는 30 cm 이상일 것)
    ㉯ 고압은 80 cm 이상일 것(전선이 케이블인 경우에는 40 cm 이상일 것)

(18) 저압 가공전선 상호 간의 접근 또는 교차(판단 제84조)
① 저압 가공전선이 다른 저압 가공전선과 접근상태로 시설되거나 교차하여 시설되는 경우
  (개) 저압 가공전선 상호 간의 이격거리는 60 cm 이상(한쪽의 전선이 고압·특고압 절연전선 또는 케이블인 경우에 30 cm 이상)
  (내) 하나의 저압 가공전선과 다른 저압 가공전선로의 지지물 사이의 이격거리는 30 cm 이상

(19) 저압 가공전선과 다른 시설물의 접근 또는 교차(판단 제87조)
① 저압 가공전선과 다른 시설물 사이의 이격거리는 표 12-28에서 정한 값 이상이어야 한다.

표 12-28 저압 가공전선과 다른 시설물 사이의 이격거리

다른 시설물의 구분	접근 형태	이격거리
조영물의 상부조영재	위쪽	2 m • 고압·특고압 절연전선 또는 케이블인 경우 : 1 m
	옆쪽 또는 아래쪽	60 cm • 고압·특고압 절연전선 또는 케이블인 경우 : 30 cm
조영물의 상부조영재 이외의 부분 또는 조영물의 이외의 시설물		60 cm • 고압·특고압 절연전선 또는 케이블인 경우 : 30 cm

② 저압 가공전선이 다른 시설물의 아래쪽에 시설되는 때에는 상호 간의 이격거리를 60 cm 이상으로 시설하여야 한다(전선이 고압·특고압 절연전선 또는 케이블인 경우에 30 cm 이상).

(20) 저·고압 가공전선과 식물의 이격거리(판단 제89조)

저·고압 가공전선은 식물에 접촉하지 않도록 시설하여야 한다. 다만, 저·고압 가공 절연전선을 방호구에 넣어 시설하거나 절연내력 및 내마모성이 있는 케이블을 시설하는 경우는 그러하지 아니하다.

(21) 농사용 저압 가공전선로의 시설(판단 제92조)

① 농사용 전등·전동기 등에 공급하는 저압 가공전선로
  (개) 사용전압은 저압일 것
  (내) 전선은 인장강도 1.38 kN 이상의 것 또는 지름 2 mm 이상의 경동선일 것
  (대) 전선의 지표상의 높이는 3.5 m 이상일 것(사람이 쉽게 출입하지 아니하는 곳에 시설하는 경우에는 3 m까지로 감할 수 있다)
  (라) 목주의 굵기는 말구 지름이 9 cm 이상일 것
  (마) 경간은 30 m 이하일 것
  (바) 다른 전선로에 접속하는 곳 가까이에 전용의 개폐기 및 과전류 차단기를 각 극에 시설할 것

(22) 구내에 시설하는 저압 가공전선로(판단 제93조)

① 1구내에만 시설하는 전압이 400 V 미만인 저압 가공전선로의 전선이 건조물의 위에 시설되는 경우
  (개) 전선은 지름 2 mm 이상의 경동선의 절연전선일 것(경간이 10 m 이하인 경우에 한하여 공칭단면적 4 mm^2 이상의 연동 절연전선을 사용할 수 있다)
  (내) 전선로의 경간은 30 m 이하일 것
  (대) 전선과 다른 시설물과의 이격거리는 표 12-29에서 정한 값 이상일 것

표 12-29 구내에 시설하는 저압 가공전선로 이격거리

다른 시설물의 구분	접근 형태	이격거리
조영물의 상부조영재	위쪽	1 m
	옆쪽 또는 아래쪽	60 cm • 전선이 고압·특고압 절연전선 또는 케이블인 경우에는 30 cm
조영물의 상부조영재 이외의 부분 또는 조영물 이외의 시설물		60 cm • 전선이 고압·특고압 절연전선 또는 케이블인 경우에는 30 cm

제 3 절 옥측전선로·옥상전선로·인입선 및 연접인입선

(23) 저압 옥측전선로의 시설(판단 제94조)
① 저압 옥측전선로는 다음 각호에 따라 시설하여야 한다.
　㈎ 저압 옥측전선로는 다음 각 목의 어느 하나에 의할 것
　　㉮ 애자사용공사(전개된 장소에 한한다)
　　㉯ 합성수지관공사
　　㉰ 금속관공사(목조 이외의 조영물)
　　㉱ 버스덕트공사(목조 이외의 조영물)
　　㉲ 케이블공사
　㈏ 애자사용공사에 의한 저압 옥측전선로는 사람이 쉽게 접촉할 우려가 없도록 시설할 것
　　㉮ 전선은 공칭단면적 4 mm^2 이상의 연동 절연전선일 것(옥외용 비닐절연전선 및 인입용 절연전선을 제외한다)
　　㉯ 전선 상호 간의 간격 및 전선과 그 저압 옥측전선로를 시설하는 조영재 사이의 이격거리는 표 12-30에서 정한 값 이상일 것

표 12-30 애자사용공사에 의한 저압 옥측전선로 이격거리

시설장소	전선 상호 간의 간격		전선과 조영재 사이의 이격거리	
	400 V 미만인 경우	400 V 이상인 경우	400 V 미만인 경우	400 V 이상인 경우
비나 이슬에 젖지 아니하는 장소	6 cm	6 cm	2.5 cm	2.5 cm
비나 이슬에 젖는 장소	6 cm	12 cm	2.5 cm	4.5 cm

　　㉰ 전선의 지지점 간의 거리는 2 m 이하일 것
　　㉱ 애자는 절연성·난연성 및 내수성이 있는 것일 것
② 애자사용공사에 의한 저압 옥측전선로의 전선과 식물 사이의 이격거리는 20 cm 이상이어야 한다.

(24) 저압 옥상전선로의 시설(판단 제97조)
① 저압 옥상전선로는 전개된 장소에 시설하여야 한다.
　㈎ 전선은 인장강도 2.30 kN 이상의 것 또는 지름 2.6 mm 이상의 경동선의 것

㈏ 전선은 절연전선일 것
㈐ 전선은 조영재에 견고하게 붙인 지지주 또는 지지대에 절연성·난연성 및 내수성이 있는 애자를 사용하여 지지하고 또한 그 지지점 간의 거리는 15 m 이하일 것
㈑ 전선과 조영재와의 이격거리는 2 m 이상일 것(전선이 고압·특고압 절연전선 또는 케이블인 경우에는 1 m 이상)
② 저압 옥상전선로의 전선은 식물에 접촉하지 아니하도록 시설하여야 한다.

(25) 저압 인입선의 시설(판단 제100조)

① 저압 가공인입선은 다음 각호에 따라 시설하여야 한다.
㈎ 전선은 지름 2.6 mm 이상의 인입용 비닐절연전선일 것(경간이 15 m 이하인 경우는 지름 2 mm 이상)
㈏ 전선은 절연전선, 다심형 전선 또는 케이블일 것
㈐ 전선이 옥외용 비닐절연전선인 경우에는 사람이 접촉할 우려가 없도록 시설할 것
㈑ 케이블인 경우에는 그 길이가 1 m 이하인 경우에는 조가하지 아니하여도 됨
㈒ 전선의 높이
  ㉮ 도로를 횡단하는 경우 : 노면상 5 m 이상(기술상 부득이한 경우에 교통에 지장이 없을 때에는 3 m 이상)
  ㉯ 철도, 궤도를 횡단하는 경우 : 레일면상 6.5 m 이상
  ㉰ 횡단보도교의 위에 시설하는 경우 : 노면상 3 m 이상
  ㉱ 기타의 경우에는 지표상 4 m 이상(기술상 부득이한 경우에 교통에 지장이 없을 때에는 2.5 m 이상)
② 기술상 부득이한 경우에 저압 가공인입선을 직접 인입한 조영물의 시설물에 대하여는 이격거리는 표 12-31에서 정한 값 이상이어야 한다.

표 12-31 기술상 부득이한 경우 이격거리

다른 시설물의 구분	접근 형태	이격거리
조영물의 상부조영재	위쪽	2 m • 다심형, 옥외용 비닐절연전선 이외의 절연전선인 경우 : 1 m • 고압·특고압 절연전선 또는 케이블인 경우 : 50 cm
	옆쪽 또는 아래쪽	30 cm • 고압·특고압 절연전선 또는 케이블인 경우 : 15 cm
조영물의 상부조영재 이외의 부분 또는 조영물 이외의 시설물		30 cm • 고압·특고압 절연전선 또는 케이블인 경우 : 15 cm

(26) 저압 연접인입선의 시설(판단 제101조)

① 저압 연접인입선은 저압 인입선의 시설의 규정에 준하여 시설하는 이외에 다음 각 호에 따라 시설하여야 한다.

 ㈎ 인입선에서 분기하는 점으로부터 100 m를 초과하는 지역에 미치지 아니할 것

 ㈏ 폭 5 m를 초과하는 도로를 횡단하지 아니할 것

 ㈐ 옥내를 통과하지 아니할 것

제 4 절 특고압 가공전선로

(27) 시가지 등에서 특고압 가공전선로의 시설(판단 제104조)

① 특고압 가공전선로는 전선이 케이블인 경우 또는 전선로를 다음과 같이 시설하는 경우에는 시가지 그밖에 인가가 밀집한 지역에 시설할 수 있다.

 ㈎ 사용전압이 170 kV 이하인 전선로를 다음에 의하여 시설하는 경우

  ㉮ 특고압 가공전선을 지지하는 애자장치는 다음 중 어느 하나에 의할 것

   • 50% 충격섬락전압값이 그 전선의 근접한 다른 부분을 지지하는 애자장치값의 110% 이상인 것(130 kV를 초과하는 경우는 105 %)

   • 아크 혼을 붙인 현수애자·장간애자(長幹碍子) 또는 라인포스트애자를 사용하는 것

   • 2련 이상의 현수애자 또는 장간애자를 사용하는 것

   • 2개 이상의 핀애자 또는 라인포스트애자를 사용하는 것

  ㉯ 특고압 가공전선로의 경간은 표 12-32에서 정한 값 이하일 것

표 12-32 특고압 가공전선로의 경간

지지물의 종류	경 간
A종 철주 또는 A종 철근 콘크리트주	75 m
B종 철주 또는 B종 철근 콘크리트주	150 m
철탑	400 m
철탑의 경우 : 단주인 경우에는 300 m ※ 전선이 수평으로 2 이상 있는 경우에 전선 상호 간의 간격이 4 m 미만인 때에는 250 m	

  ㉰ 지지물에는 철주·철근 콘크리트주 또는 철탑을 사용할 것

  ㉱ 전선은 단면적이 표 12-33에서 정한 값 이상일 것

표 12-33 특고압 가공전선로 전선의 단면적

사용전압의 구분	전선의 단면적
100 kV 미만	인장강도 21.67 kN 이상의 연선 또는 단면적 55 mm² 이상의 경동연선
100 kV 이상	인장강도 58.84 kN 이상의 연선 또는 단면적 150 mm² 이상의 경동연선

㈑ 전선의 지표상의 높이는 표 12-34에서 정한 값 이상일 것

표 12-34 특고압 가공전선로 지표상의 높이

사용전압의 구분	지표상의 높이
35 kV 이하	10 m(특고압 절연전선인 경우 : 8 m)
35 kV 초과	10 m*

㈜ *10 m : 35 kV를 초과하는 10 kV 또는 그 단수마다 12 cm를 더한 값

㈐ 지지물에는 위험 표시를 보기 쉬운 곳에 시설할 것
㈑ 사용전압이 100 kV를 초과하는 특고압 가공전선에 지락 또는 단락이 생겼을 때에는 1초 이내에 자동적으로 이를 전로로부터 차단하는 장치를 시설할 것
② 시가지 그밖에 인가가 밀집한 지역

특고압 가공전선로의 양측으로 각각 50 m, 선로 방향으로 500 m를 취한 50,000 m²의 장방형의 구역으로 그 지역 내의 건폐율이 25 % 이상인 경우로 한다.

참고 건폐율 : (조영물이 점하는 면적)/(50,000 m² − 도로면적)

건폐율(building coverage ratio) : 건축면적의 대지면적에 대한 백분율을 말한다.
1. 건폐율을 구하는 공식은 (건축면적/대지면적)×100(%)이다.
2. 건축물 주위에 방화나 위생, 식수(植樹)에 필요한 공지(空地)를 확보하기 위한 규제에 사용된다.

(28) 유도장해의 방지(판단 제105조)

① 특고압 가공전선로는 통신상의 장해가 없도록 시설하여야 한다.
  ㈎ 60 kV 이하인 경우 : 전화선로의 12 km마다 유도전류가 $2\mu A$를 넘지 아니하도록 할 것
  ㈏ 60 kV를 초과하는 경우 : 전화선로의 40 km마다 유도전류가 $3\mu A$을 넘지 아니하도록 할 것

(29) 특고압 가공케이블의 시설(판단 제106조)
① 케이블은 다음 각 어느 하나에 의하여 시설할 것
  ㈎ 조가용선에 행거에 의하여 시설할 것(행거의 간격은 50 cm 이하)
  ㈏ 조가용선에 접촉시키고 그 위에 쉽게 부식되지 아니하는 금속 테이프 등을 20 cm 이하의 간격을 유지시켜 나선형으로 감아 붙일 것
② 조가용선은 인장강도 13.93 kN 이상의 연선 또는 단면적 22 mm^2 이상의 아연도강 연선일 것
③ 조가용선 및 케이블의 피복에 사용하는 금속체에는 제3종 접지공사를 할 것

(30) 특고압 가공전선의 굵기 및 종류(판단 제107조)
특고압 가공전선은 케이블인 경우 이외에는 인장강도 8.71 kN 이상의 연선 또는 단면적이 22 mm^2 이상의 경동연선이어야 한다.

(31) 특고압 가공전선로의 목주 시설(판단 제113조)
① 특고압 가공전선로의 지지물로 사용하는 목주
  ㈎ 풍압하중에 대한 안전율 : 1.5 이상
  ㈏ 말구 지름 : 12 cm 이상

(32) 특고압 가공전선로의 철주·철근 콘크리트주 또는 철탑의 종류(판단 제114조)
① 특고압 가공전선로의 지지물로 사용하는 B종 철근, B종 콘크리트주 또는 철탑의 종류
  ㈎ 직선형 : 전선로의 직선 부분에 사용하는 것(3도 이하인 수평각도를 이루는 곳을 포함)
  ㈏ 각도형 : 전선로 중 3도를 초과하는 수평각도를 이루는 곳에 사용하는 것
  ㈐ 인류형 : 전가섭선을 인류하는 곳에 사용하는 것
  ㈑ 내장형 : 전선로의 지지물 양쪽의 경간의 차가 큰 곳에 사용하는 것
  ㈒ 보강형 : 전선로의 직선 부분에 그 보강을 위하여 사용하는 것

(33) 특고압 가공전선로의 경간 제한(판단 제124조)
① 경간은 표 12-35에서 정한 값 이하이어야 한다.

표 12-35 특고압 가공전선로의 경간

지지물의 종류	경 간
목주·A종 철주 또는 철주, 철근 콘크리트주	150 m
B종 철주 또는 B종 철근 콘크리트주	250 m
철탑	600 m ※ 단주인 경우에는 400 m

(34) 특고압 보안공사(판단 제125조)

① 제1종 특고압 보안공사는 다음 각호에 따라야 한다.

㈎ 전선은 케이블인 경우 이외에는 단면적이 표 12-36에서 정한 값 이상일 것

표 12-36 제1종 특고압 보안공사 사용전선

사용전압	전 선
100 kV 미만	인장강도 21.67 kN 이상의 연선 또는 단면적 55 mm^2 이상의 경동연선
100 kV 이상 300 kV 미만	인장강도 58.84 kN 이상의 연선 또는 단면적 150 mm^2 이상의 경동연선
300 kV 이상	인장강도 77.47 kN 이상의 연선 또는 단면적 200 mm^2 이상의 경동연선

㈏ 전선에는 압축 접속에 의한 경우 이외에는 경간의 도중에 접속점을 시설하지 아니할 것

㈐ 전선로의 지지물에는 B종 철주·B종 철근 콘크리트주 또는 철탑을 사용할 것

㈑ 경간은 표 12-37에서 정한 값 이하일 것

표 12-37 제1종 특고압 보안공사 경간

지지물의 종류	경 간
B종 철주 또는 B종 철근 콘크리트주	150 m
철탑	400 m(단주인 경우에는 300 m)

② 제2종 특고압 보안공사는 다음 각호에 따라야 한다.

㈎ 특고압 가공전선은 연선일 것

㈏ 지지물로 사용하는 목주의 풍압하중에 대한 안전율은 2 이상일 것

㈐ 경간은 표 12-38에서 정한 값 이하일 것

표 12-38 제2종 특고압 보안공사 경간

지지물의 종류	경 간
목주·A종 철주 또는 A종 철근 콘크리트주	100 m
B종 철주 또는 B종 철근 콘크리트주	200 m
철탑	400 m(단주인 경우에는 300 m)

③ 제3종 특고압 보안공사는 다음 각호에 따라야 한다.

㈎ 특고압 가공전선은 연선일 것
㈏ 전선은 바람 또는 눈에 의한 요동으로 단락될 우려가 없도록 시설할 것

(35) 특고압 가공전선과 저고압 가공전선 등의 접근 또는 교차(판단 제129조)

① 특고압 가공전선이 저·고압의 가공전선 등과 제1차 접근상태로 시설되는 경우에는 다음 각호에 따라야 한다.
㈎ 특고압 가공전선로는 제3종 특고압 보안공사에 의할 것
㈏ 특고압 가공전선과 저고압 가공전선 등 사이의 이격거리는 표 12-39에서 정한 값 이상일 것

표 12-39 제1차 접근상태 이격거리

사용전압의 구분	이격거리
60 kV 이하	2 m
60 kV 초과	2 m에 사용전압이 60 kV를 초과하는 10 kV 또는 그 단수마다 12 cm를 더한 값

㈐ 사용전압이 35 kV 이하인 특고압 가공전선과 저고압 가공전선 등 또는 이들의 지지물이나 지주 사이의 이격거리는 제㈏호의 규정에도 불구하고 표 12-40에서 정한 값까지로 감할 수 있음

표 12-40 35 kV 이하인 특고압 가공전선 이격거리

저고압 가공전선 등 또는 이들의 지지물이나 지주의 구분	전선의 종류	이격거리
저압 가공전선 또는 저압이나 고압의 전차선	특고압 절연전선	1.5 m • 저압 가공전선이 절연전선 또는 케이블인 경우는 1 m
	케이블	1.2 m • 저압 가공전선이 절연전선 또는 케이블인 경우는 0.5 m
고압 가공전선	특고압 절연전선	1 m
	케이블	0.5 m
가공약전류전선 등 또는 저고압 가공전선 등의 지지물이나 지주	특고압 절연전선	1 m
	케이블	0.5 m

(36) 특고압 가공전선과 식물의 이격거리(판단 제133조)

전압이 35 kV 이하, 고압 절연전선을 사용하는 특고압 가공전선과 식물 사이의 이격거리가 50 cm 이상이어야 한다.

(37) 25 kV 이하인 특고압 가공전선로의 시설(판단 제135조)

중성선 다중접지식의 것으로서 전로에 지락이 생겼을 때 2초 이내에 자동적으로 이를 전로로부터 차단하는 장치가 되어 있는 것에 한한다.

① 사용전압이 15 kV 이하인 특고압 가공전선로의 중성선의 다중접지 및 중성선의 시설
  ㈎ 접지선은 공칭단면적 $6 mm^2$ 이상일 것
  ㈏ 접지공사는 (14)-③항의 규정에 준하고 또한 접지한 곳 상호 간의 거리는 전선로에 따라 300 m 이하일 것
  ㈐ 각 접지선을 중성선으로부터 분리하였을 경우의 각 접지점의 대지 전기저항값과 1 km마다의 중성선과 대지사이의 합성 전기저항값은 표 12-41에서 정한 값 이하일 것

표 12-41 각 접지점의 대지 전기저항값

각 접지점의 대지 전기저항값	1 km마다의 합성 전기저항값
300 Ω	30 Ω

  ㈑ 다중접지한 중성선은 저압전로의 접지 측 전선이나 중성선과 공용할 수 있음

② 사용전압이 15 kV를 초과하고 25 kV 이하인 특고압 가공전선로
  ㈎ 특고압 가공전선이 건조물·도로·가공약전류전선, 저압이나 고압의 가공전선과 접근 또는 교차상태로 시설되는 경우의 경간은 표 12-42에서 정한 값 이하일 것

표 12-42 15 kV를 초과하고 25 kV 이하인 특고압 가공전선로 경간

지지물의 종류	경간
목주·A종 철주 또는 A종 철근 콘크리트주	100 m
B종 철주 또는 B종 철근 콘크리트주	150 m
철탑	400 m

  ㈏ 특고압 가공전선과 건조물의 조영재 사이의 이격거리는 표 12-43에서 정한 값 이상일 것

표 12-43 가공전선과 건조물의 조영재 사이의 이격거리

건조물의 조영재	접근 형태	전선의 종류	이격거리
상부조영재	위쪽	나전선	3 m
		특고압 절연전선	2.5 m
		케이블	1.2 m
	옆쪽 또는 아래쪽	나전선	1.5 m
		특고압 절연전선	1.0 m
		케이블	0.5 m
기타의 조영재		나전선	1.5 m
		특고압 절연전선	1.0 m
		케이블	0.5 m

㈐ 특고압 가공전선과 식물 사이의 이격거리는 1.5 m 이상일 것. 다만, 특고압 가공전선이 특고압 절연전선이거나 케이블인 경우로서 특고압 가공전선을 식물에 접촉하지 아니하도록 시설하는 경우에는 그러하지 아니함

㈑ 특고압 가공전선로의 중성선의 다중접지는 다음에 의할 것

㉮ 접지선은 공칭단면적 6 mm² 이상의 연동선 또는 이와 동등 이상의 세기 및 굵기의 쉽게 부식하지 않는 금속선으로서 고장 시에 흐르는 전류가 안전하게 통할 수 있는 것일 것

㉯ 접지공사는 각각 접지한 곳 상호 간의 거리는 전선로에 따라 150 m 이하일 것

㉰ 각 접지선을 중성선으로부터 분리하였을 경우의 각 접지점의 대지 전기저항값과 1 km마다 중성선과 대지 사이의 합성 전기저항값은 표 12-44에서 정한 값 이하일 것

표 12-44 중성선과 대지 사이의 합성 전기저항

각 접지점의 대지 전기저항값	1 km마다의 합성 전기저항값
300 Ω	15 Ω

제 5 절 지중전선로

(38) 지중전선로의 시설(판단 제136조)

① 지중전선로는 전선에 케이블을 사용하고 또한 관로식·암거식(暗渠式) 또는 직접 매설식에 의하여 시설하여야 한다.

② 지중전선로를 관로식 또는 암거식에 의하여 시설하는 경우
　㈎ 관로식에 의하여 시설하는 경우 : 매설 깊이 1.0 m 이상
　㈏ 암거식에 의하여 시설하는 경우 : 중량물의 압력에 견디는 것
③ 지중전선로를 직접 매설식에 의하여 시설하는 경우 매설 깊이
　㈎ 차량 기타 중량물의 압력을 받을 우려가 있는 장소 : 1.2 m 이상
　㈏ 기타 장소 : 60 cm 이상(견고한 트라프 기타 방호물에 넣어 시설할 것)

(39) 지중함의 시설(판단 제137조)
① 지중함은 다음 각호에 따라 시설하여야 한다.
　㈎ 지중함은 견고하고 차량 기타 중량물의 압력에 견디는 구조일 것
　㈏ 지중함은 그 안의 고인 물을 제거할 수 있는 구조로 되어 있을 것
　㈐ 폭발성 또는 연소성의 가스가 침입할 우려가 있는 것에 시설하는 지중함으로서 그 크기가 1 m^3 이상인 것에는 통풍장치 기타 가스를 방산시키기 위한 적당한 장치를 시설할 것
　㈑ 지중함의 뚜껑은 시설자 이외의 자가 쉽게 열 수 없도록 시설할 것

(40) 지중전선의 피복금속체 접지(판단 제139조)
　관·암거·기타 지중전선을 넣은 방호장치의 금속제 부분·금속제의 전선 접속함 및 지중전선의 피복으로 사용하는 금속체에는 제3종 접지공사를 하여야 한다.

(41) 지중전선과 지중약전류전선 등 또는 관과의 접근 또는 교차(판단 제141조)
① 지중약전류전선 등과 접근하거나 교차하는 다음 경우에 내화성의 격벽(隔壁)을 설치해야 한다.
　㈎ 상호 간의 이격거리가 저압 또는 고압의 지중전선은 30 cm 이하
　㈏ 특고압 지중전선은 60 cm 이하
② 제①항의 경우 이외에는 지중전선을 견고한 불연성 또는 난연성의 관에 넣어 그 관이 지중약전류전선 등과 직접 접촉하지 아니하도록 하여야 한다.

(42) 지중전선 상호 간의 접근 또는 교차(판단 제142조)
① 다른 지중전선과 접근하거나 교차하는 경우, 지중함 내 이외의 곳에서 상호 간의 이격거리
　㈎ 저압 지중전선과 고압 지중전선 : 15 cm 이상
　㈏ 저·고압의 지중전선과 특고압 지중전선 : 30 cm 이상

제 6 절 터널 안 전선로·수상전선로

(43) 터널 안 전선로의 시설(판단 제143조)
① 사람이 상시 통행하는 터널 안의 전선로 사용전압은 저압 또는 고압에 한한다.
  (개) 저압전선은 다음 중 1에 의하여 시설할 것
    ㉮ 지름 2.6 mm 이상의 경동선의 절연전선을 사용하여 규정에 준하는 애자사용공사에 의하여 시설하고 또한 노면상 2.5 m 이상의 높이로 유지할 것
    ㉯ 합성수지관공사·금속관공사·가요전선관공사 또는 케이블공사에 의할 것
  (내) 고압전선은 고압 옥측전선로의 시설 규정에 준하여 시설할 것

(44) 수상전선로의 시설(판단 제145조)
① 수상전선로를 시설하는 경우에는 그 사용전압은 저압 또는 고압인 것에 한한다.
  (개) 사용전선
    ㉮ 저압인 경우 : 클로로프렌 캡타이어케이블
    ㉯ 고압인 경우 : 캡타이어케이블
  (내) 가공전선로의 전선과 접속하는 경우에는 전선의 접속점 높이
    ㉮ 접속점이 육상에 있는 경우 : 지표상 5 m 이상(저압인 경우에 도로상 이외의 곳에 있을 때에는 지표상 4 m까지로 감할 수 있다)
    ㉯ 접속점이 수면상에 있는 경우 : 저압인 경우 – 수면상 4 m 이상, 고압인 경우 – 수면상 5 m 이상

제 7 절 특수 장소의 전선로

(45) 지상에 시설하는 전선로(판단 제147조)
① 지상에 시설하는 저·고압의 전선로는 다음 각호의 어느 하나에 해당하는 경우 이외에는 시설하여서는 아니 된다.
  (개) 1구내에만 시설하는 전선로의 전부 또는 일부로 시설하는 경우
  (내) 1구내 전용의 전선로 중 그 구내에 시설하는 부분의 전부 또는 일부로 시설하는 경우
  (대) 지중전선로와 교량에 시설하는 전선로 또는 전선로 전용교 등에 시설하는 전선로와의 사이에서 취급자 이외의 자가 출입하지 않도록 조치한 장소에 시설하는 경우

(46) 교량에 시설하는 전선로(판단 제148조)
① 교량의 윗면에 시설하는 것은 다음에 의하는 이외에 전선의 높이를 교량의 노면상 5 m 이상으로 하여 시설한다.

㈎ 전선은 케이블인 경우 이외에는 지름 2.6 mm 이상의 경동선 절연전선일 것
㈏ 전선과 조영재 사이의 이격거리는 전선이 케이블인 경우 이외에는 30 cm 이상일 것

제 4 장 전력보안 통신설비

(1) **전력보안 통신용 전화설비의 시설**(판단 제153조)
 ① 특고압 가공전선로 및 선로 길이 5 km 이상의 고압 가공전선로에는 보안상 특히 필요한 경우에 가공전선로의 적당한 곳에서 통화할 수 있도록 휴대용, 이동용의 전력보안 통신용 전화설비를 시설하여야 한다.
 ② 고압, 특고압 지중전선로가 설치되어 있는 전력구내에서 보안상 특히 필요한 경우에는 전력구내에 전력보안 통신용 전화설비를 시설하여야 한다.

(2) **통신선의 시설**(판단 제154조)
 ① 전력보안 가공통신선은 다음 각호에 따라 시설하여야 한다.
   ㈎ 통신선을 조가용 선으로 조가할 것(지름 2.6 mm의 경동선을 사용하는 경우에는 그러하지 아니하다)
   ㈏ 조가용 선은 금속선으로 된 연선일 것
 ② 가공전선로의 지지물에 시설하는 가공통신선에 직접 접속하는 통신선은 절연전선, 일반통신용 케이블 이외의 케이블 또는 광섬유케이블이어야 한다.

(3) **가공전선과 첨가 통신선과의 이격거리**(판단 제155조)
 ① 가공전선로의 지지물에 시설하는 통신선은 다음 각호에 따른다.
   ㈎ 통신선은 가공전선의 아래에 시설할 것
   ㈏ 통신선과 저압 가공전선 사이의 이격거리는 60 cm 이상일 것
     ㉮ 저압 가공전선이 절연전선 또는 케이블인 경우에 통신선이 절연전선과 동등 이상의 절연효력이 있는 것인 경우 : 30 cm 이상
     ㉯ 저압 가공전선이 인입선이고 또한 통신선이 첨가 통신용 제2종 케이블 또는 광섬유케이블일 경우 : 15 cm 이상
   ㈐ 통신선과 고압 가공전선 사이의 이격거리는 60 cm 이상일 것(고압 가공전선이 케이블인 경우에 통신선이 절연전선과 동등 이상의 절연효력이 있는 것인 경우에는 30 cm 이상으로 할 수 있다)

(4) **가공통신선의 높이**(판단 제156조)
 ① 가공통신선(전력 보안 가공통신선)의 높이
   ㈎ 도로 위에 시설하는 경우에는 지표상 : 5 m 이상(교통에 지장을 줄 우려가 없는

경우에는 지표상 4.5 m까지로 감할 수 있다)
  (나) 철도의 궤도를 횡단하는 경우에는 레일면상 : 6.5 m 이상
  (다) 횡단보도교 위에 시설하는 경우에는 그 노면상 : 3 m 이상
  (라) (가)호부터 (다)호까지 이외의 경우에는 지표상 : 3.5 m 이상

(5) 가공통신인입선 시설(판단 제158조)
  ① 가공통신선의 지지물에서의 지지점 및 분기점 이외의 가공통신인입선 부분의 높이
  (가) 교통에 지장을 줄 우려가 없을 때에 한하여 노면상의 높이 : 4.5 m 이상
  (나) 조영물의 붙임점에서의 지표상의 높이 : 2.5 m 이상

(6) 무선용 안테나 등의 시설 제한(판단 제165조)
무선용 안테나 및 화상감시용 설비 등은 전선로의 주위 상태를 감시할 목적으로 시설하는 것 이외에는 가공전선로의 지지물에 시설하여서는 아니 된다.

제 5 장 전기 사용 장소의 시설

제 1 절 옥내의 시설

(1) 옥내전로의 대지전압의 제한(판단 제166조)
  ① 백열전등 또는 방전등에 전기를 공급하는 옥내의 전로의 대지전압은 300 V 이하이어야 하며 다음 각호에 따라 시설하여야 한다.
  (가) 백열전등, 방전등 및 이에 부속하는 전선은 사람이 접촉할 우려가 없도록 시설할 것
  (나) 백열전등, 방전등용 안정기는 저압의 옥내배선과 직접 접속하여 시설할 것
  (다) 백열전등의 전구소켓은 키나 그 밖의 점멸기구가 없는 것일 것
  ② 주택의 옥내전로의 대지전압은 300 V 이하이어야 하며 다음 각호에 따라 시설하여야 한다.
  (가) 사용전압은 400 V 미만일 것
  (나) 전로 인입구에는 인체감전보호용 누전차단기를 시설할 것
  (다) 백열전등의 전구소켓은 키나 그 밖의 점멸기구가 없는 것일 것
  (라) 정격소비전력 3 kW 이상의 전기기계기구에 전기를 공급하기 위한 전로
    ㉮ 전용의 개폐기 및 과전류 차단기를 시설할 것
    ㉯ 그 전로의 옥내배선과 직접 접속하거나 적정 용량의 전용콘센트를 시설할 것
  (마) 주택의 옥내를 통과하여 그 주택 이외의 장소에 전기를 공급하기 위한 옥내배선
    ㉮ 사람이 접촉할 우려가 없는 은폐된 장소일 것

㈑ 합성수지관, 금속관공사 또는 케이블공사에 의하여 시설할 것
③ 주택의 태양전지 모듈에 접속하는 부하 측 옥내전로의 대지전압은 직류 600 V 이하여야 한다.
　㈎ 전로에 지락이 생겼을 때 자동적으로 전로를 차단하는 장치를 시설할 것
　㈏ 사람이 접촉할 우려가 없는 은폐된 장소
　　㉮ 합성수지관, 금속관공사 및 케이블공사에 의하여 시설할 것
　　㉯ 사람이 접촉할 우려가 없도록 케이블공사에 의하여 시설하고 전선에 적당한 방호장치를 시설할 것

(2) 저압 옥내배선의 사용전선(판단 제168조)
① 저압 옥내배선의 전선
　㈎ 단면적이 2.5 mm² 이상의 연동선
　㈏ 단면적이 1 mm² 이상의 미네럴인슈레이션 케이블
② 옥내배선의 사용전압이 400 V 미만인 경우로 다음 각호 어느 하나에 해당하는 경우에는 제①항을 적용하지 않는다.
　㈎ 전광표시 장치·출퇴 표시등 또는 제어회로 등에 사용하는 배선
　　㉮ 단면적 1.5 mm² 이상의 연동선을 사용
　　㉯ 합성수지관, 금속관, 금속 몰드, 금속 덕트, 플로어 덕트 공사 또는 셀룰러 덕트 공사에 의하여 시설하는 경우
　㈏ 전광표시 장치·출퇴 표시등 또는 제어회로 등의 배선
　　㉮ 단면적 0.75 mm² 이상인 다심 케이블 또는 다심 캡타이어 케이블을 사용
　　㉯ 과전류가 생겼을 때에 자동적으로 전로에서 차단하는 장치를 시설하는 경우
　㈐ 단면적 0.75 mm² 이상인 코드 또는 캡타이어케이블을 사용하는 경우
　㈑ 리프트 케이블을 사용하는 경우

(3) 저압 옥내전로 인입구에서의 개폐기의 시설(판단 제169조)
① 인입구에 가까운 곳으로서 쉽게 개폐할 수 있는 곳에 개폐기를 시설하여야 한다.
② 사용전압이 400 V 미만인 옥내전로로서 다른 옥내전로에 접속하는 길이 15 m 이하의 전로에서 전기의 공급을 받는 것은 제①항의 규정에 의하지 아니할 수 있다. 여기서, 다른 옥내전로란, 정격전류가 15 A 이하인 과전류 차단기 또는 정격전류가 15 A를 초과하고 20 A 이하인 배선용 차단기로 보호되고 있는 것에 한한다.

(4) 옥내에 시설하는 저압용의 배선기구의 시설(판단 제170조)
① 저압용의 배선기구는 그 충전 부분이 노출하지 아니하도록 시설하여야 한다.
② 저압용의 비포장 퓨즈는 불연성의 것으로 제작한 함 내부에 시설하여야 한다.

㈎ 극과 극 사이에는 개폐하였을 때 또는 퓨즈가 용단되었을 때 생기는 아크가 다른 극에 미치지 않도록 절연성의 격벽을 시설한 것일 것

㈏ 커버는 내(耐)아크성의 합성수지로 제작한 것이어야 하며 또한 진동에 의하여 떨어지지 않는 것일 것

③ 옥내의 습기가 많은 곳에 시설하는 저압용의 배선기구에는 방습 장치를 하여야 한다.

④ 욕실 등 인체가 물에 젖어 있는 상태에서 전기를 사용하는 장소에 콘센트를 시설하는 경우

㈎ 인체감전보호용 누전차단기 또는 절연변압기로 보호된 전로에 접속하거나, 인체감전보호용 누전차단기가 부착된 콘센트를 시설하여야 한다.

여기서, 1. 누전차단기 : 정격감도전류 15 mA 이하, 동작 시간 0.03초 이하의 전류동작형의 것에 한한다.

2. 절연변압기 : 정격용량 3 kVA 이하인 것에 한한다.

㈏ 콘센트는 접지극이 있는 방적형 콘센트를 사용하여 접지하여야 한다.

방적형(drip-proof type)
1. 전기 기기의 보호 방식의 하나이다.
2. 연직에서 15도 이내의 각도로 낙하하는 물방울이 기기 내부에 들어가 전기 절연물이나 전기 권선용 철심에 접촉하는 일이 없는 구조의 방식을 말한다.

(5) 옥내에 시설하는 저압용 배분전반 등의 시설(판단 제171조)

① 저압용 배·분전반의 기구 및 전선은 쉽게 점검할 수 있도록 하고 다음 각호에 따라 시설한다.

㈎ 노출된 충전부가 있는 배전반 및 분전반은 취급자 이외의 사람이 쉽게 출입할 수 없도록 설치할 것

㈏ 한 개의 분전반에는 한 가지 전원(1회선의 간선)만 공급할 것

㈐ 옥내에 설치하는 배전반·분전반은 불연성 또는 난연성일 것

② 옥내에 시설하는 저압용 전기계량기와 이를 수납하는 계기함을 사용할 경우는 쉽게 점검 및 보수할 수 있는 위치에 시설한다.

(6) 옥내에 시설하는 저압용 기계기구 등의 시설(판단 제172조)

① 가정용 전기기계기구는 그 충전 부분이 노출되지 아니하도록 시설하여야 한다. 다만, 전열기 중 전기풍로 등 그 충전 부분을 노출하여 전기를 사용하여야 하는 것의 그 노출 부분이 대지전압이 150 V 이하인 경우에는 그러하지 아니하다.

② 저압용의 업무용 전기기계기구는 그 충전 부분이 노출되지 아니하도록 시설하여야 한다.
③ 옥내에는 통전 부분에 사람이 드나드는 가정용, 업무용 전기기계기구를 시설하여서는 아니 된다.
④ 전기사용기계기구에 전선을 접속하는 경우
  ㈎ 나사로 고정시키거나 기타 이와 동등 이상의 효력이 있는 방법에 의하여 견고하고 또한 전기적으로 완전히 접속할 것
  ㈏ 접속점에 장력이 가하여지지 아니하도록 할 것

(7) 전동기의 과부하 보호 장치의 시설(판단 제174조)

① 옥내에 시설하는 전동기에는 전동기가 소손될 우려가 있는 과전류가 생겼을 때에 자동적으로 이를 저지하거나 이를 경보하는 장치를 하여야 한다. 다만, 다음 각호의 어느 하나에 해당하는 경우에는 그러하지 아니하다.
  ㈎ 전동기를 운전 중 상시 취급자가 감시할 수 있는 위치에 시설하는 경우
  ㈏ 전동기의 구조나 부하의 성질로 보아 전동기가 소손할 수 있는 과전류가 생길 우려가 없는 경우
  ㈐ 단상전동기로서 그 전원 측 전로에 시설하는 과전류 차단기의 정격전류가 15 A 이하인 경우. 여기서, 배선용 차단기는 20 A일 것

(8) 옥내 저압간선의 시설(판단 제175조)

① 저압 옥내간선은 다음 각호에 따라 시설하여야 한다.
  ㈎ 손상을 받을 우려가 없는 곳에 시설할 것
  ㈏ 전선은 저압 옥내간선의 각 부분마다 정격전류의 합계 이상인 허용전류가 있는 것일 것 전동기 등의 정격전류의 합계가
    ㉮ 50 A 이하인 경우 : 1.25배
    ㉯ 50 A를 초과하는 경우 : 1.1배
  ㈐ 전원 측 전로에는 그 저압 옥내간선을 보호하는 과전류 차단기를 시설할 것

(9) 분기회로의 시설(판단 제176조)

① 저압 옥내간선에서 분기하여 전기사용기계기구에 이르는 저압 옥내전로는 다음 각호에 따라 시설하여야 한다.
  ㈎ 분기점에서 전선의 길이가 3 m 이하인 곳에 개폐기 및 과전류 차단기를 시설할 것. 여기서, 분기점에서 개폐기 및 과전류 차단기까지의 전선의 허용전류가 그 전선에 접속하는 간선을 보호하는 과전류 차단기의 정격전류의 55% 이상일 경우에는 분기점에서 3 m를 초과하는 곳에 시설할 것(전선의 길이가 8 m 이하인 경우에는 35%)

㈏ 개폐기는 각 극에 시설할 것
㈐ 정격전류가 50 A를 초과하는 하나의 전기사용기계기구(전동기 등을 제외)에 이르는 저압 옥내전로는 다음에 의하여 시설할 것
　㉮ 저압 옥내전로에 시설하는 제①호의 과전류 차단기는 그 정격전류가 그 전기사용기계기구의 정격전류를 1.3배 한 값을 넘지 아니하는 것일 것
　㉯ 저압 옥내전로에 그 전기사용기계기구 이외의 부하를 접속시키지 아니할 것
　㉰ 저압 옥내배선의 허용전류는 그 저압 옥내전로에 시설하는 과전류 차단기의 정격전류 이상일 것
㈑ 전동기 등에만 이르는 저압 옥내전로
　㉮ ㈐호의 과전류 차단기는 그 과전류 차단기에 직접 접속하는 부하 측의 전선의 허용전류를 2.5배 한 값 이하인 정격전류의 것일 것
　㉯ 전선은 저압 옥내배선의 각 부분마다 그 부분을 통하여 공급되는 전동기 등의 정격전류의 합계의 1.25배의 값 이상인 허용전류의 것일 것. 여기서, 그 전동기 등의 정격전류의 합계가 50 A를 넘을 경우에는 1.1배
㈒ ㈐호 및 ㈑호에 규정하는 저압 옥내전로 이외의 저압 옥내전로는 다음에 의하여 시설할 것
　㉮ 저압 옥내전로에 시설하는 ㈐호의 과전류 차단기의 정격전류는 50 A 이하일 것
　㉯ 저압옥내전로에 접속하는 콘센트·나사 접속기 및 소켓은 표 12-45에서 정한 것일 것

표 12-45　옥내전로에 접속하는 콘센트·나사 접속기 및 소켓

저압 옥내전로의 종류	콘센트	나사 접속기 또는 소켓
정격전류가 15 A 이하인 과전류 차단기로 보호되는 것	정격전류가 15 A 이하인 것	나사형의 소켓으로서 공칭 지름이 39 mm 이하인 것이나 나사형 이외의 소켓 또는 공칭 지름이 39 mm 이하인 나사 접속기
정격전류가 15 A를 초과하고 20 A 이하인 배선용 차단기로 보호되는 것	정격전류가 20 A 이하인 것	
정격전류가 15 A를 초과하고 20 A 이하인 과전류 차단기(배선용 차단기를 제외한다)로 보호되는 것	정격전류가 20 A인 것(정격전류가 20 A 미만의 꽂임 플럭이 접속될 수 있는 것은 제외한다)	할로겐 전구용의 소켓이나 할로겐 전구용 이외의 백열전등용·방전등용의 소켓으로서 공칭 지름이 39 mm인 것 또는 공칭 지름이 39 mm인 나사접속기
정격전류가 20 A를 초과하고 30 A 이하의 과전류 차단기로 보호되는 것	정격전류가 20 A 이상 30 A 이하의 것(정격전류가 20 A 미만의 꽂임 플럭이 접속될 수 있는 것은 제외한다)	
정격전류가 30 A를 초과하고 40 A 이하인 과전류 차단기로 보호되는 것	정격전류가 30 A 이상 40 A 이하인 것	
정격전류가 40 A를 초과하고 50 A 이하인 과전류 차단기로 보호되는 것	정격전류가 40 A 이상 50 A 이하인 것	

㈐ 저압 옥내배선은 표 12-46에서 정한 굵기의 연동선의 허용전류 이상인 것일 것

표 12-46 저압 옥내배선 굵기

저압 옥내전로의 종류	저압 옥내배선의 굵기	하나의 나사 접속기, 하나의 소켓 또는 하나의 콘센트에서 그 분기점에 이르는 부분의 전선의 굵기
정격전류가 15 A 이하인 과전류 차단기로 보호되는 것	단면적 2.5 mm²(미네럴인슈레이션케이블은 1 mm²)	
정격전류가 15 A를 초과하고 20 A 이하인 배선용 차단기로 보호되는 것		
정격전류가 15 A를 초과하고 20 A 이하인 과전류 차단기(배선용 차단기를 제외한다)로 보호되는 것	단면적 4 mm²(미네럴인슈레이션케이블은 1.5 mm²)	단면적 2.5 mm²(미네럴인슈레이션케이블은 1 mm²)
정격전류가 20 A를 초과하고 30 A 이하인 과전류 차단기로 보호되는 것	단면적 6 mm²(미네럴인슈레이션케이블은 2.5 mm²)	
정격전류가 30 A를 초과하고 40 A 이하인 과전류 차단기로 보호되는 것	단면적 10 mm²(미네럴인슈레이션케이블은 단면적 6 mm²)	단면적 4 mm²(미네럴인슈레이션케이블은 1.5 mm²)
정격전류가 40 A를 초과하고 50 A 이하인 과전류 차단기로 보호되는 것	단면적 16 mm²(미네럴인슈레이션케이블은 10 mm²)	

(10) 점멸장치와 타임스위치 등의 시설(판단 제177조)

① 조명용 전등에는 다음 각호에 따라 점멸장치를 시설하여야 한다.
　㈎ 가정용 전등은 등기구마다 점멸이 가능하도록 할 것
　㈏ 국부 조명설비는 그 조명 대상에 따라 점멸할 수 있도록 시설할 것
　㈐ 공장·사무실·학교·병원·상점·기타 많은 사람이 함께 사용하는 장소에 시설하는 전체 조명용 전등은 부분 조명이 가능하도록 전등군을 구분하여 점멸이 가능하도록 하되, 창과 가장 가까운 전등은 따로 점멸이 가능하도록 할 것
　㈑ 광 천장 조명 또는 간접 조명을 위하여 전등을 격등 회로로 시설하는 경우에는 ㈐호의 규정을 적용하지 아니할 수 있음
　㈒ 가로등, 경기장, 공장, 아파트 단지 등의 일반조명을 위하여 시설하는 고압방전등은 그 효율이 70 lm/W 이상의 것이어야 함

② 조명용 전등을 설치할 때에는 다음 각호에 따라 타임스위치를 시설하여야 한다.
　㈎ 관광숙박업 또는 숙박업에 이용되는 객실의 입구등은 1분 이내에 소등되는 것일 것
　㈏ 일반주택 및 아파트 각 호실의 현관등은 3분 이내에 소등되는 것일 것

(11) 저압 옥내배선의 허용전류(판단 제178조)

저압 옥내배선에 사용하는 450/750 V 이하 염화비닐 절연전선, 450/750 V 이하 고무 절연전선, 1 kV부터 3 kV까지의 압출 성형 절연 전력케이블의 허용전류 및 보정계수는 KS C IEC 60364-5-52의 부속서 B(허용전류)에 따른다. 다만, 600 V급 절연전선에 관한 허용전류는 한국전기기술기준위원회 표준 KECS 1501-2009에 따른다.

(12) 저압 옥내배선의 시설 장소별 공사의 종류(판단 제180조)

① 저압 옥내배선은 합성수지관, 금속관, 가요전선관 및 케이블공사 또는 표 12-47에서 정하는 시설 장소 및 사용전압의 구분에 따른 공사에 의하여 시설하여야 한다.

표 12-47 시설 장소 및 사용전압의 구분에 따른 공사

시설 장소	사용전압	400 V 미만	400 V 이상
전개된 장소	건조한 장소	애자, 합성수지몰드, 금속몰드, 금속덕트, 버스덕트 또는 라이팅 덕트공사	애자, 금속덕트 또는 버스덕트공사
	기타 장소	애자사용공사, 버스덕트공사	애자사용공사
점검할 수 있는 은폐된 장소	건조한 장소	애자, 합성수지몰드, 금속몰드, 금속덕트, 버스덕트, 셀룰러덕트 또는 라이팅덕트공사	애자사용, 금속덕트, 버스덕트공사
	기타 장소	애자사용공사	애자사용공사
점검할 수 없는 은폐된 장소	건조한 장소	플로어덕트, 셀룰러덕트공사	

② 제①항 이외의 저압 옥내배선은 표 12-48과 표 12-49와 같이 선정 및 시공한다.

표 12-48 시설 장소의 구분 – 공사 방법

시설 장소의 구분	공사 방법
건축물 빈 공간	고정하지 않은 공사, 전선관, 케이블 덕트, 케이블트레이공사
케이블 채널	고정하는 공사, 고정하지 않은 공사, 전선관, 케이블 덕트, 케이블트레이공사
지중매설	고정하지 않은 공사, 전선관, 케이블 덕트공사
콘크리트 매설	고정하는 공사, 고정하지 않은 공사, 전선관공사, 케이블트렁킹, 케이블 덕트공사
노출배선	고정하는 공사, 전선관공사, 케이블트렁킹, 케이블 덕트, 케이블트레이, 애자사용공사
가공	케이블트렁킹, 케이블트레이, 애자사용, 지지용선 공사
수중	고정하는 공사, 고정하지 않은 공사

표 12-49 전선의 구분 – 공사 방법

전선의 구분		공사 방법
나전선		애자사용공사
절연선		전선관공사, 케이블트렁킹, 케이블 덕트, 애자사용공사
외장 케이블 (금속외장 및 무기절연 포함)	다심	고정하는 공사, 고정하지 않은 공사, 전선관공사, 케이블트렁킹, 케이블 덕트, 케이블트레이, 지지용선공사
	단심	고정하는 공사, 전선관공사, 케이블트렁킹, 케이블 덕트, 케이블트레이, 지지용선공사

(13) 애자사용공사(판단 제181조)

① 애자사용공사에 의한 저압 옥내배선
   ㈎ 절연전선일 것(옥외용, 인입용 비닐절연전선을 제외)
   ㈏ 전선 상호 간의 간격은 6 cm 이상일 것
   ㈐ 전선과 조영재 사이의 이격거리
      ㉠ 400 V 미만인 경우 : 2.5 cm 이상
      ㉡ 400 V 이상인 경우 : 4.5 cm 이상
         여기서, 건조한 장소에 시설하는 경우에는 2.5 cm 이상
   ㈑ 전선의 지지점 간의 거리는 전선을 조영재의 윗면 또는 옆면에 따라 붙일 경우에는 2 m 이하일 것
   ㈒ 사용전압이 400 V 이상인 것은 ㈑호의 경우 이외에는 전선의 지지점 간의 거리는 6 m 이하일 것
   ㈓ 저압 옥내배선은 사람이 접촉할 우려가 없도록 시설할 것
   ㈔ 전선이 조영재를 관통하는 경우에는 그 관통하는 부분의 전선을 전선마다 각각 별개의 난연성 및 내수성이 있는 절연관에 넣을 것. 다만, 사용전압이 150 V 이하인 전선을 건조한 장소에 시설하는 경우로서 관통하는 부분의 전선에 내구성이 있는 절연 테이프를 감을 때에는 그러하지 아니함
② 애자사용공사에 사용하는 애자는 절연성·난연성 및 내수성의 것이어야 한다.

(14) 합성수지관공사(판단 제183조)

① 합성수지관공사에 의한 저압 옥내배선
   ㈎ 전선은 절연전선일 것(옥외용 비닐절연전선 제외)
   ㈏ 전선은 연선일 것. 다만, 다음의 것은 적용하지 않는다.
      ㉠ 짧고 가는 합성수지관에 넣은 것
      ㉡ 단면적 10 mm^2 이하의 것(알루미늄선은 단면적 16 mm^2)

㈐ 전선은 합성수지관 안에서 접속점이 없도록 할 것
② 합성수지관 및 박스 기타의 부속품은 다음 각호에 따라 시설하여야 한다.
　㈎ 관 상호 간 및 박스와 관을 삽입하는 깊이
　　㉮ 관의 바깥 지름의 1.2배 이상
　　㉯ 접착제를 사용하는 경우에는 0.8배 이상
　㈏ 관의 지지점 간의 거리는 1.5 m 이하로 시설할 것
　㈐ 습기가 많은 장소에 시설하는 경우에는 방습 장치를 할 것
　㈑ 저압 옥내배선의 사용전압이 400 V 미만인 경우에 합성수지관을 금속제의 박스에 접속하여 사용하는 때는 박스 또는 분진 방폭형 플렉시블 피팅에는 제3종 접지공사를 할 것
　㈒ 사용전압이 400 V 이상인 경우에는 특별 제3종 접지공사를 할 것. 다만, 사람이 접촉할 우려가 없도록 시설하는 때에는 제3종 접지공사에 의할 수 있다.
　㈓ 합성수지관을 풀박스에 접속하여 사용하는 경우에는 ㈎호의 규정에 준하여 시설할 것
　㈔ 난연성이 없는 콤바인 덕트관은 직접 콘크리트에 매입하여 시설하는 경우 이외에는 전용의 불연성 또는 난연성의 관 또는 덕트에 넣어 시설할 것
　㈕ 합성 수지제 휨(가요) 전선관 상호 간은 직접 접속하지 말 것

(15) 금속관공사(판단 제184조)

① 금속관공사에 의한 저압 옥내배선
　㈎ 전선은 절연전선일 것(옥외용 비닐절연전선 제외)
　㈏ 전선은 연선일 것. 다만, 다음의 것은 적용하지 않는다.
　　㉮ 짧고 가는 금속관에 넣은 것
　　㉯ 단면적 10 mm² 이하의 것(알루미늄선은 16 mm²)
　㈐ 전선은 금속관 안에서 접속점이 없도록 할 것
② 금속관공사에 사용하는 금속관과 박스 기타의 부속품
　㈎ 관의 두께는 다음에 의할 것
　　㉮ 콘크리트에 매설하는 것은 1.2 mm 이상
　　㉯ ㉮ 이외의 것은 1 mm 이상. 다만, 이음매가 없는 길이 4 m 이하인 것을 건조하고 전개된 곳에 시설하는 경우에는 0.5 mm까지로 감할 수 있다.
　㈏ 관의 끝 부분 및 안쪽 면은 전선의 피복을 손상하지 아니하도록 매끈한 것일 것
③ 금속관과 박스 기타의 부속품은 다음 각호에 따라 시설하여야 한다.
　㈎ 관 상호 간 및 관과 박스 기타의 부속품과는 나사접속 기타 이와 동등 이상의 효력이 있는 방법에 의하여 견고하고 또한 전기적으로 완전하게 접속할 것

㈐ 관의 끝 부분에는 전선의 피복을 손상하지 아니하도록 적당한 구조의 부싱을 사용할 것. 다만, 금속관공사로부터 애자사용공사로 옮기는 경우에는 그 부분의 관의 끝 부분에는 절연부싱을 사용할 것

㈐ 습기가 많은 장소에 시설하는 경우에는 방습 장치를 할 것

㈑ 저압 옥내배선의 사용전압이 400 V 미만인 경우 관에는 제3종 접지공사를 할 것. 다만, 다음 중 1에 해당하는 경우에는 그러하지 아니하다.
  ㉮ 관의 길이가 4 m 이하인 것을 건조한 장소에 시설하는 경우
  ㉯ 사용전압이 직류 300 V 또는 교류 대지 전압 150 V 이하인 경우
    • 관의 길이가 8 m 이하인 것을 사람이 쉽게 접촉할 우려가 없도록 시설하는 때
    • 건조한 장소에 시설하는 때

㈒ 사용전압이 400 V 이상인 경우 관에는 특별 제3종 접지공사를 할 것. 다만, 사람이 접촉할 우려가 없도록 시설하는 경우에는 제3종 접지공사에 의할 수 있다.

(16) 가요전선관공사(판단 제186조)

① 가요전선관공사에 의한 저압 옥내배선
  ㈎ 전선은 절연전선일 것(옥외용 비닐절연전선 제외)
  ㈏ 전선은 연선일 것. 다만, 단면적 10 mm² 이하인 것은 그러하지 아니하다(알루미늄선은 단면적 16 mm²).
  ㈐ 가요전선관 안에는 전선에 접속점이 없도록 할 것
  ㈑ 가요전선관은 2종 금속제 가요전선관일 것. 다만, 전개된 장소 또는 점검할 수 있는 은폐된 장소에는 1종 가요전선관을 사용할 수 있다.

② 가요전선관공사에 사용하는 가요전선관 및 박스 기타의 부속품
  ㈎ 1종 금속제 가요전선관은 두께 0.8 mm 이상인 것일 것
  ㈏ 안쪽 면은 전선의 피복을 손상하지 아니하도록 매끈한 것일 것

③ 접지공사
  ㈎ 400 V 미만인 경우 : 제3종 접지공사. 다만, 관의 길이가 4 m 이하인 것을 시설하는 경우에는 그러하지 아니하다.
  ㈏ 400 V 이상인 경우 : 특별 제3종 접지공사. 다만, 사람이 접촉할 우려가 없도록 시설하는 경우에는 제3종 접지공사에 의할 수 있다.

(17) 금속덕트공사(판단 제187조)

① 금속덕트공사에 의한 저압 옥내배선
  ㈎ 전선은 절연전선일 것(옥외용 비닐절연전선 제외)
  ㈏ 금속덕트에 넣은 전선의 단면적의 합계는 덕트의 내부 단면적의 20 % 이하일 것(전광표시 장치·출퇴표시등 또는 제어회로 등의 배선만을 넣는 경우에는 50 %)

㈐ 금속덕트 안에는 전선에 접속점이 없도록 할 것
② 금속덕트는 다음 각호에 적합한 것을 시설한다.
㈎ 폭이 5 cm를 초과하고 또한 두께가 1.2 mm 이상인 철판 또는 동등 이상의 세기를 가지는 금속제의 것으로 견고하게 제작한 것일 것
㈏ 안쪽 면은 전선의 피복을 손상시키는 돌기(突起)가 없는 것일 것
㈐ 안쪽 면 및 바깥 면에는 산화 방지를 위하여 아연도금 또는 이와 동등 이상의 효과를 가지는 도장을 한 것일 것
③ 금속덕트는 다음 각호에 따라 시설한다.
㈎ 덕트 상호 간은 견고하고 또한 전기적으로 완전하게 접속할 것
㈏ 덕트를 조영재에 붙이는 경우에는 덕트의 지지점 간의 거리를 3 m 이하(취급자 이외의 자가 출입할 수 없도록 설비한 곳에서 수직으로 붙이는 경우에는 6 m)
㈐ 덕트의 뚜껑은 쉽게 열리지 아니하도록 시설할 것
㈑ 덕트의 끝 부분은 막을 것
㈒ 덕트 안에 먼지가 침입하지 아니하도록 할 것
㈓ 덕트는 물이 고이는 낮은 부분을 만들지 않도록 시설할 것
㈔ 400 V 미만인 경우 : 제3종 접지공사
㈕ 400 V 이상인 경우 : 특별 제3종 접지공사. 다만, 사람이 접촉할 우려가 없도록 시설하는 경우에는 제3종 접지공사에 의할 수 있다.

(18) 버스덕트공사(판단 제188조)

① 버스덕트공사에 의한 저압 옥내배선
㈎ 덕트 상호 간 및 전선 상호 간은 견고하고 또한 전기적으로 완전하게 접속할 것
㈏ 조영재에 붙이는 경우에는 덕트의 지지점 간의 거리 : 3 m 이하(취급자 이외의 자가 출입할 수 없도록 설비한 곳에서 수직으로 붙이는 경우에는 6 m)
㈐ 덕트의 끝 부분은 막을 것
㈑ 덕트의 내부에 먼지가 침입하지 아니하도록 할 것
㈒ 사용전압이 400 V 미만인 경우 : 제3종 접지공사
㈓ 사용전압이 400 V 이상인 경우 : 특별 제3종 접지공사. 다만, 사람이 접촉할 우려가 없도록 시설하는 경우에는 제3종 접지공사에 의할 수 있다.
㈔ 습기가 많은 장소에 시설하는 경우에는 옥외용 버스덕트를 사용하고 버스덕트 내부에 물이 침입하여 고이지 아니하도록 할 것
② 버스덕트는 다음에 적합한 것이어야 한다.
㈎ 도체는 단면적 20 mm^2 이상의 띠 모양, 지름 5 mm 이상의 관 모양이나 둥글고 긴 막대 모양의 동 또는 단면적 30 mm^2 이상의 띠 모양의 알루미늄을 사용한 것일 것

(나) 도체 지지물은 절연성·난연성 및 내수성이 있는 견고한 것일 것
(다) 덕트는 표 12-50의 두께 이상의 강판 또는 알루미늄판으로 견고히 제작한 것일 것

표 12-50 버스덕트의 규격

덕트의 최대 폭(mm)	덕트의 판 두께(mm)		
	강판	알루미늄판	합성수지판
150 이하	1.0	1.6	2.5
150 초과 300 이하	1.4	2.0	5.0
300 초과 500 이하	1.6	2.3	-
500 초과 700 이하	2.0	2.9	-
700 초과하는 것	2.3	3.2	-

(19) 라이팅 덕트공사(판단 제189조)

① 라이팅 덕트공사에 의한 저압 옥내배선
  (가) 덕트 상호 간 및 전선 상호 간은 견고하게 또한 전기적으로 완전히 접속할 것
  (나) 덕트는 조영재에 견고하게 붙일 것
  (다) 지지점 간의 거리는 2 m 이하로 할 것
  (라) 끝 부분은 막을 것
  (마) 덕트의 개구부는 아래로 향하여 시설할 것
  (바) 덕트는 조영재를 관통하여 시설하지 아니할 것
  (사) 덕트에는 합성수지 기타의 절연물로 금속재 부분을 피복한 덕트를 사용한 경우 이외에는 제3종 접지공사를 할 것. 다만, 대지전압이 150 V 이하이고 또한 덕트의 길이가 4 m 이하인 때는 그러하지 아니하다.
  (아) 덕트를 사람이 용이하게 접촉할 우려가 있는 장소에 시설하는 경우에는 전로에 지락이 생겼을 때에 자동적으로 전로를 차단하는 장치를 시설할 것

(20) 플로어 덕트공사(판단 제190조)

① 플로어 덕트공사에 의한 저압 옥내배선
  (가) 전선은 절연전선일 것(옥외용 비닐절연전선 제외)
  (나) 전선은 연선일 것. 다만, 단면적 10 mm^2 이하인 것은 그러하지 아니하다(알루미늄선은 단면적 16 mm^2).
  (다) 플로어 덕트 안에는 전선에 접속점이 없도록 할 것
② 플로어 덕트와 박스 기타 부속품은 다음 각호에 따라 시설하여야 한다.
  (가) 덕트 상호 간 및 덕트와 박스 및 인출구와는 견고하고 또한 전기적으로 완전하게 접속할 것

㈏ 덕트 및 박스 기타의 부속품은 물이 고이는 부분이 있도록 시설하여서는 아니 됨
㈐ 박스 및 인출구는 마루 위로 돌출하지 아니하도록 시설하고 또한 물이 스며들지 아니하도록 밀봉할 것
㈑ 덕트 끝 부분은 막을 것이며, 덕트는 제3종 접지공사를 할 것

(21) 셀룰러 덕트공사(판단 제191조)

① 셀룰러 덕트공사에 의한 저압 옥내배선
㈎ 전선은 절연전선일 것(옥외용 비닐절연전선 제외)
㈏ 전선은 연선일 것. 다만, 단면적 10 mm² 이하의 것은 그러하지 아니하다(알루미늄선은 단면적 16 mm²).
㈐ 셀룰러 덕트 안에는 전선에 접속점을 만들지 아니할 것

- **셀룰러 덕트(cellular duct)**
  1. 덱 플레이트(deck plate)의 하단에 철판을 깔고, 만들어진 공간을 배선 덕트로 사용하는 것을 말한다.
  2. 사무 자동화를 위한 바닥 배선 방식으로서 쓰인다.
- **덱 플레이트(deck plate)** : 강철제 바닥판을 구성하는 강판을 말한다.

② 셀룰러 덕트공사에 사용하는 셀룰러 덕트의 부속품은 다음 각호에 적합한 것을 사용한다.
㈎ 강판으로 제작한 것일 것
㈏ 덕트 끝과 안쪽 면은 전선의 피복이 손상하지 아니하도록 매끈한 것일 것
㈐ 덕트의 안쪽 면 및 외면은 방청을 위하여 도금 또는 도장을 한 것일 것
㈑ 셀룰러 덕트의 판 두께는 표 12-51에서 정한 값 이상일 것

표 12-51 셀룰러 덕트의 규격

덕트의 최대 폭	덕트의 판 두께
150 mm 이하	1.2 mm
150 mm 초과 200 mm 이하	1.4 mm
200 mm 초과하는 것	1.6 mm

㈒ 부속품의 판 두께는 1.6 mm 이상일 것

③ 셀룰러 덕트 및 부속품
  ㈎ 덕트 상호 간, 덕트와 조영물의 금속 구조체, 부속품 및 덕트에 접속하는 금속체와는 견고하게 또한 전기적으로 완전하게 접속할 것
  ㈏ 덕트 및 부속품은 물이 고이는 부분이 없도록 시설할 것
  ㈐ 인출구는 바닥 위로 돌출하지 아니하도록 시설하고 또한 물이 스며들지 아니하도록 할 것
  ㈑ 덕트의 끝 부분은 막을 것
  ㈒ 덕트는 제3종 접지공사를 할 것

(22) 케이블공사(판단 제193조)

① 케이블공사에 의한 저압 옥내배선
  ㈎ 전선은 케이블 및 캡타이어케이블일 것
  ㈏ 중량물의 압력 또는 현저한 기계적 충격을 받을 우려가 있는 곳에 시설하는 케이블에는 적당한 방호 장치를 할 것
  ㈐ 전선을 조영재의 아랫면 또는 옆면에 따라 붙이는 경우에는 전선의 지지점 간의 거리
    ㉮ 케이블은 2 m 이하
      여기서, 사람이 접촉할 우려가 없는 곳에서 수직으로 붙이는 경우에는 6 m
    ㉯ 캡타이어케이블은 1 m 이하
  ㈑ 400 V 미만인 경우에는 금속제의 전선 접속함 및 전선의 피복에 사용하는 금속체에는 제3종 접지공사를 할 것. 다만, 다음 중 1에 해당할 경우에는 그러하지 아니하다.
    ㉮ 방호 장치의 금속제 부분의 길이가 4 m 이하인 것을 건조한 곳에 시설하는 경우
    ㉯ 사용전압이 직류 300 V 또는 교류 대지전압이 150 V 이하인 경우에 방호 장치의 금속제 부분의 길이가 8 m 이하인 것을 사람이 쉽게 접촉할 우려가 없도록 시설하는 경우 또는 건조한 것에 시설하는 경우
  ㈒ 400 V 이상인 경우에는 관, 금속제의 전선 접속함 및 전선의 피복에 사용하는 금속체에는 특별 제3종 접지공사를 할 것. 다만, 사람이 접촉할 우려가 없도록 시설하는 경우에는 제3종 접지공사에 의할 수 있다.

(23) 케이블 트레이공사(판단 제194조)

① 케이블 트레이에 의한 저압 옥내배선
  ㈎ 사용전선의 종류
    ㉮ 연피 케이블, 알루미늄피 케이블 등 난연성 케이블
    ㉯ 기타 케이블 또는 금속관 혹은 합성수지관 등에 넣은 절연전선

㈏ 케이블 트레이 안에서 전선을 접속하는 경우에는 전선 접속 부분에 사람이 접근할 수 있고 또한 그 부분이 측면 레일 위로 나오지 않도록 하고 그 부분을 절연 처리하여야 한다.

㈐ 수평으로 포설하는 케이블 이외의 케이블은 케이블 트레이의 가로대에 견고하게 고정시켜야 한다.

㈑ 저압 케이블과 고압 또는 특고압 케이블은 동일 케이블 트레이 안에 시설하여서는 아니 된다. 다만, 견고한 불연성의 격벽을 시설하는 경우 또는 금속 외장 케이블인 경우에는 그러하지 아니하다.

② 케이블 트레이

㈎ 수용된 모든 전선을 지지할 수 있는 적합한 강도의 것이어야 한다(케이블 트레이의 안전율은 1.5 이상).

㈏ 지지대는 트레이 자체 하중과 포설된 케이블 하중을 충분히 견딜 수 있는 강도를 가져야 한다.

㈐ 전선의 피복 등을 손상시킬 돌기 등이 없이 매끈하여야 한다.

㈑ 금속재의 것은 적절한 방식 처리를 한 것이거나 내식성 재료의 것이어야 한다.

㈒ 측면 레일 또는 이와 유사한 구조재를 취부하여야 한다.

㈓ 배선의 방향 및 높이를 변경하는 데 필요한 부속재 기타 적당한 기구를 갖춘 것이어야 한다.

㈔ 비금속제 케이블 트레이는 난연성 재료의 것이어야 한다.

㈕ 금속제 케이블 트레이 계통은 기계적 및 전기적으로 완전하게 접속하여야 한다.
  ㉮ 400 V 미만인 경우 : 제3종 접지공사
  ㉯ 400 V 이상인 경우 : 특별 제3종 접지공사

㈖ 케이블이 케이블 트레이 계통에서 금속관, 합성수지관 등 또는 함으로 옮겨 가는 개소에는 케이블에 압력이 가하여지지 않도록 지지하여야 한다.

㈗ 별도로 방호를 필요로 하는 배선 부분에는 필요한 방호력이 있는 불연성의 커버 등을 사용하여야 한다.

㈘ 케이블 트레이가 방화구획의 벽, 마루, 천장 등을 관통하는 경우에 관통부는 불연성의 물질로 충전(充塡)하여야 한다.

케이블 트레이(cable tray)
1. 케이블을 지지하기 위하여 사용하는 금속제 또는 불연성 재료로 제작된 유닛 또는 유닛의 집합체 및 그에 부속하는 부속재 등으로 구성된 견고한 구조물을 말한다.
2. 사다리형, 펀칭형, 통풍 채널형, 바닥밀폐형 기타 이와 유사한 구조물을 포함한다.

(24) 옥내 저압용의 전구선의 시설(판단 제197조)

① 옥내에 시설하는 사용전압이 400 V 미만인 전구선은 고무코드 또는 0.6/1 kV EP 고무 절연 클로로프렌캡타이어케이블로서 단면적이 0.75 mm² 이상인 것이어야 한다.

② 옥내에 시설하는 400 V 미만인 저압 전구선과 옥내배선의 접속은 그 접속점에 전구 또는 기구의 중량을 옥내배선에 지지시키지 아니하도록 하여야 한다.

③ 400 V 이상인 전구선은 옥내에 시설하여서는 아니 된다.

(25) 먼지가 많은 장소에서의 저압의 시설(판단 제199조)

① 폭연성 분진 또는 화약류의 분말이 전기설비가 발화원이 되어 폭발할 우려가 있는 곳에 시설하는 저압 옥내 전기설비는 위험의 우려가 없도록 시설하여야 한다. 여기서, 폭연성 분진이란 마그네슘·알루미늄·티탄·지르코늄 등의 먼지가 쌓여 있는 상태에서 불이 붙었을 때에 폭발할 우려가 있는 것을 말한다.

⑦ 저압 옥내배선, 저압 관등회로 배선, 소세력 회로의 전선 및 출퇴 표시등 회로의 전선은 금속관 또는 케이블공사에 의할 것

㉯ 금속관공사

㉮ 금속관은 박강 전선관 또는 이와 동등 이상의 강도를 가지는 것일 것

㉯ 박스 기타의 부속품은 패킹을 사용하여 먼지가 내부에 침입하지 아니하도록 시설할 것

㉰ 관 상호 간, 관과 박스 기타의 부속품 및 전기기계기구와는 5턱 이상 나사조임으로 접속하는 방법에 의하여 견고하게 접속할 것

㉱ 전동기에 접속하는 부분에서 가요성을 필요로 하는 부분의 배선에는 분진 방폭형 플렉시블 피팅을 사용할 것

- **패킹(packing)** : 기밀성을 유지하기 위해 파이프의 이음새나 용기의 접합면 등에 끼우는 재료이다.
- **피팅(pitting)** : 강판에 생긴 점상(點狀)의 부식이며 점식이라고도 한다.

㉰ 이동 전선은 접속점이 없는 0.6/1 kV EP 고무절연 클로로프렌캡타이어케이블을 사용할 것

㉱ 전기기계기구는 적합한 분진 방폭 특수 방진 구조로 되어 있을 것

㉲ 전동기는 과전류가 생겼을 때에 폭연성 분진에 착화할 우려가 없도록 시설할 것

② 가연성 분진에 전기설비가 발화원이 되어 폭발할 우려가 있는 곳에 시설하는 저압 옥내 전기설비. 여기서, 가연성 분진이란, 소맥분·전분·유황 기타 가연성의 먼지로 공중에 떠다니는 상태에서 착화하였을 때에 폭발할 우려가 있는 것을 말한다.

⑦ 저압 옥내배선 등은 합성수지관, 금속관공사 또는 케이블공사에 의할 것

(나) 합성수지관공사
    ㉮ 합성수지관 및 박스 기타의 부속품은 손상을 받을 우려가 없도록 시설할 것
    ㉯ 박스 기타의 부속품은 먼지가 내부에 침입하지 아니하도록 시설할 것
        • 패킹을 사용하는 방법
        • 틈새의 깊이를 길게 하는 방법
    ㉰ 전동기에 접속하는 부분에서 가요성을 필요로 하는 부분의 배선에는 분진방폭형 플렉시블 피팅을 사용할 것
    (다) 금속관공사에 의하는 때에는 5턱 이상 나사조임으로 접속하는 방법에 의하여 견고하게 접속할 것
    (라) 전기기계기구는 분진방폭형 보통 방진구조로 되어 있을 것

(26) 위험물 등이 있는 장소의 저압의 시설(판단 제201조)
    ① 셀룰로이드, 성냥, 석유류 기타 타기 쉬운 위험한 물질을 제조하거나 저장하는 곳
        (가) 이동전선은 접속점이 없는 것을 사용할 것
            ㉮ 0.6/1 kV EP 고무절연 클로로프렌캡타이어케이블
            ㉯ 0.6/1 kV 비닐절연 비닐캡타이어케이블
        (나) 통상의 사용 상태에서 불꽃 또는 아크를 일으키거나 온도가 현저히 상승할 우려가 있는 전기기계기구는 위험물에 착화할 우려가 없도록 시설할 것

(27) 화약류 저장소에서 전기설비의 시설(판단 제202조)
    ① 화약류 저장소 안에는 전기설비를 시설하여서는 아니 된다. 다만, 백열전등이나 형광등 또는 이들에 전기를 공급하기 위한 전기설비는 다음 각호에 따라 시설하는 경우에는 그러하지 아니하다.
        (가) 전로에 대지전압은 300 V 이하일 것
        (나) 전기기계기구는 전폐형의 것일 것
        (다) 케이블을 전기기계기구에 인입할 때에는 인입구에서 케이블이 손상될 우려가 없도록 시설할 것
    ② 화약류 저장소 안의 전기설비에 전기를 공급하는 전로에는 화약류 저장소 이외의 곳
        (가) 전용 개폐기, 과전류 차단기를 각 극에 취급자 이외의 자가 쉽게 조작할 수 없도록 시설할 것
        (나) 전로에 지락이 생겼을 때에 자동적으로 전로를 차단하거나 경보하는 장치를 시설할 것

(28) 흥행장의 저압공사(판단 제203조)
    ① 상설 극장·영화관 등에 시설하는 저압 전기설비
        (가) 무대, 오케스트라박스, 영사실 등에 시설하는 저압 옥내배선, 전구선, 이동전선은

사용전압이 400 V 미만일 것
- (나) 전선의 피복을 손상하지 아니하도록 적당한 장치를 할 것
- (다) 무대마루 밑에 시설하는 전구선
    - ㉮ 300/300 V 편조 고무코드
    - ㉯ 0.6/1 kV EP 고무절연 클로로프렌캡타이어케이블일 것
- (라) 보더라이트에 부속된 이동 전선은 0.6/1 kV EP 고무절연 클로로프렌캡타이어케이블 것
- (마) 무대·무대마루 밑·오케스트라 박스 및 영사실의 전로에는 전용 개폐기 및 과전류 차단기를 시설할 것

② 무대용의 콘센트 박스, 플라이 덕트 및 보더라이트의 금속제 외함에는 제3종 접지공사를 하여야 한다.

(29) 진열장 안의 배선 공사(판단 제205조)

① 건조한 곳에 사용하는 진열장 안의 사용전압이 400 V 미만인 저압 옥내배선은 외부에서 보기 쉬운 곳에 한하여 코드 또는 캡타이어케이블을 조영재에 접촉하여 시설할 수 있다.

② ①항에서 규정하는 배선
- (가) 전선은 단면적이 0.75 mm² 이상인 코드 또는 캡타이어케이블일 것
- (나) 전선의 붙임점 간의 거리는 1 m 이하로 할 것(기구의 중량을 지지시키지 아니할 것)

(30) 고압 옥내배선 등의 시설(판단 제209조)

① 고압 옥내배선은 다음 중 (가)에 의하여 시설한다.
- (가) 애자사용공사(건조한 장소로서 전개된 장소에 한한다.
- (나) 케이블공사
- (다) 케이블 트레이공사

② 애자사용공사에 의한 고압 옥내배선
- (가) 사람이 접촉할 우려가 없도록 시설할 것
- (나) 사용 전선
    - ㉮ 공칭단면적 6 mm² 이상의 연동 절연전선
    - ㉯ 고압 절연전선이나 특고압 절연전선
    - ㉰ 인하용 고압 절연전선
- (다) 전선의 지지점 간의 거리는 6 m 이하일 것(전선을 조영재의 면을 따라 붙이는 경우 : 2 m 이하)
- (라) 전선 상호 간의 간격은 8 cm 이상, 전선과 조영재 사이의 이격거리는 5 cm 이상일 것

㈑ 애자사용공사에 사용하는 애자는 절연성·난연성 및 내수성의 것일 것
㈒ 고압 옥내배선은 저압 옥내배선과 쉽게 식별되도록 시설할 것
㈓ 전선이 조영재를 관통하는 경우에는 그 관통하는 부분의 전선을 전선마다 각각 별개의 난연성 및 내수성이 있는 견고한 절연관에 넣을 것
③ 케이블공사에 의한 고압 옥내배선에서 제1종 접지공사를 할 곳
㈎ 관 기타의 케이블을 넣는 방호 장치의 금속제 부분
㈏ 금속제의 전선 접속함
㈐ 케이블의 피복에 사용하는 금속체. 다만, 사람이 접촉할 우려가 없도록 시설하는 경우에는 제3종 접지공사에 의할 수 있다.

제 2 절 옥외의 시설

(31) 옥외등의 인하선의 시설(판단 제217조)
① 옥외 백열전등의 인하선으로서 지표상의 높이 2.5 m 미만의 부분
㈎ 공칭단면적 2.5 mm² 이상의 연동선과 동등 이상의 세기 및 굵기의 절연전선을 사용할 것
㈏ 사람의 접촉 또는 전선의 손상을 방지하도록 시설할 것. 다만, 규정에 준하는 케이블공사에 의하여 시설하는 경우에는 그러하지 아니함

(32) 옥측배선 또는 옥외배선의 시설(판단 제218조)
① 저압의 옥측, 옥외배선
㈎ 합성수지관, 금속관, 가요전선관, 케이블공사 또는 표 12-52에서 정한 시설 장소 및 사용전압의 구분에 따른 공사에 의하여 시설할 것

표 12-52 옥측배선 또는 옥외배선의 시설

시설 장소의 구분 \ 사용전압의 구분	400 V 미만인 것	400 V 이상인 것
전개된 장소	애자사용공사 버스덕트공사	애자사용공사 버스덕트공사
점검할 수 있는 은폐된 장소	애자사용공사 버스덕트공사	버스덕트공사

㈏ 버스덕트공사에 의한 저압의 옥측, 옥외배선
㉮ 옥외용 버스덕트를 사용하여 덕트 안에 물이 스며들어 고이지 아니하도록 한 구조일 것
㉯ 저압의 옥측, 옥외배선의 사용전압이 400 V 이상인 경우는 다음에 의하여 시설할 것

- 목조 외의 조영물에 시설할 것(점검할 수 없는 은폐 장소를 제외)
- 버스덕트는 사람이 쉽게 접촉할 우려가 없도록 시설할 것
- 버스덕트는 옥외용 버스덕트를 사용하여 덕트 안에 물이 스며들어 고이지 아니하도록 한 것일 것
- 버스덕트는 보호등급 IPX4에 적합할 것

㈐ 저압의 옥측, 옥외배선의 개폐기 및 과전류 차단기는 옥내 전로용의 것과 겸용하지 아니할 것. 다만, 그 배선의 길이가 옥내전로의 분기점으로부터 8 m 이하인 경우에 옥내 전로용의 과전류 차단기의 정격전류가 15 A 이하인 경우에는 그러하지 아니하다(배선용 차단기는 20 A).

(33) 옥측 또는 옥외에 시설하는 전구선의 시설(판단 제219조)

① 400 V 미만인 전구선은 0.6/1 kV EP 고무절연 클로로프렌캡타이어케이블로서 공칭단면적 0.75 mm^2 이상의 것이어야 한다. 다만, 사람이 쉽게 접촉할 우려가 없도록 시설하는 경우는 다음 각호에 따라 시설할 수 있다.

㈎ 공칭단면적이 0.75 mm^2 이상인 450/750 V 내열성에틸렌아세테이트 고무절연전선을 비나 이슬에 맞지 않도록 시설하는 경우(옥측에 시설하는 경우에 한한다)

㈏ 공칭단면적 0.75 mm^2 이상인 300/300 V 편조 고무코드 또는 0.6/1 kV EP 고무절연 클로로프렌캡타이어케이블을 시설하는 경우

② 사용전압이 400 V 이상인 전구선은 옥측 또는 옥외에 시설하여서는 아니 된다.

제 3 절 특수시설

(34) 전기울타리의 시설(판단 제231조)

① 전기울타리는 다음 각호에 의한다.
㈎ 사람이 쉽게 출입하지 아니하는 곳에 시설할 것
㈏ 시설한 곳에는 사람이 보기 쉽도록 위험표시를 시설할 것
㈐ 전선은 지름 2 mm 이상의 경동선일 것
㈑ 전선과 이를 지지하는 기둥 사이의 이격거리는 2.5 cm 이상일 것
㈒ 전선과 다른 시설물 또는 수목 사이의 이격거리는 30 cm 이상일 것

② 울타리에 전기를 공급하는 전로에는 쉽게 개폐할 수 있는 곳에 전용 개폐기를 시설하여야 한다.

③ 울타리용 전원 장치에 전기를 공급하는 전로의 사용전압은 250 V 이하이어야 한다.

(35) 소세력 회로의 시설(판단 제244조)

① 전자 개폐기의 조작회로 또는 초인벨·경보벨 등에 접속하는 전로로서 최대사용전

압이 60 V 이하인 것으로 대지전압이 300 V 이하인 강전류 전기의 전송에 사용하는 전로와 변압기로 결합되는 것은 다음 각호에 따라 시설하여야 한다.

㈎ 소세력 회로에 전기를 공급하기 위한 변압기는 절연 변압기일 것
㈏ 절연변압기의 2차 단락전류는 표 12-53에서 정한 값 이하의 것일 것

표 12-53 소세력 회로의 시설 – 절연변압기의 2차 단락전류

소세력 회로의 최대사용전압의 구분	2차 단락전류	과전류 차단기의 정격전류
15 V 이하	8 A	5 A
15 V 초과 30 V 이하	5 A	3 A
30 V 초과 60 V 이하	3 A	1.5 A

㈐ 소세력 회로의 전선을 조영재에 붙여 시설하는 경우
  ㈎ 전선은 케이블인 경우 이외에는 공칭단면적 1.0 mm² 이상의 연동선일 것
  ㈏ 전선은 코드 · 캡타이어케이블 또는 케이블일 것
㈑ 소세력 회로의 전선을 지중에 시설하는 경우
  ㈎ 전선은 450/750 V 일반용 단심 비닐절연전선 · 캡타이어케이블 또는 케이블일 것
  ㈏ 전선을 차량 기타 중량물의 압력에 견디는 견고한 관 · 트라프 기타의 방호 장치에 넣어 시설하는 경우 이외의 매설 깊이
    • 30 cm 이상
    • 차량 기타의 중량물이 압력을 받을 우려가 있는 곳에 시설하는 경우에는 1.2 m 이상
㈒ 소세력 회로의 전선을 가공으로 시설하는 경우에는 다음에 의하여 시설할 것
  ㈎ 전선은 인장강도 508 N 이상의 것 또는 지름 1.2 mm의 경동선일 것
  ㈏ 전선이 케이블인 경우에는 인장강도 2.36 kN 이상의 금속선 또는 지름 3.2 mm의 아연도철선으로 매달아 시설할 것
  ㈐ 전선의 높이
    • 도로를 횡단하는 경우 : 지표상 6 m 이상
    • 철도 또는 궤도를 횡단하는 경우 : 레일면상 6.5 m 이상
    • 기타의 경우에는 지표상 4 m 이상, 여기서, 전선을 도로 이외의 곳에 시설하는 경우에는 지표상 2.5 m까지로 감할 수 있다.
  ㈑ 전선의 지지점 간의 거리는 15 m 이하일 것
  ㈒ 전선이 나전선인 경우에는 전선과 식물 사이의 이격거리는 30 cm 이상일 것

(36) 출퇴 표시등 회로의 시설(판단 제245조)

① 출퇴 표시등에 접속하는 전로로서 최대사용전압이 60 V 이하이고 또한 정격전류가 5 A 이하인 과전류 차단기로 보호된 것은 다음 각호에 따라 시설하여야 한다.

㈎ 출퇴 표시등 회로에 전기를 공급하기 위한 변압기는 1차 측 전로의 대지전압이 300 V 이하, 2차 측 전로의 사용전압이 60 V 이하인 절연 변압기일 것
㈏ 절연 변압기의 절연내력을 시험
  ㉮ 권선의 정격전압이 150 V 이하인 경우 : 교류 1,500 V의 시험전압
  ㉯ 150 V를 초과하는 경우 : 교류 2 kV의 시험전압(하나의 권선과 다른 권선, 철심 및 외함 사이에 연속하여 1분간 가하여 절연내력을 시험한 때에 이에 견디는 것일 것)
㈐ 절연 변압기의 2차 측 전로의 각 극에는 그 변압기에 근접하는 곳에 과전류 차단기를 시설할 것
㈑ 출퇴 표시등 회로의 전선을 조영재에 붙여 시설하는 경우
  ㉮ 전선
    • 단면적 1.0 mm^2 연동선
    • 지름 0.65 mm의 연동선과 동등 이상의 세기 및 굵기의 통신용 케이블일 것
  ㉯ 전선은 캡타이어케이블 또는 케이블인 경우 이외에는 합성수지몰드 · 합성수지관 · 금속관 · 금속몰드 · 가요전선관 · 금속덕트 또는 플로어 덕트에 넣어 시설할 것

제 6 장 지능형 전력망

제 1 절 분산형 전원 계통연계설비의 시설

(1) 저압 계통연계 시 직류유출방지 변압기의 시설(판단 제281조)

① 분산형 전원을 인버터를 이용하여 배전사업자의 저압 전력계통에 연계하는 경우 인버터로부터 직류가 계통으로 유출되는 것을 방지하기 위하여 접속점과 인버터 사이에 상용주파수 변압기를 시설하여야 한다. 다만, 다음 각호를 모두 충족하는 경우에는 예외로 한다. 여기서, 접속점이란, 접속설비와 분산형 전원 설치자 측 전기설비의 접속점을 말한다.
㈎ 인버터의 직류 측 회로가 비접지인 경우 또는 고주파 변압기를 사용하는 경우
㈏ 인버터의 교류출력 측에 직류 검출기를 구비하고, 직류 검출 시에 교류출력을 정지하는 기능을 갖춘 경우

(2) 단락전류 제한장치의 시설(판단 제282조)

① 분산형 전원을 계통연계하는 경우
㈎ 전력계통의 단락용량이 다른 자의 차단기의 차단용량 또는 전선의 순시허용전류 등을 상회할 우려가 있을 때에는 그 분산형 전원 설치자가 한류리액터 등 단락전류를 제한하는 장치를 시설하여야 한다.

㈏ 이러한 장치로도 대응할 수 없는 경우에는 그밖에 단락전류를 제한하는 대책을 강구하여야 한다.

(3) 계통연계용 보호장치의 시설(판단 제283조)
① 계통연계하는 분산형 전원을 설치하는 경우
다음 각호의 하나에 해당하는 이상 또는 고장 발생 시 자동적으로 분산형 전원을 전력계통으로부터 분리하기 위한 장치 시설 및 해당 계통과의 보호협조를 실시하여야 한다.
㈎ 분산형 전원의 이상 또는 고장
㈏ 연계한 전력계통의 이상 또는 고장
㈐ 단독운전 상태
② ①항 ㈏호에 따라 연계한 전력계통의 이상 또는 고장 발생 시 분산형 전원의 분리시점
㈎ 해당 계통의 재폐로 시점 이전이어야 함
㈏ 이상 발생 후 해당 계통의 전압 및 주파수가 정상 범위 내에 들어올 때까지 계통과의 분리상태를 유지해야 함
㈐ 연계한 계통의 재폐로방식과 협조를 이루어야 함
③ 단순 병렬운전 분산형 전원의 경우에는 역전력 계전기를 설치한다.

(4) 특고압 송전 계통연계 시 분산형 전원 운전제어 장치의 시설(판단 제284조)
분산형 전원을 송전사업자의 특고압 전력계통에 연계하는 경우 계통안정화 또는 조류억제 등의 이유로 운전제어가 필요할 때에는 그 분산형 전원에 필요한 운전제어 장치를 시설하여야 한다.

(5) 연계용 변압기 중성점의 접지(판단 제285조)
① 분산형 전원을 특고압 전력계통에 계통연계하는 경우
연계용 변압기 중성점의 접지는 전력계통에 연결되어 있는 다른 전기설비의 정격을 초과하는 과전압을 유발하거나 전력계통의 지락고장 보호협조를 방해하지 않도록 시설하여야 한다.

제 2 절 저압 옥내직류 전기설비

(6) 저압 옥내직류 전기설비의 시설(판단 제287조)
저압 옥내직류 전기설비는 각 관련 판단기준을 준용하여 시설하여야 한다.

(7) 전기품질(판단 제288조)

① 저압 옥내직류 전로에 교류를 직류로 변환하여 공급하는 경우 직류는 리플프리 직류이어야 한다(KS C IEC 60364-4-41에 따른).

② ①항에 따라 직류를 공급하는 경우 고조파전류는 KS C IEC 61000-3-2 및 KS C IEC 61000-3-12에 정한 값 이하이어야 한다.

 리플프리 직류 : 교류를 직류로 변환할 때 리플 성분(즉 맥동 성분)을 10%(실효값) 이하로 포함한 직류를 말한다.

(8) 저압 옥내직류 전기설비의 접지(판단 제289조)

① 저압 옥내직류 전기설비는 전로보호장치의 확실한 동작의 확보, 이상전압 및 대지전압의 억제를 위하여 직류 2선식의 임의의 한 점 또는 변환장치의 직류 측 중간점, 태양전지의 중간점 등을 접지하여야 한다. 다만, 직류 2선식을 다음 각호에 의하여 시설하는 경우는 그러하지 아니하다.

㈎ 사용전압이 60 V 이하인 경우

㈏ 접지검출기를 설치하고 특정구역 내의 산업용 기계기구에만 공급하는 경우

㈐ 규정에 적합한 교류계통으로부터 공급을 받는 정류기에서 인출되는 직류계통

㈑ 최대전류 30 mA 이하의 직류화재경보회로

② 제①항의 접지공사는 규정에 준용하여 접지하여야 한다.

③ 직류전기설비의 접지시설을 양(+)도체를 접지하는 경우는 감전에 대한 보호를 하여야 한다.

④ 직류전기설비의 접지시설을 음(-)도체를 접지하는 경우는 전기부식방지를 하여야 한다.

(9) 저압 직류과전류 차단장치(판단 제290조)

① 직류전로에 과전류 차단기를 설치하는 경우 직류단락전류를 차단하는 능력을 가지는 것이어야 하고 "직류용" 표시를 하여야 한다.

② 다중전원전로의 과전류 차단기는 모든 전원을 차단할 수 있도록 시설하여야 한다.

(10) 저압 직류지락 차단장치(판단 제291조)

직류전로에는 지락이 생겼을 때에 자동으로 전로를 차단하는 장치를 시설하여야 하며, "직류용" 표시를 하여야 한다.

(11) 저압 직류개폐장치(판단 제292조)

① 직류전로에 사용하는 개폐기는 직류전로 개폐 시 발생하는 아크에 견디는 구조이어야 한다.
② 다중전원전로의 개폐기는 개폐할 때 모든 전원이 개폐될 수 있도록 시설하여야 한다.

(12) 저압 직류전기설비의 전기부식 방지(판단 제293조)

직류전로를 접지하는 경우는 직류누설전류의 전기부식작용으로 다른 금속체에 손상의 위험이 없도록 시설하여야 한다. 다만, 직류지락 차단장치를 시설한 경우는 그러하지 아니하다.

(13) 축전지실 등의 시설(판단 제294조)

① 30 V를 초과하는 축전지는 비접지 측 도체에 쉽게 차단할 수 있는 곳에 개폐기를 시설하여야 한다.
② 옥내전로에 연계되는 축전지는 비접지 측 도체에 과전류 보호장치를 시설하여야 한다.
③ 축전지실 등은 폭발성의 가스가 축적되지 않도록 환기장치 등을 시설하여야 한다.

제 3 절 이차전지를 이용한 전기저장장치의 시설

(14) 전기저장장치 일반 요건(판단 제295조)

① 이차전지를 이용한 전기저장장치
  ㈎ 충전 부분이 노출되지 않도록 시설하고, 금속제의 외함 및 이차전지의 지지대는 규정에 따라 접지공사를 할 것
  ㈏ 이차전지를 시설하는 장소는 폭발성 가스의 축적을 방지하기 위한 환기시설을 갖추고 적정한 온도와 습도를 유지할 것
  ㈐ 이차전지를 시설하는 장소는 보수점검을 위한 충분한 작업공간을 확보하고 조명설비를 시설할 것
  ㈑ 이차전지의 지지물은 부식성 가스 또는 용액에 의하여 부식되지 아니하도록 하고 적재하중 또는 지진 등 기타 진동과 충격에 대하여 안전한 구조일 것
  ㈒ 침수의 우려가 없는 곳에 시설할 것

(15) 제어 및 보호장치(판단 제296조)

① 전기저장장치의 접속점에는 쉽게 개폐할 수 있는 곳에 개방상태를 육안으로 확인할 수 있는 전용의 개폐기를 시설하여야 한다.
② 이차전지에는 다음 각호에 따라 자동적으로 전로로부터 차단하는 장치를 시설하여야 한다.

㈎ 과전압 또는 과전류가 발생한 경우

㈏ 제어장치에 이상이 발생한 경우

㈐ 이차전지 모듈의 내부 온도가 급격히 상승할 경우

③ 직류 전로에 과전류 차단기를 설치하는 경우 직류 단락전류를 차단하는 능력을 가지는 것이어야 하고 "직류용" 표시를 하여야 한다.

④ 직류전로에는 지락이 생겼을 때에 자동적으로 전로를 차단하는 장치를 시설하여야 한다.

(16) 계측장치(판단 제297조)

① 전기저장장치를 시설하는 곳에 계측하는 장치

㈎ 이차전지 집합체의 출력 단자의 전압, 전류, 전력 및 충·방전 상태

㈏ 주요 변압기의 전압, 전류 및 전력

② 발전소·변전소에 전기저장장치를 시설하는 경우 전로가 차단되었을 때에 관리자가 확인할 수 있도록 경보 장치를 시설하여야 한다.

1. 전기설비기술기준〈제1장 총칙〉

1. 다음중 ( ) 안에 알맞은 내용은?

> 전기설비기술기준은 발전·송전·변전·배전 또는 전기 사용을 위하여 시설하는 기계·기구·댐·수로·저수지·( )·( ) 그 밖의 시설물의 안전에 필요한 성능과 기술적 요건을 규정함을 목적으로 한다.

① 급전소, 개폐소
② 옥내배선, 옥외배선
③ 궤전선로, 약전류선로
④ 전선로, 보안통신선로

[해설] 목적[(1) 참조]

2. 전기설비기술기준의 안전 원칙에 대한 설명으로 틀린 것은?

① 전기설비는 사용 목적에 적절하고 안전하게 작동하여야 한다.
② 전기설비는 불가피한 손상으로 인하여 전기 공급에 지장을 줄 수도 있다.
③ 다른 물건의 기능에 전기적 또는 자기적인 장해가 없도록 시설하여야 한다.
④ 전기설비는 감전, 화재 그밖에 사람에게 위해를 주거나 물건에 손상을 줄 우려가 없도록 시설하여야 한다.

[해설] 안전 원칙[(2) 참조]
전기설비는 감전, 화재 그밖에 사람에게 위해(危害)를 주거나 물건에 손상을 줄 우려가 없도록 시설하여야 한다.

3. 다음 중 발전기·원동기·연료전지·태양전지·해양에너지 그 밖의 기계기구를 시설하여 전기를 발생시키는 곳은?

① 급전소   ② 발전소
③ 변전소   ④ 개폐소

[해설] 정의[(3)-①-(가) 참조]

4. 다음 중 전력계통의 운용에 관한 지시 및 급전조작을 하는 곳은?

① 급전소   ② 발전소
③ 변전소   ④ 개폐소

[해설] 정의[(3)-①-(라) 참조]
(1) 급전소 : 전력계통의 운용에 관한 지시 및 급전조작을 하는 곳을 말한다.
(2) 개폐소 : 개폐소 안에 시설한 개폐기 및 기타 장치에 의하여 전로를 개폐하는 곳으로서 발전소·변전소 및 수용장소 이외의 곳을 말한다.

5. 가공선로의 지지물에서 다른 지지물을 거치지 아니하고 수용장소의 인입점에 이르는 가공전선을 무엇이라 하는가?

① 옥외 간선   ② 연접인입선
③ 가공인입선   ④ 관등회로

[해설] 정의[(3)-①-(자) 참조]

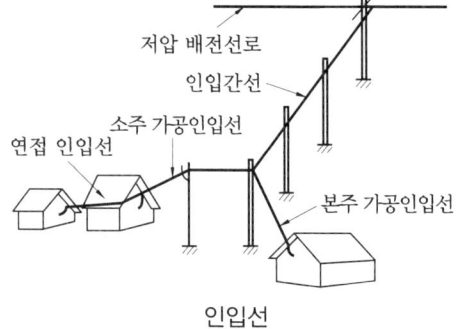

정답 1. ④ 2. ② 3. ② 4. ① 5. ③

6. 가공입입선 중 수용장소의 인입선에서 분기하여 다른 수용장소의 인입구에 이르는 선을 무엇이라 하는가?
① 소주인입선   ② 연접인입선
③ 본주인입선   ④ 인입간선

[해설] 정의[(3)-①-�자) 참조]

7. 교류에서 저압의 한계는 몇 V인가?
① 380   ② 440   ③ 600   ④ 750

[해설] 전압의 구분[(3)-② 표 12-1 참조]
저압 : 직류는 750 V 이하, 교류는 600 V 이하인 것

8. 전압의 종별에서 특별고압이란?
① 7 kV 넘은 것   ② 5 kV 넘은 것
③ 14 kV 넘은 것   ④ 20 kV 이상

[해설] 전압의 구분[(3)-② 표 12-1 참조]

〈제2장 전기공급설비 및 전기사용설비〉

9. 전로의 절연 및 전기설비의 접지에 관한 설명 중 틀린 것은?
① 전로는 대지로부터 절연시켜야 한다.
② 접지를 하는 경우에는 전류가 확실하게 대지로 흐를 수 없도록 하여야 한다.
③ 구조상 부득이한 경우로서 사용 형태로 보아 위험이 없는 경우에는 절연을 시키지 않을 수 있다.
④ 전기설비가 필요한 곳에는 사람에 위해를 주거나 물건에 손상을 줄 우려가 없도록 접지를 하여야 한다.

[해설] 전기설비의 접지[(2) 참조]
전기설비를 접지하는 경우에는 전류가 안전하고 확실하게 대지로 흐를 수 있도록 하여야 한다.

10. 사용전압이 몇 kV 이상의 중성점 직접접지식 전로에 접속하는 변압기를 설치하는 곳에는, 절연유의 구외 유출 및 지하 침투를 방지하기 위한 설비를 갖추어야 하는가?
① 25   ② 50
③ 85   ④ 100

[해설] 절연유[(5)-① 참조]

11. 발전소 등의 부지(site) 시설조건에 있어서, 산지전용 후 발생하는 절·성토면의 수직높이는 몇 m 이하로 하면 되는가?
① 5   ② 10
③ 15   ④ 20

[해설] 발전소 등의 부지(site) 시설조건[(7)-② 참조]

12. 저압전선로 중 절연 부분의 전선과 대지 사이 및 전선의 심선 상호 간의 절연저항은 사용전압에 대한 누설전류가 최대공급전류의 얼마를 넘지 않도록 하면 되는가?
① 1/2000   ② 1/1500
③ 1/1000   ④ 1/500

[해설] 절연성능[(8)-③ 참조]

13. 다음 중 피뢰기를 시설하지 않아도 되는 곳은?
① 발전소, 변전소 등의 가공전선 인입구 및 인출구
② 가공전선로와 지중전선로가 접속되는 곳
③ 가공전선로에 접속하는 배전용 변압기의 저압 측

정답 6. ②   7. ③   8. ①   9. ②   10. ④   11. ③   12. ①   13. ③

④ 고압, 특고압의 가공전선로로부터 공급을 받는 수용장소의 인입구

[해설] 피뢰기 시설[(9)-① 참조]
가공전선로에 접속하는 배전용 변압기의 고압 측 및 특고압 측

14. 전기사용설비의 시설에 있어서, 잘못 설명된 것은?

① 배선에는 나전선을 사용하여서는 아니 된다.
② 특고압 이동전선은 접속불량에 의한 감전 우려가 없도록 접속할 경우, 시설할 수 있다.
③ 특고압 배선에는 접촉전선을 사용하여서는 아니 된다.
④ 이동전선을 전기기계기구와 접속하는 경우에는 감전 우려가 없도록 시설하여야 한다.

[해설] 배선의 시설[(11) 참조]
특고압 이동전선은 ①, ②항의 규정에도 불구하고 시설하여서는 아니 된다.

15. 다음 중 전로의 사용전압구분에 따른 절연저항값이 잘못된 것은?

① 사용전압 400 V 이하인 경우 0.4 MΩ 이상
② 대지전압 150 V 이하인 경우 0.1 MΩ 이상
③ 대지전압이 150 V 초과 300 V 이하인 경우 0.2 MΩ 이상
④ 사용전압이 300 V 초과 400 V 미만인 경우 0.3 MΩ 이상

[해설] 저압전로의 정연성능[표 12-2 참조]
사용전압 400 V 이상인 경우 : 0.4 MΩ 이상

16. 저압전로의 절연성능에 있어서, 대지전압이 220 V일 때, 절연저항은?

① 0.2 MΩ 이상
② 0.2 MΩ 이하
③ 0.4 MΩ 이상
④ 0.4 MΩ 이하

[해설] 저압전로의 절연성능[표 12-2 참조]
대지전압이 150 V 초과 300 V 이하인 경우 : 0.2 MΩ 이상

17. 태양광발전 시스템의 절연저항 측정값이 틀린 것은?

① 대지전압 150 V 이하 시 0.1 MΩ 이상
② 대지전압이 150 V 초과 300 V 이하 시 0.2 MΩ 이상
③ 사용전압이 300 V 초과 400 V 미만 시 0.3 MΩ 이상
④ 사용전압 400 V 초과 시 0.5 MΩ 이상

[해설] 저압전로의 절연성능[표 12-2 참조]
사용전압이 400 V 이상인 경우 : 0.4 MΩ 이상

2. 전기설비기술기준의 판단기준〈제1장 총칙〉

18. 다음 용어의 정의 중 맞지 않는 것은?

① 옥내배선은 옥내의 전기사용장소에 고정시켜 시설하는 전선을 말한다.
② 관등회로는 방전등용 안정기로부터 방전관까지의 전로를 말한다.
③ 계통연계는 분산형 전원을 송전사업자나 배전사업자의 전력계통에 접속하는 것을 말한다.
④ 단순 병렬운전은 생산한 전력이 연계계통으로 유입되는 병렬 형태를 말한다.

[해설] 용어의 정의[(2)-①-㉲ 참조]

19. 가공전선이 다른 시설물의 위쪽 또는 옆쪽에서 수평거리로 몇 m 미만인 곳에 시설되는 상태를 제2차 접근 상태라 말하는가?
① 3   ② 6   ③ 9   ④ 12

[해설] 제2차 접근 상태[(2) 그림 12-1 참조]

20. 전선의 일반 요건으로 가장 적합하지 않은 것은?
① 한국전기기술기준위원회 표준에 적합한 것
② 전기용품안전 관리법의 적용을 받는 것
③ 통상 사용 상태에서의 온도에 견디는 것
④ 값이 저렴한 것

[해설] 전선 일반 요건[(3) 참조]

21. 다음 중 절연전선에 해당되지 않는 것은?
① 450/750 V 비닐절연전선
② 750 V 고무절연전선
③ 경동선
④ 옥외용 비닐절연전선

[해설] 절연전선[(4) 참조]
경동선은 나전선에 해당된다.

[참고] 나전선(Bare Wire) : 전선의 종류 중 하나로, 일반 전선과 달리 비닐, 고무 등으로 피복되어 있지 않은 전선

22. 전기설비기준에 의한 전선의 접속 방법으로 틀린 것은?
① 접속 부분의 전기저항을 증가시킬 수 있을 것
② 전선의 인장하중을 20% 이상 감소시

키지 말 것
③ 접속 부분에 전기적 부식이 생기지 않도록 할 것
④ 접속 부분은 접속 기구를 사용하거나 납땜을 할 것

[해설] 전선의 접속법[(9) 참조]
전선의 전기저항을 증가시키지 아니하도록 접속하여야 한다.

23. 전선을 접속하는 경우, 전선의 세기를 몇 % 이상 감소시키지 아니하여야 하는가?
① 20   ② 25   ③ 30   ④ 35

[해설] 전선의 접속법[(9) 참조]
전선의 세기(인장하중)를 20% 이상 감소시키지 아니할 것

24. 전선을 접속하는 경우의 설명으로 틀린 것은?
① 전선의 전기저항을 증가시키지 아니할 것
② 접속 부분에 전기적 부식이 생기지 아니하도록 할 것
③ 케이블 상호 접속하는 경우에는 코드 접속기·접속함을 사용할 것
④ 전선의 세기를 80% 이상 감소시키지 아니할 것

[해설] 전선의 접속법[(9) 참조]

25. 두 개 이상의 전선을 병렬로 사용하는 경우 전선의 접속법으로 맞지 않는 것은?
① 병렬로 접속하는 전선에는 각각에 퓨즈를 설치할 것
② 같은 극의 각 전선은 동일한 터미널러그에 완전히 접속할 것

[정답] 19. ①   20. ④   21. ③   22. ①   23. ①   24. ④   25. ①

③ 교류회로에서 병렬로 사용하는 전선은 금속관 안에 전자적 불평형이 생기지 않도록 시설할 것
④ 병렬로 사용하는 각 전선의 굵기는 동선 50 mm² 이상 또는 알루미늄 70 mm² 이상으로 하고, 전선은 같은 도체, 같은 재료, 같은 길이 및 같은 굵기의 것을 사용할 것

[해설] 전선의 접속법[(9)-①-(가)~(바) 참조]
병렬로 사용하는 전선에는 각각에 퓨즈를 설치하지 말 것

26. 다음 중 대지로부터 반드시 절연하여야 하는 것은?
① 전로의 중성점에 접지공사를 하는 경우의 접지점
② 계기용 변성기의 2차 측 전로에 접지공사를 하는 경우의 접지점
③ 저압전로를 결합하는 변압기의 1차 측
④ 직류계통에 접지공사를 하는 경우의 접지점

[해설] 전로의 절연[(10) 참조]

27. 대지로부터 절연하는 것이 기술상 곤란한 설비가 아닌 것은?
① 전기욕기   ② 시험용 변압기
③ 전기로   ④ 전기보일러

[해설] 전로의 절연[(10)-①-(아)-(나) 참조]
대지로부터 절연하는 것이 기술상 곤란한 것
(1) 전기욕기   (2) 전기로
(3) 전기보일러   (4) 전해조

28. 저압인 전로에서 정전이 어려운 경우 등 절연저항 측정이 곤란한 경우에는 누설전류를 몇 mA 이하로 유지하여야 하는가?
① 1   ② 10   ③ 100   ④ 1000

[해설] 전로의 절연저항[(11) 참조]

29. 태양광발전 시스템의 인버터 회로에 절연내력시험을 실시하는 경우 시험전압을 몇 분간 인가하여 절연파괴 등의 이상 유무를 확인하여야 하는가?
① 1   ② 35   ③ 20   ④ 10

[해설] 모듈의 절연내력[(12) 참조]
시험 시간 : 10분간

30. 태양전지 모듈의 절연내력시험을 교류로 실시할 경우 최대사용전압이 380V 이면 몇 V로 해야 하는가?
① 380   ② 418   ③ 500   ④ 570

[해설] 모듈의 절연내력[(12) 참조]
1배의 교류전압이 500 V 미만으로 되는 경우에는 500 V를 시험전압으로 한다.

31. 다음 중 접지공사의 종류에 해당되지 않는 것은?
① 제1종 접지공사
② 특별 제2종 접지공사
③ 제3종 접지공사
④ 특별 제3종 접지공사

[해설] 접지공사의 종류[(13)-① 표 12-3 참조]

32. 접지공사의 종류에서 제3종 접지공사의 접지저항값은 몇 Ω 이하로 유지하여야 하는가?
① 10Ω   ② 50Ω   ③ 100Ω   ④ 150Ω

[해설] 접지저항값[(13)-① 표 12-3 참조]

[정답] 26. ③   27. ②   28. ①   29. ④   30. ③   31. ②   32. ③

33. 변압기의 고압 측 또는 특고압 측의 전로의 1선 지락전류가 60 A라 할 때 제2종 접지공사는 최대 몇 Ω인가?

① 2.5   ② 5.5   ③ 7.5   ④ 10.5

[해설] 접지저항값[(13)-① 표 12-3 참조]

$R_2 = \dfrac{150}{60} = 2.5\,\Omega$

34. 저압전로에 지락이 생겼을 경우에 0.5초 이내에 자동적으로 전로를 차단하는 장치를 시설한 곳의 제3종 접지공사의 최대저항값 Ω은? (단, 자동차단기의 정격감도전류는 30 mA이다)

① 10   ② 100   ③ 300   ④ 500

[해설] 접지저항값[(13)-② 표 12-4 참조]

35. 제1종 접지공사의 접지선의 굵기로 연동선을 사용할 때 최소 몇 mm²를 사용하는가?

① 2.5   ② 4   ③ 6   ④ 10

[해설] 각종 접지공사의 세목-접지선의 굵기 [(14)-① 표 12-6 참조]

36. 제3종 및 특별 제3종 접지공사의 접지선으로 연동선을 사용하는 경우, 최소 몇 mm²를 사용하는가?

① 2.5   ② 6   ③ 8   ④ 16

[해설] 각종 접지공사의 세목-접지선의 굵기 [(14)-① 표 12-6 참조]

37. 이동하여 사용하는 전기기계기구의 금속제 외함 등에 접지공사를 하는 경우, 제3종 접지공사 시 접지선의 단면적은 최소 몇 mm²를 사용하는가? (단, 가요성이 있는 연동연선이다)

① 0.75   ② 1.5   ③ 6   ④ 10

[해설] 각종 접지공사의 세목-접지선의 단면적 [(14)-② 표 12-7 참조]

38. 제1종 또는 제2종 접지공사에 사용하는 접지선을 사람이 접촉할 우려가 있는 곳에 시설하는 경우에 접지선은 최소 어느 부분까지 합성수지관 또는 이와 동등 이상의 절연효력 및 강도를 가지는 몰드로 덮게 되어 있는가?

① 지하 30 cm로부터 지표상 1.5 m까지의 부분
② 지하 10 cm로부터 지표상 1.6 m까지의 부분
③ 지하 75 cm로부터 지표상 2.0 m까지의 부분
④ 지하 90 cm로부터 지표상 2.5 m까지의 부분

[해설] 각종 접지공사의 세목[(14)-③-(라) 참조]

39. 태양전지 모듈 가대에 실시하는 제3종 접지공사의 접지선을 지하 75 cm부터 지표상 2m까지 보호하는 데 사용 가능한 전선관은? (단, 두께 2 mm 미만 및 난연성이 없는 것은 제외한다)

① 금속전선관   ② 금속가요관
③ 콤바인덕트관   ④ 합성수지관

[해설] 각종 접지공사의 세목[(14)-③-(라) 참조]

40. 제2종 접지공사에 사용하는 접지선을 사람이 접촉할 우려가 있는 곳에 시설하

정답 33. ①   34. ④   35. ③   36. ①   37. ②   38. ③   39. ④   40. ③

는 경우 접지극은 지하 몇 cm 이상으로 매설하여야 하는가?

① 35 ② 55 ③ 75 ④ 105

[해설] 각종 접지공사의 세목-접지극의 매설 깊이[(14)-③ 그림 12-3 참조]

41. 제1종, 제2종 접지공사에 사용하는 접지선을 철주를 따라서 시설하는 경우, 접지극을 지중에서 그 금속체로부터 몇 cm 이상 떼어 매설하여야 하는가?

① 30 ② 60 ③ 75 ④ 100

[해설] 각종 접지공사의 세목-접지극의 매설 [(14)-③ 그림 12-3 참조]

42. 다음 중 ( ) 안에 알맞은 것은?

제3종 접지공사 등의 특례에서, 금속체와 대지 사이의 전기저항값이 ( )Ω 이하인 경우에는 제3종 접지공사로, ( )Ω 이하인 경우에는 특별 제3종 접지공사를 한 것으로 본다.

① 100, 10 ② 10, 100
③ 175, 25 ④ 25, 175

[해설] 제3종 접지공사의 특례[(15) 참조]

43. 지중에 매설되어 있고 대지와의 전기저항값이 3 Ω 이하의 값을 유지하고 있는 금속제 수도관로를 접지극으로 사용할 수 있는 접지공사의 종류는?

① 제1종만
② 제3종·특별 제3종만
③ 제2종·제3종·특별 제3종만
④ 제1종·제2종·제3종·특별 제3종 모두

[해설] 수도관 접지극[(16)-① 참조]

44. 다음 ( ) 안에 알맞은 것은?

수용장소의 인입구 부근에서 대지 사이의 전기저항값이 ( )Ω 이하인 값을 유지하는 건물의 철골을 접지극으로 사용하여 제2종 접지공사를 한 저압전선로의 중성선에 추가로 접지공사를 할 수 있다. 이 경우 접지선은 공칭단면적 ( )mm² 이상의 연동선을 사용하여야 한다.

① 10, 10 ② 100, 16
③ 6, 2.5 ④ 3, 6

[해설] 수용장소의 인입구의 접지[(17) 참조]

45. 다음 ( ) 안에 알맞은 것은?

저압수용장소에서 TN-C-S 접지 방식으로 접지공사를 하는 경우, 중성선 겸용 보호도체(PEN)는 고정 전기설비에만 사용할 수 있고, 그 도체의 단면적이 구리는 ( )mm² 이상, 알루미늄은 ( )mm² 이상이어야 한다.

① 10, 16 ② 16, 28
③ 2.5, 6 ④ 7.5, 14

[해설] 주택 등 저압수용장소 접지[(18)-① 참조]

46. 다음 ( ) 안에 알맞은 것은?

계기용 변성기의 2차 측 전로의 접지에 있어서, 고압은 제( )종 접지공사를, 특고압은 제( )종 접지공사를 하여야 한다.

① 2, 1 ② 특 3, 2
③ 3, 1 ④ 3, 특 3

[해설] 계기용 변성기 접지[(19) 참조]

정답 41. ④ 42. ① 43. ④ 44. ④ 45. ① 46. ③

47. 전로의 중성점에 접지공사를 할 경우, 접지선은 최소 몇 mm² 이상의 공칭단면적을 가진 연동선 또는 이와 동등 이상의 금속선을 시설하면 되는가?
① 6 ② 10 ③ 16 ④ 32
[해설] 전로의 중성점의 접지[(20)-① 참조]

48. 특고압을 직접 저압으로 변성하는 변압기의 시설에 있어서, 시설하여서는 아니 되는 경우는?
① 전기로 등 전류가 큰 전기를 소비하기 위한 변압기
② 발전소·변전소의 소내용 변압기
③ 25 kV 이상 특고압 전선로에 접속하는 변압기
④ 교류식 전기철도용 신호회로에 전기를 공급하기 위한 변압기
[해설] 고압 변압기의 시설[(22) 참조]
특고압(25 kV 이하) 전선로에 접속하는 변압기

49. 특고압용 기계기구는 지표상 몇 m 이상의 높이에 시설하여야 하는가?
① 3.5 ② 4 ③ 4.5 ④ 5
[해설] 특고압용 기계기구의 시설[(23)-① 참조]

50. 유지보수 시 전로에 시설하는 기계기구 철대 및 금속제 외함의 접지공사 중 옳은 것은?
① 400V 이상의 저압용 : 제3종 접지공사
② 300V 이상의 저압용 : 제2종 접지공사
③ 고압용 또는 특고압용 : 제1종 접지공사
④ 400V 미만의 저압용 : 특별 제3종 접지공사
[해설] 기계기구의 철대 및 외함의 접지[(24)-① 표 12-9 참조]

51. 지상에 설치한 220 V용 저압전동기의 금속제 외함에는 몇 종 접지공사를 하여야 하는가?
① 제1종 접지공사
② 제2종 접지공사
③ 제3종 접지공사
④ 특별 제3종 접지공사
[해설] 기계기구의 철대 및 외함의 접지[(24)-① 표 12-9 참조]

52. 태양전지 어레이의 출력전압이 400V 미만인 경우 기계기구의 철대 및 금속제 외함에는 몇 종 접지공사를 하여야 하는가?
① 제1종 접지공사
② 제2종 접지공사
③ 제3종 접지공사
④ 특별 제3종 접지공사
[해설] 기계기구의 철대 및 외함의 접지[(24)-① 표 12-9 참조]

53. 제3종 접지공사를 생략할 수 있는 경우로 적합하지 않은 것은?
① 철대 또는 외함의 주위에 적당한 절연대를 설치하는 경우
② 외함이 없는 계기용 변압기를 고무·합성수지 기타의 절연물로 피복한 경우
③ 사용전압이 직류 150V 또는 교류 대지전압이 300V 이하인 기계·기구를 습한 장소에 시설하는 경우

정답 47. ③ 48. ③ 49. ④ 51. ③ 51. ③ 52. ③ 53. ③

④ 저압용의 기계기구를 건조한 목재의 마루·기타 이와 유사한 절연성 물건 위에서 취급하도록 시설하는 경우

[해설] 기계기구의 철대 및 외함의 접지[(24)-② 참조]
사용전압이 직류 300 V 또는 교류 대지전압이 150 V 이하인 기계·기구를 건조한 곳에 시설하는 경우

54. 고압의 개폐기·차단기로서 동작 시에 아크가 생기는 것은 목재의 벽 또는 가연성 물체로부터 최소한 몇 m 이상 떼어 놓아야 하는가?

① 0.5 ② 1 ③ 1.5 ④ 2

[해설] 아크를 발생하는 기구의 시설[(25) 표 12-10 참조]

55. 농촌지역에서 고압가공선로에 접속되는 배전용 변압기를 시설하는 경우, 지표상 몇 m 이상의 높이에 시설하면 되는가?

① 3.5 ② 4 ③ 4.5 ④ 5

[해설] 고압용 기계기구의 시설[(26)-① 참조]

56. 고압용 또는 특고압용의 개폐기로서 중력 등에 의하여 자연히 작동할 우려가 있는 것은 이를 방지하기 위하여 어떤 장치를 시설하여야 하는가?

① 차단장치 ② 제어장치
③ 단락장치 ④ 자물쇠장치

[해설] 개폐기의 시설[(27)-③ 참조]

57. 220 V 전선로에 사용하는 퓨즈를 수평으로 붙인 경우, 견디어야 할 전류는 정격전류의 몇 배로 정하고 있는가?

① 1.5 ② 1.25 ③ 1.2 ④ 1.1

[해설] 과전류 차단기의 시설[(28)-① 참조]

58. IEC 표준을 도입한 과전류 차단기로 저압전로에 사용하는 퓨즈는 다음 표에 적합한 것이어야 한다. ( ) 안에 알맞은 것은?

정격전류의 구분	시간	정격전류의 배수	
		불용단 전류	용단 전류
4 A 이하	60분	1.5배	2.1배
4 A 초과 16 A 미만		(㉠)배	(㉡)배
16 A 이상 63 A 이하		1.25배	1.6배
이하 생략			

	㉠	㉡
①	1.5	1.9
②	1.45	1.8
③	1.35	2.0
④	1.25	1.6

[해설] 저압전로 과전류 차단기 시설[(28)-② 표 12-12 참조]

59. 저압전로 중의 과전류 차단기의 시설에 있어서, 배선용 차단기는 정격전류의 몇 배의 전류로는 자동적으로 동작하지 아니하여야 하는가?

① 1 ② 1.25
③ 1.45 ④ 1.5

[해설] 저압전로 과전류 차단기 시설[(28)-③ 참조]

정답 54. ② 55. ② 56. ④ 57. ④ 58. ① 59. ①

60. 저압전로에 사용하는 정격전류 50 A의 배선용 차단기에 100 A의 전류를 통했을 경우, 몇 분 안에 자동적으로 동작하여야 하는가?

① 2 ② 4 ③ 6 ④ 8

[해설] 저압전로 과전류 차단기 시설[(28)-③ 표 12-13 참조]

61. IEC 표준을 도입한 배선차단기 중 산업용은 다음 표에 적합한 것이어야 한다. ( ) 안에 알맞은 것은?

정격전류의 구분	시 간	정격전류의 배수	
		부동작 전류	동작 전류
63 A 이하	60분	(㉠)배	1.3배
63 A 초과	120분	1.05배	(㉡)배

	㉠	㉡
①	1.75	2.3
②	1.05	1.5
③	1.25	2.0
④	1.05	1.3

[해설] 저압전로 과전류 차단기 시설[(28)-④ 표 12-14 참조]

62. 과전류 차단기로 저압전로에 시설하는 과부하 보호장치에서, 단락보호전용 차단기의 표준으로 적합하지 않은 것은?
① 정정전류값은 정격전류의 13배 이하일 것
② 정정전류값의 1.2배의 전류를 통하였을 경우에 0.2초 이내에 자동적으로 작동할 것
③ 정격전류의 1배의 전류에서 자동적으로 작동하지 아니할 것
④ 정정전류값의 1.5배의 전류를 통하였을 경우에 0.5초 이내에 자동적으로 작동할 것

[해설] 저압전로의 과부하 보호장치-단락보호전용 차단기[(28)-⑤ 참조]

63. 다음 ( ) 안에 알맞은 것은?

> 과전류 차단기로 저압전로에 시설하는 과부하 보호장치에서, 단락보호전용 퓨즈는 정격전류의 ( )의 전류에 견디고, 정정전류의 10배의 전류를 통하였을 경우에 ( )초 이내에 용단되어야 한다.

① 1.1, 10 ② 1.2, 15
③ 1.3, 20 ④ 1.5, 25

[해설] 단락보호전용 퓨즈[(28)-⑤ 참조]
 (1) 정격전류의 1.3배의 전류에 견딜 것
 (2) 정정전류의 10배의 전류를 통하였을 경우에 20초 이내에 용단될 것

64. 고압 또는 특고압전로에 시설한 과전류 차단기의 퓨즈 중 고압전로에 사용하는 포장 퓨즈는 정격전류의 2배의 전류로 최대한 몇 분 안에 용단되어야 하는가?

① 30 ② 60 ③ 120 ④ 150

[해설] 고압·특고압전로 중의 과전류 차단기의 시설[(29)-① 참조]

65. 지락차단장치는 금속제 외함을 가지는 사용전압이 몇 V를 초과하는 저압의 기계기구로서 사람이 쉽게 접촉할 우려가 있는 전로에 시설하여야 하는가?

① 60 ② 80 ③ 100 ④ 120

[해설] 지락차단장치 등의 시설[(31)-① 참조]

정답 60. ③ 61. ④ 62. ④ 63. ③ 64. ③ 65. ①

66. 지락차단장치를 시설하지 않아도 되는 경우에 해당하지 않는 것은?
① 기계기구를 건조한 곳에 시설하는 경우
② 기계기구가 고무·합성수지 기타 절연물로 피복된 경우
③ 2중 절연구조의 기계기구를 시설하는 경우
④ 대지전압이 300 V 이하인 기계기구를 물기가 있는 곳 이외의 곳에 시설하는 경우

[해설] 지락차단장치 등의 시설[(31)-① 참조]
대지전압이 150 V 이하인 기계기구를 물기가 있는 곳 이외의 곳에 시설하는 경우

67. 다음 전로 중 피뢰기를 시설하지 않아도 되는 곳은?
① 발전소·변전소의 가공전선 인입구 및 인출구
② 고압 및 특고압 가공전선로로부터 공급을 받는 수용장소의 인입구
③ 가공전선로에 접속하는 배전용 변압기의 저압 측
④ 가공전선로와 지중전선로가 접속되는 곳

[해설] 피뢰기의 시설[(32) 참조]
가공전선로에 접속하는 배전용 변압기 고압 측 및 특고압 측

〈제2장 발전소·변전소·개폐소의 시설〉

68. 발전소·변전소·개폐소 등에 시설하는 울타리·담 등의 높이는 몇 m 이상으로 하고 지표면과 울타리·담 등의 하단 사이의 간격은 몇 cm 이하로 하여야 하는가?
① 1.8, 10
② 2, 15
③ 2.5, 20
④ 3, 30

[해설] 발전소 등의 울타리·담 등의 시설 [(1)-② 참조]

69. 사용전압이 22,900 V이다. 울타리와 충전 부분이 접근하는 경우, 울타리의 높이와 울타리로부터 충전 부분까지 거리의 합계는 최소한 몇 m 이상으로 하여야 하는가?
① 3.5 ② 5 ③ 6 ④ 7.5

[해설] 발전소 등의 울타리·담 등의 시설 [(1)-② 표 12-19 참조]

70. 사용전압이 몇 kV 이상의 변압기를 설치하는 곳에는 절연유의 구외 유출 및 지하 침투를 방지하기 위하여 절연유 유출 방지설비를 하여야 하는가?
① 50 ② 100 ③ 150 ④ 200

[해설] 절연유의 유출 방지설비[(2) 참조]

71. 발전기 등의 보호장치에서, 발전기의 용량에 관계없이 자동적으로 이를 전로로부터 차단하는 장치를 시설하여야 하는 경우는?
① 과전류나 과전압이 생긴 경우
② 베어링의 온도가 현저히 상승한 경우
③ 발전기의 내부에 고장이 생긴 경우
④ 전동식 브레이드 제어장치의 전원전압이 현저히 저하한 경우

[해설] 발전기 등의 보호장치[(3)-① 참조]

72. 다음 중 ( ) 안에 해당되지 않는 것은?

[정답] 66. ④ 67. ③ 68. ② 69. ② 70. ② 71. ① 72. ①

발전소에는 발전기·연료전지 또는 태양전지 모듈의 ( ) 및 ( ) 또는 ( )을 계측하는 장치를 시설하여야 한다.

① 용량 ② 전류 ③ 전압 ④ 전력

[해설] 계측장치[(5)-① 참조]

73. 수소냉각식 발전기 안의 수소 순도가 몇 % 이하로 저하한 경우에 이를 경보하는 장치를 시설하여야 하는가?

① 65 ② 75 ③ 85 ④ 95

[해설] 수소냉각식 발전기 등의 시설[(6) 참조]
발전기 안 또는 조상기 안의 수소의 순도가 85% 이하로 저하한 경우에 이를 경보하는 장치를 시설할 것

74. 태양전지 발전소에 시설하는 모듈, 전선 및 개폐기 기타 기구의 시설 기준으로 틀린 것은?

① 충전 부분은 노출되지 않도록 시설할 것
② 전선은 합성수지관, 금속관, 가요전선관공사 또는 케이블공사로 시설할 것
③ 전선의 공칭 단면적 1.5 mm^2 이상의 연동선 또는 이와 동등한 것일 것
④ 모듈에 접속하는 부하 측의 전로에는 그 접속점에 근접하여 개폐기를 시설할 것

[해설] 태양전지 모듈 등의 시설[(7)-① 참조]
전선은 공칭단면적 2.5 mm^2 이상의 연동선 또는 이와 동등 이상의 세기 및 굵기의 것일 것

〈제3장 전선로〉

75. 가공전선로의 지지물에 취급자가 오르고 내리는 데 사용하는 발판 볼트 등을 지표상 몇 m 미만에 시설하여서는 아니되는가?

① 1.5 ② 1.8 ③ 2.0 ④ 2.5

[해설] 가공전선로 지지물의 승주 방지[(4)-① 참조]

76. 지지물의 강도 계산에 적용하는 풍압 하중의 종류에 해당되지 않는 것은?

① 갑종   ② 을종
③ 병종   ④ 특갑종

[해설] 풍압하중의 종별과 적용[(5)-① 참조]

77. 다음 풍압하중의 종별과 적용에 관한 설명 중 틀린 것은?

① 갑종은 지지물 구성재의 수직 투영면적 1 m^2에 대한 풍압을 기초로 하여 계산한 것이다.
② 을종은 가섭선에 빙설이 부착된 상태에서 갑종의 1/4을 기초로 하여 계산한 것이다.
③ 병종은 빙설이 적은 지역으로, 갑종 풍압하중의 2분의 1을 기초로 하여 계산한 것이다.
④ 풍압하중은 지지물의 강도 계산에 적용한다.

[해설] 풍압하중의 종별과 적용[(5) 참조]

78. 가공전선로의 지지물에 하중이 가하여지는 경우에 그 하중을 받는 지지물의 기초의 안전율은 몇 이상이어야 하는가?

① 1.5 ② 2 ③ 2.5 ④ 3

[해설] 지지물의 기초의 안전율[(6)-① 참조]

정답 73. ③ 74. ③ 75. ② 76. ④ 77. ② 78. ②

79. 전주의 길이가 16 m이고, 설계하중이 6.8 kN 이하의 철근 콘크리트주를 시설할 때 땅에 묻히는 깊이는 몇 m 이상으로 하여야 하는가?

① 1.5 ② 2.0 ③ 2.5 ④ 3.0

[해설] 지지물의 기초의 안전율[(6)-①-(가) 참조]
전체의 길이가 15 m를 초과하는 경우 : 2.5 m 이상

80. 고압전선로의 지지물로서 길이 9 m 의 철근 콘크리트주를 시설할 때 땅에 묻히는 깊이는 몇 m 이상으로 하여야 하는가?

① 1.2 ② 1.5 ③ 2 ④ 2.5

[해설] 지지물의 기초의 안전율[(6)-①-(가) 참조]
$H = 9 \times \dfrac{1}{6} = 1.5 \text{ m}$

81. 가공전선로의 지지물로 시설하는 지선에 관한 사항으로 옳은 것은?

① 지선의 안전율은 1.5 이상일 것
② 지선에 연선을 사용할 경우에는 소선 3가닥 이상일 것
③ 연선 소선의 지름이 1.6 mm 이상의 금속선일 것
④ 철탑은 지선을 사용하여 그 강도를 분담시킬 것

[해설] 지선의 시설[(7) 참조]

82. 저·고압 가공전선로와 기설 가공약전류전선로가 병행하는 경우, 전선 간의 최소 이격거리는 몇 m 이상이어야 하는가?

① 0.6 ② 1.2 ③ 1.5 ④ 2.0

[해설] 가공약전류전선로의 유도장해 방지 [(8)-① 참조]
유도작용에 의하여 통신상의 장해가 생기지 아니하도록 이격거리는 2 m 이상이어야 한다.

83. 가공케이블의 시설에 있어서, 조가용선 및 케이블의 피복에 사용하는 금속체에는 몇 종 접지공사를 하여야 하는가?

① 제1종 ② 제2종
③ 제3종 ④ 특별 제3종

[해설] 가공케이블의 시설[(9)-①-(다) 참조]

84. 시가지에 시설하는 고압 가공전선으로 경동선을 사용하면, 그 굵기는 최소 몇 mm이어야 하는가?

① 2.6 ② 3.2 ③ 4.0 ④ 5.0

[해설] 저·고압 가공전선의 굵기 및 종류 [(10)-③ 참조]
• 시가지 : 5 mm 이상
• 시가지 외 : 4 mm 이상

85. 사용전압이 400 V 미만인 저압 가공선로 시설에서, 경동선의 지름은 최소 몇 mm 이상의 것이어야 하는가? (단, 사용전선은 절연전선이다)

① 2.6 ② 3.2 ③ 4 ④ 5

[해설] 저·고압 가공전선의 굵기 및 종류 [(10)-② 참조]

86. 저압 가공전선으로 사용할 수 있는 전선의 종류로 옳은 것은?

① 나전선만 사용
② 나전선과 절연전선만 사용
③ 나전선, 절연전선, 다심형 전선만 사용

정답 79. ③ 80. ② 81. ② 82. ④ 83. ③ 84. ④ 85. ① 86. ④

④ 나전선, 절연전선, 다심형 전선, 케이블 모두 사용

[해설] 저압 가공전선의 종류[(10)-① 참조]

87. 저·고압 가공전선 높이에 있어서, 도로를 횡단하는 경우 지표상 최소한 몇 m 이상으로 시설하여야 하는가?

① 5 ② 5.5 ③ 6 ④ 6.5

[해설] 저·고압 가공전선 높이[(11)-① 참조]

88. 고압 가공전선로의 경간은 다음 표에서 정한 값 이하이어야 한다. ( )에 알맞은 값은?

지지물의 종류	경간
목주·A종 철주, A종 철근 콘크리트주	( ) m
B종 철주, B종 철근 콘크리트주	( ) m
철탑	( ) m

① 150, 250, 600 ② 100, 200, 500
③ 80, 180, 380 ④ 50, 150, 300

[해설] 고압 가공전선로 경간의 제한[(13) 표 12-21 참조]

89. 저압 보안공사에 관한 설명으로 틀린 것은?

① 전선은 지름 5 mm 이상의 경동선일 것
② 목주의 굵기는 말구의 지름 12 cm 이상일 것
③ 목주의 풍압하중에 대한 안전율은 1.5 이상일 것
④ A종 철근 콘크리트주의 경간은 150 m 이하일 것

[해설] 저압 보안공사[(14) 표 12-22 참조]
목주·A종 철주·A종 철근 콘크리트주의 경간 : 100 m 이하

90. 저압 보안공사 시 지지물 종류의 경간으로 옳은 것은?

① 목주 : 200 m
② 철탑 : 400 m
③ B종 철주 또는 B종 철근 콘크리트주 : 250 m
④ A종 철주 또는 B종 철근 콘크리트주 : 150 m

[해설] 저압 보안공사[(14) 표 12-22 참조]

91. 저압용 비닐절연전선을 사용한 저압 가공전선이 위쪽에서 상부조영재와 접근하는 경우에 전선과 상부조영재 간의 이격거리는 최소 몇 m인가?

① 1 ② 1.5 ③ 2 ④ 2.5

[해설] 저·고압 가공전선과 건조물의 접근 [(15) 표 12-23 참조]

92. 고압 가공전선과 건조물의 조영재 사이의 이격거리에서, 상부조영재의 옆쪽 이격거리는 일반적으로 최소 몇 m인가?

① 1.5 ② 1.2 ③ 0.9 ④ 0.6

[해설] 저·고압 가공전선과 건조물의 접근 [(15) 표 12-24 참조]
상부조영재의 옆쪽 또는 아래쪽 : 1.2 m

93. 저압 가공전선과 도로 등의 이격거리는 다음 표에서 정한 값 이상이어야 한다. ( )에 알맞은 값은?

정답 87. ③ 88. ① 89. ④ 90. ② 91. ③ 92. ② 93. ④

도로 등의 구분	이격거리
도로·횡단보도교·철도	( ) m
저압 전차선로의 지지물	( ) cm

① 1.5, 80　　② 2, 85
③ 2.5, 90　　④ 3, 30

[해설] 가공전선과 도로 등의 접근[(16) 표 12-26 참조]

94. 저·고압 가공전선이 안테나와 접근 상태로 시설되는 경우의 설명으로 잘못된 것은?

① 고압 가공전선로는 고압 보안공사에 의할 것
② 저압의 경우, 이격거리는 40 cm 이상일 것
③ 저압의 경우로 케이블 사용 시 이격거리는 30 cm 이상일 것
④ 고압의 경우 이격거리는 80 cm 이상일 것

[해설] 가공전선과 안테나와 접근[(17)-① 참조] 저압은 60 cm 이상일 것

95. 다음 중 ( ) 안에 알맞은 값은?

저압 가공전선 상호 간의 이격거리는 ( ) cm 이상이며, 한쪽의 전선이 고압절연 전선 또는 케이블인 경우에는 ( )cm 이상으로 하여야 한다.

① 30, 20　　② 60, 30
③ 50, 40　　④ 80, 60

[해설] 저압 가공전선 상호 간의 접근[(18)-① 참조]

96. 저압 가공전선이 조영물의 상부조영재 위쪽에 접근상태이다. 조영재와의 이격거리는 몇 m 이상이어야 하며, 여기서 사용 전선이 케이블이면 몇 m 이상 이격시켜야 하는가?

① 2, 1　　② 2.5, 1.5
③ 1, 0.6　　④ 1.5, 0.8

[해설] 가공전선과 다른 시설물과 접근[(19)-① 표 12-28 참조]

97. 저·고압 가공전선과 식물의 이격거리에 대한 설명으로 맞는 것은?

① 저압은 30 cm 이상, 고압 60 cm 이상
② 고압만 50 cm 이상
③ 저·고압 모두 40 cm 이상
④ 저·고압 모두 접촉하지 않도록 시설

[해설] 저·고압 가공전선과 식물의 이격거리 [(20) 참조]
저압 또는 고압 가공전선은 상시 부는 바람 등에 의하여 식물에 접촉하지 않도록 시설하여야 한다.

98. 농사용 전등·전동기 등에 공급하는 저압 가공전선로 시설에 관한 설명으로 틀린 것은?

① 경간은 45 m 이하일 것
② 전선의 지표상의 높이는 3.5 m 이상일 것
③ 목주의 굵기는 말구 지름이 9 cm 이상일 것
④ 전선은 인장강도 1.38 kN 이상의 것 또는 지름 2 mm 이상의 경동선일 것

[해설] 농사용 저압 가공전선로의 시설[(21)-① 참조]
경간은 30 m 이하일 것

[정답] 94. ②　95. ②　96. ①　97. ④　98. ①

99. 방직공장의 구내 도로에 220 V 조명 등용 가공전선로를 시설하고자 한다. 전선로의 경간은 몇 m 이하이어야 하는가?
① 20 ② 30 ③ 40 ④ 50

[해설] 구내에 시설하는 저압 가공전선로 [(22)-① 참조]

100. 구내에만 시설하는 전압이 400 V 미만인 저압 가공전선로 시설에 관한 설명이다. 틀린 것은?
① 사용전선은 지름 2 mm 이상의 경동선의 절연전선을 쓴다.
② 경우에 한하여 공칭단면적 4 mm² 이상의 연동 절연전선을 사용할 수 있다.
③ 전선로의 경간은 30 m 이하로 한다.
④ 조영물의 상부조영재의 위쪽 접근상태일 때 이격거리는 60 cm 이상이다.

[해설] 구내 가공전선로[(22) 표 12-29 참조]

101. 목조 조영물의 전개된 장소에 한하여 저압 인입선의 옥측전선로의 공사로서 옳은 것은?
① 애자사용공사 ② 가요전선관공사
③ 금속관공사   ④ 버스덕트공사

[해설] 저압 옥측전선로의 시설[(23)-① 참조]

102. 애자사용공사에 의한 저압 옥측전선로의 시설에 관한 설명으로 틀린 것은?
① 사람이 쉽게 접촉할 우려가 없도록 시설할 것
② 전선은 단면적 4 mm² 이상의 인입용 절연전선일 것
③ 전선의 지지점 간의 거리는 2 m 이하일 것
④ 식물 사이의 이격거리는 20 cm 이상일 것

[해설] 저압 옥측전선로의 시설[(23)-①-(나) 참조]
전선은 공칭단면적 4 mm² 이상의 연동 절연전선일 것(옥외용 비닐절연전선 및 인입용 절연전선을 제외)

103. 저압 옥상전선로를 전개된 장소에 시설할 경우 규정에 어긋나는 것은?
① 전선은 지름 2.6 mm 이상의 경동선의 것
② 전선은 나전선일 것
③ 지지점 간의 거리는 15 m 이하일 것
④ 전선과 조영재와의 이격거리는 2 m 이상일 것

[해설] 저압 옥상전선로의 시설[(24)-① 참조]
전선은 절연전선일 것

104. 저압 가공인입선에 사용해서는 안 되는 전선은?
① 케이블   ② 나전선
③ 절연전선   ④ 다심형 전선

[해설] 저압 가공인입선의 시설[(25)-① 참조]
전선은 절연전선, 다심형 전선 또는 케이블일 것

105. 저압 인입선의 시설에서 도로횡단 시 노면상 높이는 몇 m 이상이면 되는가?
① 6 ② 5.5 ③ 5 ④ 4.5

[해설] 저압 가공인입선의 시설[(25)-①-(마) 참조]

106. 저압 가공인입선을 직접 인입한 조영

물의 시설물에 대한 이격거리는 조영물의 상부조영재 위쪽 접근상태일 때 2 m 이상이다. 다음 ( )에 알맞은 값은?

> ㉠ 옥외용 비닐절연전선 이외의 절연전선인 경우에는 ( ) m 이상이다.
> ㉡ 케이블인 경우에는 ( ) m 이상이다.

	㉠	㉡		㉠	㉡
①	1	0.5	②	1	1.5
③	2	0.5	④	2	2.5

[해설] 저압 가공인입선의 시설[(25) 표 12-31 참조]

107. 저압 연접인입선은 폭 몇 m를 초과하는 도로를 횡단하지 않아야 하는가?
① 3   ② 4   ③ 5   ④ 6

[해설] 저압 연접인입선의 시설[(26) 참조]
폭 5 m를 초과하는 도로를 횡단하지 아니할 것

108. 저압 연접인입선의 시설 규정으로 틀린 것은?
① 경간이 20 m인 곳에서 지름 2 mm, DV 전선을 사용하였다.
② 인입선에서 분기하는 점에서부터 100 m를 넘지 않았다.
③ 폭 4.5 m의 도로를 횡단하였다.
④ 옥내를 통과하지 않도록 했다.

[해설] 저압 연접인입선의 시설[(26) 참조]
경간이 15 m 이하일 때에 한하여 지름 2 mm, DV 전선(인입용 비닐절연전선)을 사용할 수 있다.

109. 154KV 특고압 가공선로를 시가지에 시설하는 경우, 지지물로 A종 철주를 사용한다면 경간은 최대 몇 m 이하인가?
① 50   ② 75   ③ 150   ④ 200

[해설] 시가지 등에서 특고압 가공전선로의 시설[(27)-① 표 12-32 참조]

110. 다음 중 특고압 가공선로를 시가지에 시설하는 경우, 지지물로 사용할 수 없는 것은?
① 목주   ② 철주
③ 철근 콘크리트주 ④ 철탑

[해설] 시가지 등에서 특고압 가공전선로의 시설[(27)-① 참조]
지지물에는 철주·철근 콘크리트주 또는 철탑을 사용할 것

111. 특고압 가공전선로의 유도전류는 사용전압이 60 kV 이하인 경우에는 전화선로의 길이 12 km마다 몇 μA를 넘지 아니하도록 시설해야 하는가?
① 1.5   ② 2   ③ 2.5   ④ 3

[해설] 유도장해의 방지[(28) 참조]

112. 특고압 가공전선로를 가공케이블로 시설하는 경우 잘못된 것은?
① 조가용선에 행거의 간격을 45 cm로 하였다.
② 조가용선 금속체에 제3종 접지공사를 하였다.
③ 조가용선은 단면적 22 mm^2 이상의 아연도강연선을 사용하였다.
④ 케이블의 피복 금속체에 특별 제3종 접지공사를 하였다.

[해설] 특고압 가공케이블의 시설[(29) 참조]
조가용선 및 케이블의 피복에 사용하는 금속체에는 제3종 접지공사를 할 것

정답 107. ③ 108. ① 109. ② 110. ① 111. ② 112. ④

113. 다음 중 전선로의 지지물 양쪽의 경간의 차가 큰 곳에 사용하는 B종 철근, B종 콘크리트주 또는 철탑의 종류는?
① 직선형　　② 인류형
③ 내장형　　④ 보강형
[해설] 철근 콘크리트주 또는 철탑의 종류 [(32) 참조]

114. 특고압 가공전선로의 경간 제한에 있어서, A종 철주의 경간은 최대 몇 m인가?
① 100　　② 150
③ 200　　④ 250
[해설] 특고압 가공전선로의 경간 제한[(33) 표 12-35 참조]
• A종 철주 : 150 m　• B종 철주 : 250 m

115. 제1종 특고압 보안공사에서, 전선로의 지지물로 사용할 수 없는 것은?
① 철탑
② A종 철근 콘크리트주
③ B종 철근 콘크리트주
④ B종 철주
[해설] 특고압 보안공사[(34)-① 참조]
전선로의 지지물에는 B종 철주·B종 철근 콘크리트주 또는 철탑을 사용할 것

116. 사용전압이 22,900 V인 특고압 가공전선이 저압 가공전선과 제1차 접근상태로 시설되는 있는 경우이다. 이격거리는 최소 몇 m까지 유지하여야 하는가?
① 1.5　② 2　③ 2.5　④ 3
[해설] 특고압-저·고압 가공전선 등의 접근 [(35)-① 표 12-39 참조]

117. 고압 절연전선을 사용한 특고압 가공전선과 식물 사이의 이격거리는 최소 몇 cm 이상이면 되는가? (단, 사용전압은 22,900 V이다)
① 100　② 80　③ 50　④ 30
[해설] 특고압 가공전선과 식물 사이의 이격거리[(36) 참조]

118. 사용전압이 15 kV 이하인 특고압 가공전선로의 접지선의 공칭단면적은 최소 몇 mm^2 이상이어야 하는가? (단, 중성선 다중접지식의 것으로서 전로에 지락이 생겼을 때 2초 이내에 자동적으로 이를 전로로부터 차단하는 장치가 되어 있다)
① 6　② 8　③ 10　④ 12
[해설] 15 kV 이하인 특고압 가공전선로의 시설[(37)-① 참조]

119. 사용전압이 22,900 V인 특고압 가공전선과 식물 사이의 이격거리는 최소 몇 m 이상이어야 하는가? (단, 중성선 다중접지식의 것으로서 전로에 지락이 생겼을 때 2초 이내에 자동적으로 이를 전로로부터 차단하는 장치가 되어 있다)
① 0.5　② 1　③ 1.5　④ 2
[해설] 25 kV 이하인 특고압 가공전선로의 시설[(37)-②-(다) 참조]

120. 지중전선로의 시설 방식에 해당되지 않는 것은?
① 관로식　　② 암거식
③ 직접 매설식　④ 간접 매설식
[해설] 지중전선로의 시설[(38)-① 참조]
지중전선로는 전선에 케이블을 사용하고,

정답 113. ③　114. ②　115. ②　116. ②　117. ③　118. ①　119. ③　120. ④

관로식·암거식 또는 직접 매설식에 의하여 시설하여야 한다.

121. 지중전선로를 직접 매설식에 의하여 시설하는 경우 차량 기타의 중량물의 압력을 받을 우려가 있는 장소의 매설 깊이는 몇 m 이상인가?
① 0.6   ② 1.2   ③ 1.5   ④ 2
[해설] 지중전선로의 시설[(38)-③ 참조]

122. 태양전지 배선을 지중배관을 통하여 직접 매설하여 시설하는 경우 중량물의 압력을 받을 우려가 있는 경우에 몇 m 이상 깊이로 매설해야 하는가?
① 0.5   ② 1   ③ 1.2   ④ 1.5
[해설] 지중전선로의 시설[(38)-③ 참조]

123. 지중전로에 사용하는 지중함의 시설 기준이 아닌 것은?
① 지중함은 견고하고 차량 기타 중량물의 압력에 견딜 수 있는 구조일 것
② 지중함은 그 안에 고인 물을 제거할 수 있는 구조로 되어 있을 것
③ 지중함의 뚜껑은 시설자 이외의 자가 쉽게 열 수 없도록 시설할 것
④ 지중함의 내부는 조명 및 세척이 가능한 장치를 시설할 것
[해설] 지중함의 시설 기준[(39) 참조]

124. 지중전선을 넣은 방호장치의 금속제 부분·금속제의 전선 접속함 및 지중전선의 피복으로 사용하는 금속체에는 제 몇 종 접지공사를 하여야 하는가?

① 제1종   ② 제2종
③ 제3종   ④ 특별 제3종
[해설] 지중전선의 피복금속체 접지[(40) 참조]

125. 지중전선 상호 간의 접근 또는 교차에 있어서, 저압 지중전선과 고압 지중전선 상호 간의 이격거리는 최소 몇 cm 이상이어야 하는가?
① 15   ② 20   ③ 25   ④ 30
[해설] 지중전선 상호 간의 접근 또는 교차 [(42) 참조]

126. 사람이 상시 통행하는 터널 안의 저압 전선의 공사 방법에 해당되지 않는 것은?
① 합성수지관공사   ② 애자사용공사
③ 가요전선관공사   ④ 금속몰드공사
[해설] 터널 안 전선로의 시설[(43) 참조]

〈제4장 전력보안 통신설비〉

127. 특고압 가공전선로 및 선로 길이 몇 km 이상의 고압 가공전선로에는 전력보안 통신용 전화설비를 시설하여야 하는가?
① 3.5   ② 5   ③ 7.5   ④ 10
[해설] 전력보안 통신용 전화설비의 시설[(1)-① 참조]

128. 가공전선로의 지지물에 시설하는 통신선 시설에 관한 규정 중 틀린 것은?
① 통신선은 가공전선의 위에 시설할 것
② 통신선과 저·고압 가공전선 사이의 이격거리는 60 cm 이상일 것

정답 121. ② 122. ③ 123. ④ 124. ③ 125. ① 126. ④ 127. ② 128. ①

③ 통신선과 저·고압 가공전선 사이의 이격거리는 조건에 따라 30 cm 이상으로 할 수 있음
④ 통신선과 특고압 가공전선 사이의 이격거리는 1.2 m 이상일 것

[해설] 가공전선과 첨가 통신선과의 이격거리 [(3)-① 참조]
통신선은 가공전선의 아래에 시설할 것

129. 다음 중 ( ) 안에 알맞은 값은?

> 가공통신선(전력 보안 가공통신선)의 높이에 있어서, 도로 위에 시설하는 경우에는 지표상 ( ) m 이상, 교통에 지장을 줄 우려가 없는 경우에는 지표상 ( ) m 까지로 감할 수 있다.

① 5, 4.5 ② 5.5, 5
③ 6, 5.5 ④ 6.5, 6

[해설] 가공통신선의 높이 [(4) 참조]

130. 가공통신인입선 부분의 높이는 교통에 지장을 줄 우려가 없을 때에 한하여 노면상 몇 m 이상이어야 하는가?

① 2.5 ② 3 ③ 3.5 ④ 4.5

[해설] 가공통신인입선 시설 [(5) 참조]

〈제5장 전기 사용 장소의 시설〉

131. 백열전등 또는 방전등에 전기를 공급하는 옥내전로의 대지전압은 몇 V 이하인가?

① 100 ② 200 ③ 300 ④ 400

[해설] 옥내전로의 대지전압의 제한 [(1)-① 참조]

132. 대지전압이 300 V 이하이어야 하는 주택의 옥내전로에 관한 규정 중 잘못된 것은?

① 사용전압은 400 V 미만일 것
② 전로 인입구에는 인체감전보호용 누전차단기를 시설할 것
③ 백열전등의 전구소켓은 키나 그 밖의 점멸기구가 없는 것일 것
④ 소비전력 5 kW 이상의 전기기계기구에는 전용의 개폐기 및 과전류 차단기를 시설할 것

[해설] 옥내전로의 대지전압의 제한 [(1)-② 참조]
정격소비전력 3 kW 이상의 전기기계기구에 해당하는 설명이다.

133. 주택의 태양전지 모듈에 접속하는 부하 측 옥내배선 전로에 지락이 생겼을 때, 자동적으로 전로를 차단하는 장치를 시설할 경우 주택의 옥내전로의 대지전압은 직류 몇 V 이하이어야 하는가?

① 200 ② 400 ③ 600 ④ 800

[해설] 옥내전로의 대지전압의 제한 [(1)-③ 참조]

134. 주택의 태양전지 모듈에 접속하는 부하 측 옥내전로에서, 사람이 접촉할 우려가 없는 은폐된 장소에 적절하지 못한 배선 방식은?

① 합성수지관공사 ② 금속관공사
③ 케이블공사   ④ 금속몰드공사

[해설] 옥내전로의 대지전압의 제한 [(1)-③ 참조]

135. 저압 옥내배선용 전선의 굵기는 연동선 사용 시, 최소한 몇 mm^2 이상이어야 하는가?

정답 129. ① 130. ④ 131. ③ 132. ④ 133. ③ 134. ④ 135. ①

① 2.5　② 4　③ 6　④ 10

[해설] 저압 옥내배선의 사용전선[(2)-① 참조]

136. 다음은 욕실 등에 시설하는, 누전차단기, 절연변압기 및 콘센트 규격에 관한 설명이다. 틀린 것은?
① 콘센트는 접지극이 있는 방적형 콘센트를 사용하되 접지하지는 말 것
② 절연변압기의 정격용량은 3 kVA 이하인 것일 것
③ 누전차단기의 정격감도전류는 15 mA 이하일 것
④ 누전차단기는 동작시간 0.03초 이하의 전류동작형일 것

[해설] 욕실 등에 저압용 배선기구의 시설[(4)-④ 참조]
콘센트는 접지극이 있는 방적형 콘센트를 사용하여 접지하여야 한다.

137. 옥내에 시설하는 저압용 배전반 등의 시설에 관한 설명 중, 적절하지 못한 것은?
① 배·분전반의 기구 및 전선은 쉽게 점검할 수 있도록 할 것
② 한 개의 분전반에는 한 가지 전원만 공급할 것
③ 배·분전반은 불연성 또는 난연성일 것
④ 전기계량기와 이를 수납하는 계기함은 쉽게 점검 및 보수할 수 없는 은폐된 장소에 시설할 것

[해설] 저압용 배분전반 등의 시설[(5) 참조]

138. 옥내에 시설하는 단상전동기로서 그 전원 측에 시설된 배선용 차단기의 정격전류가 몇 A 이하인 경우에 한하여 그 전동기에는 과부하 보호 장치의 시설을 하지 않아도 되는가?
① 20　② 25　③ 30　④ 35

[해설] 전동기의 과부하 보호 장치의 시설[(7)-① 참조]

139. 저압 옥내간선에 접속하는 전동기의 정격전류의 합계가 100 A인 경우에 간선의 허용전류가 몇 A인 전선의 굵기를 선정하여야 하는가?
① 100　② 110　③ 120　④ 125

[해설] 옥내 저압간선의 시설[(8) 참조]
간선의 허용전류 = 1.1 × 100 = 110 A

140. 저압 옥내간선에서 분기한 옥내전로는 특별한 조건이 없을 때 간선과의 분기점에서 몇 m 이하인 곳에 개폐기 및 과전류 차단기를 시설하여야 하는가?
① 9　② 7　③ 5　④ 3

[해설] 분기회로의 시설[(9)-①-(가) 참조]

141. 전동기 등에만 이르는 저압 옥내전로의 과전류 차단기는 그 과전류 차단기에 직접접속하는 부하 측의 전선의 허용전류가 40 A인 경우, 정격전류 몇 A 이하의 것을 사용하여야 하는가?
① 50　② 60　③ 100　④ 125

[해설] 분기회로의 시설[(9)-①-(라) 참조]
차단기 정격전류 = 2.5 × 40 = 100 A

142. 조명용 전등에서, 가로등, 경기장, 공장, 아파트 단지 등의 일반조명을 위하여 시설하는 고압방전등은 그 효율이 최소한

[정답] 136. ①　137. ④　138. ①　139. ②　140. ④　141. ③　142. ③

몇 lm/W 이상의 것이어야 하는가?

① 60   ② 65   ③ 70   ④ 75

[해설] 점멸장치와 타임스위치 등의 시설
[(10)-①-(마) 참조]

143. 다음 ( ) 안에 알맞은 값은?

> 점멸장치와 타임스위치 등의 시설에 있어서, 관광숙박업에 이용되는 객실의 입구등은 ( )분 이내에 소등되어야 하며, 아파트 각 호실의 현관등은 ( )분 이내에 소등되는 것이어야 한다.

① 1, 3   ② 3, 1   ③ 2, 5   ④ 5, 2

[해설] 점멸장치와 타임스위치 등의 시설
[(10)-② 참조]

[참고] 일반주택 및 아파트 각 호실의 현관등은 사람의 출입 및 가사 등을 고려하여 3분 이내에 소등되도록 한 것이다.

144. 조명용 전등을 설치할 때 타임스위치를 시설해야 할 곳은?

① 국부조명   ② 가정용 조명
③ 아파트 계단   ④ 아파트 현관

[해설] 점멸장치와 타임스위치 등의 시설
[(10)-② 참조]

145. 400 V 미만의 저압 옥내배선을 할 때, 점검할 수 없는 은폐된 장소에 할 수 없는 배선공사는?

① 금속관공사   ② 합성수지관공사
③ 금속몰드 공사   ④ 플로어덕트 공사

[해설] 저압 옥내배선의 시설 장소별 공사[(12) 표 12-47 참조]

[참고] 저압 옥내배선 공사에서는, 합성수지관, 금속관, 가요전선관 및 케이블공사는 구분 제한 없이 시공할 수 있다.

146. 400 V 이상의 저압 옥내배선을 할 때, 전개된 장소로 건조한 장소에 할 수 없는 배선공사는?

① 애자사용공사   ② 금속덕트공사
③ 버스덕트공사   ④ 플로어덕트 공사

[해설] 저압 옥내배선의 시설 장소별 공사
[(12) 표 12-47 참조]

147. 애자사용공사에 사용하는 애자가 갖추어야 할 특성으로 가장 적절하지 못한 것은?

① 절연성   ② 난연성
③ 내수성   ④ 내유성

[해설] 애자사용공사[(13)-② 참조]

[참고] 절연성 : 전기가 통하지 아니하는 성질
난연성 : 불이 붙기 어려운 성질
내수성 : 수분을 막아 견디어 내는 성질
내유성 : 기름의 작용을 잘 견디어 내는 성질

148. 애자사용공사에 의한 저압 옥내배선에서 일반적으로 전선 상호 간의 간격은 최소한 몇 cm 이상이어야 하는가?

① 4   ② 5   ③ 6   ④ 8

[해설] 애자사용공사[(13)-① 참조]

149. 애자사용공사에 의한 저압 옥내배선에서, 전선의 지지점 간의 거리는 전선을 조영재의 윗면 또는 옆면에 따라 붙일 경우에 최대 몇 m 이하이어야 하는가?

① 1   ② 1.5   ③ 2   ④ 2.5

[해설] 애자사용공사[(13)-①-(라) 참조]

[정답] 143. ①   144. ④   145. ③   146. ④   147. ④   148. ③   149. ③

150. 애자사용공사에 의한 저압 옥내배선에 대한 설명 중 잘못된 것은?

① 450/750 V 이하 염화 비닐절연전선을 사용한다.
② 전선 상호 간의 간격은 6 cm이다.
③ 애자는 절연성·난연성 및 내수성의 것이다.
④ 전선과 조영재 사이의 이격거리는 2 cm이다.

[해설] 애자사용공사[(13) 참조]

151. 합성수지관공사에 의한 저압 옥내배선에 대한 설명 중 잘못된 것은?

① 관의 지지점 간의 거리는 2 m 이하로 시설할 것
② 전선은 합성수지관 안에서 접속점이 없도록 할 것
③ 전선은 절연전선일 것(옥외용 비닐절연전선 제외)
④ 습기가 많은 장소에 시설하는 경우에는 방습 장치를 할 것

[해설] 합성수지관공사[(14) 참조]
관의 지지점 간의 거리는 1.5 m 이하로 시설할 것

152. 다음 ( ) 안에 알맞은 값은?

> 관 상호 간 및 박스와 관을 삽입하는 깊이는 관의 바깥 지름의 ( )배 이상으로 하며, 접착제를 사용하는 경우에는 ( )배 이상으로 하여야 한다.

① 0.8, 0.4 ② 1.0, 0.5
③ 1.2, 0.8 ④ 1.4, 0.6

[해설] 합성수지관공사[(14)-②-(가) 참조]

153. 합성수지관공사에서 관의 지지점 간의 거리는 몇 m 이하로 하여야 하는가?

① 1.0 ② 1.5 ③ 2.0 ④ 2.5

[해설] 합성수지관공사[(14)-② 참조]

154. 금속관공사에 의한 저압 옥내배선의 시설 방법으로 옳은 것은?

① 전선은 옥외용 비닐절연전선을 사용하였다.
② 전선으로 지름 5 mm의 단선을 사용하였다
③ 두께 1.2 mm 금속관을 콘크리트에 매설하였다.
④ 관 안에는 전선의 접속점을 1개소만 허용하였다.

[해설] 금속관공사[(15) 참조]

155. 다음 ( ) 안에 알맞은 값은?

> 금속관공사에 의한 저압 옥내배선에서, 사용전압이 400 V 이상인 경우 관에는 ( ) 접지공사를 하여야 한다. 다만, 사람이 접촉할 우려가 없도록 시설하는 경우에는 ( ) 접지공사에 의할 수 있다.

① 제1종, 제3종
② 제3종, 제1종
③ 제3종, 특별 제3종
④ 특별 제3종, 제3종

[해설] 금속관공사[(15)-③-(마) 참조]

156. 가요전선관공사에 의한 저압 옥내배선에 대한 설명으로 잘못된 것은?

① 옥외용 비닐절연전선을 제외한 절연전선을 사용한다.

정답 150. ④ 151. ① 152. ③ 153. ② 154. ③ 155. ④ 156. ④

② 일반적으로 연선을 사용한다.
③ 가요전선관 안에는 전선에 접속점이 없도록 한다.
④ 사용전압이 400 V 이하의 저압의 경우에만 사용한다.

[해설] 가요전선관공사[(16) 참조]
사용전압이 600 V 이하의 저압에 사용한다.

157. 금속덕트공사에 의한 저압 옥내배선에 대한 설명으로 잘못된 것은?
① 금속덕트 안에는 전선에 접속점이 없도록 할 것
② 덕트의 지지점 간의 거리를 3 m 이하로 할 것
③ 전선은 절연전선일 것(옥외용 비닐절연전선 제외)
④ 덕트의 끝 부분은 열어 둘 것

[해설] 금속덕트공사[(17) 참조]

158. 다음 ( ) 안에 알맞은 값은?

> 금속덕트에 넣은 전선의 단면적의 합계는 덕트의 내부 단면적의 ( )% 이하여야 한다. 다만, 전광표시 장치·제어회로 등의 배선만을 넣는 경우에는 ( )% 이하여야 한다.

① 40, 80   ② 30, 60
③ 25, 45   ④ 20, 50

[해설] 금속덕트공사[(17)-① 참조]

159. 버스덕트공사에 의한 저압 옥내배선에서, 조영재에 붙이는 경우에는 덕트의 지지점 간의 거리는 몇 m 이하로 하여야 하는가?

① 3   ② 4   ③ 5   ④ 6

[해설] 버스덕트공사[(18)-① 참조]

160. 버스덕트공사에 의한 저압 옥내배선에 대한 설명으로 잘못된 것은?
① 덕트 상호 간 및 전선 상호 간은 견고하고 또한 전기적으로 완전하게 접속할 것
② 사용전압이 400 V 미만인 경우에는 덕트에 특별 제3종 접지공사를 할 것
③ 덕트의 끝 부분은 막을 것
④ 습기가 많은 장소에 시설하는 경우에는 옥외용 버스덕트를 사용할 것

[해설] 버스덕트공사[(18)-① 참조]
 • 사용전압이 400 V 미만인 경우 : 제3종 접지공사
 • 사용전압이 400 V 이상인 경우 : 특별 제3종 접지공사

161. 버스덕트공사에 의한 저압 옥내배선에서, 사용 도체의 최소 규격으로 적절하지 않은 것은?
① 단면적 20 mm² 이상의 띠 모양의 동(구리)
② 단면적 30 mm² 이상의 띠 모양의 알루미늄
③ 지름 5 mm 이상의 관 모양이나 둥글고 긴 막대 모양의 동(구리)
④ 지름 6 mm 이상의 관 모양이나 둥글고 긴 막대 모양의 알루미늄

[해설] 버스덕트공사[(18)-② 참조]

162. 라이팅 덕트공사에 의한 저압 옥내배선에 대한 설명으로 잘못된 것은?

정답 157. ④ 158. ④ 159. ① 160. ② 161. ④ 162. ②

① 덕트의 끝 부분은 막을 것
② 덕트의 개구부는 위로 향하여 시설할 것
③ 지지점 간의 거리는 2 m 이하로 할 것
④ 덕트는 조영재를 관통하여 시설하지 아니할 것

[해설] 라이팅 덕트공사[(19) 참조]
덕트의 개구부는 아래로 향하여 시설할 것

163. 셀룰러 덕트공사 시 덕트 상호 간을 접속하는 것과 셀룰러 덕트 끝에 접속하는 부속품에 대한 설명으로 적합하지 않은 것은?

① 알루미늄 판으로 특수 제작할 것
② 부속품의 판 두께는 1.6 mm 이상일 것
③ 덕트 끝과 안쪽 면은 전선의 피복이 손상하지 아니하도록 매끈한 것일 것
④ 덕트의 안쪽 면 및 외면은 방청을 위하여 도금 또는 도장을 한 것일 것

[해설] 셀룰러 덕트공사[(21) 참조]
강판(steel plate : 鋼板)으로 제작한 것일 것

164. 다음 ( ) 안에 알맞은 값은?

> 케이블공사에 의한 저압 옥내배선에서, 전선을 조영재의 아랫면 또는 옆면에 따라 붙이는 경우 전선의 지지점 간의 거리는 ( ) m 이하이며, 사람이 접촉할 우려가 없는 곳에서 수직으로 붙이는 경우에는 ( ) m 이하로 한다.

① 2, 6   ② 2.5, 4
③ 3, 5   ④ 3.5, 6.5

[해설] 케이블공사[(22) 참조]

165. 케이블 트레이에 의한 저압 옥내배선에 있어서, 케이블 트레이의 안전율은 최소한 얼마 이상으로 하면 되는가?

① 1.5   ② 2   ③ 2.5   ④ 3

[해설] 케이블 트레이공사[(23) 참조]

166. 케이블 트레이에 의한 저압 옥내배선에 대한 설명으로 잘못된 것은?

① 사용전선은 난연성 케이블을 사용한다.
② 사용전선은 금속관 등에 넣은 절연전선을 사용한다.
③ 저압 케이블과 고압 케이블은 동일 케이블 트레이 안에 시설하지 않는다.
④ 금속제 케이블 트레이 계통은 제1종 접지공사를 한다.

[해설] 케이블 트레이공사[(23)-② 참조]

167. 옥내 저압용의 전구선의 시설에 있어서, 몇 V 이상인 전구선은 옥내에 시설하여서는 아니 되는가?

① 250   ② 300   ③ 350   ④ 400

[해설] 옥내 저압용의 전구선의 시설[(24) 참조]

168. 폭연성 분진 또는 화약류의 분말이 전기설비가 발화원이 되어 폭발할 우려가 있는 곳에 시설하는 저압 옥내 배선공사로 가장 적절한 것은?

① 합성수지관   ② 애자사용공사
③ 가요전선관공사 ④ 금속관공사

[해설] 먼지가 많은 장소에서의 저압의 시설 [(25)-① 참조]

169. 폭연성 분진이 많은 장소에서의 저압의 시설에 있어서, 금속관공사 시 관 상호 간, 기타의 부속품 및 전기기계기구와는

정답 163. ① 164. ① 165. ① 166. ④ 167. ④ 168. ④ 169. ③

최소한 몇 턱 이상 나사조임으로 시공하여야 하는가?

① 3   ② 4   ③ 5   ④ 6

[해설] 먼지가 많은 장소에서의 저압의 시설 [(25)-① 참조]

170. 소맥분·전분 기타 가연성의 분진이 존재하는 곳의 저압 옥내배선공사 방법에 해당되는 것으로 짝지어진 것은?

① 금속몰드공사, 금속관공사, 금속덕트공사
② 합성수지관공사, 케이블공사, 애자사용공사
③ 애자사용공사, 금속몰드공사, 금속덕트공사
④ 합성수지관공사, 금속관공사, 케이블공사

[해설] 먼지가 많은 장소에서의 저압의 시설 [(25)-② 참조]
저압 옥내배선 등은 합성수지관, 금속관공사 또는 케이블공사에 의할 것

171. 화약류 저장소에서 백열전등, 형광등 또는 이들에 전기를 공급하기 위한 전기설비를 시설하는 경우 전로의 대지전압은 최대 몇 V 이하이어야 하는가?

① 110   ② 220   ③ 300   ④ 380

[해설] 화약류 저장소에서 전기설비 시설[(27) 참조]

172. 무대, 오케스트라박스, 영사실 등 흥행장에 시설하는 저압 옥내배선의 사용전압은 몇 V 미만이면 되는가?

① 100   ② 200   ③ 300   ④ 400

[해설] 흥행장의 저압공사[(28)-① 참조]
저압 옥내배선, 전구선, 이동전선은 사용전압이 400 V 미만일 것

173. 흥행장의 저압공사에서, 무대용의 콘센트 박스, 플라이 덕트 및 보더라이트의 금속제 외함에는 몇 종 접지공사를 하여야 하는가?

① 제1종   ② 제2종
③ 제3종   ④ 특별 제3종

[해설] 흥행장의 저압공사[(28)-② 참조]

174. 고압 옥내배선 방법으로 적절하지 못한 것은?

① 합성수지관공사   ② 애자사용공사
③ 케이블공사   ④ 케이블 트레이공사

[해설] 고압 옥내배선 등의 시설[(30)-① 참조]
[참고] 케이블공사, 케이블 트레이공사를 원칙으로 하고, 건조한 장소로서 전개된 장소의 경우에는 사람이 접촉할 우려가 없도록 시설할 때에 한하여 애자사용공사가 인정되고 있다.

175. 다음 ( ) 안에 알맞은 값은?

> 케이블공사에 의한 고압 옥내배선에서, 케이블의 피복에 사용하는 금속체에는 ( ) 접지공사를 하여야 한다. 다만, 사람이 접촉할 우려가 없도록 시설하는 경우에는 ( ) 접지공사에 의할 수 있다.

① 제1종, 제3종
② 제2종, 제3종
③ 제1종, 특별 제3종
④ 특별 제3종, 제3종

[해설] 고압 옥내배선 등의 시설[(30)-③ 참조]

정답 170. ④   171. ③   172. ④   173. ③   174. ①   175. ①

176. 옥외 백열전등의 인하선으로서 지표상의 높이 2.5 m 미만의 부분에서는 공칭단면적 최소한 몇 mm² 이상의 연동선과 동등 이상의 세기 및 굵기의 절연전선을 사용하는가?
① 1.5 ② 2.5
③ 4   ④ 10
해설 옥외등의 인하선의 시설[(31) 참조]

177. 옥측배선 또는 옥외배선의 시설에서, 시설 장소 및 사용전압의 구분에 따른 경우에 400 V 미만인 것에 적절한 공사 방법 2가지는? (단, 전개된 장소, 점검할 수 있는 은폐된 장소이다)
① 애자사용공사, 버스덕트공사
② 애자사용공사, 합성수지관공사
③ 합성수지관공사, 가요전선관공사
④ 버스덕트공사, 가요전선관공사
해설 옥측배선 또는 옥외배선의 시설[(32) 표 12-52 참조]

178. 옥측 또는 옥외에 시설하는 전구선의 시설에서, 400 V 미만인 전구선은 0.6/1 kV EP 고무절연 클로로프렌캡타이어케이블로서 공칭단면적 최소한 몇 mm² 이상의 것이어야 하는가?
① 0.5 ② 0.75 ③ 1.0 ④ 1.5
해설 옥측 또는 옥외에 시설하는 전구선의 시설[(33) 참조]

179. 옥측 또는 옥외에 시설하는 전구선의 시설에서, 사용전압이 몇 V 이상인 전구선은 옥측 또는 옥외에 시설하여서는 아니 되는가?
① 110 ② 220
③ 380 ④ 400
해설 옥측 또는 옥외에 시설하는 전구선의 시설[(33) 참조]

180. 전기울타리의 시설에 관한 설명으로 틀린 것은?
① 전로의 사용전압은 400 V 이하이어야 한다.
② 사람이 쉽게 출입하지 아니하는 곳에 시설하여야 한다.
③ 시설한 곳에는 사람이 보기 쉽도록 위험표시를 시설하여야 한다.
④ 전선과 다른 시설물 또는 수목 사이의 이격거리는 30 cm 이상이어야 한다.
해설 전기울타리의 시설[(34) 참조]
울타리용 전원 장치에 전기를 공급하는 전로의 사용전압은 250 V 이하이어야 한다.

181. 목장에서 가축의 탈출을 방지하기 위하여 전기울타리를 시설하는 경우에 사용되는 전선은?
① 지름 2 mm 이상의 강철선
② 지름 2 mm 이상의 알루미늄선
③ 지름 2 mm 이상의 연동선
④ 지름 2 mm 이상의 경동선
해설 전기울타리의 시설[(34)-① 참조]

182. 소세력 회로란, 전자 개폐기의 조작회로 또는 경보벨 등에 접속하는 전로로서 최대사용전압이 몇 V 이하인 것을 말하는가?
① 10 ② 30 ③ 50 ④ 60
해설 소세력 회로의 시설[(35) 참조]

정답 176. ② 177. ① 178. ② 179. ④ 180. ① 181. ④ 182. ④

183. 다음 ( ) 안에 알맞은 값은?

> 출퇴 표시등 회로에 전기를 공급하기 위한 변압기는 1차 측 전로의 대지전압이 ( ) V 이하, 2차 측 전로의 사용전압이 ( ) V 이하인 ( ) 변압기여야 한다.

① 300, 60, 절연 ② 400, 30, 비절연
③ 220, 110, 단권 ④ 110, 80, 복권

[해설] 출퇴 표시등 회로의 시설[(36) 참조]
[참고] 절연 변압기(insulating transformer)
 (1) 변압기의 1차 측과 2차 측을 전기적으로 절연하기 위하여 사용하는 변압기이다.
 (2) 서지(surge)전압의 침입 저지, 2차 측 회로 지락사고에 의한 영상 전류를 1차 측에 파급되지 않는 2차 측 회로에 있어서 감전의 방지 등을 목적으로 사용한다.

〈제6장 지능형 전력망〉

184. 분산형 전원을 인버터를 이용하여 배전사업자의 저압 전력계통에 연계하는 경우 인버터로부터 직류가 계통으로 유출되는 것을 방지하기 위하여 접속점과 인버터 사이에 어떤 변압기를 시설하여야 하는가?

① 상용주파수   ② 고주파수
③ 초저주파수   ④ 단권

[해설] 저압 계통연계 시 직류유출방지 변압기의 시설[(1) 참조]

185. 저압 옥내직류 전기설비의 접지에 관한 설명 중 부적절한 것은?

① 접지의 목적은 전로보호장치의 확실한 동작의 확보, 이상전압 및 대지전압의 억제를 위함이다.
② 직류 2선식의 임의의 한 점 또는 태양전지의 중간점 등을 접지하여야 한다.
③ 직류 2선식으로 사용전압이 60 V 이하인 경우에는 접지를 생략할 수도 있다.
④ 직류전기설비의 접지시설을 음(-)도체를 접지하는 경우는 감전에 대한 보호를 하여야 한다.

[해설] 저압 옥내직류 전기설비의 접지[(8) 참조]
직류전기설비의 접지시설을 음(-)도체를 접지하는 경우는 전기부식방지를 하여야 한다.

186. 저압 옥내직류 전기설비의 축전지실 등의 시설에 있어서, 몇 V를 초과하는 축전지는 비접지 측 도체에 쉽게 차단할 수 있는 곳에 개폐기를 시설하여야 하는가?

① 30   ② 50
③ 75   ④ 100

[해설] 축전지실 등의 시설[(13) 참조]

187. 이차전지를 이용한 전기저장장치의 일반 요건에 대한 설명 중 부적절한 것은?

① 이차전지의 지지대는 규정에 따라 접지공사를 할 것
② 시설하는 장소는 외부와 차단이 되도록 환기시설은 갖추지 말 것
③ 시설하는 장소는 충분한 작업공간을 확보하고 조명설비를 시설할 것
④ 침수의 우려가 없는 곳에 시설할 것

[해설] 전기저장장치 일반 요건[(14) 참조]
시설하는 장소는 폭발성 가스의 축적을 방지하기 위한 환기시설을 갖추고 적정한 온도와 습도를 유지할 것

정답 183. ① 184. ① 185. ④ 186. ① 187. ②

부록

기출문제 및 해설

- 2013년도 출제문제
- 2014년도 출제문제
- 2015년도 출제문제
- 2016년도 출제문제

2013년도 출제문제

1. 다음 중 신에너지에 속하지 않는 것은?
① 연료전지
② 수소에너지
③ 바이오에너지
④ 석탄을 액화·가스화한 에너지

[해설] 신·재생에너지 개발·이용·보급 촉진법[제2조. 정의 참조]
(1) 신에너지(3개 분야) : 연료전지, 수소, 석탄액화 가스화 및 중질잔사유 가스화
(2) 재생에너지(8개 분야) : 태양광, 태양열, 바이오, 풍력, 수력, 해양, 폐기물, 지열

2. 태양광발전 시스템의 장점으로 옳지 않은 것은?
① 햇빛이 있는 곳이면 어느 곳에서나 간단히 설치할 수 있다.
② 한번 설치해 놓으면 유지비용이 거의 들지 않는다.
③ 무소음 및 무진동으로 환경오염을 일으키지 않는다.
④ 낮은 에너지 밀도로 다량의 전기를 생산할 때는 많은 공간을 차지한다.

[해설] 태양광발전 시스템의 장점 : ①, ②, ③ 이외에 '수명이 20년 이상으로 길다.' 등이 있다. ④의 '낮은 에너지 밀도, 많은 공간을 차지한다.'는 단점에 속한다.

3. 다음은 태양전지의 원리를 설명한 것이다. ( ) 안에 들어갈 적당한 용어는?

> 태양전지는 금속 등 물질의 표면에 특정한 진동수의 빛을 쪼여 주면 전자가 방출되는 현상인 ( )의 원리를 이용한 것으로 빛에너지를 전기에너지로 전환시켜 준다.

① 전자기 유도 작용
② 압전효과
③ 열전기효과
④ 광기전력효과

[해설] 광기전력효과(photovoltaic effect) : 반도체(PN 접합)에 빛을 쪼일 때 기전력이 생기는 효과. 이때 생기는 기전력을 광기전력이라 한다.

4. 태양전지 모듈에 수직으로 빛이 입사하여 발전단자의 출력전압이 40 V, 전류가 4.5 A의 출력값을 나타내고 있다. 표준시험 조건에서 태양전지 모듈에 입사한 태양에너지가 1000 W/m²일 때 모듈의 효율은 몇 %인가?
① 8.9   ② 11.3
③ 18.0   ④ 19.8

[해설] 모듈(module)의 효율
$$\eta = \frac{V_o \times I_s}{P_{in}} \times 100 = \frac{40 \times 4.5}{1000} \times 100 = 18.0\%$$

5. 태양광 모듈의 크기가 가로 0.53 m, 세로 1.19 m이며, 최대출력 80W인 모듈의

정답 1. ③   2. ④   3. ④   4. ③   5. ④

에너지 변환효율(%)은? (단, 표준 시험 조건일 때)

① 15.68 ② 14.25 ③ 13.65 ④ 12.68

[해설] 변환효율 η는 입사전력에 대한 출력에 나타나는 최대 전력에너지의 비로 표시된다.

$$\eta = \frac{P_{out}}{P_{in}} \times 100$$
$$= \frac{80}{1000 \times (0.53 \times 1.19)} \times 100$$
$$= 12.68\%$$

- P_{out} : 모듈출력(W)
- P_{in} : 1 m²에 입사된 에너지량

※ P_{in} = 표준일조 강도(W/m²) × 태양전지 면적(m²) = 1000 × (가로×세로)

6. 태양전지 모듈의 최적 동작점을 나타내는 특성곡선에서 일사량의 변화에 따라 변환하는 요소는 무엇인가?

① 전류 – 저항   ② 전압 – 전류
③ 전류 – 온도   ④ 전압 – 온도

[해설] 태양전지의 전압-전류 특성
(1) 태양전지에 태양광이 입사되면 광에너지가 전기에너지로 변환되어 태양전지 단자에 전기적 출력이 발생하는데 이것을 전류-전압 특성이라고 한다.
(2) 전압-전류의 출력값을 그래프로 나타낸 것을 I-V 특성곡선이라 한다.

7. 다결정 실리콘 태양전지가 제조되는 공정 순서가 바르게 나열된 것은?

① 실리콘 입자 → 웨이퍼 슬라이스 → 잉곳 → 셀 → 태양전지 모듈
② 실리콘 입자 → 잉곳 → 웨이퍼 슬라이스 → 셀 → 태양전지 모듈
③ 잉곳 → 실리콘 입자 → 셀 → 웨이퍼 슬라이스 → 태양전지 모듈
④ 잉곳 → 실리콘 입자 → 웨이퍼 슬라이스 → 셀 → 태양전지 모듈

[해설] 다결정 실리콘(poli-crystalline silicon) 태양전지의 공정 순서
(1) 원 재료인 다결정 실리콘을 주조하여 잉곳(ingot : 다결정 실리콘덩어리)을 제조
(2) 잉곳을 얇게 절단
(3) 두께 약 300 μm의 다결정 실리콘 웨이퍼(wafer) 만듦
(4) 에칭(surface etching)하여서 표면처리 실시
(5) 불순물을 확산하여 P-N 접합 형성
(6) 실리콘 웨이퍼 뒷면에 P층을 형성하기 위하여 알루미늄과 같은 물질로 후면 전계층을 형성
(7) 반사율을 줄이기 위해 반사방지막 코팅
(8) 진공 증착법이나 스크린 인쇄법으로 전면에 은 등의 물질로 전극을 형성시킴
(9) 전극 열처리 후에 태양전지 셀(cell)을 완성 → 태양전지 모듈

8. 다음 ㉠, ㉡에서 설명하는 태양전지는 무엇인가?

㉠ 색소가 붙은 산화티타늄 등의 나노입자를 한쪽의 전극에 칠하고 또 다른 쪽 전극과의 사이에 전해액을 넣은 구조이다.
㉡ 색이나 형상을 다양하게 할 수 있어 패션, 인테리어 분야에도 이용할 수 있다.

① 유기박막 태양전지
② 구형 실리콘 태양전지
③ 갈륨비소계 태양전지
④ 염료감응형 태양전지

[해설] 염료감응 태양전지(Dye-Sensitized Solar Cell ; DSSC)

[정답] 6. ② 7. ② 8. ④

(1) 유기염료와 나노기술을 이용하여 고도의 에너지 효율을 갖도록 개발된 태양전지이다.
(2) 사용하는 유기염료의 종류에 따라 황, 적, 녹, 청색 등 다양한 색상과 형상을 할 수 있어 패션, 인테리어(건물의 유리 창호) 분야에 이용할 수 있다.

9. 태양광발전에 이용되는 태양전지 구성 요소 중 최소 단위는?

① 셀 ② 모듈
③ 어레이 ④ 파워컨디셔너

[해설] 셀(cell)은 전기를 일으키는 최소 단위이며, 모듈은 전기를 꺼내는 최소 단위이다.
[참고] 태양전지는 태양의 빛에너지를 전기에너지로 변환하는 기능을 가진 최소 단위인 태양전지 셀(cell)이 기본이 된다.

10. 태양전지 셀의 그림기호는?

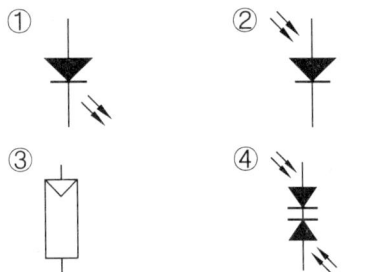

[해설] ※ 스트링(string)의 일반적인 기호 : ③

11. 태양전지 n개를 직렬로 접속하고, m줄로 병렬로 접속하였을 때 전압과 전류는 각각 어떻게 되는가?

① 전압 n배 증가, 전류 m배 증가
② 전압 n배 증가, 전류 m배 감소
③ 전류 n배 증가, 전압 m배 증가
④ 전류 n배 감소, 전압 m배 증가

[해설] (1) 전압은 직렬접속 수 n배만큼 증가
(2) 전류는 병렬접속 수 m배만큼 증가

12. 스트링(string)이란?

① 단위시간당 표면의 단위면적에 입사되는 태양에너지
② 태양전지 모듈이 전기적으로 접속된 하나의 직렬군
③ 태양전지 모듈이 전기적으로 접속된 하나의 병렬군
④ 단위시간당 표면의 총면적에 입사되는 태양에너지

[해설] 스트링(string) : 모듈(module)의 직렬 집합체
(1) 스트링은 태양전지의 모듈을 직렬로 연결하여 하나의 단위 스트링으로 구성한다.
(2) 단위 스트링의 출력전압이 어레이의 출력전압이다.

13. 그림은 결정질 태양전지 모듈의 단면도를 나타낸 것이다. 다음 중 태양전지 모듈 구성 요소로 틀린 것은 무엇인가?

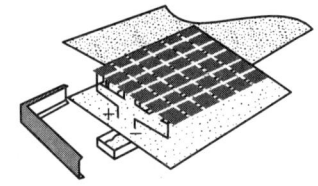

① 분전함
② 백 시트(back sheet)
③ EVA
④ 프레임

[해설] 모듈의 구성 요소[본문 1-2-(1) 그림 3-3 참조]
태양전지 모듈의 구성 요소

(1) 셀(cell)　　　(2) 충진재(EVA)
(3) 수광면(cover galss) (4) 출력 단자함
(5) 프레임(frame)
(6) 백 시트(back sheet)
(7) 인터 커넥터(금속리본)

[참고] back sheet의 재료는 PVF가 대부분이지만, 그밖에 폴리에스테르, 아크릴 등도 사용되고 있다.

14. 계통연계형 인버터의 기본 기능이 아닌 것은?
① 계통연계 보호기능
② 단독운전 방지기능
③ 배터리 충전기능
④ 최대출력점 추종기능

[해설] 계통연계형 인버터-PCS(Power Conditioning System)의 기능
직류를 교류로 변환하는 인버터 기능 이외에
(1) 전압전류 제어기능
(2) 최대전력 추종기능
(3) 계통연계 보호기능
(4) 단독운전 방지기능

15. 태양광발전 시스템에서 인버터의 주된 역할은?
① 태양전지의 출력을 직류로 증폭
② 태양전지 모듈과 부하계통을 절연
③ 태양전지의 직류출력을 상용주파의 교류로 변환
④ 태양전지에 전원을 공급

[해설] 인버터(inverter)의 주된 역할
(1) 태양전지의 직류출력을 상용 주파수의 교류로 변환하여 교류전력을 공급하는 것이다.
(2) 우리나라 전력계통의 상용 주파수는 60 Hz이다.

16. 태양광발전 시스템이 계통과 연계운전 중 계통 측에서 정전이 발생할 경우 시스템에서 계통으로 전력 공급을 차단하는 기능은?
① 단독운전 방지기능
② 최대출력 추종제어기능
③ 자동운전 정지기능
④ 자동전압 조정기능

[해설] 단독운전 방지기능
(1) 단독운전이란, 분산형 전원(태양광발전)을 연계한 계통에서 전력계통사고 등으로 전력회사 변전소의 송출 차단기가 개방되면, 분리된 계통은 분산형 전원만으로 수용가에 전력을 공급하게 되는데, 이 상태를 단독운전이라 한다.
(2) 단독운전을 즉시 감지하여 차단하지 않을 때 발생하는 문제점
• 전력기기 손상 우려 및 감전사고 발생 우려
• 변전소 재폐로 시 비동기 투입으로 인한 전력 설비 손상 우려
• 단독운전이 지속되면 복구 지연과 시스템의 불안정 우려

17. 계통 이상 시 태양광 전원의 발전설비 분리와 관련된 사항 중 틀린 것은?
① 정전 복구 후 자동으로 즉시 투입되도록 하는 시설
② 단락 및 지락 고장으로 인한 선로 보호 장치 설치
③ 차단 장치는 배전계통 정지 중에는 투입 불가능하도록 하는 장치
④ 계통 고장 시 역충전 방지를 위해 전원을 0.5초 이내 분리하는 단독운전 방지장치 설치

[해설] 정전 복구 후 재연계는 한전계통 전압 및 주파수가 안정된 상태로 5분 후에 재연계하여야 한다.

[정답] 14. ③　15. ③　16. ①　17. ①

18. 다음 그림은 태양광 모듈의 접속함 내부에 다이오드를 연결한 것이다. 다이오드의 명칭은 무엇인가?

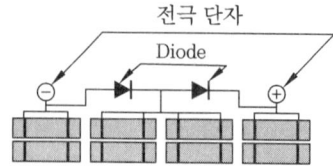

① 정류 다이오드
② 제어 다이오드
③ 바이패스 다이오드
④ 역전압 방지 다이오드

[해설] 바이패스 다이오드(bypass diode)
(1) 설치 목적 : 모듈의 셀 일부분에 음영이 발생한 경우, 전류집중으로 인한 열점(hot spot)으로 셀의 소손이 발생할 수 있다. 이를 방지하기 위함이다.
(2) 보통 18~20개 셀 단위로 모듈(module)의 후면 출력 단자함에 설치한다.

19. 태양전지 모듈에 다른 태양전지 회로 및 축전지의 전류가 유입되는 것을 방지하기 위하여 설치하는 것은?
① 바이패스소자   ② 역류방지소자
③ 접속함   ④ 피뢰소자

[해설] 역류방지소자
(1) 야간에 태양광발전이 정지된 상태에서 축전지 전력이 태양전지 모듈 쪽으로 흘러들어 소모되는 것을 방지하기 위한 목적으로 설치된다.
(2) 일반적으로 다이오드를 사용한다.

20. 태양전지 모듈에서 바이패스 및 역류방지를 위해 사용되는 소자는?
① 다이오드   ② 사이리스터
③ 변압기   ④ 스위치

[해설] 문제 18, 19번 해설 참조

21. 낙뢰에 의한 충격성 과전압에 대하여 전기설비의 단자전압을 규정치 이내로 저감시켜 정전을 일으키지 않고 원 상태로 회귀하는 장치는?
① 역류방지 다이오드
② 내뢰 트랜스
③ 어레스터
④ 바이패스 다이오드

[해설] 어레스터(arrester, surge arrester) : 피뢰기
(1) 전력 계통에는 낙뢰 또는 회로 개폐에 의해 과도적인 과전압이 발생한다.
(2) 어레스터(피뢰기)는 과전압을 방전으로 억제하여 기기(機器)를 보호하고, 과전압이 소멸한 후 속류(전원에 의한 방전 전류)를 차단하여 원상으로 자연 복귀하는 기능을 가진 장치이다.

22. 주택용 독립형 태양광발전 시스템의 주요 구성 요소가 아닌 것은?
① 태양전지 모듈   ② 충·방전 제어기
③ 축전지   ④ 배선 시스템

[해설] 주택용 독립형 태양광발전 시스템의 주요 구성 요소
(1) 태양전지 모듈   (2) 인버터
(3) 충·방전 제어기 (4) 축전지

23. 태양전지 모듈의 방위각은 그림자의 영향을 받지 않는 곳에 어느 방향 설치가 가장 우수한가?
① 정남향   ② 정북향
③ 정동향   ④ 정서향

[해설] 태양전지 모듈(module)의 방위각과 경사각

[정답] 18. ③ 19. ② 20. ① 21. ③ 22. ④ 23. ①

(1) 방위각 : 태양광 어레이(array)가 정남향과 이루는 각. 발전시간 내 음영이 생기지 않도록 배치 및 설치
(2) 경사각 : 태양광 어레이(array)가 지면과 이루는 각. 발전전력량이 연간 최대가 되도록 배치 및 설치

24. 일사량 센서의 올바른 설치 방법은?
① 모듈의 경사각과 동일하게 설치한다.
② 모듈의 방위각과 동일하게 설치한다.
③ 지붕의 경사각과 동일하게 설치한다.
④ 수평면과 동일하게 설치한다.

[해설] 일사량 센서의 설치 방법 : 모듈의 경사각과 동일하게 설치한다.
※ 경사각 : 태양광 어레이(array)가 지면과 이루는 각 – 발전전력량이 연간 최대가 되도록 배치 및 설치

[참고] 일사 센서(pyrheliometer)
(1) 지표의 일사량은 수직으로 내리쏟아지는 태양방사 에너지를 열량 환산으로 나타낸 것이다.
(2) 기본적으로는 흑체수감부에 측정할 태양광을 일정 시간 노광시켜 열로써 완전히 흡수시키고, 그 열량을 읽는다.

25. 태양전지 모듈 설치 시 감전방지 대책에서 틀린 것은?
① 작업 전 태양전지 모듈의 표면에 차광 시트를 붙여 태양광을 차폐한다.
② 강우 시에는 태양광이 없기 때문에 작업을 해도 괜찮다.
③ 절연 처리된 공구를 사용한다.
④ 저압절연 장갑을 착용한다.

[해설] 강우 시에는 감전사고의 위험이 있으므로 작업을 하지 말아야 한다.

26. 태양전지 모듈 간의 배선에서 단락전류를 충분히 견딜 수 있는 전선의 최소 굵기로 적당한 것은?
① 6 mm² 이상
② 4 mm² 이상
③ 2.5 mm² 이상
④ 0.75 mm² 이상

[해설] 태양전지 모듈 간의 배선(판단기준 제54조)
전선의 공칭 단면적 : 2.5 mm² 이상의 연동선

27. 태양광발전 시스템의 접속함 설치 시공에 있어서 확인하여야 할 사항이 아닌 것은?
① 접속함의 사양과 실제 설치한 접속함이 일치하는지를 확인한다.
② 유지관리의 편리성을 고려한 설치 방법인지를 확인한다.
③ 설치 장소가 설계도면과 일치하는지를 확인한다.
④ 설계의 적절성과 제조사가 건전한 회사인지 확인한다.

[해설] 접속함 설치 시공 시 확인 사항
(1) 설치 장소가 설계도면과 일치하는지를 확인한다.
(2) 유지관리의 편리성을 고려한 설치 방법인지를 확인한다.
(3) 접속함의 사양과 실제 설치한 접속함이 일치하는지를 확인한다.

28. 태양광발전설비의 기계기구 외함 및 접지저항값 직류전로의 접지로 맞는 것은?
① 400 V 미만은 제3종 접지공사, 100 Ω 이하로 하며 직류전로는 비접지로 한다.
② 400 V 미만은 제3종 접지공사, 10 Ω 이하로 하며 직류전로는 접지로 한다.
③ 400 V 이상의 것은 제3종 접지공사, 100 Ω 이하로 하며 직류전로는 비접지로 한다.

정답 24. ① 25. ② 26. ③ 27. ④ 28. ①

④ 400 V 이상의 것은 제3종 접지공사, 10 Ω 이하로 하며 직류전로는 접지로 한다.

[해설] 태양광발전설비의 기계, 기구 외함 접지공사

기계기구의 구분	접지공사의 종류	접지저항 값
400 V 미만의 저압용	제3종	100 Ω 이하
400 V 이상의 저압용	특별 제3종	10 Ω 이하
고압용 또는 특고압용	제1종	10 Ω 이하

[주] 금속제 외함의 접지공사(판단기준 제33조 참조)

29. 태양광발전 시스템의 인버터 출력이 380 V인 경우 외함 접지의 종류는?
① 제1종 접지공사
② 제2종 접지공사
③ 제3종 접지공사
④ 특별 제3종 접지공사

[해설] 문제 28번 해설 참조

30. 태양광 인버터의 이상적 설치 장소가 아닌 것은?
① 옥외 습도가 높은 장소
② 시원하고 건조한 장소
③ 통풍이 잘되는 장소
④ 먼지 또는 유독가스가 발생되지 않는 장소

[해설] 인버터(inverter)의 설치 장소의 조건
(1) 통풍이 잘되는 장소로 시원하고 건조한 장소
(2) 건물의 미관에 영향을 적게 주는 장소
(3) 결로의 우려가 없는 장소
(4) 배선, 보수 및 점검이 용이한 장소
(5) 먼지 또는 유독가스가 발생되지 않는 장소

[참고] 고려하여야 할 요소에는 주위 온도, 열 방출 능력, 상대습도 및 소음 방출 등이 포함된다.

31. 태양광발전 시스템의 인버터 설치 시공 전에 확인 사항이 아닌 것은?
① 입력허용전류 및 입력전압 범위
② 배선 접속 방법 및 설치 위치
③ 접속 가능 전선 굵기 및 회선 수
④ 효율 및 수명

[해설] 인버터(inverter)의 설치 시공 전 확인 사항
(1) 입력허용전류 및 입력전압 범위
(2) 배선 접속 방법 및 설치 위치
(3) 접속 가능 전선 굵기 및 회선 수

[참고] 인버터(inverter)의 정격용량은 인버터에 연결된 모듈의 정격용량 이상이어야 하며 각 스트링 단위의 모듈의 출력전압은 인버터 입력전압 범위 내에 있어야 한다.

32. 태양광발전설비 설치 시 설명으로 틀린 것은?
① 태양전지 모듈의 극성이 바른지 여부를 테스터 직류전압계로 확인한다.
② 태양광발전설비 중 인버터는 절연변압기를 시설하는 경우가 드물어 직류 측 회로를 접지로 한다.
③ 태양전지 모듈의 설명서에 기재된 단락전류가 흐르는지 직류전류계로 측정한다.
④ 태양광 모듈 구조는 설치로 인해 다른 접지의 연접성이 훼손되지 않은 것을 사용해야 한다.

[해설] 직류 측 회로는 비접지로 한다.

[정답] 29. ③ 30. ① 31. ④ 32. ②

33. 주택용 태양광발전 시스템 시공 시 유의할 사항으로 옳지 않은 것은?

① 지붕의 강도는 태양전지를 설치했을 때 예상되는 하중에 견딜 수 있는 강도 이상이어야 한다.
② 가대, 지지기구, 기타 설치 부재는 옥외에서 장시간 사용에 견딜 수 있는 재료를 사용해야 한다.
③ 지붕구조 부재와 지지기구의 접합부에는 적절한 방수 처리를 하고 지붕에 필요한 방수성능을 확보해야 한다.
④ 태양전지 어레이는 지붕 바닥면에 밀착시켜 빗물이 스며들지 않도록 설치하여야 한다.

[해설] 주택용 경사형 지붕에 모듈을 설치할 때 유의할 사항
자연 바람을 이용, 태양전지의 온도 상승을 억제하기 위해서 모듈과 지붕면의 사이에 공간이 요구된다. 여기서, 간격은 10~15 cm 정도 이격하는 것이 바람직하다.

34. 태양광발전설비의 하자보수기간은?

① 1년   ② 3년
③ 5년   ④ 7년

[해설] 신재생에너지설비의 하자보증기간 중 태양광발전설비의 하자보증기간은 3년이다.
[참고] 태양광발전설비 공사 하자담보 책임기간(철근콘크리트 및 철골구조물을 제외한 시설공사의 하자담보 책임기간)

35. 태양전지 어레이의 사용 전 육안점검 항목이 아닌 것은?

① 프레임 파손 및 두드러진 변형이 없을 것
② 가대의 부식 및 녹이 없을 것
③ 코킹의 망가짐 및 불량이 없을 것
④ 접지저항이 100 Ω 이하일 것

[해설] 어레이(array) 육안점검 항목(본문 표 9-1 참조)
(1) 표면의 오염 및 파손이 없을 것
(2) 프레임 파손 및 변형이 없을 것
(3) 가대의 부식, 녹이 없을 것
(4) 가대의 고정이 확실할 것
(5) 가대의 접지의 접속이 확실할 것
(6) 코킹의 망가짐 및 불량이 없을 것
(7) 지붕재 파손 및 균열이 없을 것
(8) 접속 케이블에 손상이 없을 것
[참고] '접지저항 100 Ω 이하일 것'은 육안점검 항목이 아닌 '측정 항목'에 적용된다.

36. 태양광발전설비 중 태양전지 어레이의 육안점검 항목이 아닌 것은?

① 표면의 오염 및 파손
② 접속 케이블의 손상 여부
③ 지지대의 부식 및 녹
④ 표시부의 이상 표시

[해설] 문제 35번 해설 참조

37. 태양전지 접속함(분전함) 점검 항목에서 육안검사 점검 요령으로 잘못된 것은?

① 외함의 파손 및 부식이 없을 것
② 전선 인입구가 실리콘 등으로 방수 처리되어 있을 것
③ 태양전지에서 배선의 극성이 바뀌어 있지 않을 것
④ 개방전압은 규정전압이어야 하고 극성은 올바를 것

[해설] 태양전지 접속함 육안검사 항목(본문 표 9-2 참조)

정답 33. ④   34. ②   35. ④   36. ④   37. ④

점검 항목	점검 요령
1. 외함의 부식 및 파손	부식 및 파손이 없을 것
2. 방수 처리	입선구가 실리콘 등으로 방수 처리되어 있을 것
3. 배선의 극성	태양전지에서 배선의 극성이 바뀌어 있지 않을 것
4. 단자대 나사의 풀림	확실하게 취부되고 나사의 풀림이 없을 것

38. 태양광발전설비 유지보수의 점검의 분류에 해당되지 않는 것은?
① 운전점검 ② 정기점검
③ 최정점검 ④ 임시점검

[해설] 점검의 분류
 (1) 운전(일상)점검   (2) 정기점검
 (3) 임시점검

39. 태양광발전설비의 유지보수 시 설비의 운전 중 주로 육안에 의해서 실시하는 점검은?
① 운전점검 ② 일상점검
③ 정기점검 ④ 임시점검

[해설] 육안점검(visual check)-일상점검
 (1) 육안점검 : 육안으로 관찰하거나 소리를 듣는 등에 의해 설비 등의 이상 및 변화의 유무를 점검 리스트에 따라 점검하는 것을 말한다.
 (2) 일상점검 : 주로 육안점검에 의해서 매월 1회 정도 실시한다.

40. 태양광발전소 일상점검 요령으로 잘못된 것은?
① 태양전지 어레이에 현저한 오염 및 파손이 없을 것
② 인버터 운전 시 이상 냄새, 이상 과열이 없을 것
③ 접속함 외함에 파손이 없을 것
④ 인버터 통풍구가 막혀 있을 것

[해설] 인버터의 통풍 확인(통풍구, 환기필터 등) : 통풍구가 막혀 있지 않을 것(본문 표 9-7 참조)

41. 인버터 측정 점검 항목이 아닌 것은?
① 개방전압 ② 접지저항
③ 수전전압 ④ 절연저항

[해설] 인버터(inverter)의 측정 점검 항목(본문 표 9-3 참조)
 (1) 절연저항 : 1 MΩ 이상
 (2) 접지저항 : 100 Ω 이하
 (3) 수전전압 : 주 회로 단자대 U-O, W-O 간은 AC 101±6 V일 것

42. 태양광발전설비의 고장 요인이 가장 많은 곳은?
① 전선 ② 모듈
③ 인버터 ④ 구조물

[해설] 태양광발전설비의 고장 요인은 대부분 인버터에서 발생하므로 정기적으로 정상 가동 여부를 확인해야 한다(본문 표 7-2 참조).

43. 태양전지 회로의 절연저항은 전로의 사용전압에 따라 다르다. 대지전압이 150 V 이하인 경우의 절연저항은?
① 0.1 MΩ 이상 ② 0.2 MΩ 이상
③ 0.3 MΩ 이상 ④ 0.4 MΩ 이상

정답 38. ③ 39. ② 40. ④ 41. ① 42. ③ 43. ①

[해설] 태양전지 회로의 절연저항 측정 기준 (본문 표 9-21 참조)

전로의 사용전압 구분		절연저항값 [MΩ]
400 V 미만	대지전압이 150V 이하인 경우	0.1 이상
	대지전압이 150V 초과 300V 이하인 경우 (전압 측 전선과 중성선 또는 대지 간의 절연저항)	0.2 이상
	사용전압이 300V 초과 400V 미만인 경우	0.3 이상
400 V 이상		0.4 이상

㈜ 대지전압 : 접지식 전로는 전선과 대지 간의 전압, 비접지식 전로는 전선 간의 전압을 말한다.

44. 인버터 절연저항 측정 시 주의 사항으로 잘못된 것은?

① 입출력 단자에 주 회로 이외 제어단자 등이 있는 경우 이것을 포함해서 측정한다.
② 절연변압기를 장착하지 않는 인버터는 제조사가 추천하는 방법에 따라 측정한다.
③ 정격전압이 입출력과 다를 때는 낮은 측을 선택 기준으로 한다.
④ 정격에 약한 회로들은 회로에서 분리하여 측정한다.

[해설] 인버터(inverter)의 절연저항 측정 시 유의할 점(①, ②, ④ 이외에)
정격전압이 입출력과 다를 때에는 높은 측의 전압을 절연저항계의 선택 기준으로 한다.

45. 태양광 모듈이 태양광에 노출되는 경우에 따라서 유기되는 열화 정도를 시험하기 위한 장치는?

① 항온항습 장치
② 염수수분 장치
③ 온도사이클 시험장치
④ UV 시험장치

[해설] 모듈의 열화 정도 시험 장치 – UV 시험장치
(1) 자외선 노출에서 태양전지 모듈재료의 열화 정도 시험 자외선 조사
(2) 태양광에 노출되는 경우에 따라서 유기되는 열화 정도를 시험
※ 본문 표 8-1 태양전지 셀의 시험 항목 및 판정 기준 참조

46. 용량 30 Ah의 납축전지는 2 A의 전류로 몇 시간 사용할 수 있는가?

① 3시간   ② 15시간
③ 7시간   ④ 30시간

[해설] 축전지의 정격용량(Ah) = 방전전류(A) × 방전시간(h)

$$\therefore 방전시간 = \frac{정격용량}{방전전류} = \frac{30}{2} = 15시간$$

47. 태양광발전설비가 작동되지 않을 때 응급조치 순서로 옳은 것은?

① 접속함 내부 차단기 개방 → 인버터 개방 → 설비점검
② 접속함 내부 차단기 개방 → 인버터 투입 → 설비점검
③ 접속함 내부 차단기 투입 → 인버터 개방 → 설비점검
④ 접속함 내부 차단기 투입 → 인버터 투입 → 설비점검

[정답] 44. ③   45. ④   46. ②   47. ①

[해설] (1) 작동되지 않을 때 응급조치 순서
　　접속함 내부 직류차단기 개방(off) →
　　인버터 개방(off) → 설비점검
(2) 복귀 조치 순서
　　설비점검 완료 → 인버터 투입(on) →
　　접속함 내부 직류차단기 투입(on)

48. 인버터 효율 중에서 모듈 출력이 최대가 되는 최대출력점(MPP ; Maximum Power Point)을 찾는 기술에 대한 효율은 무엇인가?

① 변환효율　　② 추적효율
③ 유로효율　　④ 최대효율

[해설] 인버터(inverter)의 효율 : (1) 반환효율, (2) 추적효율, (3) 정격효율
- 추적효율 : 모듈 출력이 최대가 되는 최대출력점(MPP)을 찾는 기술에 대한 효율
- 반환효율 : 직류 입력(P_{DC})에 대한 출력(P_{AC})의 비

※ 인버터의 손실은 2~10% 정도이며, 효율은 90~98% 정도이다.

49. 지중케이블이 밀집되는 개소의 경우, 일반 케이블로 시설하여 방재 대책을 강구하여 시행하여야 하는 장소로 옳지 않은 것은?

① 전력구(공동구)
② 2회선 이상 시설된 맨홀
③ 집단 상가의 구내 수전실
④ 케이블 처리실

[해설] 지중케이블이 밀집되는 개소의 경우, 방재 대책을 강구하여 시행하여야 하는 장소
(1) 전력구(공동구), 덕트
(2) 4회선 이상 시설된 맨홀
(3) 집단 상가, 집단 아파트의 구내 수전실
(4) 케이블 처리실

50. 신·재생에너지 기술개발·이용·보급 촉진법에서 연차별 실행계획수립에 해당되지 않는 것은?

① 신·재생에너지 발전에 의한 전기의 공급에 관한 실행계획을 2년마다 수립, 시행한다.
② 신·재생에너지의 기술개발 및 이용·보급을 매년 수립, 시행한다.
③ 산업통상자원부장관은 관계 중앙행정기관의 장과 협의하여 수립, 시행하여야 한다.
④ 산업통상자원부장관은 실행계획을 수립하였을 때에는 이를 공고하여야 한다.

[해설] 연차별 실행계획(촉진법 제6조)
(1) 산업통상자원부장관은 신·재생에너지 발전에 의한 전기의 공급에 관한 실행계획을 매년 수립·시행하여야 한다.
(2) 산업통상자원부장관은 실행계획을 수립·시행하려면 미리 관계 중앙행정기관의 장과 협의하여야 한다.
(3) 산업통상자원부장관은 실행계획을 수립하였을 때에는 이를 공고하여야 한다.

51. 법에 따라 해당하는 장의 장 또는 대표자가 해당하는 건축물을 신축·증축 또는 개축하려는 경우에는 신·재생에너지 설비의 설치계획서를 해당 건축물에 대한 건축허가를 신청하기 전에 누구에게 제출하여야 하는가?

① 산업통상자원부장관
② 안전행정부장관
③ 국토교통부장관
④ 기획재정부장관

[해설] 신·재생에너지설비의 설치계획서 제출 등(시행령 제17조)
(1) 건축물을 신축·증축 또는 개축하려

[정답] 48. ②　49. ②　50. ①　51. ①

는 경우에는 설치계획서를 해당 건축물에 대한 건축허가를 신청하기 전에 산업통상자원부장관에게 제출하여야 한다.
(2) 산업통상자원부장관은 설치계획서를 받은 날부터 30일 이내에 타당성을 검토한 후 그 결과를 해당 설치의무기관의 장 또는 대표자에게 통보하여야 한다.

52. 건축물 인정기관으로부터 건축물 인정을 받지 아니하고 건축물인증의 표시 또는 이와 유사한 표시를 하거나 건축물 인정을 받은 것으로 홍보한 자에게 부과할 수 있는 과태료는?

① 3백만 원 이하
② 5백만 원 이하
③ 1천만 원 이하
④ 2천만 원 이하

[해설] 과태료(촉진법 제36조)
다음 각호의 어느 하나에 해당하는 자에게는 1천만 원 이하의 과태료를 부과한다.
(1) 거짓이나 부정한 방법으로 설비인증을 받은 자
(2) 건축물 인증기관으로부터 건축물인증을 받지 아니하고 건축물인증의 표시 또는 이와 유사한 표시를 하거나 건축물인증을 받은 것으로 홍보한 자
(3) 설비인증기관으로부터 설비인증을 받지 아니하고 설비인증의 표시 또는 이와 유사한 표시를 하거나 설비인증을 받은 것으로 홍보한 자

53. 녹색성장국가전략을 효율적·체계적으로 이행하기 위한 추진계획은 몇 년 단위로 수립하여야 하는가?

① 1년   ② 3년
③ 5년   ④ 7년

[해설] 저탄소 녹색성장 국가전략 5개년 계획 수립(시행령 제4조)
정부는 국가전략을 효율적·체계적으로 이행하기 위하여 5년마다 저탄소 녹색성장 국가전략 5개년 계획을 수립할 수 있다.

54. 발전소 상호 간 전압 5만 볼트 이상의 송전선로를 연결하거나 차단하기 위한 전기설비는?

① 급전소   ② 발전소
③ 변전소   ④ 개폐소

[해설] "개폐소"란 다음 각 목의 곳의 전압 5만 볼트 이상의 송전선로를 연결하거나 차단하기 위한 전기설비를 말한다.
(1) 발전소 상호 간
(2) 변전소 상호 간
(3) 발전소와 변전소 간

55. 사용전압 350 V인 전력설비의 주 회로 및 분기회로 배선과 대지 간의 절연저항은?

① 0.1 MΩ 이상
② 0.2 MΩ 이상
③ 0.3 MΩ 이상
④ 0.4 MΩ 이상

[해설] 일반용 전기설비의 점검 기준
주 회로 및 분기회로 배선과 대지 간의 절연저항 측정치가 다음과 같을 것
(1) 대지전압 150 V 이하 : 0.1 MΩ 이상
(2) 대지전압 150 V 초과 300 V 이하 : 0.2 MΩ 이상
(3) 사용전압 300 V 초과 400 V 미만(비접지 계통) : 0.3 MΩ 이상
(4) 사용전압 400 V 이상 : 0.4 MΩ 이상

정답 52. ③ 53. ③ 54. ④ 55. ③

56. 다음 중 전로의 사용전압 구분에 따른 절연저항값이 잘못된 것은?
① 사용전압 400 V 이하인 경우 0.4 MΩ 이상
② 대지전압 150 V 이하인 경우 0.1 MΩ 이상
③ 대지전압이 150 V 초과 300 V 이하인 경우 0.2 MΩ 이상
④ 사용전압이 300 V 초과 400 V 미만인 경우 0.3 MΩ 이상

[해설] 저압전로의 절연성능(기술기준 제52조)
전로의 사용전압 구분에 따른 절연저항

전로의 사용전압 구분		절연저항 (MΩ)
400 V 미만	대지전압이 150 V 이하인 경우	0.1
	대지전압이 150 V 초과 300 V 이하인 경우	0.2
	사용전압이 300 V 초과 400 V 미만인 경우	0.3
400 V 이상		0.4

57. 일반용 전기설비의 점검 서류에 기록하는 내용이 아닌 것은?
① 점검 연월일 ② 점검의 결과
③ 점검의 비용 ④ 점검자의 성명

[해설] 점검 결과의 기록
다음 각호의 사항을 적은 서류 또는 자료를 3년간 보존하여야 한다.
(1) 일반용전기설비의 소유자 등의 성명 및 주소
(2) 점검 연월일   (3) 점검의 결과
(4) 통지 연월일   (5) 통지사항
(6) 점검자의 성명
(7) 사용 전 점검의 경우에는 시공자의 성명

58. 수소냉각식 발전기 안의 수소 순도가 몇 % 이하로 저하한 경우에 이를 경보하는 장치를 시설하여야 하는가?
① 65   ② 75
③ 85   ④ 95

[해설] 수소냉각식 발전기 등의 시설(판단기준 제51조)
발전기 안 또는 조상기 안의 수소의 순도가 85% 이하로 저하한 경우에 이를 경보하는 장치를 시설할 것

59. 저압 옥내간선에서 분기한 옥내전로는 특별한 조건이 없을 때 간선과의 분기점에서 몇 m 이하인 곳에 개폐기 및 과전류 차단기를 시설하여야 하는가?
① 9   ② 7
③ 5   ④ 3

[해설] 분기회로의 시설(판단기준 제176조)
저압 옥내간선과의 분기점에서 전선의 길이가 3 m 이하인 곳에 개폐기 및 과전류 차단기를 시설할 것

60. 백열전등 또는 방전등에 전기를 공급하는 옥내전로의 대지전압은 몇 V 이하인가?
① 100   ② 200
③ 300   ④ 400

[해설] 옥내전로의 대지전압의 제한(판단기준 제166조)
백열전등 또는 방전등에 전기를 공급하는 옥내의 전로의 대지전압은 300 V 이하이어야 한다.

정답 56. ① 57. ③ 58. ③ 59. ④ 60. ③

2014년도 출제문제

1. 다음 중 신·재생에너지에 속하지 않는 것은?

① 태양열   ② 바이오매스
③ 원자력   ④ 풍력

[해설] 신·재생에너지
(1) 신에너지(3개 분야) : 연료전지, 수소, 석탄액화 가스화 및 중질잔사유 가스화
(2) 재생에너지(8개 분야) : 태양광, 태양열, 바이오, 풍력, 수력, 해양, 폐기물, 지열

2. 태양광을 이용한 발전시스템의 특징 및 구성에서 태양광발전의 장점이 아닌 것은?

① 에너지원이 무한하다.
② 설비의 보수가 간단하고 고장이 적다.
③ 장수명으로 20년 이상 활용이 가능하다.
④ 넓은 설치면적이 필요하다.

[해설] (1) 태양광발전 시스템의 장점 : ①, ②, ③ 이외에 무공해 자원이라는 점이 있다.
(2) 단점 : 낮은 에너지 밀도로 넓은 설치면적이 필요하며, 초기 설치비가 많이 든다.

3. 태양광 설비에 대한 설명으로 가장 옳은 것은?

① 태양의 열에너지를 변환시켜 전기를 생산하거나 에너지원으로 이용하는 설비
② 바람의 에너지를 변환시켜 전기를 생산하는 설비
③ 수소와 산소의 전기화학반응으로 전기 또는 열을 생산하는 설비
④ 태양의 열에너지를 변환시켜 전기를 생산하거나 채광에 이용하는 설비

[해설] (1) 태양광 설비 : 태양의 빛에너지를 변환시켜 전기를 생산하거나 채광(natural lightings, 採光)에 이용하는 설비이다.
(2) 태양열 설비 : 태양의 열에너지를 변환시켜 전기를 생산하거나 에너지원으로 이용하는 설비이다.

4. 다음 설명의 ( ) 안에 알맞은 내용은?

> ( )이/라는 자연조건은 태양광 출력을 수시로 변동하게 하는 가장 직접적인 요소이다.

① 풍속   ② 습도
③ 일사량   ④ 강우량

[해설] 일사량
(1) 태양의 복사를 일사라 하며, 일사의 세기를 일사량이라 한다.
(2) 태양광선에 직각으로 놓은 $1\,cm^2$ 넓이에 1분 동안의 복사량으로 측정한다.
※ 태양광 출력을 수시로 변동하게 하는 직접적인 요소이다.

5. 금속 표면에 파장이 짧은 빛을 비추면 전자가 튀어나오는 현상을 무엇이라 하는가?

① 제베크 효과   ② 펠티어 효과
③ 광전효과   ④ 열전효과

정답 1. ③   2. ④   3. ④   4. ③   5. ③

[해설] 광전효과(photoelectric effect) : 금속 표면에 파장이 짧은 빛(자외선과 가시광선)을 비추었을 때 금속 표면에서 전자가 방출되는 현상을 광전효과라 하며, 빛의 입자성을 밝히는 데 중요한 역할을 하였다.

[참고] • 독일의 과학자 헤르츠는 1887년 아연 금속 표면에 자외선을 쪼여 아연 금속 표면에서 전자들이 방출되는 현상을 발견하였다.
• 광전효과에 의해 튀어나오는 광전자의 수는 같은 진동수일 때는 빛의 세기에 비례한다. 광전자의 수는 광전류의 측정을 통해 알 수 있다.

6. 단결정 실리콘과 다결정 실리콘에 대한 설명이다. 다음 중 옳은 것은?
① 단결정에 비해 다결정의 순도가 높다.
② 단결정에 비해 다결정의 효율이 낮다.
③ 단결정에 비해 다결정의 원가가 높다.
④ 단결정에 비해 다결정의 제조 과정이 복잡하다.

[해설] 단결정, 다결정 실리콘 셀(cell)의 특성 비교

구 분	단결정	다결정
실리콘 순도	높다	낮다
효율	높다	낮다
원가	고가	저가
한계 효율	35% 정도	23% 정도
제조 공정	복잡	간단

7. 주택 등 소규모 태양광발전소의 구성 요소가 아닌 것은?
① 송전설비　　② 인버터
③ 분전함　　　④ 스트링 차단기

[해설] 송전(power transmission)설비란, 태양광발전소에서 생산한 전력을 계통으로 송전하기 위한 설비로, 규모가 큰 태양광발전소에 적용된다.

8. 그림은 직병렬 어레이 회로를 나타내고 있다. 그림에서 음영 발생으로 흑색 부분 모듈 출력값이 85 W를 나타내고 있을 때 각 회로에서의 총 출력값은 얼마인가?

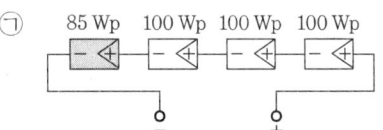

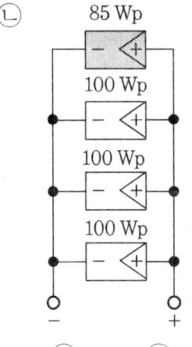

	㉠	㉡		㉠	㉡
①	385W	385W	②	340W	385W
③	385W	340W	④	85 W	385W

[해설] (1) 셀의 직렬연결에 따른 출력(본문 그림 5-3 참조)
　(가) 음영이 없는 경우 :
　　$100\,W_p \times 4\,\text{EA} = 400\,W_p$
　(나) 음영이 있는 경우 :
　　$85\,W_p \times 4\,\text{EA} = 340\,W_p$
(2) 셀의 병렬연결에 따른 출력
　(가) 음영이 없는 경우 :
　　$100\,W_p + 100\,W_p + 100\,W_p + 100\,W_p$
　　$= 400\,W_p$
　(나) 음영이 있는 경우 :
　　$85\,W_p + 100\,W_p + 100\,W_p + 100\,W_p$
　　$= 385\,W_p$

[정답] 6. ②　7. ①　8. ②

9. 태양전지 모듈 뒷면에 기재된 전기적 출력특성으로 틀린 것은?

① 온도계수(T_o) ② 개방전압(V_{oc})
③ 단락전류(I_{sc}) ④ 최대출력(P_{mpp})

[해설] 모듈에 대한 표시 방법(모듈의 뒷면에 표시된 항목)
(1) 공칭 최대출력(P_{max})
(2) 공칭 개방전압(V_{oc})
(3) 공칭 단락전류(I_{sc})
(4) 공칭 최대출력동작전압(V_{pmax})
(5) 공칭 최대출력동작전류(I_{pmax})

10. 지상용 태양광발전 시스템의 태양전지 어레이 설치 방식에서 발전량을 가능한 최대로 발전하기 위한 설치 방식은?

① 경사가변형의 반고정식
② 경사 고정식
③ 단축 추적식
④ 양축 추적식

[해설] 양방향(양축) 추적식 어레이(array)
(1) 단방향 추적식과 다르게 상하, 좌우 양방향을 변화시킬 수 있는 구조로 되어 있다.
(2) 추적식은 어레이 종류 중에서 시설비가 가장 비싼 반면에 발전효율이 고정식과 비교하여 약 30% 이상 높다.
(3) 이 방식은 바람이 강하게 부는 지역이나 태풍이 잦은 지역에서는 설치를 하지 않는 것이 바람직하며 대규모 발전사업장에서는 경제성과 유지관리성 등을 충분히 고려하여 설치 여부를 결정하여야 한다.

11. 다음 ( ) 안에 들어갈 내용으로 옳은 것은?

> 태양광발전 인버터는 어레이에서 발생한 직류전기를 교류전기로 바꾸어 외부 전기 시스템의 (㉠), (㉡)에 맞게 조정한다.

	㉠	㉡
①	역률	전압
②	부하	전류
③	주파수	전압
④	주파수	전류

[해설] 태양광발전 인버터(inverter)
(1) 태양광 어레이(array)에서 발생한 직류전기를 교류전기로 바꾸어 외부 전기 시스템의 주파수, 전압에 맞게 조정한다.
(2) 전압은 공칭전압, 주파수는 상용 주파수은 60 Hz이다.

12. 태양광 인버터에 대한 설명으로 옳지 않은 것은?

① 태양광 인버터는 계통연계형과 독립형으로 분류할 수 있다.
② 태양광 인버터는 최대출력 추종기능을 가지지 않는다.
③ 태양광 인버터는 전력용 반도체 스위치 소자를 이용하여 동작한다.
④ 태양광 인버터는 직류를 교류로 바꾸는 기능을 가지고 있다.

[해설] 태양광발전 인버터(Inverter)는 최대전력점 추종기능을 가지고 있다.
(1) 최대전력점 추적(Maximum Power Point Tracking ; MPPT)은 태양광발전 인버터에 사용되는 기법으로, 광전지 배열로부터 가능한 최대전력을 얻기 위한 것이다.
(2) MPPT 시스템의 목적은 전지의 산출을 측정하고 저항(부하)을 적용하여 어떠한 환경 조건 아래에서도 최대전력을 얻는 것이다.

[정답] 9. ① 10. ④ 11. ③ 12. ②

13. 다음 그림은 2.4 Ω의 저항부하를 갖는 단상 반파 브리지 인버터이다. 직류 입력전압(V_s)이 48 V이면 출력은 몇 W인가?

① 240
② 480
③ 720
④ 960

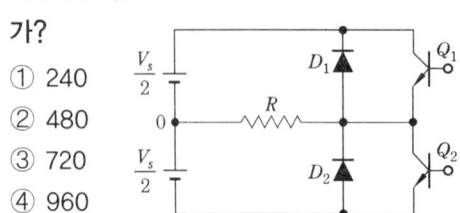

[해설] 단상 반파브리지 인버터(Inverter)
(1) 실효출력 전압 $V_O = \dfrac{V_S}{2} = \dfrac{48}{2} = 24$ V
(2) 출력전력 $P_O = \dfrac{V_O^2}{R} = \dfrac{24^2}{2.4} = 240$ W

14. 인버터의 스위칭 주기가 10 ms이면 주파수는 몇 Hz인가?

① 10   ② 20   ③ 60   ④ 100

[해설] $T = 10$ ms $= 0.01$ s
∴ $f = \dfrac{1}{T} = \dfrac{1}{0.01} = 100$ Hz

15. 태양전지 어레이와 인버터의 접속 방식이 아닌 것은?

① 중앙 집중형 인버터 방식
② 스트링 인버터 방식
③ 마스터-슬레이브 인버터 방식
④ 다중접속 인버터 방식

[해설] 어레이와 인버터의 접속 방법
(1) 전압 방식에 따른 분류
　(가) 저전압 병렬방식 (나) 저전압 방식
(2) 인버터 대수 및 연결에 따른 분류
　(가) 중앙 집중식
　(나) 마스터 - 슬레이브 방식
　(다) 모듈 인버터
　(라) 병렬운전 방식
　(마) 서브 어레이와 스트링 인버터 방식

16. 태양광발전 시스템의 인버터에서 태양전지 동작점을 항상 최대가 되도록 하는 기능은 무엇인가?

① 단독운전 방지기능
② 자동운전 정지기능
③ 최대출력 추종기능
④ 자동전압 조정기능

[해설] 문제 12번 해설 참조

17. 태양전지 모듈의 바이패스 다이오드 소자는 대상 스트링 공칭 최대출력동작전압의 몇 배 이상 역내압을 가져야 하는가?

① 1.5   ② 2
③ 2.5   ④ 3

[해설] 역내 전압은 셀 스트링의 공칭 최대 출력동작전압의 1.5배 이상이 되도록 선정한다.

18. PV 모듈에 그림자가 생겼을 때 출력이 감소하게 된다. 그림에서 D_1, D_2, D_3 명칭으로 옳은 것은?

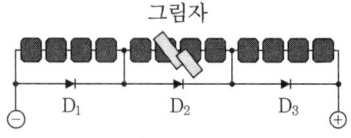

① 역전압 방지 다이오드
② 바이패스 다이오드
③ 역전류 방지 다이오드
④ 과전압 방지 다이오드

[해설] 본문 그림 5-1 참조
[참고] 바이패스 다이오드(by-pass diode)
(1) 설치 목적 : 모듈의 셀 일부분에 음영(그림자)이 발생한 경우 전류집중으로 인한 열점(hot spot)으로 셀의 소손 및

출력 감소를 방지하기 위함이다.
(2) 셀들과 병렬로 접속하여 음영된 셀에 흐르는 전류를 바이패스 하도록 한다.
(3) 모듈에서, 직렬연결되는 셀 군당 1개씩 설치된다.

19. 태양광 인버터와 연결된 태양전지 어레이들의 스트링 사이의 출력전압 불균형을 방지하기 위해 접속함이나 모듈의 단자함에 설치되는 것은?
① 바이패스 다이오드
② 배선용 차단기
③ 역전류방지 다이오드
④ 서지 흡수기

[해설] 역전류방지 다이오드(blocking diode) : 본문 그림 5-4 참조
(1) 어레이의 스트링(string)별로 설치되며, 스트링 사이의 출력전압 불균형 방지 목적으로 설치된다.
(2) 일반적으로 접속함에 설치되나, 모듈 후면 단자함에 부착된 경우도 있다.

20. 태양광발전 시스템에서 가격이 저렴하여 주로 사용되는 축전지는?
① 납축전지   ② 망간전지
③ 알칼리축전지   ④ 기체전지

[해설] 납축전지(lead storage battery)
양극에 이산화납, 음극에 해면상(海綿狀) 납, 전해액에 묽은 황산을 사용한 2차전지로, 오랜 역사를 가지고 있으며 또한 사용량이 가장 많은 전지이다.

21. 뇌 서지의 피해로부터 PV 시스템을 보호하기 위한 대책이 아닌 것은?
① 피뢰소자를 어레이 주 회로 내부에 분산시켜 설치하고 접속함에 설치한다.
② 저압 배전반에서 침입하는 뇌 서지에 대해서는 분전반에 피뢰소자를 설치한다.
③ 뇌우 다발 지역에서는 교류전원 측으로 내뢰 트랜스를 설치한다.
④ 접속함에 비상전원용 축전지를 설치한다.

[해설] 뇌 서지(lightning surge) 대책
(1) 피뢰소자를 어레이 주 회로 내부에 분산시켜 설치하고 접속함에 설치한다.
(2) 저압 배전반에서 침입하는 뇌 서지에 대해서는 분전반에 피뢰소자를 설치한다.
(3) 뇌우 다발 지역에서는 교류전원 측으로 내뢰 트랜스를 설치한다. 여기서, 뇌우(thunderstorm, 雷雨)는 번개와 천둥을 발생시키는 하나의 폭풍우를 말한다.

[참고] 전력계통의 이상전압으로는 직격뢰와 유도뢰 등 뇌 서지와 차단기 등 개폐기를 개폐할 때 발생하는 개폐 서지 등이 있다.

22. 태양전지 어레이를 지상에 설치하여 배선 케이블을 매설할 때 케이블을 보호 처리하고, 그 길이가 몇 m를 넘는 경우 지중함을 설치하는가?
① 10   ② 15
③ 30   ④ 50

[해설] 지중 배선 또는 지중 배관은 중량물의 압력을 받을 우려가 없도록 하고, 그 길이가 30 m를 초과하는 경우는 중간 개소에 지중함을 설치하는 것이 바람직하다.

23. 태양전지 어레이 설치 공사에 있어서 감전 방지책으로 적절하지 않은 것은?
① 작업 전 태양전지 모듈의 표면에 차광시트를 붙여 태양광을 차단한다.

[정답] 19. ③   20. ①   21. ④   22. ③   23. ②

② 일반용 고무장갑을 낀다.
③ 절연 처리된 공구를 사용한다.
④ 강우 시에는 작업을 하지 않는다.
[해설] 절연 처리된 고무장갑을 사용하여야 한다.

24. 태양광발전량의 제한 요인에 관한 설명으로 옳은 것은?
① 우리나라 일사량은 전 지역 일정하다.
② 계절 중 겨울에 발전량이 가장 많다.
③ 태양광이 모듈 표면에 20°로 쬐일 때 발전량이 최대이다.
④ 태양전지 어레이를 정남향으로 배치 시 발전량이 최대이다.
[해설] 어레이가 정남향과 이루는 각을 방위각이라 하며, 정남향이 최적 효율로 발전량이 최대가 된다.
[참고] 태양전지 모듈(module)의 방위각과 경사각
(1) 방위각 : 태양광 어레이(array)가 정남향과 이루는 각(발전시간 내 음영이 생기지 않도록 배치 및 설치)
(2) 경사각 : 태양광 어레이(array)가 지면과 이루는 각(발전전력량이 연간 최대가 되도록 배치 및 설치)

25. 태양전지 모듈의 설치 방법으로 적합하지 않은 것은?
① 태양전지 모듈의 설치는 가대의 하단에서 상단으로 순차적으로 조립한다.
② 태양전지 모듈의 이동 시 2인 1조로 한다.
③ 태양전지 모듈의 직렬매수는 직렬 사용전압 또는 인버터의 입력전압 범위에서 선정한다.
④ 태양전지 모듈과 가대의 접합 시 불필요한 개스킷 등은 사용하지 않는다.
[해설] 태양전지 모듈의 설치 방법 및 주의 사항(①, ②, ③ 이외에)
(1) 모듈에 충격이 가해지지 않도록 하며, 리드선은 빗물 등 이물질이 유입되지 않도록 한다.
(2) 모듈과 가대의 결합 시 전식 방지를 위해 개스킷(gasket)을 사용하여 조립한다.
[참고] 개스킷(gasket) : 재료가 서로 접촉할 경우, 접촉면에서 가스나 물이 새지 않도록 하기 위하여 끼워 넣는 패킹(packing)이다.

26. 경사형 지붕에 태양전지 모듈을 설치할 때 유의할 사항으로 옳지 않은 것은?
① 태양전지 모듈을 지붕에 밀착시켜 부착해야 한다.
② 모듈 고정용 볼트, 너트 등은 상부에서 조일 수 있어야 한다.
③ 가대나 지지철물 등의 노출부는 미관과 안전을 고려하며 최대한 적게 한다.
④ 태양전지 모듈은 한 장씩 쉽게 교체할 수 있어야 한다.
[해설] 자연 바람을 이용, 태양전지의 온도 상승을 억제하기 위해서 모듈과 지붕면의 사이에 공간이 요구된다. 여기서, 간격은 10~15 cm 정도 이격하는 것이 바람직하다.

27. 태양전지 모듈 간 배선작업이 완료된 후 확인하여야 할 사항으로 틀린 것은?
① 전압 및 극성 확인
② 일사량 및 온도의 확인
③ 비접지 확인
④ 단락전류 확인
[해설] 배선작업 완료 후 확인 사항

정답 24. ④ 25. ④ 26. ① 27. ②

(1) 전압, 극성 확인
(2) 단락전류 측정 확인
(3) 직류 측 회로의 비접지 여부 확인

28. 표준 시험 조건(STC)에서 직류 전원 케이블 굵기 산정에 필요한 최대발생전류는 약 몇 A인가? (단, 태양광발전 시스템 어레이 단락전류는 6.83 A이다)

① 7.51　　② 8.54
③ 10.25　　④ 13.66

[해설] 최대발생전류 = 1.25 × 단락전류
= 1.25 × 6.83 ≒ 8.54 A

29. 태양광발전 시스템의 태양전지 어레이의 접지저항값은 몇 Ω 이하인가?

① 10　② 30　③ 50　④ 100

[해설] 어레이의 접지공사(제3종 접지공사) : 접지저항값은 100 Ω 이하

30. 태양전지 어레이의 출력전압이 440V인 경우에 해당하는 기계기구의 접지공사로 옳은 것은?

① 제1종 접지공사
② 제2종 접지공사
③ 제3종 접지공사
④ 특별 제3종 접지공사

[해설] 태양광발전설비의 기계·기구 외함 접지공사

기계기구의 구분	접지공사의 종류	접지저항 값
400 V 미만의 저압용	제3종	100 Ω 이하
400 V 이상의 저압용	특별 제3종	10 Ω 이하
고압용 또는 특고압용	제1종	10 Ω 이하

31. 태양광발전 시스템의 계측에서 검출기로 검출된 데이터를 컴퓨터 및 먼 거리에 설치한 표시장치에 전송하는 경우 사용되는 것은?

① 검출기　　② 신호변환기
③ 연산장치　　④ 기억장치

[해설] 신호변환기(transducer) : 본문 그림 7-4 시스템의 구성 요소 참조
검출기로 검출된 데이터를 컴퓨터 및 먼 거리에 설치된 표시장치에 전송하는 경우에 사용된다.

[참고] 신호변환기(transducer)란, 어떤 에너지를 다른 형태의 에너지로 변환하는 장치를 말하며, 어떤 계측치를 전류로 변환시켜 먼 거리로 신호를 전달해 주는 데 이용된다.

32. 특고압 22.9 kV로 태양광발전 시스템을 한전선로에 계통연계할 때 순서로 옳은 것은?

① 인버터 → 저압반 → 변압기 → 고압반 → MOF → LBS
② 인버터 → 저압반 → LBS → MOF → 변압기 → 고압반
③ 인버터 → 변압기 → 저압반 → 고압반 → MOF → LBS
④ 인버터 → LBS → MOF → 저압반 → 변압기 → 고압반

[해설] 특고압 계통연계 시 순서
인버터 → 저압반 → 변압기 → 고압반 → MOF → LBS
(1) 변압기에 의하여 22.9 kV로 승압된다.
(2) MOF(Metering Out Fit) : 변압과 변류를 동시에 할 수 있는 계기용 변성기이다.
(3) LBS(Load Breaker Switch) : 부하 개폐기이며, 수변전 설비의 인입구 개폐기로 사용된다.

[정답] 28. ②　29. ④　30. ④　31. ②　32. ①

33. 태양광 모니터링 시스템의 목적으로 옳은 내용을 모두 선택한 것은?

┌─────────────────────────────────────┐
│ ㉠ 운전 상태 감시   ㉡ 발전량 확인 │
│ ㉢ 데이터 수집   │
└─────────────────────────────────────┘

① ㉠, ㉡   ② ㉠, ㉢
③ ㉡, ㉢   ④ ㉠, ㉡, ㉢

[해설] 태양광발전 모니터링 시스템
 (1) 태양광발전 시스템의 상태를 감시하고 컨트롤하는 장치이다.
 (2) 시스템의 목적
  ㈎ 데이터 수집 ㈏ 발전량 확인
  ㈐ 운전 상태 감시

[참고] 시스템의 프로그램 기능
 (1) 데이터 수집 기능
 (2) 데이터 저장 기능
 (3) 데이터 분석 기능
 (4) 데이터 통계 기능

34. 태양광발전 시스템의 성능 평가를 위한 특정 요소가 아닌 것은?

① 구성 요인의 성능
② 응용성
③ 발전 성능
④ 신뢰성

[해설] 성능 평가를 위한 측정 요소
 (1) 구성 요인의 성능
 (2) 발전 성능
 (3) 신뢰성
 (4) 설치 가격-경제성
 (5) 장소-위치(site)

35. 태양전지 또는 태양광발전 시스템의 성능을 시험할 때 표준 시험 조건에서 적용되는 기준 온도는?

① 18℃   ② 20℃
③ 22℃   ④ 25℃

[해설] 모든 시험의 기준 온도는 25℃로 한다.

[참고] 표준 시험 조건은 태양광발전 시스템의 성능을 시험할 때 기준이 되는 국제적인 기준을 말한다.
 (1) 수광 조건은 대기 질량 정수(AM) 1.5의 지역을 기준으로 한다.
 (2) 빛의 일조강도는 1,000 W/m²를 기준으로 한다.
 (3) 모든 시험의 기준 온도는 25℃로 한다.

36. 태양전지 모듈이 충분히 절연되었는지 확인하기 위한 습도 조건은?

① 상대습도 75%
② 상대습도 80%
③ 상대습도 85%
④ 상대습도 90%

[해설] 절연시험 조건
 주위 온도가 15~35℃ 범위이고, 상대습도가 75%를 넘지 않는 조건

37. 인버터의 정상특성시험에 해당되지 않는 것은?

① 교류전압, 주파수 추종시험
② 인버터 전력급변시험
③ 누설전류시험
④ 자동 가동・정지시험

[해설] 인버터 정상특성시험(①, ③, ④ 이외에)
 (1) 교류출력전류 변형률시험
 (2) 온도상승시험
 (3) 효율시험
 (4) 대기손실시험
 (5) 최대전력 추종시험
 (6) 최대전류 직류분 검출시험
 ※ 본문 표 8-4 태양광발전용 독립형/연계형 인버터의 시험 항목 참조

[정답] 33. ④ 34. ② 35. ④ 36. ① 37. ②

38. 정기점검 시 인버터의 절연저항 측정에서 인버터의 입출력 단자와 접지 간의 절연저항은? (단, 측정 전압은 직류 500 V이다)
① 10Ω 이상 ② 100Ω 이상
③ 0.2 MΩ 이상 ④ 1 MΩ 이상

[해설] 인버터 절연저항시험에서의 판정 기준 : 1 MΩ 이상(본문 표 9-9. 인버터의 정기점검 참조)

[참고] 입력단자 및 출력단자를 각각 단락하고, 그 단자와 대지 간의 절연저항을 측정한다.

39. 인버터 모니터링 시 태양전지의 전압이 "solar cell OV fault"라고 표시되는 경우의 조치 사항으로 옳은 것은?
① 태양전지 전압 점검 후 정상 시 3분 후 재가동
② 태양전지 전압 점검 후 정상 시 5분 후 재가동
③ 태양전지 전압 점검 후 정상 시 7분 후 재가동
④ 태양전지 전압 점검 후 정상 시 10분 후 재가동

[해설] 인버터 이상신호 조치 방법(본문 표 7-8 참조)
태양전지 전압 점검 후 정상 시 5분 후 재가동 : 5분이 경과한 후에 운전할 것

40. 인버터 이상신호 조치 방법 중 한전의 전압이나 주파수 이상으로 계통 점검 후 정상이 되면 몇 분 후에 재가동되어야 하는가?
① 5분 ② 7분
③ 9분 ④ 10분

[해설] 한전계통 이상 시 분산형 전원 분리는 0.5초 이내, 재연계는 한전계통 전압 및 주파수가 안정된 상태로 5분 후에 재연계하여야 한다.

41. 태양광발전 시스템의 설치를 완료하였지만, 현장에서 직류 아크가 발생하는 경우가 있는데 아크 발생 원인이 아닌 것은?
① 태양전지 모듈이 용량 이상으로 발전하기 때문에 아크가 발생한다.
② 전선 상호 간의 절연 불량으로 아크가 발생할 수 있다.
③ 케이블 접속단자의 접속 불량으로 인하여 아크가 발생할 수 있다.
④ 절연 불량으로 단락되어 아크가 발생할 수 있다.

[해설] 직류 아크(arc) 발생 원인
(1) 전선 상호 간 절연 불량
(2) 케이블 접속단자의 접속 불량
(3) 절연 불량으로 단락 시

[참고] 아크 방전(arc discharge)
(1) 공기 중 혹은 기체 중에서 일어나는 방전의 일종. 대립시킨 2개의 전극 간에 비교적 낮은 전압의 큰 전류를 흘렸을 경우에 일어난다.
(2) 직류 아크 방전과 교류 아크 방전이 있다.

42. 태양전지 어레이의 육안점검 항목이 아닌 것은?
① 표면의 오염 및 파손
② 지붕재의 파손
③ 접지저항
④ 가대의 고정

[해설] 어레이 육안점검 항목(①, ②, ④ 이외에)

[정답] 38. ④ 39. ② 40. ① 41. ① 42. ③

(1) 프레임 파손 및 변형
(2) 가대의 부식 및 녹
(3) 가대의 접지
(4) 코킹
※ 본문 표 9-1 태양전지 어레이의 준공 시 점검 참조

43. 인버터 측정 점검 항목이 아닌 것은?
① 절연저항   ② 접지저항
③ 수전전압   ④ 개방전압

[해설] 인버터(inverter)의 측정 점검 항목 (본문 표 9-3 참조)
(1) 절연저항 : 1 MΩ 이상
(2) 접지저항 : 100 Ω 이하
(3) 수전전압 : 주 회로 단자대 U-O, W-O 간은 AC 101±6 V일 것

44. 태양전지 어레이 회로의 절연내압 측정에 대한 설명으로 옳은 것은? (단, 직류전압을 10분간 인가하여 절연파괴 등 이상을 확인한다)
① 최대사용전압의 1.5배 전압을 인가
② 최대사용전압의 2.5배 전압을 인가
③ 최대사용전압의 3.5배 전압을 인가
④ 최대사용전압의 4.5배 전압을 인가

[해설] 어레이 회로의 절연내력 측정(판단기준 제15조 참조)
표준 태양전지 어레이 개방전압을 최대사용전압으로 간주하여 최대사용전압의 1.5배의 직류전압이나 1배의 교류전압을 10분간 인가하여 절연파괴 등의 이상이 발생하지 않을 것을 확인한다.

45. 다음 중 추락 방지를 위해 사용하여야 할 안전복장은?
① 안전모 착용   ② 안전대 착용
③ 안전화 착용   ④ 안전허리띠 착용

[해설] 추락 방지 안전복장
(1) 안전대란, 고소작업 시 추락에 의한 위험을 방지하기 위해 사용하는 보호구이다.
(2) 안전대의 종류 및 등급[보호구 검정 규정 제21조]
  (가) 종류 : 벨트식[B식], 안전그네식[H식]
  (나) 등급 : 1종-U자 걸이 전용, 2종-1개걸이 전용, 3종-1개걸이 U자 걸이 전용, 4종-안전블록, 5종-추락방지대

[참고] 보호구의 종류 : 안전모, 안전화, 안전장갑, 안전허리띠 등

46. 태양광 전기설비 화재의 원인으로 가장 거리가 먼 것은?
① 누전   ② 단락
③ 저전압   ④ 접촉부 과열

[해설] 전기설비의 화재 원인
(1) 누전 (2) 단락 (3) 접촉부 과열
누전에 의한 화재는, 전로나 기기의 절연 열화나 손상에 의해서 누전을 발생하며, 전류가 대지로 통하는 경로 중에 특히 저항이 큰 개소가 줄열에 의해 이상발열해서 일어난다.

47. 다음 중 태양광발전 시스템 관련 전기 관계 법규가 아닌 것은?
① 전기설비기술기준
② 전기사업법
③ 전기공사업법
④ 전기안전관리법

[해설] 관련 전기관계 법규
(1) 전기사업법   (2) 전기공사업법
(3) 전기설비기술기준
(4) 신에너지 및 재생에너지 개발이용 보급 촉진법

정답 43. ④ 44. ① 45. ② 46. ③ 47. ④

48. 발전소에서 생산된 전기를 배전사업자에게 송전하는 데 필요한 전기설비를 설치·관리하는 것을 주된 사업으로 하는 것은?

① 배전사업 ② 발전사업
③ 송전사업 ④ 전기사업

[해설] 송전사업(전기사업법 제2조 정의)
송전사업이란, 발전소에서 생산된 전기를 배전사업자에게 송전하는 데 필요한 전기설비를 설치-관리하는 것을 주된 목적으로 하는 사업을 말한다.

※ 전기사업법은 2016년부터 출제기준에서 제외됨

49. 신·재생에너지 개발·이용·보급 촉진법에서 신·재생에너지 설비가 아닌 것은?

① 석유에너지 설비
② 태양에너지 설비
③ 바이오에너지 설비
④ 폐기물에너지 설비

[해설] 신·재생에너지 설비(제2조. 정의)
 (1) 신에너지(3개 분야) : 연료전지, 수소, 석탄액화 가스화 및 중질잔사유 가스화
 (2) 재생에너지(8개 분야) : 태양광, 태양열, 바이오, 풍력, 수력, 해양, 폐기물, 지열

50. 신·재생에너지 기술개발·이용·보급을 촉진하기 위한 기본계획에 포함되어야 할 사항이 아닌 것은?

① 총 전력생산량 중 신·재생에너지 발전량이 차지하는 비율의 목표
② 신·재생에너지원별 기술개발 및 이용·보급 목표
③ 시장 기능 활성화를 위해 정부 주도의 저탄소녹색성장 추진
④ 신·재생에너지 분야 전문인력 양성 계획

[해설] 기본 계획에 포함되어야 할 사항(제5조. 기본계획 수립)(①, ②, ④ 이외에)
 (1) 기본계획의 목표 및 기간
 (2) 에너지법 제2조 제10호에 따른 온실가스의 배출 감소 목표
 (3) 기본계획의 추진 방법
 (4) 신·재생에너지 기술 수준의 평가와 보급전망 및 기대효과
 (5) 신·재생에너지 기술개발 및 이용·보급에 관한 지원 방안
 (6) 그밖에 기본계획의 목표 달성을 위하여 산업통상자원부장관이 필요하다고 인정하는 사항

51. 대통령으로 정하는 바에 따른 신·재생에너지 개발·이용·보급을 촉진하는 보급사업에 해당되지 않는 것은?

① 신기술의 적용사업 및 시범사업
② 지방자치단체와 연계하지 아니한 보급사업
③ 환경친화적 신·재생에너지 집적화단지 및 시범단지 조성사업
④ 실용화된 신·재생에너지 설비의 보급을 지원하는 사업

[해설] 보급사업(제27조)(①, ③, ④ 이외에)
 (1) 지방자치단체와 연계한 보급사업
 (2) 그밖에 신·재생에너지 기술의 이용·보급을 촉진하기 위하여 필요한 사업으로서 산업통상자원부장관이 정하는 사업

52. 태양광발전설비로서 용량이 1000 kW 미만인 경우 안전관리업무를 외부에 대행시킬 수 있는 점검은?

정답 48. ③ 49. ① 50. ③ 51. ② 52. ②

① 일상점검 ② 정기점검
③ 임시점검 ④ 사용전점검

[해설] 안전관리업무의 대행 규모(전기사업법 제41조)
태양광발전설비로서 1000 kW 미만인 것의 정기점검

53. 전기안전관리 대행 범위가 700 kW 초과인 전기설비 규모인 경우의 점검 주기로 옳은 것은?

① 월 1회 이상 ② 월 2회 이상
③ 월 3회 이상 ④ 월 4회 이상

[해설] 안전관리업무의 대행 범위 등(전기사업법 제44조의 2-별표 13)

전압구분	전기설비 규모 용량(kW)	점검 횟수 (매월)
저압	300 이하	1회 이상
	300 초과	2회 이상
고압 및 특별고압	300 이하	1회 이상
	300 초과~500 이하	2회 이상
	500 초과~700 이하	3회 이상
	700 초과~1500 이하	4회 이상
	1500 초과~2000 이하	5회 이상
	2000 초과~2500 미만	6회 이상

54. 개인대행자가 안전관리의 업무를 대행할 수 있는 태양광발전설비의 용량은 몇 kW 미만인가?

① 250 ② 500 ③ 750 ④ 1000

[해설] 안전관리업무의 대행 규모(전기사업법 시행규칙 제41조)
개인대행자의 경우
(1) 용량 250 kW 미만의 태양광발전설비
(2) 용량 500 kW 미만의 전기수용설비
(3) 용량 150 kW 미만의 발전설비

55. 다음 중 녹색기술에 해당하지 않는 것은?

① 온실가스 감축기술
② 에너지 이용 효율화 기술
③ 전기설비 시설기술
④ 청정생산기술

[해설] 녹색기술(green technology)
(1) 온실가스 감축기술
(2) 에너지 이용 효율화 기술
(3) 청정생산기술
(4) 청정에너지기술
(5) 자원순환 및 친환경기술 등

56. 태양광발전 시스템의 절연저항 측정값이 틀린 것은?

① 대지전압 150 V 이하 시 0.1 MΩ 이상
② 대지전압이 150 V 초과 300 V 이하 시 0.2 MΩ 이상
③ 사용전압이 300 V 초과 400 V 이하 시 0.3 MΩ 이상
④ 사용전압 400 V 초과 시 0.5 MΩ 이상

[해설] 저압전로의 절연성능(기술기준 제52조)
전로의 사용전압 구분에 따른 절연저항

전로의 사용전압 구분		절연저항 (MΩ)
400 V 미만	대지전압이 150 V 이하인 경우	0.1
	대지전압이 150 V 초과 300 V 이하인 경우	0.2
	사용전압이 300 V 초과 400 V 미만인 경우	0.3
400 V 이상		0.4

[정답] 53. ④　54. ①　55. ③　56. ④

57. 고압 또는 특고압 전로에 시설한 과전류 차단기의 퓨즈 중 고압전로에 사용하는 포장 퓨즈는 정격전류의 2배의 전류로 최대한 몇 분 안에 용단되어야 하는가?

① 30　　② 60
③ 120　　④ 150

[해설] 고압 및 특고압 전로 중의 과전류 차단기의 시설(판단기준 제39조)
정격전류의 1.3배의 전류에 견디고 또한 2배의 전류로 120분 안에 용단되어야 한다.

58. 저압 가공인입선에 사용해서는 안 되는 전선은?

① 케이블　　② 나전선
③ 절연전선　　④ 다심형 전선

[해설] 저압 가공인입선의 시설(판단기준 제100조)
전선은 절연전선, 다심형 전선 또는 케이블일 것

59. 지중전선로를 직접 매설식에 의하여 시설하는 경우 차량 기타의 중량물의 압력을 받을 우려가 있는 장소의 매설 깊이는 몇 m 이상인가?

① 0.6　　② 1.2
③ 1.5　　④ 2

[해설] 지중전선로의 시설(판단기준 제136조)
: 매설 깊이
(1) 차량 기타 중량물의 압력을 받을 우려가 있는 장소 : 1.2 m 이상
(2) 기타 장소 : 60 cm 이상으로 한다.

60. 태양전지 배선을 지중배관을 통하여 직접 매설하여 시설하는 경우 중량물의 압력을 받을 우려가 있는 경우에 몇 m 이상 깊이로 매설해야 하는가?

① 0.5　　② 1
③ 1.2　　④ 1.5

[해설] 문제 59번 해설 참조

정답　57. ③　58. ②　59. ②　60. ③

2015년도(1회차) 출제문제

1. 다음 중 신에너지 및 재생에너지원에 해당되는 것은?
  ① 석유   ② 천연가스
  ③ 석탄   ④ 지열

[해설] (1) 신에너지(3개 분야) : 연료전지, 수소, 석탄액화 가스화 및 중질잔사유 가스화
  (2) 재생에너지(8개 분야) : 태양광, 태양열, 바이오, 풍력, 수력, 해양, 폐기물, 지열

2. 수력발전에서 사용되는 수차가 아닌 것은?
  ① 카플란   ② 허브로터
  ③ 프란시스   ④ 펠턴

[해설] 수력발전용 수차의 종류
  (1) 충동수차 : 펠턴(pelton)
  (2) 반동수차 : 프란시스(francis), 카플란(kaplan), 프로펠러(propeller), 사류(diagonal flow)

3. 태양전지 모듈의 기대 수명은 몇 년 이상으로 하는가?
  ① 2년   ② 10년
  ③ 15년   ④ 20년

[해설] 태양전지의 모듈의 기대 수명 : 20년 이상

4. 다결정 실리콘 태양전지의 제조 공정을 올바르게 나타낸 것은?

① 잉곳 → 실리콘 입자 → 웨이퍼 슬라이스 → 태양전지 셀
② 잉곳 → 웨이퍼 슬라이스 → 실리콘 입자 → 태양전지 셀
③ 실리콘 입자 → 웨이퍼 슬라이스 → 잉곳 → 태양전지 셀
④ 실리콘 입자 → 잉곳 → 웨이퍼 슬라이스 → 태양전지 셀

[해설] 다결정 실리콘(poli-crystalline silicon) 태양전지의 공정 순서
  (1) 원 재료인 다결정 실리콘을 주조하여 잉곳(ingot : 다결정 실리콘덩어리)을 제조
  (2) 잉곳을 얇게 절단
  (3) 두께 약 $300\mu m$의 다결정 실리콘 웨이퍼(wafer) 만듦
  (4) 에칭(surface etching)하여서 표면처리를 실시
  (5) 불순물을 확산하여 P-N 접합을 형성
  (6) 실리콘 웨이퍼 뒷면에 P층을 형성하기 위하여 알루미늄과 같은 물질로 후면 전계층을 형성
  (7) 반사율을 줄이기 위해 반사방지막 코팅
  (8) 진공 증착법이나 스크린 인쇄법으로 전면에 은 등의 물질로 전극을 형성시킴
  (9) 전극 열처리 후에 태양전지 셀을 완성

5. 아몰퍼스 실리콘 태양전지 모듈에 비해 고전압, 저전류의 특성을 가진 태양전지는?
① 단결정 실리콘 태양전지
② CIGS 태양전지
③ 다결정 실리콘 태양전지

정답 1. ④ 2. ② 3. ④ 4. ④ 5. ②

④ 유기 태양전지

[해설] CIGS 박막형 태양전지
(1) CIGS는 고온 환경에서 효율저하가 적은 특징을 가지고 있다.
(2) 고전압, 저전류의 특성을 갖는다.

[참고] (1) 아몰퍼스(amorphous) 실리콘 박막형은 폴리실리콘을 가스 형태로 만들어 기판에 얇게 바르는 방식이다.
(2) 아몰퍼스(amorphous)란 비결정화된 고체를 뜻한다(무정형, 비정질이라고도 번역되며, 유리가 대표적이다).

6. 태양광발전 시스템의 단결정 모듈의 특징으로 틀린 것은?

① 제조 공정이 간단하다.
② 발전효율이 매우 우수하다.
③ 제조 온도가 높다.
④ 형상 변화가 어렵다.

[해설] 단결정 모듈은 제조 공정이 간단하지 않아 생산 과정에서 비용이 많이 발생하며 가격이 높은 것이 단점이다.

단결정, 다결정 실리콘 셀(cell)의 특성 비교

구 분	단결정	다결정
실리콘 순도	높다	낮다
효율	높다	낮다
원가	고가	저가
한계 효율	35% 정도	23% 정도
제조 공정	복잡	간단

7. 태양전지의 표준 시험 조건(STC)으로 적합하지 않은 것은?

① 수광조건은 대기 질량 정수(AM) 1.5의 지역을 기준으로 한다.
② 어레이 경사각은 30°를 기준으로 한다.
③ 빛의 일조강도는 1000 W/m² 기준으로 한다.
④ 모든 시험의 기준 온도는 25℃로 한다.

[해설] 표준 시험 조건(STC)은 태양광발전 시스템의 성능을 시험할 때 기준이 되는 국제적인 기준을 말한다.
(1) 수광조건은 대기 질량 정수(AM) 1.5의 지역을 기준으로 한다.
(2) 빛의 일조강도는 1,000 W/m²를 기준으로 한다.
(3) 모든 시험의 기준 온도는 25℃로 한다.

8. 태양전지 모듈의 전류-전압특성이 개방전압 150 V, 최대출력동작전압 100 V, 단락전류 100 A, 최대출력동작전류 50 A일 때 최대출력(P_{mpp})은?

① 5000 ② 7500
③ 10000 ④ 15000

[해설] 최대출력(P_{mpp}) = 최대출력동작전압 × 최대출력동작전류 = 100 × 50 = 5000 W_{pp}

9. 태양광 모듈의 수명에 영향을 미치는 요인과 가장 관계가 적은 것은?

① 태양광에 의한 열화
② 기상 환경에 의한 열화
③ 열에 의한 열화
④ 기계적 충격에 의한 열화

[해설] 모듈의 수명에 영향을 미치는 요인 중 태양광에 의한 열화가 가장 관계가 적다.

[참고] 열화(劣化, deterioration)
(1) 재료의 물리적 성질의 영구적인 감소, 품질이 떨어지는 현상을 말한다.
(2) 기계적 강도 및 전기절연성의 저하, 화학약품에 대해 저항력이 저하하기에 이른다.

[정답] 6. ① 7. ② 8. ① 9. ①

(3) 열화는 열, 빛, 자외선, 방사선, 공기 중의 산소, 물, 오존 및 약품 때문에 생긴다.
(4) 물리적 성질에는 비중, 기계적 성질, 열적 성질, 기체 투과성, 전기적 성질 등이 있다.

10. 전압형 단상 인버터의 기본 회로에 대한 설명으로 틀린 것은?

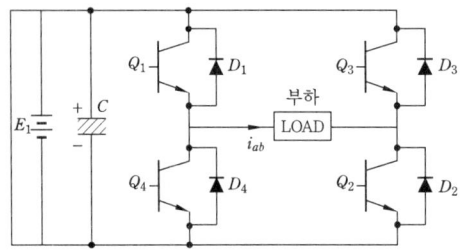

① 작은 용량 C를 달아 준다.
② 직류전압을 교류전압으로 출력한다.
③ 부하의 역률에 따라 위상이 변화한다.
④ $D_1 \sim D_4$는 트랜지스터의 파손을 방지하는 역할이다.

[해설] 큰 용량의 콘덴서 C가 일반적으로 전원에 연결된다.

[참고] (1) 전압형 단상 인버터(inverter)
   ㈎ 4개의 초퍼로 구성된 단상 전파 브리지 인버터 회로이다.
   ㈏ 직류전압을 교류전압으로 출력하며, 부하의 역률에 따라서 위상이 변화한다.
   ㈐ D_1, D_2, D_3, D_4는 트랜지스터의 소손을 방지하기 위한 환류 다이오드로 동작하는 궤환 다이오드이다.
   ㈑ 큰 용량의 콘덴서 C가 일반적으로 전원에 연결된다.
(2) 환류다이오드(free wheeling diode) 인덕터 충전전류로 인한 기기의 손상을 방지하기 위해 부하와 병렬로 연결된 다이오드이다.

11. 트랜스리스 방식 인버터 제어회로의 주요 기능이 아닌 것은?
① 전압 전류 제어기능
② MPPT 제어기능
③ 전력 변환기능
④ 계통연계 보호기능

[해설] 인버터 제어회로의 주요 기능 중에 전력 변환기능은 없다. 여기서, 전력 변환이란, 어떤 전력을 전류, 전압, 주파수 등이 다른 전력으로 변환하는 것을 말한다.

[참고] 최대전력 추종제어기능 : MPPT (Maximum Power Point Tracking)

12. 태양광발전 시스템에서 인버터 측의 이상 발생을 대비하여 설치하는 계통연계 보호장치가 아닌 것은?
① 과전압 계전기
② 저전압 계전기
③ 과주파수 계전기
④ 바이패스 다이오드

[해설] 계통연계 보호 계전기
(1) 과전압 계전기
(2) 저전압 계전기
(3) 과주파수 계전기
(4) 저주파수 계전기
(5) 지락 과전류 계전기
(6) 과전류 계전기

[참고] 바이패스 다이오드(by-pass diode) : 문제 13번 참조

13. 태양전지 모듈의 일부 셀에 음영이 발생하면 그 부분은 발전량 저하와 동시에 저항에 의한 발열을 일으킨다. 이러한 출력 저하와 발열을 방지하기 위해 설치하는 다이오드는?

[정답] 10. ① 11. ③ 12. ④ 13. ③

① 역저지 다이오드
② 발광 다이오드
③ 바이패스 다이오드
④ 정류 다이오드

[해설] 바이패스 다이오드(by-pass diode) : 본문 그림 5-1 참조
(1) 설치 목적 : 모듈의 셀 일부분에 음영(그림자)이 발생한 경우 전류집중으로 인한 열점(hot spot)으로 셀의 소손 및 출력 감소를 방지하기 위함이다.
(2) 셀들과 병렬로 접속하여 음영된 셀에 흐르는 전류를 바이패스 하도록 한다.

14. 태양광발전 시스템의 인버터 선정 체크포인트 중 태양광의 유효한 이용에 관한 사항이 아닌 것은?
① 전력 변환효율이 높을 것
② 전압 변동률이 클 것
③ 야간 등의 대기 손실이 적을 것
④ 저부하 시의 손실이 적을 것

[해설] 태양광의 유효한 이용에 관한 체크포인트(①, ③, ④ 이외에)
최대전력 추종제어기능에 의한 최대전력의 추출이 가능할 것
※ 전압 변동률(voltage regulation) : 발전기, 변압기 등에 있어서 전부하 시와 무부하 시의 2차 단자 전압차의 정도를 백분율로 나타낸 것

15. 인버터 선정 시 전력품질과 공급 안정성 측면에서 고려할 사항이 아닌 것은?
① 노이즈 발생이 적을 것
② 고조파 발생이 적을 것
③ 직류분이 많을 것
④ 기동/정지가 안정적일 것

[해설] 전력품질 및 공급 안전성
(1) 잡음 발생 및 직류 유출이 적을 것
(2) 고조파 발생이 적을 것
(3) 기동/정지가 안정적일 것

16. 태양광발전 시스템의 접속함에 설치되는 장치가 아닌 것은?
① 직류 개폐기   ② 전력량계
③ 역류방지소자   ④ 감시용 T/D

[해설] 접속함에 설치되는 장치
(1) 어레이 측 개폐기
(2) 주 개폐기
(3) 역류방지소자
(4) 서지보호장치
(5) 출력용 단자대
(6) 감시용 T/D, DCCT, DCPT 등

[참고] T/D(transducer) : 신호변환기는 검출기로 검출된 데이터를 컴퓨터 및 먼 거리에 설치된 표시장치에 전송하는 경우에 사용된다.

[참고] 직류(DC) 계측을 위한 변성기용 DCCT, DCPT. 여기서, CT(Current Transformer), PT(Potential Transformer)

17. 태양광발전 시스템의 분전반에 설치되는 구성 요소가 아닌 것은?
① 전압계   ② 피뢰소자
③ 차단기   ④ 인버터

[해설] 분전반 구성 요소 : 전압계, 차단기(누전 차단기), 피뢰소자, 전력량계 등

18. 독립형 태양광발전 시스템에 사용하기 위한 축전지의 특성이 아닌 것은?
① 낮은 유지보수 요건
② 높은 에너지와 전력 밀도
③ 진동 내성

[정답] 14. ② 15. ③ 16. ② 17. ④ 18. ④

④ 높은 자기방전

[해설] 축전지의 특성 중에서, 자기방전은 아주 낮아야 한다.

[참고] 축전지의 자기방전(self-discharge)
(1) 자기방전이란, 전지에 축전되어 있는 전기량이 유효하게 이용되지 않고 자연적으로 손실되는 현상
(2) 자기방전의 원인
   ㈎ 전해액 속에 있는 불순물, 금속 등에 의해 국부적으로 전지가 형성될 때
   ㈏ 축전지 표면에서 전기 회로가 형성되어 전류가 흐를 때
   ㈐ 축전지 내부의 작용물질이 하부 측면에 축적되든지 격리판이 파손되어 양극판이 단락되었을 때

19. 독립형 태양광발전 시스템에서 가장 많이 사용되는 축전지은?
① 니켈 카드뮴 축전지
② 납 축전지
③ 리튬이온 전지
④ 니켈금속 하이브리드

[해설] 납 축전지(lead storage battery)
양극에 이산화납, 음극에 해면상(海綿狀) 납, 전해액에 묽은 황산을 사용한 2차 전지로, 오랜 역사를 가지고 있으며 사용량이 가장 많은 전지이다.

20. 태양광발전 시스템에 사용하는 피뢰소자 중 전선로에 침입하는 이상 전압의 높이를 완화하고 파고치를 저하시키는 장치는?
① 역류방지소자 ② 서지 옵서버
③ 내뢰 트랜스   ④ 전압 조정장치

[해설] 서지 옵서버(surge absorber)
(1) 설치 목적은 전선로에 침입하는 이상 전압의 높이를 완화하고 파고치를 저하시켜 기기를 보호하기 위함이다.
(2) 피보호기기의 단자와 대지 간에 접속하는 보호콘덴서 또는 이와 피뢰기를 조합한 것이다.

21. 태양광발전소 유지 정비 시 감전방지책으로 가장 거리가 먼 것은?
① 강우 시에는 작업을 중지한다.
② 저압선로용 절연장갑을 사용한다.
③ 절연 처리된 공구를 사용한다.
④ 태양전지 모듈 표면을 대기로 노출한다.

[해설] 감전 방지책(①, ②, ③ 이외에)
작업 전 모듈 표면에 차광막을 씌워 태양광을 차단한다.

22. 태양전지 모듈의 전기시공 공사에서 시공 전과 시공완료 후에 확인하기 위한 체크리스트에 포함되지 않아도 되는 것은?
① 어레이 설치 발향
② 피뢰소자의 배치 유무
③ 인버터의 출력전압
④ 모듈 개방전압

[해설] 모듈 번호별 전기공사 체크리스트
(1) 개방전압
(2) 단락전류
(3) 지락 확인
(4) 인버터 입력전압
(5) 인버터 출력전압

23. 인버터 출력단자에서 배전반 간 배선 길이가 200 m를 초과하는 경우 허용전압 강하는 몇 % 이내로 하여야 하는가?
① 5 ② 6 ③ 7 ④ 8

[정답] 19. ② 20. ② 21. ④ 22. ② 23. ③

[해설] 허용 전압강하
(1) 어레이에서 인버터 입력단자 간 및 인버터 출력단자단과 계통연계점 간 전압강하는 3%를 초과해서는 안 된다.
(2) 단, 전선의 길이가 60 m를 초과하는 경우에는 다음 표와 같다.

120 m 이하	200 m 이하	200 m 초과
5%	6%	7%

24. 태양전지 모듈의 배전작업이 끝난 후 확인하여야 하는 사항이 아닌 것은?
① 각 모듈의 극성 확인
② 전압 확인
③ 단락전류 확인
④ 전력량계 동작 확인

[해설] 모듈의 배선작업이 끝난 후 확인 사항
(1) 각 모듈 극성 확인
(2) 전압 확인
(3) 단락전류 측정
(4) 비접지 확인

25. 케이블의 단말처리 방법으로 가장 적절한 방법은?
① 면테이프로 단단하게 감는다.
② 비닐테이프로 단단하게 감는다.
③ 자기융착 절연테이프만 여러 번 당기면서 겹쳐 감는다.
④ 자기융착 절연테이프를 겹쳐서 감고 그 위에 다시 보호테이프를 감는다.

[해설] 케이블 단말처리의 가장 적절한 방법
(1) 자기융착 절연테이프를 겹쳐서 감고 그 위에 다시 보호테이프로 감는다.
(2) 보호테이프 : 자기융착테이프의 열화를 방지하기 위해 위에 다시 한 번 감아 준다.

[참고] 자기융착 절연테이프
(1) 비닐 외장 케이블 및 클로로프렌 외장 케이블에 사용된다.
(2) 내오존성, 내수성, 내약품성, 내온성이 매우 우수하다.
(3) 가교폴리에틸렌 절연비닐시스 케이블 단말처리를 위해 사용하는 절연테이프로 적합하다.

26. 케이블 등이 방화구획을 관통할 경우 관통의 개구면적을 적절히 시공하여야 한다. 처리 목적과 처리 방법으로 틀린 것은?
① 관통 부분의 충전재 등은 난연성일 것
② 관통 부분의 충전재 등은 내열성일 것
③ 화재 발생 시 다른 설비로 화재가 확대되지 않도록 할 것
④ 화재 발생 시 관통부를 통하여 연기가 방출하도록 할 것

[해설] 방화구획 관통부의 처리
(1) 목적 : 화재가 발생할 경우 전선배관의 관통 부분에서 다른 설비로 화재가 확산되는 것을 방지하는 데 있다.
(2) 관통 부분의 충전재 등은 난연성, 내열성일 것

[참고] 난연성(fire retardant) : 가연성과 불연성의 중간이며, 연소하기 어려운 재료의 성질을 말한다.

27. 분산형 발전설비를 연계하고자 하는 지점의 계통전압은 몇 % 이상 변동되지 않도록 계통에 연계해야 하는가?
① ±4 ② ±8
③ ±12 ④ ±16

[해설] 계통연계형 시스템 전압 변동의 한계범위 : ±4%

정답 24. ④ 25. ④ 26. ④ 27. ①

28. 태양전지 어레이의 출력전압이 400 V 미만일 경우 접지공사의 종류는?
① 제1종 접지공사
② 제2종 접지공사
③ 제3종 접지공사
④ 특별 제3종 접지공사

해설 태양광발전설비의 기계, 기구 외함 접지공사

기계기구의 구분	접지공사의 종류	접지저항 값
400 V 미만의 저압용	제3종	100 Ω 이하
400 V 이상의 저압용	특별 제3종	10 Ω 이하
고압용 또는 특고압용	제1종	10 Ω 이하

29. 태양광발전 시스템의 계측·표시의 목적에 해당되지 않는 것은?
① 시스템의 운전상태 감시를 위한 계측 또는 표시
② 시스템의 운전 상황 및 홍보를 위한 계측 또는 표시
③ 시스템의 부하사용 전력량을 알기 위한 계측
④ 시스템 기기 및 시스템 종합평가를 위한 계측

해설 계측·표시의 목적(①, ②, ④ 이외에) 시스템에 의한 발전 전력량을 알기 위한 계측

30. 계측 표시 시스템에 없는 장치는?
① 검출기(센서)
② 신호변환기(트랜스듀서)
③ 연산장치
④ 녹음장치

해설 계측 표시 시스템의 구성도

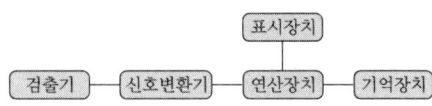

31. 설치환경에 기인한 손실로 가장 거리가 먼 것은?
① 오염, 노화, 분광 일사 변동에 의한 손실
② 축전지 충·방전에 의한 손실
③ 일사량의 변동, 적운, 적설에 의한 손실
④ 온도 변화에 의한 효율 변동

해설 축전지 충·방전에 의한 손실은 설치환경과는 무관하다.

32. 태양전지 모듈의 시각적 결함을 찾아내기 위한 육안검사에서 조도는 몇 lx 이상인가?
① 500 ② 600 ③ 800 ④ 1000

해설 외관 검사(본문 표 8-2 참조)
(1) 1000 lux 이상의 조광 상태에서 모듈의 외관, 셀 등에 크랙, 구부러짐, 갈라짐 등이 없는지 확인
(2) 셀 간 접속, 터치가 없는지, 접착에 결함 등 검사

33. 태양전지 모듈의 표준 시험 조건에서 전지온도는 25℃를 기준으로 하고 있다. 허용 오차범위로 옳은 것은?
① 25 ± 0.5℃ ② 25 ± 1℃
③ 25 ± 2℃   ④ 25 ± 3℃

해설 표준 시험 조건(STC)에서 전지온도는 25℃를 기준하고 허용오차 범위는 25 ± 2℃이다.

정답 28. ③ 29. ③ 30. ④ 31. ② 32. ④ 33. ③

34. 인버터 절연성능시험 항목이 아닌 것은?
① 절연저항시험 ② 내전압시험
③ 주파수저하시험 ④ 감전보호시험

[해설] 인버터 절연성능시험 항목(본문 표 8-4 참조)
(1) 절연저항시험   (2) 내전압시험
(3) 감전보호시험   (4) 절연거리시험

35. 접속함 육안 점검항목이 아닌 것은?
① 외함의 부식 및 파손
② 방수처리상태
③ 절연저항 측정
④ 단자대 나사 풀림

[해설] 접속함 육안검사 항목(본문 표 9-2 참조)
(1) 외함의 부식 및 파손
(2) 방수처리
(3) 배선의 극성
(4) 단자대 나사 풀림

36. 운전 상태에 따른 시스템의 발생신호 중 잘못 설명된 것은?
① 태양전지 전압이 저전압이 되면 인버터는 정지한다.
② 태양전지 전압이 과전압이 되면 MC는 on 상태로 유지한다.
③ 인버터 이상 시 인버터는 자동으로 정지하고 이상 신호를 나타낸다.
④ 태양전지 전압이 과전압이 되면 인버터는 정지한다.

[해설] 태양전지 전압이 과전압이 되면 인버터는 정지하여야 하며, MC는 off 상태를 유지한다.

[참고] MCCB(Mold Case Current Breaker) : 배선용 차단기

37. 태양광발전 시스템의 점검 및 시험 방법에 대한 사항으로 틀린 것은?
① 외관검사
② 운전상태의 확인
③ 절연전류의 확인
④ 태양전지 어레이의 출력 확인

[해설] 점검 및 시험 방법
(1) 외관검사
(2) 운전상황 확인
(3) 절연저항 측정
(4) 어레이의 출력 확인

38. 태양전지 어레이 개방전압 측정 목적이 아닌 것은?
① 스트링 동작불량 검출
② 모듈 동작불량 검출
③ 배선 접속불량 검출
④ 어레이 접속불량 검출

[해설] 어레이의 각 스트링의 개방전압을 측정하여 개방전압의 불균일에 따라
(1) 동작불량의 스트링, 모듈의 검출
(2) 직렬접속선의 결선 누락사고
등을 검출한다.

39. 태양전지 어레이 개방전압 측정 시 주의 사항으로 틀린 것은?
① 각 스트링의 측정은 안정된 일사강도가 얻어질 때 실시한다.
② 측정 시간은 맑은 날, 해가 남쪽에 있을 때 1시간 동안 실시한다.
③ 셀은 비 오는 날에도 미소한 전압을 발생하고 있으니 주의한다.
④ 측정은 직류전류계로 한다.

[해설] 개방전압의 측정은 직류전압계로 한다.

정답 34. ③ 35. ③ 36. ② 37. ③ 38. ④ 39. ④

40. 태양전지 어레이 회로의 절연내압 측정 시 최대사용전압의 몇 배의 직류전압을 인가하는가?

① 1.5배　　② 2.5배
③ 3.5배　　④ 4.5배

[해설] 절연내력 측정시험(판단기준 제15조 참조)
　(1) 시험전압 : 최대사용전압의 1.5배의 직류전압
　(2) 시험시간 : 10분간
[참고] 어레이의 개방전압을 최대사용전압으로 간주한다.

41. 태양광발전 시스템의 인버터 회로에 절연내력시험을 실시하는 경우 시험전압을 몇 분간 인가하여 절연 파괴 등의 이상 유무를 확인하여야 하는가?

① 1분　② 3분　③ 5분　④ 10분

[해설] 문제 40번 해설 참조

42. 태양전지 모듈의 단락전류를 측정하는 계측기는?

① 저항계　　② 전력량계
③ 직류전류계　　④ 교류전류계

[해설] 모듈의 단락전류 측정은 직류전류계로 한다.
[참고] 단락전류를 측정함으로써, 모듈의 이상 유무를 검출할 수 있다.

43. 태양광발전 시스템의 인버터에 과온 발생 시 조치 사항으로 옳은 것은?

① 인버터 팬 교체 후 운전
② 퓨즈 교체 후 운전
③ 계통전압 점검 후 운전
④ 전자 접촉기 교체 점검 후 운전

[해설] 인버터에 과온 발생 시 : 인버터 냉각용 팬을 먼저 점검-교체하고 운전에 임한다.
[참고] 팬(fan) : 송풍기, 통풍기라고도 하며, 날개, 프로펠러 기타를 회전시켜서 공기를 빨아내거나 송풍 등을 위해 사용된다.

44. 송전설비의 보수점검을 위한 점검 계획 수립 시 고려해야 할 사항으로 가장 거리가 먼 것은?

① 환경 조건　　② 고장이력
③ 설비의 가격　　④ 부하의 상태

[해설] 점검 계획 수립 시 고려해야 할 사항에 "설비의 가격"은 적용되지 않는다.

45. 송변전 설비의 유지관리를 위한 점검의 분류와 점검주기의 방법이 틀린 것은?

① 무정전 상태에서는 점검하지 않는다.
② 점검 주기는 일상순시점검, 정기점검, 일시점검 등이 있다.
③ 모선 정전의 심각한 사고 방지를 위해 3년에 1번 정도 점검하는 것이 좋다.
④ 무정전 상태에서는 문을 열고 점검할 수 있으며 1개월에 1번 정도는 문을 열고 점검하는 것이 좋다.

[해설] 무정전 상태에서도 점검을 실시한다 (본문 표 9-11 ㊄ 참조).

46. 축전지 용량 50 Ah에 부하를 접속하여 2A의 전류가 흐르면 몇 시간 동안 사용할 수 있는가?

① 8　　② 12
③ 15　　④ 25

[해설] 시간 : t = 용량/전류 = 50/2 = 25 h

[정답] 40. ①　41. ④　42. ③　43. ①　44. ③　45. ①　46. ④

47. 태양전지를 가정에서 전력용으로 사용하기 위해서는 전압, 전류를 고려하여야 하는데, 다음 ㉠~㉡에 들어갈 내용으로 옳은 것은?

> 전압을 증가시키기 위해서는 (㉠)로 연결하고 전류를 증가시키기 위해서는 (㉡)로 연결한다.

	㉠	㉡		㉠	㉡
①	직렬	직렬	②	병렬	병렬
③	직렬	병렬	④	병렬	직렬

[해설] 전압을 증가시키기 위해서는 직렬로 연결하고 전류를 증가시키기 위해서는 병렬로 연결한다.

48. MOSFET의 회로소자 기호는?

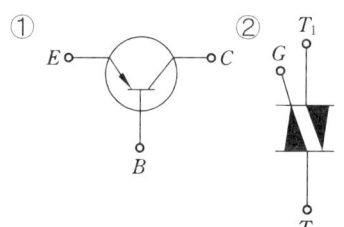

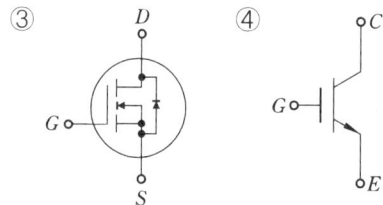

[해설] ① : TR(트랜지스터)
② : TRIAC(트라이액)
③ : MOSFET(금속 산화막 반도체 전계효과 트랜지스터)
④ : IGBT(절연 게이트형 바이폴러 트랜지스터)

49. 신·재생에너지의 기술개발 및 이용·보급에 관한 중요 사항을 심의하기 위하여 산업통상자원부에 신·재생에너지정책심의회를 둔다. 심의회의 심의 사항이 아닌 것은?
① 기본계획의 수립 및 변경에 관한 사항
② 신·재생에너지 발전사업자의 허가에 관한 사항
③ 신·재생에너지의 기술개발 및 이용·보급에 관한 중요 사항
④ 신·재생에너지 발전에 의하여 공급되는 전기의 기준가격 및 그 변경에 관한 사항

[해설] 신·재생에너지 정책심의회(제8조) 심의회의 심의 사항(①, ③, ④ 이외에)
(1) 그밖에 산업통상자원부장관이 필요하다고 인정하는 사항

50. 신·재생에너지 설비 성능검사기관 지정서를 신청인에게 발급하고 공고해야 할 사항이 아닌 것은?
① 지정일   ② 지정번호
③ 대표자 성명   ④ 업무 계획

[해설] 성능검사기관의 지정 절차(시행규칙 제6조)
[참고] 시행규칙 제6조 삭제〈2015. 7. 9〉

51. 신·재생에너지 설비인증 심사기준을 재확인하는 경우가 아닌 것은?
① 성능에 문제가 발생하는 경우
② 품질에 문제가 발생하는 경우
③ 설비에 대한 단가의 변동의 경우
④ 생산공장의 이전 등 기술표준원장이 신·재생에너지 설비의 품질 유지를 위하여 사후관리가 필요하다고 인정하는 사유가 발생하는 경우

[해설] 설비인증 심사기준 및 사후관리(시행규칙 제7조)
[참고] 시행규칙 제7조 삭제〈2015. 7. 9〉

52. 신·재생에너지 설비를 설치한 공사자는 설비의 소유자에게 법으로 정한 하자보증기간 중에는 성실하게 무상으로 하자보증을 실시하여야 한다. 태양광발전설비의 경우 하자보증기간은?

① 1년 ② 2년
③ 3년 ④ 4년

[해설] 하자보수기간 : 3년

53. 안전공사 및 대행사업자가 안전관리 업무를 대행할 수 있는 태양광발전설비 용량은 몇 kW 미만인가?

① 1000 ② 1500
③ 2000 ④ 2500

[해설] 안전관리업무의 대행 규모(전기사업법 시행규칙 제41조)
안전공사 및 대행사업자 : 다음 각 목의 어느 하나에 해당하는 전기설비
(1) 용량 1000 kW 미만의 전기수용설비
(2) 용량 300 kW 미만의 발전설비
(3) 태양광발전설비 용량 1000 kW 미만인 것

※ 전기사업법은 2016년부터 출제기준에서 제외됨(문제 53, 54, 55번 해당)

54. 자가용 태양광발전설비의 정기검사 시행 기관은?

① 한국전력공사
② 한국전기공사협회
③ 한국전력기술인협회
④ 한국전기안전공사

[해설] 정기검사(전기사업법 제65, 98조 2항 2호, 시행규칙 제32조 1항)
(1) 전기사업자 및 자가용 전기설비의 소유자 또는 점유자는 정기적으로 검사를 받아야 한다.
(2) 한국전기안전공사에 위탁할 수 있다.

55. 전기판매사업자의 기본공급 약관에 대한 인가 및 변경기준으로 틀린 것은?

① 전기판매업자와 산업통상자원부 간의 권리 의무 관계와 책임에 관한 사항이 명확하게 규정되어 있을 것
② 전기요금이 적정 원가에 적정 이윤을 더한 것일 것
③ 전기요금을 공급종류별 또는 전압별로 구분하여 규정하고 있을 것
④ 전력량계 등의 전기설비의 설치 주체와 비용부담자가 명확하게 규정되어 있을 것

[해설] 기본요금약관에 대한 인가 기준(전기사업법 시행령 7조)[②, ③, ④ 이외에]
(1) 전기판매사업자와 전기사용자 간의 권리의무 관계와 책임에 관한 사항이 명확하게 규정되어 있을 것

56. 기후변화의 심각성을 인식하고 일상생활에서 에너지를 절약하여 온실가스와 오염물질의 발생을 최소화하는 생활은 무엇인가?

① 일상생활 ② 녹색생활
③ 에너지생활 ④ 기후변화생활

[해설] 녹색생활(저탄소 녹색성장기본법 2조 정의)
기후변화의 심각성을 인식하고 일상생활에서 에너지를 절약하여 온실가스와 오염물질의 발생을 최소화하는 생활을 말한다.

정답 52. ③ 53. ① 54. ④ 55. ① 56. ②

57. 전기설비기준에 의한 전선의 접속 방법으로 틀린 것은?

① 접속 부분의 전기저항을 감소시키지 말 것
② 전선의 인장하중을 20% 이상 감소시키지 말 것
③ 접속 부분에 전기적 부식이 생기지 않도록 할 것
④ 접속 부분은 접속 기구를 사용하거나 납땜을 할 것

[해설] 전선의 접속법(판단기준 11조)
전선의 전기저항을 증가시키지 아니하도록 접속하여야 한다.

58. 지중전로에 사용하는 지중함의 시설 기준이 아닌 것은?

① 지중함은 견고하고 차량 기타 중량물의 압력에 견딜 수 있는 구조일 것
② 지중함은 그 안에 고인 물을 제거할 수 있는 구조로 되어 있을 것
③ 지중함의 뚜껑은 시설자 이외의 자가 쉽게 열 수 없도록 시설할 것
④ 지중함의 내부는 조명 및 세척이 가능한 장치를 시설 할 것

[해설] 지중함의 시설 기준(판단기준 137조)
[①, ②, ③ 이외에]
폭발성 또는 연소성의 가스가 침입할 우려가 있는 곳에 시설하는 지중함으로서 그 크기가 $1\,m^3$ 이상인 것에는 통풍장치 기타 가스를 방산시키기 위한 적당한 장치를 시설할 것

59. 조명용 전등을 설치할 때 타임스위치를 시설해야 할 곳은?

① 국부조명
② 가정용 조명
③ 아파트 계단
④ 아파트 현관

[해설] 점멸장치와 타임스위치 등의 시설(판단기준 177조)
조명용 전등을 설치할 때에는 다음 각호에 따라 타임스위치를 시설하여야 한다.
(1) 관광진흥법과 공중위생법에 의한 관광숙박업 또는 숙박업에 이용되는 객실의 입구 등은 1분 이내에 소등되는 것일 것
(2) 일반주택 및 아파트 각호실의 현관등은 3분 이내에 소등되는 것일 것

60. 합성수지관 공사에서 관의 지지점 간의 거리는 몇 m 이하로 하여야 하는가?

① 1.0
② 1.5
③ 2.0
④ 2.5

[해설] 합성수지관 공사(판단기준 183조)
관의 지지점 간의 거리는 1.5 m 이하로 하고, 또한 그 지지점은 관의 끝·관과 박스의 접속점 및 관 상호 간의 접속점 등에 가까운 곳에 시설할 것

2015년도(2회차) 출제문제

1. 다음 중 신에너지에 속하는 것은?
① 지열 ② 수력
③ 태양광 ④ 연료전지

[해설] (1) 신에너지(3개 분야) : 연료전지, 수소, 석탄액화 가스화 및 중질잔사유 가스화
(2) 재생에너지(8개 분야) : 태양광, 태양열, 바이오, 풍력, 수력, 해양, 폐기물, 지열

2. 신·재생에너지 설비 중 수소와 산소의 전기화학반응을 통하여 전기 또는 열을 생산하는 설비는?
① 연료전지 설비
② 산소에너지 설비
③ 전기에너지 설비
④ 수소에너지 설비

[해설] 연료전지(fuel cell) 설비
(1) 연료전지는 수소를 공기 중 산소와 화학반응시켜 전기를 생성하는 미래 동력원이다.
(2) 원리 : 공기 중의 산소가 한 전극을 지나고 수소가 다른 전극을 지날 때 전기화학반응을 통해 전기와 물, 열을 생성하는 원리다. 즉, 물의 전기분해의 역반응이다.

3. 태양전지의 발전원리로 옳은 것은?
① 광전효과
② 쇼트키 효과
③ 조셉슨 효과
④ 푸르키네 효과

[해설] 태양전지의 원리 - 광전효과(photoelectric effect)
(1) 태양전지에 빛을 비추면 내부에서 전자와 정공이 발생한다.
(2) 발생된 전하들은 각각 P극과 N극으로 이동하는데, 이 작용에 의해 P극과 N극 사이에 전위차(광기전력)가 발생하며, 이때 태양전지에 부하를 연결하면 전류가 흐르게 된다. 이를 광전효과라 한다.

[참고] (1) 쇼트키 효과(Schottky effect) : 열전자 방출에서 양극전위를 높이면 전류가 완전히 포화되지 않고 조금씩 증가하는 현상
(2) 조셉슨 효과(Josephson effect) : 두 장의 초전도체막 사이에 얇은 절연물을 끼워 넣었을 때 절연물을 통하여 전류가 흐르는 현상
(3) 푸르키네 현상(Purkinje's phenomenon) : 색광에 대한 시감도가 명암순응 상태에 의해 달라지는 현상

4. 태양광발전에 관한 설명으로 틀린 것은?
① 출력이 날씨에 제한을 받는다.
② 출력이 수요변동에 대응할 수 없다.
③ 발전 시 이산화탄소를 배출하지 않는다.
④ 태양의 열에너지를 이용하여 발전한다.

[해설] 태양광발전은 태양의 빛에너지를 이용하여 발전한다.

정답 1. ④ 2. ① 3. ① 4. ④

5. 태양복사에 대한 설명으로 틀린 것은?

① 태양고도가 수직일 때 AM = 1이다.
② 대기 중의 분자들에 의한 흡수로 태양복사가 감소한다.
③ 태양복사의 흡수와 레일리(rayleigh) 산란은 태양고도가 높을수록 증가한다.
④ 대기 중의 오염물질에 의한 미(mie) 산란은 위치에 따라 심하게 변한다.

해설 태양복사(solar radiation)
(1) 태양복사는 태양에서 방출되는 가시광선, x선, 자외선복사, 적외선복사, 전파방출을 포함하는 전자기 에너지이다.
(2) 공기분자나 떠돌아다니는 먼지와 구름입자 등에 의한 산란 및 수증기, 이산화탄소, 오존 등에 의해서 흡수된다.
(3) 산란은 레일리 산란(rayleigh)과 미 산란(mie scattering) 두 종류가 있다.
  (가) 입자의 크기가 들어오는 빛(전자기파)의 파장과 같거나 크면 미 산란이라고 하고, 입자의 크기가 빛의 파장보다 작으면 레일리 산란이라고 한다.
  (나) 대기에 오염물질이 많은 경우, 미 산란에 의하여 대기가 회색을 띠게 된다.
  (다) 공기분자에 의한 산란은 레일리 산란이라고 불리며, 산란계수는 파장을 λ라고 하면 $\lambda-4$에 비례하며, 짧은 파장일수록 더 많이 산란된다. 또한 산란광의 각도 분포는 방향에 관계없이 거의 동일하다.

6. 태양광발전 시스템의 운전에 대한 설명으로 틀린 것은?

① 태양광발전 시스템은 야간에 발전하지 않는다.
② 태양광발전 시스템은 흐린 날에는 발전하지 않는다.
③ 태양광발전 시스템은 맑은 날씨에 더 많은 전력이 발전된다.
④ 태양광발전 시스템은 정지 시 주 개폐기를 off 해야 한다.

해설 태양광발전 시스템은 흐린 날에도 발전한다.

7. 다결정 실리콘 태양전지에 관한 설명으로 옳은 것은?

① 외관이 균등하다.
② 단결정 대비 가격이 싸다.
③ 단결정 대비 효율이 높다.
④ 형태는 대부분이 원형으로 제조된다.

해설 다결정 실리콘 태양전지
(1) 다결정질 태양전지는 단결정질 태양전지에 비해 생산 공정이 간단하고 가격도 상대적으로 저렴하다는 것이 장점이다.
(2) 단결정, 다결정 실리콘 셀(cell)의 특성 비교

구 분	단결정	다결정
실리콘 순도	높다	낮다
효율	높다	낮다
원가	고가	저가
한계 효율	35% 정도	23% 정도
제조 공정	복잡	간단

8. 결정계 태양전지 모듈의 온도가 상승될 때 나타나는 특성은?

① 최대전력이 저하한다.
② 개방전압이 상승한다.
③ 방사조도가 감소한다.
④ 바이패스 전압이 감소한다.

해설 결정계 태양전지 모듈의 온도가 상승할 때의 특성
(1) 출력 감소는 약 0.45%/℃ 정도이다.
(2) 개방전압이 감소한다.

정답 5. ③ 6. ② 7. ② 8. ①

9. 다음 그림은 태양광발전설비 단위를 나타낸 것이다. 올바른 것은?

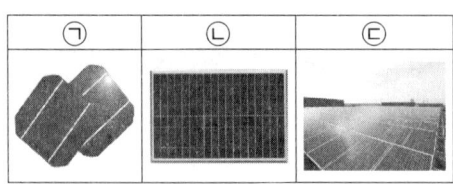

	㉠	㉡	㉢
①	셀	모듈	어레이
②	모듈	어레이	셀
③	모듈	셀	어레이
④	셀	어레이	모듈

[해설] 본문 그림 2-18[셀(cell)-모듈(module)-어레이(array)] 참조

10. 태양전지 모듈의 공칭 최대출력은 표준 시험 조건을 고려하여 측정한다. 다음 중 KSC에 규정된 표준 시험 조건을 올바르게 나타낸 것은?

일사강도	에어매스 (AM)	태양전지 온도
㉠ [W/m²]	㉡	㉢ [℃]

	㉠	㉡	㉢
①	500	1.0	25
②	500	1.5	20
③	1000	1.0	20
④	1000	1.5	25

[해설] 표준 시험 조건(STC)
(1) 일사강도 : 1000 W/m²
(2) 에어매스(AM) : 1.5
(3) 태양전지 온도 : 25℃

[참고] 대기질량지수 : 에어매스(Air Mass : AM)

11. OP 앰프를 이용한 인버터 제어부에서 ㉠에 나타나는 신호로 옳은 것은?

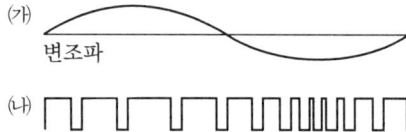

① PWM ② PAM
③ PCM ④ PNM

[해설] 인버터의 원리-OP 앰프를 이용한 제어부 그림에서, ㉠에 나타나는 신호
(1) 인버터(inverter)는 직류를 교류로 변환하는 장치로, 최근에는 사이리스터(thyristor)의 정지 스위치 특성을 이용한다.
(2) 스위칭 소자를 정해진 순서대로 on/off를 규칙적으로 반복함으로써 직류입력을 교류출력으로 변환한다.
(3) 약 20 kHz의 고조파 PWM 제어방식을 이용하여 다음 그림과 같은 출력전압 파형을 얻는다.

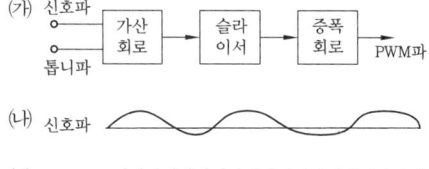

[참고] • PWM(Pulse Width Modulation) 펄스 폭 변조 : 아날로그 신호를 펄스화(준 디지털화)하는 방법의 하나로, 파워 앰프에 응용하면 간단하게 대규모 출력을 얻을 수 있다.
• 펄스폭 변조 회로

정답 9. ① 10. ④ 11. ①

(라) 슬라이스
(마) PWM파

12. 태양광발전 시스템의 인버터는 태양전지 출력 향상이나 고장 시를 위한 보호기능 등을 갖추고 있다. 다음 중 인버터에 적용하고 있는 기능이 아닌 것은?
① 자동운전 정지기능
② 최대출력 추종제어기능
③ 자동전류 조정기능
④ 단독운전 방지기능

[해설] 인버터(inverter)의 기능(①, ②, ④ 이외에)
(1) 자동전압 조정기능
(2) 직류 검출기능
(3) 직류지락 검출기능
(4) 계통연계 보호기능

13. 태양광 인버터의 직류 및 교류회로에 갖추어야 할 보호기능이 아닌 것은?
① 과전압 보호
② 과전류 보호
③ 극성 오류 보호
④ 전기적 데이터 보호

[해설] 인버터(inverter) 회로-보호기능
(1) 과전압, 과전류 보호
(2) 직류 회로의 극성 오류 보호

14. 인버터 배터리 DC 12 V, 변환효율 90%, 부하용량 220 V, 440 W일 때 인버터 입력전류(A)는?
① 20.42 ② 32.65 ③ 36.87 ④ 40.74

[해설] 인버터(inverter)의 입력전류

$$입력전류 = \frac{부하용량}{DC전압 \times 반환효율}$$

$$= \frac{440}{12 \times 0.9} = 40.74 \text{ A}$$

15. 인버터에 표시되는 사항과 현상이 잘못 연결된 것은?
① solar cell OV fault : 태양전지 전압이 규정 이상일 때
② line R phase sequence fault : R상 결상 시 발생
③ utility line fault : 인버터 전류가 규정 이상일 때
④ line over frequency fault : 계통주파수가 규정 이상일 때

[해설] 인버터(inverter) 이상신호 조치 방법 (본문 표 7-8 참조)

모니터링	인버터 표시	현상 설명	조치 사항
태양전지 과전압	solar cell OV fault	태양전지 전압이 규정 이상일 때 발생	태양전지 전압 점검 후 정상 시 5분 후 재기동
한전계통 R상	line R phase fault	R상 결상 시 발생	R상 확인 후 정상 시 재운전
한전계통 입력전원	utility line fault	정전 시 발생	계동전압 확인 후 정상 시 5분 후 재기동
한전 주파수	line over frequency fault	계통 주파수가 규정값 이상일 때 발생	계통 주파수 점검 후 정상 시 5분 후 재기동
인버터 과전류	inverter over current fault	인버터 전류가 규정값 이상으로 흐를 때 발생	시스템 정지 후 고장 부분 수리 또는 계통 점검 후 운전

㈜ 인버터 전류가 규정 이상일 때 : inverter over current fault

[정답] 12. ③ 13. ④ 14. ④ 15. ③

16. 절연변압기 부착형 인버터 입력회로의 경우 절연저항 측정 순서로 맞는 것은?

> ㉠ 태양전지 회로를 접속함에서 분리
> ㉡ 분전반 내의 분기 차단기 개방
> ㉢ 직류 측의 모든 입력단자 및 교류 측의 전체 출력 단자를 각각 단락
> ㉣ 직류단자와 대지 간의 절연저항 측정

① ㉠-㉡-㉢-㉣ ② ㉡-㉠-㉢-㉣
③ ㉢-㉠-㉡-㉣ ④ ㉣-㉢-㉡-㉠

[해설] 인버터 입력회로-절연저항 측정 순서
(1) 태양전지 회로를 접속함에서 분리한다.
(2) 분전반 내의 분기 차단기를 개방한다.
(3) 직류 측의 모든 입력단자 및 교류 측의 전체 출력단자를 각각 단락한다.
(4) 직류단자와 대지 간의 절연저항을 측정한다.
(5) 측정 결과의 판정기준을 전기설비기술기준에 따라 표시한다.

[참고] 측정 방법
(1) 태양전지 회로를 접속함에서 분리하여 인버터의 입출력단자를 단락하면서 입력단자와 대지 간의 절연저항을 측정한다.
(2) 접속함까지의 전로를 포함하여 절연저항을 측정하는 것으로 한다.

17. 태양전지 모듈에 다른 태양전지 회로 및 축전지의 전류가 유입되는 것을 방지하기 위하여 설치하는 보호장치로 옳은 것은?

① 인버터
② 역류방지 다이오드
③ 바이패스 다이오드
④ 최대출력 추종장치

[해설] 역류방지 다이오드의 설치 목적
 (1) 태양전지 회로 : 어레이의 스트링(string) 별로 설치되며, 스트링 사이의 출력전압 불균형 방지 목적으로 설치된다(본문 그림 5-4 참조).
 (2) 축전지 회로 : 야간에 태양광발전이 정지된 상태에서 축전지 전력이 태양전지 모듈 쪽으로 흘러들어 소모되는 것을 방지하기 위한 목적으로 설치된다.

[참고] 바이패스 다이오드(by-pass diode) : 모듈의 셀 일부분에 음영이 발생한 경우 전류 집중으로 인한 열점(hot spot)으로 셀의 소손을 방지하기 위함이다.

18. 바이패스소자의 역내전압은 셀의 최대출력전압의 몇 배 이상이 되도록 선정하여야 하는가?

① 0.7 ② 1.5 ③ 2.0 ④ 3.5

[해설] 바이패스(by-pass) 소자의 역내전압(inverse voltage)은 셀 스트링의 공칭 최대출력전압의 1.5배 이상이 되도록 선정한다.

[참고] 스트링의 단락전류를 충분히 바이패스할 수 있는 정격전류를 가져야 하며, 보통 18~20개 셀 단위로 모듈(module)의 후면 출력 단자함에 설치한다.

19. 납 축전지의 공칭용량을 바르게 표시한 것은?

① 방전전류 × 방전시간
② 충전전류 × 충전시간
③ 방전전류 × 방전전압
④ 충전전류 × 충전전압

[해설] 납 축전지의 공칭용량(Ah) = 방전전류(A) × 방전시간(h)

[참고] 공칭용량(nominal capacity)
 (1) 25℃의 온도에서 충전한 축전지를 규정전류로 규정된 방전종지전압까지 방전하여 얻은 전기량(Ah)을 말한다.

정답 16. ① 17. ② 18. ② 19. ①

(2) 주로 축전지의 용량표시에 사용되며, 축전지는 종류에 따라 극판구성이 서로 다르고 분극이나 전압강하가 다르기 때문에 공칭용량을 정하는 방전종지전압과 방전율이 축전지의 종류에 따라 다르다.

20. 피뢰시스템의 구성 중 내부 피뢰시스템으로 옳은 것은?
① 수뢰부 시스템 ② 접지극 시스템
③ 피뢰등전위본딩 ④ 인하도선 시스템

[해설] 피뢰시스템
(1) 내부 피뢰시스템
  (가) 피뢰등전위본딩 및 외부 피뢰시스템의 전기적 절연으로 구성된 피뢰시스템의 일부를 말한다.
  (나) 내부 피뢰시스템은 외부 피뢰시스템 혹은 피보호 구조물의 도전성 부분을 통하여 흐르는 뇌격전류에 의해 피보호 구조물의 내부에서 위험한 불꽃방전의 발생을 방지하도록 시설하여야 한다.
(2) 외부 피뢰시스템의 구성 요소는 다음과 같다.
  (가) 수뢰부 시스템 : 구조물의 뇌격을 받아들임
  (나) 인하도선 시스템 : 뇌격전류를 안전하게 대지로 보냄
  (다) 접지 시스템 : 뇌격전류를 대지로 방류시킴

[참고] 피뢰등전위본딩 EB(lightning equipotential bonding)
(1) 뇌격전류에 의한 전위차를 감소시키기 위해 직접적인 도전접속 또는 서지보호장치를 통하여 분리된 금속의 피뢰시스템에 대해 전기적으로 접속시키는 것을 말한다.
(2) 등전위본딩은 피뢰시스템, 금속구조체, 금속제 설비, 계통외도전성 부분, 보호대상물 내의 전력선 및 통신선을 본딩용 도체 혹은 서지보호장치로 접속하는 것으로 피뢰설비에 있어서 기본이다.
(3) 보호대상물 내에서 화재 및 폭발위험과 더불어 인명에 대한 위험을 줄이기 위해서 등전위화는 대단히 중요한 방법이다.

21. 설치공사 단계 중 어레이 방수공사는 어느 설치공사에 포함되는가?
① 어레이 기초공사 ② 어레이 가대공사
③ 어레이 설치공사 ④ 어레이 접지공사

[해설] 어레이(array) 기초공사(본문 그림 6-1 설치공사 절차도 참조)
방수공사는 어레이 기초공사에 포함된다.

22. 태양광발전 시스템의 시공 절차의 순서를 옳게 나타낸 것은?

┌─────────────────┐
│ ㉠ 어레이 기초공사   │
│ ㉡ 배선공사   │
│ ㉢ 어레이 가대공사   │
│ ㉣ 인버터 기초·설치공사   │
│ ㉤ 점검 및 검사   │
└─────────────────┘

① ㉠ → ㉣ → ㉡ → ㉢ → ㉤
② ㉢ → ㉠ → ㉡ → ㉣ → ㉤
③ ㉠ → ㉢ → ㉣ → ㉡ → ㉤
④ ㉢ → ㉣ → ㉠ → ㉡ → ㉤

[해설] 태양광발전 시스템 시공 절차의 순서
(1) 어레이 기초공사(방수공사)
(2) 어레이 가대공사
(3) 인버터 기초·설치공사(접속함, 분전반)
(4) 배선공사(모듈 간, 어레이와 접속함, 접속함과 인버터 간, 인버터와 분전반 간)
(5) 점검 및 검사(어레이 출력, 절연저항, 접지저항 등)

[정답] 20. ③　21. ①　22. ③

23. 태양광발전 시스템의 태양전지 모듈 설치 시 고려 사항이 아닌 것은?
① 모듈의 접지는 전기적 연속성이 유지되지 않아야 하므로 생략한다.
② 모듈의 직렬매수는 인버터의 입력전압 범위에서 선정하여야 한다.
③ 모듈의 설치는 가대의 하단에서 상단으로 순차적으로 조립한다.
④ 모듈과 가대의 접합 시 전식 방지를 위해 개스킷을 사용하여 조립한다.

[해설] 모듈 설치 시 모듈 접지는 생략되어서는 안 된다.
※ 태양전지 모듈, 지지대, 접속함, 인버터 외함, 금속배관 등의 노출 비충전 부분은 누전에 의한 감전과 화재 등을 방지하기 위해 접지공사를 실시하여야 한다.

[참고] 개스킷(gasket) : 물이나 가스의 누수 방지를 하기 위한 접합부나 부위 부분에 낀 패킹(packing)

24. 태양전지 모듈의 운영 매뉴얼로 틀린 것은?
① 황사나 먼지 등에 의해 발전효율이 저하된다.
② 풍압에 의해 모듈과 형강의 체결부위가 느슨해질 수 있다.
③ 고압분사기를 이용하여 모듈 표면에 정기적으로 물을 뿌려 준다.
④ 모듈 표면은 강화유리로 제작하여 외부 충격에 파손되지 않는다.

[해설] 태양전지 모듈의 운영 매뉴얼 중에서, 모듈 표면은 강화유리로 되어 있어 강한 충격이 있을 시 파손될 우려가 있으므로 충격이 발생되지 않도록 주의가 필요하다는 내용이 있다(본문 표 7-2 발전시스템 운영 매뉴얼 참조).

25. 역조류를 허용하지 않는 연계에서 설치하여야 하는 계전기로 옳은 것은?
① 과전류 계전기 ② 과전압 계전기
③ 역전력 계전기 ④ 부족전압 계전기

[해설] 역전력 계전기(reverse power relay) : 수용가 측에서 분산전원을 설치하여 전력계통과 병렬운전하게 될 경우, 역조류를 허용하지 않는 연계에서 잉여전력이 전력계통으로 흘러들어가지 않도록 하는 데 사용되는 계전기이다.

26. 태양광발전 시스템의 구조물의 상정하중 계산 시 고려 사항이 아닌 것은?
① 적설하중   ② 지진하중
③ 고정하중   ④ 전단하중

[해설] 구조물의 상정하중
 (1) 고정하중 (2) 풍하중
 (3) 적설하중 (4) 지진하중

[참고] 전단하중(shearing load) : 물체 내의 접근한 평행 2면에 크기가 같고 방향이 반대로 작용하는 하중

27. 다음 그림과 같이 지붕 위에 설치한 태양전지 어레이에서 접속함으로 복수의 케이블을 배선하는 경우 케이블은 반드시 물빼기를 하여야 한다. 그림에서 P점의 케이블은 외경의 몇 배 이상으로 구부려 설치하여야 하는가?
① 2배
② 3배
③ 4배
④ 6배

[해설] 케이블 차수 방안
(본문 그림 6-10 참조)
원칙적으로 케이블 외경의 6배 이상인 반경으로 구부려 설치할 것

정답 23. ① 24. ④ 25. ③ 26. ④ 27. ④

28. 접속반에 입력되는 태양전지 모듈의 공칭 스트링 전압이 512 V이고 모듈의 공칭전압은 32 V이다. 이때 하나의 스트링에는 몇 개의 모듈이 직렬로 연결되어야 하는가?

① 8개　② 12개　③ 16개　④ 32개

[해설] 모듈 수 = $\dfrac{스트링\ 전압}{모듈\ 공칭전압}$ = $\dfrac{512}{32}$ = 16개

29 태양전지 모듈과 인버터 간의 배선공사 내용 중 틀린 것은?

① 전선관의 두께는 전선 피복절연물을 포함하는 단면적의 총합이 관의 54% 이하로 한다.
② 접속함에서 인버터까지의 배선은 전압강하율을 1~2%로 할 것을 권장한다.
③ 케이블을 매설할 시 중량물의 압력을 받을 염려가 있는 경우는 60 cm 이상으로 한다.
④ 케이블을 매설할 때에는 케이블 보호처리를 하고 그 총 길이가 30 m를 넘는 경우에는 지중함을 설치하는 것이 바람직하다.

[해설] 모듈과 인버터 간의 배선공사에서, 전선관의 굵기는 전선 피복물을 포함한 단면적의 합계가 48% 이하로 한다. 단, 굵기가 다른 케이블의 경우는 32% 이하를 원칙으로 한다[내선규정 2225-5 참조]

30. 태양전지 모듈 간 연결전선은 몇 mm² 이상의 전선을 사용하여야 하는가?

① 0.4 mm²　② 2.5 mm²
③ 0.75 mm²　④ 0.4 mm²

[해설] 태양전지 모듈 간의 배선
전선의 공칭 단면적 : 2.5 mm² 이상의 연동선(판단기준 제54조 참조)

31. 태양광발전 시스템의 케이블 단말처리 후 케이블 종단에 반드시 표시해야 하는 것은?

① 전압 표시　② 전류 표시
③ 극성 표시　④ 전력 표시

[해설] 케이블 단말처리 후 케이블 종단에는 반드시 극성 표시(+, −)를 해야 한다.
[참고] 모듈 뒷면의 접속용 케이블은 2개씩 나와 있으므로 반드시 극성(+, −) 표시를 확인한 후 결선을 하여야 한다.

32. 태양광발전 시스템의 계측기구 중 검출된 데이터를 컴퓨터 및 먼 거리에 전송하는 데 사용하는 것은?

① 검출기　② 연산장치
③ 기억장치　④ 신호변환기

[해설] 신호변환기 : 트랜스듀서(transducer) 입력신호를 다른 형태의 출력신호로 변환해 주는 변환 장치를 말한다.
[참고] 계측-표시 시스템의 구성(본문 그림 7-4)
(1) 검출기(센서)
(2) 신호변환기(트랜스듀서)
(3) 연산장치
(4) 기억장치
(5) 표시장치

33. 태양광발전 시스템 트러블 중 계측 트러블인 것은?

① 인버터의 정지
② RCD 트립

정답　28. ③　29. ①　30. ②　31. ③　32. ④　33. ③

③ 컴퓨터의 조작오류
④ 계통지락

[해설] (1) 계측 트러블(trouble)
　　㈎ 컴퓨터의 조작오류
　　㈏ 컴퓨터 전원의 차단
　　㈐ 기타, 원인불명
(2) 시스템 트러블
　　㈎ 인버터 정지
　　㈏ 계통지락 및 직류지락
　　㈐ RCD 트립
　　㈑ 원인불명에 의한 운전 정지

[참고] RCD(Residual Current Device) : 누전차단기
(1) RCD는 에너지가 있는 도선과 중립 도선 사이의 전류 균형이 깨졌을 때, 전류를 차단하는 장치이다.
(2) 5~30 mA 정도의 누설전류를 감지하여 감전을 방지한다(과부하나 단락은 별도의 차단기가 감지한다).

34. 태양광발전 시스템 모니터링 프로그램의 기본기능이 아닌 것은?
① 데이터 수집기능
② 데이터 저장기능
③ 데이터 정정기능
④ 데이터 분석기능

[해설] 모니터 프로그램의 기본기능
　(1) 데이터 수집기능 (2) 데이터 저장기능
　(3) 데이터 분석기능 (4) 데이터 통계기능

35. 태양광발전 시스템의 모니터링 항목으로 옳은 것은?
① 전력 소비량　② 일일 발전량
③ 일일 열생산량　④ 에너지 소비량

[해설] 일일 발전량 : 일일 시간대별 발전현황, 부하현황을 시간대로 표시 및 평균, 최소, 최대 누적치 표시

36. 결정질 실리콘 태양발전 모듈의 성능시험 중 외관 검사 시 몇 lx 이상의 광 조사 상태에서 검사해야 하는가?
① 100　② 250　③ 500　④ 1000

[해설] 모듈의 성능시험 중, 외관 검사(본문 표 8-2 참조)
(1) 모듈의 시각적 결함을 찾아내기 위한 검사이다.
(2) 1000 lux 이상의 조광 상태에서 모듈의 외관, 셀(cell) 등에 크랙, 구부러짐, 갈라짐 등이 없는지 확인한다.

37. 태양전지 어레이 검사 내용을 설명한 것으로 틀린 것은?
① 역류방지용 다이오드의 극성이 다르면 무전압이 된다.
② 태양전지 어레이 시공 후 전압 및 극성을 확인하여야 한다.
③ 인버터에 트랜스리스 방식을 사용하는 경우에는 일반적으로 교류 측 회로를 비접지로 한다.
④ 태양전지 모듈의 사양서에 기재되어 있는 단락전류가 흐르는지 직류전류계로 측정한다.

[해설] 직류 측 회로를 비접지로 한다.

38. 태양광발전 시스템의 유지보수를 위한 고려 사항으로 틀린 것은?
① 태양광 시스템의 발전량을 정기적으로 기록 및 확인한다.
② 태양광 시스템의 낙뢰 보호를 위해 비가 오면 강제 정지시킨다.
③ 태양전지 모듈의 오염을 제거하기 위해 정기적으로 모듈 청소를 한다.

정답　34. ③　35. ②　36. ④　37. ③　38. ②

④ 태양전지 모듈에 발생하는 음영을 정기적으로 조사하여 원인을 제거한다.

해설 비 때문에 강제로 정지시키는 경우는 없다.

39. 어레이의 고장 발생 범위 최소화와 태양전지 모듈의 보수점검을 용이하게 하기 위하여 설치하는 것은?
① 접속함　　② 축전지
③ 보호계전기　④ 서지보호장치

해설 접속함
(1) 태양전지 어레이와 인버터 사이에 설치한다.
(2) 모듈의 보수 : 점검 시 회로를 분리하거나 점검을 용이하게 하기 위하여 설치한다.

40. 태양광발전설비 유지보수의 구분에 해당하지 않는 것은?
① 사용 전 검사　② 일상점검
③ 정기점검　　　④ 임시점검

해설 유지보수 관점에서의 점검의 구분
(1) 일상점검　(2) 정기점검
(3) 임시점검

41. 무전압 상태인 주 회로를 보수 점검할 때 점검 전 유의 사항으로 틀린 것은?
① 접지선을 제거한다.
② 잔류전하를 방전시킨다.
③ 차단기를 단로상태로 한다.
④ 단로기 조작은 쇄정시킨다.

해설 "접지선을 제거한다"는 점검 후 유의 사항에 적용된다.

참고 무전압 상태 확인 및 안전조치
주 회로를 점검할 때 안전을 위하여 아래 사항을 점검한다.
(1) 관련된 차단기, 단로기를 열고 무전압이 되게 한다.
(2) 검전기로서 무전압 상태를 확인하고 필요 개소를 접지한다.
(3) 차단기는 단로 상태가 되도록 연출하고 "점검 중"이라는 표지판을 부착한다.
(4) 단로기 조작은 쇄정시킨다(쇄정장치가 없는 경우 "점검 중"이라는 표지판을 부착한다).
(5) 특히 수전반 또는 모선 연락반 등과 같이 전원이 들어와서 살아오는 경우에는 상대방의 개폐기에 대해서도 상기 (3), (4)항의 조치를 취한다.
(6) 잔류전하에 대한 주의 : 콘덴서 및 케이블의 접속부를 점검할 경우에 잔류전하를 방전시키고 접지를 실시한다.
(7) 오동작 방지 : 전원의 쇄정 및 주의 표시를 부착한다.
(8) 절연용 보호기구 준비
(9) 쥐, 곤충 등의 침입에 방지대책을 세운다.

42. 보수 점검 작업 후 최종점검 유의 사항으로 틀린 것은?
① 작업자가 반 내에 있는지 확인한다.
② 회로도에 의한 검토를 했는지 확인한다.
③ 공구 및 장비가 버려져 있는지 확인한다.
④ 볼트 조임 작업을 완벽하게 하였는지 확인한다.

해설 최종점검(확인) 유의 사항(①, ③, ④ 이외에)
(1) 점검을 위해 임시로 설치한 가설물 등이 철거되었는지 확인한다.
(2) 점검 중 쥐, 뱀, 곤충 등의 침입은 없었는지 확인한다.

정답　39. ①　40. ①　41. ①　42. ②

43. 태양광발전 시스템의 인버터 설비 정기점검 시 측정 및 시험에 해당하지 않는 것은?

① 절연저항
② 외부 배선의 손상
③ 표시부 동작 확인
④ 투입저지 시한 타이머 동작시험

[해설] 정기점검 시 인버터의 측정 및 시험-점검 항목
 (1) 절연저항(입출력 단자 – 접지 간)
 (2) 표시부 동작 확인(표시부 표시, 발전전력 등)
 (3) 투입저지 시한 타이머 동작시험

[참고] "외부 배선의 손상"은 육안점검에 해당된다.

44. 태양전지 어레이 측정 점검 요령의 설명으로 옳은 것은?

① 접지저항 및 접지
② 나사의 풀림 여부
③ 유리 등 표면의 오염 및 파손
④ 가대의 부식 및 녹 발생 유무

[해설] 어레이 점검 항목 및 점검 요령(본문 표 9-1 참조)
 • 육안점검 : ②, ③, ④
 • 측정 : ①

45. 태양전지 모듈의 절연내력시험을 교류로 실시할 경우 최대사용전압이 380V 이면 몇 V로 해야 하는가?

① 380 ② 418
③ 500 ④ 570

[해설] 모듈의 절연내력시험(판단기준 15조 참조)
 (1) 최대사용전압의 1.5배의 직류전압이나 1배의 교류전압을 10분간 인가하여 절연 파괴 등의 이상이 발생하지 않는 것을 확인한다.
 (2) 1배의 교류전압이 500 V 미만으로 되는 경우에는 500 V를 시험전압으로 한다.

46. 자가용 태양광발전설비 정기검사 항목 중 태양광전지 검사 세부검사 내용이 아닌 것은?

① 어레이
② 외관검사
③ 절연내력시험
④ 전지 전기적 특성시험

[해설] 자가용 태양광발전설비 정기검사 세부 내용 중, 절연내력시험은 전력변환장치 검사에 적용된다.

47. 가교폴리에틸렌 절연비닐시스 케이블 단말처리를 위해 사용하는 절연테이프로 적합한 것은?

① 비닐 절연테이프
② 고무 절연테이프
③ 종이 절연테이프
④ 자기융착 절연테이프

[해설] 케이블 단말처리의 가장 적절한 방법
 (1) 자기융착 절연테이프를 겹쳐서 감고 그 위에 다시 보호테이프로 감는다.
 (2) 보호테이프 : 자기융착테이프의 열화를 방지하기 위해 위에 다시 한 번 감아 준다.
 (3) 가교폴리에틸렌 절연비닐시스 케이블 단말처리를 위해 사용하는 절연테이프로 적합하다.

[참고] 자기융착 절연테이프
 (1) 내오존성, 내수성, 내약품성, 내온성이 우수해서 오래도록 열화되지 않기

때문에 가교폴리에틸렌 절연 비닐시스 케이블 단말처리 및 케이블 접속에 사용된다.
(2) 한번 붙으면 다시 제거할 수 없으며 충전 부위를 칼로 벗겨야 한다.

48. 뇌서지 방지를 위한 SPD 설치 시 접속도체의 전체 길이는 몇 m 이하로 하여야 하는가?

① 0.1 ② 0.3
③ 0.5 ④ 1.0

[해설] 서지 보호기(SPD)[내선규정 5220-2 참조]
(1) SPD는 낙뢰 충격 전압으로부터 전력설비의 손상을 방지하기 위한 기기이다.
(2) 연결전선의 길이는 가능한 짧고, 어떠한 접속도 없어야 하며, 0.5 m를 초과하지 않아야 한다.
[참고] SPD의 접지선은 단면적은 동선으로 4 mm² 또는 이와 동등 이상이어야 한다.

49. 다음 중 표준화의 효과로 틀린 것은?
① 작업능률 향상
② 부품의 호환성 증가
③ 품질 향상과 균일성의 유지
④ 생산능률의 증진과 생산원가 증진

[해설] 표준화의 효과(①, ②, ③ 이외에)
(1) 표준화로 호환성이 이루어져 사용자 수가 크게 증가
(2) 생산능률의 증진과 생산원가 절감 및 인력과 자재의 절약
(3) 근로자의 교육, 훈련 용이 및 생활의 편익 증진
(4) 국가 간의 무역 촉진
[참고] 표준화의 단점 : 제품과 기술의 다양성을 감소시킬 우려가 있음

50. 2000 kW, 역률 75%인 부하를 역률 95%까지 개선하는 데 필요한 콘덴서의 용량은 약 몇 kVA인가?

① 916 ② 1106 ③ 1306 ④ 1506

[해설] 역률 개선용 전력용 콘덴서의 용량 계산
$$Q_C = P(\tan\theta_0 - \tan\theta_1)$$
$$= P\left(\frac{\sin\theta_0}{\cos\theta_0} - \frac{\sin\theta_1}{\cos\theta_1}\right)$$
$$= 2000\left(\frac{\sqrt{1-0.75^2}}{0.75} - \frac{\sqrt{1-0.95^2}}{0.95}\right)$$
$$= 2000\left(\frac{0.66}{0.75} - \frac{0.31}{0.95}\right)$$
$$= 2000 \times 0.55 ≒ 1100 \text{ kVA}$$

• P : 부하의 용량,
  θ_0 : 개선 전 역률, θ_1 : 개선 후 역률

51. 저압 및 고압용 검전기 사용 시 주의사항에 대한 설명 중 틀린 것은?
① 검전기의 대용으로 활선접근경보기를 사용할 것
② 검전기의 정격전압을 초과하여 사용하는 것은 금지
③ 검전기의 사용이 부적당한 경우에는 조작봉으로 대용
④ 습기가 있는 장소로서 위험이 예상되는 경우에는 고압 고무장갑을 착용

[해설] (1) 검전기 사용 시 주의 사항(②, ③, ④ 이외에)
㈎ 사용 전 동작여부 점검 실시-내부 건전지 확인
㈏ 검전기 온도가 -10℃ 이하일 때는 오동작 우려가 있으므로 주의할 것
㈐ 운반 및 보관 시 반드시 케이스에 넣어 관리할 것
(2) 전로의 충전 여부를 확인하기 위하여 사용되며, 저압 내온용, 저-고압 겸용, 특고압용 등이 있다.

정답 48. ③ 49. ④ 50. ② 51. ①

[참고] 활선접근경보기 : 작업자의 손목이나 팔, 안전모 등에 장착하여 사용되며, 작업자가 고압 충전부에 접근한 경우나 활선을 정전으로 오인해 충전부에 접근한 경우에 경보를 발하여 작업자에게 주의를 환기시킴으로써 사고를 미연에 방지하기 위한 것

52. 시간대별로 전력거래량을 측정할 수 있는 전력량계를 설치·관리하는 자가 아닌 것은?
① 배전사업자
② 자가용 전기설비를 설치한 자
③ 대통령령으로 정하는 발전사업자
④ 전력을 직접 구매하는 전기사용자

[해설] 전력량계의 설치·관리(전기사업법 제19조)
다음 각호의 자는 시간대별로 전력거래량을 측정할 수 있는 전력량계를 설치·관리하여야 한다.
(1) 발전사업자(대통령령으로 정하는 발전사업자는 제외한다)
(2) 자가용 전기설비를 설치한 자
(3) 구역전기사업자
(4) 배전사업자
(5) 전력을 직접 구매하는 전기사용자
※ 전기사업법은 2016년부터 출제기준에서 제외됨(문제 52, 56번 해당)

53. 신·재생에너지의 교육·홍보 및 전문인력 양성에 관한 설명으로 틀린 것은?
① 신·재생에너지의 분야 전문인력 양성을 위하여 시·도지사의 협력이 필요
② 교육·홍보 등을 통하여 신·재생에너지의 기술개발 및 이용·보급에 관한 국민의 이해와 협력을 구하는 노력
③ 신·재생에너지의 분야 전문인력 양성을 위하여 신·재생에너지의 분야 특성화대학을 지정하여 육성·지원
④ 신·재생에너지의 분야 전문인력 양성을 위하여 신·재생에너지의 분야 핵심기술연구센터를 지정하여 육성 지원

[해설] 신재생에너지의 교육, 홍보 및 전문인력 양성[법 (30) 참조]
(1) 정부는 교육·홍보 등을 통하여 신·재생에너지의 기술개발 및 이용·보급에 관한 국민의 이해와 협력을 구하도록 노력하여야 한다.
(2) 산업통상자원부장관은 신·재생에너지 분야 전문인력의 양성을 위하여 신·재생에너지 분야 특성화대학 및 핵심기술연구센터를 지정하여 육성·지원할 수 있다.

54. 산업통상자원부장관이 수립하는 신·재생에너지의 기술개발 및 이용·보급을 촉진하기 위한 기본계획의 계획기간은 몇 년 이상인가?
① 1   ② 3
③ 5   ④ 10

[해설] 기본계획의 계획기간은 10년 이상으로 한다.

55. 산업통상자원부장관은 공급의무자가 의무공급량에 부족하게 신·재생에너지를 이용하여 에너지를 공급한 경우 얼마의 범위에서 과징금을 부과할 수 있는가?
① 해당 연도 평균거래 가격×(50/100)
② 해당 연도 평균거래 가격×(100/100)
③ 해당 연도 평균거래 가격×(150/100)
④ 해당 연도 평균거래 가격×(200/100)

정답 52. ③   53. ①   54. ④   55. ③

[해설] 신·재생에너지 공급 불이행에 대한 과징금(신·재생 제12조의6)
산업통상자원부장관은 공급의무자가 의무공급량에 부족하게 신·재생에너지를 이용하여 에너지를 공급한 경우에는 대통령령으로 정하는 바에 따라 그 부족분에 제12조의7에 따른 신·재생에너지 공급인증서의 해당 연도 평균거래 가격의 100분의 150을 곱한 금액의 범위에서 과징금을 부과할 수 있다.

56. 태양광발전설비 안전관리업무 위탁이 가능한 설비용량으로 옳은 것은?

① 1000 kW 미만
② 2000 kW 미만
③ 3000 kW 미만
④ 4000 kW 미만

[해설] 안전관리업무의 대행 규모(사업법 시행규칙 제41조)
(1) 안전공사 및 대행사업자 : 다음 각 목의 어느 하나에 해당하는 전기설비
  ㈎ 용량 1000 kW 미만의 전기수용설비
  ㈏ 용량 300 kW 미만의 발전설비. 다만, 비상용 예비발전설비의 경우에는 용량 500킬로와트 미만으로 한다.
  ㈐ 태양광발전설비로서 용량 1000 kW 미만인 것

57. 가공전선로의 지지물에 하중이 가하여지는 경우에 그 하중을 받는 지지물의 기초의 안전율은 몇 이상이어야 하는가?

① 1.5　　② 2
③ 2.5　　④ 3

[해설] 가공전선로 지지물의 기초의 안전율(판단기준 제63조)
가공전선로의 지지물에 하중이 가하여지는 경우에 그 하중을 받는 지지물의 기초의 안전율은 2 이상이어야 한다.

58. 저압 연접인입선은 폭 몇 m를 초과하는 도로를 횡단하지 않아야 하는가?

① 3　　② 4
③ 5　　④ 6

[해설] 저압 연접인입선의 시설(판단기준 제101조)
(1) 인입선에서 분기하는 점으로부터 100 m를 초과하는 지역에 미치지 아니할 것
(2) 폭 5 m를 초과하는 도로를 횡단하지 아니할 것
(3) 옥내를 통과하지 아니할 것

59. 두 개 이상의 전선을 병렬로 사용하는 경우 전선의 접속법에 맞지 않는 것은?

① 병렬로 접속하는 전선에는 각각에 퓨즈를 설치할 것
② 같은 극의 각 전선은 동일한 터미널러그에 완전히 접속할 것
③ 교류회로에서 병렬로 사용하는 전선은 금속관 안에 전자적 불평형이 생기지 않도록 시설할 것
④ 병렬로 사용하는 각 전선의 굵기는 동선 50 mm² 이상 또는 알루미늄 70 mm² 이상으로 하고, 전선은 같은 도체, 같은 재료, 같은 길이 및 같은 굵기의 것을 사용할 것

[해설] 전선의 접속법에서, 병렬로 사용하는 전선에는 각각에 퓨즈를 설치하지 말아야 한다.

[참고] 전선의 접속법(판단기준 제11조)
두개 이상의 전선을 병렬로 사용하는 경우에는 다음 각 목에 의하여 시설할 것
(1) 병렬로 사용하는 각 전선의 굵기는 동선 50 mm² 이상 또는 알루미늄 70 mm²

정답 56. ①　57. ②　58. ③　59. ①

이상으로 하고, 같은 극의 각 전선은 동일한 터미널러그에 완전히 접속할 것
(2) 전선은 같은 도체, 같은 재료, 같은 길이 및 같은 굵기의 것을 사용할 것
(3) 같은 극인 각 전선의 터미널러그는 동일한 도체에 2개 이상의 리벳 또는 2개 이상의 나사로 접속할 것
(4) 병렬로 사용하는 전선에는 각각에 퓨즈를 설치하지 말 것
(5) 교류회로에서 병렬로 사용하는 전선은 금속관 안에 전자적 불평형이 생기지 않도록 시설할 것

60. 전기설비기술기준의 안전수칙에 대한 설명으로 틀린 것은?

① 전기설비는 사용 목적에 적절하고 안전하게 작동하여야 한다.
② 전기설비는 불가피한 손상으로 인하여 전기 공급에 지장을 줄 수도 있다.
③ 다른 물건의 기능에 전기적 또는 자기적인 장해가 없도록 시설하여야 한다.
④ 전기설비는 감전, 화재 그밖에 사람에게 위해를 주거나 물건에 손상을 줄 우려가 없도록 시설하여야 한다.

[해설] 전기설비기술기준의 안전수칙(제2조)
(1) 전기설비는 감전, 화재 그밖에 사람에게 위해(危害)를 주거나 물건에 손상을 줄 우려가 없도록 시설하여야 한다.
(2) 전기설비는 사용 목적에 적절하고 안전하게 작동하여야 하며, 그 손상으로 인하여 전기 공급에 지장을 주지 않도록 시설하여야 한다.
(3) 전기설비는 다른 전기설비, 그 밖의 물건의 기능에 전기적 또는 자기적인 장해를 주지 않도록 시설하여야 한다.

정답 60. ②

2016년도(1회차) 출제문제

1. 신·재생에너지 설비와 관계가 없는 것은?
① 태양에너지 설비
② 원자력 발전설비
③ 바이오에너지 설비
④ 폐기물에너지 설비

[해설] (1) 신에너지(3개 분야) : 연료전지, 수소, 석탄액화 가스화 및 중질잔사유 가스화
(2) 재생에너지(8개 분야) : 태양광, 태양열, 바이오, 풍력, 수력, 해양, 폐기물, 지열

2. 신·재생에너지라 할 수 없는 것은?
① 태양에너지   ② 석유에너지
③ 해양에너지   ④ 지열에너지

[해설] 문제 1번 해설 참조

3. 신·재생에너지의 가중치 고려 사항으로 틀린 것은?
① 발전량
② 발전원가
③ 온실가스배출 저감에 미치는 효과
④ 환경, 기술개발 및 산업 활성화에 미치는 영향

[해설] 발전량은 가중치 고려 사항에 적용되지 않는다.

4. 다음은 태양열발전 시스템의 발전원리를 나타낸 것이다. ㉠~㉢의 공정으로 올바른 것은?

집광열 → (㉠) → (㉡) → (㉢) → 터빈(동력) → 발전

	㉠	㉡	㉢
①	열전달	증기 발생	축열
②	열전달	축열	증기 발생
③	축열	열전달	증기 발생
④	증기 발생	열전달	축열

[해설] 태양열 발전시스템의 발전 공정
집광열 → 축열 → 열전달 → 증기 발생 → 터빈(동력) → 발전

5. 부하를 연결하지 않은 상태에서 태양전지가 발전할 때 단자에 걸리는 전압은?
① 개방전압   ② 단락전압
③ 정격전압   ④ 부하전압

[해설] 개방전압(open circuit voltage)
(1) 부하를 연결하지 않은 상태, 즉 전류가 "0"일 때 태양전지 양단에 나타나는 전압이다.
(2) 태양전지로부터 얻을 수 있는 최대전압이다.

6. 태양전지 모듈에 입사된 빛에너지가 변환되어 발생하는 전기적 출력의 특성을 전류-전압특성이라고 한다. 이의 표시 사항으로 틀린 것은?
① 단락전류

정답 1. ② 2. ② 3. ① 4. ③ 5. ① 6. ④

② 개방전압
③ 최대출력동작전류
④ 최소출력동작전압

[해설] 전류-전압 특성곡선 표시 사항
(1) 단락전류   (2) 개방전압
(3) 최대출력동작전류
(4) 최대출력동작전압   (5) 최대출력

7. 태양광 모듈의 크기가 가로 0.53 m, 세로 1.19 m이며, 최대출력 80 W인 모듈의 에너지 변환효율은 약 몇 %인가?

① 15.68   ② 14.25   ③ 13.65   ④ 12.68

[해설] 모듈(module)의 변환효율

$$\eta_{max} = \frac{P_{max}}{P_{in}} = \frac{80}{0.53 \times 1.19 \times 1000} \times 100$$
$$= 12.68\%$$

- P_m : 최대출력[W]
  P_{in} : 입사전력 = 모듈 면적 × 1000 W/m²
  입사전력 : 1 m²에 입사된 에너지량(표준 일조강도)

8. 다결정 실리콘 태양전지의 제조 공정 순서를 바르게 나열한 것은?

┌─────────────────────────────────┐
│ ㉠ 셀   ㉡ 잉곳   ㉢ 실리콘 입자 │
│ ㉣ 웨이퍼 슬라이스   ㉤ 태양전지 모듈 │
└─────────────────────────────────┘

① ㉢ → ㉣ → ㉡ → ㉠ → ㉤
② ㉢ → ㉡ → ㉣ → ㉠ → ㉤
③ ㉠ → ㉢ → ㉡ → ㉣ → ㉤
④ ㉡ → ㉢ → ㉣ → ㉠ → ㉤

[해설] 실리콘 입자 → 잉곳 → 웨이퍼 슬라이스 → 셀 → 태양전지 모듈

[참고] 다결정 실리콘 태양전지의 공정 순서
(1) 실리콘 입자
(2) 잉곳 성장(다결정 실리콘덩어리) : 입자를 주조하여 잉곳(ingot)을 제조
(3) 웨이퍼 슬라이스 : 두께 약 300μm의 다결정 실리콘 웨이퍼(wafer) 만듦
(4) 셀(cell)
(5) 태양전지 모듈

9. 다음 ㉠, ㉡에서 설명하는 태양전지는 무엇인가?

┌─────────────────────────────┐
│ ㉠ 색소가 붙은 산화티타늄 등의 나노 │
│   입자를 한쪽의 전극에 칠하고 또 다 │
│   른 쪽 전극과의 사이에 전해액을 넣 │
│   은 구조이다.   │
│ ㉡ 색이나 형상을 다양하게 할 수 있어 │
│   패션, 인테리어 분야에도 이용할 수 │
│   있다.   │
└─────────────────────────────┘

① 유기 박막 태양전지
② 구형 실리콘 태양전지
③ 갈륨 비소계 태양전지
④ 염료감응형 태양전지

[해설] 염료감응 태양전지(Dye-Sensitized Solar Cell ; DSSC)
(1) 유기염료와 나노기술을 이용하여 고도의 에너지 효율을 갖도록 개발된 태양전지이다.
(2) 사용하는 유기염료의 종류에 따라 황, 적, 녹, 청색 등 다양한 색상과 형상을 할 수 있어 패션, 인테리어(건물의 유리 창호) 분야에 이용할 수 있다.

10. 태양전지 모듈의 곡선인자(충진율, FF)가 높은 순으로 배열된 것은?

┌─────────────────┐
│ ㉠ CIS 모듈   │
│ ㉡ CdTe 모듈   │
│ ㉢ 비정질 실리콘 모듈 │
│ ㉣ 결정질 실리콘 모듈 │
└─────────────────┘

[정답] 7. ④   8. ②   9. ④   10. ④

① ㉠ → ㉡ → ㉢ → ㉣
② ㉣ → ㉢ → ㉡ → ㉠
③ ㉠ → ㉣ → ㉡ → ㉢
④ ㉣ → ㉠ → ㉡ → ㉢

[해설] 곡선인자 : 충진율(Fill Factor ; FF)
(1) 곡선인자는 0~1 사이의 값을 가진다.
(2) 높은 순서 : ㉣ 결정질 실리콘 모듈 → ㉠ CIS 모듈 → ㉡ CdTe 모듈 → ㉢ 비정질 실리콘 모듈

11. 슈퍼 스트레이트형 태양전지 모듈을 구성하고 있는 구조 요소가 아닌 것은?

① 피뢰소자
② 프레임
③ 프론트 커버
④ 내부연결 전극

[해설] 슈퍼 스트레이트(super straight)형 : 본문 그림 3-3, 4 참조
피뢰소자(SPD)는 접속함 내에 설치되는 서지로부터 설비를 보호하는 소자이다.

12. 태양전지 모듈 뒤편 명판에 기재되지 않는 사항은?

① 공칭 최대출력
② 에너지 변환효율
③ 공칭 최대출력동작전압
④ 제조년월일 및 제조번호

[해설] 명판 기재 항목(①, ③, ④ 이외에)
(1) 제조업체명 혹은 그 약호
(2) 내풍압성의 등급
(3) 어레이의 조립형태
(4) 최대 시스템 전압
(5) 공칭 단락전류
(6) 공칭 최대출력동작전류
(7) 공칭 개방전압
(8) 공칭중량(kg)
(9) 역내전압(V)

13. 지붕 설치형 방식 중 평지붕형에 대한 특징으로 틀린 것은?

① 아스팔트 방수, 시트 방수 등의 방수층 위에 철골 가대를 설치하고 모듈을 설치한다.
② 주로 공공기관이나 학교 등의 옥상에 설치하는 사례가 많다.
③ 설치공법으로서 각 모듈 제작회사의 표준 사양으로 되어 있다.
④ 태양전지 모듈 자체가 지붕 재료로서의 기능을 보유하고 있는 타입이다.

[해설] 평지붕형은 지붕거치형의 하나로, 건물일체형처럼 지붕 재료로서의 기능을 보유하지 못한다.

14. 전력용 반도체 소자의 스위칭 작용을 이용하여 직류전력을 교류전력으로 변환하는 장치는?

① 변성기   ② 변압기
③ 인버터   ④ 정류기

[해설] 인버터(inverter)
(1) 직류를 교류로 변환하는 장치로, 최근에는 사이리스터(thyristor)의 정지 스위치 특성을 이용한다.
(2) 스위칭 소자를 정해진 순서대로 on/off를 규칙적으로 반복함으로써 직류입력을 교류출력으로 변환한다.

15. 태양광발전 시스템 인버터 시스템 중 고전압 방식의 특징으로 틀린 것은?

① 전류가 크기 때문에 굵은 케이블을 사용한다.
② 인버터 고장 시 발전량 손실이 매우 크다.
③ 스트링이 길어 음영 손실이 높다.

정답 11. ① 12. ② 13. ④ 14. ③ 15. ①

④ 전압강하가 줄어든다.

[해설] 고전압 방식의 특징(②, ③, ④ 이외에)
(1) 전류가 적어 케이블의 굵기를 가늘게 할 수 있다.
(2) 스트링이 길고 인버터의 입력전압이 직류 120 V를 초과한다.

16. 인버터 기능이 아닌 것은?
① 유효 및 무효전력 조정기능
② 유도뢰 파형 감쇄기능
③ 전압 및 주파수 조정기능
④ 최대출력 추종제어기능

[해설] 인버터(inverter)의 기능(①, ③, ④ 이외에)
(1) 자동운전-정지기능
(2) 단독운전 방지기능
(3) 자동전압 조정기능
(4) 직류 검출기능
(5) 직류지락 검출기능
(6) 계통연계 보호장치

17. 인버터 단독운전 방지기능 중 단독운전 시 주파수를 검출하는 방식이 아닌 것은?
① 부하 변동방식
② 주파수 시프트방식
③ 유효전력 변동방식
④ 무효전력 변동방식

[해설] 주파수 검출 방식의 3가지 : 단독운전 방지기능(표 4-6 참조)
(1) 주파수 시프트방식
(2) 유효전력 변동방식
(3) 무효전력 변동방식

[참고] 부하 변동방식은 전류의 비율(전류분담 비율) 변화를 이용하여 검출

18. 태양광발전 시스템의 접속함 내에 설치되는 장치가 아닌 것은?
① 직류 출력개폐기
② 피뢰소자
③ 축전지
④ 단자대

[해설] 접속함 내 설치 요소(①, ②, ④ 이외에)
(1) 태양전지 어레이 측 개폐기
(2) 주 개폐기   (3) 역류방지소자
(4) 감시용 DCCT, DCPT 등

[참고] 축전지는 별도로 마련된 축전지실에 설치, 관리된다.

19. 주택용 독립형 태양광발전 시스템의 주요 구성 요소가 아닌 것은?
① 태양전지 모듈   ② 충·방전 제어기
③ 축전지   ④ 배선 시스템

[해설] 주택용 독립형의 주요 구성 요소
(1) 모듈   (2) 축전지
(3) 충·방전 제어기   (4) 인버터

20. 독립형 태양광발전 시스템에서 축전지의 용량을 정할 때 고려해야 될 것으로 틀린 것은?
① 부하의 크기
② kWh당 가격
③ 발전이 불가능한 연속일수
④ 최대일사량 기준 일조시간 수

[해설] 축전지 용량 결정 시 고려 사항
(1) 부하에 필요한 직류입력 전력량 : 부하의 크기
(2) 일조가 없는 일수 : 발전 불가능 연속일수
(3) 최대일사량 기준 일조시간 수
(4) 축전지의 기대수명에서 방전심도 등

[정답] 16. ②   17. ①   18. ③   19. ④   20. ②

21. 축전지 과충전 시 발생하는 현상이 아닌 것은?

① 축전지의 부식   ② 가스 발생
③ 전해액 감소   ④ 침전물 발생

[해설] 축전지 과충전 시 발생 현상
(1) 전해액의 감소가 빠름
(2) 축전지 과열, 파손 및 수명 단축
(3) 전극의 박리, 절손, 탈락
(4) 축전지의 부식 및 가스 발생

22. 태양광발전 시스템은 옥외에 설치함에 따라 낙뢰에 대한 대책이 필요하다. 다음 중 틀린 것은?

① 직격뢰에 대한 대책으로 피뢰침을 설치해야 한다.
② 유도뢰는 정전유도에 의한 것과 전자유도에 의한 것이 있다.
③ 여름에는 하강기류가 발생하기 쉬운 곳에서 발생한다.
④ 겨울에 기온이 급변할 때 발생하기 쉽다.

[해설] 여름 낙뢰는 상승기류가 발생하기 쉬운 곳에서 발생하기 쉽다. 소나기구름이 대표적이다.

23. 태양광발전 시스템에 적용하는 피뢰 방식으로 틀린 것은?

① 돌침 방식   ② 수평도체 방식
③ 케이지 방식   ④ 등전위본딩 방식

[해설] 피뢰 방식
(1) 돌침 방식 : 돌침을 건축물에 설치하는 방식
(2) 수평도체 방식 : 건축물 옥상에 수평하게 피뢰도선을 설치하는 방식
(3) 케이지(cage) 방식 : 건축물 주위를 피뢰도선으로 새장(cage)처럼 감싸는 방식
(4) 이온 방사형 방식

[참고] 등전위본딩 방식의 적용
접지공사를 하는 경우 사람이 접촉할 우려가 있는 범위에 있는 모든 고정설비의 노출도전성 부분 및 계통외 도전성 부분은 등전위본딩(equipotential bonding)을 하여야 한다.

24. 태양전지 모듈 설치 시 감전방지 대책 중 틀린 것은?

① 저압 절연장갑을 착용한다.
② 절연 처리된 공구를 사용한다.
③ 강우 시에는 태양광이 없기 때문에 작업해도 괜찮다.
④ 작업 전 태양전지 모듈의 표면에 차광시트를 붙여 태양광을 차단한다.

[해설] 모듈 설치 시 감전사고 방지(①, ②, ④ 이외에)
강우 시에는 감전사고뿐만 아니라 미끄럼으로 인한 추락사고로 이어질 우려가 있으므로 작업을 금지한다.

25. 태양전지 가대의 녹 방지를 위한 방법 중 비교적 저렴하고 장기적 사용이 가능한 방법은?

① 불소계 도장
② 용융 아연 도금
③ 에폭시계 도장
④ 폴리우레탄계 도장

[해설] 가대 및 지지대 설치 시
구조물의 자재는 H 및 Al bar 등으로 구성되어 있으며, 철제류는 공장에서 용융 아연 도금을 시행한 후 현장에서 조립을 원칙으로 한다.

[참고] 용융 아연 도금(hot dip galvanizing)
450℃ 정도로 용융시킨 아연 속에 재료를 담가 표면에 아연층을 형성시키는 것

[정답] 21. ④ 22. ③ 23. ④ 24. ③ 25. ②

26. 태양전지 모듈은 강우 시 모듈 표면으로 흙탕물이 튀는 것을 방지하기 위해서 지면으로부터 몇 m 이상의 높이에 설치하는가?

① 0.4 ② 0.6 ③ 0.8 ④ 1.0

[해설] 태양전지 모듈은 강우 시 모듈 표면으로 흙탕물이 튀는 것을 방지하기 위해 지면으로부터 0.6 m 이상의 높이에 설치한다.

27. 인버터를 설치하기 위한 적합한 장소가 아닌 것은?

① 통풍이 잘되는 장소
② 보수·점검이 잘되는 장소
③ 결로의 우려가 없는 장소
④ 분진이 많고 냉각이 용이한 장소

[해설] 분진이 많은 장소는 인버터 설치 장소로 부적합하다.

28. 태양광발전 시스템의 접속함 설치 시공 시 확인하여야 할 사항이 아닌 것은?

① 설치 장소가 설계도면과 일치하는지를 확인한다.
② 설계의 적절성과 제조사가 건전한 회사인지 확인한다.
③ 유지관리의 편리성을 고려한 설치 방법인지를 확인한다.
④ 접속함의 사양과 실제 설치한 접속함이 일치하는지를 확인한다.

[해설] 접속함 설치 시공 시 확인 사항이므로, 설계의 적절성과 제조사 확인은 필요 없으며, 설치 장소, 편리성 및 설치 상태가 사양과 일치하는가를 확인한다.

29. 최대출력이 102 W이고 동작전압이 34 V인 태양전지 모듈을 사용하여 필요용량이 3 kW이고 필요전압이 200 V인 태양광발전 시스템을 구성하기 위한 모듈 수는 몇 개가 필요한가?

① 25 ② 30 ③ 35 ④ 40

[해설] 필요 모듈 수 = 필요용량/최대출력 = $(3 \times 1000)/102 = 29.41 ≒ 30$개
여기서, 직렬 접속 수 = 필요 전압/동작전압 = $200/34 = 5.88 ≒ 6$개
∴ 직렬 접속된 모듈 6개가 1개의 스트링이 되고 5개의 스트링이 병렬로 연결되어 어레이가 된다.

30. 태양광발전 시스템에서 옥외 배선용으로 사용되는 전선은?

① UTP 케이블
② STP 케이블
③ UV 케이블
④ FCVV-SB 케이블

[해설] 태양전지에서 옥내에 이르는 배선에 쓰이는 전선
(1) 모듈 전용선은 구입이 쉽고 작업성이 편리하며 장기간 사용해도 문제가 없는 XLPE 케이블이나 이와 동등 이상의 제품 또는 직류용 전선을 사용한다.
(2) 옥외에는 자외선(ultraviolet : UV)에 견딜 수 있는 UV 케이블을 사용한다.

31. 태양전지 모듈의 배선작업 완료 후 시행하는 검사 항목이 아닌 것은?

① 일사량 측정   ② 비접지 확인
③ 단락전류 측정 ④ 전압·극성 확인

[해설] 배선작업 완료 후 확인 사항
(1) 전압, 극성 확인
(2) 단락전류 측정 확인
(3) 직류 측 회로의 비접지 여부 확인

정답 26. ② 27. ④ 28. ② 29. ② 30. ③ 31. ①

32. 유지보수 시 전로에 시설하는 기계기구 철대 및 금속제 외함의 접지공사 중 옳은 것은?

① 400V 이상의 저압용 : 제3종 접지공사
② 300V 이상의 저압용 : 제2종 접지공사
③ 고압용 또는 특고압용 : 제1종 접지공사
④ 400V 미만의 저압용 : 특별 제3종 접지공사

[해설] 태양광발전설비의 기계, 기구 외함 접지공사

기계기구의 구분	접지공사의 종류	접지저항 값
400 V 미만의 저압용	제3종	100 Ω 이하
400 V 이상의 저압용	특별 제3종	10 Ω 이하
고압용 또는 특고압용	제1종	10 Ω 이하

33. 제3종 접지공사를 생략할 수 있는 경우로 적합하지 않은 것은?

① 철대 또는 외함의 주위에 적당한 절연대를 설치하는 경우
② 외함이 없는 계기용 변압기를 고무·합성수지 기타의 절연물로 피복한 경우
③ 사용전압이 직류 150 V 또는 교류 대지전압이 300 V 이하인 기계·기구를 습한 장소에 시설하는 경우
④ 저압용의 기계기구를 건조한 목재의 마루·기타 이와 유사한 절연성 물건 위에서 취급하도록 시설하는 경우

[해설] 제3종 접지공사로 생략 가능한 경우 (판단기준 33조)
사용전압이 직류 300 V 또는 교류 대지전압이 150 V 이하인 기계기구를 건조한 곳에 시설하는 경우

34. 태양광발전 시스템 운영 방법 중 태양전지 모듈의 운영에 관한 설명으로 틀린 것은?

① 황사나 먼지 및 공해물질은 발전량 감소의 주 원인으로 작용한다.
② 모듈 표면은 특수 처리된 강화유리로 되어 있어 강한 충격이 있을 시 파손될 수 있다.
③ 모듈 표면에 그늘이 지거나 나뭇잎 등이 떨어져 있는 경우 전체적인 발전효율은 변화가 없다.
④ 풍압이나 진동으로 인하여 모듈과 형강의 체결부위가 느슨해지는 경우가 있으므로 정기적으로 점검해야 한다.

[해설] 모듈 표면에 그늘이 지거나 나뭇잎 등이 떨어져 있는 경우 전체적인 발전효율이 저하된다.

35. 태양광발전 시스템의 계측기나 표시장치의 구성 요소가 아닌 것은?

① 연산장치　② 차단장치
③ 표시장치　④ 신호변환기

[해설] 계측기·표시장치의 구성 요소

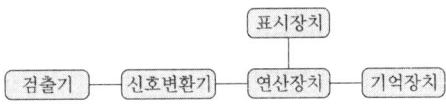

36. 운전상태에 따른 시스템의 발생신호 중 태양전지로부터 전력을 공급받아 인버터가 계통전압과 동기로 운전하며 계통과 부하에 전력을 공급하고 있는 상태는 어떤 상태인가?

정답　32. ③　33. ③　34. ③　35. ②　36. ①

① 정상운전
② 인버터 이상 시 운전
③ 태양전지 전압 이상 시 운전
④ 상용 전압 이상 시 운전

[해설] 운전 상태에 따른 발생신호
(본문 표 7-7 참조)

[참고] (1) 태양전지 전압 이상 시 운전 : 태양전지 전압이 저전압 또는 과전압이 되면 이상신호(fault)를 나타내고 인버터는 정지, M/C는 off 상태로 된다.
(2) 인버터 이상 시 운전 : 인버터에 이상이 발생하면 인버터는 자동으로 정지하고 이상신호(fault)를 나타낸다.

37. 인버터 이상신호 조치 방법 중 태양전지의 전압 이상으로 전압 점검 후 정상이 되면 몇 분 후에 재가동하여야 하는가?
① 5   ② 7
③ 9   ④ 10

[해설] 인버터 이상신호 조치 방법
(본문 표 7-8 참조)
태양전지 전압 점검 후 정상 시 5분 후 재기동

38. 중대형 태양광발전용 인버터의 절연성능시험 항목이 아닌 것은?
① 내전압시험
② 절연저항시험
③ 단락전류시험
④ 감전보호시험

[해설] 인버터의 절연성능시험 항목
(표 8-4 참조)
(1) 절연저항시험(판정 1 MΩ 이상)
(2) 내전압시험
(3) 감전보호시험
(4) 절연거리시험

39. 중대형 태양광발전용 인버터의 누설전류시험을 할 때 인버터의 외함과 대지와의 사이에 저항을 접속해서 누설전류가 5 mA 이하이면 정상으로 본다. 이때 접속하는 저항값은?
① 100   ② 500
③ 1000   ④ 2000

[해설] 인버터의 시험 항목별 판정기준
(본문 표 8-5) – 정상특성시험 참조

항 목	판정 기준
누설전류시험 인버터의 기체와 대지와의 사이에 1 kΩ의 저항을 접속해서 저항에 흐르는 누설전류를 측정한다.	누설전류가 5 mA 이하 일 것

40. 점검계획의 수립에 있어서 고려해야 할 사항이 아닌 것은?
① 환경조건
② 설비의 중요도
③ 정상 가동시간
④ 설비의 사용시간

[해설] 점검계획 수립 시 고려 사항
(1) 설비의 사용시간 (2) 설비의 중요도
(3) 환경조건   (4) 고장 이력
(5) 부하상태   ⑥ 부품의 수

41. 유지관리비의 구성 요소로 틀린 것은?
① 유지비   ② 보수비
③ 개량비   ④ 건설비

[해설] 유지관리비 구성 요소
(1) 유지비   (2) 보수비
(3) 개량비   (4) 일반 관리비
(5) 운용 지원비

[정답] 37. ①   38. ③   39. ③   40. ③   41. ④

42. 태양광발전시설에 대한 점검 후의 유의 사항 중 최종 작업자가 최종 확인하는 사항으로 틀린 것은?

① 회로도에 의한 검토를 시행한다.
② 볼트 조임 작업을 모두 재점검한다.
③ 쥐·곤충 등이 침입하지 않았는지 확인한다.
④ 점검을 위해 임시로 설치한 설치물의 철거가 지연되고 있지 않았는지 확인한다.

[해설] 최종 확인 사항(②, ③, ④ 이외에)
 (1) 작업자가 발전 시스템 및 송·배전반 내에서 작업 중인지를 확인한다.
 (2) 공구 등이 시설물 내부에 방치되어 있지 않은지 확인한다.

43. 태양전지 어레이의 육안점검 항목이 아닌 것은?

① 파손 유무
② 개방전압
③ 부식 및 녹이 없을 것
④ 볼트 및 너트의 풀림이 없을 것

[해설] 어레이 육안점검 항목(준공 시)
[①, ③, ④ 이외에]
 (1) 오염 및 파손이 없을 것
 (2) 배선 공사 및 접지의 접속이 확실할 것
 (3) 코킹의 파손 및 불량이 없을 것
 (4) 지붕재의 파손, 어긋남, 균열이 없을 것

[참고] 접지저항 측정-접지저항 100 Ω 이하일 것

44. 인버터의 일상점검 시 육안점검 항목이 아닌 것은?

① 통풍 확인
② 축전지 변색
③ 외부배선의 손상
④ 외함의 부식 및 파손

[해설] 인버터 육안점검 항목(일상점검)
[①, ③, ④ 이외에]
 (1) 운전 시 이상음, 진동, 냄새, 연기 발생 및 이상 과열
 (2) 표시부의 이상표시
 (3) 발전 상황에 이상이 없을 것

45. 정기점검에서 접속함의 절연저항 측정 시 출력단자와 접지 간의 절연저항은? (단, 측정 전압은 직류 500 V이다)

① 10 Ω 이상
② 100 Ω 이상
③ 0.2 MΩ 이상
④ 1 MΩ 이상

[해설] 접속함의 정기점검(본문 표 9-8 참조)

점검 항목		점검 요령
육안 점검	외함의 부식 및 파손	부식 및 파손이 없을 것
	외부배선의 손상 및 접속단자 이완	• 배선에 이상이 없을 것 • 나사의 풀림이 없을 것
	접지선의 손상 및 접속단자 이완	• 접지선에 이상이 없을 것 • 나사의 풀림이 없을 것
측정 및 시험	절연저항	• 태양전지 모듈-접지선 : 0.2MΩ 이상, 측정전압 직류 500V • 출력단자-접지 간 1MΩ 이상, 측정전압 직류 500V
	개방전압	• 규정전압일 것 • 극성이 올바를 것 (각 회로마다 모두 측정)

[정답] 42. ① 43. ② 44. ② 45. ④

46. 정기점검 시 접속함의 육안점검 항목이 아닌 것은?

① 개방전압
② 외함의 부식 및 파손
③ 접지선의 손상 및 접속단자 이완
④ 외부배선의 손상 및 접속단자의 풀림

[해설] 문제 45번 해설 참조

47. 태양광 발전시설의 변압기보수 정기점검 개소로 틀린 것은?

① 유면계   ② 온도계
③ 기록계   ④ 가스압력계

[해설] 변압기 점검 개소
(본문 표 9-15, 5. 변압기 참조)
 (1) 유면계 : 지시 표시
 (2) 온도계 : 지시 표시/동작
 (3) 가스압력계 : 지시 표시
 (4) 냉각팬 : 오손/동작/주유/운전상태
 (5) 외부일반 : 볼트조임 이완/변색/오손

48. 태양전지회로의 절연저항은 기온과 습도에 영향을 받는다. 절연저항계 이외에 필요한 계기가 아닌 것은?

① 온도계
② 습도계
③ 항온항습기
④ 단락용 개폐기

[해설] 태양전지 회로의 절연저항 측정
 (1) 절연저항은 기온, 습도에 영향을 받으므로 절연저항 측정 시 기온, 온도 등도 측정값과 함께 기록해 둔다.
 (2) 시험 기자재 : 절연저항계, 온도계, 습도계, 단락용 개폐기

49. 절연 변압기 부착형 인버터 출력회로의 경우 절연저항 측정 방법으로 틀린 것은?

① 분전반 내의 분기차단기를 개방한다.
② 태양전지회로를 접속함에서 분리한다.
③ 직류단자와 대지 간의 절연저항을 측정한다.
④ 직류 측의 모든 입력단자 및 교류 측의 전체 출력단자를 각각 단락한다.

[해설] 교류단자와 대지 간의 절연저항을 측정한다.

[참고] 인버터 출력회로 절연저항 측정 순서 :
② → ① → ③ → ④
 (1) 측정 결과의 판정 기준을 전기기술기준에 따라 판정한다.
 (2) 본 문제는 측정 순서에 따라 나열되어야 하며, 출력회로이므로 직류단자가 아닌 교류단자와 대지 간에 절연저항을 측정하여야 한다.

50. 태양광발전 시스템의 운전 및 정지에 대한 점검 항목이 아닌 것은?

① 자립운전
② 스위치 오염 상태
③ 표시부 동작 확인
④ 투입저지 시한 타이머 동작시험

[해설] 시스템의 운전과 정지에 대한 점검 항목(준공 시)

구분	조작 및 육안점검	측정
점검 항목	1. 보호계전기의 설정	발전 전압 (태양전지 전압)
	2. 운전	
	3. 정지	
	4. 투입저지 시한 타이머 동작시험	
	5. 자립운전	
	6. 표시부 동작 확인	
	7. 이상음	

정답 46. ① 47. ③ 48. ③ 49. ③ 50. ②

51. 정전작업 전 조치 사항으로 틀린 것은?

① 단락 접지기구로 단락 접지
② 개폐기 투입으로 송전 재개
③ 검전기로 개로된 전로의 충전 여부 확인
④ 전력 케이블, 전력 콘덴서 등의 잔류 전하의 방전

[해설] 정전 작업 전 조치 사항(순위)
(1) 전로의 개로 개폐기에 시건장치 및 통전금지 표지판 설치
(2) 전력 케이블, 전력 콘덴서 등의 잔류 전하의 방전
(3) 검전기로 개로된 전로의 충전 여부 확인
(4) 단락 접지기구로 단락 접지

[참고] 정전 절차
(1) 작업 전 전원 차단
(2) 전원투입 방지
(3) 작업 장소의 무전압 여부 확인
(4) 단락 접지
(5) 작업 장소 보호

※ 개폐기 투입으로 송전 재개는 작업 종료 후 조치 사항에 적용된다.

52. 태양광발전설비 정기점검 작업자의 안전장구로 적합하지 않은 것은?

① 안전모　　② 안전화
③ 검전기　　④ 귀마개

[해설] 안전장구
(1) 절연용 보호구 : 전기안전모, 전기용 고무장갑, 고무절연 장화, 보호용 가죽 장갑 등
(2) 검전기구 : 검전기

[참고] 검전기(detector electroscope)
(1) 작업자의 감전사고를 방지하기 위해 정전작업 시에 개로된 전로의 충전 여부를 확인하기 위해 사용하는 기구가 검전기이다.
(2) 네온검전기이며 전압에 따라 저압용, 고압용, 특별고압용이 있다.

53. 신·재생에너지 기술개발·이용·보급 촉진법에서 연차별 실행계획 수립에 해당되지 않는 것은?

① 신·재생에너지 발전에 의한 전기의 공급에 관한 실행계획을 2년마다 수립·시행한다.
② 신·재생에너지의 기술개발 및 이용·보급을 매년 수립·시행한다.
③ 산업통상자원부장관은 관계 중앙행정기관의 장과 협의하여 수립·시행하여야 한다.
④ 산업통상자원부장관은 실행계획을 수립하였을 때에는 이를 공고하여야 한다.

[해설] 연차별 실행계획(법 제6조)
산업통상자원부장관은
(1) 신·재생에너지 기술개발 및 이용·보급을 매년 수립·시행하여야 한다.
(2) 실행계획을 수립하였을 때에는 이를 공고하여야 한다.
(3) 실행계획을 수립·시행하려면 미리 관계 중앙행정기관의 장과 협의하여야 한다.

54. 태양전지 발전소에 시설하는 모듈, 전선 및 개폐기 기타 기구의 시설 기준으로 틀린 것은?

① 충전 부분은 노출되지 않도록 시설할 것
② 전선은 합성수지관, 금속관, 가요전선관공사 또는 케이블공사로 시설할 것
③ 전선의 공칭 단면적 1.5 mm^2 이상의 연동선 또는 이와 동등한 것일 것

정답　51. ②　52. ④　53. ①　54. ③

④ 모듈에 접속하는 부하 측의 전로에는 그 접속점에 근접하여 개폐기를 시설할 것

[해설] 태양전지 모듈 등의 시설(판단기준 제54조)[①, ②, ④ 이외에]
(1) 전선은 다음에 의하여 시설할 것
　(가) 전선은 공칭단면적 2.5 mm² 이상의 연동선 또는 이와 동등 이상의 세기 및 굵기의 것일 것
　(나) 옥내에 시설할 경우에는 합성수지관공사, 금속관공사, 가요전선관공사 또는 케이블공사로 규정에 준하여 시설할 것

55. 태양전지 모듈 가대에 실시하는 제3종 접지공사의 접지선을 지하 75 cm부터 지표상 2 m까지 보호하는 데 사용 가능한 전선관은? (단, 두께 2 mm 미만 및 난연성이 없는 것은 제외한다)
① 금속전선관　　② 금속가요관
③ 콤바인덕트관　④ 합성수지관

[해설] 각종 접지공사의 세목(판단기준 제19조)
접지선의 지하 75 cm로부터 지표상 2 m까지의 부분은 합성수지관 또는 이와 동등 이상의 절연효력 및 강도를 가지는 몰드로 덮을 것(두께 2 mm 미만의 합성수지제 전선관 및 난연성이 없는 콤바인덕트관을 제외)

56. 주택의 태양전지 모듈에 접속하는 부하 측 옥내배선을 전로에 지락이 생겼을 때, 자동적으로 전로를 차단하는 장치를 시설할 경우 주택의 옥내전로의 대지전압은 직류 몇 V 이하이어야 하는가?
① 200　　② 400
③ 600　　④ 800

[해설] 옥내전로의 대지전압의 제한
(판단기준 제166조)
주택의 태양전지 모듈에 접속하는 부하 측 옥내배선을 다음 각호에 따라 시설하는 경우에 주택의 옥내전로의 대지전압은 직류 600 V 이하일 것
(1) 전로에 지락이 생겼을 때 자동적으로 전로를 차단하는 장치를 시설할 것
(2) 사람이 접촉할 우려가 없는 은폐된 장소에 합성수지관공사, 금속관공사 및 케이블공사에 의하여 시설하거나, 사람이 접촉할 우려가 없도록 케이블공사에 의하여 시설하고 전선에 적당한 방호장치를 시설할 것

57. 공공기관이 신축·증축 또는 개축하는 건축물로서 신·재생에너지 공급의무 비율에 해당하는 최소 연면적(m²)은?
① 500　　② 1000
③ 1500　　④ 2000

[해설] 신·재생에너지 공급의무 비율 등
(시행령 제15조)
건축물로서 신축·증축 또는 개축하는 부분의 최소 연면적 : 1000 m²

58. 저압 옥내간선에서 분기한 옥내전로는 특별한 조건이 없을 때 간선과의 분기점에서 몇 m 이하인 곳에 개폐기 및 과전류 차단기를 시설하여야 하는가?
① 9　　② 7　　③ 5　　④ 3

[해설] 분기회로의 시설(판단기준 제176조)
(1) 저압 옥내간선에서 분기하여 전기사용기계기구에 이르는 저압 옥내전로는 분기점에서 전선의 길이가 3 m 이하인 곳에 개폐기 및 과전류 차단기를 시설할 것
(2) 개폐기는 각 극에 시설할 것

정답　55. ④　56. ③　57. ②　58. ④

59. 저압 보안공사 시 지지물 종류의 경간으로 옳은 것은?

① 목주 : 200 m 이하
② 철탑 : 300 m 이하
③ B종 철주 또는 B종 철근 콘크리트주 : 250 m 이하
④ A종 철주 또는 B종 철근 콘크리트주 : 150 m 이하

[해설] 저압 보안공사(판단 제77조)
경간은 다음 표에서 정한 값 이하일 것

지지물의 종류	경 간
목주·A종 철주 또는 A종 철근 콘크리트주	100 m
B종 철주 또는 B종 철근 콘크리트주	150 m
철탑	400 m

60. 케이블 트레이 시공 방식의 장점이 아닌 것은?

① 방열특성이 좋다.
② 허용전류가 크다.
③ 장래부하 증설 시 대응력이 좋다.
④ 재해의 영향을 거의 받지 않는다.

[해설] 케이블 트레이(cable tray) 시공 방식의 장점 : 케이블 트레이방식은 덕트처럼 감싼 형태가 아닌 사다리처럼 노출형이므로 재해의 영향을 많이 받는 것이 단점이다.

[참고] 케이블 트레이(cable tray)

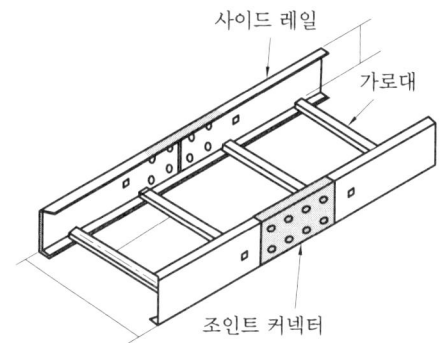

(1) 케이블을 지지하기 위하여 사용하는 금속제 또는 불연성 재료로 제작된 유닛 또는 유닛의 집합체 및 그에 부속하는 부속재 등으로 구성된 견고한 구조물을 말한다.
(2) 사다리형, 통풍 트러프형, 통풍 채널형, 바닥밀폐형 기타 이와 유사한 구조물을 포함한다.

신재생에너지발전설비(태양광) 기능사 필기

2017년 1월 25일 1판1쇄
2018년 1월 25일 1판2쇄

저　자 : 김평식 · 박왕서
펴낸이 : 이정일

펴낸곳 : 도서출판 일진사
www.iljinsa.com
(우) 04317 서울시 용산구 효창원로 64길 6
전화 : 704-1616 / 팩스 : 715-3536
등록 : 제1979-000009호 (1979.4.2)

값 24,000원

ISBN : 978-89-429-1507-1

● 불법복사는 지적재산을 훔치는 범죄행위입니다.
　저작권법 제97조의 5(권리의 침해죄)에 따라 위반자는 5년 이하의 징역 또는 5천만 원 이하의 벌금에 처하거나 이를 병과할 수 있습니다.